U0479636

先进陶瓷：特种材料技术

李春宏　康晓丽　崔旭东　著

科学出版社

北京

内 容 简 介

先进陶瓷是支撑国防军工、航空航天、电子信息、化工冶金、机械、环境保护、生物医学等高新技术领域发展的关键基础，是支撑制造强国和装备产业升级的重要支柱。本书是作者研究团队在近年来取得的研究成果的基础上，梳理总结国内外同行的最新研究进展而撰写的一本专著。本书全面系统地介绍先进陶瓷特种材料技术领域的基础理论、基本方法、特种陶瓷材料、前沿发展方向和产业发展趋势等内容。全书共12章。第1、2、3章分别介绍先进陶瓷的概念、基本性能和制备工艺。第4~12章分别介绍氮氧化铝透明陶瓷、镁铝尖晶石透明陶瓷、石榴石基透明陶瓷、二硼化锆超高温陶瓷、碳化硅陶瓷、氮化硅陶瓷、氮化铝陶瓷、微波介质陶瓷和多孔陶瓷的基本结构、成分、性能特点、制备技术、应用领域、技术难点和产业发展趋势。

本书可供从事先进陶瓷材料研究、应用和生产的专业技术人员使用，也可供高等院校相关专业的师生阅读参考。

图书在版编目(CIP)数据

先进陶瓷. 特种材料技术 / 李春宏, 康晓丽, 崔旭东著. —北京：科学出版社, 2025.6
ISBN 978-7-03-075745-6

Ⅰ. ①先… Ⅱ. ①李… ②康… ③崔… Ⅲ. ①陶瓷-功能材料-研究 Ⅳ. ①TQ174

中国国家版本馆 CIP 数据核字(2023)第 102055 号

责任编辑：刘莉莉 / 责任校对：彭 映
责任印制：罗 科 / 封面设计：墨创文化

科学出版社 出版
北京东黄城根北街16号
邮政编码：100717
http://www.sciencep.com

四川煤田地质制图印务有限责任公司 印刷
科学出版社发行 各地新华书店经销

*

2025 年 6 月第 一 版　开本：787×1092 1/16
2025 年 6 月第一次印刷　印张：22
字数：520 000
定价：229.00 元
(如有印装质量问题，我社负责调换)

序

新材料产业是战略性、基础性产业，也是高技术竞争的关键领域。先进陶瓷是新材料领域最为活跃的研究热点和增长点，其研究和应用的水平是体现国家综合实力的重要标志之一。先进陶瓷具有极其优异的性能，如具备超高强度、超高硬度、耐极端高温、耐磨损、耐腐蚀、高绝缘强度以及导电、导热、磁性、透光、压电、铁电、声光、超导、生物相容等性能。先进陶瓷是支撑航空航天、电子信息、新能源、化工冶金、环境保护、生物医学等高新技术领域发展的关键物质基础，是支撑制造强国和装备产业升级的重要支柱。

李春宏博士长期从事光功能透明材料、柔性制造技术和特种烧结技术等先进陶瓷领域的基础研究工作，在先进陶瓷材料成分设计、微观结构调控、纳米粉体制备、柔性制造、特种烧结技术和材料服役行为等方面取得了令人瞩目的成绩。近年来，李春宏研究员在先进陶瓷的产业化方面取得了崭新的成就。他带领先进陶瓷产业化团队奋斗拼搏、团结攻关，创办了成都晶煜智芯材料科技有限公司，大力推动先进陶瓷的产业化。他带领团队自主设计、自主研制关键设备，自主建设和运营了国内一流水平的先进陶瓷中试规模生产示范线，掌握了透明陶瓷、多层共烧陶瓷、氮化物陶瓷、高韧性工业陶瓷部件、高性能精密陶瓷部件和陶瓷滤波器等产品产业化生产的关键技术和关键装备。

针对先进陶瓷材料技术领域的前沿发展方向和产业发展趋势，李春宏博士团队在集结他们团队近年研究成果的基础上，梳理总结了国内外同行的最新研究进展，撰写了该专著。该专著重点分析总结了非常重要的几大类先进陶瓷材料(如透明陶瓷、超高温陶瓷、碳化物陶瓷、氮化物陶瓷、微波介质陶瓷和多孔陶瓷)的基本结构、性能特点、制备技术、应用领域、共性技术难点和产业发展趋势，集中反映了先进陶瓷特种材料技术领域的最新研究和产业化的成果。

相信先进陶瓷系列专著的出版将会有力推动先进陶瓷技术与产业领域的发展，相信该专著能够对从事先进陶瓷领域教学、科研、生产、应用、销售和产业投资的科技工作者提供有实用价值的借鉴和启示，能够为年轻学子和刚进入本技术领域的工作者提供深入浅出、体系完整的教学研究参考。

刘彤
于中物院成都科学技术发展中心
2023 年 11 月 2 日

前　言

先进陶瓷是指以人工合成的高纯化合物为原料，基于精确的成分、组织、结构和性能设计，通过精准的成型方法和精密烧结技术控制制备而成的一类拥有超高性能的无机非金属材料产品。先进陶瓷对航空航天、核工业、电子信息、新能源、生物医药、环保技术等高新技术领域的发展起着技术先导和基础支撑的关键作用，也推动着装备机械、能源、化工、冶金等传统产业的技术升级。

本书重点介绍先进陶瓷领域的特种材料技术，内容没有涉及氧化铝、氧化锆、氧化镁、氧化硅、微晶玻璃、钛酸钡等材料体系。全书共分为12章：第1章分析先进陶瓷的内涵和产业发展的现状与趋势；第2章阐述先进陶瓷的热学、力学、电学、光学、磁学和耦合等基本性能的定义、内涵和表征方法；第3章介绍先进陶瓷制备的基本工艺流程；第4~6章分别介绍先进透明陶瓷（氮氧化铝、镁铝尖晶石、石榴石基）的基本性质、制备工艺、应用发展和共性技术难点；第7~10章系统介绍非氧化物陶瓷的基本性质、制备工艺、应用领域和共性技术难点，包括超高温陶瓷（以二硼化锆为例）、碳化硅陶瓷、氮化硅陶瓷和氮化铝陶瓷；第11章介绍微波介质陶瓷的性能、材料、制备和应用；第12章系统介绍多孔陶瓷的内涵、性能及表征方法、制备方法、应用领域和发展趋势。

本书内容聚焦透明陶瓷、非氧化物陶瓷、微波介质陶瓷和多孔陶瓷，注重吸收近年来学界的最新研究成果。内容安排尽量由浅入深、通俗易懂，保证专业知识的基础性和系统性。本书着重分析了先进陶瓷产业发展的趋势和共性难点问题，指出了亟待产业界攻关解决的技术和产业化难点。

本书适宜从事新材料领域研究、生产、应用、销售和投资的科技工作者，高年级的大学生和研究生，或者对本领域有兴趣的人员阅读。希望读者在阅读本书之后，对先进陶瓷能够有一定深度的专业认识。特别是对于刚进入该领域工作的读者，如果在阅读本书之后既能条理清晰地掌握先进陶瓷的基础理论，又能熟悉最新的研究成果和发展趋势，能够为相关领域的工作提供系统的知识支撑、有益的借鉴和启示，作者将感到由衷的欣慰。

本书由李春宏博士、康晓丽博士和崔旭东博士撰写。全书由李春宏博士负责统稿。成都晶煜智芯材料科技有限公司的杨琼会工程师参与了第2章内容的撰写，并仔细修正了全书的图表和参考文献。谭雄工程师和刘玥工程师参与了第3章内容的撰写。中央组织部国家特聘专家崔旭东博士对本书内容作了全面审阅。对本书撰写做出贡献的还有中物院成都科学技术发展中心的刘彤研究员，以及本团队的研究生们，在此一并表示感谢。

感谢本书中引用文献资料和数据的原作者，书中所引资料和数据均注明了出处，同时也方便读者进一步检索和阅读。

感谢科学出版社编辑刘莉莉为本书出版付出的大量努力。

先进陶瓷领域涉及面非常广，同时技术发展十分迅速，作者学识经验有限，书中难免存在疏漏之处，敬请读者批评指正。

李春宏

于成都

2025 年 3 月 19 日

目　　录

第1章　绪论 1
　1.1　先进陶瓷的概念及分类 1
　　1.1.1　先进陶瓷的概念 1
　　1.1.2　先进陶瓷的分类 2
　1.2　先进陶瓷的发展概述 3
　　1.2.1　先进陶瓷的发展历程 3
　　1.2.2　先进陶瓷的制备工艺发展 4
　　1.2.3　先进陶瓷产业的发展 7
　参考文献 8
第2章　先进陶瓷的基本性能 9
　2.1　热学性能 9
　　2.1.1　比热容 9
　　2.1.2　热膨胀系数 10
　　2.1.3　导热系数 10
　　2.1.4　抗热震性 11
　2.2　力学性能 14
　　2.2.1　抗拉强度 15
　　2.2.2　抗压强度 16
　　2.2.3　抗弯强度 16
　　2.2.4　弹性模量 18
　　2.2.5　冲击强度及冲击韧性 19
　　2.2.6　断裂韧性 20
　　2.2.7　硬度 21
　　2.2.8　损伤容限 22
　　2.2.9　磨损 24
　　2.2.10　疲劳 24
　　2.2.11　蠕变 25
　2.3　电学性能 26
　　2.3.1　电导率 26
　　2.3.2　介电常数 27
　　2.3.3　介质损耗 30

2.3.4 绝缘强度 30
2.4 光学性能 32
　2.4.1 折射 32
　2.4.2 色散 34
　2.4.3 反射 34
　2.4.4 吸收 37
　2.4.5 透射 38
2.5 磁学性能 39
2.6 耦合性能 40
2.7 本章小结 40
参考文献 41

第3章 先进陶瓷的制备工艺 43
3.1 原料与辅料 43
　3.1.1 天然矿物原料 43
　3.1.2 化工原料 46
　3.1.3 助剂 56
3.2 配方计算与热分析 62
　3.2.1 配方计算 62
　3.2.2 热分析 65
3.3 粉体制备 68
　3.3.1 粉体的基本性质 68
　3.3.2 原料的煅烧 70
　3.3.3 原料的预处理 70
　3.3.4 粉体的制备 72
　3.3.5 干燥与造粒 73
　3.3.6 粉体的表征 76
3.4 坯体成型 81
　3.4.1 干压成型 82
　3.4.2 等静压成型 83
　3.4.3 热压铸成型 86
　3.4.4 流延成型 87
　3.4.5 轧膜成型 89
　3.4.6 注浆成型 91
　3.4.7 挤压成型 93
3.5 排胶 93
　3.5.1 排胶工艺过程 94
　3.5.2 排胶质量的影响因素 94
　3.5.3 坯体强度的变化 95

- 3.6 烧成 ··· 95
  - 3.6.1 烧结过程中的物质传递 ··· 96
  - 3.6.2 烧结的影响因素 ··· 97
- 3.7 陶瓷表面金属化 ··· 99
  - 3.7.1 表面金属化工艺 ··· 99
  - 3.7.2 银浆的制备 ··· 100
  - 3.7.3 被银工艺 ··· 101
  - 3.7.4 烧银工艺 ··· 101
  - 3.7.5 化学法镀膜 ··· 102
  - 3.7.6 物理法镀膜 ··· 102
- 3.8 陶瓷后处理加工 ··· 103
  - 3.8.1 切削加工 ··· 103
  - 3.8.2 磨削加工 ··· 103
  - 3.8.3 光整加工 ··· 104
  - 3.8.4 激光加工 ··· 105
- 3.9 本章小结 ··· 106
- 参考文献 ··· 106

第4章 氮氧化铝透明陶瓷 ··· 108
- 4.1 氮氧化铝透明陶瓷的基本性质 ··· 108
  - 4.1.1 氮氧化铝的晶体结构 ··· 108
  - 4.1.2 氮氧化铝的基本物化性质 ··· 109
  - 4.1.3 氮氧化铝透明陶瓷的光学性能 ··· 110
  - 4.1.4 氮氧化铝透明陶瓷的发展历程 ··· 115
- 4.2 氮氧化铝透明陶瓷的制备 ··· 119
  - 4.2.1 氮氧化铝粉体的制备 ··· 119
  - 4.2.2 氮氧化铝陶瓷的成型 ··· 122
  - 4.2.3 氮氧化铝陶瓷的烧成 ··· 124
  - 4.2.4 氮氧化铝陶瓷的烧结助剂 ··· 129
- 4.3 氮氧化铝透明陶瓷的应用和发展 ··· 130
- 4.4 氮氧化铝透明陶瓷的共性难点 ··· 132
- 4.5 本章小结 ··· 132
- 参考文献 ··· 133

第5章 镁铝尖晶石透明陶瓷 ··· 137
- 5.1 镁铝尖晶石透明陶瓷的基本性质 ··· 137
  - 5.1.1 镁铝尖晶石的晶体结构 ··· 137
  - 5.1.2 镁铝尖晶石的物化性质 ··· 139
  - 5.1.3 镁铝尖晶石透明陶瓷的光学性能 ··· 139
  - 5.1.4 镁铝尖晶石透明陶瓷透光性能的影响因素 ··· 141

5.1.5 镁铝尖晶石透明陶瓷的发展历程 143
　5.2 镁铝尖晶石透明陶瓷的制备 145
　　5.2.1 镁铝尖晶石陶瓷的粉体制备 145
　　5.2.2 镁铝尖晶石陶瓷粉体的造粒 150
　　5.2.3 镁铝尖晶石陶瓷的成型 151
　　5.2.4 镁铝尖晶石陶瓷的烧结 153
　　5.2.5 镁铝尖晶石陶瓷的烧结助剂 158
　5.3 镁铝尖晶石透明陶瓷的应用和发展 159
　5.4 镁铝尖晶石透明陶瓷的共性难点 161
　5.5 本章小结 161
　参考文献 161

第6章 石榴石基透明陶瓷 165
　6.1 石榴石基透明陶瓷的基本性质 165
　　6.1.1 石榴石的晶体结构 165
　　6.1.2 石榴石基陶瓷的物化性质 166
　　6.1.3 石榴石基透明陶瓷材料 167
　6.2 石榴石基透明陶瓷的制备 168
　　6.2.1 石榴石基透明陶瓷粉体的制备 168
　　6.2.2 石榴石基透明陶瓷的成型 171
　　6.2.3 石榴石基透明陶瓷的烧成 176
　　6.2.4 石榴石基透明陶瓷的常用助剂 178
　6.3 石榴石基透明陶瓷的应用与发展 179
　6.4 石榴石基透明陶瓷的共性难点 181
　6.5 本章小结 181
　参考文献 181

第7章 二硼化锆超高温陶瓷 184
　7.1 二硼化锆陶瓷的基本性质 184
　7.2 二硼化锆陶瓷的性能 186
　　7.2.1 二硼化锆陶瓷的基本性能参数 186
　　7.2.2 二硼化锆陶瓷的高温力学性能 187
　7.3 二硼化锆粉体的制备 189
　　7.3.1 固相反应法制备二硼化锆粉体 189
　　7.3.2 溶胶-凝胶法制备二硼化锆粉体 190
　　7.3.3 气相反应法制备二硼化锆粉体 191
　7.4 二硼化锆陶瓷的制备 192
　　7.4.1 无压烧结 192
　　7.4.2 热压烧结 192
　　7.4.3 放电等离子体烧结 193

7.4.4　反应烧结·········194
　　7.4.5　微波烧结·········194
　7.5　二硼化锆超高温陶瓷的研究现状·········195
　7.6　其他超高温陶瓷材料概述·········196
　7.7　超高温陶瓷的应用和发展·········198
　7.8　超高温陶瓷共性难点·········200
　7.9　本章小结·········201
　参考文献·········201

第8章　碳化硅陶瓷·········204
　8.1　碳化硅陶瓷的基本性质·········204
　　8.1.1　碳化硅的结构·········204
　　8.1.2　碳化硅陶瓷的基本物化性质·········206
　　8.1.3　碳化硅陶瓷的热力学性能·········207
　8.2　碳化硅陶瓷的性能优势和应用·········208
　8.3　碳化硅陶瓷粉体的制备·········209
　　8.3.1　固相法合成·········209
　　8.3.2　液相法合成·········211
　　8.3.3　气相法合成·········212
　　8.3.4　纳米碳化硅粉体的分散·········213
　8.4　碳化硅陶瓷的烧成·········214
　　8.4.1　无压烧结·········215
　　8.4.2　热压烧结·········216
　　8.4.3　热等静压烧结·········216
　　8.4.4　反应烧结·········217
　8.5　碳化硅陶瓷的应用和发展·········217
　8.6　碳化硅陶瓷的共性难点·········219
　8.7　本章小结·········219
　参考文献·········220

第9章　氮化硅陶瓷·········222
　9.1　氮化硅陶瓷的基本性质·········222
　　9.1.1　氮化硅陶瓷的基本结构·········222
　　9.1.2　氮化硅陶瓷的基本性能·········223
　　9.1.3　氮化硅陶瓷的导热性能·········224
　9.2　氮化硅陶瓷的性能优势·········226
　9.3　氮化硅陶瓷的制备·········227
　　9.3.1　高质量氮化硅粉体的制备方法·········227
　　9.3.2　流延成型规模化制备氮化硅陶瓷基板·········234
　　9.3.3　氮化硅陶瓷的烧成·········241

9.4 氮化硅陶瓷的应用 245
　　9.4.1 氮化硅陶瓷在电子陶瓷基板中的应用 245
　　9.4.2 氮化硅陶瓷的其他应用 248
9.5 氮化硅陶瓷的共性难点 250
　　9.5.1 高品质氮化硅粉体的低成本规模化制备技术 251
　　9.5.2 流延浆料及流延工艺 251
　　9.5.3 氮化硅致密化烧成技术 251
9.6 本章小结 252
参考文献 252

第 10 章 氮化铝陶瓷 255

10.1 氮化铝陶瓷的基本性质 255
　　10.1.1 氮化铝陶瓷的结构 255
　　10.1.2 氮化铝陶瓷的基本物化性质 256
　　10.1.3 氮化铝陶瓷的导热性能 257
10.2 氮化铝陶瓷的应用 260
10.3 氮化铝陶瓷的制备 261
　　10.3.1 氮化铝粉体制备 261
　　10.3.2 流延成型规模化制备氮化铝陶瓷基板 266
　　10.3.3 氮化铝陶瓷的烧成 275
10.4 氮化铝陶瓷基板 277
10.5 氮化铝陶瓷的共性难点 279
10.6 本章小结 280
参考文献 280

第 11 章 微波介质陶瓷 284

11.1 陶瓷介质谐振器 284
11.2 微波介质陶瓷的种类和介电性能 285
　　11.2.1 微波介质陶瓷的研究现状及发展趋势 286
　　11.2.2 微波介质陶瓷的种类和体系 287
　　11.2.3 微波介质陶瓷的介电性能与参数 291
11.3 微波介质陶瓷的制备 297
　　11.3.1 微波介质陶瓷粉体制备 297
　　11.3.2 微波介质陶瓷的成型 300
　　11.3.3 微波介质陶瓷的烧成 301
　　11.3.4 微波介质陶瓷的助剂 302
　　11.3.5 微波介质陶瓷的金属化 304
11.4 微波介质陶瓷的性能测试 305
　　11.4.1 介电性能测试 305
　　11.4.2 器件的检测 307

- 11.5 微波介质陶瓷的应用与发展 ······ 308
  - 11.5.1 5G通信对滤波器的发展需求 ······ 309
  - 11.5.2 滤波器的发展趋势 ······ 309
  - 11.5.3 陶瓷介质滤波器的应用 ······ 311
- 11.6 微波介质陶瓷的共性难点 ······ 311
- 11.7 本章小结 ······ 312
- 参考文献 ······ 313

第12章 多孔陶瓷
- 12.1 多孔陶瓷概述 ······ 317
  - 12.1.1 多孔陶瓷的定义和类型 ······ 317
  - 12.1.2 多孔陶瓷的性能 ······ 318
- 12.2 多孔陶瓷的应用 ······ 320
  - 12.2.1 过滤与分离行业 ······ 320
  - 12.2.2 催化剂载体 ······ 321
  - 12.2.3 生物陶瓷材料 ······ 321
  - 12.2.4 吸音降噪材料 ······ 321
  - 12.2.5 保温隔热材料 ······ 322
- 12.3 多孔陶瓷的制备 ······ 322
  - 12.3.1 颗粒堆积法 ······ 323
  - 12.3.2 添加造孔剂法 ······ 323
  - 12.3.3 发泡法 ······ 323
  - 12.3.4 模板法 ······ 324
  - 12.3.5 凝胶注模法 ······ 325
  - 12.3.6 溶胶-凝胶法 ······ 325
  - 12.3.7 挤压成型工艺 ······ 326
- 12.4 多孔陶瓷孔结构的表征 ······ 326
  - 12.4.1 显微镜观察法 ······ 326
  - 12.4.2 气体吸附法 ······ 326
  - 12.4.3 X射线小角度散射法 ······ 328
- 12.5 多孔陶瓷的应用 ······ 329
  - 12.5.1 保温绝热陶瓷 ······ 329
  - 12.5.2 多孔陶瓷过滤膜 ······ 329
  - 12.5.3 多孔隔音吸音陶瓷 ······ 330
  - 12.5.4 多孔生物陶瓷 ······ 332
- 12.6 多孔陶瓷的共性关键问题 ······ 335
- 12.7 本章小结 ······ 335
- 参考文献 ······ 336

第1章 绪　　论

材料是人类社会物质文明进步的重要标志物之一。人类依次经历了旧石器时代、新石器时代、青铜时代、铁器时代、水泥时代、钢时代、硅时代和新材料时代。德国在1905年率先开始了氧化铝陶瓷刀具的研究，被视为先进陶瓷时代的开端。英国在1912年成功研发首款氧化铝陶瓷刀具。我国在20世纪50年代开始陶瓷刀具的研究，发展到今天，我国已在某些细分领域实现技术领先。每一代材料的发展都推动着新时代的到来。在新材料时代，先进陶瓷是当下最为重要的支柱产业之一。中国工程院发布的《面向2035的新材料强国战略研究》中指出重点发展新材料的需求中多数涉及先进陶瓷，足以体现先进陶瓷在当今社会的战略地位。

1.1　先进陶瓷的概念及分类

先进陶瓷是在国防军工、电子技术、空间技术、芯片技术、极端服役条件等领域强劲需求推动下快速发展起来的一类具有特殊性能的无机非金属材料，在原料、制备、性能和应用等方面均与传统陶瓷存在很大的差异。区别于传统陶瓷，这类材料被称为：先进陶瓷(advanced ceramics)、精细陶瓷(fine ceramics)、工程陶瓷(engineering ceramics)、新型陶瓷(new ceramics)、高技术陶瓷(high technology ceramics)、高性能陶瓷(high performance ceramics)以及特种陶瓷(special ceramics)等。由于习惯和行业特点，美国多用"特种陶瓷"、日本多用"精细陶瓷"、我国多用"先进陶瓷"或"特种陶瓷"[1]的概念。

1.1.1　先进陶瓷的概念

先进陶瓷是指采用超细高纯度人工合成材料或者以精选的无机化合物为原材料，通过精密控制的制备工艺，具有精确的化学组成、精准的晶相和微观结构，并在力学、热学、声学、光学、电学、磁学或者生物特性等某方面具备极其突出的性能，并被用于各种高技术领域的陶瓷材料。

先进陶瓷与传统陶瓷的区别主要体现在以下几个方面。

(1) 原材料。传统陶瓷以天然矿物，如黏土、石英、长石、云母和滑石等为主要原材料，而先进陶瓷主要以人工合成的高纯化工原料为原材料。

(2) 制备工艺。传统陶瓷多用练泥后的塑性成型、注浆成型，烧结温度较低，一般为900~1400℃。先进陶瓷成型方法多种多样，材料的烧结温度一般较高，最高烧成温度可达 2000~3000℃，广泛采用诸如真空烧结、气氛烧结、热压烧结、热等静压烧结等技术手段，烧成后一般尚需后加工。

（3）微观结构。传统陶瓷结构受到黏土等矿物的成分影响，矿物原料的差异导致传统陶瓷材料中的化学成分和组成相复杂多样，杂质成分和杂质相较多而不易控制，显微结构气孔较多且不够均匀。先进陶瓷产品的化学成分和组成相一般较固定、明晰，显微结构一般均匀而细密，气孔极少。

（4）性能和应用。传统陶瓷抗弯强度较低，一般限于日用、建筑、卫生和艺术等应用场景。先进陶瓷具有高强度、高硬度、耐高温、耐磨损、耐腐蚀、抗热震等优良性能，在声、光、热、电、磁、生物相容性等方面也具有独特的性能，某些性能远远超过金属和高分子，在航天工业、核工业等军事工业，以及冶金、石油、化工、电子和汽车等工业领域有着极其广泛的应用。

1.1.2 先进陶瓷的分类

从应用角度，先进陶瓷可以分为"结构陶瓷"和"功能陶瓷"两大类。表 1-1 从种类、性能特点及应用范围等方面简要介绍了几种结构陶瓷材料[2]。

表 1-1 结构陶瓷的主要种类、性能特点及应用范围[2]

种类	性能特点	应用范围
氧化铍陶瓷	具有良好的热稳定性、化学稳定性、导热性、高温绝缘性及核性能	散热器件、高温绝缘材料，反应堆中子减速剂、防辐射材料等
氧化锆陶瓷	耐火度高，比热容和热导率小，化学稳定，高温绝热性好	冶金金属的耐火材料、高温阴离子导体、氧传感器、刀具等
氧化镁陶瓷	介电强度高，高温体积电阻率高，介电损耗低，高温稳定性好	碱性耐火材料、冶炼高纯度金属的坩埚等
氧化铝陶瓷	高硬度、高强度、良好的化学稳定性和透明度	装置瓷、电路基板、磨介材料、刀具、钠灯管、红外检测材料、耐火材料等
碳化硅陶瓷	较高的硬度、强度、韧性，良好的导热性、导电性	耐磨材料、热交换器、耐火材料、发热体、高温机械部件、磨料磨具等
氮化硼陶瓷	熔点高，比热容、热胀系数小，良好的绝缘性；化学稳定性好，能吸收中子（透红外线性能好）	高温固体润滑剂、绝缘材料、反应堆的结构材料、耐火材料、场致发光材料等
氮化硅陶瓷	高温稳定性好，高温蠕变小；摩擦系数、密度、热胀系数小，化学稳定性好，强度高	燃气轮机部件、核聚变屏蔽材料、耐火/耐腐蚀材料、刀具等
赛隆陶瓷	较低的热胀系数，优良的化学稳定性，高温强度高，耐磨损	高温机械部件、耐磨材料等

结构陶瓷具有极其优异的常温或者高温力学性能，如高硬度、高强度、高刚性、耐磨损、耐腐蚀、耐高温、耐热冲击、低热膨胀性、隔热等，并且在恶劣环境下工作其性能也非常稳定。结构陶瓷主要作为工程结构材料使用，又可以分为高温陶瓷、高强陶瓷、超硬陶瓷、耐腐蚀陶瓷。按组成成分，结构陶瓷可细分为氧化物陶瓷、碳化物陶瓷、氮化物陶瓷、硼化物陶瓷等类型。

功能陶瓷主要是利用先进陶瓷极其突出的物理化学性能，如声学、电学、磁学、光学、热学、化学、生物相容性，以及压电、压磁、热电、电光、声光、磁光等耦合性能，且具有相互转化功能的一类陶瓷，包括电子陶瓷、超导陶瓷、生物陶瓷、磁性陶瓷。

功能陶瓷具有品种多、应用广、更换频繁、体积小、附加值高等特点，主要有金属氧化物陶瓷和钛酸盐陶瓷等。表 1-2 简要介绍了功能陶瓷的主要种类、组成及应用[3]。

表 1-2　功能陶瓷的主要种类、组成及应用[3]

分类	种类	典型材料及组成	主要用途
电功能陶瓷	绝缘材料	Al_2O_3、BeO、MgO、AlN、SiC	集成电路基片、高频绝缘陶瓷等
	介电陶瓷	TiO_2、$LaTiO_3$、$Ba_2Ti_9O_{20}$	陶瓷电容器、微波陶瓷等
	铁电陶瓷	$BaTiO_3$、$SrTiO_3$	陶瓷电容器
	压电陶瓷	PZT、PT、LNN、(PbBa)$NaNb_3O_{15}$	超声换能器、谐振器、压电点火器、电动机、表面波延迟元件等
	半导体陶瓷	PTC(Ba-Sr-Pb)TiO_3、NTC(Mn、Co、Ni、Fe、La)CrO_3	温度补偿和自控加热元件、温度传感器、温度补偿器等、热传感元件、防火灾传感器等
	高温超导体陶瓷	CTR(V_2O_3)	超导材料等
磁功能陶瓷	软磁铁氧体	La-Ba-Cu-O、Y-Ba-Cu-O	电视机、计算机磁芯、温度传感器、电波吸收器等
	硬磁铁氧体	Ba、Sr 铁氧体	铁氧体磁石等
	记忆用铁氧体	Li、Mn、Ni、Mg、Zn 与铁形成的尖晶石型铁氧体	计算机磁芯等
光功能陶瓷	透明氧化铝陶瓷	Al_2O_3	高压钠灯灯管等
	透明氧化镁陶瓷	MgO	特殊灯管、红外输出窗等
生物化学功能陶瓷	载体用陶瓷	Al_2O_3 瓷、SiO_2-Al_2O_3 瓷等	汽车尾气催化载体、化工催化载体、酶素固定载体等
	催化用陶瓷	氟石、过渡金属氧化物	接触分解反应催化等
	生物陶瓷	Al_2O_3、$Ca_5(F,Cl)P_3O_{12}$	人造牙齿、关节骨等

结构陶瓷与功能陶瓷并不能截然分开，功能陶瓷在力学性能上也有基本要求，有些结构陶瓷尚有其他功能特性，如碳化硅是常见的研磨材料，但也可利用其半导性作高温发热元件。随着科学技术的发展，结构陶瓷与功能陶瓷的界限逐渐淡化，结构功能一体化材料已经成为重要的研究方向。

1.2　先进陶瓷的发展概述

1.2.1　先进陶瓷的发展历程

第二次世界大战爆发后，为了弥补战略物资的不足，德国考虑使用陶瓷代替钨、钴、镍、铜等战略金属材料，大力开展了高纯度耐火陶瓷、金属陶瓷以及陶瓷表面涂层等方面的研究。20世纪70年代,世界范围的石油危机使先进陶瓷再次受到重视。在开发新能源和有效利用石油能源的呼声中,掀起了先进陶瓷研究和开发的热潮。人们希望用耐高温、高强度的陶瓷取代耐热合金,制备具有高效率的燃气轮发电机和汽车发动机。

先进陶瓷在汽车领域具有广阔的发展空间。从最初开始采用陶瓷材料制作汽车用的绝缘装置,到生产火花塞的绝缘子,又扩展到净化排气的蜂窝陶瓷和氮氧化物传感器等陶瓷。1971年美国率先推出"脆性材料计划",旨在研究涡轮发动机使用的陶瓷零件。美国的陶瓷涡轮发动机示范试验,装有104个陶瓷零件,涡轮的进口温度提高了200℃,功率提高了30%,燃料消耗降低了7%。1979年美国能源部进一步提出了"先进燃气轮机计划",研制成功了AGT100和AGT101发动机,涡轮入口温度分别达到1288℃和1371℃,在实验室单机试验时已达到1×10^5r/min的水平。1983年美国能源部为了支持当时正在进行的陶瓷发动机及部件的研究和开发,制定了"陶瓷技术计划"(1996年改为"发动机系统材料计划")。经过10年的研究,美国能源部认为结构陶瓷的可靠性问题已经解决,主要是昂贵的价格阻碍了它的商品化。为此,1993年又开始了一项为期5年的"热机用低成本陶瓷计划"。德国于1974年开始实施国家科学部资助的陶瓷发动机研究国家计划,1980年底进行室温试验时,转速达到6.5×10^4r/min,1350℃时转速达到5×10^4r/min,在奔驰2000汽车上运行了724km。日本政府于1978年制定了"月光计划",其中包括磁流体发电、先进燃气轮机、先进电池和储能系统等项目。1981年日本又制定了"下一代工业基础技术发展计划",陶瓷是其中重要的项目之一。1984年日本研制的全陶瓷发动机,其热效率达48%,燃料节约了50%,输出功率提高了30%,质量减轻了30%。

我国从20世纪50年代开始先进陶瓷的研究,相继开发的材料有氧化铝陶瓷、氧化铍陶瓷和氮化硅陶瓷等。1976年,清华大学成功研制出以热压方法生产的氮化硅陶瓷刀具。江苏省陶瓷研究所有限公司先后成功开发了纺织瓷件、陶瓷摩擦片、压电陶瓷、泡沫陶瓷、电真空管及陶瓷过滤板等。1991年,广东佛山陶瓷研究所率先建成了国内第一条年产10万支陶瓷辊棒的生产线。1986年,我国开始实施"先进结构陶瓷与绝热发动机"的研究计划。20世纪80年代末,我国研制的无冷却六缸陶瓷柴油发动机大客车运行了15 000km,使我国成为世界上少数几个进行陶瓷发动机行车试验的国家之一[4]。

1.2.2 先进陶瓷的制备工艺发展

一般来讲,传统陶瓷的制备工艺发展侧重点在效率、质量控制等方面,对材料微观结构的要求并不十分严格。先进陶瓷则必须在粉体制备、成型、烧结方面采取特殊的措施,精准控制成分和显微结构,才能获得性能优异的先进陶瓷制品。先进陶瓷的制备工艺主要包括粉体制备、成型、烧结及加工等环节。

1. 先进陶瓷的粉体制备方法

粉体的特性对先进陶瓷的成型、烧结和产品性能都有显著影响。通常情况下,活性高、纯度高、粒径小且粒径分布窄的粉体有利于制备结构均匀、性能优良的陶瓷材料。根据制备原理,粉体制备技术主要分为固相法、液相法和气相法。液相法包括沉淀法、醇盐水解法、水热法、溶胶凝胶法等。以氧化锆为例，制备工艺先后经历了碱熔法、石灰烧结法、直接氯化法、等离子体法、电熔法、氟硅酸钠法。固相法的成本相对较低，便于批量化生产，但引入杂质较多，主要包括碳热还原法(碳化硅粉体、氮氧化铝粉体等)、高温固相合成法(镁铝尖晶石粉体、钛酸钡粉体等)、自蔓延合成法(氮化硅等)和盐类分解法(氧化铝粉体)等。冲击波辅助固体合成法可以大大降低反应温度，提高粉体活性。液相法生产的粉料粒径小、活性高、化学组成便于控制，化学掺杂方便，能够合成复合粉体。气相法主要有物理气相沉积和化学气相沉积两种。与液相法相比，气相法制备的粉体纯度更高、粉料分散性更好、粒度更均匀，但是设备投资较大、成本高。

2. 先进陶瓷的成型技术

根据成型用料的状态，先进陶瓷成型技术可以分为干压成型、等静压成型、挤压成型、轧膜成型、注射成型、注浆成型、注凝成型、流延成型等。对于造粒粉料，成型方法可以采用干压成型、等静压成型等；对于塑性料，成型方法可以采用挤压成型、轧膜成型、注射成型等；对于浆料，成型方法可以采用注浆成型、注凝成型、流延成型等。一些新型成型技术如离心沉积法、电泳沉积法、直接凝固注模成型法和固体无模成型法(喷墨打印技术、3D打印技术、立体光刻成型技术)等相继涌现。

等静压成型是最常见的瘠性料成型工艺，将粉体放入柔性模具或包套中，通过对其施加各项均匀的压力成型，是目前国内应用最为广泛、最为成熟的工艺，分为干袋式等静压和湿袋式等静压。其特点是生坯强度高、成本低、模具简单，但成型尺寸不精确、复杂形状成型较困难，湿袋式自动化生产效率低。

流延成型的原理是黏度合适、分散性良好的料浆通过流延机浆料槽道口流动到基带上，通过基带和刮刀的相对运动使料浆铺展，在表面张力作用下形成有光滑表面的坯体。坯体具有良好的韧性和强度，可以制备厚度从几微米(μm)到1毫米(mm)的陶瓷薄片材料，已经广泛应用到电容器瓷片、氧化铝基片和压电陶瓷膜片的成型工艺中。

注射成型是将高分子聚合物注射成型方法与陶瓷制备工艺相结合发展起来的一种制备陶瓷零部件的新工艺。近几年在国内发展势头迅猛，在小尺寸、高精度、复杂形状陶瓷的大批量生产方面最具优势。发动机转子叶片、滑动轴承、陶瓷轴承球、光纤连接器用陶瓷插芯、陶瓷牙、陶瓷手表等均实现批量化生产。注射成型方法在小尺寸、复杂形状陶瓷零部件生产上是最具发展前景的成型方法。

注凝成型是借助料浆中有机单体聚合交联将陶瓷料浆固化成型，可制备出大尺寸薄壁陶瓷或形状复杂的产品。其特点是近净尺寸成型、有机物含量少，坯体强度高可进行机械加工，适合大规模批量化生产。目前国内注凝成型应用最成熟的产品为大尺寸熔融石英坩埚、薄片氧化铝基片、二氧化锆陶瓷微珠等。我国是全球唯一采用注凝工艺生产石英坩埚的国家，生产的熔融石英坩埚尺寸达1200mm×1200mm×540mm，其使用性能达到国际先进水平。

3. 先进陶瓷的烧结技术

陶瓷烧结可以分为固相烧结和液相烧结。烧结技术按照烧结压力可分为无压烧结、气氮烧结、真空烧结、热压烧结、热等静压烧结等。近些年发展了微波烧结、放电等离子体烧结、自蔓延高温烧结等新型烧结技术。

1) 热压烧结

对于 Si_3N_4、BN、ZrB_2 等难烧结材料需要在加热过程中给予压力，使其达到致密化，此种烧结方式称为热压烧结(hot pressing sintering)，可分为单向加压和双向加压。热压烧结一般可在低于常压烧结温度 100~200℃的条件下接近理论密度，同时提高制品的性能如透明性、电导率及可靠性。目前国内在热压烧结 AlON、YAG(yttrium aluminium garnet，钇铝石榴石)等透明陶瓷及 BN 可切削陶瓷方面达到或接近国际水平。热压烧结通常只能制造形状单一的产品。

2) 气压烧结

气压烧结(gas pressing sintering)是指在陶瓷高温烧结过程中施加一定的气体压力，范围在 1~10MPa，气压可以抑制高温下陶瓷材料的相分解和失重，从而提高烧结温度，促进材料的致密化，是先进陶瓷最重要的烧结技术之一。该技术最早由日本报道，最大优势在于可以制备性能优良、形状复杂的共价键陶瓷，并可以实现批量化生产。近 30 年来，气压烧结在日本、美国、德国和中国得到了广泛而深入的研究，烧结材料的范围不断扩大与推广，国内在气压烧结大尺寸氮化硅陶瓷方面突破了国外技术封锁，实现了技术国产化。

3) 放电等离子体烧结

放电等离子体烧结(spark plasma sintering)是利用等离子体所特有的高温快速烧成特点的一种新型材料制备工艺方法，被誉为陶瓷烧结技术发展的一次突破，广泛用于磁性材料、梯度功能材料、纳米陶瓷、透明陶瓷、纤维增强陶瓷和金属间化合物等系列新型材料。其优点是烧结温度低，烧结时间短(只需 3~10min)，晶粒细小，致密度高，是近净尺寸烧结技术。此外，装置相对较简单，能量利用率高，运行费用低，易实现烧结工艺的一体化和自动化。

4) 微波烧结

微波烧结(microwave sintering)是微波电磁场与材料介质相互作用导致介电损耗而使材料表面和内部同时受热。其优点是升温速率快，可实现快速烧结和晶粒细化；整体均匀加热，内部温度场均匀；利用微波对材料的选择性加热，可以对材料某些部位进行加热修复或缺陷愈合；微波加热高效节能，节能效率可达 50%左右；无热惯性，便于实现烧结的瞬时升温和降温[5]。

4. 先进陶瓷的加工技术

先进陶瓷属于难加工材料，具超高强度、超高硬度，大部分产品脆性大，机械加工性能差，加工难度大，稍有不慎就可能产生裂纹或被破坏。开发高效率、高质量、低成本的陶瓷精密加工技术已经成为国内外陶瓷领域的热点。传统的陶瓷加工技术主要是机械加工，包括陶瓷磨削、研磨和抛光。近 20 年来，电火花加工、超声波加工、激光加工和化学加工等加工技术逐步在陶瓷加工中得到应用。

1.2.3 先进陶瓷产业的发展

目前，先进陶瓷发展处于领先地位的主要有美国、日本、欧盟、俄罗斯等国家和地区。日本在先进陶瓷材料的产业化、民用领域方面占据领先地位；美国在航空航天、核能等领域处于领先地位；欧盟在部分细分应用领域和机械装备领域处于领先地位；俄罗斯、乌克兰在结构陶瓷和陶瓷基复合材料方面实力雄厚[6]。中国在某些尖端先进陶瓷的理论研究和实验水平上已经达到国际先进水平，中国几乎囊括了所有种类先进陶瓷材料的研究、开发和生产；部分先进陶瓷产品已能批量生产，并能占领一定的国际市场。

2020 年，全球先进陶瓷市场规模约 1000 亿美元，年均增长率约 8%，预计 2024 年可达 1350 亿美元。从未来的销售趋势看，先进陶瓷产业市场规模年平均增长率总体为 6.3%。2021 年，亚太地区(包括日本)的全球市场份额为 53%，美国为 26%，欧洲占 13%，亚太地区的销售额和增长率是逐年升高趋势。

先进陶瓷的产业链按照上中下游可分为材料、器件、应用[7,8]。材料主要有陶瓷粉体、氧化物陶瓷、非氧化物陶瓷和陶瓷基复合材料等；器件种类繁多，包括工业陶瓷零部件、陶瓷插芯、低温共烧陶瓷基板(low temperature co-fired ceramics，LTCC)、片式多层陶瓷电容器(multi-layer ceramic capacitor，MLCC)、其他陶瓷基板、陶瓷膜、蜂窝陶瓷等；应用包括透明陶瓷、高温陶瓷、耐腐蚀陶瓷、介电陶瓷、电子陶瓷、生物陶瓷等[9,10]。

当前，国内先进陶瓷材料在基础技术、应用技术和产业化方面与国外发达国家相比存在一定差距。现阶段国内高质量陶瓷粉体材料的纯度、分散性、均匀性、性能稳定性等均与国外有较大差距，高质量粉体仍然依赖进口。高端装备中大量的陶瓷零部件制品仍需进口，如手机中使用的片式压电陶瓷滤波器、风力发电机陶瓷绝缘轴承等。国内高质量先进陶瓷产品的产业化能力明显落后于国外企业[11]。

近 20 年，先进陶瓷的基础理论和制备技术都得到了长足发展。陶瓷的基础理论研究能够支撑新型陶瓷材料的开发，满足不断拓展的高技术领域的材料需求，能够为新材料体系、新结构设计、新应用场景提供基础保障。我国陶瓷粉体技术的研究与产业化，逐渐打破了高端粉体受国外制约的现状，满足了陶瓷发展的基本需要。陶瓷增韧技术的研究也是突破先进陶瓷应用局限性的关键技术之一，强韧化技术将实现先进陶瓷应用领域的极大扩展。先进陶瓷生产成本的不断降低将快速拓展其应用领域，包括产业化制备技术、精密加工技术和生产装备国产化技术等。能源转化载体的储能陶瓷、在环境保护中作用突出的陶瓷过滤膜等功能结构一体化陶瓷、以 Si_3N_4 为代表综合性能优良的结构陶瓷、以 AlON 透明陶瓷为代表的光电陶瓷、电子陶瓷元器件、防弹陶瓷、生物陶瓷和陶瓷基复合材料将成为重点发展方向。

当前国家正为推动战略性新兴产业的发展不断出台政策和配置资源，多个战略性新兴产业发展的需求量增长将对先进陶瓷行业带来巨大的需求牵引，先进陶瓷必然迎来巨大的发展机遇。先进陶瓷还有许多基础理论、制备技术和独特性能等待人们继续去探索、去发现，先进陶瓷的发展方兴未艾、潜力巨大。

参 考 文 献

[1] 毕见强, 赵萍, 邵明梁, 等. 特种陶瓷工艺与性能[M]. 哈尔滨: 哈尔滨工业大学出版社, 2008.

[2] 李世普. 特种陶瓷工艺学[M]. 武汉: 武汉理工大学出版社, 2007.

[3] 刘维良, 喻佑华. 先进陶瓷工艺学[M]. 武汉: 武汉理工大学出版社, 2004.

[4] 高瑞平. 李晓光, 施剑林, 等. 先进陶瓷物理与化学原理及技术[M]. 北京: 科学出版社, 2001.

[5] 朱佑念, 杨超, 张晓东, 等. 特种陶瓷的微波烧结技术及研究进展[J]. 中国陶瓷工业, 2012, 19(6): 40-43.

[6] 谢志鹏, 范彬彬. 国外先进陶瓷研发及产业化应用发展状况[J]. 景德镇陶瓷, 2021(6): 17-20.

[7] 罗维志. 关于打造淄博先进陶瓷产业链的几点思考[J]. 山东陶瓷, 2021, 44(6): 11-12.

[8] 宋涛, 于宏林, 张晓丽, 等. 淄博市先进陶瓷产业现状分析研究[J]. 山东陶瓷, 2022, 45(1): 57-61.

[9] 傅正义, 李建保. 先进陶瓷及无机非金属材料[M]. 北京: 科学出版社, 2007.

[10] 郑培烽, 刘继武. 现代先进陶瓷的分类及技术应用[J]. 陶瓷, 2009(4): 15-18.

[11] 宋涛, 宁小亮, 李伶, 等. 国内外先进陶瓷发展现状及趋势[J]. 山东陶瓷, 2016, 39(3): 19-23.

第 2 章　先进陶瓷的基本性能

2.1　热 学 性 能

2.1.1　比热容

单位质量的物质温度升高(1℃)所吸收的热量称为比热容。1mol 物质温度升高 1℃所吸收的热量称为摩尔比热容。恒定压力下物质的比热容称为定压比热容，可写为

$$C_{\mathrm{p}} = \left(\frac{\partial Q}{\partial T}\right)_{\mathrm{p}} = \left(\frac{\partial H}{\partial T}\right)_{\mathrm{p}} \tag{2-1}$$

恒定体积时物质的比热容称为定积比热容，可写为

$$C_{\mathrm{v}} = \left(\frac{\partial Q}{\partial T}\right)_{\mathrm{v}} = \left(\frac{\partial H}{\partial T}\right)_{\mathrm{v}} \tag{2-2}$$

式中，Q 为热量；H 为焓；T 为温度。

一般情况下，陶瓷的 $C_{\mathrm{p}} \approx C_{\mathrm{v}}$，但高温时差别较大。几种陶瓷材料比热容与温度的关系如图 2-1 所示[1]。低温时，随着温度降低 C_{v} 趋近于零；高温时，C_{v} 随温度的升高趋于恒定值 $3R$[R=8.314J/(mol·℃)，为气体常数]。对于大多数陶瓷，当温度超过 1000℃时，C_{v} 接近 $3R$=24.942J/(mol·℃)。

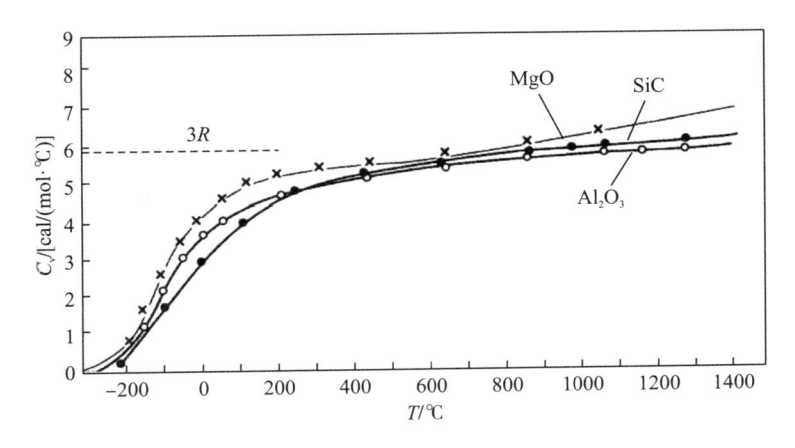

图 2-1　几种陶瓷材料比热容与温度的关系

注：1cal=4.1868J。

根据德拜定律：

$$C_v = 3R \times f\left(\frac{Q_D}{T}\right) \tag{2-3}$$

式中，Q_D 称为德拜温度。低温时，C_v 与 $(T/Q_D)^3$ 成正比，趋近于零；高温时，$f(Q_D/T)$ 趋近于 1，C_v 趋于常数 $3R$[2]。

德拜理论的物理模型是：固体中原子的受热振动不是孤立的，而是互相联系的，可以看成一系列弹性波的叠加。弹性波的能量是量子化的，将其能量量子称为声子。热源来源于激发的声子数量。在低温下，激发的声子数少，接近 0K 时 C_v 趋近于零；温度升高，能量最大的声子容易激发出来，热容增大。高温时，各种振动方式都已激发，每种振动频率的声子数随温度呈线性增加，故 C_v 趋于常数[3]。

2.1.2 热膨胀系数

物质的热膨胀系数可用体积膨胀系数或线膨胀系数表示。

物质的体积随物质的温度变化产生的相对变化称为体积膨胀系数。体积膨胀系数可写为

$$\alpha_v = \frac{1}{V} \times \frac{dV}{dT} \tag{2-4}$$

式中，V 为物质的体积；T 为温度。

物质的长度随物质的温度变化产生的相对变化称为线膨胀系数。线膨胀系数可写为

$$\alpha_l = \frac{1}{L} \times \frac{dL}{dT} \tag{2-5}$$

式中，L 为物质的长度。

对于陶瓷材料，$\alpha_v = 3\alpha_l$，因此，只用线膨胀系数就能表示这类材料的热膨胀特性。大多数固体材料的热膨胀系数是正值。陶瓷材料的线膨胀系数为 $(10^{-7} \sim 10^{-5})/℃$。热膨胀系数大的材料，其体积随温度的变化较大，升温过程造成较大的热致内应力。当温度急剧变化时，陶瓷材料可能产生应力诱导裂纹甚至开裂。热膨胀系数对于陶瓷材料的釉料配置、金属化、封装等非常重要。表 2-1 为一些陶瓷材料在规定温度范围内的平均线膨胀系数。

表 2-1 一些陶瓷材料在规定范围内的平均线膨胀系数

材料名称	$\alpha_l / (\times 10^{-6}/℃)$	材料名称	$\alpha_l / (\times 10^{-6}/℃)$
滑石瓷(20~100℃)	8	金红石陶瓷(20~100℃)	9
低碱瓷(20~100℃)	6	铁电陶瓷(20~100℃)	12
75 氧化铝瓷(20~100℃)	6	堇青石陶瓷(20~1000℃)	2.0~2.5
95 氧化铝瓷(20~500℃)	6.5~8.0		

2.1.3 导热系数

固体材料一端的温度比另一端高时，热量会从热端传到冷端，或从热物体传到另一相

接触的冷物体，此现象称为热传导。不同材料的热传导能力不同。例如，在金属导体中自由电子起着决定性作用，因而这种材料导热、导电的能力很强。在绝缘体中自由电子极少，它们的导热主要依靠构成该材料的基本质点——原子、离子或分子的热振动，所以绝缘体的导热能力一般比金属小得多。有一些材料既绝缘又导热，如氧化铍陶瓷、氮化硼陶瓷等。

在热传导过程中，单位时间通过物质传导的热量 dQ/dT 与截面积 S、温度梯度 dT/dh 成正比，即：

$$\frac{dQ}{dT} = -\lambda \times S \times \frac{dT}{dh} \tag{2-6}$$

式中，λ 为导热系数，指单位温度梯度、单位时间内通过单位横截面积的热量，单位为 W/(cm·K) 或 cal/(cm·s·℃)，是衡量物质热传导能力的参数。

式(2-6)适用于稳定传热，即物体各部分的温度在传热过程中不变，也就是在传热过程中流入任一截面的热量等于由另一截面流出的热量。在不稳定传热条件下，常采用导温系数(K)来衡量材料在温度变化时各部分温度趋于均匀的能力。设在一个温度均匀的环境内，某物体表面突然受热，与内部产生温差，热量传入内部。热量的传播速度与导热系数 λ 成正比，与比热容 C 和密度 ρ 的乘积成反比，即：

$$K = \frac{\lambda}{C \times \rho} \tag{2-7}$$

影响导热系数的因素有很多，主要有化学组成、晶体结构、气孔等，不同温度材料的导热系数也不同。几种陶瓷材料的导热系数见表2-2。

表 2-2　几种陶瓷材料的导热系数

材料	温度/℃	λ/[cal/(cm·s·℃)]	材料	温度/℃	λ/[cal/(cm·s·℃)]
95 氧化铝瓷	20 100	0.04 0.03	铜	20 100	0.920 0.903
95 氧化铍瓷	20 100	0.48 0.40	镍	20	0.147
95 氮化硼瓷 （垂直热压方向）	60	0.10	钼	20	0.35

2.1.4　抗热震性

抗热震性是指材料在承受温度急剧变化的条件下抵抗破坏的能力，也即材料的热稳定性。陶瓷材料在加工和实际使用过程中，常常受到环境温度急剧变化的热冲击，一般的陶瓷材料抗热冲击性较差，常有陶瓷材料发生瞬时断裂和表面开裂、剥落，最后碎裂或损坏。抗热震性与材料的膨胀系数、热导率、弹性模量、机械强度、断裂韧性、热应力等因素有关，陶瓷制品的抗热震性还与其形状、尺寸等因素有关。通常陶瓷材料的抗热震性比较差，其在热冲击下的损坏有两种类型：一种是材料发生瞬时断裂，对这类破坏的抵抗称为抗热震断裂性；另一种是指在热冲击的循环作用下，材料表面开裂、剥落，并不断发展，最终导致陶瓷材料碎裂或变质而损坏，对这类破坏的抵抗能力称为抗热震损伤性。

抗热震性能的表述和测试方法有多种，简单介绍以下几种。

(1) 将待测试样升至不同的试验温度后，淬冷（风冷或水冷），测得具有可见缺陷的试样数量及缺陷类型；若试样均未产生可见缺陷，可进行多次升温-淬冷循环[4]。

(2) 将待测试样升至预定温度后，淬冷（风冷或水冷），并循环一定的次数，测量试样淬冷后在一定弯曲应力作用下而不发生断裂破坏的最大循环次数，或测量试样表面开始出现目视可辨裂纹时对应的循环次数[5]。

(3) 将待测试样升至预定温度后，水冷，干燥后测量试样受热端面的破损程度，计算试样受热端面的破损率[6]。

(4) 将待测试样升至不同的温度后，水冷，测其残余弯曲强度后进行渗透探伤，确定弯曲强度发生不明显下降的最大温差，或者试样不产生开裂所能承受的最大温差，以此温差值的大小表征材料的抗热震性能[7]。

(5) 将待测试样升至预定温度，保温一段时间后从加热炉中取出，置于空气中冷却，以试样热震前、后抗折强度的保持率来评价其热震损伤程度[8]。

无论用哪种方法来表征抗热震性能，核心都是要通过试验求出某种性能的突变拐点以及相应的表征参数。

1. 热应力

材料在不受其他外力的作用下，因热冲击使材料对环境或材料内各组分之间产生的作用力称为热应力。可以分为两种情况讨论。

取一同性、均质的长度为 l 的杆件，当它的温度从 T_0 升到 T' 后，杆件发生 Δl 的膨胀。若杆件能够完全自由膨胀，则杆件内不会因热膨胀而产生应力，若杆件的两端是完全刚性约束的，这样杆件的热膨胀不能实现，而杆件与支撑体之间就会产生很大的应力，杆件所受到的抑制力，相当于把样品允许自由膨胀后的长度 $(l+\Delta l)$，压缩为 l 所需要的力，在弹性限度内，杆件所承受的压应力服从虎克定律，则热应力[9]：

$$\sigma = E \times \frac{-\Delta l}{l} = -E \times \alpha \times (T' - T_0) \tag{2-8}$$

式中，E 为材料的弹性模量；α 为热膨胀系数；负号代表的是压应力。若上述情况发生在冷却状态下，即 $T' < T_0$，则材料中的内应力为张应力。

材料内各部分之间由于热膨胀变形的差异，而使各部分之间产生热应力，例如上釉陶瓷制品的坯体和釉层之间产生的热应力。对于各向同性的材料，当材料中存在温度梯度时，也会产生热应力。各向异性的材料和多相复合的材料，因各相热膨胀系数的不同而相互间产生热应力。

2. 抗热震断裂因子

材料中最大热应力值 σ_{max} 不超过陶瓷材料的强度极限 σ_b，则陶瓷材料不会发生损坏。根据公式 (2-8) 可得到材料中允许存在的最大温差 ΔT_{max} 为

$$\Delta T_{max} = \sigma_b \times \frac{1-\mu}{E \times \alpha} \tag{2-9}$$

式中，μ 为材料的泊松比。

显然 ΔT_{max} 的值越大，说明材料能承受的温度变化越大，即抗热震性越好。定义 $R=\sigma\times(1-\mu)/E\times\alpha$ 为材料的第一热应力断裂抵抗因子，简称第一热应力因子。

实际情况要复杂得多，材料是否出现热应力断裂，与热应力 σ_{max} 的大小有密切关系，还与材料中应力的分布、应力产生的速率和持续时间、材料的特性（如延性、均匀性等）以及材料内部存在的裂纹、缺陷等有关。实际制品中的热应力与材料的热导率、几何形状及大小、材料表面对环境进行热传递的能力等都有关。例如，热导率大、制品厚度小、表面对环境的传热系数小等都有利于制品中温度趋于均匀，而使制品的抗热震性改善。

表面传热系数 $h[W/(m^2\cdot K)]$ 表示材料表面与环境介质间，在单位温度差下单位面积上、单位时间内能传递给环境介质的热量或从环境介质所吸收的热量。显然 h 和环境介质的性质及状态有关。例如在静止的空气中 h 值就小，如接触的是高速气流，则气体能迅速地带走材料热量，h 值就大，表面层的温差就大，材料被损坏的危险性就增大。

在一些实际场合中往往关心的是材料允许的最大冷却（或加热）速率 dT/dt，对于厚度为 $2b$ 的平板[10]：

$$\left(\frac{dT}{dt}\right)_{max}=\frac{\sigma(1-\mu)}{\alpha E}\times\frac{\lambda}{\rho C}\times\frac{3}{b^2} \qquad (2\text{-}10)$$

式中，ρ 为材料的密度；C 为比热容；$\alpha=\lambda/\rho C$，为热扩散系数，表征材料在温度变化时内部各部分温度趋于均匀的能力。因此又定义 R'' 为第三热应力断裂抵抗因子：

$$R''=\frac{\sigma(1-\mu)}{\alpha E}\times\frac{\lambda}{\rho C} \qquad (2\text{-}11)$$

3. 抗热震损伤性

抗热震断裂因子是从热弹性力学的观点出发，以强度-应力为判据，认为材料中热应力达到抗张强度极限后，材料就产生开裂，一旦有裂纹产生就会导致材料完全破坏，可较好地适用于玻璃和陶瓷等致密的脆性材料。对于一些含有微孔的材料（如保温砖、泡沫陶瓷等）和非均质的金属陶瓷等都不适用，这些材料在热冲击下产生裂纹时，即使裂纹是从表面开始，在裂纹的瞬时扩张过程中也可能被微孔、晶界或金属相所终止，而不致引起材料的完全破坏。例如耐火砖，含有一定的气孔率时（如10%~20%）具有较好的抗热冲击损伤性。气孔的存在会降低材料的强度和热导率，不能用强度理论解释，需要从断裂力学观点出发以应变能-断裂能作为损伤判据。按照断裂力学的观点，对于材料的损坏，不仅要考虑材料中裂纹的产生情况（包括材料中原先已有的裂纹），还要考虑在应力作用下裂纹的扩展、发展情况。如果裂纹的扩展能被抑制在一个小的范围内，材料可能不会被完全破坏。实际材料中都存在一些大小和数量不等的微裂纹，在发生热冲击时，这些裂纹扩展的程度，与材料积存的弹性应变能和裂纹扩展的断裂能有关。弹性应变能较小，则原裂纹扩展的可能性就小；裂纹蔓延时的断裂表面能大，则裂纹蔓延的程度就小，材料抗热震性就好。抗热应力损伤性正比于断裂表面能，反比于应变能。强度高的材料，原存在的裂纹在热应力作用下，容易产生过度的扩展和蔓延，对抗热震性不利，尤其是在一些晶粒较大的样品中经常会遇到这样的情况。

4. 影响抗热震性的因素

(1) 强度。高的强度使材料抗热震断裂性能增强，抗热震性得到改善。对于脆性材料，由于抗张强度小于抗压强度，因此提高抗张强度能起到明显的作用。例如金属陶瓷因有较高的抗张强度(同时又有较高的热导率 λ)，其抗热震性较好。陶瓷体烧结致密的细晶粒状态一般比缺陷裂纹较多的粗晶粒状态的强度更高，而使抗热震性较好。

(2) 弹性模量。弹性模量 E 值的大小表征的是材料弹性的大小。E 值如果大，则在热冲击条件下材料难以通过变形来部分地抵消热应力，使得材料中存在的热应力较大，而对抗热震性不利。石墨强度很低，E 值极小，同时膨胀系数也不大，所以有很高的 R 值，又因热导率高，所以抗热震性良好。气孔会降低 E 值，然而又会降低强度、热导率等，影响比较复杂。

(3) 热膨胀系数。热膨胀现象是材料中产生热应力的本质。同样条件下热膨胀系数越小，材料中热应力越小，抗热震性越好。石英玻璃和堇青石陶瓷具有优良的抗热震性，就是因为这类材料的热膨胀系数很小。

(4) 热导率。热导率 λ 值大，材料中温度易于均匀，温差应力就小，所以利于改善抗热震性。如氧化铍与氧化铝的 R 值相近，但因氧化铍的 λ 值比氧化铝高得多，因此抗热震性更优良。石墨、碳化硼、氮化硼陶瓷等有良好的抗热震性都与它们有着高 λ 值密切相关。

材料的抗热震性是由各个因素共同起作用，并不能片面地、单一地考虑各因素，而必须综合考虑。

5. 提高陶瓷抗热震性的途径

提高陶瓷抗热震性的途径主要有以下两个。

(1) 陶瓷材料的复相化、复合化是改善陶瓷抗热震性的有效途径。

(2) 发展梯度功能化陶瓷和纳米陶瓷。

陶瓷材料朝着致密化高强化和多孔低密轻质化两个方向发展。前者要提高抗热震断裂能力，应选择低模量和低热膨胀系数的组分，并利用晶须、纤维补强增韧，提高韧性。低密轻质陶瓷主要应用纤维补强增韧，改善材料的裂纹容忍性。具体要求：①热膨胀系数匹配；②纤维与基体间的结合力要适宜，即要保证基体上载荷向纤维上的有效传递，使纤维从基体中有足够长度拔出；③纤维与基体间在制备及服役条件下不发生不利的化学反应；④纤维具有高于基体材料的高强度和高模量。

2.2 力 学 性 能

陶瓷的力学性能是衡量陶瓷材料在不同的受力状态下抵抗破坏的能力，是陶瓷工件安全合理设计的重要指标，是决定陶瓷能否安全使用的关键指标。对陶瓷材料力学性能的检测和评价直接关系到构件的安全可靠性。陶瓷材料的常规力学性能包括弹性模量、硬度、抗拉强度、抗压强度、抗弯强度和断裂韧性等。对于高温陶瓷而言，高温力学性能主要包括高温强度、高温疲劳和蠕变等指标；对于耐磨材料，抗摩擦磨损性能非常重要；对于耐火材料，抗热震性能非常重要。

2.2.1 抗拉强度

抗拉强度是陶瓷材料在均匀拉应力的作用下发生断裂时的平均应力，反映了材料的断裂抗力。

拉伸试验要求试件内的应力是均匀拉应力，对于陶瓷类脆性材料是很难实现的。因为这不仅要求试件做得绝对光滑、对称，还要求试验机夹头绝对垂直对中，没有偏斜，在拉伸试验中试样不发生扭转等行为。即使以上条件都能得到保证，试样内部的微缺陷也可以导致应力集中而无法得到绝对均匀应力。这就使得陶瓷拉伸试验的费用高而且精度难以保证，这也是陶瓷的强度测试广泛采用抗弯强度，而很少采用抗拉强度的原因。

抗拉强度也可以采用其他方法来测试。例如，可对薄壁空心圆柱形试件的内部施加水力静负荷来测量，近似于把薄壁的拉应力看作均匀的；也可用圆形试样进行压载试验，测出中心轴上的应力，但这种试样加工困难。总之，要设法在某一截面上产生均匀的拉应力直到破坏便是成功的。

为了解决偏心度的影响，日本《室温和高温下精制陶瓷拉伸强度的测试方法》(JIS R1606—1995)标准中规定，在拉伸试验系统中引入对中保持装置、轴承或缓冲保持装置等，将弯曲应变成分限制在10%以内。美国的ASTM标准中，弯曲应变成分限制在5%以内。我国的《精细陶瓷室温拉伸强度试验方法》(GB/T 23805—2009)[11]也提出在进行陶瓷材料拉伸强度试验时，须对其弯曲度进行校验以保证轴向对中。

为了解决拉伸试验中产生的不可避免的误差和试样加工中的困难以及节约试验费用，可以用弯曲强度来估算脆性材料的拉伸强度。从本质上说，弯曲强度是代表局部拉伸条件下的抗拉强度，或者说是在一定应力梯度条件下的拉伸强度，区别则是应力状态不同（即均匀拉伸和非均匀拉伸）以及在整个试样中受拉作用区域大小不同。实际上，脆性材料的断裂是由一个跟材料性能有关的破坏发生区(process zone，也叫过程区)内的平均应力控制，而非由一点的最大应力（应力峰值）决定[12]。因此，对于非均匀的弯曲应力状态，在过程区内的平均应力达到临界值（拉伸强度）时发生断裂，破坏时的应力峰值（弯曲强度）σ_b与拉伸强度σ_t和破坏发生区尺寸$\varDelta$的关系为[13]：

$$\sigma_t = \left(1 - \frac{\varDelta}{h}\right)\sigma_b \tag{2-12}$$

式中，h为弯曲试样的厚度。式(2-12)是考虑应力梯度差异所得到的拉伸强度与弯曲强度的关系，称为应力梯度效应，适用于样品厚度大于$2\varDelta$的弯曲强度试验。试样的厚度越大，二者的值越接近。试样厚度较大时，破坏发生区内的弯曲应力分布接近于单向均匀拉伸应力；而当试样的厚度较小时，弯曲应力梯度大，弯曲强度比拉伸强度大得多。

严格地说，实际工程材料的抗拉强度并不是一个常数，而是与待测试件的体积大小有关。脆性材料的破坏主要由材料内部或表面的微裂纹引起，由于压力区的裂纹导致断裂的概率很小，可以认为只有受拉区域内的裂纹才是有效裂纹。受拉伸区域越大则有效体积越大,有效缺陷越多,强度越低。拉伸试样具有最大的拉伸区域体积,比弯曲试样含有更多的有效裂纹,所以拉伸强度值低于弯曲强度。单向拉伸较符合最弱连接链模型,对于相同材料,按韦布尔(Weibull)统计断裂理论求得两种受力状态下不同有效体积的强度关系为

$$\frac{\sigma_1}{\sigma_2} = \left(\frac{V_2}{V_1}\right)^{\frac{1}{m}} \tag{2-13}$$

式中,m 为韦布尔模数;σ_1 为有效体积为 V_1 时试样的强度;σ_2 为有效体积为 V_2 时试样的强度。

有效体积 V_e 可表示为拉应力在总体积内的积分:

$$V_e = \int_V \left[\frac{\sigma(x,y,z)}{\sigma_{\max}}\right]^m dv \tag{2-14}$$

如果拉伸和弯曲试样体积相同,均为 V_0,可求得三点弯曲试验时试样的有效体积为

$$V_e = \frac{V_0}{2(m+1)^2} \tag{2-15}$$

均匀拉伸试样的有效体积等于原体积。所以在试样大小相同的情况下,从缺陷概率角度考虑拉伸强度与弯曲强度的关系为

$$\sigma_t = \left[\frac{1}{2(m+1)^2}\right]^{\frac{1}{m}} \times \sigma_b \tag{2-16}$$

如果有绝对均匀材料,即 m 值趋于无穷大,则拉伸强度等于弯曲强度。一般情况下陶瓷的 m 值在 10 左右,则推导出 $\sigma_t \approx 0.5776 \times \sigma_b$。

2.2.2 抗压强度

抗压强度是陶瓷材料的一个常用指标,也称压缩强度,是指一定尺寸和形状的陶瓷试样在规定的试验机上受轴向压应力作用时,试样不发生断裂变形的条件下,单位面积上所能够承受的最大压应力。一般地,陶瓷材料的抗压强度比拉伸强度高得多,通常是其 10 倍甚至更高。

抗压试验样品上下表面的平行度要求非常重要,否则难以达到均匀压缩的条件。脆性材料抗压强度测试时,可选用直径为 (5±0.1)mm、长度为 (12.5±0.1)mm 的圆柱形试样,每组试样为 10 个以上。也可以用正方形截面的方棱柱试样,边长为 (5±0.1)mm、高度为 (12.5±0.1)mm。陶瓷基复合材料可采用相同的方法测试。抗压强度与拉伸强度的比值也被视作一种脆性的指标。陶瓷材料的抗压强度试验方法参见《精细陶瓷压缩强度试验方法》(GB/T 8489—2006)[14]和《陶瓷材料抗压强度试验方法》(GB/T 4740—1999)。

2.2.3 抗弯强度

抗弯强度又叫弯曲强度,它反映试件在弯曲载荷作用下所能承受的最大弯拉应力。一般把试样做成标准的矩形梁,进行三点或四点弯曲试验,三点弯曲和四点弯曲试验示意图

如图 2-2～图 2-4 所示。按照国家标准，样品尺寸的下跨距、宽度和厚度分别为 30mm、4mm 和 3mm。样品需要四面抛光和倒角，以降低表面缺陷的影响。四点弯曲的上跨距一般为下跨距的 1/3。加载方式通常采用位移加载，加载速率为 0.5mm/min。

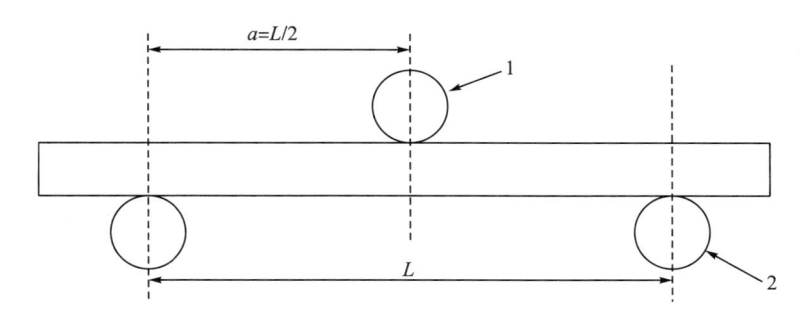

图 2-2　三点弯曲法示意图
1-上压辊棒；2-支撑辊棒；L-跨距；后同

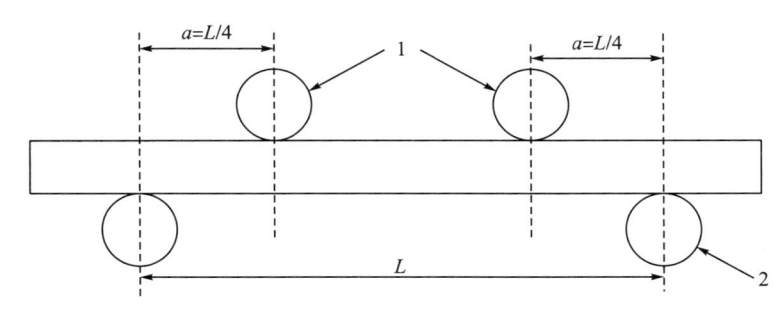

图 2-3　四点弯曲试验示意图（1/4 弯曲）

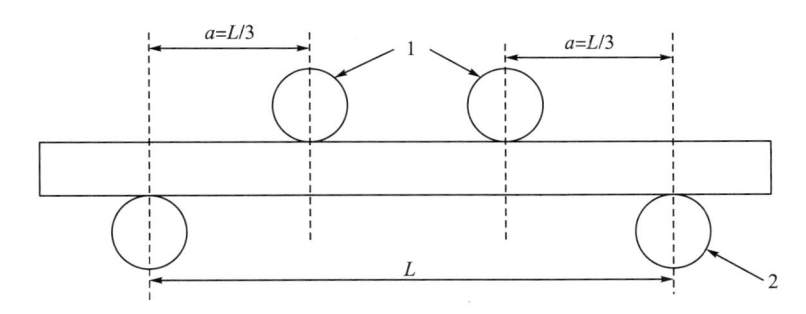

图 2-4　四点弯曲试验示意图（1/3 弯曲）

三点弯曲强度计算公式如下：

$$\sigma_b = \frac{3 \times P \times L}{2 \times b \times h^2} \tag{2-17}$$

式中，σ_b 为三点弯曲强度，MPa；P 为试样断裂时的最大载荷，N；L 为试样支座间的距离，即为夹具的下跨距；b 为试样宽度；h 为试样厚度。

四点弯曲强度计算公式如下：

$$\sigma_b = \frac{3 \times P \times a}{b \times h^2} \tag{2-18}$$

式中，a 为试样所受弯曲力臂的长度，$a=L/4$ 或者 $a=L/3$。

弯曲试验时，存在一些导致测试误差的因素，主要包括：①加载构型。由于三点弯曲试验的有效体积较小，而四点弯曲试样所承受的最大拉应力作用的区域较三点弯曲的大，有效体积更大。对于三点弯曲，有效体积为 $V_3=V_0/[2(m+1)^2]$；对于四点弯曲（1/4 弯曲），有效体积为 $V_4=V_0(m+2)/[4(m+1)^2]$。其中，V_0 为试件的整个体积。当 $m=10$ 时，$V_3=0.004V_0$，$V_4=0.025V_0$，即 $V_3<V_4$。四点弯曲试样有效缺陷多，由最危险裂纹导致断裂的概率相对较大，故三点弯曲强度经常比四点弯曲强度更高。基于同样的原因，上跨距越大的四点弯曲试验将获得越低的弯曲强度测试结果。三点弯曲与四点弯曲试验的强度相差大小取决于韦布尔模数的大小，当韦布尔模数越大，这两种受力方式得到的强度相差越小。②支撑点。支撑点与试样间的摩擦约束、接触点处的应力集中、支撑点的非对称分布均会影响弯曲强度测试结果。③试样形状。三点弯曲和四点弯曲强度的计算公式仅考虑了弯曲正应力。若试样的厚度大于 a 的 1/5 时，剪应力就变得重要起来，相应的强度计算结果将偏高，当然，如果厚度很小，样品的弯曲挠度和应力梯度很大，也可导致强度偏高。④试样的表面状态。在外力作用下，脆性材料表面缺陷是高度应力集中点，其所受的拉应力是平均拉应力的数倍，因此断裂源往往开始于这些应力集中度很高的地方。一般来说，常规机械加工获得的试样表面含有大量的加工损伤（划痕），表现出较低的强度；而经过抛光和倒角处理后，其强度值会有所提高。《精细陶瓷弯曲强度试验方法》（GB/T 6569—2006）[15]利用纵向研磨使得试样表面大多数微裂纹平行于试样的张力作用方向，从而使得测得的强度值尽量接近于材料的真实强度。

高温环境下的弯曲强度测试类似于常温实验，在高温环境下于空气、真空或惰性气体中进行试验，通过载荷与时间或载荷与位移的关系图来监测载荷的变化。高温弯曲强度试验的夹具通常采用高温性能良好的碳化硅陶瓷或氧化铝陶瓷制作[16]。

2.2.4 弹性模量

弹性模量也称杨氏模量，是工程材料重要的性能参数。从宏观角度来说，弹性模量是衡量物体抵抗弹性变形能力大小的指标；从微观角度来说，则是原子、离子或分子之间键合强度的反映。固体物质发生的可逆形变称为弹性变形。固体物质在弹性变形过程中的应力（σ）与应变（ε）的比值称为弹性模量，剪应力与剪应变之比为剪切模量，弹性模量也可理解为产生单位弹性应变所需要的应力值，其关系式为 $E=\sigma/\varepsilon$，弹性模量一般以 GPa 为单位。

弹性模量是一种材料常数，从原子尺度上看，其是原子间结合强度的一个表征参量。对于陶瓷材料而言，其弹性模量不仅取决于原子间的结合力，还与材料的组成、显微结构、所包含的缺陷与所处的温度有关，但与构件的尺寸大小和所处的受力状态无关。弹性模量可视为衡量材料产生弹性变形难易程度的指标；其值越大，说明材料的刚度越大，在一定应力作用下，发生弹性变形的形变量就越小，即越不容易变形。陶瓷材料的弹性模量通常可以采用弯曲法和脉冲激励法进行测试[17]。

1. 弯曲法测试弹性模量

弯曲法包括三点弯曲法和四点弯曲法[18]。待测试样形状一般为矩形截面梁，通过测定试样的应力-应变曲线或应力-挠度曲线，在曲线的线弹性范围内（以弯曲强度的 70%对应的载荷作为载荷上限）确定材料的弹性模量。

其具体测试流程为：①测量待测试样中部的宽度和厚度。②调整跨距，把试样放在支座正中，使试样与支撑辊的轴线垂直。③以≤0.1mm/min 的位移速率加载，加载过程中记录载荷-应变曲线或载荷-挠度曲线。为了保证测试精度，通常需要在测量前，先在低载荷范围内对试样反复进行几次加载、卸载，以消除试样在承载初期可能出现的各种非线性变形，如试样与支座或加载压头间的虚接触等。

采用弯曲法测试弹性模量要注意：①样品不能太短粗，尽量使跨距与样品厚度的比值稍大，至少大于 10；②支撑夹具最好是整体的而不是几个小部件组合的，这样是为了减少各种接触变形的影响，特别是一些陶瓷变形很小的情况下，以减少测试误差；③样品上下表面一定要平行。

2. 脉冲激励法测试弹性模量

脉冲激励法的基本原理是利用脉冲激励器来激励矩形截面的梁试样，测量样品的弯曲或扭转响应频率[19]。对于一个自由振动的梁试样，其固有频率是样品质量、尺寸和弹性模量的函数。如果弹性模量是未知的，但样品的固有频率可测得，则反过来可以计算出弹性模量。作用在试样上的瞬时激励是通过自动激发装置或手动小锤的敲击来实现的。激励引起样品的自由振动，通过试样上方的信号接收器采集到振动信号，传输到计算机后通过快速傅里叶变换得到自由振动的前几阶频率，首先利用弯曲振动的基频计算出试样的弹性模量，进而利用扭振主频率计算出剪切模量[20]。由于梁试样自由振动的基频取决于样品尺寸、弹性模量和样品质量，因此，当基频已经测到，并且试样的质量和尺寸已知的情况下，可以计算出弹性模量。弹性模量取决于弯曲响应频率，剪切模量取决于扭曲响应频率。泊松比由材料的弹性模量和剪切模量决定，三者只有两项是独立的。弹性模量测试仪器的基本框图如图 2-5 所示[21]。

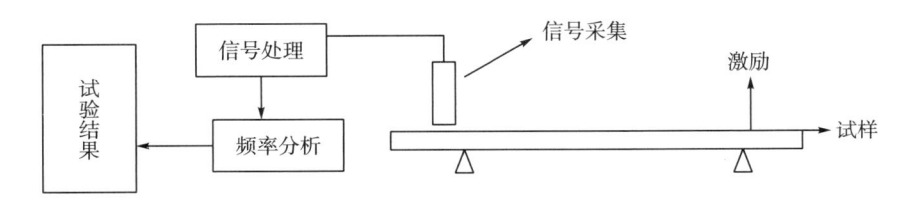

图 2-5 弹性模量测试仪器的基本框图

2.2.5 冲击强度及冲击韧性

冲击强度是在冲击载荷作用下，材料发生破坏时的最大应力。冲击强度的大小不仅与试样的尺寸和形状有关，而且与冲击速度有关。冲击强度试验的载荷传感器通常采用动态力传感器。采用万能材料试验机来做载荷速率效应的试验，为了在断裂瞬态采集到载荷峰值，其采样频率应能达到 1000Hz。如果使用采样频率较低的普通万能材料试验机，在高速加载弯曲破坏的瞬态，显示的最大载荷往往不是真实的最大载荷。

材料冲击强度的测试需要测出断裂时的最大冲击力和冲击时间，需要较复杂的装置和设备。目前大多采用测定陶瓷材料的冲击韧性来衡量陶瓷材料的冲击强度。陶瓷材料的冲击韧性指一定尺寸和形状的试样，在规定类型的试验机上受冲击载荷的作用，一次断裂时单位横截面上所消耗的平均冲击功[22]。试验机通常采用摆锤式冲击试验机。摆锤原始位置的势能与冲断试样后摆锤的残余势能的差值近似等于试样断口所消耗的冲击功。样品的断裂能越大，摆锤的残余势能就越小。陶瓷材料冲击韧性值的计算公式如下：

$$\alpha_K = G/bh \quad (2\text{-}19)$$

式中，α_K 为冲击韧性，J/m^2；G 为击断试样消耗的冲击功，J；b 为试样宽度；h 为试样厚度。

试验前须测量试样中间部分的宽度和厚度，然后对摆锤式冲击试验机零点进行校准，使摆锤自由下垂，并对准最大打击能量处，然后扬起摆锤空打。利用摆锤冲击试样，记录摆锤击断试样后的表盘示值，即为冲击功。如果试样未被击断，应更换试样尺寸、摆锤大小，重新进行试验。

2.2.6 断裂韧性

断裂韧性（K_{IC}，单位 MPa/m^2）表征材料阻止内部裂纹失稳扩展的能力，是度量材料韧性好坏的一个定量指标。在加载速度和温度一定的条件下，对某种材料而言它是一个常数，它和裂纹本身的大小、形状及外加应力大小无关，是材料固有的特性，只与材料本身性质、热处理及加工工艺有关。断裂韧性是应力强度使裂纹失稳扩展导致断裂的临界值，是衡量材料抵抗裂纹扩展能力的一个常数。

陶瓷断裂韧性测试，较常见的有单边切口梁法、压痕法以及压痕弯曲法。单边切口梁法已被许多国家制定为标准方法。《精细陶瓷断裂韧性试验方法 单边预裂纹梁（SEPB）法》（GB/T 23806—2009）[23]是参考了美国、欧洲、日本等的试验方法后，根据我国国情和有关研究结果起草的。美国标准：《环境温度下先进陶瓷断裂韧性测定的标准试验方法》（ASTM C1421—2018）包含了三种方法：山形切口梁法（chevron-notched beam，CNB）、单边预裂纹梁法（single edge precracked beam，SEPB）[24]和表面裂纹弯曲法（surface crack in flexure，SCF）。日本标准：《高温下细陶瓷断裂韧性测试方法》（JIS R1617—2010）包含两种方法：单边预裂纹梁法（SEPB）和压痕断裂法（indentation fracture，IF）。德国标准：《高级工业陶瓷.单片陶瓷断裂韧性测定的试验方法》（DIN CEN/TS 14425-1—2003）包含两种方法：单边切口梁法（single edge notched beam，SENB）[25]和单边预裂纹梁法（SEPB）。使用单边切口梁法来评价结构陶瓷的断裂韧性，易于操作，对任何材料都可行。缺点是人工切口不能完全等效于自然裂纹，无法做到像自然裂纹的切口那么尖锐，这使得 K_{IC} 测试值偏高。用桥压法预引发裂纹时，裂纹深度可由桥宽控制和调节。压痕或压痕弯曲法虽然极为简易和经济，但可靠性和适用性较差，而且建立在经验公式上，缺乏普遍性。不同材料的断裂韧性评价宜采用同一种试验方法,且试样的形状必须一致。

2.2.7 硬度

硬度代表材料抵抗局部变形的能力。常见的硬度指标有莫氏硬度、布氏硬度、洛氏硬度、维氏硬度、努氏硬度和显微硬度等。陶瓷材料的硬度常用维氏硬度和努氏硬度来表示,其测试可参考《精细陶瓷室温硬度试验方法》(GB/T 16534—2009)[26]。

莫氏硬度是表征矿物硬度的一种标准,是矿物抵抗外力摩擦或刻划的能力。预先设定不同硬度等级的多种矿物为参照物,应用划痕法相对比较任何固体材料在这些参照物体上刻划后的划痕,直到划痕不出现,则说明该样品的莫氏硬度低于所对应参照物的硬度等级。莫氏硬度值并非绝对硬度值,而是硬度的顺序表示值。传统的莫氏硬度分为 10 级,硬度由低到高依次为滑石(1 级)、石膏(2 级)、方解石(3 级)、萤石(4 级)、磷灰石(5 级)、正长石(6 级)、石英(7 级)、黄玉(8 级)、刚玉(9 级)、金刚石(10 级)。此方法的测值虽然较粗略,但方便实用,常用于测定天然矿物的硬度。

维氏硬度试验是采用金刚石正四棱锥形压头,在载荷的作用下,压入陶瓷材料的表面,保持一段时间后卸除载荷,在材料表面留下压痕。测量压痕对角线的长度并计算压痕表面积,求出压痕表面单位面积所承受的载荷,即为维氏硬度 HV,计算式如下:

$$\mathrm{HV} = 0.001 \times \frac{2F \times \sin(136°/2)}{d^2} = 0.001854 \times \left(\frac{F}{d^2}\right) \tag{2-20}$$

式中,HV 为维氏硬度,GPa;F 为试验力,N;d 为两压痕对角线长度的算术平均值,mm。

维氏硬度试验中试验力可根据试样的大小、厚薄和压痕状态而定。对于粗晶材料或压痕仅能覆盖个别晶粒的多相材料,可采用较大的试验力。

努氏硬度试验是采用长棱夹角为 172.5°、短棱夹角为 130°的金刚石菱形锥体压头(努氏压头),以一定的试验力压入陶瓷材料的表面,保持一段时间后,卸除载荷,而在试样表面留下菱形压痕,菱形压痕长短对角线的长度比值为 7∶1。原理上只需要测量长对角线的长度,具有较高的测量精度。努氏硬度的数值等于载荷除以压痕投影面积(根据压痕长对角线的长度计算)。其计算式如下:

$$\mathrm{HK} = 0.001 \times \frac{F}{0.07028 d^2} = 0.01423 \times \left(\frac{F}{d^2}\right) \tag{2-21}$$

式中,HK 为努氏硬度,GPa;F 为试验力,N;d 为压痕长对角线的长度,mm。

陶瓷显微硬度与维氏硬度相类似,只是压头的精度更高,加载范围较小。试验力一般选用 0.4903~9.8070N,由于使用载荷较小,压痕尺寸也较小(以 μm 为单位),因此利用显微硬度试验可对微观组织中不同的相或不同晶粒分别进行测试。显微硬度测试须针对不同试样的具体情况选择载荷的试验力和保载时间。原则是工件较薄或表层硬度较低时选用 1.961N 以下试验力,反之选用 1.961N 以上试验力。保载时间的选择:推荐使用 15s 的保载时间,硬度低的试样选用 15s 以上,反之选用 15s 以下。原则是使试样压痕的对角线大小适中,便于观察测量。

硬度试验应在光滑、平整并且无污染的试样表面进行，试样上、下表面须平行，测试表面应抛光，以确保精确测量压痕对角线的长度。试样的厚度不应小于0.5mm，至少大于压痕对角线的1.5倍。同一试样上至少测定不同位置5个点的硬度值，求出其平均值作为该试样的硬度。试验在常温下进行，且须使压头与试样表面接触，垂直于试样表面施加试验力。加载过程中不应有冲击和振动，直至将试验力施加至最大载荷设定值。从加载开始至全部试验力施加完毕应在1~5s，最大恒定试验力的保持时间推荐为15s。

对于微小试样或薄膜试样，纳米压痕试验更为适用。纳米硬度的测试不能从表面观测压痕尺寸和形貌来计算硬度，而是通过压入载荷与压入深度的关系曲线来获得纳米硬度，需要非常精确的深度测量和微小的载荷测量。通常压入深度的分辨率为0.1~1nm，载荷的分辨率可达到微牛顿。

金属材料的硬度测定时，压痕反映了其塑性变形程度，因此金属材料的硬度和强度之间更容易建立起对应关系。陶瓷材料属于脆性材料，硬度测试时，在压头压入区域发生压缩剪断等复合破坏的伪塑性变形，因此陶瓷材料的硬度很难与强度直接对应起来。

2.2.8 损伤容限

由于原材料、冶炼和加工工艺等，材料的内部缺陷(杂质相、微裂纹、气孔、晶界等)几乎无法避免，而材料结构的破坏往往是从微缺陷开始的，因此，对于重要材料工件的强度安全性分析已经逐步由静、动、疲劳强度转移到损伤容限分析。对于陶瓷一类脆性材料，其实测强度远低于其理论强度，主要是因为材料表面或内部不可避免地含有各种缺陷(如微观裂纹)。

材料的损伤容限可从两个方面进行表述[27]：①不会影响材料强度的临界裂纹的最大尺寸；②能量耗散能力。

材料内部主裂纹对断裂强度的影响可以描述为

$$K_{IC} = \sigma_b \times Y \times \sqrt{a} \tag{2-22}$$

式中，Y 为与试件形状和裂纹尺寸有关的几何因子；a 为裂纹长度的一半；σ_b 为断裂强度。

对于给定的试样，可以把 K_{IC} 与 Y 视作材料常数。断裂强度可以表示为裂纹尺寸的函数：

$$\sigma_b^2 = \left(\frac{K_{IC}}{Y}\right)^2 \times a^{-1} = B \times a^{-1} \tag{2-23}$$

式中，B 是取决于试样断裂韧性和几何形状的常数。断裂强度与裂纹长度成反比，随着裂纹尺寸的减小，断裂强度增大。材料的内在缺陷尺寸通常与其颗粒尺寸大小成正比，因此细晶粒的陶瓷强度往往大于晶粒尺寸粗大的陶瓷强度。

材料的内在缺陷尺寸 a_i 能够通过材料本征强度计算出来：

$$a_i = \left(\frac{K_{IC}}{Y \times \sigma_i}\right)^2 \tag{2-24}$$

式中，σ_i 代表材料的本征强度，通过表面光滑、没有人为裂纹的试样测得，而不是材料

的理论强度。对于陶瓷材料,弯曲强度广泛用来表征材料的力学性质,因此将弯曲强度作为陶瓷材料的本征强度。因此:

$$a_i = \left(\frac{K_{IC}}{Y \times \sigma_b}\right)^2 \quad (2\text{-}25)$$

式中,σ_b为试样的弯曲强度。

如果一条人为的裂纹长度比材料内在裂纹尺寸a_i更小,则不会导致材料强度的衰减,故常把它视为无效裂纹。对于a_i值,即无效裂纹尺寸的上限值,可以视为陶瓷脆性材料的损伤容限。对于陶瓷材料,a_i数值越大,则陶瓷对损伤的容许程度就越高。

在受到局部冲击或接触破坏时,材料的能量耗散能力也能反映材料的损伤容限。局部能量耗散能力与接触模量(E_r)和硬度(H)的比值成正比:

$$R_s = 2.263 \times \left(\frac{E_r^2}{H}\right) \quad (2\text{-}26)$$

式中,R_s为恢复阻力,反映了在压痕试验加载(卸载)过程中的能量耗散能力。R_s值越大,压痕过程中材料的能量耗散占比越大,弹性恢复能占比越小。

陶瓷材料的损伤容限与K_{IC}/σ_b有关,也与E/H的值有关。可以通过四个基本的材料参数,定义损伤容限参数(D_t):

$$D_t = \left(\frac{K_{IC}}{\sigma_b}\right) \times \left(\frac{E}{H}\right) \quad (2\text{-}27)$$

D_t值显示了材料抵抗脆性破坏的能力,依据四个基本材料参数,能够对不同材料的损伤容限进行定量计算。如果材料的D_t值越小,则其对表面缺陷和冲击载荷就应当越敏感,而且表现出更大的脆性。较大的D_t值,就意味着材料具有良好的加工性能、较高的能量耗散能力和抗裂能力,同时其耐磨性较差,剪切强度较低。常见陶瓷材料的损伤容限见表2-3。

从表2-3中可以看出,玻璃的损伤容限最低,纳米层状可加工陶瓷的损伤容限最高。通常说来,对于一个给定的材料,它的颗粒尺寸越小,则它的损伤容限值越低,单独使用断裂韧性并不能表征材料的损伤容限或脆性。

表2-3 几种陶瓷材料的基本参数及其损伤容限计算结果

材料	K_{IC}/(MPa/m^2)	σ_b/MPa	E/GPa	H/GPa	D_t/m$^{1/2}$
钠钙玻璃	0.65	80	70	6.6	0.086
SiC	3.1	356	415	32	0.113
Si$_3$N$_4$	6.5	700	300	15.5	0.180
ZrO$_2$	12	950	200	13	0.194
细晶粒 Al$_2$O$_3$	3.5	380	416	15	0.255
粗晶粒 Al$_2$O$_3$	2.2	180	360	12	0.367
TiB$_2$	6.2	400	565	25	0.350
TiSiC$_2$	7.0	436	310	4.0	1.244
TiAlC$_2$	6.9	340	288	3.0	1.948

2.2.9 磨损

陶瓷材料具有良好的耐摩擦磨损的性能。耐磨性是指材料抵抗对偶件摩擦或磨料磨损的能力。陶瓷的耐磨性主要取决于该材料和与之接触的材料的相对硬度以及材料的密度和韧性。陶瓷的磨损由两表面或表面间两颗粒之间的滑移运动而产生，也可由颗粒的撞击使表面破碎而产生，因此，磨损量的大小跟接触面的光滑度或颗粒尺寸有关，表面越光滑，颗粒的滑移运动越小。同时磨损量的大小还与摩擦面的正压力有关。除此之外，陶瓷的磨损还与许多其他因素有关，如陶瓷材料的相对硬度、强度、弹性模量以及使用环境等。磨损按照机理可以分为磨粒磨损、黏着磨损、疲劳磨损、腐蚀磨损、微动磨损、冲击磨损等。

评价材料的磨损性时，应考虑综合因素的影响，例如氧化或腐蚀与磨损同时作用，比单独一项的影响严重得多。氧化或腐蚀后的表面比原有表面软，很容易被磨损掉，而新的表面暴露后，马上又会受到进一步的氧化和腐蚀。精细陶瓷的磨损试验可参照陶瓷地砖磨损度试验方法、搪瓷玻璃层耐磨损性试验方法等标准进行摩擦磨损试验[28]，根据其磨损前后的质量损失量或磨削形貌来评价材料耐磨性的优劣。

2.2.10 疲劳

1. 静疲劳

静疲劳即静载荷下的应力腐蚀，是指构件或试样受到一个恒定载荷，经过一段时间后发生断裂或失效的过程。疲劳破坏过程通常认为是固体在一定应力或交变应力作用下从众多微缺陷中发展出一条主裂纹，它是一个疲劳损伤过程，可称为第一过程。主裂纹在应力作用下发生扩展，直至达到该应力状态下的临界尺寸而失稳扩展破坏。第二过程为裂纹的亚临界扩展过程。陶瓷材料的疲劳破坏机理与金属有很大区别，陶瓷材料的静疲劳往往是一出现主裂纹即发生断裂，很难观测到亚临界裂纹的扩展过程。陶瓷的疲劳过程主要是指第一过程，即疲劳损伤过程。陶瓷的静疲劳试验大多在高温下进行，加载方式一般为三点或四点弯曲。失效评价包括疲劳断裂和变形失效。只考虑断裂失效时，也称为持久强度试验或应力腐蚀。在静载荷下考虑变形失效的试验实际上属于蠕变试验。

陶瓷材料的静疲劳过程分析采用残余强度或强度衰减率是合适的。其疲劳控制方程式如下[29]：

$$\frac{\mathrm{d}\sigma_\mathrm{r}}{\mathrm{d}t} = -A \times \sigma^n \times \sigma_0^{-m} \tag{2-28}$$

式中，σ_r 为 t 时刻材料的残余强度；σ 为静疲劳载荷应力；σ_0 为初始强度（当 $t=t_0$ 时，$\sigma_\mathrm{r}=\sigma_0$），对于弯曲疲劳，它等于相同实验条件下的弯曲强度；A、n、m 为跟环境有关的材料常数。

失效条件是当残余强度衰减到与外加载荷应力相等时发生断裂，即残余强度等于外加载荷值。材料强度由初始强度 σ_0 逐渐衰减至外加载荷值所经历的时间即为材料的使用寿命。

2. 动疲劳

疲劳试验主要有三种形式,即静疲劳、动疲劳、循环疲劳。动疲劳是指载荷随时间而慢速增加的疲劳形式,它是载荷值持续增加的疲劳形式。载荷以恒定的速率增加直至发生断裂,即外加载荷值是时间的函数。循环疲劳也可以看作动疲劳的一种。

实践表明,许多陶瓷的疲劳特征表现为与疲劳周次关系不大,而与疲劳时间关系很大。

陶瓷材料的动疲劳常采用残余强度的衰减速率来表征疲劳过程。将疲劳控制方程的常应力项改成变应力项即可描述动疲劳[30]:

$$\frac{d\sigma_r}{dt} = -A \times [\sigma(t)]^n \times \sigma_0^{-m} \tag{2-29}$$

式中,$\sigma(t)$为随时间而变化的外加载荷应力,它可以是周期性的循环载荷,也可以是连续的单调递增载荷或任何变化形式的载荷。

3. 寿命预测

陶瓷材料的寿命预测就是找出一定疲劳条件下发生破坏时的临界条件和相应的时间,包括不同加载方式与寿命的关系以及寿命与材料性能间的关系。通常采用短期疲劳破坏试验来预测材料的长期疲劳寿命,或者用一种加载条件下的疲劳寿命来预测另一种加载方式下的疲劳寿命。传统的寿命预测通常是在断裂力学基础上采用裂纹扩展模型,考虑主裂纹在疲劳载荷下的亚临界裂纹扩展,从原始裂纹尺寸扩展到临界裂纹尺寸所经历的时间过程即为寿命。裂纹扩展速率则成为控制寿命的关键因素。

陶瓷材料的疲劳失效过程属于微观损伤的积累过程,宏观表现为材料残余强度的降低,可利用残余强度衰减率来表征陶瓷材料的疲劳性能。当残余强度降至与外载荷相同的大小时,材料就会发生断裂破坏,材料由原始强度降至外载荷大小的残余强度值所经历的时间即为其使用寿命。陶瓷材料的使用寿命不仅与材料的组成、结构有关,还会受到材料使用环境(氧分压、湿度、温度等)、加载方式(静载、动载)等的影响。

2.2.11 蠕变

蠕变是指固体材料在恒定应力作用下应变随时间推移而增加的一种现象。它与塑性变形不同,塑性变形通常在应力超过弹性极限后才出现,而蠕变只要应力的作用时间较长,它在应力小于弹性极限时也会出现。陶瓷在常温下几乎没有蠕变行为,当温度高于其脆-延转换温度,陶瓷材料具有不同程度的蠕变行为。与蠕变相对应的是应力松弛,即维持材料变形不变的前提下,其应力会随着时间的推移而减小。通常,蠕变速率与作用应力的n次方成正比,n被称为蠕变速率的应力指数,通常陶瓷材料的组成结构不同,其蠕变指数也不相同。

陶瓷典型的蠕变曲线可分为三个阶段:①瞬时弹性应变之后的第一阶段为减速蠕变阶段,该阶段的特点是应变速率随时间递减;②稳态蠕变阶段,这一阶段的特点是蠕变速率几乎保持不变,这是陶瓷蠕变的主要过程;③最终导致断裂的加速蠕变阶段,其特点是蠕变速率随时间的推移而增大,即蠕变曲线变陡,直至断裂。随着应力、温度、环境条件的变化,蠕变曲线的形状将有所不同,陶瓷材料的三个阶段不够明显,主要是第一和第二阶段的蠕变。影响陶瓷高温蠕变的外界因素有应力和温度,本征因素有晶粒尺寸、气孔率、晶体结构、第二相物质、组成等。蠕变试验是在恒定负荷和温度下测量变形,根据受载方式的不同分为抗弯蠕变、抗拉蠕变和抗压蠕变三种,不同方法得出的数据是不可比较的。

抗拉蠕变试验是在温度和应力不变的条件下,利用与抗拉强度试验相似的装置,测出试样随时间而变化的形变量。该方法的原理及应力分析较为简单,但试验实施比较困难。拉伸蠕变可应用于一些可加工陶瓷材料和一些陶瓷基复合材料以及纤维编织复合材料。由于抗拉蠕变在试验操作上有很大的难度,包括样品制备、样品两端的夹持、变形的测量等,抗弯蠕变试验对于陶瓷更为适用。抗弯蠕变试验主要应用于高温环境,其试验装置与静态疲劳试验装置类似,通常采用耐高温性能较好的碳化硅夹具,使弯曲应力保持为常数而测出试样在高温下的挠度变形随时间的变化。

2.3 电学性能

金属是电的良导体,一般陶瓷是电的不良导体,超导陶瓷和绝缘陶瓷是陶瓷两种极端的典型实例。陶瓷的基本电学性质是指其在电场作用下的传导电流和被电场感应的性质。电导率、介电常数、介质损耗和绝缘强度是陶瓷材料电学性质的基本参数。

2.3.1 电导率

陶瓷材料在低电压作用时,其电阻 R 和电流 I 与作用电压 V 之间的关系符合欧姆定律,但在高电压作用时,三者之间的关系则不符合欧姆定律。陶瓷材料的表面电阻不仅与材料的表面组成和结构有关,还与陶瓷材料表面的污染程度、开口气孔和开口气孔率的大小、是否亲水以及环境等因素有关。陶瓷材料的体积电阻率只与材料的组成和结构有关,是陶瓷材料导电能力大小的特征参数。《固体绝缘材料体积电阻率和表面电阻率试验方法》(GB/T 1410—2006)采用三电极系统测量陶瓷材料的体积电阻和表面电阻,再根据陶瓷试样的几何尺寸计算陶瓷试样的体积电阻率和表面电阻率。根据国家标准,电导率为面积为 $1cm^2$、厚度为 $1cm$ 的陶瓷试样所具有的电导。电导率又称比电导或导电系数,单位为 S/m,通常用 Ω/cm 表示。电阻率是电导率的倒数,也是衡量陶瓷材料导电能力的特征参数。表 2-4 列出了某些陶瓷材料在室温时的电导率。从表 2-4 可见,陶瓷材料电导率的大小相差有 $10^{20}Ω/cm$ 之多。

表 2-4 某些陶瓷材料室温时的电导率

材料	电导率/(Ω/cm)
ReO$_3$	10^6
SnO$_2$、CuO、Sb$_2$O$_3$	10^3
SiC	10^{-2}
LaCrO$_3$	10^{-1}
NiO	10^{-8}
BaTiO$_3$ 陶瓷	10^{-10}
TiO$_2$（金红石瓷）	10^{-11}
Al$_2$O$_3$（刚玉瓷）	10^{-14}

金属材料中的载流子是自由电子，陶瓷的载流子可能是离子、电子、空穴或几种载流子共同存在。离子作为载流子的电导机制称为离子电导；电子或空穴作为载流子的电导机制称为电子电导。一般来说，电介质陶瓷主要是离子电导，半导体陶瓷、导电陶瓷和超导陶瓷则主要呈现电子电导。常见属于电子电导的化合物材料有：ZnO、TiO$_2$、WO$_3$、Al$_2$O$_3$、MgAl$_2$O$_4$、MnO$_2$、SnO$_2$、Fe$_3$O$_4$ 等；属于空穴电导的化合物材料有：Cu$_2$O、Ag$_2$O、Hg$_2$O、SnO、MnO、Bi$_2$O$_3$、Cr$_2$O$_3$ 等；既有电子电导又有空穴电导的化合物材料有：SiC、Al$_2$O$_3$、Mn$_3$O$_4$、Co$_3$O$_4$ 等。

绝缘陶瓷材料和电介质陶瓷材料主要呈现离子电导。陶瓷中的离子电导，一部分由晶相提供，一部分由玻璃相（或晶界相）提供。通常晶相的电导率比玻璃相小，在玻璃相含量较高的陶瓷中，例如含碱金属离子的电阻陶瓷材料，其电导主要取决于玻璃相，它的电导率一般比较大。相反，玻璃相含量极少的陶瓷，如刚玉瓷，其电导主要取决于晶相，具有晶体的电导规律，它的电导率比较小。玻璃相的离子电导规律一般可用玻璃网状结构理论来描述，晶体中的离子电导可以用晶格振动理论来描述。陶瓷材料的导电机理相当复杂，在不同温度范围，载流子的性质可能不同。例如，刚玉（α-Al$_2$O$_3$）陶瓷在低温时为杂质离子电导，高温（超过 1100℃）时呈现明显的电子电导。

2.3.2 介电常数

介电常数是衡量电介质材料储存电荷能力的参数，通常又称介电系数或电容率，是材料的特征参数。设真空介质的介电常数为 1，则非真空电介质材料的介电常数为

$$\varepsilon = \frac{Q}{Q_0} \tag{2-30}$$

式中，Q_0 为真空介质时电极上的电荷量；Q 为同一电场和电极系统中介质为非真空电介质时电极上的电荷量。

在同一电场作用下，同一电极系统中介质为非真空电介质比真空介质情况下电极上储存电荷量增加的倍数等于该非真空介质的介电常数。介电常数可表示为

$$\varepsilon = \frac{C \times h}{\varepsilon_0 \times S} \tag{2-31}$$

式中，C 为试样的电容量；h 为试样厚度或两电极之间的距离；S 为电极的面积。

$$\varepsilon_0 = \frac{1}{4}\pi \times 9 \times 10^{-12} \text{ F/m} \tag{2-32}$$

即真空介电常数。

各种陶瓷材料介电常数的差异是由其内部存在不同的极化机制决定的。理论分析和实验研究证实，陶瓷中参加极化的质点只有电子和离子，这两种质点在电场作用下以多种形式参加极化过程。

1. 位移式极化

位移式极化是电子或离子在电场作用下瞬间完成，去掉电场时又恢复原状态的极化形式。它包括电子位移极化和离子位移极化。

(1) 电子位移极化。在没有外电场作用时，构成陶瓷的离子(或原子)的正、负电荷中心是重合的。在电场作用下，离子(或原子)中的电子向反电场方向移动一小段距离，带正电的原子核将沿电场方向移动更小的距离，造成正、负电荷中心分离；而当外加电场取消后又恢复原状。离子(或原子)的这种极化称为电子位移极化，是在离子(或原子)内部发生的可逆变化，所以不以热的形式损耗电场能量。这种位移极化引起陶瓷材料的介电常数增大。电子位移极化建立的时间仅为 $10^{-15} \sim 10^{-14}$ s，所以只要作用于陶瓷材料的外加电场频率小于 10^{15} Hz，都存在这种形式的极化，因此，电子位移极化存在于一切陶瓷材料之中。

(2) 离子位移极化。在电场作用下，构成陶瓷的正、负离子在其平衡位置附近也发生与电子位移极化相类似的可逆性位移，形成离子位移极化。离子位移极化与离子半径、晶体结构有关。离子位移极化所需的时间与离子晶格振动周期的数量级相同，为 $10^{-13} \sim 10^{-12}$ s，一般当外加电场的频率低于 10^{13} Hz 时，离子位移极化就存在。通常，当电场频率高于 10^{13} Hz 时，离子位移极化来不及完成，陶瓷材料的介电常数减小。

2. 松弛式极化

松弛式极化不仅与外电场作用有关，还与极化质点的热运动有关。陶瓷材料中主要有离子松弛极化和电子松弛极化。

(1) 离子松弛极化。陶瓷材料的晶相和玻璃相中存在着晶格等结构缺陷，即存在一些弱联系的离子。这些弱联系的离子在热运动过程中，不断从一个平衡位置迁移到另一个平衡位置。无外电场作用时，这些离子向各个方向迁移的概率相等，陶瓷介质不呈现电极性。在外电场作用下，离子向电场方向或反电场方向迁移的概率增大，使陶瓷介质呈现电极性。这种极化不同于离子位移极化，是离子同时受外电场作用和热运动的影响而产生的极化。极化建立的过程是一种热松弛过程。由于离子松弛极化与温度有明显的关系，介电常数与温度有明显的关系。离子松弛极化建立的时间为 $10^{-9} \sim 10^{-2}$ s。在高频电场作用下，离子松弛极化往往不易充分建立，因此，表现出其介电常数随电场频率升高而减小。

(2) 电子松弛极化。晶格热振动、晶格缺陷、杂质的引入、化学组成的局部改变等因素都能使电子能态发生变化,出现位于禁带中的电子局部能级,形成弱束缚的电子或空穴。例如,"F-心"就是一个负离子空位俘获了一个电子的一种常见情况,该电子处于禁带中距导带很近的施主能级上。"F-心"的弱束缚电子为周围结点上的阳离子所共有,在晶格热振动过程中,吸收很少的能量就处于激发状态,连续地由一个阳离子结点转移到另一个阳离子结点。在外加电场的作用下,该弱束缚电子的运动具有方向性,而呈现极化,这种极化称为电子松弛极化。电子松弛极化可使介电常数上升到几千至几万,同时产生较大的介质损耗。通常在钛质陶瓷、钛酸盐陶瓷,以及以铌、铋氧化物为基础的陶瓷中存在着电子松弛极化,电子松弛极化建立的时间需 $10^{-9} \sim 10^{-2}$s。通常,这些陶瓷材料的介电常数随频率的升高而减小,随温度的变化有极大值。

3. 界面极化

界面极化是和陶瓷体内电荷分布状况有关的极化形式。这种极化形成的原因是陶瓷体内存在不均匀性和界面,晶界和相界是普遍存在的。由于界面两边各相的电性质(电导率、介电常数等)不同,在界面处会积聚空间电荷。不均匀的化学组成、夹层、气泡是宏观不均匀性,在界面上也有空间电荷积聚。某些陶瓷材料在直流电压作用下发生电化学反应,在一个电极或两个电极附近形成新的物质,称为形成层作用,使陶瓷转变成两层或多层电性质不同的介质,这些层间界面上也会积聚空间电荷,使电极附近电荷增加,呈现出宏观极化。这种极化可以形成很高的与外加电场方向相反的电动势——反电动势,因此这种宏观极化也称为高压式极化。由夹层、气泡等缺陷形成的极化则称夹层式极化。高压式和夹层式极化可以统称为界面极化。空间电荷积聚的过程是一个慢过程,所以这种极化建立的时间较长,从几秒至几十小时。界面极化只对直流和低频下介质材料的介电性质有影响。

4. 谐振式极化

陶瓷中的电子、离子都处于周期性的振动状态,其固有振动频率为 $10^{12} \sim 10^{15}$Hz,处于红外线、可见光和紫外线的频段。当外加电场的频率接近和达到此固有振动频率时,将发生谐振。电子或离子吸收电场能,使振幅加大呈现极化现象。电子或离子振幅增大后将与其周围质点相互作用,振动能转变成热量,或发生辐射,形成能量损耗。显然这种极化仅发生在光频段。

5. 自发极化

自发极化是铁电体特有的一种极化形式。铁电晶体在一定的温度范围内,无外加电场作用时,由于晶胞结构,其晶胞中的正、负电荷中心不重合,即原晶胞具有一定的固有偶极矩,这种极化形式称为自发极化,其方向随外电场方向的变化而发生相应变化。铁电晶体中存在自发极化方向不同的小区域,自发极化方向相同的小区域称为"电畴",这是铁电晶体的特征之一。铁电陶瓷是多晶体,通常晶粒呈混乱分布,晶粒之间为晶界组成物,因此宏观上各晶粒的自发极化相互抵消,不呈现有极性。

2.3.3 介质损耗

陶瓷材料在电场作用下的电导和部分极化过程都消耗能量,即将一部分电能转变为热能等。在这个过程中,单位时间所消耗的电能称为介质损耗。在直流电场作用下,陶瓷材料的介质损耗由电导过程引起,即介质损耗取决于陶瓷材料的电导率和电场强度。

在交流电场作用下,陶瓷材料的介质损耗由电导和部分极化过程共同引起,陶瓷电容器可等效为一个理想电容器和一个纯电阻相并联或串联组成。单位体积的介质损耗功率表示为

$$P = \omega \times \varepsilon \times \tan\delta \times E^2 \tag{2-33}$$

式中,$\tan\delta$ 经常用来表示介质损耗大小,具体意义是有耗电容器每周期消耗的电能与其所储存电能的比值。应该注意,用 $\tan\delta$ 表示介质损耗时必须同时指明测量(或工作)频率。介质损耗与频率有关。$\varepsilon \times \tan\delta$ 称损耗因数,当外界条件一定时,它是介质本身的特定参数。$\omega \times \varepsilon \times \tan\delta$ 称等效电导率,它不是常数。频率高时,乘积增大,介质损耗增大。因此,工作在高频、高功率下的陶瓷介质,要求损耗小,必须控制 $\tan\delta$ 很小才行。一般高频介质应小于 6×10^{-4},高频、高功率介质应小于 3×10^{-4},可见生产上控制 $\tan\delta$ 是很重要的。介质的 $\tan\delta$ 对湿度很敏感。受潮试样的 $\tan\delta$ 急剧增大。试样吸潮越严重,$\tan\delta$ 增大越快。介质损耗对化学组成、相组成、结构等因素都很敏感,凡是影响电导和极化的因素都对陶瓷材料的介质损耗有影响。

2.3.4 绝缘强度

当电场强度超过某一临界值时,介质由介电状态转变为导电状态,这种现象称为介质的击穿。击穿时电流急剧增大,在击穿处往往产生局部高温、火花、炸碎、裂纹等,造成材料本身不可逆的破坏。击穿时的电压称击穿电压(U_j),相应的电场强度称击穿电场强度(E_j)或者绝缘强度、介电强度、抗电强度等。当电场在陶瓷介质中均匀分布时:

$$E_j = \frac{U_j}{h} \tag{2-34}$$

式中,h 为击穿处介质的厚度。

陶瓷材料的击穿电压与试样的厚度,电极的大小、形状、结构,试验时的温度、湿度,电压的种类、加压时间,试样周围的环境等许多因素有关。发生电击穿过程的时间约 10^{-7}s,过程比较复杂。陶瓷材料的击穿强度一般为 4~60kV/mm,沿陶瓷表面飞弧的击穿电场强度更低,这是制造陶瓷元件时必须注意的问题。一般介质的击穿分为电击穿和热击穿两种。陶瓷在电场作用下,其内部气孔常发生内电离、电化学效应引起介质老化,以及由强电场作用下的应力和电致应变、压电效应和电致相变等引起的变形和开裂,最终导致电击穿或热击穿,是陶瓷材料比较特殊的击穿形式。电击穿电场强度较高,为 $10^6 \sim 10^7$V/cm,一般认为,电击穿的发生是由于晶体能带在强电场作用下发生变化,电子直接由满带跃迁到导带,发生电离所致。热击穿是指陶瓷介质在电场作用下发生热不稳定,因温度升高而导致的破坏。热不稳定是指在电场作用下,由于介质的电导和非位移极化等造成的介质损耗

将电场能转变成热能，热量积累，使陶瓷介质的温度升高。电导和非位移极化等原因造成的介质损耗随温度的升高而增大，又导致陶瓷介质的温度再升高，产生的热量大于散失的热量导致陶瓷介质发生热击穿。由于热击穿有一个热量积累过程，往往使陶瓷介质的温度急剧升高。热击穿电场强度较低，一般为 $10\sim 10^5$V/cm。陶瓷介质在直流电场作用下的实验表明，温度较高时可能发生热击穿，温度较低时往往发生电击穿。

图 2-6 虚线部分为电击穿温度范围，实线部分为热击穿温度范围。可见，电击穿 E_j 与温度无关，热击穿 E_j 随温度升高而降低。但是，电击穿和热击穿温度范围的划分，并不十分准确，它与试样的组成、结构，环境对试样的冷却情况，电压类型等有关，尤其电场频率对其影响很大。在高频交流电压下或试样散热条件不好时，热击穿的范围就能扩大到较低的温度。在均匀电场下，电性质均匀的固体介质厚度小于 10^{-4}cm 时，电击穿时的 E_j 与试样厚度无关，热击穿时 E_j 则随试样厚度增加而减小。陶瓷是不均匀介质，通常 E_j 随试样厚度增加而降低。表 2-5 列出了金红石陶瓷和刚玉陶瓷的情况。在均匀电场中，加压时间小于 10^{-7}s 时，电击穿与加压时间无关；热击穿随加压时间延长而降低。电击穿时，E_j 与试样周围媒质无关；热击穿时，E_j 则随周围媒质温度的升高而降低，与媒质散热情况有密切的关系。

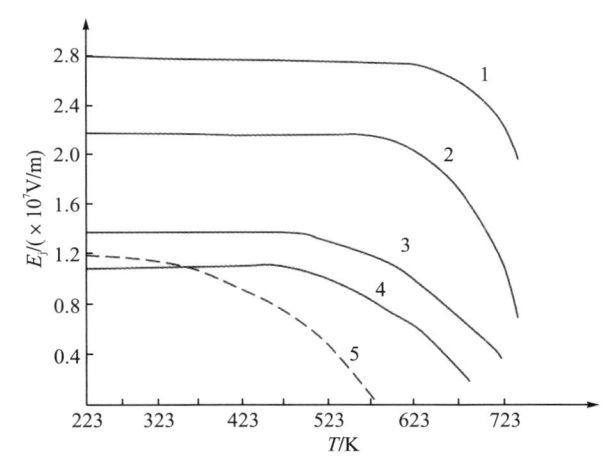

图 2-6 直流电场下陶瓷材料的击穿电场强度与温度的关系

1,2-镁铝尖晶石陶瓷；3,4-钛酸钙陶瓷；5-金红石陶瓷

表 2-5 陶瓷材料击穿电场强度与试样厚度的关系

瓷料名称	试样厚度/m	E_j/(V/m) 直流	E_j/(V/m) f=50Hz（在油中）
金红石陶瓷	3.0×10^{-4}	3.75×10^7	2.70×10^7
	1.5×10^{-3}	1.75×10^7	1.05×10^7
	3.0×10^{-3}	1.20×10^7	0.85×10^7
刚玉陶瓷	3.0×10^{-4}	4.1×10^7	3.6×10^7
	1.5×10^{-3}	2.5×10^7	1.7×10^7
	3.0×10^{-3}	1.9×10^7	1.1×10^7

2.4 光学性能

陶瓷材料是光学材料的重要组成之一,在国民经济和航空航天、军工等领域发挥着重要作用,如窗口、透镜、棱镜、滤光镜、激光器、光导纤维等以光学性能为主要功能的光学玻璃、晶体、透明陶瓷材料等。透明氧化铝陶瓷成功地应用在高压钠灯的灯管上,能承受上千度的高温以及钠蒸气的腐蚀,同时具有高的透光性。

对于透光材料,折射率和色散是最重要的光学参数。陶瓷光学性能涉及光在介质中的折射、散射、反射和吸收,产生诸如光泽、乳浊、釉彩等现象。建筑瓷砖、餐具、艺术瓷、搪瓷、卫生瓷等,要求颜色鲜艳、有光泽、呈现半透明度等各式各样的表面效果。

2.4.1 折射

当光从真空进入较致密的材料时,其速度将会降低。光在真空和材料中的速度之比即为材料的折射率:

$$n = \frac{v_{真空}}{v_{材料}} = \frac{c}{v_{材料}} \tag{2-35}$$

式中,c 为真空中的光速。如果光从材料 1 通过界面传入材料 2 时,与界面法向所形成的入射角 i、折射角 r 与两种材料的折射率 n_1 和 n_2 有如下关系:

$$n_{21} = \frac{n_2}{n_1} = \frac{v_1}{v_2} = \frac{\sin i}{\sin r} \tag{2-36}$$

式中,n_{21} 为材料 2 相对于材料 1 的折射率;v_1 及 v_2 分别表示光在材料 1 及材料 2 中的传播速度。介质的折射率永远是大于 1 的正数,如空气 $n=1.0003$、固体氧化物 $n=1.3 \sim 2.7$、硅酸盐玻璃 $n=1.5 \sim 1.9$。不同组成、不同结构的介质的折射率是不同的,影响 n 值的因素有下列四个方面。

(1) 构成材料元素的离子半径。根据麦克斯韦电磁波理论,光在介质中的传播速度为

$$v = \frac{c}{\sqrt{\varepsilon \times \mu}} \tag{2-37}$$

式中,ε 为介质的介电常数;μ 为介质的磁导率。介质的折射率随介质介电常数 ε 的增大而增大。ε 与介质的极化现象有关,当光的电磁辐射作用到介质上时,介质的原子受到外加电场的作用而极化,正电荷沿着电场方向移动,负电荷沿着反电场方向移动,这样正负电荷的中心发生相对位移。外电场越强,原子正负电荷中心距离越大。因此,可以选择大离子制备高折射率的材料,如 PbS 的 $n=3.912$;用小离子元素制备低折射率的材料,如 $SiCl_4$ 的 $n=1.412$。

(2) 材料的结构、晶型和非晶态。折射率除与离子半径有关外,还和离子的排列密切相关。像非晶态(无定形体)和立方晶体这些各向同性的材料,光通过时光速不因传播方向改变而变化,材料只有一个折射率,称之为均质介质。但是除立方晶体以外的其他晶体,

都是非均质介质。光进入非均质介质时,一般都要分为振动方向相互垂直、传播速度不等的两个波,它们分别构成两条折射光线,这个现象称为双折射。双折射是非均质晶体的特性,这类晶体的所有光学性能都和双折射有关。上述两条折射光线,平行于入射面的光线称为常光,其折射率为 n_0,不论入射光的入射角如何变化,n_0 始终为一常数,因而常光折射率严格服从折射定律。另一条与之垂直的光线称为非常光,其折射率 n_e 随入射线方向的改变而变化,它不遵守折射定律。当光线沿晶体光轴的方向入射时,只有 n_0 存在,光线与光轴方向垂直入射时,达最大值。

(3)材料所受的内应力。有内应力的透明材料,垂直于受拉主应力方向的折射率大,平行于受拉主应力方向的折射率小。

(4)同质多晶体。在同质多晶体材料中,高温晶型折射率较低,低温晶型折射率较高。例如常温下石英玻璃 $n=1.46$,数值最小;常温下石英晶体 $n=1.55$,数值最大;高温时鳞石英 $n=1.47$、方石英 $n=1.49$。提高玻璃折射率的有效措施是掺入铅和钡的氧化物。例如含 PbO 90%(体积)的铅玻璃 $n=2.1$。

表 2-6 列出了各种玻璃和晶体的折射率。

表 2-6 各种玻璃和晶体的折射率

	材料	平均折射率	双折射	材料	平均折射率	双折射
玻璃材料	由正长石组成	1.51		钠钙硅玻璃	1.51~1.52	
	由钠长石组成	1.49		硼硅酸玻璃	1.47	
	由霞石正长岩组成	1.50		重燧石光学玻璃	1.6~1.7	
	氧化硅玻璃	1.458		硫化钾玻璃	2.66	
	高硼硅酸玻璃	1.458				
晶体	四氯化硅	1.412		金红石	2.71	0.287
	氟化锂	1.392		碳化硅	2.68	0.043
	氟化钠	1.326		氧化铅	2.61	
	氟化钙	1.434		硫化铅	3.912	
	刚玉	1.76	0.008	方解石	1.65	0.17
	方镁石	1.74		硅	3.49	
	石英	1.55	0.009	碲化镉	2.74	
	尖晶石	1.72		硫化镉	2.50	
	锆英石	1.95	0.055	钛酸锶	2.49	
	正长石	1.525	0.007	铌酸锂	2.31	
	钠长石	1.529	0.008	氧化钇	1.92	
	钙长石	1.585	0.008	硒化锌	2.62	
	硅线石	1.65	0.021	钛酸钡	2.40	
	莫来石	1.64	0.010			

2.4.2 色散

材料的折射率随入射光频率减小(或波长的增加)而减小的性质，称为折射率的色散。色散值可以用固定波长下的折射率来表达。最常用的数值是倒数相对色散，即色散系数：

$$\gamma = \frac{(n_D - 1)}{(n_F - n_C)} \tag{2-38}$$

式中，n_D、n_F 和 n_C 分别为以钠的 D 谱线、氢的 F 谱线和 C 谱线(589.3nm、486.1nm 和 656.3nm)为光源测得的折射率。描述光玻璃的色散还用平均色散($n_F - n_C$)。由于光学玻璃一般都或多或少具有色散现象，因而使用这种材料制成的单片透镜，成像不够清晰，自然光透过后，在像的周围环绕了一圈色带。克服方法是用不同牌号的光学玻璃，分别磨成凸透镜和凹透镜组成复合镜头，就可以消除色差，这叫作消色差镜头。

2.4.3 反射

1. 反射定律

当光线由介质 1 入射到介质 2 时，光在介质面上分成了反射光和折射光。如图 2-7 所示，这种反射和透射可以连续发生。例如当光线从空气进入介质时，一部分反射出来了，另一部分折射进入介质。当遇到另一界面时，又有一部分表面发生反射，另一部分折射进入空气。

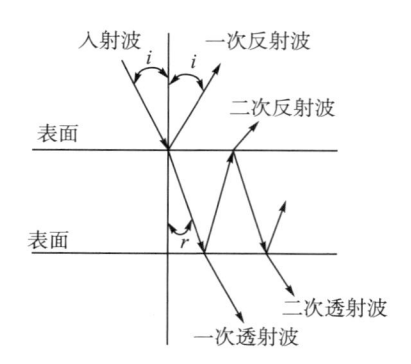

图 2-7 光通过透明介质分界面时的反射与透射

反射系数为 $m = [(n_{21}-1)/(n_{21}+1)]^2$，透射系数为 $(1-m)$。在垂直入射的情况下，光在界面上反射的多少取决于两种介质的相对折射率 n_{21}。由于陶瓷、玻璃等材料的折射率较空气的大很多，所以反射损失严重。如果透镜系统由许多块玻璃组成，则反射损失更大。为了减小这种界面损失，常常采用折射率和玻璃相近的胶将它们粘起来，这样除了最外和最内的表面是玻璃和空气的相对折射率外，内部各界面都是玻璃和胶的较小的相对折射率，从而大大减小了界面的反射损失。

2. 光的全反射和光导纤维

图 2-8 为光的全反射与光纤的结构示意图，当光束从折射率较大的光密介质进入折射率较小的光疏介质时，折射角大于入射角。因此当入射角达到某一角度 i_c 时，折射角可等于 90°，此时有一条很弱的折射光线沿界面传播。如果入射角大于 i_c，就不再有折射光线，入射光的能量全部回到第一介质中，这种现象称为全反射，i_c 角就称为全反射的临界角。根据折射定律可求得临界角为 $i_c = \sin^{-1}(n_1/n_2)$。

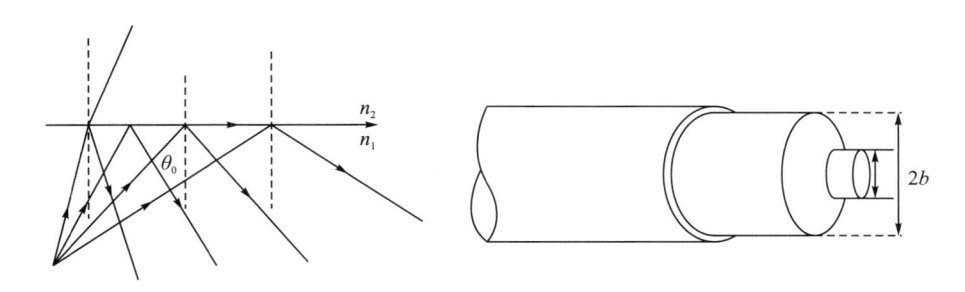

图 2-8 光的全反射与光纤的结构

不同介质的临界角大小不同，例如普通玻璃对空气的临界角为 42°，水对空气的临界角为 48.5°。钻石因折射率很大（$n = 2.417$），故临界角很小，容易发生全反射。切割钻石时，经过特殊的角度选择，可使进入的光线全反射并经色散后向其顶部射出，看起来就会光彩夺目。

利用光的全反射原理，可以制作一种新型光学元件(光导纤维，简称光纤)。光纤是由光学玻璃、光学石英或塑料制成的直径为几微米至几十微米的细丝(称为纤芯)，在纤芯外面覆盖直径 100~150μm 的包层和涂敷层。包层的折射率比纤芯约低 1%，两层之间形成良好的光学界面。当光线从一端以适当的角度射入纤维内部时，将在内外两层之间产生多次全反射而传播到另一端。在光导纤维内传播的光线，其方向与纤维表面的法向所成夹角如果大于 42°，则光线全部内反射，无折射能量损失。因而一根玻璃纤维能围绕各个弯曲之处传递光线而不会损失能量。实际使用中常将多根光纤聚集在一起构成纤维束或光缆。从光缆一端射入的图像，每根纤维只传递入射到它端面上的光线的像素。如果使纤维束两端每条纤维的排列次序完全相同，整幅图像就被光缆以具有等于单根纤维那样的清晰度被传递过去，在另一端整个面积上看到近于均匀光强的完整图像。

常用的光纤材料有石英系玻璃、多成分玻璃和复合材料。在这些材料中吸收和散射都造成光损耗，其中吸收的主要因素是杂质离子。反射主要发生在由包覆层保护的纤维与包覆层的界面上，而不是在包覆层的外表面上。因此，包覆层的厚度约是光波长的两倍以避免损耗。对纤维及包覆层的物理性能要求是相对热膨胀与黏性流动行为、相对软化点与光学性能的匹配。这种纤维的直径一般约为 50μm。由之组成的纤维束内的包覆玻璃可在高温下熔融，并加以真空密封，以提高器件效能，构成整体的纤维光导组件。光纤玻璃中的金属离子在可见光和红外光区的电子跃迁吸收是杂质吸收的主要来源。为了使光纤在工作波长的损耗降低至 20dB/km 以下，金属杂质含量需要控制到极低。此外，工艺过程中会有羟基引入，其谐波吸收损耗也是制作低损耗光纤所必须考虑的问题。

3. 界面反射、光泽和透明性

(1) 界面反射。材料对光的反射取决于材料的反射系数，但反射效果却与反射界面的粗糙度有关，分为镜面反射和漫反射。在材料表面光洁度非常高的情况下，反射光线具有明确的方向性，称之为镜面反射。在光学材料中利用这个性能可达到各种应用目的。例如雕花玻璃器皿反射率约为普通钠钙硅酸盐玻璃的两倍，达到装饰效果。同样，宝石的高折射率使之具有高反射性能。玻璃纤维作为通信的光导管时，有赖于光束总的内反射。精密结构陶瓷部件表面要加工成镜面，保证高精度配合并减少摩擦磨损。陶瓷中大多数表面并不是十分光滑的，因此当光照射到粗糙不平的材料表面时，发生相当的漫反射。形成漫反射的原因是材料表面粗糙，在局部地方的入射角参差不一，反射光的方向也各式各样，致使总的反射能量分散在各个方向上。材料表面越粗糙，镜反射所占的能量分数越小。

(2) 光泽。光泽反映材料表面对光的反射效果，与镜面反射和漫反射的相对含量密切相关。已经发现表面光泽与反射影像的清晰度和完整性，与镜面反射光带的宽度和它的强度有密切关系。这些因素主要由折射率和表面光洁度决定。为了获得高的表面光泽，需要采用铅基的釉或搪瓷组分，烧到足够高的温度，使釉铺展而形成完整的光滑表面。为了减小表面光泽，可以采用低折射率玻璃相或增加表面粗糙度，例如采用研磨或喷砂的方法、表面化学腐蚀的方法，以及由悬浮液、溶液或者气相沉积一层细粒材料的方法产生粗糙表面。获得高光泽度的釉和搪瓷的困难通常在于晶体形成时造成的表面粗糙、表面起伏或者气泡爆裂造成的凹坑。

(3) 半透明性。乳白玻璃和半透明瓷器（包括半透明釉）的一个重要光学性质是半透明性。即除了由玻璃内部散射所引起的漫反射以外，入射光中漫透射的分数对于材料的半透明性起着决定作用。对于乳白玻璃来说，最好是具有明显的散射而吸收最小，这样就会有最大的漫透射。最好的方法是在这种玻璃中掺入和基质材料折射率相近的 NaF 和 CaF_2。这两种物质的主要作用不是起乳浊剂作用，而是起矿化作用，促使其他晶体从熔体中析出。单相氧化物陶瓷的半透明性是它的质量标志。在这类陶瓷中存在的气孔往往具有固定的尺寸，因而半透明性几乎只取决于气孔的含量。例如，氧化铝瓷的折射率比较高，而气相的折射率接近 1，相对折射率 $n_{21}≈1.80$。气孔的尺寸通常和原料的原始颗粒尺寸相当，一般是 0.5~2.0μm，接近于入射光的波长，所以散射最大。

(4) 不透明性。日用陶瓷坯体含有气孔，而且色泽不均匀，颜色较深，缺乏光泽，因此常用釉加以覆盖。釉的主体为玻璃相，有较高的表面光泽和不透明性。搪瓷珐琅也是要求具有不透明性，否则底层的铁皮就要显露出来。乳白玻璃也是利用光的散射效果，使光线柔和，釉、搪瓷、乳白玻璃和瓷器的外观和用途在很大程度上取决于它们的反射和透射性能。

总散射系数主要取决于颗粒尺寸、相对折射率以及第二相颗粒的体积分数。为了得到最大的散射效果，颗粒及基体材料的折射率数值应当有较大的差别，颗粒尺寸应当和入射波长略相等，并且颗粒的体积分数要高。

乳浊剂的成分。釉及搪瓷的主要成分为硅酸盐玻璃，其折射率一般限定在 1.49～1.65。作为一种有效的散射剂，加进玻璃内的乳浊剂必须具有和上述数值显著不同的折射率。此外，乳浊剂还必须能够在硅酸盐玻璃基体中形成小颗粒。乳浊剂可以是与玻璃相完全不起反应的材料，它们是在熔制时形成的惰性产物，或者是在冷却或再加热时从熔体中结晶出来的。通过加热再结晶是经常使用的，是获得所希望颗粒尺寸的最有效方法。釉、搪瓷和玻璃中常用的乳浊剂及其平均折射率见表 2-7。由表中可见，最有效的乳浊剂是 TiO_2。由于它能够成核并结晶成非常细的颗粒，所以广泛地用于要求高乳浊度的搪瓷釉中。

表 2-7 适用于硅酸盐玻璃介质($n_{玻}$=1.5)的乳浊剂

	乳浊剂	$n_{分散}$	$n_{晶}/n_{玻}$
惰性添加物	SnO_2	1.99～2.09	1.33
	$ZrSiO_4$	1.94	1.30
	ZrO_2	2.13～2.20	1.47
	ZnS	2.40	1.60
	TiO_2	2.50～2.90	1.80
熔制反应的惰性产物	气孔	1.0	0.67
	As_2O_5 和 $Ca_4Sb_4O_{13}F_2$	2.2	1.47
玻璃中成核并结晶成的	NaF	1.32	0.87
	CaF_2	1.43	0.93
	$CaTiSiO_5$	1.9	1.27
	ZrO_2	2.2	1.47
	$CaTiO_3$	2.35	1.57
	TiO_2(锐钛矿)	2.52	1.68
	TiO_2(金红石)	2.76	1.84

乳浊机理。入射光被反射、吸收和透射所占的分数取决于釉层的厚度、釉的散射和吸收特性。对于无限厚的釉层，其反射率等于釉层的总反射（入射光被漫反射和镜面反射）的分数。对于没有光吸收的釉层，反射率为 1。吸收系数大的材料，其反射率低。好的乳浊剂必须具有低的吸收系数，也即在微观尺度上具有良好的投射特性。总反射率取决于吸收系数和散射系数之比。釉层的反射同等程度地由吸收系数和散射系数所决定。在实际的釉、搪瓷应用中，釉层厚度是有限的。釉层底部与基底材料的界面，也会有反射上来的光线增加总反射率。当底材的反射率、散射系数、釉层厚度以及釉层反射率增加时，实际反射率也增加。

2.4.4 吸收

光作为一种能量流，在穿过介质时，引起介质的价电子跃迁，或使原子振动而消耗能量。此外，介质中的价电子吸收光子能量而激发，当尚未退激而发出光子时，在运动中与其他分子碰撞，电子的能量转变成分子的动能也即热能，从而造成光能的衰减。即使在对光不发生散射的透明介质如玻璃、水溶液中，光也会有能量的损失，这就是产生光吸收的原因。光强度随厚度(x)的变化符合指数衰减规律，称为朗伯特定律：

$$I = I_0 \times e^{-\alpha x} \tag{2-39}$$

式中，I为光强度；I_0为入射光强度；α为物质对光的吸收系数，cm^{-1}。α取决于材料的性质和光的波长，材料越厚，光被吸收得越多，因而透过后的光强度就越小。当光传播距离达到$1/\alpha$时，强度衰减到入射时的$1/e$。不同材料α差别很大，空气$\alpha \approx 10^{-5} cm^{-1}$，玻璃$\alpha \approx 10^{-2} cm^{-1}$，金属$\alpha$则达几万到几十万，所以金属实际上是不透明的。

任何物质都只对特定的波长范围表现为透明，而对另一些波长范围则不透明。金属对光吸收很强烈，这是因为金属的价电子处于未满带，吸收光子后即呈激发态，不用跃迁到导带即能发生碰撞而发热。在电磁波谱的可见光区，金属和半导体的吸收系数都很大。但是电介质材料，包括玻璃、陶瓷等大部分无机材料在这个波谱区内都有良好的透过性，也就是说吸收系数很小，这是因为电介质材料的价电子所处的能带是填满的。它不能吸收光子而自由运动，而光子的能量又不足以使价电子跃迁到导带，所以在一定的波长范围内，吸收系数很小。波长越短，光子能量越大。当光子能量达到禁带宽度时，电子就会吸收光子能量从满带跃迁到导带，此时吸收系数将骤然增大。禁带宽度大的材料，紫外吸收端的波长比较小。希望材料在电磁波谱可见光区的透过范围大，这就意味着紫外吸收端的波长要小。吸收可分为选择吸收和均匀吸收。同一物质对某一种波长的吸收系数非常大，而对另一种波长的吸收系数非常小，这种现象称为选择吸收。透明材料的选择吸收使其呈不同的颜色。如果介质在可见光范围内对各种波长的吸收程度相同，则称为均匀吸收。在此情况下，随着吸收程度的增加，颜色从灰色变到黑色。

2.4.5 透射

无机材料是一种多晶多相体系，内含杂质、气孔、晶界、微裂纹等缺陷，光通过无机材料时会遇到一系列的阻碍，所以无机材料并不像晶体、玻璃体那样透光。多数无机材料看上去是不透明的，这主要是由散射引起的。透光性是个综合指标，用光通过陶瓷材料后剩余光能所占的百分比来衡量。

1. 影响透光性的因素

1) 吸收系数

对于陶瓷、玻璃等电介质材料，材料的吸收率或吸收系数在可见光范围内是比较低的。所以，陶瓷材料的可见光吸收损失相对来说比较小，在影响透光性的因素中不占主要地位。

2) 反射系数

材料对周围环境的相对折射率大，反射损失也大。另外，材料表面的光洁度也影响透光性能。

3) 散射系数

散射系数是影响陶瓷材料透光率最主要的因素，详细分析起来，有以下几个方面。

(1) 材料的宏观及微观缺陷。材料中的夹杂物、掺杂、晶界等对光的折射性能与主晶相不同，因而在不均匀界面上形成相对折射率。此值越大则反射系数(在界面上的，不是指材料表面的)越大，散射因子也越大，因而散射系数变大。

(2) 晶粒排列方向的影响。如果材料不是各向同性的立方晶体或玻璃态，则存在双折射。与晶轴呈不同角度的方向上的折射率均不相同。由多晶材料组成的无机材料，晶粒与晶粒之间的取向往往不一致，因此晶粒之间产生折射率的差别，引起晶界处的反射及散射损失。MgO、Y_2O_3 等立方晶系材料，没有双折射现象，本身透明度较高。多晶体陶瓷的透光率远不如同成分的玻璃大，因为相对来说，玻璃内不存在晶界反射和散射这两种损失。

(3) 气孔引起的散射损失。晶粒之内的以及在晶界的气孔、孔洞，从光学上讲构成了第二相。由此引起的反射损失、散射损失远较杂质、不等向晶粒排列等引起的损失大。气孔的体积含量越大，散射损失越大。可以采用等静压工艺消除较大的气孔，提高透过率。

2. 提高陶瓷材料透光性的措施

(1) 提高原材料纯度。在无机材料中由杂质形成的异相，其折射率与基体不同，等于在基体中形成分散的散射中心。杂质浓度、尺寸以及与基体之间的相对折射率都会影响散射系数的大小。

(2) 添加助剂。添加助剂的主要目的是降低材料的气孔率，特别是降低材料烧成时的闭气孔(大尺寸的闭气孔称为孔洞)。闭气孔的生成是在烧结阶段，成瓷或烧结后晶粒长大，把坯体中的气孔赶至晶界，成为存在于晶界的气孔和相界面上的孔洞。这些小气孔虽然对材料强度无多大影响，但对其光学性能特别是透光率影响颇大。为了提高 Al_2O_3 陶瓷的透光性，除了加入 MgO 以外，还需加入 Y_2O_3、La_2O_3 等助剂。这些氧化物溶于尖晶石中，形成固溶体。根据洛伦兹-洛伦茨(Lorentz-Lorenz)公式，离子半径越大的元素，电子位移极化率越大，因而折射率也越大。上述氧化物中，Mg^{2+} 半径为 0.065nm、Y^{3+} 为 0.093nm、La^{3+} 为 0.115nm。由 MgO 及 Al_2O_3 组成的尖晶石的折射率偏离了 Al_2O_3 和 MgO 的折射率。将 Y_2O_3 固溶于尖晶石后，将使尖晶石的折射率接近于主晶相的折射率，减少了晶界的界面反射和散射。

(3) 特种烧结工艺。热压法比普通烧结法更有利于排除气孔，因而是获得透明陶瓷很有效的工艺，热等静压烧结法效果更好。在热压时采用较高的温度和较大的压力，使坯体产生较大的塑性变形。坯体在大压力作用下产生流动变形，减小气孔率、提高陶瓷致密度。

2.5 磁学性能

磁性陶瓷在电子计算机、信息存储、激光调制、自动控制等科学技术领域中应用非常广泛。人类最早发现和认识的磁性材料是天然磁石，主要成分为 Fe_3O_4。磁性材料一般可分为磁化率为负的抗磁体材料和磁化率为正的顺磁体材料。

在外磁场 H 的作用下,在磁介质材料的内部产生一定的磁通量密度,称为磁感应强度 B,单位为特斯拉(T)或韦伯/平方米(Wb/m²)。B 与 H 的关系可表示为

$$B = \mu \times H \tag{2-40}$$

式中,μ 为磁导率,是磁性材料的特征参数,表示材料在单位磁场强度作用下内部的磁通量密度。在真空条件下,式(2-40)表示为

$$B_0 = \mu_0 \times H \tag{2-41}$$

式中,$\mu_0 = 4\pi \times 10^{-7}$ (H/m),为真空磁导率。

磁化强度 M 与磁场强度 H 的比值称为磁化率,用下式表达:

$$M = \chi H \tag{2-42}$$

式中,χ 为磁介质材料的磁化率,表示磁介质材料在磁场 H 的作用下磁化的程度,在国际单位制中是无量纲的,可以是正数或负数,决定着材料的磁性类别。陶瓷磁介质材料的磁化率与其化学组成、微观组织结构和内应力等因素有关。陶瓷材料的大多数原子是抗磁性的,抗磁性物质的原子(离子)不存在永久磁矩,当其受外磁场作用时,电子轨道发生改变,产生与外磁场方向相反的磁矩,而表现出抗磁性。

2.6 耦合性能

陶瓷材料的各种性质并不是孤立的,而是通过它的组成和结构紧密联系在一起。陶瓷材料某些性质相联系又相区别的关系叫作材料性质之间的转换和耦合。材料的耦合性质是内容非常广泛的一种性质,应作为一种特殊性质加以研究。随着传感技术和信息处理技术的发展,材料的这种耦合性质将越来越受到重视。目前对陶瓷材料耦合性质研究比较多的有光电陶瓷材料、压电陶瓷材料、热释电陶瓷材料、热电陶瓷材料、电光陶瓷材料、磁光陶瓷材料、声光陶瓷材料以及各种智能型多功能陶瓷材料等。

2.7 本章小结

先进陶瓷通过精确的化学组成、精密的制备工艺获得的烧结瓷体具有精准的晶体结构和微观组织,从而具有极其优越的力学、热学、电学、磁学、光学、声学和耦合特性。结构陶瓷和功能陶瓷在国防军工、航空航天、核工业、高温、精密机械、建筑、环保、电子信息和现代生物医学等领域得到了广泛的应用。本章全面系统地梳理了先进陶瓷基本性能的定义、核心技术指标的测量原理、测试技术和测试设备,重点阐释了一些先进陶瓷独有的性能指标。理解先进陶瓷的基本性能,掌握核心技术指标的测试原理和技术,有助于指导先进陶瓷配方设计、制备工艺优化和在关键领域的应用拓展。

参 考 文 献

[1] 包亦望. 先进陶瓷力学性能评价方法与技术[M]. 北京: 中国建材工业出版社, 2017.

[2] 曲远方. 功能陶瓷的物理性能[M]. 北京: 化学工业出版社, 2007.

[3] 曲远方. 功能陶瓷及应用[M]. 2版. 北京: 化学工业出版社, 2014.

[4] 全国建筑卫生陶瓷标准化技术委员会. 陶瓷砖试验方法第9部分: 抗热震性的测定(GB/T 3810.9—2006)[S]. 北京: 中国标准出版社, 2006.

[5] 国家市场监督管理总局, 国家标准化管理委员会. 日用陶瓷器抗热震性测定方法(GB/T 3298—2022)[S]. 北京: 中国标准出版社, 2022.

[6] 冶金工业部洛阳耐火材料研究院. 耐火制品抗热震性试验方法(空气急冷法)(YB/T 376.2—1995)[S]. 北京: 冶金工业出版社, 1995.

[7] 冶金工业部洛阳耐火材料研究院. 耐火制品抗热震性试验方法第3部分: 水急冷-裂纹判定法(YB/T 376.3—2004)[S]. 北京: 冶金工业出版社, 2004.

[8] 冶金工业部洛阳耐火材料研究院. 耐火制品抗热震性试验方法(水急冷法)(YB/T 376.1—1995)[S]. 北京: 冶金工业出版社, 1995.

[9] 全国建筑卫生陶瓷标准化技术委员会. 工程陶瓷抗热震性试验方法(GB/T 16536—1996)[S]. 北京: 中国标准出版社, 1996.

[10] 冶金工业部洛阳耐火材料研究院. 耐火制品抗热震性试验方法(YB 4018—1991)[S]. 北京: 中国标准出版社, 1991.

[11] 全国工业陶瓷标准化技术委员会. 精细陶瓷室温拉伸强度试验方法(GB/T 23805—2009)[S]. 中国标准出版社, 2009.

[12] 包亦望, 金宗哲. 脆性材料弯曲强度与抗拉强度的关系研究[J]. 中国建材科技, 1991(3): 1-5.

[13] 包亦望. 工程陶瓷的均强度破坏准则及弯曲强度与断裂韧度的尺寸效应[D]. 北京: 中国建筑科学研究院, 1990.

[14] 全国工业陶瓷标准化技术委员会. 精细陶瓷压缩强度试验方法(GB/T 8489—2006)[S]. 北京: 中国标准出版社, 2006.

[15] 全国工业陶瓷标准化技术委员会. 精细陶瓷弯曲强度试验方法(GB/T 6569—2006)[S]. 北京: 中国标准出版社, 2006.

[16] 全国工业陶瓷标准化技术委员会. 精细陶瓷高温弯曲强度试验方法(GB/T14390—2008)[S]. 北京: 中国标准出版社, 2008.

[17] 金宗哲, 包亦望. 脆性材料力学性能评价与设计[M]. 北京: 中国铁道出版社, 1996.

[18] 全国工业陶瓷标准化技术委员会. 精细陶瓷弹性模量试验方法弯曲法(GB/T 10700—2006)[S]. 北京: 中国标准出版社, 2006.

[19] 全国工业陶瓷标准化技术委员会. 精细陶瓷弹性模量、剪切模量和泊松比试验方法 脉冲激励法(JC/T 2172—2013)[S]. 北京: 中国建材工业出版社, 2013.

[20] 中国建筑材料科学研究院玻璃科学研究所. 玻璃材料弹性模量、剪切模量和泊松比试验方法(JC/T 678—1997)[S]. 北京: 中国标准出版社, 1997.

[21] ISO 17561: 2002(E). Fine ceramics(advanced ceramics, advanced technical ceramics)-Test method for elastic moduli of monolithic ceramics at room temperature by sonic resonance[S]. 2002.

[22] 全国工业陶瓷标准化技术委员会. 工程陶瓷冲击韧性试验方法(GB/T 14389—1993)[S]. 北京: 中国标准出版社, 1993.

[23] 全国工业陶瓷标准化技术委员会. 精细陶瓷断裂韧性试验方法 单边预裂纹梁(SEPB)法(GB/T 23806—2009)[S]. 北京: 中国标准出版社, 2009.

[24] Bao Y W, Zhou Y C. A new method for precracking beam for fracture toughness experiments[J]. Journal of the American Ceramic Society, 2006, 89(3): 1118-1121.

[25] ISO 15732: 2003(E). Fine ceramics (advanced ceramics, advanced technical ceramics)-Test method for fracture toughness of monolithic ceramics at room temperature by single edge precracked beam (SEPB) method[S]. 2003.

[26] 全国建筑卫生陶瓷标准化技术委员会. 精细陶瓷室温硬度试验方法(GB/T 16534—2009)[S]. 北京: 中国标准出版社, 2009.

[27] 包亦望. 陶瓷及玻璃力学性能评价的一些非常规技术[J]. 硅酸盐学报, 2007(S1): 117-124.

[28] 全国搪玻璃设备标准化技术委员会. 搪玻璃层耐磨损性试验方法(HG/T 3221—2009)[S]. 北京: 化学工业出版社, 2009.

[29] 金宗哲, 包亦望, 岳雪梅. 结构陶瓷的高温疲劳强度衰减理论[J]. 高技术通讯, 1994(12): 31-36.

[30] Bao Y W, Zhou Y C, Zhang H B. Investigation on reliability of nanolayer grained Ti_3SiC_2 via Weibull statistics[J]. Journal of Materials Science, 2007, 42(12): 4470-4475.

第3章 先进陶瓷的制备工艺

先进陶瓷的制备工艺过程包括原料的选择、配方设计计算、粉体制备、坯体成型、烧结、加工、金属化及后处理工艺。精准的化学组成、精确的晶相结构和微观结构是确保先进陶瓷具备某种极其优异性能的基础条件，因此，精准的原料配方设计和精确的制备工艺控制直接决定了最终陶瓷产品的性能和应用领域。

3.1 原料与辅料

原料的种类和质量对陶瓷产品的最终性能起着决定性作用。原料的信息包括：化学状态如组成、纯度、杂质的种类及含量，物理状态如颗粒大小、颗粒形状、矿物组成等，辅料的种类、体系、颗粒度及含量。陶瓷原料可分为天然矿物原料、化工原料和助剂。

3.1.1 天然矿物原料

天然矿物原料价格便宜，在产品性能符合相应标准和使用要求的情况下，工业生产中适当地使用纯度相对较高的天然矿物原料，能够有效降低生产成本。天然矿物原料组成复杂，杂质矿物含量较高，会降低先进陶瓷的部分性能指标，必须经过人工拣选、淘洗、煅烧等预处理工序，尽量去掉有害杂质后才能使用。

1. 滑石

滑石是天然的含水硅酸镁，化学通式为 $Mg_3(Si_4O_{10})(OH)_2$，即 $3MgO·4SiO_2·H_2O$，理论化学组成为 MgO 31.82%、SiO_2 63.44%、H_2O 4.74%，通常还含有少量的 Fe、Al 等杂质元素。滑石通常为纯白色或灰白色，有脂肪光泽，有滑腻感，莫氏硬度为1，相对密度为 2.7~2.8。滑石属单斜晶系，多为层状晶体，晶体呈六方或菱形片状，如图 3-1 所示，常见的物理状态是呈片状或粒状的致密集合体。

高纯度的滑石被广泛应用于先进陶瓷的生产中，其机械强度高、介电损耗小，是高频绝缘用滑石瓷的主要原料之一。以滑石为主要原料的陶瓷要注意存放时易出现开裂问题，由未处理的片状滑石所制成的坯料，在挤制成型时容易定向排列，烧成时产生各向异性收缩，导致瓷体开裂。此外，在干压成型过程中也易形成坯体层裂、压不实等缺陷。因此，配料前通常需采用煅烧预处理的方法来破坏滑石的层状结构，改善其使用性能。滑石加热至 900℃附近发生分解得到斜顽辉石，煅烧滑石的温度通常选用 1350~1380℃。

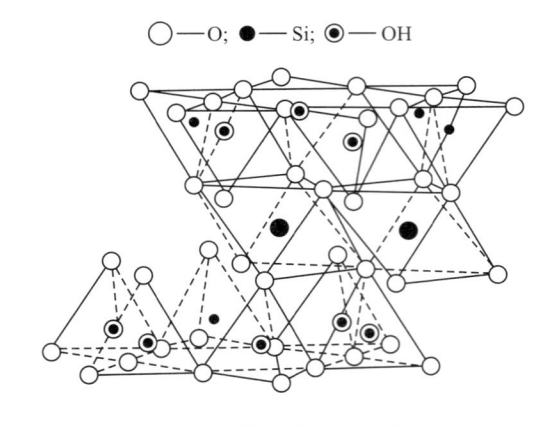

图 3-1 滑石的晶胞结构

2. 菱镁矿

菱镁矿是一种天然矿石，化学通式为 $MgCO_3$，理论化学组成为 MgO 47.82%、CO_2 52.18%，主要杂质为 CaO 和 Fe_2O_3。天然菱镁矿可分为晶质或隐晶质，晶体属三方晶系的碳酸盐矿物，莫氏硬度为 4～5，相对密度为 2.9～3.1。

菱镁矿是制造耐火材料的重要原料之一，其分解温度从 350℃开始至 850℃逸出全部 CO_2，经 700℃煅烧成轻烧氧化镁，质地松软、晶粒细小、化学活性大，易吸收空气水分生成 $Mg(OH)_2$，陶瓷配料中不宜采用。在先进陶瓷的生产中，高温煅烧后的菱镁矿通常是生产镁橄榄石瓷及钛酸镁瓷等电子陶瓷的重要原料之一，也是新型陶瓷工业中合成尖晶石（$MgO·Al_2O_3$）等的主要原料，同时作为辅料被广泛应用。

3. 黏土类矿物

黏土是由多种微细矿物组成（粒径一般小于 2μm）的混合体，以黏土矿物为主。黏土矿物主要是一些含水铝硅酸盐矿物，其晶体结构是由[SiO_4]四面体组成的 $(Si_2O_5)_n$ 层和一层由铝氧八面体组成的 $AlO(OH)_2$ 层相互以顶角连接起来的层状结构，这种结构在很大程度上决定了黏土矿物的各种性能。

黏土类矿物是一类含水的铝硅酸盐产物，常用黏土矿主要有高岭土、黏土和膨润土。黏土矿都具有一定的可塑性，常作为添加物用于增加陶瓷坯料的可塑性。高岭土、黏土的主要矿物组成是高岭石（$Al_2O_3·2SiO_2·2H_2O$），黏土含其他一些杂质。

高岭石的理论组成是：SiO_2 46.5%、Al_2O_3 39.5%、H_2O 14.0%。黏土中常含有 K_2O、Na_2O、CaO、MgO、Fe_2O_3、TiO_2 和有机物等杂质。使用黏土原料在降低产品成本的同时，必须注意其所含杂质对产品性能的影响，必须保证其特性满足相应的使用要求（表 3-1）。

表 3-1 黏土质量的基本要求

组成	SiO_2	Al_2O_3	Fe_2O_3	TiO_2	CaO	MgO	K_2O+Na_2O	烧失量
含量/%	40～60	34～40	<1	微量	<0.5	<0.5	<1	13～17

烧失量又称灼烧减量,是指坯料在烧成过程中所排出的结晶水,碳酸盐、硫酸盐分解物,以及有机杂质等被排除后物量的损失。相对而言,灼烧减量大且熔剂含量过多的,烧成制品的收缩率就越大,还易引起变形、开裂和其他缺陷,一般要求瓷坯灼烧减量要小于8%。

膨润土是微晶高岭石型矿物,化学式为 $Al_2Si_4O_{10}(OH)_2 \cdot nH_2O$,常含有K、Fe、Ca等杂质,膨润土有强烈的吸水性,吸水后体积膨胀超过10~30倍,具有强可塑性,膨润土的塑性约为黏土的3倍。膨润土干燥收缩大且杂质含量较多,加入量一般控制在5%以内。

4. 石英

石英的化学组成为 SiO_2,天然石英有单晶、多晶、隐晶质类和非晶质类等多种变体。水晶是无色透明的单晶体石英,结构为α-石英,属三方晶系,常呈柱状,有压电性。先进陶瓷中常用石英原料为石英岩,结构为多晶体。

如图3-2所示,石英材料的结构在加热过程中会发生多次晶型转变。常压下,温度达到573℃时转变为α-石英,体积增大0.8%;870℃时转变为α-鳞石英,体积增大12.7%;1470℃时转变为α-方石英,体积膨胀4.7%。石英在加热过程中体积变化剧烈,会引起石英晶体开裂或者瓷体的开裂,生产中利用这种体积效应来破碎石英岩原料。

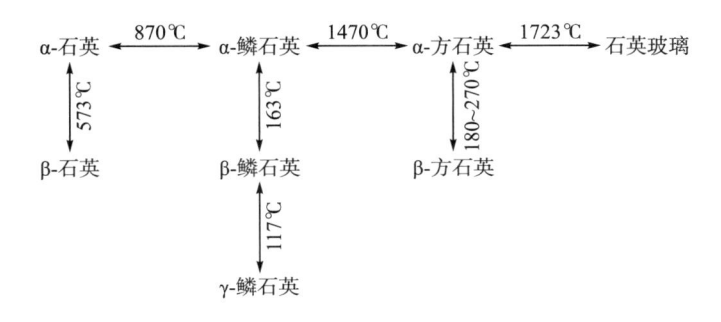

```
α-石英 ←870℃→ α-鳞石英 ←1470℃→ α-方石英 ←1723℃→ 石英玻璃
  ↕573℃           ↕163℃              ↕180~270℃
β-石英          β-鳞石英             β-方石英
                  ↕117℃
                γ-鳞石英
```

图3-2 石英的晶型转变关系图

石英主要作为瘠性原料加入陶瓷坯料,在陶瓷生产中具有重要的作用。在干燥阶段,石英可降低陶瓷泥料的可塑性,降低坯体的干燥收缩,缩短干燥时间并防止坯体变形。在烧成阶段,石英的加热膨胀可部分地抵消坯体收缩的影响,当玻璃质大量出现时,在高温下石英能部分溶解于液相中,增加熔体的黏度,而未溶解的石英颗粒,则构成坯体的骨架,可防止坯体发生软化变形等缺陷。石英对瓷器坯体的机械强度有很大的影响,合适的石英颗粒能大大提高坯体的强度,否则效果相反。石英能使瓷坯的透光度和白度得到改善。在釉料中,二氧化硅是生成玻璃质的主要组分,增加釉料中石英含量能提高釉的熔融温度与黏度,并减小釉的热膨胀系数,是赋予釉以高的机械强度、硬度、耐磨性和耐化学侵蚀性的主要因素。

5. 方解石

方解石是一种碳酸钙矿物,属三方晶系,化学式为 $CaCO_3$。常为菱面体双晶,呈透明或半透明状，化学组成为 CaO 56%、CO_2 44%，通常还含有 Mg、Fe、Mn、Zn 和 Sr 等少量杂质。方解石加热到 650~950℃时将分解为 CaO 和 CO_2，并发生 5%的收缩。

方解石是生产钙钛矿类复合金属氧化物陶瓷制品常用的原料之一。

6. 萤石

萤石化学式为 CaF_2，晶体结构多为立方体或八面体，属立方晶系，无色或浅绿色、浅黄色等透明或半透明状，有玻璃光泽，常含有稀土元素和有机着色剂，又称氟石。萤石的理论密度为 $3.18g/cm^3$，熔点约为 1330℃。

在先进陶瓷生产中萤石常作为烧成的助熔剂，可与 SiO_2、Al_2O_3 作用，烧结时可降低液相黏度和烧结温度，改善陶瓷制品的烧结性能。

7. 长石

长石是碱金属和碱土金属的铝硅酸盐矿物，按化学组成分为碱长石和碱土长石两大类。

(1) 碱长石。分为两种，一种是钠长石（$Na_2O·Al_2O_3·6SiO_2$），莫氏硬度为 6，单斜晶系，颜色为白色、红色、乳白色，熔点 1290℃；另一种为钾长石（$K_2O·Al_2O_3·6SiO_2$），莫氏硬度为 6，三斜晶系，颜色为白色、蓝色、灰色，熔点 1215℃。

(2) 碱土长石。分为两种，一种是钙长石（$CaO·Al_2O_3·2SiO_2$），莫氏硬度为 6，三斜晶系，颜色为白色、灰色、红色，熔点 1552℃；另一种是钡长石（$BaO·Al_2O_3·2SiO_2$），莫氏硬度为 6，三斜晶系，颜色为白色、灰色、红色，熔点 1715℃。

长石在先进陶瓷生产中主要用于制造长石瓷、釉料，也用作助熔剂降低烧成温度。

8. 含锂矿物原料

含锂矿物原料主要有锂辉石、锂云母、磷铝石和叶长石等。锂辉石的化学式为 $LiAl(Si_2O_6)$，含有少量 K_2O、NaO 等杂质；锂云母化学式为 $K(Li,Al)_3[(Al,Si)Si_3O_{10}](F,OH)_2$，含少量的 Fe_2O_3、Na_2O 等杂质；磷铝石的化学组成为 $LiAlF·PO_4$，含有少量的 SiO_2、Na_2O 等杂质；叶长石的理论组成为 $Li_2O·Al_2O_3·8SiO_2$。含锂矿物原料主要作为电子陶瓷原料以及烧成助熔剂，是锂工业生产的主要原料。

3.1.2 化工原料

随着陶瓷工业的发展，先进陶瓷制备对原料的要求越来越高，通常采用高纯度、超细颗粒的人工合成化工原料为主要原料。按化学成分化工原料可分为氧化物原料和非氧化物原料两类。

1. 氧化物原料

氧化物原料易制易得，且价格相对比较低廉，其本身就是氧化物，因而不存在制备过程被氧化的问题，生产工艺相对简单，应用范围广泛。氧化物原料可分为简单氧化物、复合氧化物及稀土氧化物原料。

1)简单氧化物原料

简单氧化物原料主要包括氧化铝、氧化锆、二氧化钛、氧化铍、二氧化锡、氧化锌、氧化镍和氧化铅等。

(1)氧化铝。

氧化铝密度 3.9～4.0g/cm³、熔点 2050℃、沸点 2980℃。氧化铝陶瓷具有机械强度高、绝缘电阻大、硬度高、耐磨、耐腐蚀及耐高温等优良性能,广泛应用于陶瓷、纺织、石化、建筑及电子等领域,是目前氧化物陶瓷中工艺最成熟、用途最广、产销量最大的陶瓷新材料,也是高温耐火材料、磨料、磨具、激光材料及氧化铝宝石等材料的重要原料。

氧化铝具有 12 种晶体结构,大部分是由氢氧化铝脱水转变为稳定结构的α-Al_2O_3 时所生成的中间相,其中最为常见的有α、β 和 γ 型。如图 3-3 所示,其他晶型的氧化铝通常在高温下都会转变成α-Al_2O_3。当加热到 1050℃时,γ-Al_2O_3 开始转变为α-Al_2O_3,并放出 32.8J/mol 的热量。此转化开始很慢,随着温度的升高,转化速率加快,至 1500℃时转化接近完成,并产生 14%的体积收缩。氧化铝原料在地壳中含量非常丰富,在岩石中平均含量为 15.34%,是自然界中仅次于 SiO_2 的氧化物。

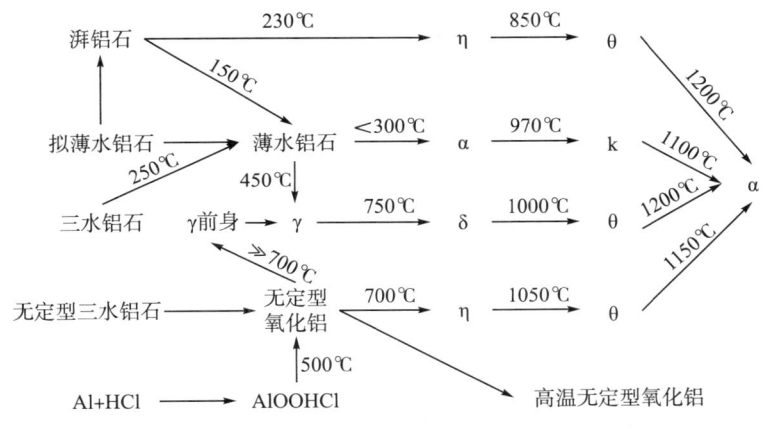

图 3-3　氧化铝晶型转变关系

一般应用于陶瓷工业领域的氧化铝原料可分为两大类:一类是工业氧化铝,另一类是电熔刚玉。

①工业氧化铝。

工业氧化铝一般是以含铝量高的天然矿物铝土矿[铝的氢氧化物,如一水硬铝石($xAl_2O_3·H_2O$)、一水软铝石、三水铝石、铝矾土等]和高岭土为原料,通过化学法(多采用拜尔法-碱石灰法)处理,除去硅、铁、钛等杂质制备出氢氧化铝,再经煅烧而制得,其主要矿物成分是 γ-Al_2O_3。工业氧化铝通常为白色松散的结晶粉末,工业氧化铝含量的质量标准见表 3-2。

表 3-2 工业氧化铝含量的质量标准(%)

成分	一级	二级	三级	四级	五级
Al_2O_3	≥98.6	≥98.5	≥98.4	≥98.3	≥98.2
SiO_2	≤0.02	≤0.04	≤0.06	≤0.08	≤0.10
Fe_2O_3	≤0.03	≤0.04	≤0.04	≤0.04	≤0.04
Na_2O	≤0.50	≤0.55	≤0.60	≤0.60	≤0.60
灼减	≤0.80	≤0.80	≤0.80	≤0.80	≤1.00

工业氧化铝的 3 项主要杂质成分中，Na_2O 及 Fe_2O_3 过量会降低氧化铝瓷件的电学性能，通常 Na_2O 的含量应小于 0.5%～0.6%，Fe_2O_3 的含量应小于 0.04%。另外，在电真空瓷件中，工业氧化铝还不得含有氟化物和氯化物，否则会侵蚀电真空管。

②电熔刚玉。

电熔刚玉是将工业氧化铝或富含铝的原料在电弧炉中熔融，缓慢冷却析晶得到的，其 Al_2O_3 含量可达 99%以上，Na_2O 含量可减少至 0.1%～0.3%，主要成分是 α-Al_2O_3，纯正的电熔刚玉原料呈白色，称为白刚玉。电熔刚玉由于熔点高(2050℃)、硬度大(HM=10)，是制造高级耐火材料、高硬磨料磨具的优质原料。

(2) 氧化锆。

氧化锆呈白色，含杂质时呈黄色或灰色，一般含有 HfO_2 成分，不易分离，化学式为 ZrO_2，熔点为 2715℃，莫氏硬度为 7。氧化锆作为一种新型陶瓷材料，化学惰性大、熔点高，具有优异的物理和化学性能，是耐火材料、高温结构材料、生物材料、功能陶瓷和电子陶瓷的重要原料，在工业生产中得到了广泛应用，是现代高温装备、航空航天器构件、敏感元件、冶金耐火材料、玻璃耐火材料等高技术产业的支柱之一，也是国家产业政策中鼓励重点发展的高性能新材料之一。目前，我国对电熔氧化锆的年需求量在 5 万 t 以上，而且需求量还在迅速增长。

①原料的提纯与制备。

自然界的氧化锆矿物原料主要为斜锆石和锆英石，氧化锆的提纯方法主要有氯化和热分解法、碱金属氧化分解法、石灰熔融法、等离子弧法、沉淀法、胶体法、水解法、喷雾热解法等。氧化锆超细粉末的制备方法有共沉淀法、溶胶-凝胶法、蒸发法、超临界合成法、微乳液法、水热合成法及气相沉积法等。

②氧化锆的晶型。

在常压下纯 ZrO_2 共有三种晶体型态：单斜氧化锆(m-ZrO_2)、四方氧化锆(t-ZrO_2)和立方氧化锆(c-ZrO_2)。三种晶型可以相互转化，如表 3-3 所示。

表 3-3 氧化锆常见晶型的转变温度和密度

晶型	转变温度/℃	密度/(g/cm³)
单斜氧化锆(m-ZrO_2)	<950	5.65
四方氧化锆(t-ZrO_2)	1000～2370	6.10
立方氧化锆(c-ZrO_2)	>2370	6.27

纯氧化锆从高温冷却至室温过程中，在经过相变温度时立方晶又会转换回单斜晶，并发生体积的剧烈改变，将导致烧结后的产品含有微裂缝等致命缺陷。因此，常通过添加其他氧化物实现大幅增强氧化锆晶相稳定性的作用。

掺杂一定比例的稳定剂的氧化锆被称作部分稳定的氧化锆(partially stabilized zirconium, PSZ)，当稳定剂为CaO、Y_2O_3、MgO时，分别表示为Ca-PSZ、Y-PSZ、Mg-PSZ等；由亚稳的t-ZrO_2组成的四方氧化锆称之为四方氧化锆多晶体(tetragonal zirconia polycrystal, TZP)陶瓷，当加入的稳定剂是Y_2O_3、CeO_2时，则分别表示为Y-TZP、Ce-TZP等。加入稳定剂后，阻止不稳定的ZrO_2由高温四方相向单斜型转变，稳定ZrO_2和不稳定ZrO_2的热膨胀系数随温度变化情况如图3-4所示。

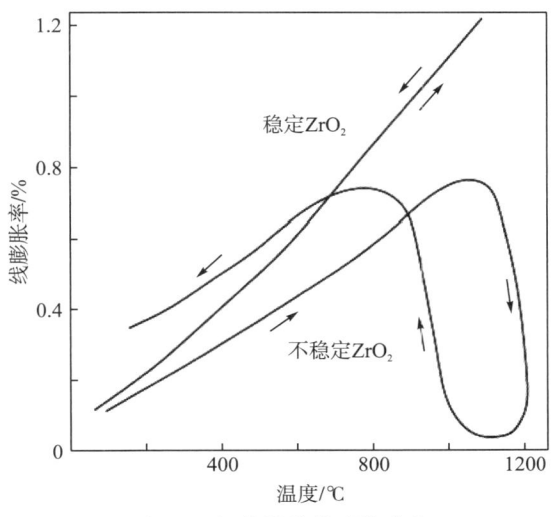

图3-4 氧化锆的热膨胀曲线

(3) 二氧化钛。

二氧化钛(TiO_2)共有3种晶型，即板钛矿、锐钛矿及金红石晶型，如图3-5所示。金红石晶型二氧化钛的熔点为1850℃，是一种细分散的白色至浅黄色粉末，大量用于陶瓷、颜料、釉料和涂料等工业生产中。在自然界中，二氧化钛是自然产出最白的矿物，称之为钛白粉。二氧化钛在800℃之后会发生晶型转变，变成带颜色的晶型，从而发生着色，对部分产品产生不利影响。

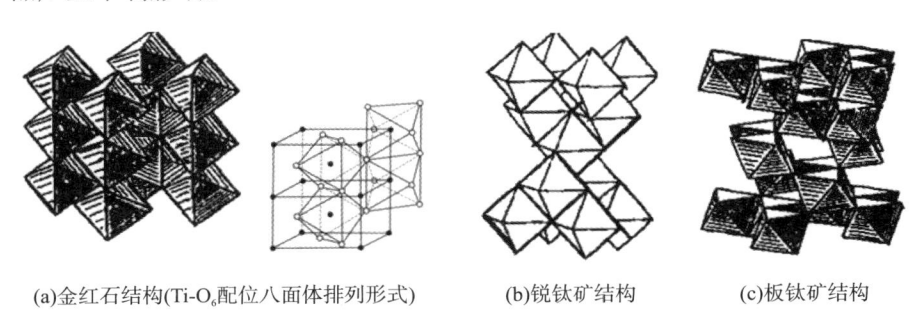

(a)金红石结构(Ti-O_6配位八面体排列形式)   (b)锐钛矿结构   (c)板钛矿结构

图3-5 二氧化钛的晶体结构

二氧化钛以催化活性高、稳定性好、无毒以及成本低等优点而备受青睐，是制造电容器陶瓷、热敏陶瓷和压电陶瓷等制品的重要原料；是制造高介电常数的陶瓷电容器、微晶活性材料和钛酸盐铁电压电陶瓷的主要原料；在高温陶瓷和耐火材料中，二氧化钛还可作附加剂和助熔剂；在玻璃制造中，可用于生产高折射率玻璃，也用作微晶玻璃的晶核剂；在搪瓷工业中，可作为瓷釉的乳浊剂。同时，二氧化钛也具有降解、抗菌和自清洁等方面的应用潜能，是一种理想的光催化自清洁陶瓷制备原料，在环保抗菌的建材生产方面具有重要意义。

自然界中的二氧化钛一般存在于含钛矿物中，例如钛铁矿（$FeTiO_3$）、榍石（$CaTiSiO_5$）和钙钛矿（$CaTiO_3$）等，经过硫酸分解法、均匀沉淀法和水热晶化法等化学处理可制得较纯的二氧化钛[1]。

(4) 氧化铍。

氧化铍是铍的氧化物（BeO），具有和酸、强碱反应的两性特性。氧化铍为白色无定形粉末，相对密度小（3.025），硬度HM=9，有很高的熔点（2570℃），主要用于高导热陶瓷、合金、催化剂和耐火材料等。

氧化铍是新型高导热性陶瓷的重要原料，为无色六方晶系晶体，无臭无味、耐热性好、高温稳定性好、难以被还原、耐腐蚀性强。在工业氧化物陶瓷中，氧化铍陶瓷的热传导性最好（热导率约为氧化铝的8倍）、比热值最大，并且有强度大、硬度高、熔点高、尺寸稳定等特性，因而广泛应用于电子工业、反应堆工程和空间系统中。此外，又因具有良好的电学性能和机械性能，氧化铍陶瓷在大功率、微型化、高发热量及超高频电子技术领域的电子工业中的应用越来越广泛，如用作电绝缘体、半导体器件、功率管外壳、晶体管基座、微波天线窗、整流罩、电阻芯等材料。特别是在大规模的集成电路中，氧化铍陶瓷基材料的需要量正在不断增大，可用于火箭燃烧室内衬材料及霓虹灯、荧光灯、有机合成催化剂、铍合金和耐火材料。

氧化铍的粉体和蒸气具有极大的毒性，极少量就足以使结膜、角膜、皮肤发生炎症，大量吸入会导致急性肺炎，长期微量吸入会对人体造成巨大伤害，如导致慢性铍肺等。工作场所最高允许浓度需小于$0.002mg/m^3$，使其用途受到很大限制。

氧化铍的制备主要包括硫酸法和氟化法，氟化法产品质量较硫酸法稍差，其制备对原料品位要求较高，且废渣、废水、废气中含铍、氟，双重污染毒性较大，"三废"处理量大且困难，环保难度较大，环保费用的投入非常高。

(5) 二氧化锡。

二氧化锡（SnO_2）是白色、淡黄色或淡灰色粉末，主要有四方、六方或斜方等晶型，熔点1630℃，在1800~1900℃会发生升华，相对密度6.95，难溶于水、醇、稀酸和碱液，缓溶于热浓强碱溶液并分解，与强碱共熔可生成锡酸盐。

二氧化锡是电介质陶瓷和导电陶瓷的主要原料之一，同时也是一种优秀的透明导电材料。二氧化锡是第一个投入商用的透明导电材料，为了提高其导电性和稳定性，常进行掺杂使用，如$SnO_2:Sb$、$SnO_2:F$等。氧化锡陶瓷经配料和一般陶瓷工艺处理后，坯体通常在1500~1550℃氧化气氛下烧结而成，可用作制备压敏陶瓷和电极材料，是20世纪90年代发展起来的新型压敏材料，广泛用于电子陶瓷中。

氧化锡的制备方法有很多，包括固相合成法、液相合成法和气相合成法三类，目前常用的方法有溶胶凝胶法、共沉淀法、电化学沉积法等。

(6) 氧化锌。

氧化锌(ZnO)为白色非结晶状粉末物质，又称锌白、锌氧粉，相对密度5.6、熔点1975℃。氧化锌晶体受热时，会有少量氧气逸出，使得物质显现黄色，且当温度下降后晶体则恢复白色。当温度达1975℃时氧化锌会分解产生锌蒸气和氧气。

氧化锌有六边纤锌矿和立方闪锌矿两种常见典型的晶体结构，如图3-6所示。其中，纤锌矿结构稳定性最高，因而最常见。在两种晶体中，每个锌或氧原子都与相邻原子组成以其为中心的正四面体结构，且都具有中心对称性，但都没有轴对称性。晶体的对称性质使得纤锌矿结构和闪锌矿结构都具有压电效应。

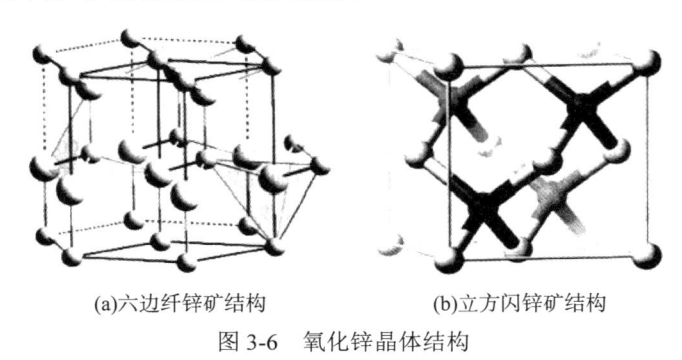

(a)六边纤锌矿结构　　(b)立方闪锌矿结构

图3-6　氧化锌晶体结构

氧化锌晶体呈六角形，由于锌和氧原子在尺寸上相差较大，而具有较大的空间，因而导致其具有半导体特性，即使没有掺入任何其他物质，氧化锌也具有N型半导体的特征，是压电陶瓷和压敏陶瓷的主要原料。氧化锌也常用作烧结助剂，可降低部分陶瓷的烧结温度，形成细晶结构，改善陶瓷材料的性能。

(7) 氧化镍。

氧化镍(NiO)呈绿色至黑绿色粉末，立方晶系，过热变黄色，相对密度6.67，溶于酸和氨水，不溶于水和液氨。熔点1984℃，加热至400℃时，吸收空气中的氧而变成三氧化二镍，600℃时又还原为一氧化镍。低温制得的一氧化镍具有化学活性，1000℃高温煅烧制得的一氧化镍呈绿黄色，活性小，随制备温度的升高，其密度和电阻增加，溶解度和催化活性降低。

氧化镍主要用作搪瓷的金属密着剂(以改善有机材料和无机材料表面的黏接性能)和着色剂(陶瓷和玻璃的颜料)，也可用于生产镍锌铁氧体等磁性材料，以及制造用在冶金、显像管中的镍盐原料、镍催化剂；用作电子元件材料、催化剂、搪瓷涂料和蓄电池材料而应用于热敏陶瓷中。

(8) 氧化铅。

氧化铅(PbO)为黄色或略带红色的黄色粉末或细小片状结晶，遇光易变色，有红色的四方形态和黄色的斜方形态，在空气中加热到300～500℃得到Pb_3O_4粉末。工业生产中常用的含铅化合物有：密陀僧(PbO)、铅白[$2PbCO_3 \cdot Pb(OH)_2$]、铅丹(Pb_3O_4)。

氧化铅常用作颜料铅白、铅皂、冶金助溶剂、油漆催干剂、橡胶硫化促进剂、杀虫剂、铅盐塑料稳定剂原料、铅玻璃工业原料、铅盐类工业的中间原料。少量用作中药和用于蓄电池工业，并用于制造防辐射橡胶制品。氧化铅还可用于制造高折射率光学玻璃、陶瓷瓷釉、精密机床的平面研磨剂。在新型陶瓷中氧化铅是合成 $PbTiO_3$、$Pb(Zr、Ti)O_3$ 以及 $Pb(Mg_{1/3}、Nb_{2/3})O_3$ 的主要原料，是功能陶瓷生产中常用的原料之一，如用于制备锆酸铅、钛酸铅铁电压电陶瓷等。

氧化铅蒸气具有毒害性，会导致人体造血、神经、消化及肾脏系统损害，神经系统主要表现为神经衰弱综合征，重者出现铅中毒性脑病，应注意防护和限制使用。陶瓷制品的无铅化是重要研究方向。

(9) 其他单一氧化物。

① 五氧化二铌 (Nb_2O_5)。

五氧化二铌在电子陶瓷工业中用途很广，如用作铌酸镍单晶、特种光学玻璃、高频和低频电容器及压电陶瓷元件，以及铌镁酸铅低温烧结独石电容器、铌酸锂单晶等的主要原料，同时还可作为改性添加剂、催化剂和耐火材料。

② 氧化钴 (CoO)。

氧化钴是制取金属钴的主要原料，用于生产钨钴硬质合金、钴磁合金，经过继续氧化成四氧化三钴用作钴锂电池的正极材料，在化工行业用作催化剂，还可用作玻璃、搪瓷、陶瓷的着色剂以及用于磁性材料。

③ 氧化铬 (Cr_2O_3)。

氧化铬为绿色至深绿色细小六方晶体，溶于加热的溴酸钾溶液，微溶于酸类和碱类，几乎不溶于水、乙醇和丙酮。常用作气敏元件、气体警报器的配料，可用于陶瓷、搪瓷和橡胶的着色（是高级绿色颜料），配制耐高温涂料，也大量用于冶金，制作耐火材料、研磨粉和有机合成催化剂。

④ 氧化铁 (Fe_2O_3)。

氧化铁为红棕色粉末，工业上称氧化铁红，主要用于油漆、油墨、橡胶等工业中，可作催化剂，玻璃、宝石、金属的抛光剂，可用作炼铁原料，是强磁性陶瓷材料的重要原料，同时也是重要的陶瓷着色剂。

2) 复合氧化物原料

复合氧化物原料包括钛酸盐、锆酸盐、锡酸盐、铝酸盐、铝硅酸盐等。

(1) 钛酸盐。

钛酸盐是指钛的含氧酸盐，一般钛酸盐都具有混合金属氧化物的结构，主要有 $BaTiO_3$、$SrTiO_3$、$CaTiO_3$、$MgTiO_3$ 和 $PbTiO_3$ 等。其中，以 $BaTiO_3$ 为体系的钛酸盐是一种强介电化合物材料，是压电、铁电、滤波器陶瓷的重要原料。钛酸钡晶体在外电场作用下会产生整体的极化，是良好的铁电材料和压电材料，在电子工业中用途广泛。钛酸钡具有高介电常数和低介电损耗，是电子陶瓷中使用最广泛的材料之一，被誉为"电子陶瓷工业的支柱"，是电子陶瓷、正温度系数 (positive temperature coefficient，PTC) 热敏电阻、电容器、滤波器等多种电子元器件的主要原料。

(2) 锆酸盐。

锆酸盐主要有偏锆酸(H_2ZrO_3)盐和正锆酸(H_4ZrO_4)盐。大部分不溶于水，如锆酸钠(Na_2ZrO_3)、锆酸钾(K_2ZrO_3)、锆酸钙($CaZrO_3$)、锆酸镁($MgZrO_3$)等。$BaZrO_3$和$SrZrO_3$等常应用于磁芯、振荡器等。

(3) 锡酸盐。

锡酸盐主要有$BaSnO_3$、$CaSnO_3$、$InSnO_3$、$CaSnO_3$、$NiSnO_3$和$PbSnO_3$，如$CaSnO_3$用于电容器中。锡酸盐均为钙钛矿型结构，具有介电常数低、绝缘电阻高、介质损耗角小等特性，适于用作电容器介质材料，尤其是锡酸钙常作为铁酸钡基铁电陶瓷的改性添加物，用来调整瓷料的介电常数与温度系数。

(4) 铝酸盐。

铝酸盐是一种重要的陶瓷材料，可由氢氧化铝与碱溶液作用制得。天然的二价金属无水铝酸盐称尖晶石[$M(AlO_2)_2$]。铝矾土基烧结镁铝尖晶石采用Al_2O_3含量76%以上的优质矾土和MgO含量95%以上的优质轻烧镁粉，经过多级均化工艺，在超高温隧道窑中经1800℃以上高温烧结而成，具有体积密度大、矿物相含量高、晶粒发育良好、结构均匀、质量稳定等优势。其中，$MgAl_2O_4$是重要的透明陶瓷材料，具有良好的抗侵蚀能力、抗磨蚀能力，热震稳定性好；其烧结密度可达理论密度的99.7%~100%，在0.5~6.5μm范围内的直线透过率大于10%，可见光范围的总透过率为67%~78%。可用于高温电弧密封外壳、天线窗、红外透射装置等。铍的尖晶石[$Be(AlO_2)_2$]称金绿宝石，用作珠宝装饰品。钙的铝酸盐是水泥的主要成分。

(5) 铝硅酸盐。

铝硅酸盐是硅酸盐中SiO_4四面体的一部分由AlO_4四面体取代组成的，主要为长石类物质，是制造耐火材料、玻璃、水泥、陶瓷的原料。

3) 稀土氧化物原料

稀土氧化物原料包括Yb_2O_3、Tu_2O_3、Nd_2O_3、Ce_2O_3、La_2O_3等，主要用于陶瓷原料配方的助剂，改善和优化陶瓷体系性能。

2. 非氧化物原料

非氧化物原料在自然界很少存在，通常需要人工合成得到。非氧化物陶瓷在原料的合成和陶瓷烧结时易氧化，因此必须进行气氛(如N_2、Ar、He等)保护。非氧化物一般具有很强的共价键，使得非氧化物陶瓷比氧化物陶瓷难熔和难烧结，必须在极高温度(1500~2500℃)并有烧结助剂存在的情况下才能获得较高密度的产品，有时必须借助气压或者热压烧结法才能达到较理想的密度(>95%)。因此，非氧化物陶瓷及原料的生产成本一般比氧化物陶瓷高。

非氧化物陶瓷原子共价键结合，具有较高的硬度、模量、蠕变抗力，尤其是突出的高温服役性能，这是氧化物陶瓷无法比拟的。某些非氧化物陶瓷具备优异的高温强度、较低的热膨胀系数、接近金属的热传导率、耐氧化、耐高硫燃料的腐蚀、耐外来应力和热冲击等特性。

非氧化物陶瓷主要包括：碳化物陶瓷、氮化物陶瓷、硼化物陶瓷、硅化物陶瓷、氟化物陶瓷以及硫化物陶瓷等。

1) 碳化物原料

碳化物通常指金属或非金属与碳组成的二元化合物，可分为非金属碳化物（如碳化硅、碳化硼等）和类金属碳化物（如碳化钛、碳化锆、碳化钨等）两大类。碳化物是一种耐高温的材料，绝大多数软化点都在 3000℃ 以上，且都具有比碳和石墨更强的抗氧化能力、高的硬度和良好的化学稳定性。

(1) 碳化硅。

碳化硅化学式为 SiC，目前中国工业生产的碳化硅分为黑色碳化硅和绿色碳化硅两种，均为六方晶体，相对密度为 3.20～3.25，显微硬度为 2840～3320kg/mm^2，升华温度约 2700℃。碳化硅陶瓷不仅具有优良的常温力学性能，如高的抗弯强度、优良的抗氧化性、良好的耐腐蚀性、高的抗磨损性以及低的摩擦系数，而且其高温力学性能（具有高强度、抗蠕变性等，其高温强度可一直维持到 1600℃）是已知陶瓷材料中最佳的。

碳化硅的四大应用领域包括：功能陶瓷、高级耐火材料、磨料及冶金原料，在石油、化工、微电子、汽车、航天、航空、造纸、激光、矿业及原子能等工业领域获得了广泛的应用。碳化硅具有导电性，可用于制造高温电炉用的电热材料及半导体材料。碳化硅的硬度高（莫氏硬度为 9.5），耐磨性能好，研磨性能好，并有抗热冲击性、抗氧化等性能，是非常重要的研磨材料。碳化硅还可用来作为火箭发动机尾喷管和燃烧室的材料，以及高温作业下的涡轮机主动轮、轴承和叶片等零件。

碳化硅是采用石英砂、石油焦（或煤焦）、木屑等原料通过电阻炉加热到 2000℃ 左右的高温冶炼而成，经过各种化学工艺流程后得到碳化硅微粉。我国是全球碳化硅最大的生产国和出口国，碳化硅行业经过多年的发展，目前其冶炼生产工艺、技术装备和单吨能耗已经达到了世界领先水平，黑、绿碳化硅原块的质量水平也属世界领先，但在生产过程和尖端产品等方面与世界领先水平还存差距。2016 年全球碳化硅的产能在 310 万 t 左右，其中中国碳化硅产能为 230 万 t 左右，占据全球 74% 左右的份额[2]。技术含量极高的纳米级碳化硅粉体的应用短时间内还无法形成规模经济，高质量碳化硅单晶体的规模化制备还需继续深入研究。

(2) 碳化硼。

碳化硼为具有六角菱形晶格的灰黑色微粉，是已知最坚硬的三种材料之一（金刚石、碳化硼、立方氮化硼），但其相对密度却只有 2.5 左右，可用于坦克的轻质装甲和防弹衣，同时也是金属陶瓷、轴承、车刀等的重要制作材料。碳化硼极硬耐磨，不与酸碱反应，耐高/低温、耐高压，显微硬度≥34300MPa，抗弯强度≥400MPa，熔点为 2450℃，在军事工业中可用于制造枪炮喷嘴，并有望取代硬质合金/钨钢、碳化硅和氮化硅等材质的喷嘴。碳化硼陶瓷虽然坚硬、热稳定性好，但抗冲击性能差、脆性大。碳化硼通常在电炉中用碳还原三氧化二硼制得，也可在碳存在下，用镁热法还原硼酐制得。

(3) 碳化钛。

碳化钛属面心立方晶型，熔点高，导热性能好，硬度大，化学稳定性好，不水解，高温抗氧化性好，在常温下不与酸起反应，但在硝酸和氢氟酸的混合酸中能溶解，于1000℃在氮气气氛中形成氮化物。碳化钛是硬质合金生产的重要原料，并具有良好的力学性能，可用于制造耐磨材料、切削刀具材料、机械零件等，还可制作熔炼锡、铅、镉、锌等金属的坩埚。

一般地，碳化钛粉体由 TiO_2 与炭黑在通氢气的碳管炉或调频真空炉内于 1600～1800℃高温下反应制得。

2) 氮化物原料

(1) 氮化硅。

氮化硅是一种重要的结构陶瓷材料，具有超高硬度、耐磨性和高温抗氧化性，本身具有润滑性。氮化硅可以用作坩埚、热电偶保护管、炉材、金属熔炼炉或热处理的内衬材料，也是良好的绝缘体和介电体，能应用于集成电路中。高硬度氮化硅可用作研磨材料；耐热冲击大使其成为制造火箭喷嘴和叶片的合适材料；导热系数高，可制备高导热陶瓷基板用于高功率电子领域。

氮化硅(Si_3N_4)有 3 种结晶结构，分别是α、β 和 γ 三相。氮化硅可在 1300～1400℃的条件下用单质硅和氮气直接进行化合反应得到，也可用二亚胺合成或用碳热还原反应在 1400～1450℃的氮气气氛中合成。目前，碳热还原反应是制造氮化硅的最简单途径，也是工业上制造氮化硅粉末最符合成本效益的手段。随着高性能陶瓷需求的不断增加，氮化硅陶瓷优势凸显，相关研究有待进一步加强。

(2) 氮化铝。

氮化铝属类金刚石氮化物，是共价键化合物，属于六方晶系，具有铅锌矿型的晶体结构，呈白色或灰白色，密度为 3.235g/cm³。氮化铝的室温强度高且强度随温度的升高下降较慢，最高稳定温度可达 2200℃，是良好的耐热冲击材料。其抗熔融金属侵蚀的能力强，是熔铸纯铁、铝或铝合金理想的坩埚材料。氮化铝具有优良的电绝缘性和介电性，导热性好[70～275W/(m·K)]，热膨胀系数小($4.5×10^{-6}℃^{-1}$)，且与 Si[$(3.5～4.0)×10^{-6}℃^{-1}$]和 GaAs($6×10^{-6}℃^{-1}$)等电子材料匹配性好，可用于高导热陶瓷基板等电子元器件中，且与氧化铍不同的是氮化铝无毒更安全。

氮化铝粉体主要通过纯铝粉在氨气或氮气气氛中在 800～1000℃合成，产物为白色到灰蓝色粉末；或由 Al_2O_3-C-N_2 体系在 1600～1750℃反应合成，产物为灰白色粉末；或由氯化铝与氨经气相反应制得。氮化铝涂层可由 $AlCl_3$-NH_3 体系通过气相沉积法合成。

(3) 氮化硼。

氮化硼为白色粉末，又叫白石墨，能像石墨一样进行机械加工。氮化硼无明显熔点，在 3000℃升华。氮化硼绝缘强度是 Al_2O_3 的 3～4 倍，在 2000℃仍是稳定的绝缘体，热导率仅次于氧化铍，常温下与铁相当，可用于大规模集成电路的绝缘基片、基板和高性能封装材料。

氮化硼具有四种不同的变体：六方氮化硼(hexagonal boron nitride，HBN)、菱方氮化硼(rhombohedral boron nitride，RBN)、立方氮化硼(cubic boron nitride，CBN)和纤锌矿氮化硼(wurtzite boron nitride，WBN)。CBN 被认为是已知的最硬的物质。同时，它的耐热性、耐热冲击和高温强度都很高，而且能加工成各种形状，因此被广泛用作各种熔融体的加工材料。氮化硼的粉末和制品有良好的润滑性，可作金属和陶瓷的填料，制成轴承。另外，它在陶瓷材料中比重最小($2.26g/cm^3$)，作为轻质装甲、飞行器结构材料非常有利。

工业上较好的氮化硼制法是用三氧化二硼或者硼酸盐与含氮化合物在 800~1200℃ 进行反应制得，但这种方法制成的产品中仍残留有少量未反应原料。

3) 硼化物原料

硼化锆分子式为 ZrB_2，灰色结晶或粉末，相对密度为6.085，熔点为3200℃，是超高温陶瓷和耐火材料的重要原料，可以抵抗熔融锡、铅、铜、铝等金属的侵蚀，可用于冶炼各种金属的铸模、坩埚、盘器等。ZrB_2 具有较好的热稳定性，用它制成的连续测温热电偶套管，可在熔融的铁水中使用10~15h，在熔融的钢水中(1700℃)连续使用数小时，在熔融的黄铜和紫铜中使用100h。

4) 硅化物原料

二硅化钼是一种钼的硅化合物，也称为硅化钼，分子式为 $MoSi_2$，熔点高达2030℃。由于二硅化钼两种原子的半径相差不大，电负性比较接近，所以其具有近似于金属与陶瓷的性质，并具有导电性。在高温下表面能形成二氧化硅钝化层以阻止进一步氧化，其外观为灰色金属色泽。二硅化钼可以在空气中温度达1700℃时继续使用数千小时，因此在高温电极材料、超音速飞机、火箭、导弹、原子能工业中都有广泛的用途。二硅化钼不溶于大部分酸，但可溶于硝酸和氢氟酸。

3.1.3 助剂

助剂泛指为提高陶瓷产品的质量和工艺效果，而在配料中添加的少量或微量试剂。助剂可作为分散剂、增塑剂、表面改性剂、助熔剂等应用于粉体制备、料浆制备、坯料成型到干燥烧结等各个环节。助剂属于精细化学品的范畴，按使用功能可分为分散剂、助烧剂、增塑剂等。

1. 分散剂

分散剂是陶瓷加工过程中使用最多的助剂。陶瓷粉体中加入分散剂后形成疏水表面，可在同等条件下使颗粒间的自由水增多，从而改善料浆的流动性、提高颗粒的均匀度、缩短硬化时间、提高吸附强度。尤其是超细纳米陶瓷粉体，颗粒间存在较强的相互作用力，如静电力、范德瓦耳斯力，使纳米粉体存在团聚度高、流动性差等缺点，大大影响其优势发挥，导致制备、分级、混匀、输运等加工工程无法正常进行，严重影响最终材料的性能。常见的分散剂按化学组成可分为无机分散剂、有机小分子分散剂和高分子分散剂等。

1) 无机分散剂

无机分散剂也称为解凝剂，一般用于釉料中，对釉浆具有稠化效应，是防止料浆沉淀的助剂。通常无机分散剂不能挥发，烧结后与原料熔为一体，性能均匀稳定。无机分散剂是无机电解质，一般为含钠离子的无机盐，如氯化钠、硅酸钠、偏硅酸钠、碳酸钠和磷酸钠、六偏硫酸钠、三聚磷酸钠等，主要适用于氧化铝和氧化锆浆料的分散。

2) 有机小分子分散剂

有机小分子分散剂主要是有机电解质类分散剂和表面活性剂分散剂,前者主要有柠檬酸钠、腐殖酸钠、乙二胺四乙酸钠、亚氨基三乙酸钠、羟乙基乙二胺、二乙酸钠、二乙烯三胺五乙酸钠等,后者主要有硬脂酸钠、烷基磺酸钠、脂肪醇聚氧乙烯醚等。

3) 高分子分散剂

陶瓷浆料中添加的高分子分散剂一般分为两类,一类是聚电解质,在水中可以电离,呈现不同的离子状态,主要是一些水溶性高分子,如聚丙烯酰胺、聚丙烯酸及其钠盐、羟甲基纤维素、亚硫酸化三聚氰胺甲醛树脂等;另一类是非离子型的表面活性剂,如聚乙烯醇等。

高分子分散剂在非水介质中因其低的介电常数,静电稳定机制不起作用,主要是空间稳定机制起分散作用,有的带电高分子还可以辅以静电稳定机制使分散体系稳定,因此这种分散剂常常比有机小分子分散剂更有效。高分子分散剂亲水基、疏水基灵活可调,分子结构呈梳状或多支链化,对被分散稠粒表面覆盖及包封效果更好,且分散体系更易趋于稳定和流动,因此高分子分散剂是很有发展前途的一类陶瓷分散剂。

2. 助烧剂

陶瓷烧结的高温高能耗问题一直是影响陶瓷生产的关键因素之一。通常在其他条件相同时,烧成温度每降低100℃,单位能耗将降低约13%。因此,降低烧成温度、减少烧成能耗是降低生产成本、提高经济效益的一个重要环节,也是陶瓷行业一项长期的重要任务。

陶瓷的烧结主要分为固相烧结和液相烧结,其烧结过程都是表面能推动颗粒重排、气孔填充和晶粒生长。由于液相流动传质比固相扩散传质快,因而液相烧结致密化速率高,可使坯体在更低温度的情况下获得致密的烧结体。对于高纯、高强结构陶瓷而言,多以固相烧结为主,可通过少量外加助剂与主晶相形成固溶体促进缺陷增加,或形成液相大大促进烧结的进行。目前,加入烧结助剂是降低烧结温度的主要措施之一。

一般地,烧结助剂主要通过以下几种方式作用。

(1) 本身是低熔点物质,在烧结过程中形成液相,通过流动传质促进烧结。

(2) 本身可与主相反应,形成低熔点固溶物质,通过形成液相促进烧结。

(3) 在主晶相中发生固溶,造成晶格缺陷,加快离子迁移速度,促进烧结。

目前,研究较多的烧结助剂主要有氧化物、锂盐、低熔点玻璃等,常用烧结助剂的组成及特点见表3-4[3]。

在配方中,适当增加熔剂和矿化剂的含量有利于促进陶瓷坯体的低温烧结,包括一元助烧剂、二元助烧剂和多元助烧剂。根据低共熔原理,组分越多,共熔温度越低,则出现液相的温度越低。因此,采用多组分配料、复合助熔剂的降温效果更明显。

同时,有些低熔点助烧剂在烧结过程中先形成液相促进烧结,而到了烧结后期又会作为最终相进入主晶相起到掺杂改性的作用,即能够起到既降低烧结温度又能提高材料性能的双重效应。如在多层电容器陶瓷中助烧剂可促进烧结致密化;在微波介质陶瓷中可通过助烧剂调节其介电性能；在热电陶瓷中助烧剂可提高致密度，有助于界面声子散射降低热导率，提高其热电性能。

表 3-4　常用烧结助剂的组成及特点[3]

烧结助剂		组成	特点及存在问题
玻璃	硼硅酸盐玻璃	ZnO-B$_2$O$_3$-SiO$_2$ BaO-B$_2$O$_3$-SiO$_2$ PbO-B$_2$O$_3$-SiO$_2$ B-Bi-Si-Zn-O ZnO-B$_2$O$_3$	①应用广泛，对于多种体系有效； ②所需添加量大； ③玻璃介电损耗大，或是与基体材料反应，造成介电性能急剧下降； ④物相可控性差
	其他玻璃	La$_2$O$_3$-B$_2$O$_3$-TiO$_2$	
氧化物	非金属氧化物	B$_2$O$_3$、V$_2$O$_5$	①添加量少，对中低烧结温度材料体系非常有效； ②添加量较大时，介电性能下降明显； ③添加 B$_2$O$_3$ 和 V$_2$O$_5$ 等的材料不能获得满足要求的流延膜片，尚未能实现产业化
	金属氧化物	ZnO、CuO Y$_2$O$_3$、Ln$_2$O$_3$ Bi$_2$O$_3$ GeO$_2$	
化合物		LiF、FeVO$_4$	①对特定体系有效； ②助剂在高温阶段的稳定性较差
复合助剂	氧化物-氧化物	CuO-V$_2$O$_5$ CuO-Bi$_2$O$_3$-V$_2$O$_5$ Bi$_2$O$_3$-B$_2$O$_3$ Li$_2$O-Bi$_2$O$_3$	①对众多体系有效； ②降温效果比单独使用更为有效
	氧化铋-玻璃	Bi$_2$O$_3$-ZBS-glass	
	化合物-氧化物	LiF-V$_2$O$_5$-CuO BaCuO$_2$-CuO	

3. 增塑剂

增塑剂的作用主要是增强陶瓷的塑性成型能力，以适应于不同的原料性质、成型方式和产品尺寸，主要分为无机增塑剂和有机增塑剂两类。

1）无机增塑剂

无机增塑剂主要为黏土、膨润土类矿物，通常用于传统陶瓷，是最廉价的增塑剂。其塑化原理是通过与水形成带电的黏土-水系统，使体系具有塑性及悬浮性。这类增塑剂通常成分复杂不固定，会与坯体物料发生反应，影响陶瓷性能。

2）有机增塑剂

在电子陶瓷等高质量或具有特殊性能要求的先进陶瓷中通常使用的瘠性原料，粉料的黏结性差，有机增塑剂赋予了其可塑性。有机增塑剂可在烧成过程中除去，不会影响先进陶瓷材料的性能。

有机增塑剂一般需要配置成溶液，由黏结剂、增塑剂和溶剂组成。

（1）黏结剂。作用是把粉体黏结在一起，主要有聚乙烯醇(polyvinyl alcohol，PVA)、聚乙烯醇缩丁醛(polyvinyl butyral，PVB)、聚乙二醇(polyethylene glycol，PEG)、甲基纤维素(methyl cellulose，MC)、羧甲基纤维素(carboxymethyl cellulose，CMC)、乙基纤维素(ethyl cellulose，EC)、羟丙基纤维素(hydroxypropyl cellulose，HPC)、聚乙酸乙烯酯和石蜡等。

(2) 增塑剂。对水有良好的亲和力并能溶于水的有机物，常用的有机增塑剂为有机醇类和酯类，如甘油、乙二醇、乙酸三甘醇、邻苯二甲酸二丁酯、酞酸二丁酯、硬脂酸丁酯以及各种纤维素衍生物等，其作用是插入线型的高分子之间，增大高分子间的距离，以降低它的黏度，加入量通常为0.1%～0.6%（质量分数）。

(3) 溶剂。用于溶解黏结剂和增塑剂，常用的有水、无水乙醇、丙酮、苯等。

黏结剂、增塑剂和溶剂的选择通常需考虑原料的性能、成型方式和成本。不同成型方法所选择的增塑剂见表3-5。

表3-5 不同成型方法所选择的增塑剂

成型方法	黏结剂	增塑剂	溶剂
挤压成型	聚乙烯醇、羧甲基纤维素、桐油、糊精	甘油、邻苯二甲酸二丁酯、己酸三甘醇、草酸	水、乙醇、丙酮、甲苯、二甲苯、乙酸乙酯等
压模成型	聚乙烯醇、甲基纤维素、聚乙烯醇缩丁醛、聚乙酸乙烯酯	甘油、邻苯二甲酸二丁酯、己酸三甘醇	水、乙醇、甲苯等
流延成型	聚乙烯醇、聚乙烯、聚丙烯酸酯、聚甲基苯烯酸树脂	邻苯二甲酸二丁酯、己酸三甘醇、硬脂酸丁酯、松香酸甲酯	丙酮、甲苯、苯、乙醇、丁醇、二甲苯等
干压成型	聚乙烯醇、聚苯乙烯、石蜡、淀粉、甘油	—	水、乙醇、甲苯、二甲苯、汽油等

对于部分陶瓷粉体原料易氧化、易水解的特性，还可将粉体增塑剂分为水系和非水系，常见选择见表3-6。

表3-6 不同体系常见增塑剂的选择[3]

溶剂	黏结剂	增塑剂	悬浮剂	润湿剂
水系	水	丙烯系聚合物及乳液 乙烯氧化物聚合物 甲基纤维素 羟基乙基纤维素 聚乙烯醇 石蜡 氨基甲酸乙酯 甲基丙烯酸	丁基苄基邻苯二甲酸酯 二丁基邻苯二甲酸 三甘醇 汽油 多元醇 聚烷基甘醇	磷酸盐 磷酸络盐 烯丙基磺酸 天然钠盐 丙烯酸共聚物	乙醇类非离子型表面活性剂、非离子型辛基苯氧基乙醇
非水系	乙醇 丙醇 丁醇 丙酮 丁酮 二丙酮 苯 甲苯 二甲苯 丁基酸 三氯乙烯 溴氯甲烷	纤维素醋酸丁酸 乙醚纤维素 乙基纤维素 石油树脂 聚乙烯 聚丙烯酸酯 聚甲基丙烯 聚乙烯醇 聚乙烯醇缩丁醛 聚甲基丙烯酸酯 松香酸树脂	二丁基邻苯二甲酸 丁基硬脂酸 二甲基邻苯二甲酸 丁基苯甲基苯二甲酸 邻苯二甲酸二丁酯己酸 三甘醇 聚乙醇甘醇 磷酸三甲苯	脂肪酸(三油酸甘油) 天然鱼油 合成界面活性剂 油酸 甲醇 辛烷	烷丙烯基聚醚 乙醇 己基苯甘醇 乙醇类 三油酸甘油 单油酸甘油 聚氧乙烯酯

有机增塑剂可减少陶瓷制品在成型过程中粉料间的摩擦力，增加粉料的可塑性和黏结性，提高制品的生坯强度，以保证后道工序的顺利进行，在先进陶瓷的生产中被广泛采用。

4. 其他助剂

1) 表面活性剂

表面活性剂是指具有固定的亲水亲油基团,在溶液的表面能定向排列,并能使表面张力显著下降的物质,可起洗涤、乳化、发泡、湿润和分散等多种作用,且表面活性剂用量少(一般为百分之几到千分之几),操作方便、无毒无腐蚀,是较理想的化学用品。按极性基团的解离性质可将表面活性剂分如下4类。

(1) 阴离子表面活性剂,包括硬脂酸、十二烷基苯磺酸钠、油酸、月桂酸、三乙醇胺皂、甘胆酸钠等,具有良好的乳化性能和分散油的能力,但易被破坏。

(2) 阳离子表面活性剂,包括季铵化物、氨基酸和甜菜碱等,水溶性大,在酸性与碱性溶液中较稳定,具有良好的表面活性作用和杀菌作用。

(3) 两性离子表面活性剂,是通过连接基团将两个两亲体在头基处或仅靠头基处连接(键合)起来的化合物。包括卵磷脂、氨基酸型、甜菜碱型,其在溶液界面的吸附能力更强,比普通活性剂效率更高,所需浓度更低。

(4) 非离子表面活性剂,包括脂肪酸甘油酯、脂肪酸山梨坦、多元醇、聚山梨酯(吐温)、聚氧乙烯等。

2) 消泡剂

陶瓷浆料中加入某些助剂后会产生不希望的气泡,影响产品性能。消泡方法主要有物理、机械、化学三种,物理消泡是改变产生泡沫的条件,如高温黏度;机械消泡包括离心、抽真空、搅拌、X射线、紫外线及超声波等方法,实现泡沫的击碎;化学消泡的基本原理则是利用化学药剂来消除泡沫的稳定因素、降低气泡表面张力达到清除泡沫的目的。常用的消泡剂有乙醇混合物、脂肪酸衍生物及酯类和有机硅油等。

(1) 低级醇类消泡剂。如甲醇、乙醇、异丙醇、正丁醇等,通过吸附在液膜表面,使其表面张力急剧下降,液膜变薄破坏,但其消泡能力较差,不是理想的消泡剂。

(2) 有机硅树脂类消泡剂。包括二甲基硅氧烷、二甲基硅油、汽油、煤油、甲苯、四氯化碳、乙醚等,具有良好的消泡能力和抑泡能力,效率高,用量少(一般仅需0.1%~0.5%),易分解、杂质少,但价格较高。

(3) 矿物油系消泡剂。如矿物油的表面活性剂配合物、矿物油(火油、松节油、液体石蜡等)和脂肪酸金属盐的表面活性剂配合物等,其是最廉价的消泡剂,但性能较差。

(4) 有机极性化合物系消泡剂。如戊醇、二丁基卡必醇、磷酸三丁醇、油酸、金属皂、聚丙二醇等。烃类消泡剂的主要成分是疏水颗粒、表面活性剂和烃类溶剂。疏水颗粒一般是经过表面处理的胶态 SiO_2,另一种疏水颗粒是乙撑双硬脂酸酰胺(ethylene bis stearamide,EBS),大量消泡剂也可同时含有 EBS 和 SiO_2。

(5) 复合型消泡剂。主要成分是聚醚、高级醇、脂肪酸酯类、磷酸三丙酯、磷酸三丁酯以及烃类。复合乳液型消泡剂主要是各种形式的硅膏,如在甲基硅油中加入高表面活性的固体粉末。通常可以将硅膏先溶于适当的溶剂后再加入料浆中进行消泡,也可以直接将这种硅膏涂敷在系统的加料口或容器边上达到消泡的目的。

3) 造孔剂

造孔剂主要用于多孔陶瓷的制备。多孔陶瓷是以气孔为主要构成部分的一种重要特殊功能材料，具有化学稳定性好、刚度高、密度小、耐热性好等优良特性，气孔率可达90%以上。多孔陶瓷制备方法有添加造孔剂法、有机泡沫浸渍法、发泡反应法等。其中添加造孔剂法，可在制品中形成气孔、提高颗粒堆积效率和气孔率，具有较好的效果。常用的造孔剂材料有无机化合物如碳酸盐、铵盐、碳粉、碳化硅、硫酸盐等，以及有机化合物如天然纤维、高分子聚合物及有机酸等。

4) 增韧剂

增韧剂的作用主要是提高陶瓷的韧性。陶瓷材料增韧方法有：纤维增韧、颗粒弥散增韧、自增韧和纳米复合增韧等。选择正确的增韧剂和方法可降低成本、提高效率、保证增韧效果，切实改善材料的高温稳定性、化学稳定性以及抗疲劳性等。

常用的增韧材料主要包括碳化硅晶须、氧化镁晶须、氧化锌晶须、碳纤维、纳米氧化铝颗粒、氧化锆颗粒等。陈国清等[4]采用热压烧结工艺制备了WC-ZrO$_2$-SiCw复合材料，研究了碳化硅晶须含量对材料微观组织和力学性能的影响。研究表明，随着SiCw含量增加，材料平均晶粒尺寸先增大后降低，添加2%碳化硅晶须时的断裂韧性最高，较未添加SiCw的材料提高了12.3%，致密度达到了99.4%，断裂韧性和硬度分别达到了9.12MPa·m$^{1/2}$和18.5GPa。隋育栋[5]综述了将氧化锆颗粒引入Al$_2$O$_3$陶瓷中制得氧化锆增韧氧化铝陶瓷的研究进展，ZrO$_2$在Al$_2$O$_3$陶瓷中起到相变增韧和微裂纹增韧的作用。

5) 着色剂

着色剂的作用是使陶瓷呈现不同颜色的效果。同一种着色剂在不同陶瓷中呈现的颜色不同，因此在特定的陶瓷基体中选择特殊颜色的着色剂也是非常困难的。常用的陶瓷着色剂主要为金属氧化物和贵金属材料(表3-7)。

表3-7 陶瓷常见色料类型

	陶瓷色料类型	陶瓷色料举例
简单化合物型	着色氧化物及其盐类、铬酸盐、铀酸盐	Fe$_2$O$_3$、CoCO$_3$、CrCl$_3$、Cu(OH)$_2$、铬酸铅红、西红柿红(Na$_2$U$_2$O$_7$)、CoO、NiO、Cr$_2$O$_3$、MnO、TiO$_2$、V$_2$O$_5$
	锑酸盐(烧绿石型)、硫化物和硒化物	拿浦尔黄(2PbO·Sb$_2$O$_3$)、镉黄(CdS)、镉硒红
固熔体-氧化物型	刚玉型、金红石型	铬铝桃红、铬锡紫、丁香紫
	萤石型、灰锡石(钙锡矿)型	钒锆黄、铬锡红
尖晶石型	灰钛石(钙钛矿)型	钒钛黄
	完全尖晶型、不完全尖晶型	钴青(CoO·Al$_2$O$_3$)、钴蓝(CoO·5Al$_2$O$_3$)
	类似尖晶型、复合尖晶型	锌钛黄(2ZnO·TiO$_2$)、孔雀蓝[(CoZn)O·(CrAl)$_2$O$_3$]
硅酸盐型	橄榄石型、石榴石型	钴粉红、维多利亚绿
	榍石型、锆英石型	铬钛茶、钒锆蓝
混合异晶型	—	尖晶石与石榴石混晶

例如，在电子技术中应用较多的黑色氧化铝陶瓷，黑色瓷料的着色氧化物主要有 Fe_2O_3、CoO、NiO、Cr_2O_3、MnO_2、TiO_2、V_2O_5 等，这些常用的着色氧化物在高温下的挥发性都较强，需要注意抑制高温挥发。色料的选择不仅要保证瓷料颜色度、质地致密性，也必须保证瓷体的绝缘特性以及用作电子器件时所应具备的其他性能。有资料表明，向纯度 99.3% 的工业氧化铝中加入 3%～4% 的 MnO_2 和 TiO_2 的着色助剂，在 1250℃下烧结的试样密度可以达到 3.71～3.754g/cm³。

3.2 配方计算与热分析

3.2.1 配方计算

为了满足先进陶瓷的结构、功能需求和材料性能设计，通常先进陶瓷材料都具有特殊设计的配方体系[6]。陶瓷配方的表示、依据和计算有利于人们对材料的认识、设计和优化。

1. 陶瓷配料的表示方法

陶瓷坯料组成主要有五种表示方式：①配料比(量)表示法；②化学组成表示法；③实验公式(赛格式)表示法；④分子式表示法；⑤矿物组成(又称示性矿物组成)表示法。

1) 配料比(量)表示法

配料比(量)表示法是当前使用最多也是最常见的一种陶瓷配料的表示方法，主要通过列出材料组分的质量分数来表示配方成分。例如：刚玉瓷的配方(工业氧化铝 95.0%、苏州高岭土 2.0%、海城滑石 3.0%)；卫生瓷乳浊釉的配方(长石 33.2%、石英 20.4%、苏州高岭土 3.9%、广东锆英石 13.4%、氧化锌 4.7%、煅烧滑石 9.4%、石灰石 9.5%、碱石 5.5%)。

优点：具体反映原料的名称和数量，便于直接进行生产或试验。

缺点：不同产地原料成分和性质可能存在差异，即使是同种原料，成分不同，配料比例也须做相应变更，难以互相对照比较或直接引用。

2) 化学组成表示法

化学组成表示法是将配方原料所有化学成分列出来的方法，可以清楚地知道材料的化学成分组成。

优点：利用这些数据可以初步判断坯、釉的一些基本性质，再用原料的化学组成可以计算出符合既定组成的配方。

缺点：由于原料和产品中这些氧化物不是单独和孤立存在的，它们之间的关系和反应情况又比较复杂，因此这种方法也有其局限性。

3) 实验公式(赛格式)表示法

根据配料的化学组成计算出各氧化物的分子式,按照碱性氧化物、中性氧化物和酸性氧化物的顺序列出它们的分子式,如 $aR_2O \cdot bRO \cdot cR_2O_3 \cdot dSiO_2$,这种式子称为坯式或釉式。

坯式通常以中性氧化物 R_2O_3 为基准,令其摩尔数为 $c=1$;釉式以碱金属及碱土金属氧化物 R_2O_3 及 RO 的分子数之和为基准,令其摩尔数之和为 $a+b=1$。

4) 分子式表示法

电子工业中用陶瓷常用分子式表示其组成,对于陶瓷体系配方中的元素变化具有简单明了的效果。例如最简单的锆-钛-铅固溶体的分子式为 $Pb(Zr_xTi_{1-x})O_3$,它表示 $PbTiO_4$ 中的 Ti 有 x 个原子被 Zr 原子取代。

5) 矿物组成表示法

矿物组成(又称示性矿物组成)表示法常用于普通陶瓷生产中,常把天然原料中所含的同类矿物含量合并在一起,用黏土矿物、长石类矿物及石英三种矿物的质量分数表示坯体的组成,如某瓷器的组成是:长石 25%、石英 35%、黏土 40%,属于长石瓷。同类型的矿物在坯料中所起的主要作用基本上相同。

优点:用矿物组成进行配料计算时较为简便。

缺点:矿物种类很多,性质有所差异,这种方法只能粗略地反映一些情况。

2. 设计配方的依据

确定陶瓷配方时,应注意以下问题。

(1) 产品的物理化学性质和使用要求是考虑坯、釉料组成的主要依据。

(2) 在拟定配方时可采用一些工厂或研究单位积累的数据和经验,节省试验,提高效率。

(3) 了解各种原料对产品性质的影响是配料的基础。

(4) 配方要能满足生产工艺的要求。

(5) 采用的原料来源丰富、质量稳定、运输方便、价格低廉。

3. 配方的计算

配方的计算主要是配方表示方法的相互转换。先进陶瓷研究和生产中常用的配方计算方法主要有两种,一种是已知配方化合物的分子式计算配料比,另一种是由瓷料预期的化学组成计算配料比。

1) 按分子式计算配料比

基本步骤如下。

(1) 根据配方化合物的分子式计算出各原料的摩尔比 $X_1, X_2, \cdots, X_i$。

(2) 根据相应原料的分子量($M_1, M_2, \cdots, M_i$)计算各原料的质量 W,$W_1=X_1M_1$,$W_2=X_2M_2, \cdots, W_i=X_iM_i$。

(3) 按原料纯度进行修正，实际 i 原料的纯度为 P_i，修正之后各原料的实际用量 W_i 应该为步骤(2)的计算值除以相应原料的纯度。

(4) 计算原料的质量分数 g_i，$g_i = W_i / \sum W_i$。

示例：已知以铌镁酸铅为主晶相的低温烧结独石电容器的化学计算式为 $Pb(Mg_{1/3}Nb_{2/3})O_3 + 14\% PbTiO_3 + 4\% Bi_2O_3$（摩尔分数），此外镁含量过量 20%，各原料不需分别预合成烧块，所用原料的纯度为：铅丹含 Pb_3O_4，98%；$MgCO_3$，98%；Bi_2O_3，98%；Nb_2O_5，99.5%，试计算配制所需各种原料的含量比。

计算步骤如下：

a. 计算各原料的摩尔比。分别为 $Pb_3O_4 = (1+0.14) \times (1/3)$、$MgCO_3 = 1/3$、$Nb_2O_5 = (2/3) \times (1/2)$、$TiO_2 = 0.14$、$Bi_2O_3 = 0.04$。

b. 计算各原料单位质量。分别为 $Pb_3O_4 = 260.528$、$MgCO_3 = 28.11$、$Nb_2O_5 = 88.6$、$TiO_2 = 11.186$、$Bi_2O_3 = 18.64$。

c. 按原料纯度进行修正。分别为 $Pb_3O_4 = 265.84$、$MgCO_3 = 28.68$、$Nb_2O_5 = 89.05$、$TiO_2 = 11.41$、$Bi_2O_3 = 19.02$。

d. 由于镁含量要求过量，因此各原料的总和 $= 265.84 + 28.68 \times (1+0.2) + 89.05 + 11.41 + 19.02 = 419.74$。

e. 各配料的质量比即为：$Pb_3O_4 = 63.33\%$、$MgCO_3 = 8.2\%$、$Nb_2O_5 = 21.22\%$、$TiO_2 = 2.72\%$、$Bi_2O_3 = 4.53\%$。

2) 按化学组成比计算配料比

已知瓷料预期的化学组成计算陶瓷配方的配料比。

示例：已知瓷料化学组成的质量分数为 $Al_2O_3 = 93.0\%$、$MgO = 1.3\%$、$CaO = 1\%$、$SiO_2 = 4.7\%$。瓷料限定所用原料为工业氧化铝、生滑石、碳酸钙和苏州土，求合成上述瓷料所需原料的配比。设工业氧化铝含 Al_2O_3 100%；碳酸钙中 $CaCO_3$ 含量为 100%，氧化钙 56%、CO_2 44%；苏州土为纯高岭石，理论化学组成为 $Al_2O_3 \cdot 2SiO_2 \cdot 2H_2O$，即 Al_2O_3 39.5%、SiO_2 46.5%、H_2O（灼烧减量）14.0%；滑石为纯的 $3MgO \cdot 4SiO_2 \cdot H_2O$，理论化学组成为 MgO 31.7%、SiO_2 63.5%、H_2O 4.8%。

计算步骤如下：

a. 简化为：工业氧化铝为 A，苏州土为 AS_2H_2，碳酸钙为 $CaCO_3$，滑石为 M_3S_4H，灼烧减量为 x，灼烧系数为 $n = 100/(100-x)$。

b. 则由题意，有下列关系式成立：

$(A + AS_2H_2 \times 0.395) \times n = 93$

$M_3S_4H \times 0.317 \times n = 1.3$

$CaCO_3 \times 0.56 \times n = 1.0$

$(M_3S_4H \times 0.635 + AS_2H_2 \times 0.465) \times n = 4.7$

$x = M_3S_4H \times 0.048 + AS_2H_2 \times 0.014 + CaCO_3 \times 0.44$

按瓷料的化学组成计算配料比是以天然矿物为主要原料时所采用的一种计算方法，一般工厂使用较多。

3.2.2 热分析

热分析(thermal analysis，TA)是指用热力学参数或物理参数随温度变化的关系进行分析的方法，是在程序控制温度下，测量物质的物理性质与温度之间关系的一类技术。热分析技术能快速准确地测定物质的晶型转变、熔融、升华、吸附、脱水、分解等变化，是无机、有机及高分子材料物理及化学性能测试的重要手段，在物理、化学、化工、冶金、地质、建材、燃料、轻纺、食品、生物等领域得到广泛应用。

物质在加热或冷却过程中会发生一定的物理化学变化，如熔化、凝固、氧化、分解、化合、吸附和脱吸附等，在这些变化过程中必然伴有一些吸热、放热或重量变化等现象，热分析法就是将这些变化作为温度的函数来进行研究和测定的方法。物质物理性质的变化，即状态的变化，总是用温度 T 这个状态函数来量度。数学表达式为

$$F=f(T) \tag{3-1}$$

式中，F 为物理量；T 为物质的温度。

所谓程序控制温度，就是把温度看成时间的函数。取 $T=O(t)$，其中 t 是时间，则：

$$F=f(T)=O(t) \tag{3-2}$$

常见的热分析方法有：差热分析法(differential thermal analysis，DTA)、热重分析法(thermogravimetry，TG)、导数热重量法(derivative thermogravimetry，DTG)、差示扫描量热法(differential scanning calorimetry，DSC)、热机械分析法(thermomechanical analysis，TMA)和动态热机械分析法(dynamic mechanical analysis，DMA)等(表3-8)。

表3-8 常见的热分析方法

热分析技术	原理及测量方法	适用范围
热重分析法	把试样置于程序可加热或冷却的环境中，测定试样的质量变化对温度或时间作图的方法。记录称为热重曲线，纵轴表示试样质量的变化	测量由分解、挥发、气固反应等过程造成的样品质量随温度/时间的变化
差热分析法	把试样和参比物(热中性体)置于相同加热条件，测定两者温度差对温度或时间作图的方法。记录称为差热曲线	测量物理与化学过程(相转变、化学反应等)产生的热效应；比热测量
差示扫描量热法	把试样和参比物置于相同加热条件，在程序控温下，测定试样与参比物的温度差保持为零时，所需要的能量对温度或时间作图的方法。记录称为差示扫描量热曲线	—
热机械分析法	以一定的加热速率加热试样，使试样在恒定的较小负荷下随温度升高发生形变，测量试样温度-形变曲线的方法	测量样品的维度变化、形变(形变与温度的关系)、黏弹性、相转变、密度等
热膨胀法	在程序控温环境中测定试样尺寸变化对温度或时间作图的一种方法。纵轴表示试样尺寸变化，记录称为热膨胀曲线	—

1. 差热分析法

差热分析法是在相同的温度环境中，按一定的升温或降温速度对样品和参比物进行加热或冷却，记录样品及参比物之间的温差(ΔT)与时间或温度的变化关系的方法。将样品与参比物(惰性，即对热稳定)一同放入可按规定的速度升温或降温的电炉中，然后分别记录参比物的温度以及样品与参比物的温差，以 T、ΔT 对 t 作图，即可得到差热图(或称热

图谱)。差热曲线直接提供的信息中有峰的位置、峰的面积、峰的形状和个数。峰的位置是由导致热效应变化的温度和热效应种类(吸热或放热)所决定的,前者体现在峰的起始浓度上,后者体现在峰的方向上。数学表达式为

$$\Delta T=T_s-T_r=f(T) \text{ 或 } \Delta T=U(t) \tag{3-3}$$

式中,T_s、T_r 分别代表试样及参比物温度;T 为程序温度;t 为时间。

记录的曲线叫差热曲线。基准的参比物质为:$\alpha\text{-Al}_2\text{O}_3$、MgO、石英粉。

1)差热曲线

差热曲线(DTA 曲线)是由差热分析得到的记录曲线。曲线的横坐标为温度,纵坐标为试样与参比物的温度差($\Delta T=T_s-T_r$),曲线向上表示放热、向下表示吸热,如图 3-7 所示。差热分析也可测定试样的热容变化,它在差热曲线上表现为基线的偏离。

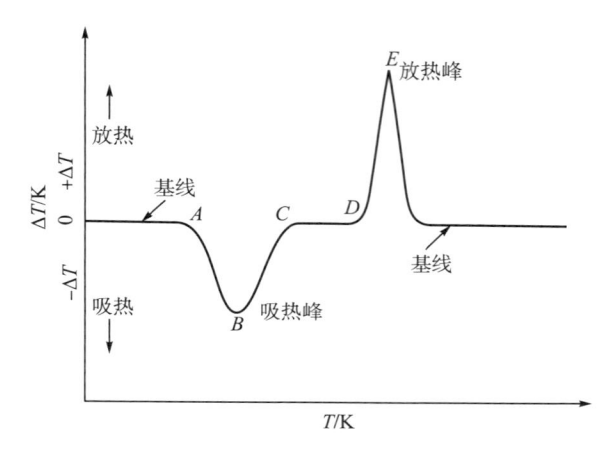

图 3-7 差热曲线

2)影响差热曲线的主要因素

差热曲线的峰形、出峰位置和峰面积等受多种因素影响,大体可分为仪器因素、操作因素和样品粒度。

(1)仪器因素是指与差热分析仪有关的影响因素,主要包括炉子的结构与尺寸、坩埚材料与形状、热电偶性能等。

(2)操作因素指操作者对样品与仪器操作条件选取不同而对分析结果的影响。

(3)样品粒度影响峰形和峰值,尤其是有气相参与的反应。

3)差热分析法的应用

实际工作中,差热分析法通常用来研究物质在高温过程中的物理化学变化,如胶凝材料的水化产物;各种天然矿物的脱水、分解、相变过程;高温材料如水泥、玻璃、陶瓷、耐火材料等的形成规律。

2. 热重分析法

热重分析法是在程序控温下，测量物质质量与温度或时间的关系的方法，通常是测量试样质量变化与温度的关系。热重分析法得到以温度为横坐标，以试样质量为纵坐标的曲线即热重曲线，如图 3-8 所示。从热重曲线可以得到物质的组成、热稳定性、热分解特征及生成的产物等与质量相关的信息，也可得到分解温度和热稳定的温度范围等信息。将热重曲线对时间求一阶导数即得到微商热重曲线，它反映试样质量的变化率和时间的关系。其数学表达式为

$$\Delta m = f(T) \text{ 或 } \Delta m = U(t) \tag{3-4}$$

式中，Δm 表示质量变化；T 为绝对温度；t 为时间。

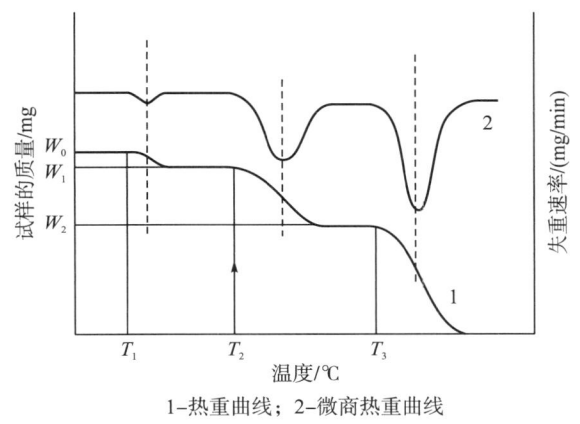

1-热重曲线；2-微商热重曲线

图 3-8 热重曲线示意图

根据热重曲线上各平台之间的质量变化，可计算出试样各步的失重量，从而判断试样的热分解机理和各步的分解产物。从热重曲线可看出热稳定性温度区、反应区，反应所产生的中间体和最终产物。该曲线也适合于化学量的计算。在热重曲线中，水平部分表示质量是恒定的，曲线斜率发生变化的部分表示质量发生变化，因此从热重曲线可计算出微商热重曲线。热重分析所用设备结构与原理如图 3-9 所示。

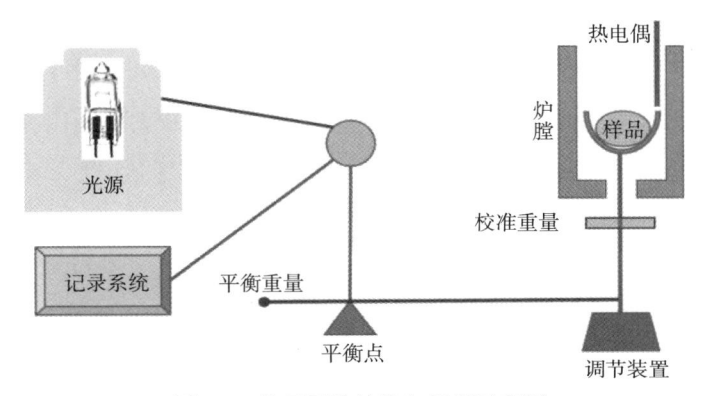

图 3-9 热天平的结构与原理示意图

影响热重曲线的主要因素如下。
(1)仪器因素：基线、浮力、试样盘、挥发物的冷凝、测温热电偶等。
(2)实验条件：升温速率、气氛等。
(3)试样的影响：试样质量、粒度、物化性质、填装方式等。

热重分析法常用于测定质量变化、热稳定性、分解温度、组分分析、脱水/脱氢、腐蚀/氧化、还原反应、反应动力学等。

3. 差示扫描量热法

差示扫描量热法(DSC)是在相同的温度环境中，按一定的升温或降温速度对样品和参比物进行加热或冷却，记录样品及参比物之间在 $\Delta T=0$ 时所需的能量差 ΔH 与时间或温度的变化关系的方法。该法不但能用于定性分析，而且能用于定量分析。操作方法与差热分析法相似，获得的能量差-时间(或温度)曲线称为差示扫描量热曲线(DSC 曲线)。影响该法的因素主要是样品、实验条件和仪器因素，样品因素主要是试样的性质、粒度及参比物性质；实验条件的影响主要是升温速率。该法的优缺点基本与差热法相同，但灵敏度更高。

样品真实的热量变化与曲线峰面积的关系为

$$m\Delta H = K \times A \tag{3-5}$$

式中，m 为样品质量；ΔH 为单位质量样品的焓变；A 为与 ΔH 相应的曲线峰面积；K 为修正系数，即仪器常数。

3.3 粉体制备

粉体制备是先进陶瓷生产的核心工艺环节，主要包括原料煅烧、干燥、造粒及表征等步骤。粉体制备工艺是决定陶瓷粉体质量、批次稳定性及性能的关键。

3.3.1 粉体的基本性质

粉体的性质包括粉体颗粒形状、尺寸分布、比表面积、堆积特性以及物理化学性质等。

1. 粉体的几何性能

颗粒是构成粉体的基本单位，颗粒的大小、形状及分布状态很大程度上决定了粉体的诸多物化性质。颗粒的粒径(或粒度)是表征粉体空间范围的尺寸，单个颗粒常用粒径来表示其几何尺寸，对颗粒群则需用平均粒径和比表面积等表示。因此，对于粉体颗粒群的多分散系统最重要的几何参数是平均粒度和粒度分布。

1)单颗粒粒径大小的表示方法

球形颗粒的大小可用直径表示，立方体颗粒可用其边长来表示，其他形状规则的颗粒可用适当的尺寸来表示。实际上，由规则球形颗粒构成的粉体颗粒并不多，对于不规则的非球形颗粒,通常是利用测定某些与颗粒大小有关的特征性质推导而来,并使之与线性量纲有关。

常用三轴径、统计平均径(马丁径、弗雷特径)和当量直径来定义颗粒的大小和粒径。

2) 颗粒形状

绝大多数粉体颗粒都不是球形对称的,颗粒的形状影响粉体的流动性、包装性能、颗粒与流体相互作用以及涂料的覆盖能力等性能。常用颗粒的扁平度和伸长度、表面积形状因数和体积形状因数、球形度等各种形状因数来表示颗粒的形状特征。

3) 颗粒群的分布

粒度分布是根据粉体物料中不同粒径颗粒占颗粒总量的百分比,推断出粉体的总体粒度分布,并进一步分析粉体的平均粒径、粒径的分布宽窄程度和粒度分布的标准偏差等,从而可以对粉体粒度进行评价。

(1) 粒度的频率分布。在粉体样品中,某一粒度大小或某一粒度大小范围内的颗粒(与之相对应的颗粒数量)在样品中出现的百分比,即为频率,用 D_p 表示。如图 3-10 所示,粉体的 D_{50}=1.14μm。

(2) 粒度的累积分布。将颗粒大小的频率分布按一定方式累积,便得到相应的累积分布,通常用累积曲线表示。按粒径从小到大进行累积,表示小于某一粒径的颗粒数(或颗粒质量)的百分数,称为筛下累积;按从大到小进行累积,表示大于某一粒径的颗粒数(或颗粒质量)的百分数,称为筛上累积。筛下累积分布常用 $D(D_{50})$ 表示,筛上累积分布常用 $R(D_{50})$ 表示,如图 3-10 所示。

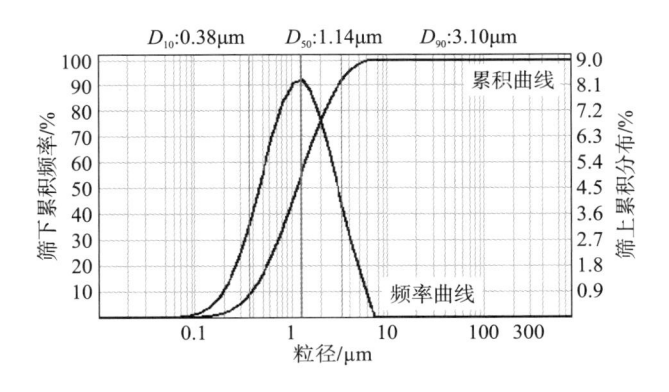

图 3-10 粉体粒度分布图

2. 粉体的物理性能

1) 粉体的容积密度与填充率

容积密度 ρ_B:在一定填充状态下,单位填充体积的粉体质量称为容积密度,也称表观密度,单位为 kg/m³。

填充率 φ：在一定填充状态下，颗粒体积占粉体体积的比率称为填充率。

空隙率 ε：空隙体积占粉体填充体积的比率称为空隙率，$\varepsilon=1-\varphi$。

2）粉体的尺寸效应

粉体的尺寸效应指超细粉体的粒径尺寸与光学波长、电子传导及相干长度、透射深度相关时，粉体边界条件破坏而产生的特殊效应。

(1) 光学性质。纳米金属的粒度越小，光反射率越低，所有金属在超微颗粒状态都呈现黑色。相反，一些非金属材料在纳米尺度时，会出现反光现象。同时，纳米二氧化钛、二氧化硅及氧化铝等对紫外线具有很强的吸收性。

(2) 热学性质的变化。粉体超细微化后其熔点显著降低，粒径<10nm 时尤为显著。

(3) 磁学性能。小尺寸的超微颗粒磁性与大块材料的显著不同，磁性随尺寸变化剧烈。

(4) 力学性能。纳米材料的强度、硬度和韧性明显提高。纳米陶瓷材料具有良好的韧性，因为纳米材料具有更大的界面，界面原子排列混乱，原子在外力作用下迁移壁垒更小，使得陶瓷材料表现出韧性和微量延展性。

3.3.2 原料的煅烧

原料煅烧的目的主要有三个：一是脱水、脱碳、提纯；二是使颗粒致密化，减小瓷料制品最终烧结时的收缩率；三是结构变化和晶体转变。

煅烧料按用途可分为坯用煅烧料和釉用煅烧料，按组成可分为单一物质煅烧料和配方组分煅烧料，按煅烧效果可以分为烧失煅烧料、晶型转变煅烧料、烧结煅烧料和熔烧玻璃料。常见的煅烧料有煅烧氧化铝、煅烧高岭土、煅烧滑石、煅烧锂云母、煅烧白云母、煅烧石英、煅烧珍珠岩、煅烧蛭石等。

(1) 煅烧石英和煅烧氧化铝。石英和氧化铝原料的煅烧主要是改变结构和晶体转变。由于石英和氧化铝晶体转变复杂，通常利用煅烧的晶体转变使石英发生体积变化，提高机械粉碎效率；利用晶体转变，提高氧化铝晶体的稳定性；利用晶体转变，提高物理性能，如石英转变成熔融石英玻璃，改变热膨胀系数，氧化铝煅烧成刚玉，提高硬度和体积密度，同时还可以增加白度等。

(2) 配方煅烧料和配方熔烧料。配方熔烧料应用较广泛，将配合料经过高温熔炉在 1200～1600℃陶瓷熔块炉熔融成玻璃液，然后水淬成熔块使用，但存在熔烧工艺装备复杂、熔烧周期长、耗能大、废气废水多等问题，未来采用低温配方煅烧料替代陶瓷熔块将是新的研究方向。

3.3.3 原料的预处理

陶瓷原料的预处理就是指在配料前利用物理或化学方法，对原料进行加工处理，以改善原料的使用性能，确保达到工艺要求。按照预处理的目的可将陶瓷原料的预处理分为预碎处理、均化处理、除杂处理和改性处理四种。

1. 预碎处理

预碎处理指通过机械的方法将固体物料由大块破碎为小块、粒状或粉状的过程。根据处理物料的尺寸大小不同，预碎可分为破碎、磨碎、细粉磨以及超细磨。

原料的超细加工是现代陶瓷工艺中最重要的预处理技术之一，对原料的预碎有更高的要求。一般要求原料的颗粒度细且粒度分布窄、化学组成精确、纯度高、颗粒接近球形，从而赋予陶瓷原料比表面积大、表面能大、表面活性高等优异特性。

常用的预碎设备有破碎用的颚式破碎机、锤式破碎机，用于磨碎的旋磨机、雷蒙机、球磨机，用于超细磨用的搅拌磨、振动磨、砂磨、气流粉碎磨等。现代的陶瓷工业通常采用细粉磨和超细磨加工工艺制备高纯超细粉末。

2. 均化处理

均化处理是通过采用一定的工艺措施，达到降低物料的化学成分波动振幅，使物料的化学成分均匀一致的过程，是保证熟料质量、产量及降低消耗的基本措施和前提条件，也是稳定产品出厂质量的重要途径。在陶瓷生产中，配料前的均化处理是保证原料稳定、确保配方准确的必要条件。

原料均化的方式有很多种，最基本的就是搅拌混合。除此之外，根据辅助方式的不同又分为几种形式，目前最常用的方式有分层平铺法和造粒法。

3. 除杂处理

除杂处理是通过物理或者化学的方法将原料中的有害杂质清除出来的过程。陶瓷原料中的有害杂质包括有机物质和着色氧化物，以铁为主，清除的方法包括粗选、磁选、酸洗和煅烧等方式。

(1) 粗选。粗选是采用简单的方式将原料中比较明显的杂质清除出来的过程，人工初选、淘洗分级或者磨细的深加工，采用冲洗的办法将硬质块状原料中比较细的杂质和易溶于水的杂质清洗出去。

(2) 磁选。磁选是利用磁力吸除原料中的铁等磁性着色氧化物的过程，其中以除铁为主。铁杂质主要来源于原矿带入和原料加工过程中混入。电磁除铁器有湿式和干式两种，干式除铁器主要用于除去干粉物料中的铁质和磁性物质；湿式除铁器又分为格栅式、槽式和过滤式三种，主要用于陶瓷坯、釉浆料的除铁和高岭土淘洗过程中的除铁。

(3) 酸洗。酸洗是将一定浓度的酸性溶液注入原料中，经过化学反应后，把不可溶于水的氧化铁或氢氧化铁转变为可溶于水的化合物，再通过洗涤而除去铁的过程。酸洗处理在石英砂、高岭土等原料的预处理中经常使用，以提高原料的纯度和白度。

(4) 煅烧。煅烧主要是利用高温将原料中容易挥发的杂质，如炭质、有机物等除掉的过程。

4. 改性处理

改性处理是指通过物理或化学的方法改变原料的某一种或多种物理化学性能的过程。

改性的目的是使原料达到某种使用要求，提高原料的使用价值。陶瓷原料改性处理的方法主要有风化与陈腐、煅烧、合成等。

(1) 风化与陈腐。最简单、最原始的改性处理方法。风化是将开采出来的原料堆放在露天，经过长期阳光照射、雨雪的溶解和冰冻作用，使原料发生碎散、溶解与氧化的过程。陈腐是将黏土原料存放在封闭的料仓中，保持一定的温度和湿度，在细菌的作用下促使有机物发酵或者腐烂，变成腐植酸类物质的过程。

(2) 煅烧。物料经过高温煅烧后，会改变原有的结构或性能，从而使原来无法使用或很难使用的原料达到使用要求。

(3) 合成。合成是将若干单一成分的原料合成为复杂的多成分结合体，然后用来配制陶瓷坯料。可简化配料、减少配料误差、使组分均匀稳定，特别是使某些含量较少的原料能均匀分布；可以获得纯度高、颗粒度细的超细复合粉体原料。

目前在陶瓷工业中用得最多的合成原料是陶瓷熔块和超细陶瓷粉体。通常把原料合成的方法分为固相反应法、液相反应法和气相反应法。

3.3.4 粉体的制备

科学技术的发展，新设备、新工艺的出现，以及粉体不同的用途，对现代粉体制备技术提出了一系列严格要求；要求产品粒度细、粒度分布范围窄；产品纯度高；产量高、产出率高；能耗低、生产成本低、工艺过程无污染；工艺简单连续、自动化程度高；生产安全可靠。

1. 粉体制备方法

粉体制备方法包括机械粉碎法、物理法和化学反应法[7]。

1) 机械粉碎法

机械粉碎法是借用各种外力，如机械力、流动力、化学能、声能、热能等使现有的块状物料粉碎成超细粉体，即由大至小的制备方法。

2) 物理法

物理法是通过物质的物理状态变化来生成粉体，即由小至大的制备方法。

3) 化学反应法

化学反应法主要包括固相反应法、液相反应法和气相反应法。

(1) 固相反应法。是以固态形式合成粉料的一种方法，包括盐类分解、高温合成、还原反应、氧化反应等。固相反应法一般不易均匀混合，且反应物纯度要求高，但其产量大、成本较低。

(2) 液相反应法。包括沉淀法、水热法、溶胶-凝胶法、喷雾热分解法、高分子聚合法等，具有良好的纯度和化学计量性、混合均匀且分散良好的特点。

(3) 气相反应法。具有原料易纯化、分散性好、气氛易控制、不易凝聚，能得到粒度分布窄的粉体等特点。

目前，工业中用得最多的是通过机械粉碎法来制备粉体材料。对于不同的粉体产品生产，每一道工序都必须选择最合理的工艺方法，并配置具有相应功能的设备，从而形成了庞杂的粉体加工系统。

2. 粉体制备技术的发展方向

近 20 年来，为了满足节能降耗与资源有效利用的要求，粉体加工技术不断朝着四个方面进步：精准配方设计、粉体设备技术数字化、耐磨材料多样化、设备功能个性化。为了满足社会生产的需要，未来超细粉碎技术研究中应注重以下方面。

(1) 加强超细粉碎基础理论的研究，注重学科交叉，积极借鉴其他学科知识。
(2) 改进现有超细粉碎设备，解决超细粉碎设备零件磨损问题，发展新设备。
(3) 注重粉碎与分级的有机结合，加强在线测试、监控及其相应监测仪器设备的研究。
(4) 研究超微细粉的团聚机理、探索消除硬团聚的有效途径，提高均匀性和分散性。
(5) 加强粉体改性机理的研究，研究改性的方法、技术、测试手段及其相应仪器设备。

3.3.5 干燥与造粒

1. 干燥

干燥是用热能使湿物料中的水分气化为蒸汽，再用气流或抽吸将蒸汽移走而达到去湿的工艺过程。国内现代干燥技术是从 20 世纪 50 年代逐渐发展起来的，主要包括热风干燥、喷雾干燥、流化床干燥、旋转闪蒸干燥、红外线干燥、微波干燥、冰冻干燥等设备和技术。新型的干燥技术，如冲击干燥、对撞流干燥、过热干燥、脉动燃烧干燥、热泵干燥等也都在开发和应用中，下面简单介绍几种常见的粉体干燥方法。

1) 热风干燥

热风干燥即热空气干燥，是利用热空气作干燥介质对陶瓷粉体进行干燥的方法，需在特定的干燥器中进行。根据热空气温度和湿度的不同进行控制来划分，主要分为低湿高温干燥、低湿升温干燥和控制湿度干燥三种干燥工艺制度。

(1) 低湿高温干燥。采用低湿度的干热空气作介质，使粉体在整个干燥过程中始终处于湿度低、温度高的干燥环境，粉体内水分快速蒸发，进而对粉体进行干燥处理。但粉体层过厚时，干燥过程中容易出现粉体表面水分蒸发很快，而粉体内部因热量扩散不均，造成粉体"干面"现象，只适用于薄层粉体的加热干燥。

(2) 低湿升温干燥。在干燥过程中，使热空气始终保持低的湿度，而使其温度逐渐升高，目的是使粉体的干燥速度由慢至快渐进增加，从而减小粉体的内外温差和内扩散阻力，以保证粉体内外扩散速度相互适应，避免粉体出现"干面"现象。多用于厚层粉体的加热干燥，但其缺点是干燥时间长，干燥效率也低。

(3) 控制湿度干燥。按照干燥过程的规律与特点，通过对干燥介质湿度的控制，合理调节粉体在不同干燥阶段的干燥速度。该方法制度合理，适用于量大、粉体层厚的干燥，但需要配置能够调控干燥介质湿度和温度的干燥设备。

(4) 闪蒸干燥。属于热风干燥的一种，是固体流态化的一种干燥方式，具有机械分散和干燥物料粒度调整功能，高含湿膏糊状、滤饼状物料在热风与机械分散力作用下形成颗粒流态化，瞬间完成热质交换得到粉状产品。

热风干燥具有干燥速度快且可连续大量干燥的优势，是应用最为广泛的干燥方法之一，但对于块状陶瓷粉体需要粉碎干燥，否则效果不理想。

2) 红外线干燥

红外线干燥法是利用红外辐射能直接照射被加热粉体，并通过粉体对红外线的吸收，实现能量的传递和转换。使红外辐射源符合被干燥粉体的吸收特性，才能达到良好的干燥效果。粉体对红外线的吸收与其分子结构密切相关，要通过共振作用，加剧质点的热运动而引起吸收，必须使粉体中分子本身的固有振动频率与射入的红外线频率一致或相近。因此，利用红外线干燥技术，需使辐射源产生的红外波能被所干燥粉体吸收，才能获得满意的干燥结果。

红外线干燥的优点是对被辐射面有效地加热，内部不受影响，适用于浆料、涂层的干燥以及含水率测定等仅需表面干燥的场合；缺点是不适用于厚粉体层的加热干燥。

3) 喷雾干燥

喷雾干燥法是将溶液分散成小液滴喷入热风中，使之迅速干燥的方法。在干燥室内，用喷雾器把混合的水溶液雾化成 $10 \sim 20 \mu m$ 或更细的球状液滴，这些液滴在经过热气体时被快速干燥，得到类似中空球的圆粒粉料，并且成分保持不变。根据喷雾器类型不同可将喷雾干燥分为三种：气流式喷雾干燥、离心式喷雾干燥、压力式喷雾干燥。喷雾干燥法同时也是一种广泛使用的造粒法。喷雾干燥法在干燥的同时造粒，具有易得到流动性好的球状团粒，易于成型；产量大、可连续生产；工艺简单、自动化水平高，能够降低劳动强度等优点；缺点是需要大型装备，投资费用比较高，难以得到微细粉体。

4) 冰冻干燥

冰冻干燥技术主要用于制备高纯超细陶瓷粉体，由冰冻和干燥两个主要环节组成。粉体一般先按化学式配制成一定浓度的金属盐溶液，在低温下（-40℃以下）以离子态迅速凝结成冻珠，减压（0.1mm Hg）升华即可除去水分，最后将金属盐进行分解，即成为所要求的超细粉末的氧化物。冰冻干燥法可较好地消除陶瓷粉体干燥过程中的团聚现象，这是因为含水物料在结冰时可以使固相颗粒保持其在水中时的均匀状态，冰升华时，由于没有水的表面张力作用，固相颗粒之间不会过分靠近，从而避免了团聚的产生。该方法具有纯度高、化学均匀性好、细度高、粒径分布较集中，可得到 $10 \sim 50 nm$ 级的超细粉末，比表面大、化学活性好、密度较高（达理论密度 99% 以上）等特点。同时也存在适宜的化学溶液和控制化学溶液稳定性的最佳 pH 选择较困难；冰冻干燥设备投资较高，工艺控制比较复杂，成本较高，且该方法不能连续处理等问题。

2. 造粒

造粒是把粉末、黏结剂、水溶液等状态的物料经加工制成具有一定形态与大小，且流动性较好的粒状物的工艺过程。

对于干压成型，细粉的流动性差，不能均匀地充满模具，容易出现空洞、边角不致密、层裂等问题。将细粉料进行造粒形成体积密度大(20～80 目)的小球，则既可以改善流动性又不影响粉料的烧结性能，同时还能增加颗粒间的结合力，提高坯体的机械强度。粉体造粒不但可以改善产品流动性、拓宽产品应用范围，还可以避免二次污染，并对产品进行改性等，广泛应用于化工、食品、医药、生物、肥料等领域。

造粒工艺按操作方式可分为以下三类。

(1) 普通造粒。加适量的黏结剂，研钵研磨混合，过 100～200 目筛，适用于实验室等小批量粉体样品造粒。通过延长混合时间可改善各组分的均匀性，但手工造粒过程中极易引入杂物污染粉料，并且造粒后的颗粒形状不规则，粉料的流动性差，粉料粒度分布的均匀性和稳定性较差，粉料的松装密度低，导致素坯的密度降低。当素坯中残留的气孔较多、助剂分散不均匀时，将对烧结致密化和产品性能产生影响。

(2) 加压造粒。将混合好黏结剂的粉料预压成块，然后粉碎过筛，使颗粒的体积密度大的造粒方法。压力造粒机包括压片机、滚压机、辊压机和螺旋挤压机等。

(3) 喷雾干燥法。喷雾干燥法属于湿法制粒，是通过高速搅拌磨将料浆混匀，用高压喷嘴喷出粉体浆液进行雾化，并进行快速烘干的造粒方法。喷雾造粒机由送风机、加热器、料浆泵、热风分配器、喷雾干燥器及布袋收尘器等组成，如图 3-11 所示。喷雾造粒的基本过程包括浆料混匀、浆料雾化、雾粒干燥成球、颗粒粉体出料。通过控制浆料中颗粒表面溶剂的挥发速率等，可以制备出具备优异流动性的粉料，改善粉料的充模状态，提高素坯的密实度。

喷雾干燥法造粒时要注意控制浆料的黏度以及喷嘴压力，避免出现团粒中心空洞。该方法的特点是产量大，可连续生产。湿法制粒机还包括混合制粒机、低速搅拌制粒机、高速搅拌制粒机和流化床制粒机。

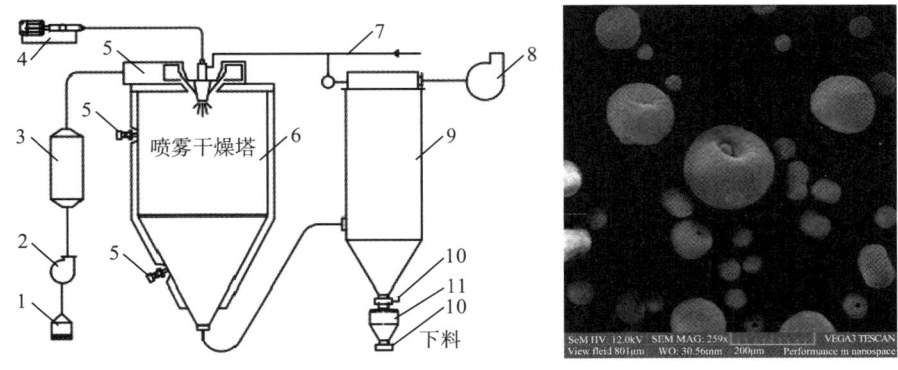

图 3-11 喷雾干燥塔结构图与造粒粉的电镜图

1-空气过滤器；2-送风机；3-加热器；4-料浆泵；5-热风分配器；6-喷雾干燥器；
7-压缩空气管；8-引风机；9-布袋收尘器；10-蝶阀；11-料仓

3.3.6 粉体的表征

粉体通常是指由大量的固体颗粒及颗粒间的空隙所构成的集合体，是物质有别于固体、液体和气体的一种存在状态。组成粉体的最小单位或个体称为粉体颗粒。粉体的重要特性可以分为四类：物理特性、化学成分、相成分、表面特性。粉体特性对坯体的颗粒堆积均匀性和烧结过程中的微观结构变化有很大的影响。

1. 粉体颗粒的粒度表征

粉体的颗粒尺寸及尺寸分布是粉体的重要特征之一。粉体颗粒一般是指物质本质结构不发生改变的情况下，分散或细化得到的固态基本颗粒。其特点是不可渗透，一般是指没有堆积、絮联等的最小单元，即一次颗粒。通常粉体颗粒之间会自发团聚产生团聚体，团聚体是由一次颗粒通过表面力吸引或化学键键合形成的颗粒，是很多一次颗粒的集合体，也称二次颗粒。粉体颗粒团聚是客观存在的一种现象，团聚的原因包括分子间的范德瓦耳斯引力、颗粒间的静电引力、吸附水分的毛细管力、颗粒间的磁引力及颗粒表面不平滑引起的机械纠缠力。由物理因素导致的团聚体称为软团聚体，由化学键键合形成的团聚体称为硬团聚体，团聚体的形成使体系能量下降，降低粉体流动性等。

1) 颗粒粒度尺寸

粒度是颗粒在空间范围所占大小的线性尺寸的大小。粒度越小，颗粒微细程度越大。但是，粉体通常由多种大小不同的颗粒群组成，对不规则形状颗粒的尺寸定义有很多种，一般关注的是平均颗粒尺寸，常用的有线性平均粒径、表面平均粒径、斯托克斯(Stokes)直径和体积平均粒径等。

(1) 线性平均粒径。将样品中全部颗粒的直径相加，然后除以颗粒的总数，称为长度平均直径或数均直径。在用计数和量度法测定颗粒直径时，使用最为方便。

(2) 表面平均粒径。其表面等于粒子中所有颗粒平均表面积的粒子的平均直径。即为具有此直径的 1 个颗粒的表面积，正好等于所有颗粒表面积的平均值。

(3) 体积直径。即某种颗粒所具有的体积用同样体积的球来与之相当，以该球的直径代表该颗粒的大小，其大小一般表示为

$$D_V = (6V/\pi)^{1/3} \tag{3-6}$$

式中，D_V 为体积直径；V 为颗粒体积。

斯托克斯直径也称为等沉降速率球体直径，当速率达到极限值时，在无限大范围的黏性流体中沉降的球体颗粒的阻力，完全由流体的黏滞力所致。这时可用式(3-7)表示沉降速率与球径的关系：

$$V_{\text{sto}} = \frac{(\rho_{\text{颗粒}} - \rho_{\text{流体}})}{18\eta_{\text{黏度}}} D^2 \tag{3-7}$$

式中，$\rho_{\text{颗粒}}$ 为颗粒密度；$\rho_{\text{流体}}$ 为流体介质密度；$\eta_{\text{黏度}}$ 为流体介质黏度；D 为颗粒粒径。

粉体粒度的表征方法主要有：筛分法、显微分析法、沉积法、激光散射法、电子传感

技术法、X 射线衍射法。目前最常用的粒度分析方法是激光粒度分析法和扫描电镜观察法。

2) 颗粒粒度分布

粉体颗粒的平均粒度是表征颗粒体系的重要几何参数，但所能提供的粒度特性信息则非常有限，描述粒度特性的最好方法是粉体的粒度分布，它反映了粉体中各种颗粒大小及对应的数量关系。粒度分布用于表征多分散颗粒体系中粒径大小不等的颗粒的组成情况，分为频率分布和累积分布。频率分布表示与各个粒径相对应的粒子占全部颗粒的百分比；累积分布表示小于或大于某一粒径的粒子占全部颗粒的百分比，是频率分布的积分形式。其中，百分比一般以颗粒质量、体积、个数等为基准。颗粒分布常见的表达形式有粒度分布曲线、平均粒径、标准偏差、分布宽度等。

3) 颗粒粒度分布曲线

颗粒粒度分布曲线包括累积分布曲线和频率分布曲线，如图 3-12 所示。颗粒粒径包括众数直径、中位径和平均粒径。众数直径是指颗粒出现最多的粒度值，即频率曲线的最高峰值；D_{10}、D_{50}、D_{90} 分别指在累积分布曲线上占颗粒总量为 10%、50% 及 90% 所对应的颗粒直径；ΔD_{50} 指众数直径，即最高峰的半高宽。

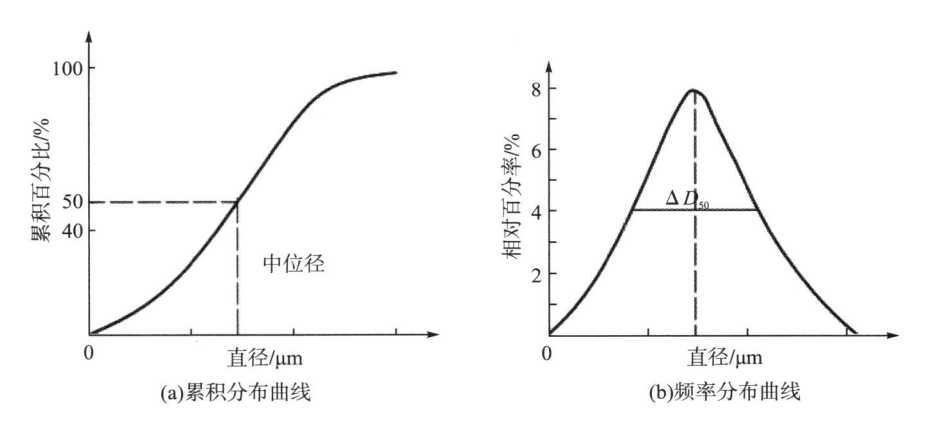

图 3-12 粒度分布曲线

2. 粉体形貌分析

粉体颗粒形貌包括形状、表面缺陷、粗糙度等，对初始粉体的表征是理解粉体形貌特征的关键。表面形貌表征技术基于微观粒子之间的反应以及辐射现象，这些相互作用会产生不同的射线，通过这些射线可以得到关于粉体样品的许多信息。

根据粒子束与粉体颗粒之间的相互作用，粉体表面形貌的表征主要采用以下三种方法：①俄歇电子能谱(Auger electron spectroscopy，AES)，缺点是粉体表面电荷聚集易导致结果不准确。②X 射线光电子谱(X-ray photoelectron spectroscopy，XPS)，可以用于确定表面原子的氧化态。③二次离子质谱(secondary ion mass spectroscopy，SIMS)，适合定性元素分析，定量分析结果不可靠。

形貌表征主要应用的仪器包括扫描电子显微镜、透射电子显微镜和扫描隧道显微镜等。

1）扫描电子显微镜

扫描电子显微镜（scanning electron microscope，SEM）的工作原理是利用聚集电子束在试样表面按一定时间、空间顺序进行扫描，与试样相互作用产生二次电子信号发射（或其他物理信号），发射量的变化经转换后在镜外显示屏上逐点呈现出来，得到反映试样表面形貌的二次电子像。利用 SEM 的二次电子像观察表面起伏的样品和断口，特别适合于粉体样品，可观察颗粒三维方向的立体形貌，具有放大倍率高、分辨率大、景深大、保真度好、试样制备简单等特点。另外，扫描电镜可较大范围地观察较大尺寸团聚体的大小、形状和分布等几何性质，分辨率为 1~10nm。

2）透射电子显微镜

透射电子显微镜（transmission electron microscope，TEM）的工作原理是电子束经聚焦后均匀照射到试样的某一观察微小区域上，入射电子与试样物质相互作用，透射的电子经放大投射在观察图形的荧光屏上，显出与观察试样区的形貌、组织、结构对应的图像。

透射电子显微镜是一种准确、可靠、直观的测定、分析方法。由于电子显微镜以电子束代替普通光学显微镜中的光束，而电子束波长远短于光波波长，结果使电子显微镜的分辨率大大提高，实际分辨率为 0.5~3.0nm，成为观察和分析纳米颗粒、团聚体及纳米陶瓷最有力的方法。对于纳米颗粒，不仅可以观察其大小、形态，还可观察到颗粒的厚度、结构、核壳等细节特征；缺点是只能观察微小的局部区域，样品制备要求高，数据统计性较差。

3）扫描隧道显微镜

扫描隧道显微镜（scanning tunneling microscope，STM）的工作原理是基于量子隧道效应和三维扫描，利用直径为原子尺度的针尖，在离样品表面小于 1nm 时，双方原子外层的电子云略有重叠，样品和针尖间产生隧道电流，其大小与针尖到样品的间距不变，并使针尖沿表面进行精确的三维移动，根据电流的变化反馈出样品表面起伏的电子信号。扫描隧道电子显微镜具有很高的空间分辨率，能真实地反映材料的三维图像，观察颗粒三维方向的立体形貌，在纳米尺度上研究物质的特性，可以对单个原子和分子进行操纵，对研究纳米颗粒及组装纳米材料都很有意义。

3. 粉体比表面积分析

比表面积是表征粉体中粒子粗细的一种量度，也是表示固体吸附能力的重要参数，可用于计算无孔粒子和高度分散粉末的平均粒径。粉体比表面积的表示方法根据计算基准不同，可分为体积比表面积（S_V）和重量比表面积（S_W）。

比表面积测试方法主要分为吸附法、透气法。其中吸附法比较常用且精度较高；透气法是根据透气速率不同来确定粉体比表面积大小，比表面测试范围和精度很有限。比表面测试仪广泛应用于石墨、电池、稀土、陶瓷、氧化铝、化工等行业及高效粉体材料的研发、生产、分析、监测环节。

4. 分散性能评价

超细粉体颗粒在液相中的分散性能是评价粉体表面性能的重要指标，对于粉体浆料配制和成型具有影响。

1) 沉降速度法

沉降速度法是通过测量粉体在液相中的沉降速度，评价其分散性能的好坏。其优点是简单易行，数据直观明了；缺点是不能将其作为唯一标准，粒度分布范围较宽的颗粒由于受力不均，导致沉降速度不等，小颗粒沉降速度慢，呈悬浮状态，大颗粒沉降速度快，迅速分层下沉，分层液面沉降速度没有代表性，此时的沉降速度只能作为评价分散性的参考数据，而不能作为唯一标准。

2) 堆积密度法

堆积密度法是将粉体与液相混合均匀，形成悬浮液，静置于具塞量筒中，经过一定时间后粉末沉积于底部，与上部液相形成明显的分层，此时沉积层的密度称为堆积密度。其值越大，表明粉体在液相中分散越均匀，悬浮性越好。其优点是操作简单，易于实施；缺点是应用领域有限，不同分散体系，其各自性能不同。

3) 光浊度法

光浊度法是通过测量透光率表征粉体分散性能指标，透光率越小，分散效果越好，反之，分散效果越差。光浊度法表征粉末分散性具有很大的局限性，它不仅与悬浮物的含量有关，而且与水中杂质的成分、颗粒大小、形状及其表面的反射性能有关。

5. Zeta 电位

Zeta 电位是反映粒子胶态行为的一个重要参数。在零 Zeta 电位点时，粒子表面不带电荷，颗粒间的吸引力大于双电层之间的排斥力，此时悬浮体的颗粒易发生凝聚或絮凝；当粒子表面电荷密度较高时，粒子有较高的 Zeta 电位，粒子表面的高电荷密度使粒子间产生较大的静电排斥力，悬浮体保持较高的分散稳定性。Zeta 电位可通过电泳仪或电位仪测出。

6. 粉体化学成分分析

粉体化学成分包括主要成分、次要成分、助剂及杂质等。化学成分对粉料的烧结及纳米陶瓷的性能有极大影响，是决定陶瓷性质最基本的因素。因此，对化学成分的种类、含量，特别是微量助剂、杂质的含量级别、分布等进行表征，在陶瓷的研究中意义重大。化学成分的表征方法可分为化学分析法和仪器分析法。而仪器分析法按原理可分为原子光谱法、特征 X 射线法和质谱法等。

1) 化学分析法

化学分析法是根据物质间相互的化学作用，如中和、沉淀、络合、氧化-还原等测定物质含量及鉴定元素是否存在的一种方法。该方法所用仪器简单,准确性和可靠性都比较高;但陶瓷材料的化学稳定性较好,很难溶解,多晶的结构陶瓷更是如此,因而这种方法有较大的局限性,对于陶瓷材料的限制较大,分析过程耗时、困难。此外,化学分析法仅能得到分析试样的平均成分。

2) 仪器分析法

(1) 原子光谱法。

原子光谱法是基于原子外层电子的跃迁进行检测的方法,分为发射光谱与吸收光谱两类。

①原子发射光谱。指构成物质的分子、原子或离子受到热能、电能或化学能的激发而产生的光谱。该光谱由于不同原子能态之间的跃迁不同而不同,同时随元素浓度的变化而变化,因此可用于测定元素的种类和含量。原子发射光谱具有高灵敏度(可达 $10^{-9} \sim 10^{-8}$)、选择性好、适于定量测定的浓度范围为 5%~20%、分析速度快(可进行多元素分析、连续分析、用量少)、低含量时准确性优于化学分析法等特点。

②原子吸收光谱。指物质的基态原子吸收光源辐射所产生的光谱。基态原子吸收能量后,原子中的电子从低能级跃迁至高能级,并产生与元素的种类与含量有关的共振吸收线,根据共振吸收线可对元素进行定性和定量分析。用于原子光谱分析的样品可以是液体、固体或气体。原子吸收光谱具有灵敏度高(可达 10^{-11})、准确度高(相对误差为 0.1%~0.5%)、选择性较好、方法简便、分析速度快、可直接测定多种元素(已超过 70 种)等优点;缺点是样品中元素需逐个测定,不适用于定性分析。

(2) 特征 X 射线法。

特征 X 射线法是一种显微分析和成分分析相结合的微区分析方法,适用于分析试样中微小区域的化学成分。其原理是用电子枪将具有足够能量的电子束轰击在试样表面待测的微小区域上,来激发试样中各元素不同波长的特征 X 射线,然后根据射线的波长或能量进行元素定性分析,根据射线的强度进行元素的定量分析。

(3) 质谱法。

质谱法的基本原理是将被测物质离子化,利用具有不同质荷比(即质量与所带电荷之比)的离子在静电场和磁场中所受的作用力不同,因而运动方向不同,导致彼此分离,经过分别捕获收集而得到质谱,确定离子的种类和相对含量,从而对样品进行成分定性及定量分析。

质谱分析的特点是可作全元素分析,适于无机、有机成分分析,适用于气体、固体或液体检测,分析灵敏度高,选择性、精度和准确度较高,对于性质极为相似的成分都能分辨出来,用样量少(只需 10^{-6}g 级样品),分析速度快,可多组分同时检测。质谱仪的缺点是结构复杂、造价昂贵、维修不便。

7. 粉体晶态表征

1) X 射线衍射法

对于粉体样品,可以采用 X 光照相技术和 X 光射线衍射技术进行标定。X 射线衍射法是利用 X 射线在晶体中的衍射现象测试晶态，其基本原理是布拉格方程：$n\lambda = 2d\sin\theta$，其中，θ 为布拉格角，d 为晶面间距，λ 为 X 射线波长，n 为衍射级数。

根据试样衍射线的位置、数目及相对强度等确定试样中包含哪些结晶物质以及它们的相对含量，具体的 X 射线衍射法有劳厄法、转晶法、粉末法、衍射仪法等，其中常用于纳米陶瓷的方法有粉末法和衍射仪法，具有不损伤样品、无污染、快捷和测量精度高，还能得到有关晶体完整性的大量信息等优点。

2）电子衍射法

电子衍射法与 X 射线衍射法原理相同，遵循劳厄方程或布拉格方程所规定的衍射条件和几何关系。其发射源是以聚焦电子束代替 X 射线，电子波的波长短，使单晶的电子衍射谱和晶体倒易点阵的二维截面完全相似，从而使晶体几何关系的研究变得比较简单。

电子衍射法包括选区电子衍射、微束电子衍射、高分辨电子衍射、高分散性电子衍射、会聚束电子衍射等方法。电子衍射物相分析具有分析灵敏度高的优点，小到几十纳米甚至几纳米的微晶也能给出清晰的电子图像。该法适用于试样总量很少、待定物在试样中含量很低和待定物颗粒非常小的情况下的物相分析；可以得到有关晶体取向关系的信息；电子衍射物相分析可与形貌观察结合进行，得到有关物相的大小、形态和分布等资料。

此外，谱学表征提供的信息也十分丰富，较为常用的还包括红外光谱、拉曼光谱以及紫外可见光谱等。

3.4 坯体成型

成型是通过不同的方法将粉体制成具有一定形状、尺寸坯体的过程。陶瓷成型对坯料的细度、含水率、可塑性及流动性等的成型性能有一定要求。生坯的干燥强度、致密度、生坯入窑的含水率及器型规整等应满足烧装性能要求。按陶瓷坯料流动、流变性质的特性，可将坯体成型方法分为 3 类：干坯料成型、可塑坯料成型和浆料成型，如图 3-13 所示[8]。

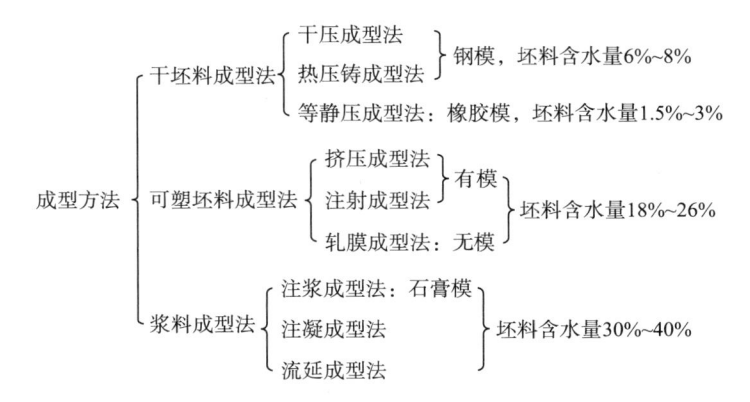

成型方法
- 干坯料成型法
  - 干压成型法
  - 热压铸成型法 } 钢模，坯料含水量6%~8%
  - 等静压成型法：橡胶模，坯料含水量1.5%~3%
- 可塑坯料成型法
  - 挤压成型法
  - 注射成型法 } 有模
  - 轧膜成型法：无模 } 坯料含水量18%~26%
- 浆料成型法
  - 注浆成型法：石膏模
  - 注凝成型法
  - 流延成型法 } 坯料含水量30%~40%

图 3-13 常见的陶瓷坯体成型方法

陶瓷成型方法的选择应当根据制件的性能要求、形状、尺寸、工艺、产量及其经济效益等综合指标进行确定。

3.4.1 干压成型

干压成型法又称干法压制成型法，是基于较大的压力将粉状坯料在模型中压成的方法，其实质是在外力作用下颗粒在模具内相互靠近，并借助内摩擦力牢固地把各颗粒联系起来并保持一定形状的工艺。这种内摩擦力主要作用在相互靠近的颗粒外围结合剂薄层上。该方法具有工艺简单、操作方便、周期短、效率高等优点，便于实行自动化生产。

干压成型的工艺一般包括喂料、加压成型、脱模、出坯、清理模具等。

1. 干压成型的主要特点

干压成型的主要特点有：①模具成本高；②适合于几何尺寸不大、形状不复杂的制件；③对颗粒组成和形状有较高的要求；④干燥收缩小，废品率较低；⑤坯体致密度大、强度高，烧成收缩或膨胀较小，易于控制成品尺寸；⑥机械化程度较高。

干压成型对大型坯体的生产有困难，模具磨损大、加工复杂、成本高。其次，该方法加压只能上下加压且压力分布不均匀，致密度不均，收缩不均，会产生开裂、分层等现象，如图 3-14 所示。随着现代化成型方法的发展，这一缺点被等静压成型方法所克服。

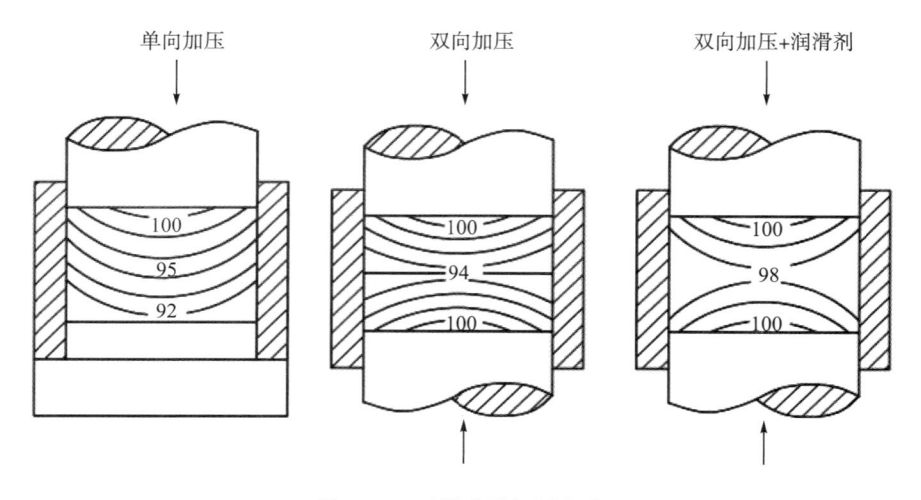

图 3-14 干压成型加压方式

层裂是指在压制的坯体内部有层状裂纹的缺陷，是干压成型的主要缺陷，如图 3-15 所示。层裂主要受压制成型中的不均匀性和弹性后置效应影响，使得坯体发生微膨胀和细微裂纹，很难被肉眼所观察到，但是制品缺陷最直接的根源。

图 3-15 干压成型方法的缺陷

2. 干压成型的影响因素

对于干压成型，坯体的成型密度主要受以下因素的影响。

(1) 粉料装模时自由堆积的孔隙率越小，则坯体成型后的孔隙率越小。因此，应控制粉料的粒度和级配，或者采用振动装料减小起始孔隙率，从而可以得到较致密的坯体。

(2) 增加压力可减小坯体孔隙率。实际生产中受到设备结构的限制及坯体质量的要求，压力值不能过大。

(3) 延长加压时间也可以降低坯体的气孔率，但会降低生产率。

(4) 减少粉末颗粒间的内摩擦力可使坯体孔隙率降低。通过喷雾干燥得到球形颗粒，再加入成型润滑剂或采取一面加压一面升温等方法均可以达到这种效果。

(5) 坯体形状、尺寸及粉料的性质对坯体密度有一定影响。压制过程中，粉料与模壁产生摩擦作用，导致压力损失。坯体的高度 H 与直径 D 之比(H/D)越大，压力损失也越大，坯体密度将会更加不均匀。

3. 干压成型的应用

干压成型设备主要有压片机和液压机，广泛应用于 PTC 陶瓷材料、氧化铝陶瓷及陶瓷真空管壳的制备成型。该成型技术的关键是黏结剂、润滑剂和分散剂等有机助剂的选择和造粒粉体的加工。

3.4.2 等静压成型

等静压成型又称静水压成型，是利用液体介质不可压缩性和均匀传递压力性的一种成型方法。等静压成型的理论基础是根据"帕斯卡原理"关于液体传递压强的规律设计的，即加在密闭液体上的压强能够大小不变地被液体向各个方向传递。

图 3-16 为等静压成型原理示意图，用于成型的粉料装在塑性包套内并置于高压容器中，当液体介质通过压力泵注入压力容器时，根据流体力学原理，其压强大小不变且均匀地传递到各个方向。此时，高压容器中的粉料在各个方向上受到的压力应当是均匀的和大小一致的。冷等静压成型方法分为湿式等静压成型和干式等静压成型。

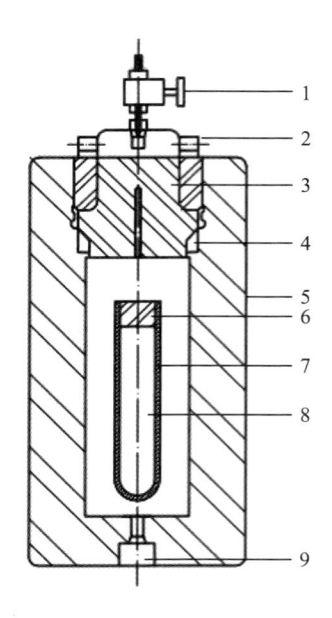

图 3-16 等静压成型原理示意图

1-排气阀；2-压紧螺母；3-盖顶；4-密封圈；5-高压容器；6-橡胶塞；7-模套；8-压制坯料；9-压力介质入口

1. 湿式等静压成型

湿式等静压成型是将预压好的坯料包封在具有弹性的橡胶模或塑料模具内，置于高压容器施以高压液体（如水、甘油或刹车油等，压力在 100MPa 以上）来成型。模具处于高压液体中，各个方向均匀受压，因此叫作湿式等静压，如图 3-17 所示。由于其可以根据制件的形状任意改变塑性包套的形状和尺寸，因而可以生产不同形状的制件，该方法应用较为广泛。湿式等静压成型方法的具体操作过程：粉料称量→固定好模具形状→装料→排气→把模具封严→将模具放入高压容器内→把高压容器盖紧→关紧高压容器各支管→施压→保压→降压→打开高压容器的支管→打开高压容器的盖→取出模具→把压实的坯体取出。

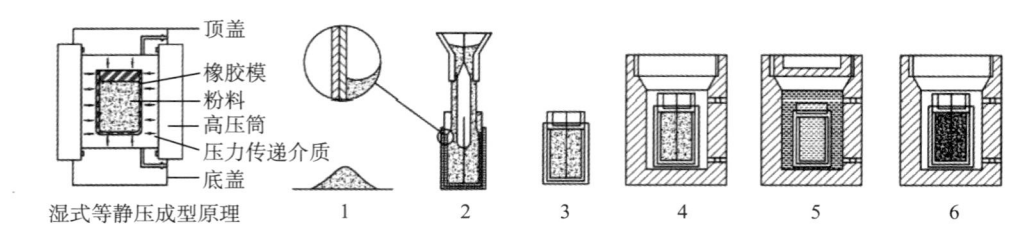

图 3-17 湿式等静压成型原理及工艺流程

1-粉料；2-粉料装入弹性软模中；3-把软模关上并封严；4-把模子放到施压容器的施压介质中；5-施压；6-减压后得到毛坯

2. 干式等静压成型

干式等静压成型方法相对于湿式等静压成型，其模具并不都是处于液体之中，而是半固定式的，坯料的添加和坯体的取出都是在干燥状态下操作，因此称为干式等静压(dry isostatic pressing)，如图 3-18 所示。干式等静压成型方法更适合用于生产形状简单的长形、壁薄、管状制件，主要适用于单一产品的小规模生产。

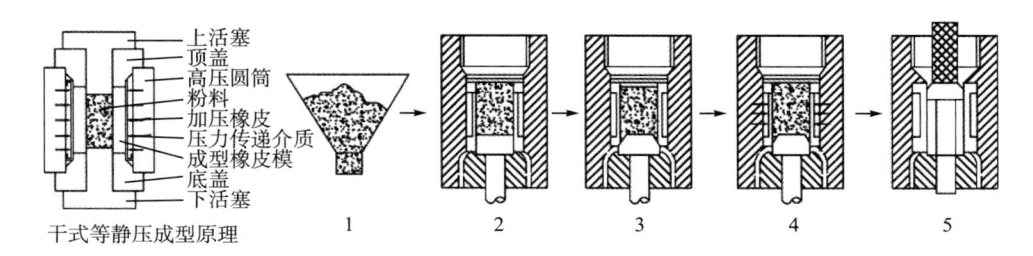

图 3-18 干式等静压成型原理及工艺流程

1-粉料斗；2-压力室；3-装粉；4-加压；5-出坯

3. 等静压成型方法的特点

1) 主要优点

(1) 可成型形状复杂、大件及细而长的制品，且成型质量高。
(2) 可以方便地提高成型压力，而且压力作用效果比干压法好。
(3) 坯体各向受压均匀，其密度高且均匀，烧成的收缩小，不容易变形。
(4) 模具制作方便、寿命长、成本较低。
(5) 可以少用或不用黏结剂。

2) 主要缺陷

(1) 可能导致坯体变形、开裂等缺陷。
(2) 可能影响坯体内部结构，从而影响坯体致密度、坯体断裂强度等。

通过等静压成型方法制备的坯体的质量主要表现为坯体的表面质量、坯体的致密度、坯体的断裂强度及坯体的缺陷情况等(表 3-9)。

表 3-9 等静压成型坯体中的缺陷情况

缺陷	颈部	表面不规则	象足	压缩裂痕	分层	轴向裂纹	倾斜
图示							
产生原因	填充不均匀，与粉料流动性有关	填充不均匀或橡胶包套无支撑	湿袋法的模具套太硬或粉料的压缩性太大	橡胶包套无支撑	由轴向弹性回弹形成，与粉料性质有较大关系	不适宜的或过厚的模具材料，或坯体的强度太低	包套模具弹性不足

3.4.3 热压铸成型

热压铸成型是在坯料中混入石蜡，利用石蜡的热流性特点，使用金属模具在压力下进行成型的，冷凝后坯体能够保持一定形状的方法。采用这种方法成型的制件尺寸精确、结构紧密、表面粗糙度低，广泛用于制造形状复杂、尺寸精确的工程陶瓷制件。

1. 热压铸成型的工艺原理

热压铸成型方法的基本原理是利用石蜡受热熔化后的流动性，将无可塑性的陶瓷粉料与热蜡液均匀混合形成浆料，在一定的压力作用下注入金属模具中进行成型，待冷却固化后再脱模取出成型好的坯体。坯体经过去除注口并适当地修整后埋放于吸附剂中一起加热进行脱脂处理，排出石蜡和其他可挥发的助剂，再烧结成陶瓷制件。

注浆成型、可塑性成型和干压成型等工艺方法通常是按照原料粉碎、坯料制备、成型、干燥、烧结的工艺路线进行的，都是先成型后烧成，其干燥烧成的收缩率很大，烧成时会发生分解、氧化、晶型转变、气相产生、液相出现等一系列物理化学变化，这都将导致坯体产生变形、开裂等缺陷。而热压铸成型工艺则是把上述一系列物理化学变化在成型之前就已经进行完毕，把坯料烧结成瓷粉，进行粉碎，再加入工艺黏结剂加热化浆，并在一定的温度、压力下铸造成型，再脱蜡烧成，保证了物化变化少、收缩少，使得产生缺陷的可能性极低。

2. 热压铸成型的工艺特点

1) 热压铸成型的优点

(1) 能够成型各种形状复杂的制件，特别是其他成型工艺方法不能成型的异型或轮廓精细的制件，用该方法成型的制件尺寸精度较高。热压铸成型时料浆充填模腔的方式与注浆成型方法相似，但热压铸成型所用的金属模要比注浆法的石膏模容易精确加工、强度高、不易磨损。此外，热压铸成型所用的金属模也比注浆法的石膏模在组合、拆分方面更为灵活。所以在制件形状的复杂性、精细性和尺寸的精确程度上，热压铸成型法远优于注浆成型法。

(2) 制品的合格率较高，而且后续的机械加工量很小甚至不需要机械加工。由于热压铸成型可一次性获得所需要的形状、尺寸且表面粗糙度小，另外，坯体的密度均匀、烧结后收缩也比较均匀，一般烧结收缩只有 6%～10%。如果模具设计适当，甚至不需要烧结后的机械加工就可以获得合格的制件。

(3) 生产效率很高。热压铸成型的成型时间很短，某些小型制件仅需数秒就可完成。所以采用该成型方法生产制件的效率较高，是干压成型法和注浆成型法的几倍甚至几十倍。尤其是近十年连续自动热压铸机的出现，使得其生产效率又得到进一步提高。

(4) 设备结构简单、价格便宜、占地面积小、操作简单等。

(5) 模具对用材和热处理的要求不高，容易加工，寿命长，模具的成本低，变更制件的规格较为方便。

(6) 对原料的适用面广。热压铸成型采用多种原料，如氧化物、氮化物、矿物原料等都能很好地成型，适用于各种瘠性的陶瓷原料。

基于以上优点，热压铸成型已经广泛用于各种结构陶瓷、功能陶瓷的生产中，特别适用于形状复杂、尺寸精确的中小型器件的大批量、小批量生产。

2) 热压铸成型的主要缺陷

(1) 欠注。欠注是指模具内未注满蜡浆，压出的制件不完整。形成欠注的原因主要是：蜡浆的黏度大、流动性差，注浆口温度过高或过低，压力和注浆时间不够，模具中气体未能完全排除等。

(2) 凹坑。产生凹坑的主要原因有：浆料和模具的温度过高，使坯体冷却时收缩增大，从而造成坯体表面出现凹坑。脱模过早，在坯体还没有完全凝固时就脱模会造成坯体表面出现凹坑。模具进浆口太小或位置不合理，影响浆料注入，使坯体冷凝时体积收缩未能得到充分补偿而造成凹坑。

(3) 皱纹。浆料的性能不好，黏度大，流动性差或者浆料和模具的温度过低，从而影响浆料的流动性。这些都会使浆料不能充满模具，坯体冷却后表面出现皱纹。另外，成型时模具内空气未能排净也会引起皱纹。

(4) 气泡。原因主要有：拌蜡时搅拌不均匀或搅拌时间不够，浆料中的空气未能排净，使坯体中出现气泡；浆料流动性过大或压力过大，使浆料的填充过快而产生涡流，从而把空气带进浆料内，使坯体中出现气泡；模具设计不合理影响模具内空气的排除也会出现气泡。

(5) 变形或开裂。模具温度过高或脱模过早，也就是说，在坯体还没有完全凝固时脱模都会产生变形。模具已冷、脱模过晚或模具注浆口无斜度都会造成开裂。此外，模具温度过低、坯体冷却速率过快则注模型芯会阻止坯体的收缩而产生开裂。

3.4.4 流延成型

流延成型也称为带式浇注成型或者刮刀成型，1945年由美国麻省理工学院的格伦·豪厄特(Glenn Howatt)等首次用于陶瓷成型并公开报道，并于1947年正式应用于陶瓷电容器的工业生产。随着工艺技术的不断进步，大量新产品的相继开发成功，流延成型方法的应用领域也日益扩大。目前，流延成型法已是一种比较成熟并能获得高质量、超薄膜层制件的成型工艺方法，已广泛应用在电容器、多层布线瓷、氧化锌低压压敏电阻等新型陶瓷的生产中。

1. 流延成型的工艺原理

流延成型首先把粉碎好的粉料与有机增塑剂溶液按照适当的配比混合后制成具有一定黏度的浆料，浆料从容器桶流下，被刮刀以一定的厚度刮压涂覆在专用的基带上，经过干燥、固化后从上剥下，制成生坯带的薄膜，如图3-19、图3-20所示。然后，根据制件的形状、尺寸需要对生坯带进行冲切、层合等加工处理，最终制成待烧结的毛坯。

图 3-19 流延成型工艺流程

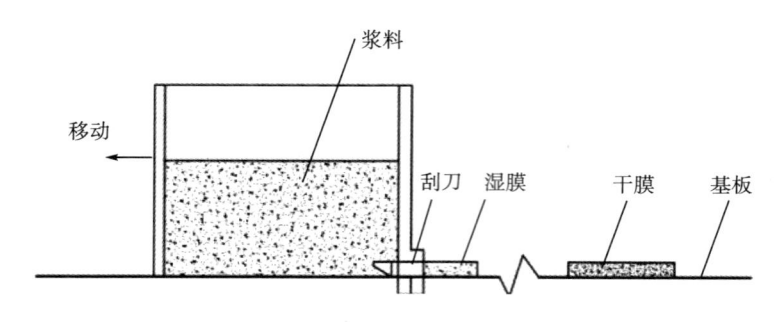

图 3-20 流延成型基本原理

流延成型法所用的浆料由粉料、增塑剂和溶剂组成。粉料要求必须超细粉碎，其大部分颗粒大小应该小于 3μm。各种助剂的选择和用量要根据粉料的物化特性和颗粒状况而定。配好的浆料经充分混合后搅拌排除气泡，真空脱气，获得可以流动的黏稠浆料。浆料泵入流延机料斗前必须经过两层滤网来滤除个别团聚的大颗粒及未溶化的黏结剂。由此可见，在流延成型法中最关键的是浆料的制备和流延成型工艺。

2. 流延成型工艺的特点

流延成型设备相对简单，而且工艺技术相对成熟、稳定，可以连续操作，生产效率高，自动化水平高。用该成型工艺制备的坯膜性能均匀一致且易于控制成型。但是，流延成型的坯料中的溶剂和黏结剂等含量相对较高。因此，坯体的密度较小，烧结收缩率较大，有时可达 20%～21%。

流延法适用于高集成度的集成电路封装和衬底材料的基片制备，流延陶瓷产品还广泛应用于薄膜混合式集成电路、可调电位器、片式电阻、玻璃覆铜板、平导体制冷器及多种传感器的基片载体材料。

3. 流延成型的主要缺陷

(1) 表面粗糙度过高。坯体表面的粗糙度主要取决于流延刮刀，流延刮刀一般是用工具钢制成，其具有较好的耐磨性且使用寿命较长。为了获得较低表面粗糙度的坯体，需要对刮刀进行日常清洗保养，光滑平整的刮刀是获得厚度均匀、表面光滑的膜带的关键。

(2) 厚度不均。流延厚度是由刮刀与基带之间的间隙、基带的运动速度、浆料的黏度及加料漏斗内浆面的高度决定的。刮刀与基带的间隙与实际烘干后制件的厚度不完全一致，这主要是由于在烘干过程中有溶剂、黏结剂、增塑剂等有机化合物的挥发所致。在浆料温度、流速、干燥温度一定的条件下，刮刀与基带的间隙通常会有一个稳定的比例。

(3) 痘疤或凹陷。流延成型所用的浆料必须充分分散均匀，当浆料中存在未分散好的硬块、团聚体且在后续过程中未能过滤掉时，膜带上就会产生痘疤状缺陷或由于干燥烧成收缩不同而产生凹陷。因此，必须重视浆料的制备，在使用前必须过筛除去硬块和团聚体。

(4) 气泡或针孔。经过超细粉碎的坯粉和增塑剂在球磨机中进行混合时容易产生气泡。气泡的存在会使成型后坯膜上出现针孔，因此要将浆料中的气泡去除。添加除泡剂(表面活性剂)或进行真空搅拌或超声波处理浆料可以消除大部分气泡。另外，干燥温度过高也会使薄膜产生气泡。

(5) 卷曲变形或开裂。坯体的卷曲变形或开裂主要与薄膜的厚度不均及干燥条件有关。薄膜厚度不均造成坯各个部位的水分含量不同，在后续的干燥过程中产生卷曲变形，甚至开裂。另外，干燥条件也是导致坯体变形或开裂的原因，因此在后续干燥时应将干燥室逐渐升温，以防坯体发生卷曲变形或开裂。

(6) 起皮。浆料中加入的溶剂等有机化合物的挥发速率过快，使浆料表面迅速生成一层干燥的膜层，该膜层阻挡了内部溶剂等有机化合物的进一步挥发，反而降低了薄膜的干燥速率并破坏了生坯，这一现象俗称"起皮"。因此，溶剂等有机化合物的选择尤为重要。

3.4.5 轧膜成型

轧膜成型是将准备好的陶瓷粉末拌以定量的有机黏结剂和溶剂，通过粗轧和精轧成膜片后再进行冲片成型。对于一些薄片状的陶瓷制件，其厚度一般在1mm以下。干压成型已不能满足这个要求，而广泛采用轧制成型方法。在粉末的轧制成型时粉末中一般不加或添加很少的黏结剂，粉末颗粒在轧制压力下产生塑性变形。这主要是依靠粉末颗粒之间的机械咬合作用而联结成为具有一定形状的带坯，并达到一定的密度和强度。因此，轧制成型应用于大多数的金属或合金，但是，对于那些瘠性粉末(如先进陶瓷粉末)和轧制性能很差、用常规轧制难以成型的金属或合金粉末来说，制备薄型的带材则需要采用轧膜成型工艺。

1. 轧膜成型的主要特点

(1) 适合于成型厚度比较薄的片状电子陶瓷元器件，如晶体管底座、电容器、厚膜电路基板等先进陶瓷制件。

(2) 制件厚度均匀致密、气孔少、生产效率高，适合于成批生产。

(3) 坯体只在厚度和长度方向受到碾压，在宽度方向缺乏足够的压力，导致坯体在烧成时收缩不一致，造成制件出现开裂、变形等缺陷。

(4) 冲片多余的边角料较多，虽能回收，但难免浪费。

(5) 由于轧膜成型时不必形成液体浆料，这避免了复杂的陶瓷悬浮体制备过程。特别是在多成分的材料体系中，容易得到高质量的陶瓷薄片生坯。

2. 轧膜成型工艺

瘠性陶瓷粉末首先与一定量的塑化成型剂溶液混合均匀，使各个瘠性粉末颗粒被塑化成型剂薄层所包裹，形成具有良好可塑性的轧膜用坯料。轧膜机由两个反向转动的轧辊构成，两个辊之间的缝隙距离是可调的。成型用的坯料放于两个轧辊之间，当轧辊转动时依靠轧辊表面与坯料制件的摩擦力来带动坯料从两辊之间的缝隙中挤出，如图 3-21 所示。由于粉末颗粒已经被塑化成型剂包裹黏结，在轧辊之间发生延展变形的是塑化成型剂本身，而粉末颗粒只是借助成型剂的延展变形进行重新排列。坯料在两轧辊之间被挤轧，一般要反复数次，每次都要逐步调小两辊之间的缝隙间距。

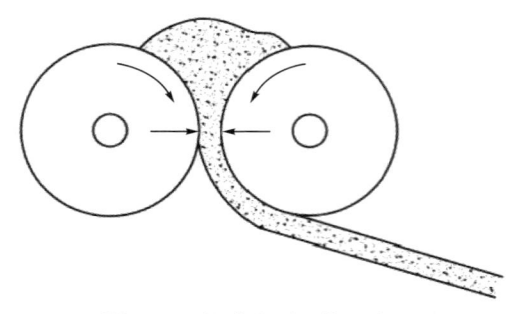

图 3-21　轧膜成型工作示意图

轧膜成型方法所用的坯料具有一定的可塑性，因此需要变形的压力不大。同时，在轧膜成型所用坯料中通过塑化成型剂的黏结作用已使坯料形成了很好的连续性。所以，与粉末轧制相比，轧膜成型用的轧膜机结构要简单得多，所需功率很小，对轧辊材质的要求也不高，供料装置也没有特殊要求，甚至可以不需要专门的供料装置。轧膜成型的带坯可由引导、卷绕装置卷成长度很长的坯卷存放，也可与干燥机、冲切机组成生产流水线。由于掺有塑化成型剂的极薄带坯具有很好的可塑性，可以采用与冲切金属片工艺类型的方法，将薄带坯在冲切机上用切刀冲切成众多形状多样的小薄片器件生坯。由于轧膜成型的带坯既薄又软，所以冲切机也远比金属冲床简单得多。小薄片生坯再经过脱胶处理(除去塑化成型剂)后，进行烧结来完成制件的制备。轧膜成型坯体的主要缺陷及产生原因见表 3-10。

表 3-10　轧膜成型坯体的主要缺陷及产生原因

主要缺陷	产生原因
气泡	粗轧时夹杂有空气未排出，粉料水分较多，轧膜次数不够，加入的表面活性物质未排出
厚度不均匀	调整轧辊开度不精确，轧辊磨损或变形
无法成膜	粉料游离氧化物多，选择的黏结剂不合适

3. 轧膜成型方法的应用

轧膜成型方法在生产集成电路基片、电容器及电阻等各种片式功能陶瓷元器件方面具有独特的优势。此成型方法生产效率高、工艺简单、成本低、劳动强度小而获得了广泛的应用，如用轧膜成型方法可以制备 ZnO-玻璃系叠层片式压敏电阻器。将 Pb-B 玻璃粉末预先合成，由 PbO、B_2O_3、SiO_2 和少量 ZnO 按照一定的比例混合均匀，在 900℃煅烧 1h 后进行淬火，经研磨、过筛而成。加入 Pb-B 玻璃的目的是降低陶瓷烧结温度、改善陶瓷的电性能。采用 ZnO 粉末、Pb-B 玻璃粉末及少量其他掺入剂按一定的比例配料，经球磨、干燥，在 700℃预烧 2 h 再进行第二次球磨、烘干、过筛，就可以得到轧膜用的粉料。此粉料约与 30%的增塑剂混炼均匀后轧膜成型厚度为 0.4~1.0mm 的生坯，形成叠层式压敏电阻器，控制成型坯片的厚度可以灵活地调整压敏电压。

3.4.6 注浆成型

注浆成型方法具有设备简单、适用性强的特点，适用于制造大型的、形状复杂的、薄壁的制件。传统的注浆成型主要使用石膏模注浆成型，依靠石膏的吸水作用使坯体固化。该方法在陶瓷制件的生产中已有数百年的历史，工艺成熟。

1. 注浆成型的工艺原理

注浆成型是基于石膏模具能迅速吸收水分的特征，泥浆注浆过程实质上是通过石膏模的毛细管吸力从泥浆中吸取水分因而在模壁上形成泥层。一般认为注浆成型过程基本上分成模具干燥、模具清理、注浆、静置吸浆、放浆、脱模、修坯及干燥几个阶段。

大量的研究表明，注浆时吸浆过程和泥浆的压滤过程相似，并得出泥层厚度与时间的平方成正比的定量关系。而泥层的形成速率则主要取决于泥浆中水在泥层中的渗透率。影响渗透率的因素有很多，从注浆过程的机理来看，影响渗透率的因素主要有：泥层两边的压力差；泥层的孔隙率和孔隙的形状；泥料颗粒的比表面；泥浆的黏度；泥浆的相对密度和泥层的厚度等。其中，泥层两边的压力差主要取决于模型的毛细管力(吸水能力)和泥浆的压力。泥层的孔隙率和孔隙的形状、泥料颗粒的比表面等则取决于泥浆的组成、颗粒的大小、级配和稀释剂。

2. 注浆成型的种类

注浆成型方法分为基本注浆成型、加速注浆成型。基本注浆成型又分为空心注浆和实心注浆；加速注浆成型包括真空注浆、压力注浆和离心注浆等类型，如图 3-22 所示。

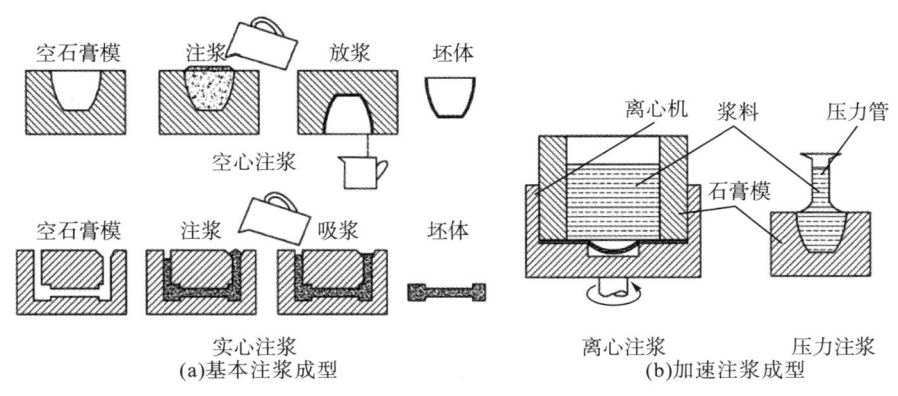

图 3-22 几种注浆成型方法示意图

3. 注浆成型的主要缺陷

泥浆的性能、石膏模的性质、操作步骤等因素都会对注浆成型方法制备的制件质量产生影响，因此注浆成型后的坯体可能产生以下缺陷。

1) 开裂

开裂是由于收缩不均匀所产生的应力而引起的。原因包括：①石膏模各个部位的干湿程度不同，吸水量、吸水速率不同；②制件厚度差异大；③注浆时泥浆中断；④泥浆的质量不好，陈放时间不够；⑤石膏模过干或过湿；⑥可塑黏土用量不足或过量；⑦坯体在模具内存放时间过长。

2) 坯体生成不良或生成缓慢

原因包括：①电解质不足或过量，或者是泥浆中有促使杂质凝聚的成分；②泥浆含水量过高或石膏模的含水量过高并吸水过饱和；③泥浆温度太低，通常泥浆的温度不低于10~20℃；④生产车间温度太低，一般生产车间最好保持在 22℃左右；⑤模具内气孔分布不均匀或气孔率过低。

3) 坯体脱模困难

原因包括：①没能很好地清除石膏模表面附着的油膜等；②泥浆的含水量过高或者是模具太湿；③泥浆中的可塑性黏土含量过多。

4) 气泡与针孔

原因包括：①石膏模具过干、过湿、过热或过旧；②泥浆内含有气泡，未排除；③注浆时加入浆料过急，把空气封闭在泥浆中；④石膏模具内的浮尘没有清除，烧成时浮尘挥发成气泡，形成针孔；⑤石膏模具设计不当，妨碍模具内部气体的排出。

5) 泥缕

原因包括：①泥浆的黏度过大、密度过大，流动性不良；②注浆操作不当，浇注时间过长，放浆过快，缺乏一定的斜度或回浆不净；③车间温度过高，泥浆在石膏模具内起一层皱皮，倒浆时没有去除；④与制件形状有关，坡度过大、曲折过多的模具影响浆料的流动。

6) 变形

原因包括：①石膏模具所含水分不均匀，脱模过早；②泥浆的水分太多，使用电解质不恰当；③制件、模具的设计不当，致使悬臂部分容易变形。

7) 塌落

原因包括：①泥浆中的颗粒过细，水分过多，温度过高，电解质过多；②石膏模具过湿或者其内表面不净。

3.4.7 挤压成型

挤压成型是将真空炼制的泥料放入挤制机内,在外力的作用下通过挤压嘴(也称压模嘴)挤成一定形状的坯体,是可塑成型方法的一种。在这种成型方法中挤压嘴就是成型模具,通过更换挤压嘴可以挤出不同形状的坯体,也有将挤压嘴直接安装在真空练泥机中,成为真空练泥挤压机,挤出的制件性能良好。

挤压成型是将粉料、黏结剂和润滑剂等与水均匀混合,然后将物料挤压出刚性模具即可得到管状、柱状、板状及多孔柱状成型体。金属粉末加入一定量的有机增塑剂混合均匀后可以在一定的温度(一般为40~200℃)下进行挤压成型,这种方法被称为"冷挤法"或"增塑粉末挤压法"。陶瓷粉体必须先加水及与增塑剂混合均匀后制备成坯料后才能用于挤压成型。在挤压过程中抽真空有利于坯料中空气的排出,从而可以提高成型坯体的生坯密度。

挤压成型的关键工艺就是泥料的制备。挤压成型一般要求粉料的颗粒度较细小,外形圆润,以长时间球磨的粉料为好。另外,可在粉料中加入溶剂、增塑剂、黏结剂等助剂来改善泥料的性能,但用量要适当。

挤压成型技术的缺点主要是物料强度低、容易变形,而且可能产生表面凹坑、气泡、开裂及内部裂纹等缺陷。挤压成型用的物料以黏结剂和水作为塑性载体,尤其需要黏土来提高物料相容性,所以挤压成型技术广泛应用在传统耐火材料如炉管、护套管以及一些电子材料的成型生产。挤压成型的主要缺陷见表3-11。

表3-11 挤压成型的主要缺陷[9]

缺陷类型	产生原因
气孔	增塑剂产生的气体排除不尽
裂纹	混料不均匀
弯曲变形	水分过多或坯料组成不均匀
管壁厚度不一	型芯与机嘴不同心
表面粗糙	挤压压力不稳定,坯料塑性较差或颗粒定向排列

3.5 排　　胶

热压铸、轧膜、流延、凝胶注模等成型方法,通常需要加入较多的有机黏合剂和增塑剂等,如热压铸成型的石蜡及轧膜、流延成型中的聚乙烯醇等。烧成过程中,坯体中大量的有机物熔融、分解、挥发,会导致坯体变形、开裂或坯体中出现较多气孔导致机械强度降低;同时有机物含碳量多,当氧气不足形成还原气氛时,会影响烧结质量。因此,需要在坯体烧成前将其中的有机物排除干净,以满足产品的形状、尺寸和质量要求,这个过程即为排胶。

3.5.1 排胶工艺过程

合理的排胶工艺对防止坯体变形和起泡至关重要,排胶过程通常有以下作用。

(1) 排除黏结剂,保持原有形状,为下一步烧结工作做准备,保证烧出完整的瓷体。

(2) 使陶瓷坯体获得一定的强度。

(3) 消除黏结剂烧除时的还原作用,在通风不好时,会生成 CO 使制品受还原气氛影响,对含钛的陶瓷尤为重要。

排胶工艺是根据坯体的热失重(TG)和差热分析(DTA)曲线确定的,在坯体排胶过程中,发生一系列物理化学变化。

(1) 100℃以内,主要为坯体内残留水分的挥发过程,坯体失重较小。

(2) 100~360℃,是聚合物开始发生分解的阶段,高分子内部的羧基脱掉分子间和分子内部的水;坯体内部网络发生软化,但未遭到大的破坏,因此这一阶段失重很小。

(3) 温度继续升高,有机聚合物开始发生剧烈的氧化反应,坯体内部的有机聚合物网络因高温而降解,高分子网络发生分解、蒸发,变为气体排除坯体外,导致坯体失重增加。

(4) 温度达到 600℃时,失重基本完毕。600℃以前不宜升温过快,避免坯体开裂。

3.5.2 排胶质量的影响因素

排胶阶段控制不当会引起变形、裂纹等缺陷。影响排胶过程的主要因素包括升温速率、保温时间、坯料结构和气氛等。

1. 升温速率的影响

升温速率对排胶过程的影响很大。研究表明,慢速排胶,坯体中颗粒较细小且分布均匀,没有大的团聚体出现,颗粒间孔隙分布也比较均匀。而升温速率过快,坯体表面和断口中有较大的气孔存在,而且有机物和水分排除过快,易产生变形、起泡、表层脱落以及开裂等缺陷。刘晓光等[10]研究了坯体的排胶工艺,以氧化锆粉体水基凝胶注模研究了坯体的排胶影响因素,发现慢速排胶后坯体中由于有机物和溶剂排除而留下的孔隙多集中于 120nm 左右;而快速排胶后,孔隙接近 150nm,且分布较广泛。原因是升温速率过快,坯体中的水分和聚合物迅速氧化挥发,发生起泡反应,将颗粒聚在一起,产生较多的团聚,留下较大气孔。

2. 保温时间的影响

排胶过程进行得充分与否,与排胶过程中的保温时间密切相关。保温时间为 30min 以内时,坯体中的溶剂(水)基本能排除干净,但增塑剂、黏结剂等有机物氧化后,仍然有部分残碳未排除;保温时间延长到 90~120min 时,能将坯体中残留的剩余有机物彻底排除,之后再继续延长保温时间,坯体重量不再变化后,说明此时的坯体中只剩下陶瓷粉料。

通常升温速率快的保温时间更短，但升温速率过快会导致坯体产生较多气孔，影响烧结性能，因此，最终需要综合考虑排胶效率与效果的平衡。

3. 坯体结构的影响

坯体的厚度、表面积以及外形尺寸对排胶工艺的选择同样也很重要。对于壁厚、形状复杂的坯体排胶过程中升温速率要慢，保温时间要长，以免坯体中的有机物和溶剂在排除过程中，引起坯体的变形或开裂。

4. 气氛的影响

由于排胶过程为有机物的去除，因此通常需要保证排胶炉腔内具有充足的氧气和排风。对于氧化物陶瓷，需要氧化气氛，但必须采取一些预防措施以避免难以控制的放热反应或有机排除物的燃烧，尤其对于大的不均匀的组分如层片，这将导致局部应力，并使部件破坏，氧气含量必须限制在足够低的浓度范围内以防止放热连锁反应。

3.5.3 坯体强度的变化

坯体的强度在300℃排胶后开始降低而后继续降低，并在排胶完成后期逐渐增强。主要是因为100～360℃是聚合物开始发生分解、氧化的阶段，高分子内部的羧基脱掉分子间和分子内部的水，坯体内部网络虽然发生软化，但未遭到大的破坏，因此强度降低。400～500℃排胶中期阶段，聚合物开始发生强烈的氧化反应，坯体内部的有机聚合物网络因高温而降解，高分子网络发生分解、蒸发，从而使黏结剂失效，坯体强度更低。当在500～600℃排胶后期时，排胶完成后继续升高温度，部分陶瓷粉粒发生黏结，而重新获得一定强度，而且随温度升高，其抗弯强度增强。

3.6 烧　　成

粉料成型后形成了具有一定外形的坯体，此时坯体内包含大量气体（占35%～60%），而颗粒之间处于点接触，如图3-23中a所示。在高温下会发生如下变化：颗粒间接触面积逐渐扩大，颗粒聚集，颗粒中心距减小，如图3-23中b所示；逐渐形成晶界，气孔形状发生变化，从连通的气孔变成各自孤立的气孔，体积逐渐缩小；最后大部分甚至全部气孔从坯体中排除，形成无气孔的多晶体，如图3-23中c所示，这就是烧结的主要物理过程。这些物理过程随烧结温度的升高而逐渐推进。

同时，粉末压块的性质也随这些物理过程的进展而出现坯体收缩、气孔率下降、密度增大、电阻率下降、强度增加、晶粒尺寸增大等变化，如图3-24所示。烧结就是一种或多种固体粉末（金属、氧化物、氮化物、黏土等）经过成型，在加热到一定温度后开始收缩，在低于粉末熔点温度下变成致密、坚硬的烧结体的过程。

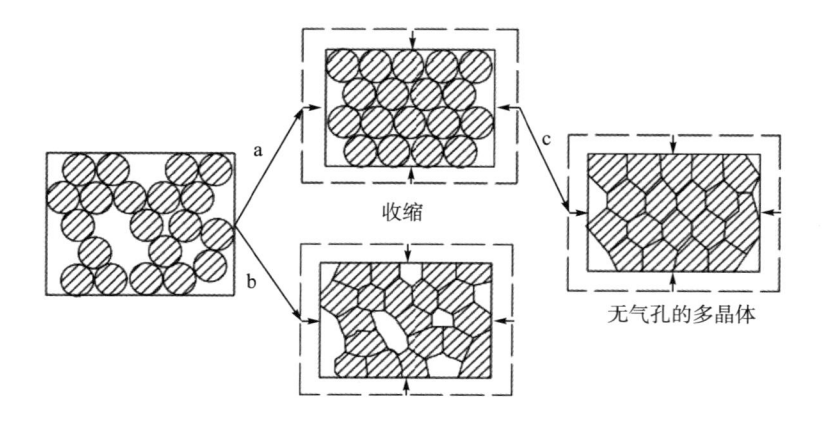

图 3-23 烧结现象示意图

a-颗粒聚焦；b-开口堆积中颗粒中心逼近；c-封闭堆积

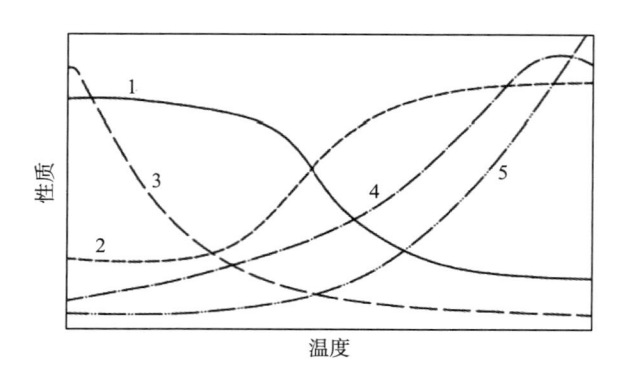

图 3-24 烧结温度对物理量的影响

1-气孔率；2-密度；3-电阻率；4-强度；5-晶粒尺寸

烧结的本质可认为是颗粒表面的黏结和粉末内部物质的传递和迁移。由于固态中分子（或原子）的相互吸引，通过加热，使粉末体产生颗粒黏结，经过物质迁移使粉末体产生强度并致密化和再结晶的过程称为烧结。由于烧结体宏观上出现体积收缩、致密度提高和强度增加，因此烧结程度可以用坯体收缩率、气孔率、吸水率或烧结体密度与理论密度之比（相对密度）等指标来衡量。

按烧结时是否出现液相，可将烧结分为固相烧结和液相烧结。液相烧结是指有液相参与的烧结。固相烧结是指没有液相参与，完全是固态颗粒之间的高温固结过程，如高纯氧化物之间的烧结过程。

3.6.1 烧结过程中的物质传递

烧结过程除了要有推动力外，还必须有物质的传递过程，这样才能使气孔逐渐得到填充，使坯体由疏松变得致密。

烧结过程中物质传递方式和机理主要有：①蒸发和凝聚传质；②扩散传质；③黏滞流动与塑性流动传质；④溶解和沉淀。实际上烧结过程中的物质传递现象很复杂，不可能是一种机理的独自作用。实际烧结过程中可能有几种传质机理在起作用，但在一定条件下某种机理会占主导地位，当条件改变后，起主导作用的机理也会随之变化。

3.6.2 烧结的影响因素

1. 原始粉料的粒度

无论在固态或液态的烧结中，细颗粒由于其表面能大，烧结推动力强，缩短了原子扩散的距离，提高了颗粒在液相中的溶解度，导致烧结过程加速。一般烧结速率与起始粒度的 1/3 次方成正比，从理论上计算，当起始粒度从 2μm 缩小到 0.5μm，烧结速率增加 64 倍。

2. 外加剂的作用

在固相烧结中，少量外加剂(烧结助剂)可与主晶相形成固溶体促进缺陷增加；在液相烧结中，外加剂能改变液相的性质(如黏度、组成等)，因而都能起促进烧结的作用。外加剂在烧结体中的作用如下。

(1) 外加剂与烧结主体形成固溶体。当外加剂与烧结主体的离子大小、晶格类型及电价数接近时，它们能互溶形成固溶体，致使主晶相晶格畸变，缺陷增加，促进烧结。两者离子产生的晶格畸变程度越大，越有利于烧结。一般情况，它们之间形成有限置换型固溶体比形成连续固溶体更有助于促进烧结。外加剂离子的电价和半径与烧结主体离子的电价和半径相差越大，晶格畸变的程度越大，促进烧结的作用越明显。

(2) 外加剂与烧结主体形成液相。外加剂与烧结体的某些组分生成液相，由于液相中扩散传质阻力小、流动传质速率快，因而降低了烧结温度和提高了坯体的致密度。

(3) 外加剂与烧结主体形成化合物。在烧结透明的 Al_2O_3 制品时，为抑制二次再结晶，消除晶界上的气孔，一般要加入 MgO 或 MgF_2。高温下在 Al_2O_3 晶粒表面形成镁铝尖晶石($MgAl_2O_4$)包裹层，抑制晶界移动速率，有利于充分排除晶界上的气孔，对促进坯体致密化有显著作用。

(4) 外加剂阻止多晶转变。ZrO_2 由于有多晶转变，体积变化较大而使烧结困难。如果加入 5% 的 CaO，Ca^{2+} 进入晶格置换部分 Zr^+，由于电价不等而生成阴离子缺位固溶体，可以抑制晶型转变。

(5) 外加剂起扩大烧结范围的作用。适当外加剂能扩大烧结温度范围，给工艺控制带来方便。

3. 烧结温度和保温时间

在晶体中晶格能越大，离子结合越牢固，离子的扩散越困难，所需烧结温度就越高。各种晶体键合情况不同，因此烧结温度也相差很大，即使对同一种晶体烧结温度也不是一个恒定值。提高烧结温度有利于固相扩散和溶解-沉淀等传质过程。但是单纯提高烧结温度不仅浪费燃料，很不经济，而且烧结温度过高，还导致二次再结晶而使制品性能恶化。在有液相的烧结中，温度过高使液相量增加，黏度下降，制品变形。因此，烧结温度必须适当控制，不同制品的烧结温度必须通过试验来确定。

由烧结机理可知，只有体积扩散才能导致坯体致密化，表面扩散只能改变气孔形状而不能引起颗粒中心距的逼近，因此不出现致密化过程。在烧结高温阶段以体积扩散为主，而在烧结低温阶段以表面扩散为主。如果材料的烧结在低温阶段时间较长，不仅不引起致密化反而会因表面扩散改变了气孔的形状，而给制品性能带来损害。因此从理论上分析应尽可能快地从低温升到高温为体积扩散创造条件。高温短时间烧结有利于制备致密陶瓷，但还要综合考虑材料的传热系数、二次再结晶温度、扩散系数等各种因素，合理地制定烧结温度。

4. 气氛的影响

烧结气氛一般分为氧化、还原和中性三种，在烧结过程中气氛的影响是很复杂的。一般情况下，在由扩散控制的氧化物烧结中，气氛的影响与扩散控制因素、气孔内气体的扩散和溶解能力有关。

封闭气孔内气体的原子尺寸越小越易于扩散，气孔消除也越容易。像氩或氮那样的大分子气体，在氧化物晶格内不易自由扩散最终残留在坯体中。但像氢那样的小分子气体，扩散性强，可以在晶格内自由扩散，因而烧结就与这些气体的存在无关。

如果制品中含有铅、锂、铋等易挥发物质时，控制烧结时的气氛更为重要。如锆钛酸铅材料烧结时，必须控制一定分压的铅气氛，以抑制坯体中铅的大量逸出，保持坯体的化学组成不发生变化，否则将影响材料的性能。

受烧结气氛的影响，材料性能常会出现不同结果，这与材料组成、烧结条件、外加剂种类和数量等因素有关，所以必须根据具体情况慎重选择。

5. 成型压力的影响

粉料成型时必须加一定的压力，除了使其有一定形状和一定强度外，同时也给烧结创造了颗粒间紧密接触的条件，使其烧结时的扩散阻力减小。一般情况下，成型压力越大，颗粒间接触越紧密，对烧结越有利。当压力过大超过粉料的塑性变形限度时，就会发生脆性断裂。适当的成型压力可以提高生坯的密度，而生坯的密度与烧结体的致密化程度成正比。

6. 烧结方法

正确地选择烧结方法是使陶瓷材料具有理想的结构及预定性能的关键。如在大气条件下(无特殊气氛，常压下)烧结，无论怎样选择烧结条件，也很难获得无气孔或高强度陶瓷制品。烧结技术主要包括常压烧结、气氛烧结、热压烧结、热等静压烧结、微波烧结、放电等离子体烧结，以及爆炸反应烧结、自蔓延烧结及闪烧技术等。

影响烧结的因素有很多，包括生坯内粉料的堆积程度、加热速率、保温时间、粉料的粒度分布等，而且相互之间的关系也较复杂，在研究烧结时如果不充分考虑这些因素，并恰当地处理，就不能获得具有重复性和高致密度的制品，同时也会对烧结体的显微结构和机、电、光、热等性质产生显著的影响。要获得好的烧结材料，必须对原料粉末的尺寸、形状、结构和其他物理性能有充分的了解，对工艺制度控制与材料显微结构形成之间的相互联系进行综合考察，才能真正理解烧结过程。

3.7 陶瓷表面金属化

随着真空电子器件进入超高频、大功率、长寿命领域，玻璃与金属封接已不能胜任制管的要求，陶瓷金属封接工艺已日渐成熟并取得很大的进展。陶瓷金属化后与金属零件气密地焊接在一起，具有高的机械强度、真空致密性和某些特殊性能。

3.7.1 表面金属化工艺

陶瓷-金属封接工艺可分为液相工艺、气相工艺和固相工艺。

1. 液相工艺

液相工艺指在进行陶瓷金属化或陶瓷与金属直接封接时，在陶瓷与金属(或金属粉)界面间有一定量的液相存在。这个液相可能是熔融氧化物，也可能是熔化的金属。因为有液相的存在，物质间发生分子间(或离子间)的直接接触，它起一定程度的物理或化学作用，使物质黏在一起。液相工艺包括大部分的典型封接工艺，也是现在国内外真空电子工业中应用最广泛的工艺。它包括钼-锰法、活性合金法和氧化物焊料法，可视为厚膜工艺。

2. 气相工艺

气相工艺指金属在特定条件下，如在真空中，在高能束或等离子体轰击下，加热蒸发或溅射，使其变成金属蒸气或离子，然后沉积于温度较低的介质表面(如陶瓷上)，形成金属膜。由于金属以原子或离子状态直接接触陶瓷表面，所以黏接强度很高，可视为薄膜工艺。

3. 固相工艺

将陶瓷和金属表面磨平，以固态形式夹在一起，在一定外加条件(如高压、高温或静电引力)下，使两平面紧密接触，不出现液相而达到气密封接。这类工艺包括压力封接、固态扩散封接和静电封接等。

用烧结金属粉末法进行陶瓷-金属封接，通常不是一步将陶瓷与金属零件焊接在一起，而是先将陶瓷表面进行金属化，然后将金属化后的陶瓷与金属零件钎焊。通常为了使焊料在金属化层上浸润并形成阻挡层，还要在已烧结的金属化表面上电镀或手涂一层镍，然后即可与金属零件钎焊。因为金属化工艺要求温度较高，所以这种工艺又称为高温金属化法；

由于还要有一层镍层，所以有时也称为多层法。烧结金属粉末法是陶瓷-金属封接工艺中发明最早、最成熟、应用范围最广的工艺。目前国内外选用此工艺最多的是真空电子器件的研制和生产单位。

烧结金属粉末法所用的金属粉，通常是以一种难熔金属粉(如 W、Mo)为主，再加少量熔点较低的金属粉(如 Fe、Mn 或 Ti)，最先发明的配方是 W-Fe 混合粉，后来发明的 Mo-Mn 混合粉适应性更强，得到迅速推广。目前绝大多数单位选用 Mo-Mn 配方，所以该方法通常也称为钼-锰法。

3.7.2 银浆的制备

电子浆料作为制造电子元件的基础材料，具有一定流变性和触变性，是一种集材料、化工、电子技术为一体的基础功能材料。其在电阻、敏感器件、厚膜集成电路、汽车、日常用品等方面均有应用。现阶段，我国对电子浆料的应用主要为导体浆料，特别是银浆、铝银浆等，然而银粉的制备和银浆的调浆是制造银导电浆料的关键[11]。

银浆具有固化温度低、黏接强度极高、电性能稳定、适合丝网印刷等特点，适用于常温固化焊接场合的导电导热黏接，如石英晶体、红外热释电探测器、压电陶瓷、电位器、闪光灯管以及屏蔽、电路修补等，也可用于无线电仪器仪表工业作导电黏接，也可以代替锡膏实现导电黏接。

银导电浆料分为两类：①聚合物银导电浆料(烘干或固化成膜，以有机聚合物作为黏结相)；②烧结型银导电浆料(烧结成膜，烧结温度＞500℃，玻璃粉或氧化物作为黏结相)。

按银浆中银的存在形式可分为碳酸银浆、氧化银浆和粉银浆三大类；按用途分为电容器银浆、云母银浆、厚膜银浆等。但不论哪一种银浆，其基本上都由导电相(银或其化合物)、黏结相以及有机载体三个部分组成。

(1) 银导电相。通常以银或银化合物组成，分散在基体中，经烧结或固化后，形成导电通路。导电相的形状、粒径大小对浆料的电性能起着重要作用，并影响银层的物理和机械性能。导电相的形状常以球形和片形为主，粒径方面向着纳米级发展[12]。片状银粉和纳米银粉的使用，能减少银用量，从而降低生产成本。

(2) 黏结相。作用是将固化膜层与基体牢固结合，其对成膜的机械性能和电性能有一定影响。目前，对于烧结浆料，常用的黏结相为低软化点的玻璃粉，作为无机黏结剂黏合银粉和基板；对于低温固化导电浆料，一般通过添加高分子树脂作为黏结相来制备所需的浆料。低温固化导电银浆一般通过添加高分子树脂作为黏结相来制备所需的浆料，具有固化温度低，适合丝网印刷的特点。

(3) 有机载体。通常由溶剂、起增稠作用的高分子聚合物和助剂组成，用于分散超微细粉形成膏状组合物；其挥发特性对电子浆料储存稳定性、膜层质量、浆料制备元器件过程的烧成工艺温度制度以及电子元器件性能均有一定影响。

为减少银导电浆料中银粉的用量，降低生产成本，银粉一方面正朝着片状和纳米级银粉方向发展；另一方面通过在银粉中掺杂贱金属以及其他导电物质来制成复合导电粉末。与此同时，导电浆料也有着向复合浆料及绿色环保方向发展的趋势。

3.7.3 被银工艺

金属化被银主要应用于电子陶瓷中，尤其是在陶瓷滤波器领域应用较多，可能采用的金属化工艺包括注银、丝网印银、喷银、浸银等，然后采用烘银、烧银等进行表面金属化加工。

1. 陶瓷被银预处理

将烧结后的瓷件进行磨抛，然后进行超声清洗，以去除表面残余的研磨剂和污渍，将清洗后的瓷件烘干，干燥温度为150~300℃，得到光滑、洁净的瓷件。

被银可采用银浆滴孔、丝网印银、喷银及浸银等方式将银浆均匀涂覆在瓷件表面。丝网印刷工艺是将瓷件置于丝网上进行丝网印刷，根据预定的银膜厚度选择合适的刮刀在陶瓷表面印刷银膜，使银浆均匀涂布在瓷件表面。丝网印刷是制备厚膜电子元件膜电路的一种成熟成膜工艺，具有大面积、低成本、高效率等优点，广泛应用于制作厚膜电子元件中的导电布线、电阻、电容及电感等。

2. 被银干燥

涂覆银浆的瓷件在烘银炉内进行烘干，通常烘银温度为120℃左右。烘银炉的作用是使产品在高温烧结前能够将银浆内部的其他一些成分挥发出来，使银浆内部小孔能够自然复合，可抑制高温烧结后银层表面气泡，使银层表面光滑平整。

3.7.4 烧银工艺

银浆的烧结过程包括玻璃粉的软化、玻璃液浸润银粉及硅基板、玻璃液带动银粉颗粒重排、液相固化收缩等，其中还可能包括银粉及硅的熔融、银粉颗粒的重结晶。烧结温度越高，玻璃液的黏度越低，流动性越好，浸润银粉和基体并带动银粉重排的效果越好，但过高的烧结温度或过长的保温时间会使玻璃相分布不均匀，富集于银层和基板之间，影响银膜的导电性。将烘银后的瓷件送入烧银炉中进行烧银，在陶瓷表面形成银层，峰值温度为750~850℃。烧银过程中玻璃粉、乙基纤维素熔化，使银更均匀附着在瓷件上。烧结炉的作用是使银浆能够完全固化，烧结工艺参数会影响银层的稳定性，可能会存在拉力不良、银层烫伤、表面不光亮等问题。

1) 保温时间对电阻率的影响

当保温时间过长时，玻璃粉过早进入软化状态，长时间的软化态玻璃会沉积于基板与银膜之间，而与银膜中的银粒子相脱离，导致银膜出现大量空洞，电阻率升高，导电性能较差。长时间较高温度的保温会导致银膜的氧化，这也是导致电阻率升高、导电性能降低的原因。

2)烧结峰值温度对电阻率的影响

烧结温度过高时，玻璃发生析晶，由于晶体不具备玻璃相的黏度和润湿性，玻璃粉未能起到包裹银粉并软化铺展作用，银粉颗粒之间由于缺乏玻璃粉的黏结作用而不能形成良好连接，烧结膜出现较多孔洞，导电性能较差[13]。

所以用烧结法制备导电银浆，需要有合适的玻璃粉、有机载体配比，还需要有合适的烧结温度和保温时间。合适的烧结温度和保温时间有利于形成方阻较低、附着力较大的导电银膜。随着烧结温度的升高和保温时间的延长，银膜的方阻呈先减小后增大的趋势，银膜的附着力先增大然后在一定范围内变化不大。

3.7.5　化学法镀膜

化学法镀膜是在含金属盐溶液的镀液中加入化学还原剂，将镀液中的金属离子还原后沉积在被加工零件表面的一种加工方法。具有好的均镀能力，镀层厚度均匀，这对大表面和精密复杂零件很重要；被镀工件可以是任何材料，包括非导体如玻璃、陶瓷和塑料等；不需电源，设备简单，而且镀液一般可以再生。

常用的镀制方法有酸蚀法、水解法和沉积法。

(1) 酸蚀法。将玻璃零件浸泡在乙酸水溶液中，表面生成硅酸凝胶层，烘烤脱水后变成二氧化硅膜，可作为增透膜使用。

(2) 水解法。将钛酸乙酯(或硅酸乙酯)的乙醇溶液倒在高速旋转的光学零件表面上，遇到空气中的水汽发生水解，产生的钛酸(或硅酸)脱水后形成二氧化钛(或二氧化硅)膜。此法可镀制单层、双层和三层增透膜，单层、双层和三层析光膜等。

(3) 沉积法。将银氨盐溶液和还原剂溶液倒在清洁的玻璃上，反应中析出的银在玻璃表面沉积成银膜。此法可制成反光膜、析光膜和憎水膜等。

3.7.6　物理法镀膜

物理法镀膜主要通过物理方法将金属材料喷镀于物体表面，具有组件的尺寸精度易于控制的优势。气相沉积金属化的方法有很多，包括真空蒸发、真空溅射、离子镀以及化学气相沉积、化学离子镀和多种化学反应沉积等。这类工艺主要是使金属以气态形式沉积到陶瓷表面而形成牢固的金属化膜，再用通常的焊料将其与金属零件钎焊上。

随着镀膜技术的发展，出现了各种类型的沉积工艺，它们各有特点。如蒸涂金属化可以在300～400℃进行，而离子溅射则几乎是在冷态下进行的，也称它为室温金属化。它们均能保证封接的气密性和具有较高的机械强度。可以对石英、陶瓷、氧化铍、铁氧体和铁电体等介质施行金属化，并成功进行封接。

缺点主要是连续性和大批量生产的效率不如钼-锰法高；大尺寸、大面积的介质零件金属化时，不易保证沉积膜的均匀性，形状复杂的零件的金属化也还有困难；工艺参数较多，操作相对困难。

3.8 陶瓷后处理加工

先进陶瓷在应用前必须根据用户要求进行加工后才能作为工程构件使用。先进陶瓷经过成型、烧结后虽然具有一定的形状和尺寸，但由于工艺过程中有较大的收缩，使烧结体尺寸偏差在毫米级甚至更大，远远达不到装配的精度，因而需要精加工。在成型和烧结过程中，由于受各种因素的影响，制品表面不同程度会有黏附、微裂纹，甚至表面被其他化合物所包裹，所以必须对制品表面进行加工处理。

由于先进陶瓷是典型的硬脆难加工材料，其可加工性比金属差很多。本节主要介绍切削加工、磨削加工、光整加工、激光加工等方法。

3.8.1 切削加工

陶瓷切削加工通常在以下 3 种情况下进行：陶瓷材料的精密和超精密切削、预烧结陶瓷或可切削陶瓷的切削以及陶瓷材料的特种切削。除了上述 3 种情况，在普通切削条件下很难实现陶瓷的大余量材料去除。

平面加工是机械零件制造过程中最常用的加工方法，如果陶瓷零件能采用常规的铣削方法加工，一定会显著提高生产效率和降低成本。

对于不同种类的陶瓷材料，对应的刀具材料也不同。陶瓷切削加工中常用的刀具材料有硬质合金、金刚石、陶瓷以及立方氮化硼(CBN)等。目前，硬质合金刀具主要用于预烧结陶瓷和可切削陶瓷的切削加工，金刚石刀具最适合陶瓷材料的加工，单晶金刚石和聚晶金刚石是目前比较常见的两类金刚石刀具；陶瓷刀具更适于陶瓷生坯的切削加工以及可切削陶瓷材料的加工；CBN 刀具具有极高的热稳定性，在 1000~1500℃时仍能保持其硬度，因此 CBN 刀具主要用于陶瓷材料的加热辅助切削过程，也用于玻璃陶瓷的切削以及氧化铝陶瓷的切削。

3.8.2 磨削加工

陶瓷磨削加工是最常见的陶瓷加工方式。在磨削特性研究方面，目前主要涉及的有磨削力、磨削比能、磨削温度、磨削表面形貌、表面粗糙度、比磨削刚度和磨削比等方面。

常见的磨料包括金刚石磨料，磨削加工应用广泛，并且几乎所有表面都可以通过研磨加工，例如外圆柱表面、外圆锥表面、各种平面，以及螺纹、齿轮、花键、模塑表面等。此外，研磨可以加工硬质材料，例如难以用普通工具加工的硬化钢和硬质合金。研磨通常用作零件表面的精加工工艺，但也可用于粗加工，例如坯料的预加工和清洁。

3.8.3 光整加工

光整加工是指被加工对象表面质量得到大幅度提高的同时,实现精度的稳定甚至可提高加工精度等级的一种加工技术,是绝大多数零件的最后一道工序。其主要功能有：降低零件表面粗糙度,去除划痕、微观裂纹等表面缺陷,提高和改善零件表面质量；提高零件表面物理力学性能,改善零件表面应力分布状态,提高零件使用性能和寿命；改善零件表面的光泽度和光亮程度,提高零件表面清洁程度；去除毛刺、倒圆、倒角等,保证表面之间光滑过渡,提高零件的装配工艺性。

光整加工技术按照历史的沿革和所采用加工机理的不同,可以划分为两大类：一类是以切削加工原理为主的单纯机械作用光整加工方法,统称为传统光整加工技术,其内容主要包括镜面磨削、珩磨、超精研、研磨以及抛光等；另一类是以化学或电化学溶解加工、高能加工以及多种加工原理复合的光整加工方法,称为非传统光整加工技术,其内容主要包括化学抛光、电化学抛光、脉冲电化学光整加工、电化学机械光整加工以及超声波加工等。

抛光加工通常是指利用微细磨粒的机械作用和化学作用,在软质抛光工具或化学加工液、电/磁场等辅助作用下,为获得光滑或超光滑表面,减小或完全消除加工变质层,从而获得高表面质量的加工方法。抛光在磨料和研具材料的选择上与研磨不同。抛光通常使用的是 1μm 以下的微细磨粒,抛光盘用沥青、石蜡、合成树脂和人造革、锡等软质非金属或金属材料制成,可根据接触状态自动调整磨粒的吃刀量,减少较大磨粒对加工表面引起的划痕损伤,提高表面质量。目前,磨粒加工的去除单位已在纳米甚至是亚纳米数量级,在这种加工尺度内,抛光过程中伴随着化学反应现象,加工氛围的化学作用变得不可忽视。在加工中如能有效地利用工件与磨粒、工件与加工液及工件与研具之间的各种化学作用,既可提高加工效率,又可获得无损伤加工表面。对硬脆材料的研磨,当磨粒小到一定的粒度,并且采用软质材料研磨盘时,由于磨料与研磨盘的特性不同而引起研磨与抛光的差异,工件材料的去除机理及表面形成机理就发生变化。应该指出的是,在某些情况下,研磨与抛光难以区分,两个术语有时混用。

珩磨加工是一种以固结磨粒压力进给进行切削的光整加工方法,它不仅可以降低加工表面的粗糙度,而且在一定的条件下还可以提高工件的尺寸及形状精度。珩磨加工主要用于内孔表面,但也可以对外圆、平面、球面或齿形表面进行加工。

非接触抛光技术是利用微细粒子在材料表面的冲击来去除材料的加工方式,以弹性发射加工理论为基础,微细粒子以接近水平的角度与材料碰撞,在接近材料表面处产生最大的剪断应力,既不使基体内的位错、缺陷等发生移动(塑性变形),又能产生微量的弹性破坏来进行去除加工。非接触抛光仅用抛光剂冲击工件表面,获得加工表面完美结晶性和精确形状,去除量为几个到几十个原子级的厚度。非接触抛光既可用于功能晶体材料抛光(注重结晶完整性和物理性能),也可用于光学零件的抛光(注重表面粗糙度及形状精度)。

弹性发射加工是指加工时研具与工件不接触，使微细粒子在研具与工件表面之间自由流动，使微粒子冲击工件表面，并产生弹性破坏物质的原子结合，以原子级的加工单位去除工件材料，从而获得无损伤的加工表面。其原理是利用水流加速微细磨粒，以尽可能小的入射角冲击工件表面，在接触点处产生瞬时高温高压而发生固相反应，造成工件表层原子晶格的空位及工件原子和磨粒原子互相扩散。

动压浮离抛光是一种非接触抛光，该技术运用了流体力学现象和粉末作用，通过液体楔产生液体动压，使保持环中的工件浮离圆盘表面，通过浮动间隙中的粉末颗粒对工件进行抛光。该技术不产生摩擦热和工具磨损，标准平面不会变化，因此，可重复获得精密的工件表面，多用于超精密抛光半导体基片和各种功能陶瓷材料及光学玻璃，可进行多片加工。

浮动抛光是使用高平面度平面并带有同心圆或螺旋沟槽的锡抛光盘、高回转精度的抛光机，将抛光液覆盖在整个抛光盘表面，使抛光盘及工件高速回转，在二者之间抛光液呈动压流体状态，并形成一层液膜，从而使工件在浮起状态下进行抛光的一种平面度极高的非接触超精密抛光方法。实现浮动抛光加工的关键是超精密抛光盘的制作。

采用传统抛光方法难以对沟槽的壁面、垂直柱状轴断面进行镜面加工。工具与工件不接触，工具高速旋转驱动微粒子冲击工件形成沟槽或切断，然后用同一种工具，并向同一位置供给微粒子进行数次抛光，即可实现断面的镜面抛光。加工表面粗糙度低于3nm，而且没有热氧的层叠缺陷。

化学机械抛光是以化学腐蚀作用为主，机械作用为辅的加工。传统的盘式化学抛光，是对树脂抛光盘面供给化学抛光液，使其与被加工面做相互滑动，用抛光盘面来去除被加工面上产生的化学反应生成物。水面滑行抛光是借助流体压力使工件基片从抛光盘面上浮起，利用具有侵蚀作用的液体作加工液的抛光方法。

3.8.4 激光加工

激光加工利用激光高亮度和高定向性的特点，可以把光能集中在空间一定的范围内，从而获得比较大的光功率密度，产生几千摄氏度到几万摄氏度的高温。在这么高的温度下，即使是高熔点的陶瓷材料也会迅速熔化甚至汽化。目前激光加工陶瓷技术比较成熟的应用有激光打孔、激光切割、激光划线等。

1. 激光加工原理

激光具有准值性好、功率大等特点，激光束聚焦后，形成平行度很高的细微光束，可得到很大的功率密度。一般激光打孔和切割所需激光功率为0.15～15kW。对陶瓷材料，因为光的吸收深度非常小（在几十微米以下），所以热能的转换发生在表面的极浅层。产生的热能使照射斑点的局部区域温度迅速升高到使被加工陶瓷材料熔化甚至汽化的温度。同时由于热扩散，斑点周围的材料熔化，随着光能继续被吸收，被加工区域中陶瓷蒸汽迅速膨胀，产生一次"微型爆炸"，把熔融物高速喷射出来。

2. 激光加工的主要特点

1) 优势

(1) 多功能加工。一台激光加工机能同时进行打孔、切削、焊接、表面处理等多工序加工。

(2) 适用性强。能够加工现有的各种工程材料，特别适合于加工工程陶瓷材料。

(3) 易实现遥控操作。在用光学系统控制加工全过程的同时，还能进行分时操作。

(4) 激光束的控制操作易于实现自动化。同时，在加工过程中不会产生反作用力，夹具结构简单，能加工形状复杂的各类零件。

2) 缺点

由于陶瓷材料热导率低，如果工艺参数选择不当，激光的高能束有可能会在材料表面产生热应力集中，易在加工过程中形成微裂纹、大的碎屑，甚至材料断裂等。

3.9 本章小结

精准的组成成分和精密的制备工艺流程是确保先进陶瓷具备精确物相结构、微观组织和高性能的关键要素。生产工艺包括配方设计与计算、原料选取与预处理、粉体制备、精密成型、高温烧成和后处理等基本流程。先进陶瓷的生产工艺主要包括原料处理和加工、备料、成型、烧成、金属化及后处理等基本操作。相对于传统陶瓷，先进陶瓷在上述工艺环节有更加精准的技术要求，近年来也发展了很多新的先进技术和工艺方法。国防军工、航空航天和电子信息等尖端技术领域对先进陶瓷的性能提出了越来越高的要求，这需要对陶瓷的制备工艺过程实现更为精密的控制。不断提升高性能陶瓷粉体的制备技术、精密成型技术和高温烧成技术，不断研制更高技术水平的陶瓷制造装备，努力实现陶瓷装备的国产化和自主可控，提升陶瓷制品性能、降低陶瓷制品的成本和能耗，是未来的重点发展方向。

参 考 文 献

[1] 张世英，周武艺，唐绍裘. 液相法制备纳米二氧化钛陶瓷粉体的研究现状及其应用前景[J]. 陶瓷学报，2003，24(2)：116-119.

[2] 焦梦瑶. 中国碳化硅行业国际竞争力状况研究[D]. 开封：河南大学，2013.

[3] 李文旭，宋英. 陶瓷添加剂：配方·性能·应用[M]. 北京：化学工业出版社，2011.

[4] 陈国清，任媛媛，付雪松，等. SiC_w 对 $WC-ZrO_2$ 材料微观组织及力学性能的影响[J]. 现代技术陶瓷，2019，40(3)：191-198.

[5] 隋育栋. 氧化锆增韧氧化铝复相陶瓷制备工艺的研究进展[J]. 科技创新与应用，2020(13)：109-110.

[6] 张玉军. 先进陶瓷工艺(英文版)[M]. 北京：冶金工业出版社，2014.

[7] 杨海波, 朱建锋. 陶瓷工艺综合实验[M]. 北京: 中国轻工业出版社, 2013.

[8] 理查德 J. 布鲁克. 陶瓷工艺. 第 I 部分[M]. 清华大学新型陶瓷与精细工艺国家重点实验室, 译. 北京: 科学出版社, 1999.

[9] 毕见强, 赵萍, 邵明梁, 等. 特种陶瓷工艺与性能[M]. 哈尔滨: 哈尔滨工业大学出版社, 2008.

[10] 刘晓光, 仝建峰, 李宝伟, 等. 水基凝膜注模坯体的排胶工艺研究[J]. 航空材料学报, 2005, 25(1): 48-52.

[11] 杨洪霞, 黄立达, 朱敏蔚, 等. 银粉及银导电浆料制备技术的研究进展[J]. 电子元件与材料, 2018, 37(10): 1-7.

[12] 孟宪伟, 刘世铎, 张泽磊, 等. 不同维度的银微纳米材料研究进展[J]. 贵金属, 2020, 41(1): 77-84.

[13] 潘巧赟. 晶体硅太阳能电池背面电极用银浆的制备与性能研究[D]. 长沙: 中南大学, 2015.

第 4 章 氮氧化铝透明陶瓷

透明陶瓷是指具有一定透光性的陶瓷材料，又称为光学陶瓷。通常把直线透过率超过 10%的陶瓷称为透明陶瓷。透明陶瓷被誉为陶瓷材料领域"皇冠上的明珠"。传统透明材料包含玻璃、聚合物和碱金属等材料，存在键合强度弱、高温/化学稳定性差等劣势。一些无机单晶材料也是透明的，但单晶材料的生长过程十分缓慢、制备条件苛刻、成本很高。因此发展具备超高强度、高温和化学稳定性极佳的透明陶瓷具有重要意义。20 世纪 50 年代，透明陶瓷被成功制备[1,2]，经过数十年的研制，已发展出激光透明陶瓷、透明装甲陶瓷、红外透明陶瓷、闪烁透明陶瓷等多种透明陶瓷材料，在固态激光、光学器件、光电器件、透明陶瓷窗口、照明、生物医药等领域有着巨大的应用前景[3-7]。

4.1 氮氧化铝透明陶瓷的基本性质

相较于氧化铝、氧化镁、氟化钙、氧化锆等透明陶瓷，氮氧化铝（AlON）透明陶瓷具有强度高、硬度大、耐腐蚀、抗热震性好等优点，同时透波范围宽、透过率高，在国防军工和民用众多领域具有广泛的应用前景，被美国军方评为"21 世纪最重要的国防材料之一"。

4.1.1 氮氧化铝的晶体结构

AlON 晶体结构的形成过程可以简单地描述为 AlN 固溶进入 $\alpha\text{-Al}_2\text{O}_3$ 的晶格中，氮离子部分取代 $\alpha\text{-Al}_2\text{O}_3$ 中的氧离子，使得氮离子周围的电价变得不平衡，致使铝离子的配位由 6 变成了 4，整体晶体结构由 $\alpha\text{-Al}_2\text{O}_3$ 的六方结构转变为立方尖晶石结构。取代过程如下：

$$\text{AlN} + \frac{1}{3}V_{\text{Al}^{3+}} \longrightarrow \frac{1}{3}\text{Al}_{\text{Al}} + \text{N}_{\text{O}} + \frac{1}{3}\text{Al}_2\text{O}_3 \tag{4-1}$$

面心立方堆积的尖晶石型结构的化学式是 AB_2X_4。其中 A 是+2 价，B 是+3 价，X 是阴离子。尖晶石的单胞包含 56 个原子，一个尖晶石大晶胞是由 8 个面心立方（face-centered cubic，FCC）紧密堆积的晶胞组成的。A^{2+} 占据 1/8(8/64) 四面体间隙，而 B^{3+} 占据 1/2(16/32) 八面体间隙，则为正尖晶石结构，A^{2+} 离子为 4 配位，而 B^{3+} 为 6 配位。相反，若 B^{3+} 占据 1/8 四面体间隙和 1/2 八面体间隙，A^{2+} 占据剩余的八面体间隙，则为反尖晶石结构。AlON 的化学式与晶体结构（图 4-1）[8]如下：

$$\text{Al}_{\left(\frac{64+x}{3}\right)}V_{\left(\frac{8-x}{3}\right)}O_{32-x}N_x \tag{4-2}$$

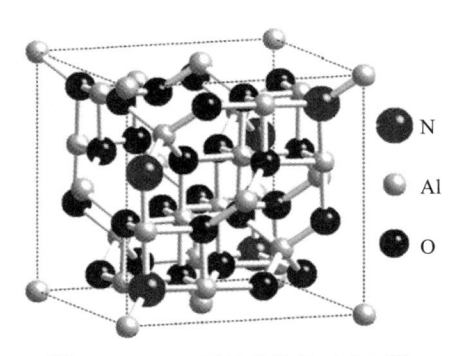

图 4-1 AlON 晶体的结构示意图[8]

对于 γ-AlON 尖晶石结构，Adams 等[6]、McCauley[8]和 Lejus[9]都提出了自己的模型[10]。McCauley[8]提出的阴离子模型认为阴离子的个数为 32，阴离子模型的表达式为

$$Al_{(64+x)/3}V_{(8-x)/3}O_{(32-x)}N_x \quad (0 \leqslant x \leqslant 8) \quad (4-3)$$

化学结构式中的 V 表示阳离子 Al^{3+} 空位，当 $x=8$ 时是正常的尖晶石结构，此时 AlON 并不是最稳定的。通过实验论证，当 $x=5$ 时，AlON 的标准化学式为 $Al_{23}O_{27}N_5$，是最稳定的 γ-AlON。到目前为止，在 Al_2O_3-AlN 二元相图中发现了数种 AlON 存在的状态，主要被分为纤锌矿结构和尖晶石结构，具体的标准相及多形体的化学组成及结构见表 4-1。

表 4-1 不同 AlON 相的化学组成及结构

相	AlN/%	M∶X	化学组成	结构
2H	100	1∶1	AlN	纤锌矿
32H	93.3	16∶17	$Al_{16}O_3N_{14}$	纤锌矿
20H	88.9	10∶11	$Al_{10}O_3N_8$	纤锌矿
27R	87.5	8∶9	$Al_9O_3N_7$	纤锌矿
16H	85.7	8∶9	$Al_8O_3N_6$	纤锌矿
21R	83.3	7∶8	$Al_7O_3N_5$	纤锌矿
12H	80.0	6∶7	$Al_6O_3N_4$	纤锌矿
γ-AlON	35.7	23∶32	$Al_{23}O_{27}N_5$	尖晶石
γ'-AlON	21.0	19.7∶32	$Al_{19.7}O_{29.5}N_{2.5}$	尖晶石
φ'-AlON	16.7	22∶32	$Al_{22}O_{30}N_2$	尖晶石
δ-AlON	10	19∶28	$Al_{19}O_{27}N$	尖晶石
φ-AlON	7.1	27∶40	$Al_{27}O_{39}N_{14}$	单斜
α-Al_2O_3	0	2∶3	Al_2O_3	刚玉

4.1.2 氮氧化铝的基本物化性质

1. 机械性能和热性能

γ-AlON 透明陶瓷的机械性能和热性能，如硬度、弹性模量、抗热震性等要比镁铝尖晶石、氧化镁等透明陶瓷大得多。γ-AlON 的实测熔点为 2000℃，而通过计算得到的 γ-AlON 的熔点为 1940℃，与实际得到的实验数据相符。由此可见，γ-AlON 透明陶瓷的熔点应在 2000℃左右，具有优异的耐高温性能。γ-AlON 陶瓷的铝氮键使得它具有较高的硬度，采用维氏硬度测得 γ-AlON 的硬度值一般为 13～16GPa。γ-AlON 透明陶瓷常见的一些物理性质见表 4-2。

表 4-2 AlON 透明陶瓷的性质

基本性质	指标
理论密度/(g/cm^3)	3.711
维氏硬度/GPa	13.8
杨氏模量/GPa	307～320
弯曲强度/MPa	228～307
体积模量/GPa	206～214
剪切模量/GPa	123～128
热导率/[W/(m·℃)]	9.4～10.3
熔融温度/℃	2165
红外截止波段/μm	5.2

注：AlON 中 AlN 含量为 35.7mol%。

2. 抗氧化性能

γ-AlON 具有较强的抗氧化性能。当在氧气中时，γ-AlON 粉末的氧化起始温度为 650℃，1150℃时 γ-AlON 形成富氧相，氧化增重达到最大值。超过此温度后，γ-AlON 将发生分解反应并开始失重。当在空气中发生氧化时，起始氧化温度为 870℃，并在 1300℃时达到最大氧化增重。McCauley 等在空气中测定了 γ-AlON 块状试样的抗氧化性能，当 γ-AlON 陶瓷块体在空气中氧化后会生成一个保护层，当温度低于 1200℃时该保护层可以稳定存在；高于 1200℃时保护层开始破裂，块状试样连续氧化增重。γ-AlON 陶瓷块体在 1200℃以下非常稳定，当温度高于 1200℃时发生连续的氧化，在氧化性气氛下陶瓷可以存在的最高温度为 1540℃[11-13]。

4.1.3 氮氧化铝透明陶瓷的光学性能

γ-AlON 陶瓷具有优秀的光学性能和介电性能，与蓝宝石和镁铝尖晶石相似，作为一种常用的中红外材料具有广泛的应用。作为窗口材料，蓝宝石制备成本高，且有明显的各向异性，而 γ-AlON 陶瓷可以克服这一缺点，通过调整制备方法完成大尺寸以及复杂形状样品的制备，同时陶瓷具有光学各向同性等优点。

1. AlON 透明陶瓷的光学性能

AlON 透明陶瓷在紫外、可见光、红外波段都有很高的光学透过率。由图 4-2 可以看出，在 0.3～6.0μm 的波长范围内都有透光性，并且在 0.4～4.0μm 的范围内，透过率可达到 80%以上[14]。

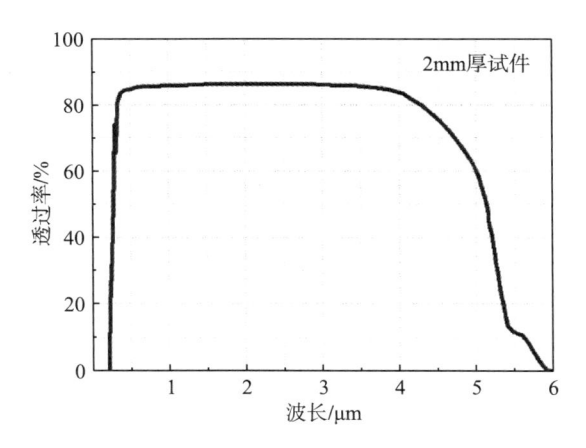

图 4-2　AlON 透明陶瓷的透过率曲线

AlON 透明陶瓷与其他陶瓷性能的比较见表 4-3。目前，AlON 与单晶蓝宝石、多晶尖晶石是三种可被用于超音速（3 马赫以上）导弹红外窗口的材料。与单晶蓝宝石相比，AlON 陶瓷具有制作成本低，光学、力学和热稳定相近等优点[15]。与透明多晶尖晶石陶瓷相比，AlON 具有更加优良的力学性能，是透明装甲最优性价比的理想材料[16]。

表 4-3　AlON 透明陶瓷与其他透明材料性能的比较

基本性质	蓝宝石	AlON	MgAl$_2$O$_4$	YAG	Y$_2$O$_3$
密度/(g/cm^3)	3.98	3.70	3.59	4.55	5.03
杨氏模量/GPa	420	317	268	308	179
抗弯强度/MPa	400	380～700	170～220	300	150
硬度/GPa	22.0	19.5	15.2	13.4	7.2
介电常数	11.58	9.28	9.19	10.8	11.8
热导率/[W/(m·K)]	35.1	12.6	58.5	12	14
热膨胀系数/(10^{-6}/℃)	5.6	5.8	11.7	7～8	—
透过波段/μm	0.14～6	0.2～5.5	0.16～6	0.25～6	0.25～8
折射率	1.704(3.24μm)	1.722(3.39μm)	1.665(3.00μm)	1.82(1μm)	1.859(4.00μm)

2. 影响 AlON 透明陶瓷透过率的因素

陶瓷的透过率是表征透明陶瓷光学性能的重要指标之一。影响陶瓷透过率的主要因素包括晶界、气孔、杂质、双折射、第二相及表面粗糙度等，如图 4-3 所示。

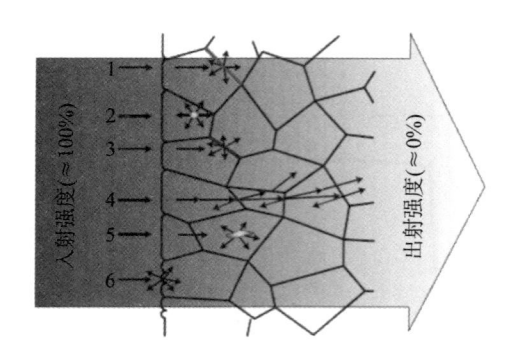

图 4-3 影响光传播因素[17]

1-晶界；2-气孔；3-杂质；4-双折射；5-第二相；6-表面粗糙度

入射到陶瓷样品中的光，一部分被表面反射和散射，另一部分光被内部散射和吸收，剩下的透过样品成为透过光。而光线强度便会在透过样品的过程中，由于反射、散射和吸收等而逐渐衰减。其透过样品后的光强公式如下：

$$I = I_0(1-R)^2 e^{[-(\alpha+S_p+S_b)t]} \tag{4-4}$$

式中，R 为反射率；I_0 为入射光强度；α 为样品的吸收系数；S_p 为样品中气孔和杂质引起的散射系数；S_b 为样品中晶界引起的散射系数；t 为样品的厚度。

透明陶瓷的透过率还取决于其他因素，如烧结助剂、精密加工等。

1）陶瓷内部气孔

陶瓷内部的气孔数量是陶瓷是否透明的决定性因素。陶瓷内部气孔对外界的入射光有非常大的散射作用，入射光被散射后会导致出射光的数量大幅度降低，降低陶瓷的透明度，因此陶瓷一般是不透明的。陶瓷内部的气孔主要分为晶间气孔和晶内气孔。晶间气孔主要存在于陶瓷内部晶界上，此类气孔在透明陶瓷的烧结过程中能够较容易地随着晶界的移动被排出陶瓷体外。晶内气孔在陶瓷晶粒的内部，在陶瓷致密化烧结的过程中很难被排出体外，使透明陶瓷的透过率大幅度降低。晶内气孔的形成主要是由于陶瓷原始粉体存在大量的硬团聚而形成的，还与陶瓷晶粒长大的速度有关。在烧结过程中，过快的升温速率会导致晶粒的快速长大，晶界上存在的气孔来不及排出体外就会被吞噬包裹在晶粒内部形成晶内气孔。因此控制陶瓷粉体的原始状态以及烧结过程中的工艺参数能够有效降低透明陶瓷内部的气孔数量，提高透过率。

透明陶瓷的气孔率是一项重要指标。透明陶瓷的气孔主要是闭气孔。传统测试方法，例如压汞法、氮气吸附法等都无法准确测量出透明陶瓷的气孔率。在理论计算方面，不管是晶体内的气孔还是晶体间的气孔都可以看作是随机分布在陶瓷基体中的散射颗粒，通过分析粒子对光的散射可得到陶瓷中微气孔对透明陶瓷透光性能的影响规律。结合米氏（Mie）散射理论、色散理论、朗伯-比尔（Lambert-Beer）公式，从物理机制方面可以探究气孔率、气孔尺寸、气孔尺寸分布等因素对陶瓷直线透过率的影响。基于瑞利-德拜-甘斯

(Rayleigh-Debye-Gans)理论，建立氧化铝透明陶瓷中气孔尺寸与光学透过率之间关系的模型，发现当气孔尺寸与透过光波长相近时，气孔对光的散射最强[18,19]。百万分之一含量的纳米气孔会对紫外光和可见光产生严重的散射[20]。Boulesteix 等[21]基于气孔对激光的散射作用，使用激光共聚焦显微镜对 Nd:YAG 透明材料的气孔率进行统计，研究了其气孔率与光学性能之间的关系。发现当气孔率由 0.0018%增加到 0.0886%时，样品的透过率由 78.6%下降至 48.3%。

2) 杂质和第二相

杂质和第二相是影响陶瓷透过率的重要因素。杂质来源有原材料粉体本身，也包括粉体制备、成型或烧结过程中操作不规范或环境不够洁净而引入的杂质。对于原料粉体或工艺制备过程中由于污染引入的杂质，如果其能溶入基质中，杂质中存在的显色离子可能引起不利的吸收带。对于那些溶解度极低甚至不溶解的杂质，则更容易聚集在晶界上或是晶粒内部，形成不同于主晶相的二次相，引起折射率的差异。杂质一般存在于透明陶瓷的晶界处，会使晶粒与晶界性质变得不同，进一步增加光的散射。对于过量掺入的杂质，当掺杂浓度高于陶瓷基体的溶解度上限时，则将与陶瓷基体发生反应，形成非主晶相，其与主晶相会形成界面，从而构成折射率不同于主晶相的光学散射中心，严重降低透明陶瓷的光学透过率。Guo 等[22]添加 Y_2O_3-La_2O_3-MnO 复合助剂，用无压烧结的方式得到了 AlON 荧光透明陶瓷，1870℃烧结时，在透明陶瓷内部发现了晶间第二相，在 600nm 处的透过率仅为 31%，其透过率较低。

3) 晶界

晶粒与晶界拥有不同的性质。晶粒是陶瓷内部的主体结构，晶粒的表面充当了散射源，因此透明陶瓷内部晶界的质量决定了陶瓷的透明度。陶瓷的结构也会影响透过率，当入射光线入射到非立方晶系的陶瓷内部时，由于各晶粒的晶界取向各不相同，光线穿过每个晶粒时，在晶界上都会发生反射与折射，会使透明陶瓷的透过率下降。例如属于三方晶系结构的氧化铝，具有光学各向异性的特性，而氧化铝陶瓷是多晶陶瓷，当光线透过氧化铝陶瓷时，在晶界上发生双折射，从而发生光强损耗，样品的直线透过率下降。因此，虽然单晶蓝宝石的理论透过率很高(86%)，但氧化铝陶瓷在可见光波段的透过率仅为 15%左右。由于立方晶系陶瓷的光学各向同性，在晶界上不存在双折射，所以立方晶系的透明陶瓷都具有比较高的透过率。若陶瓷的晶界上没有杂质、非晶相和气孔，或晶界层非常薄，也不会成为光散射中心，也会提高透过率。

4) 烧结助剂的影响

烧结助剂能够促进气孔的排出，添加一定量的烧结助剂能够加速陶瓷的致密化过程，提高陶瓷烧结后的致密度，从而提升透明陶瓷的透过率。Shan 等[23]研究了烧结助剂 Y_2O_3 的添加量对不同颗粒大小的 AlON 粉体在 1500~1900℃下的致密化行为，发现对于中位粒径在 0.5μm 和 1.1μm 的 AlON 粉体来说，当 Y_2O_3 添加量较少时能够阻碍 AlON 的相转变，大幅度减少颗粒的团聚。对于不同粒径的 AlON 粉体，Y_2O_3 的最佳添加量有一定差别,中位粒径在 0.5μm、1.1μm、2.7μm 的 AlON 粉体致密化烧结所需的 Y_2O_3 最佳添加量分别为 0.05wt%、0.1wt%和 0.5wt%(wt%表示质量分数),相对致密度分别为 91.5%、98.48%、98.27%。

5)精密加工的影响

透明陶瓷烧结完成后,必须对陶瓷表面进行高精度的光学加工,才可以进行光学性能测试。当光学加工的精度不够时,极易在陶瓷表面形成划痕和起伏的凹坑,使得其表面具有较大的粗糙度,当光线入射到这种表面上便会产生漫反射,严重降低透明陶瓷的透过率。样品在后期经过研磨抛光后,表面的光洁度能够得到提升,透明陶瓷样品的透过率能够提高 30%左右。

3. 透明陶瓷红外透过率的影响因素

1)本征因素的影响

陶瓷材料绝大多数都是电介质材料,一般存在两个共振吸收光谱带。从图 4-4 可以看出,包括由束缚电子向外跃迁而产生的本征吸收带,即左侧的紫外截止波段,和由共振吸收引起的晶格振动带,即右侧的红外截止波段。

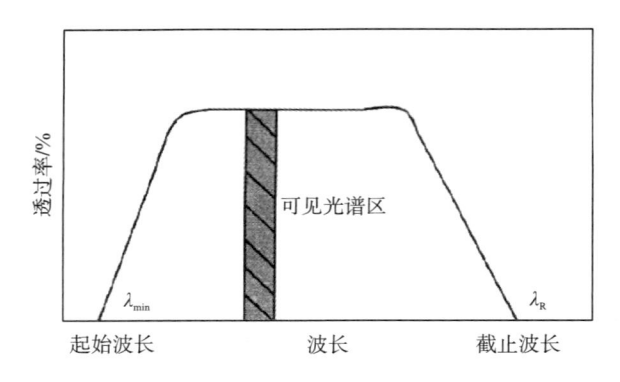

图 4-4 透明材料的透过率与光波波长的关系

可以采用双原子振动模型来描述红外截止波段共振吸收带的原理,如图 4-5 所示,m_1、m_2 均为原子质量,r 为瞬时间距,谐振子的频率为

$$f = \frac{1}{2\pi}\sqrt{\frac{k(m_1+m_2)}{m_1 m_2}} = \frac{1}{2\pi}\sqrt{\frac{k}{u}} \tag{4-5}$$

式中,k 为原子结合力弹性常数;u 为原子折合质量,$u=m_1 m_2/(m_1+m_2)$,推导截止波长:

$$\lambda_R = 2\pi c \times \sqrt{\frac{u}{k}} \tag{4-6}$$

式中,c 为光速。

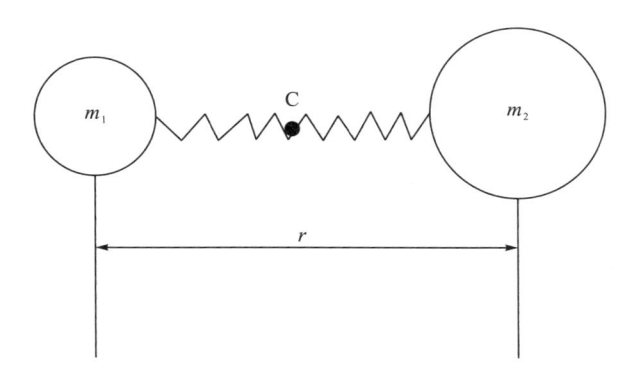

图 4-5　钢球结构的双原子分子的振动模型

同时，截止透过率的高低，也就是介质吸收的光波能量的多少，不仅与电介质的能带结构有关，还与光波穿过的介质厚度有关。此外，材料的反射系数和折射率都会对材料的透过率产生很大影响。

2) 环境温度的影响

环境温度对不同陶瓷的透光性能的影响不同，包括红移趋势和蓝移趋势。对于半导体材料来说，当环境温度足够高时，导带中受到热激发的电子通过吸收很少的能量，就可以进入导带中更高的能级态，从而在较低的温度下增大了电子进入导带的概率。随着温度的升高，半导体材料的紫外截止波段向长波长的方向移动，即红移趋势。对于透明陶瓷材料来说，当环境温度逐渐升高，由于原子的能量和振动频率增大，分子共振吸收截止频率增大，因而红外截止波长缩短，红外截止波段向短波长方向移动，称为蓝移趋势。高温会导致材料的光学性能不稳定，会改变陶瓷的红外透过范围。

4.1.4　氮氧化铝透明陶瓷的发展历程

1. 氮氧化铝透明陶瓷的制备

1950 年，东京大学的 Yamaguchi 发现尖晶石型氧化铝相[24]。随后，1959 年，Yamaguchi 和 Yanagida[25]证明该尖晶石型氧化铝相是立方尖晶石型的 AlON，可能是 Al_2O_3-AlN 体系中稳定存在的一个单相。Long 等相继证明在 Al_2O_3-AlN 体系中存在立方尖晶石型 AlON[26-28]。Long 和 Foster[26]发现当氧化铝含量为 76mol%时，存在尖晶石型化合物，而 Al_2O_3 含量为 93%时，存在四方相化合物。1979 年，McCauley 和 Corbin[11]将 γ-Al_2O_3 和 AlN 球磨混合，在温度 1975～2025℃氮气气氛下烧结，制备出第一块 AlON 透明陶瓷，如图 4-6 所示。

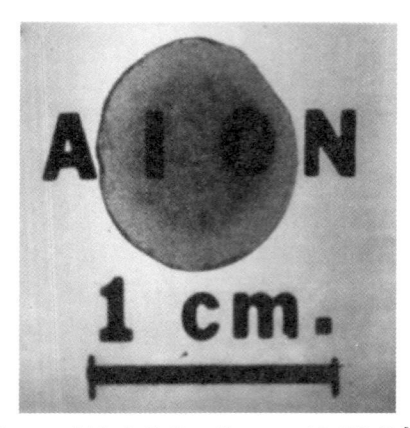

图4-6 制备出的第一块AlON透明陶瓷[11]

Raytheon公司的Gentilman、Maguire和美国陆军材料和力学研究中心的McCauley和Corbin为制备高光学质量的AlON透明陶瓷而不断努力[29-35]。20世纪80年代，Raytheon公司制备出的AlON透明陶瓷首次作为红外窗口材料用于大气层防御拦截项目。1988年，Raytheon公司制备的AlON透明陶瓷的性能指标已经完全满足毒刺（Stinger）导弹头罩的要求，与General Dynamics公司共同竞争毒刺导弹头罩项目。1999年，Raytheon公司便已生产出14英寸[①]×20英寸的大尺寸AlON透明陶瓷平板。Raytheon公司于1999年实现了AlON粉体的批量化生产。2002年，Raytheon公司AlON粉体的周生产能力可达到100kg。同年，Raytheon公司将AlON的相关技术完全转让给Surmet公司。目前，Surmet公司为各种军事武器和装备提供了大量的大尺寸及复杂形状的AlON透明陶瓷。图4-7为Surmet公司2017年报道的大尺寸AlON透明陶瓷。图4-8是Surmet公司2017年报道的超半球整流罩和共形传感器窗口。

图4-7 (a)20英寸×30英寸AlON透明陶瓷窗口；(b)米级AlON陶瓷烧结体[29]

---

① 1英寸≈2.54厘米。

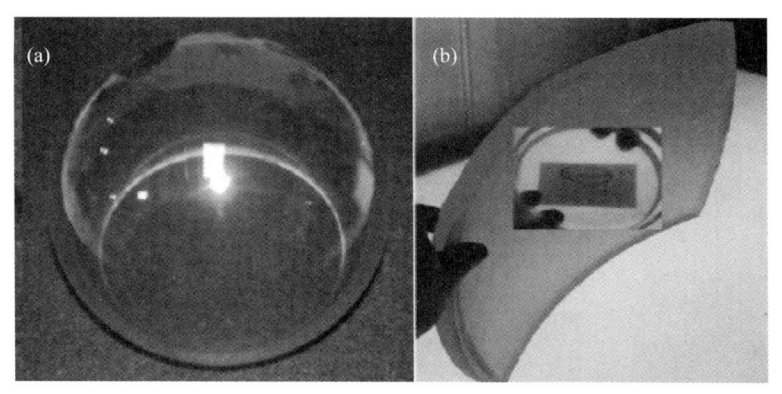

图 4-8 （a）AlON 透明陶瓷超半球整流罩；（b）AlON 透明陶瓷共形传感器窗口

国内从 20 世纪 90 年代开始对 AlON 透明陶瓷开展研究。国内对 AlON 进行研究的机构主要集中在科研院所，例如中国科学院上海硅酸盐研究所、中国科学院福建物质结构研究所、北京中材人工晶体研究院有限公司、四川大学、上海大学、武汉理工大学、大连海事大学等。目前，国内针对 AlON 透明陶瓷的研究主要在实验室级别，可以制备高纯、粒度较细、形貌规则的 AlON 粉体以及小尺寸的 AlON 透明陶瓷，对于超大尺寸、复杂形状的透明陶瓷零部件的制备仍需开展大量工作。

2. AlON 透明陶瓷的相图

1964 年 Lejus[9]提出了第一张 Al_2O_3-AlN 的相图，如图 4-9（a）所示。在该相图中，标识了 6 种物相。只有当温度高于 1600℃时，γ-AlON 才会反应生成。在 1700℃，当 Al_2O_3 含量为 67mol%~84mol%时，γ-AlON 相能稳定存在；在 2000℃，当 Al_2O_3 含量为 50mol%~86mol%时，γ-AlON 相能稳定存在。Gauckler 和 Petzow[36]在此基础上又提出了基于 AlN 的相图［图 4-9（b）］。之后，Sakai[32,33]在该相图上添加了三个新的化合物。1979 年，McCauley 和 Corbin[11]发表了新的 AlON 固溶区相图，在温度 1750~2000℃区间，Al_2O_3 含量为 60mol%~73mol%时，γ-AlON 固溶体能够稳定存在。

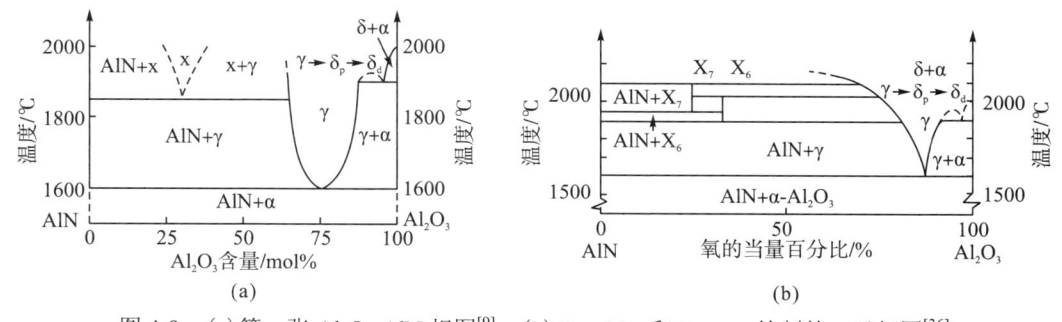

图 4-9 （a）第一张 Al_2O_3-AlN 相图[9]；（b）Gauckler 和 Petzow 绘制的二元相图[36]

图 4-10 是 McCauley 和 Corbin[37,38]通过实验结果提出的更为详细的 AlN 和 Al_2O_3 的二元相图，相图给出了 1700℃的固相线，表明 AlON 的平衡状态不能够被轻易达到。该相

图还给出了更多关键的细节：AlN 升华温度，氧化铝熔化温度，固/汽、液/汽和液/固平衡的条件。

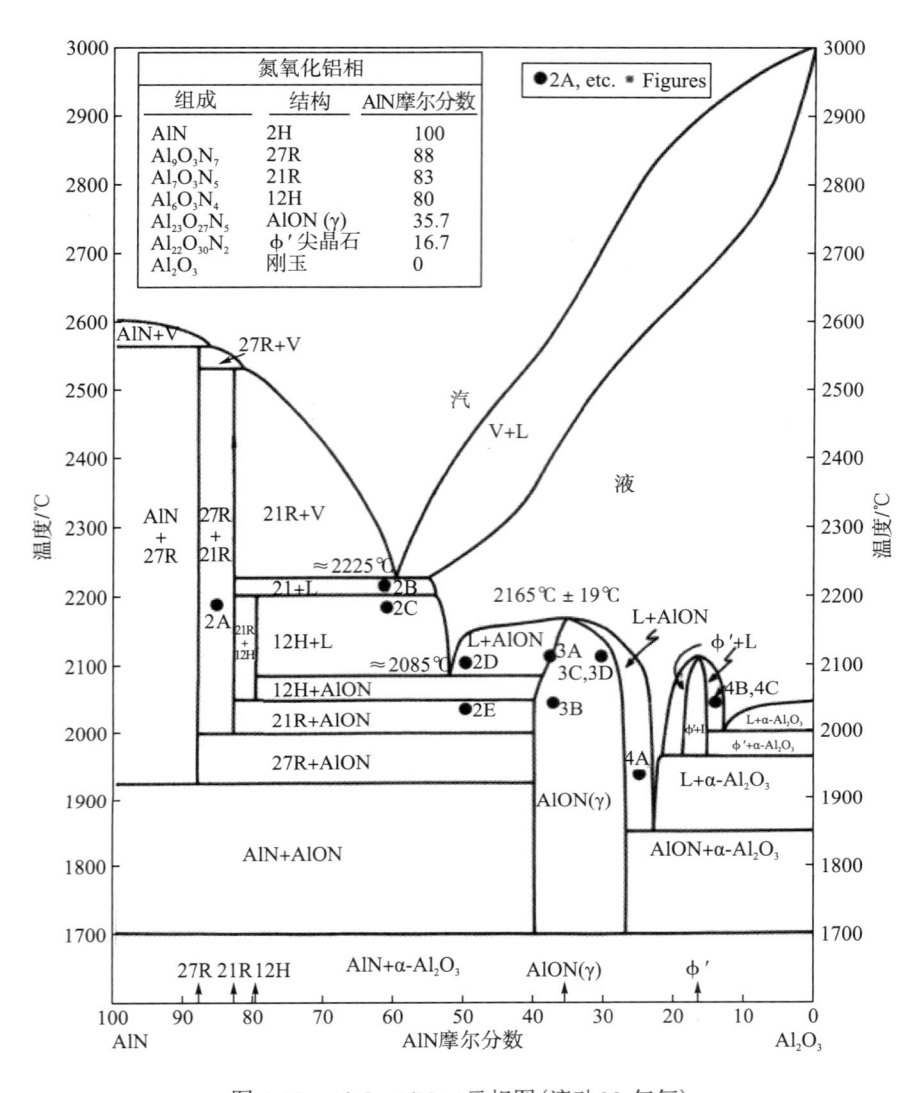

氮氧化铝相		
组成	结构	AlN摩尔分数
AlN	2H	100
$Al_9O_3N_7$	27R	88
$Al_7O_3N_5$	21R	83
$Al_6O_3N_4$	12H	80
$Al_{23}O_{27}N_5$	AlON (γ)	35.7
$Al_{22}O_{30}N_2$	ϕ'尖晶石	16.7
Al_2O_3	刚玉	0

图 4-10　Al_2O_3-AlN 二元相图（流动 N_2 气氛）

在采用实验方法绘制 Al_2O_3-AlN 稳定相图的同时，研究人员利用已有的热力学和动力学数据计算了 Al_2O_3-AlN 相图中可能存在的相。1979 年，Kaufman[39]计算出了第一幅 Al_2O_3-AlN 相图。1992 年 Willems 等[40]根据 AlON 晶体结构中的空位缺陷重新评估了其熵值，得到 $Al_{23}O_{27}N_5$ 的生成自由能，并以此计算出 AlON 的最低形成温度为 1640℃，发布了新的 AlON 相图（图 4-11）。1995 年，Dumitrescu 和 Sundman[41]结合 McCauley 等[35]的实验工作计算出了第一幅综合的 Al_2O_3-AlN 伪二元相图。1998 年，Tabary 和 Servant 计算出气液相图[42]，计算结果与 McCauley 等[35]的实验结果相符。

在不断修正 AlN-Al_2O_3 二元体系相图的过程中，人们发现了至少 13 种不同的 AlON

相。在 Al$_2$O$_3$-AlN 两相相图中,存在着大量的多形体,比如:27R(Al$_9$O$_3$N$_7$)、21R(Al$_7$O$_3$N$_5$)、12H(Al$_6$O$_3$N$_4$)[42-45]和 20H (Al$_{10}$O$_3$N$_8$)[46]。

由于多形体结构的复杂性,到目前为止,关于 AlN-Al$_2$O$_3$ 相图中各种多形体的结构解析工作还没有完善。Asaka 等[47,48]采用 X 射线粉末衍射(X-ray diffraction,简称 XRD)和选区电子衍射(selected area electron diffraction,SAED)对 AlN-Al$_2$O$_3$ 相图中的 27R(Al$_9$O$_3$N$_7$)和 21R(Al$_7$O$_3$N$_5$)进行了结构表征。Banno 等[49]采用相同的方法对 20H-AlON(Al$_{10}$O$_3$N$_8$)的结构进行表征,发现空间群为 P63/mmc(Z=2),晶胞参数为 a=0.307082nm,c=5.29447nm。

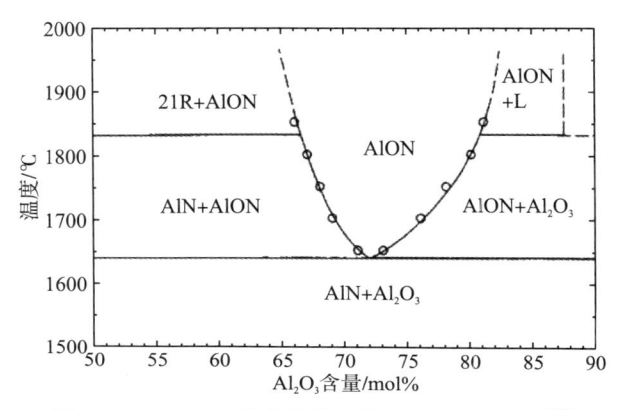

图 4-11 Willems 等实验验证的 Al$_2$O$_3$-AlN 相图[40]

4.2 氮氧化铝透明陶瓷的制备

4.2.1 氮氧化铝粉体的制备

AlON 透明陶瓷的制备主要包括高纯粉体制备、成型和烧结工艺。性能优良的粉体是制备 AlON 透明陶瓷的先决条件。透明陶瓷的原料粉体需要满足以下要求:①高纯度、超细颗粒和分散性好;②烧结活性高;③颗粒均匀并且呈球状。多种粉体制备技术被用于合成 AlON 粉体,例如高温固相合成、碳热还原、直接氮化法、气相沉积等。表 4-4 总结了几种 AlON 粉体的制备方式。

表 4-4 AlON 粉体的制备方式

反应式	反应温度/℃	制备技术	文献
Al$_2$O$_{3(s)}$ + AlN$_{(s)}$ ⟶ γ-AlON$_{(s)}$	≥1650	固相反应	[50,51]
Al$_2$O$_{3(s)}$ + C$_{(s)}$ + N$_{2(g)}$ ⟶ γ-AlON$_{(s)}$ + CO$_{(g)}$	≥1700	碳热还原	[52-56]
Al$_2$O$_{3(s)}$ + Al$_{(l)}$ + N$_{2(g)}$ ⟶ γ-AlON$_{(s)}$	≥1500	直接氮化	[57]
Al$_2$O$_{3(s)}$ + NH$_{3(g)}$ + H$_{2(g)}$ ⟶ γ-AlON$_{(s)}$ + H$_2$O	≥1650	还原氮化	[58]
Al$_2$O$_{3(s)}$ + N$_{2(g)}$ ⟶ AlON$_{(s)}$	≥1500	自蔓延高温合成法	[59]

1. 高温固相合成

高温固相反应法是将一定配比的 Al_2O_3 和 AlN 原料的混合粉末在高温下直接反应合成 AlON 粉末的方法。高温固相法合成 AlON 反应方程式：

$$Al_2O_{3(s)} + AlN_{(s)} \xrightarrow{\geq 1650℃} \gamma\text{-AlON}_{(s)} \tag{4-7}$$

反应温度和保温时间对高温固相反应有重要影响。温度低于 1650℃，高温固相反应将不能发生。温度过高则会使 γ-AlON 粉末因烧结而发生硬团聚。保温时间过短会导致固相反应的进行不完全，无法得到纯相 γ-AlON 粉末，保温时间过长又会使 γ-AlON 晶粒长大降低了粉末颗粒的活性。固相反应中 AlN 粉末的杂质含量、粒度等都会对高温固相反应法合成的 AlON 粉末的性能产生很大影响。所以必须使用高纯超细的 AlN 粉体作为原料，而现在高性能 AlN 粉末的成本较高，所以高温固相法合成 AlON 粉体的生产成本也会大大增加。

Li 等[50]以 150nm 的 α-Al_2O_3 和粒径 3μm 的 AlN 粉体作为原始材料，高温固相制备得到 D_{50}=320nm 的 AlON 粉体。通过球磨控制初始原料(α-Al_2O_3/AlN)的混合均匀程度与粒径大小，将合成的温度降低至 1680℃，烧结保温时间降至 20min，降低了烧结成本，也降低了烧结后 AlON 粉体的团聚程度，更易粉碎。最后将 AlON 粉体冷等静压成型，1950℃氮气烧结 12h 后，得到 φ=100mm、厚度 1mm 的 AlON 透明陶瓷片，其在 3.7μm 处的透过率达到 84.3%。Min 等[51]采用了一种 AlN 化学配比不足的策略，即在固相合成的过程中，以 Al_2O_3：AlN=9：2.65 的比例替代标准比 9：5，使固相合成非标准化学比例的 AlON(图 4-12)，通过增加阳离子缺陷数目提高粉体的烧结活性，此种方式制备得到的粉体第一步在 1610～1650℃烧结 10h 致密度最高可达 98.3%，经过第二步 1940℃烧结后透过率达到 84.7%，接近理论透过率 85.4%，其抗弯强度、硬度、断裂韧性分别为 437MPa、18.23GPa 和 2.6MPa·$m^{1/2}$。

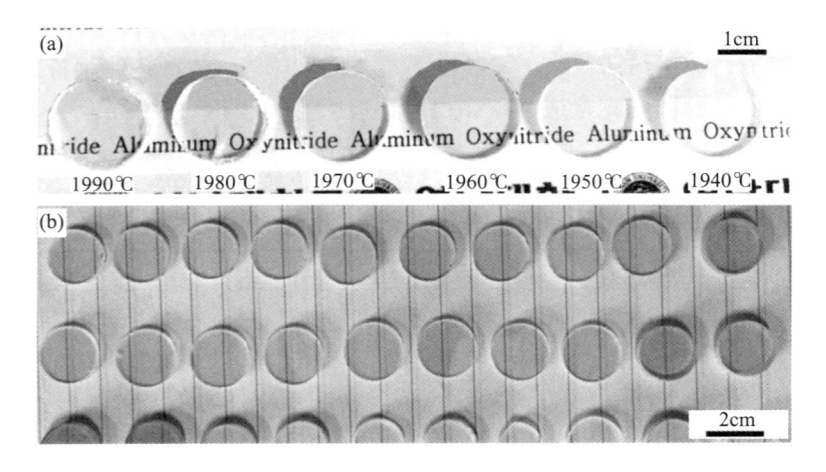

图 4-12 Min 等制备得到的 AlON 透明陶瓷[51]

2. 碳热还原法

利用碳粉作为还原剂与高纯氧化铝混合，在高温氮气气氛下烧结得到 AlON 粉体的方式称为碳热还原反应，反应过程为

$$Al_2O_{3(s)} + 3C_{(s)} + N_{2(g)} \longrightarrow 2AlON_{(s)} + 3CO_{(g)} \tag{4-8}$$

碳热还原反应过程中，AlN 颗粒在 Al_2O_3 颗粒的表面原位反应生成。相较于高温固相反应更完全，合成的产物粒径更小。在碳热还原合成过程中，原料中碳源的量、种类以及颗粒尺寸形态等都会影响 AlON 粉体的状态。雷景轩等[52]分别以纳米炭黑和微米碳粉作为碳源与纳米氧化铝在氮气气氛下高温合成 AlON（见图 4-13），在合成过程中，纳米炭黑能够将合成的温度降低 20℃ 左右，但纳米炭黑在除碳的过程中不易去除干净，导致最后烧结得到的 AlON 透明陶瓷的透过率不高，仅为 69.2%。利用微米碳粉制备的 AlON 粉体经过 1875℃ 保温烧结 24h 后，得到高透光性的 AlON 透明陶瓷，其平均晶粒尺寸为 120μm，1000～5000nm 波长范围内的透过率达到 80%，在 3.93μm 波长处的光学透过率最高为 83.7%。

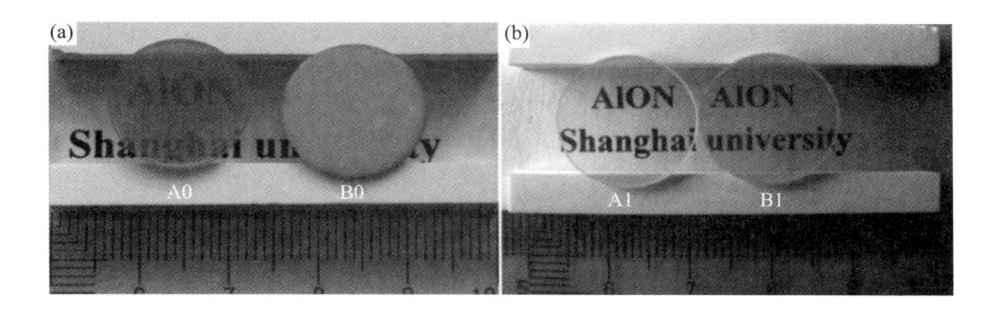

图 4-13 不同的碳源和工艺制备得到的 AlON 透明陶瓷[52]

许建鑫等[53]用活性炭（多孔疏松）和亚微米碳粉作为碳源研究了形核密度对合成 AlON 粉体的影响，发现使用活性炭可以得到形核密度较高的 Al_2O_3 复合粉体，碳热还原的 AlON 粉体拥有不规则、疏松的结构，同时晶粒尺寸较小，球磨易获得 0.93μm 的 AlON 粉体，而亚微米碳粉得到的 AlON 颗粒较大，不易粉碎，球磨后的尺寸为 2.13μm。活性炭制备得到的 AlON 粉体在经过 1880℃ 无压烧结 150min 后，红外透过率为 76.5%，比亚微米碳粉高 48.3%。Shan 等[54]采用碳热还原氮化法合成了纯相 AlON 粉体，采用行星式球磨的方式对粉体进行粉碎，得到粒径双峰分布的 AlON 粉体。使用该粉体进行烧结，以 40℃/min 的升温速率，在 1880℃ 氮气气氛下保温 90～150min，得到致密度达 99.72%的 AlON 陶瓷，该样品在中红外区的透过率最高可达 81.8%。

碳热合成 AlON 由 Al_2O_3 粉体与碳粉经过球磨混合工艺进行混合，工艺简单，成本较低，适合规模生产。在此基础上，研究者们用原位包覆生长的思想，减小物质间的传输距离，提高反应速率和成品的均匀性。Jin 等[55]合成出 Al_2O_3/脲-甲醛树脂纳米复合材料前驱体，通过两步碳热还原成功制备出在 0.2μm 和 0.7μm 具有双峰分布的 AlON 粉体，其最大粒径小于 0.9μm。无压烧结得到的 AlON 透明陶瓷在可见光到红外光区域拥有 80%的透过

率。Sabaghi 等[56]用聚丙烯腈作为碳源,采用超声辅助的方式将聚丙烯腈包覆在纳米 γ-Al_2O_3 颗粒上,碳化得到 Al_2O_3/C 核壳复合物,通过两步碳热合成得到微米级的 AlON 粉体。反应过程中,包覆的无定形碳对 AlON 的生长有一定阻碍作用,降低了 AlON 的颗粒尺寸,同时能够一定程度地降低反应所需的温度。这种粉体合成工艺较复杂,原料的配比不好控制,产率不高,不适合于工业化生产。

3. 自蔓延高温合成法

自蔓延高温合成又称为燃烧合成,其原理是基于不同反应物之间具有高的化学反应热特点,利用其自加热和自传导作用来反应合成材料。自蔓延法合成 AlON 的反应方程式为

$$Al_2O_{3(s)} + N_{2(g)} \longrightarrow 2AlON_{(s)} \tag{4-9}$$

自蔓延法制备氮氧化铝是利用空气中的氮气快速氮化还原氧化铝的方法。优点是速度快、成本低,但 AlON 能否合成受空气浓度的影响较大,反应有时进行不完全,杂质含量较高。此外,该方法的工艺参数不易控制、重复性较差。

上述制备 γ-AlON 的方法,都存在反应温度较高、保温时间长、粉末粒径较大、出现烧结现象以及烧结体难以破碎或破碎时间长等问题。虽然通过长时间的球磨可以降低烧结粉末的粒径,但存在两个主要缺点:增加制备成本;球磨时易引入杂质,降低所制得 AlON 陶瓷的光学等性能。高纯超细 γ-AlON 粉体的规模化制备方法仍是未来重要的研究方向之一。

4.2.2 氮氧化铝陶瓷的成型

1. 干法成型

1) 干压成型

干压成型是指陶瓷粉体经过造粒后倒入特定形状的钢模中,震动均匀,通过外加压力施加于模塞上加压成型的方法。随着压力的逐渐加大,粉料将改变外形,颗粒间互相滑动,粉体颗粒间逐步加大接触,紧密镶嵌,以填充剩余的堆积间隙,粉体颗粒之间的作用力也逐渐加强。保压一段时间,便可将粉料压制成具有一定机械强度的特定形状的坯体。但粉体在干压成型的过程中受力不均匀,使得坯体内部结构具有各向异性,降低坯体烧结后的致密度和均匀程度,影响透明陶瓷最终的透过率,甚至可能导致坯体开裂。干压成型受到模具形状的限制,只能够成型一些简单形状的坯体。

2) 冷等静压成型

冷等静压是将粉体一次性全方位致密化压制的成型手段,具体是将干压好的粉料坯体封装于具有弹性的橡胶套或塑料套内,然后将其置于一个能承受高压力的钢筒内,用高压泵通过进液口将传压液体打入钢筒中。由于液压,胶套内的工件将在各个方向受到大小相同的压力。生产中常用的压力大小为 100~200MPa。由于冷等静压与干压的成型方式有一定区别,冷等静压还能够成型形状复杂的坯体,但冷等静压与干压成型相比其生产效率较低,耗时更长。通常冷等静压被用作干压成型的二次致密化手段,干压成型与冷等静压

相结合能够得到致密度更高的坯体，降低陶瓷的孔隙率，提高光学透过率。

2. 湿法成型

相比干法成型，湿法成型最大的优点在于其制备的素坯均匀性好而且致密度高。湿法成型中要先制备均匀且稳定性好的陶瓷浆料，然后通过物理作用（如石膏模具的毛细管吸附力）或化学作用（如水化辅助成型，利用水分子的化学键；凝胶注成型，利用添加剂之间形成化学键）使浆料固化成型。

1）注浆成型

注浆成型是一种常见的陶瓷湿法成型，是将陶瓷粉体分散于液体介质中形成流动性良好的浆料，再将浆料倾注于石膏模具中脱去水分，利用粉体颗粒间的静电吸引而凝聚在一起形成具有一定强度的坯体，对坯体进行后续处理后即可进行下一步操作。注浆成型的优点在于能通过调整模具的大小形状获得形状特异、复杂的坯体，而干压成型一般仅能获得形状规整的坯体。但在注浆成型的过程中大多使用石膏模具，模具中存在大量的 Ca^{2+}，而 Ca^{2+} 会在浆料脱水的过程中逐渐渗入陶瓷坯体中，而 Ca^{2+} 的存在会对透明陶瓷的透过率有一定影响。除此之外，注浆成型的制备过程需要配置分散性良好不易沉降的浆料，同时还要控制脱水干燥时间等工艺参数，制备过程相对复杂，不适用于大规模成型制备。Kumar 和 Johnson[60]用 1%的 Darvan 821A 作为浆料分散剂，0.2wt%的 La_2O_3 作为烧结助剂，成功配置出固相含量为 75%的 AlON 浆料，在脱水成型的过程中采用高纯 Al_2O_3 模具（孔隙度 50%）替代了传统的石膏模具，成型出 50mm×40mm×6mm 的 AlON 素坯，如图 4-14 所示。坯体在 1900～1980℃的温度梯度下烧结 6h 后得到 AlON 透明陶瓷，其直线透过率接近 80%。在注浆的过程中由于分散介质为水，为了解决 AlON 水解的问题，Kumar 和 Johnson 用正磷酸对其进行抗水解处理，一定程度上解决了 AlON 粉体的水解问题。

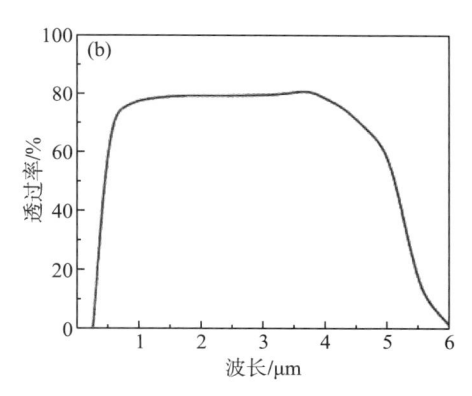

图 4-14 注浆成型制备出的 AlON 透明陶瓷样品及其透过率曲线[60]

由于 AlON 极易在水中发生水解，在配置含水浆料时，通常要对 AlON 粉体进行抗水解处理，在这个过程中往往会加入一些有机或无机物，不可避免地会添加进杂质，影响 AlON 透明陶瓷的最终性能。因此 Sun 等[61]采用粉体颗粒级配的方式解决了 AlON 粉体在水基浆料中易水解的问题,以91%尺寸大于1μm的AlON粉体替代细颗粒粉体后,在未做抗水解处理的条件下制备出最大透过率为84.1%的AlON透明陶瓷。

2) 凝胶注模成型

凝胶注模成型是20世纪90年代提出的一种近净尺寸成型技术,主要包括水解辅助固化成型和凝胶注模成型两种方式。凝胶注模成型与注浆成型类似,其主要区别是凝胶注模成型过程中需要加入能够发生原位聚合反应的有机单体和交联剂,通过聚合反应将浆料中的粉体颗粒固定形成高分子网络固定的坯体,成型后的坯体通过排胶等后续处理即可进行下一步的烧结。凝胶体系按照分散介质的类型一般分为水基和非水基。非水基的分散介质一般为乙醇、乙醚等有机溶剂,这类分散介质大多有一定的毒性,对人体和环境都有一定的影响。因此采用水基的凝胶注模成型能够有效降低成本,同时进一步减少分散介质对人体和环境的污染。凝胶注模成型的过程更为迅速,而且坯体的强度比注浆成型的坯体更高,一些凝胶注模成型的坯体还具备一定的韧性,能够进行一定角度的弯曲。Miller 和 Kaplan[62]采用四种不同的水解辅助固化成型方法制备 AlON 坯体,在制备过程中利用 AlN 的水解形成凝胶网络,从而固化浆料中的固体粉末,随后对成型的坯体进行烧结,发现采用水基压滤方式制备得到的生坯密度比其他方式高出15%,而且烧结后的AlON陶瓷中的残余气孔分布均匀。Kumar 等[63,64]使用正磷酸对 AlN 粉体进行抗水化处理后,水解得到大幅度的抑制,使用处理过的 AlN 与 Al_2O_3 进行凝胶注模和注浆成型。在致密化烧结后,凝胶注模和注浆成型的 AlON 坯体经过1925℃保温2h后致密度可达到99.5%以上。Feng 等[65]采用碳热还原的方式制备得到超纯 AlON 粉末,球磨后粉体粒径在0.3μm左右。随后采用凝胶注模成型和无压烧结结合热等静压烧结的方式制备得到 AlON 透明陶瓷块体,其红外波段的透过率最高可达86%。

3) 流延成型

流延成型得到的坯体一般为厚度很薄的陶瓷素坯,并且具备一定的韧性,通过裁剪,将数片坯体压制能够得到需求形状尺寸的素坯。Feng 等[66]采用流延法和后续预热压制与冷等静压相结合的方式对 AlON 进行成型,优化了坯体微结构,并增大了坯体的密度。将坯体在1880℃的温度下,无压烧结8h,得到的 AlON 陶瓷块体经抛光打磨后,在2000nm 处的透过率达到了84%。Chen 和 Wu[67]用凝胶体系流延成型制备出多层 Nd:YAG 透明陶瓷,在制备的过程中首先经过流延的方式获得片状素坯,然后经过裁剪将4~10片素坯压制得到有一定厚度的圆片,最终经过排胶和1750℃×24h烧结得到平均晶粒尺寸在5μm左右的透明陶瓷,在1063nm处的透过率为77%。

4.2.3 氮氧化铝陶瓷的烧成

1. 无压烧结

无压烧结(pressureless sintering,PS)是指在正常的大气压力下,加热具有特定形状的陶瓷坯体，陶瓷坯体经过一系列物理化学变化过程而变成致密而坚硬、体积稳定且具有一定性能的烧结体。由于烧结过程中坯体处于自由状态，因此无压烧结的烧结温度较高，保温时间也更长，容易使陶瓷的晶粒长大。无压烧结的驱动力主要是孔隙表面自由能的降低。因此，致密化过程也就是粉体压制件(生坯)中孔表面积的减小过程，就是孔体积的减小过程。无压烧结致密化过程包括三个阶段：①相邻颗粒的接触点上出现瓶颈生长。②陶瓷呈海绵状结构，管状孔道形成巨大网络，孔口一直开到陶瓷样品的外表面，随着管状孔收缩，其直径越来越小，致密化不断进行，大部分的致密化就是在这一阶段完成的。一旦这些孔的长径比足够大，它们就变得很不稳定，断开形成孤立、封闭的球形孔。③封闭的孔消失，完成烧结过程的最后阶段。张朝晖[68]采用无压烧结，在1880℃保温制备了具有高透过率的AlON透明陶瓷(图4-15)，当保温时间为150min时，3mm厚度样品的红外透过率达到81.8%。

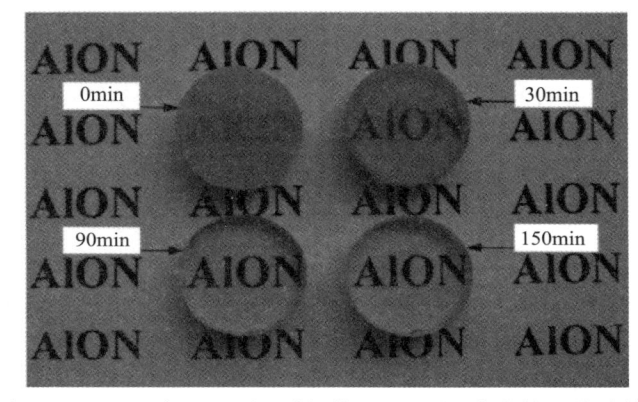

图4-15　1880℃保温下不同时间的AlON透明陶瓷的光学图片[68]

2. 热等静压烧结

热等静压(hot isostatic pressing，HIP)烧结是以气体为传压介质，主要为氩气等惰性气体，在高温高压下将烧结坯体进行致密化的一种烧结方式。在整个烧结过程中，用气体作为传压介质，因此坯体在各个方向都能够受到均匀的压力，并在高温高压下能够快速排出气体实现烧结体的致密化。

热等静压烧结具有很多优点。由于有效地在高温下施加等静压力，因此热等静压烧结的最大特点是能在较低的烧成温度(仅为熔点的50%~60%)下，在较短的时间内得到各相完全同性、几乎完全细晶的陶瓷制品；制品的各项性能均有显著提高；可以从粉料制得各种形状复杂和大尺寸的制品；可以生产最大直径达1.0m、高达1.5m的大型产品；能精确控制制品的最终尺寸，故制品只需很少的精加工甚至无需加工就能使用。这对硬度极高、极难加工以及贵重的透明陶瓷有特别重要的意义。在热等静压烧结过程中也可以将各种不同材料的部件高温焊合成为一个复杂的构件。热等静压烧结最常用的压力介质是氩气，还可以选用氢气、氧气、氮气、甲烷等气体。热等静压烧结工艺可分为以下两类。

(1)包套热等静压烧结。包套热等静压烧结是由陶瓷粉末成型封装或直接封装后经热等静压烧结。包套热等静压烧结技术的关键是根据不同材料选用不同的包套材料。包套必须具有良好的耐高温性、优良的可焊性和可变形性。对于氧化物陶瓷，可采用低碳钢或不锈钢作为包套材料；而对于非氧化物陶瓷，由于需要很高的烧结温度，包套通常用高熔点的钼钨等金属或石英玻璃制成。玻璃易于成型，便于直接制备形状复杂的制品。

(2) 无包套热等静压烧结。无包套热等静压烧结技术是将烧结体直接放在炉膛中热等静压，烧结不用任何包套，主要用于烧结体的后处理，如消除烧结体中的剩余气孔、弥合陶瓷烧结体中的缺陷等。它要求处理前烧结体中基本上不含开口气孔，即其密度必须达到理论密度的93%以上。它只能减小烧结体中剩余气孔的数量和大小，而不能改变晶粒的大小和第二相的含量，也不能改变晶粒及第二相的分布。它适用于具有液相烧结，而作为压力传递介质的惰性气体对制品又无有害影响的陶瓷材料、粉末冶金材料的烧结。无包套热等静压烧结技术与普通热等静压烧结比较，降低了成本、效率高、无需后续加工。

在AlON透明陶瓷的烧结过程中，热等静压烧结通常作为一种后处理手段，用以进一步减少透明陶瓷内部的气孔，提高陶瓷致密度。Chen等[69]以Y_2O_3和La_2O_3作为共同烧结助剂，采用热等静压烧结的方式制备出晶粒尺寸为20μm的AlON透明陶瓷，在1100nm波长处的透过率高达85%。热压烧结的AlON透明陶瓷的透过率很大程度上取决于预烧结AlON陶瓷的微观结构，通过Y_2O_3和La_2O_3共掺能够有效地减少AlON透明陶瓷中的孔隙，降低孔隙率。Jiang等[70]将冷等静压成型的AlON坯体在1770~1875℃，氮气气压0.1MPa的条件下无压烧结6h后，对其进行热等静压烧结，烧结时以氩气作为传压气体，压力大小为200MPa，在1825℃热压3h后，1mm厚的AlON透明陶瓷在600nm、2000nm处的透过率分别为84.8%和86.1%，与未经过热压烧结处理的样品相比，在600nm和2000nm处的光学透过率分别增加了21.2%和10.7%，同时热压烧结还能够有效地限制陶瓷内部的晶粒长大。热等静压烧结技术的缺点是设备昂贵、不适合生产形状复杂的产品、生产效率低、能耗高，一般用作后处理工艺。

3. 热压烧结

热压(hot pressing, HP)烧结是指在烧结过程中施加一定的压力，以带动材料加速流动、重新排列、致密化等，通过该种方法得到的烧结样品晶粒较小。热压烧结由于加热加压同时进行，粉料处于热塑性状态，有助于颗粒的接触扩散、流动传质过程的进行，因而成型压力仅为冷压的1/10，同时，热压烧结主要依靠塑性流动而非扩散作用，因此相比传统的无压烧结，其所需的温度更低，得到的材料气孔率也更低。较低的烧结温度使得晶粒不会过分长大，极大提高了材料的致密性，改善了其性能。热压烧结还能降低烧结温度，缩短烧结时间，抑制晶粒长大，得到晶粒细小、致密度高和机械、电学性能良好的产品。热压烧结的缺点是过程及设备复杂、生产控制要求严、模具材料要求高、能源消耗大、生产效率较低、生产成本高。

Sakai和Iwata[71]以Al_2O_3和AlN粉末为原料，通过热压烧结法(反应温度为1900℃，压力为20MPa，保温时间为1h)制备出γ-AlON透明陶瓷。魏春城和田贵山[72]以高纯、超细AlON粉末为原料，采用热压烧结工艺制备了2mm厚的透明AlON陶瓷，其在紫外光区(0.19~1.1μm)的透过率大于60%，最大透光率达到70%。孙文周和陈宇红[73]以γ-Al_2O_3粉体以及1wt%的Y_2O_3为原料，利用热压烧结技术(反应温度1950℃)在N_2气氛中一步制

得的 γ-AlON 透明陶瓷，物相组成单一，内部结构致密，相对密度可达 99.22%，在 1.5~4.5μm 的红外波段内具有可透过性，最大透过率为 18.42%（2.5μm 处）。

4. 微波烧结法

微波烧结（microwave sintering，MS）相较于无压烧结和热等静压烧结，烧结过程中的保温温度和保温时间都大幅度降低，逐渐被应用于制备 Nd:YAG、AlON 等透明陶瓷材料。微波烧结具有升温速度快、能源利用率高、加热效率高和无污染等特点，并能提高产品的均匀性和成品率，改善被烧结材料的微观结构和性能，图 4-16 为微波烧结的示意图[74]。研究结果表明，微波辐射会促进陶瓷材料的致密化，促进晶粒生长，加快化学反应等。烧结过程中，微波不只是作为一种加热能源，微波烧结本身也是一种活化烧结过程。微波加热条件下扩散系数高于常规加热时的扩散系数。微波场具有增强离子电导的效应。Freeman 等[75]认为高频电场能促进晶粒表层带电空位的迁移，从而使晶粒产生类似于扩散蠕动的塑性变形，从而促进了烧结的进行。微波场在两个相互接触的介电球颗粒间的烧结颈形成区域，电场被聚焦，颈区域内电场强度大约是所加外场的 10 倍，而颈区空隙中的场强约是外场的 30 倍。并且，在外场与两颗粒中心连线间 0°~80°的夹角范围内，都发现电场沿平行于连线方向极化，从而促使传质过程以极快的速度进行。另外，烧结颈区受高度聚焦的电场的作用还可能使局部区域电离，进一步加速传质过程。这种电离对共价化合物中产生加速传质尤为重要。局部区域电离引起的加速度传质过程是微波促进烧结的根本原因。

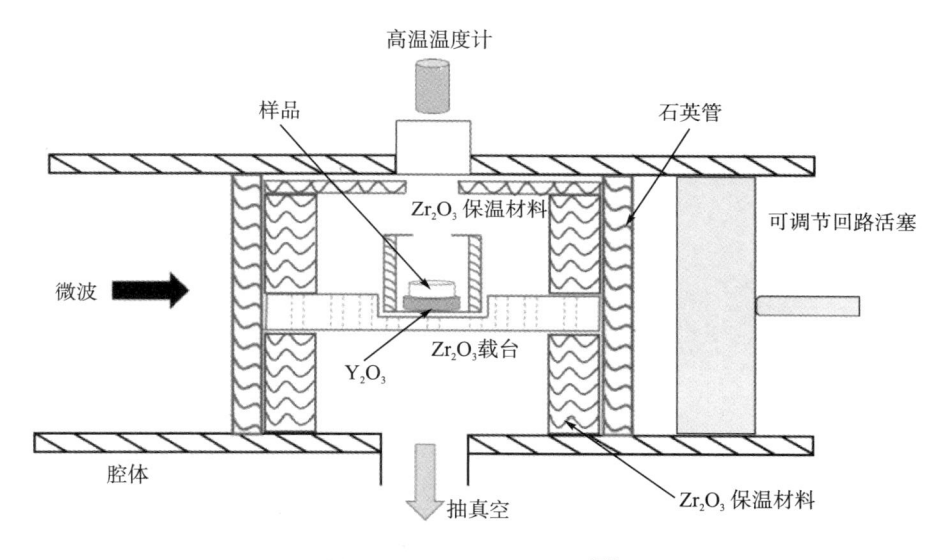

图 4-16 微波烧结示意图[74]

调节烧结参数能够有效地减少第二相和孔隙的产生[74]，同时微波烧结与普通的烧结方式相比，YAM 相的生成温度降低了 50~100℃，YAP 相和 YAG 相的生成温度降低了 100~150℃。利用商业生产的高纯原料粉末在 1750℃微波烧结 2h 便得到 Nd:YAG 透明陶瓷，其在 400nm 和 1064nm 处的透过率分别为 76.5%和 80.6%。

5. 放电等离子体烧结法

放电等离子体烧结（spark plasma sintering，SPS），也被称作场辅助烧结技术，是一种能够在较低温度及较短保温时间迅速将陶瓷坯体均匀致密化，得到良好细晶陶瓷的烧结技术。SPS 的烧结驱动力是由力、热、电场以及等离子体，由样品内部产生的脉冲电流提供，而常用烧结技术是由外部加热元件提供热量，因此 SPS 拥有更快速的烧结致密化速度，经济成本更低，但其烧结过程中对模具等有要求，难以制备复杂形状的陶瓷成品。

SPS 与热压有相似之处，但加热方式完全不同，它是一种利用通-断直流脉冲电流直接通电烧结的加压烧结法。通-断式直流脉冲电流的主要作用是产生放电等离子体、放电冲击压力、焦耳热和电场扩散作用。在 SPS 过程中，电极通入直流脉冲电流时瞬间产生的放电等离子体，使烧结体内部各个颗粒自身均匀地产生焦耳热并使颗粒表面活化。与微波烧结法类似，SPS 是有效利用粉末内部的自身发热作用而进行烧结。SPS 过程可以看作颗粒放电、导电加热和加压综合作用的结果。除加热和加压这两个促进烧结的因素外，在 SPS 技术中，颗粒间的有效放电可产生局部高温，可以使表面局部熔化、表面物质剥落，高温等离子的溅射和放电冲击清除了粉末颗粒表面的杂质（如去除表面氧化物等）和吸附的气体。电场作用加快了扩散过程。Li 等以 Al_2O_3、AlN、Y_2O_3 为原材料，采用放电火花等离子体烧结的方式，在 1600℃的温度下获得了相对密度为 99.2%、0.6wt% Y_2O_3 添加的 AlON 陶瓷，其硬度由 15.9GPa 提升至 18.1GPa[76]。图 4-17 为 1600℃下 SPS 烧结不同 Y_2O_3 助剂添加后的 AlON 陶瓷微观形貌。

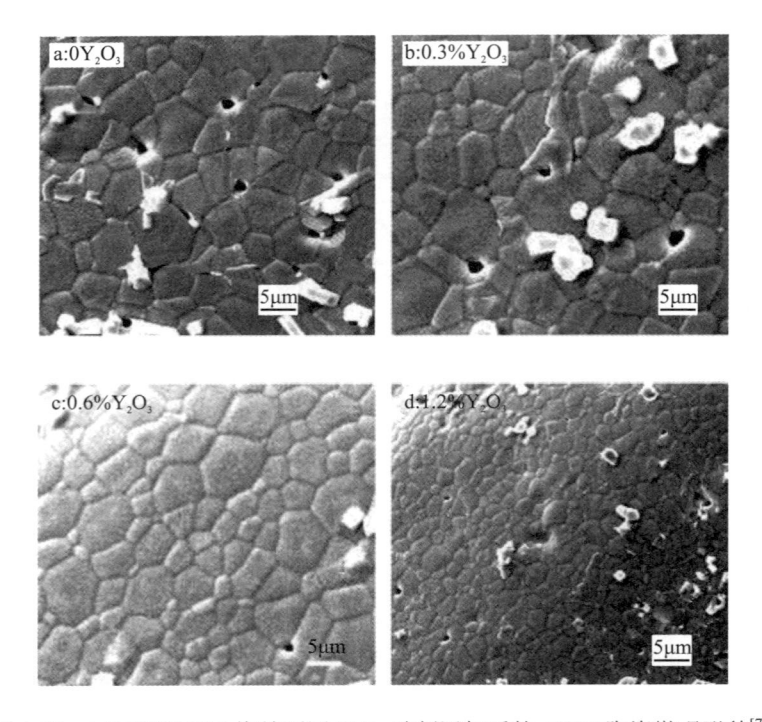

图 4-17　1600℃下 SPS 烧结不同 Y_2O_3 助剂添加后的 AlON 陶瓷微观形貌[76]

4.2.4 氮氧化铝陶瓷的烧结助剂

高密度、无气孔和无杂质是制备高质量透明陶瓷的基本要求。添加合适的烧结助剂可以有效地促进陶瓷的烧结过程，提高致密度。一方面，少量的烧结助剂可与粉体形成固溶体，增加缺陷含量，促进晶界的移动；另一方面，在液相烧结过程中，烧结助剂可以与粉体中的某一相或是某几相形成液相，起到润湿晶界和促进烧结的作用。烧结助剂对于烧结的促进作用主要如下。

(1) 烧结助剂与烧结主体形成固溶体。当烧结助剂与烧结主体的晶格类型、离子大小及电价数相近时，它们能互溶形成固溶体，最终致使主晶相的晶格发生畸变，从而增加缺陷，有效地促进结构基元的移动。一般有限置换型固溶体要比连续固溶体更有利于促进烧结。烧结助剂离子的电价、半径与烧结主体离子的电价、半径相差越大，晶格畸变程度越大，促进烧结的作用越明显。

(2) 烧结助剂与烧结主体形成液相。烧结助剂与烧结主体的某一相或是某几相生成液相，由于液相中流动传质速度快、扩散传质阻力小，因而可以大大降低烧结温度和提高坯体的致密化过程。例如在制备 95 瓷(Al_2O_3 质量分数 95%)时，一般加入 CaO、SiO_2，形成 $CaO-Al_2O_3-SiO_2$ 液相，在 1540℃可发生烧结。

(3) 烧结助剂与烧结主体形成化合物。在烧结透明的 Al_2O_3 陶瓷时，为了抑制二次再结晶，同时消除晶界上的气孔，一般加入微量的 MgO 或 MgF_2。在高温下便可形成镁铝尖晶石而附着在 Al_2O_3 晶粒表面，从而抑制了晶界的迁移速率，同时也充分排除了晶界上的气孔，对促进烧结致密化有显著作用。

对于制备 AlON 透明陶瓷，烧结助剂主要包括 MgO、Y_2O_3、La_2O_3、$CaCO_3$、SiO_2 等，其用量一般很少，当烧结助剂过量时会在晶体内部产生第二相杂质，引起光的折射损失，降低陶瓷的透过率。同时，为了避免烧结体局部成分与整体发生配比偏离导致的陶瓷显微结构不均匀，烧结助剂必须均匀分散在陶瓷中。Tsabit 等[77]通过添加 Sc、La、Pr、Sm、Gd、Dy、Er、Yb 等稀土氧化物作为烧结助剂，同时以硝酸盐、氧化物的形式加入作为对比，结果发现添加不同的稀土氧化物能够获得不同透明度、不同颜色的 AlON 陶瓷，结果如图 4-18 所示。

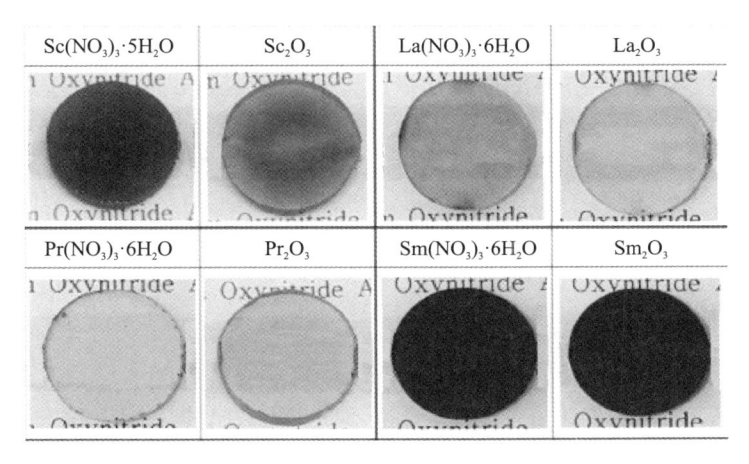

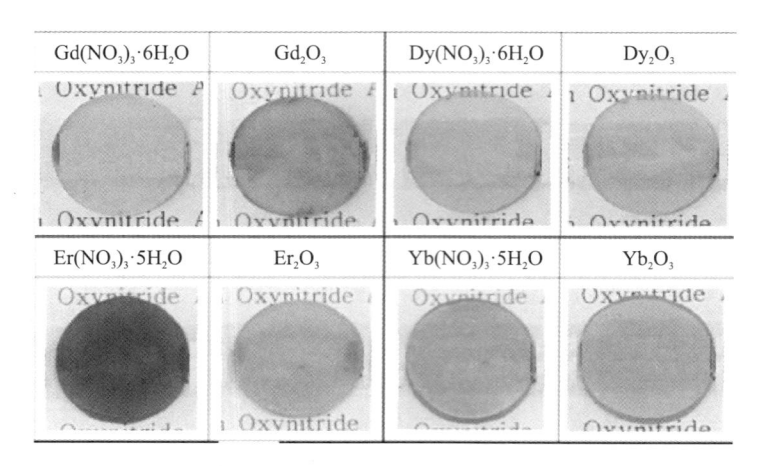

图 4-18 AlON 透明陶瓷[77]

加入 MgO 可起到降低反应温度的作用(使 AlON 的合成温度降低至 1500℃),且合成产物的物相纯度较高;而 Y$_2$O$_3$ 的添加会促使原料中的 Al$_2$O$_3$ 明显氮化。在最佳烧结工艺下制备的样品在 2.5~6.0μm 的红外波段最高透过率达到 22.12%。Y^{3+} 增强了晶界的流动性,促进了晶粒的生长,而 La^{3+} 对晶粒的生长起相反作用。烧结添加剂在烧结过程中会导致液相的形成,这将大大促进陶瓷的致密化和消除其孔隙。Wang 等[78]在烧结助剂为 0.12wt% Y$_2$O$_3$+0.09wt% La$_2$O$_3$ 的条件下,制备了在 400nm 波长下透射率为 80.3%的高透明 AlON 陶瓷。除常用的烧结助剂 MgO、Y$_2$O$_3$、La$_2$O$_3$ 外,还有其他一些新型的烧结助剂被开发出来,例如 MnO、CaCO$_3$、SiO$_2$ 等。Shan 等[79]以 CaCO$_3$ 为烧结添加剂,以 AlON 粉末为原料,在 1870℃下保温 150min 制备了高透明的 AlON 陶瓷。研究发现:掺 0.3wt%~0.4wt% CaCO$_3$ 的 AlON(2mm 厚)样品在 3700nm 左右的透光率可达 83%~85%,且其在 200~6000nm 的透光率始终高于掺杂理想含量 Y$_2$O$_3$ 的 AlON。其中,CaCO$_3$ 掺杂的 AlON 陶瓷在 4800nm 处的透射率为 71%,比掺 Y$_2$O$_3$ 的 AlON 陶瓷高 6%。掺杂 Y$_2$O$_3$-La$_2$O$_3$-MnO 样品的相对密度和晶粒尺寸均明显高于单掺杂 Y$_2$O$_3$-La$_2$O$_3$ 或 MnO 的样品。此外,Al、O、N、Mn、La 等元素的液相在高温下形成,对消除气孔和促进烧结体(AlON)的晶粒长大具有重要作用。添加不同的稀土氧化物也能改变 AlON 透明陶瓷的性质,如透过率、颜色等。

大部分烧结助剂只在掺杂浓度不太高时才对透过率的提高有帮助,掺杂浓度高时则造成陶瓷透过率的急剧下降。烧结助剂添加量超过了其在 AlON 晶格中的固溶极限,会逐渐偏析,直至成为第二相在晶界析出,若不能通过有效途径及时从材料内部去除,就会造成晶界结构的不均匀,表现为晶界折射率改变、散射加强、透过率降低。

4.3 氮氧化铝透明陶瓷的应用和发展

AlON 透明陶瓷在紫外、可见光至中红外波段均具有优异的光学透过率,其弯曲强度为 380~700MPa,维氏硬度为 19.5GPa,和其他透明陶瓷(如 MgAl$_2$O$_4$、MgF$_2$ 以及 Y$_2$O$_3$

等）相比，AlON 透明陶瓷的机械性能更加出色，可与蓝宝石单晶相媲美。更重要的是，可以采用传统的陶瓷制备方法来获得大尺寸、复杂形状的 AlON 透明陶瓷，工艺简单，成本相对低廉。除此之外，它还具有良好的耐高温性、抗热震性和出色的抗雨水/砂砾冲刷性能。作为透明防弹装甲材料，厚度约 4cm 的 AlON 透明陶瓷足以阻挡 12.7mm 口径的子弹冲击，防弹性能远优于夹层防弹玻璃。采用 AlON 防弹陶瓷替换防弹玻璃，同等性能要求下，厚度及重量都会大大降低，并且能更可靠地抵挡狙击枪等破坏装备对重要设备的破坏。在民用方面，由于 AlON 陶瓷的耐高温性能强，由其组成的复合材料可用作高性能的透明耐火材料。AlON 透明陶瓷优异的机械性能及光学性能，使其也很适合用作智能电子设备的显示屏幕，例如，智能手表的表盘、手机触摸屏等。因硬度高和耐久度高的优点，其特别适合于 POS 扫描器的窗口应用。由于 AlON 自身稳定的化学性质，不易反应，抗腐蚀能力强，半导体器件、晶片载体等也广泛采用 AlON 材料。AlON 会在许多技术领域逐步取代原有材料，具有广阔的发展前景与应用价值。

在现代战争中，透明装甲既可以使士兵免于遭受攻击，又可以传输光信号及提供视野观察周围的情况。透明陶瓷装甲体系跟传统的玻璃塑料系统相比，具有重量更轻、防弹能力更强、光学透过率更高的特点。透明陶瓷装甲体系通常由多个防护层组成，第一层是硬的陶瓷材料，用于抵挡弹片的强力冲击；第二层提供附加的防护能力，层间材料能缓解由热膨胀错配造成的应力，并防止裂纹扩展。由 AlON 透明陶瓷、玻璃材料和聚合物材料组成的复合透明装甲出色地经受了连续多发次 7.62mm 口径穿甲弹的攻击，同时该透明装甲的重量比普通防弹玻璃的重量减轻了一半。

图 4-19 为 Surmet 公司生产的大尺寸 AlON 透明陶瓷装甲，用速度为 10.4m/s 的花岗岩弹丸对其进行冲击性能测试，AlON 透明陶瓷经过冲击后没有出现明显的破碎，花岗岩弹丸反而首先粉碎。与其对比的是防弹玻璃，玻璃在接触到花岗岩弹丸的一瞬间便出现十分明显的裂纹。在同等级的防弹测试下，AlON 透明陶瓷的性能明显优于防弹玻璃。

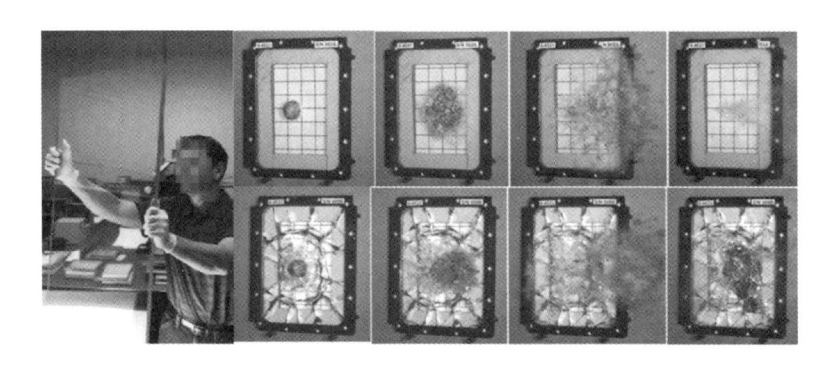

图 4-19 Surmet 公司生产的大尺寸 AlON 透明陶瓷装甲及其防穿甲弹冲击性能测试

红外检测、红外传输、红外对抗等红外技术是现代高科技领域和战争中很重要的战略和战术手段，具有举足轻重的地位。红外光学窗口和整流罩是实现红外技术的关键部件。红外光学窗口和整流罩的工作环境极为苛刻，要求红外光学窗口材料能够耐高温冲击、耐磨损、高强、高硬等。蓝宝石单晶由于具有良好的光学、机械性能，并能在极端的环境中稳定存在，一直是窗口和整流罩材料的最佳选择。但是，蓝宝石属于单晶材料，制备成本高，这就极大地限制了它的应用；另外，蓝宝石的晶体结构使得它的机械性能并非各向同性，这也使得蓝宝石的加工非常困难。AlON 透明陶瓷是立方晶系，具有和蓝宝石单晶接近的光学、机械性能，具有良好的光学和机械性能各向同性，在紫外、可见光和近红外波段具有良好的直线透过率（超过 80%），工艺简单，成本低，可以制备大尺寸、复杂形状的产品，是红外窗口和整流罩的优选材料。

4.4 氮氧化铝透明陶瓷的共性难点

美国 Surmet 公司已成功制备出大尺寸（610mm×914mm）的 AlON 透明陶瓷板材及各种拱形窗口，并开展了 AlON 透明陶瓷在航空航天以及防弹透明装甲等领域的应用研究。国内 AlON 透明陶瓷的研究和市场开发均处于起步阶段，在超大尺寸制备技术、异形制备技术、光学性能（透过率和光学均匀性）及力学性能等方面差距较大。

（1）高性能 AlON 粉体的规模化制备技术。碳热还原法是成本最低的一种规模化制备 AlON 粉体的技术。碳热还原法仍存在很多难以控制的影响因素，例如碳粉与氧化铝之间的比例、碳粉的状态、碳粉残留问题。通过碳热还原法制备的 AlON 粉体必须经过 600~800℃的高温除碳处理，这不仅会增加生产工序，还会增加能耗。高温固相合成法存在的问题主要是氮化铝与氧化铝粉体间的混合均匀度以及氮化铝粉体粒度、纯度等自身性质。高性能氮化铝粉体是采用高温固相法合成 AlON 粉体的关键因素。同时碳热还原法和高温固相合成反应都需要在 1700℃以上的温度下才能合成 AlON 粉体，如何降低纯相粉体的合成温度，减少粉体烧结团聚，提升粉体烧结活性，降低能耗也是亟须解决的问题。

（2）高性能 AlON 陶瓷的透明化烧结技术。热等静压烧结技术被广泛应用于制备 AlON 透明陶瓷，经过无压烧结的坯体继续进行热等静压烧结后能够更进一步提升致密度和透过率。但热等静压烧结技术设备投资巨大、温度高、升温速率慢、保温时间长，造成透明陶瓷的生产成本很高。微波烧结和放电等离子体烧结技术虽然具备升降温速率更快、能耗更低的优势，但只适用于制备小尺寸、形状简单的器件。开发适用于异形件（如导弹共形头罩）快速透明化烧结的新原理、新技术和新装备对于 AlON 透明陶瓷的实用化具有十分重要的意义。

4.5 本章小结

γ-AlON 透明陶瓷是典型的结构功能一体化材料，兼具超高力学性能和优良的光学性能，应用场景广泛，被美国国防部列为"21 世纪最重要的国防材料之一"。AlON 透明陶瓷未来的发展需要重点解决以下问题：超细、高纯、单相 AlON 粉体的规模化制备技术；AlON 透明陶瓷的快速致密化烧结技术；低温烧结致密化技术；陶瓷显微结构的精准调控技术。突破 AlON 透明陶瓷烧结的热力学过程和机理研究，发展更简便、更高性价比的制备工艺。发展 AlON 基的复相陶瓷材料，不断拓展 AlON 陶瓷的应用场景。

参 考 文 献

[1] Wang S F, Zhang J, Luo D W, et al. Transparent ceramics: processing, materials and applications[J]. Progress in Solid State Chemistry, 2013, 41(1-2): 20-54.

[2] Coble R L. Transparent alumina and method of preparation[P]. US Patents, US80965A, 1962.

[3] Yamamoto R M, Parker J M, Allen K L, et al. Evolution of a solid state laser[C]. Proceedings of SPIE, 2007.

[4] McCauley J W. Structure and properties of aluminum nitride and AlON ceramics[R]. ARL-TR-274, Army Reasearch Labrary, USA, 2002.

[5] Wang Y Z, Lu T C, Zhang R S, et al. Electronic, elastic, thermodynamic properties and structure disorder of γ-AlON solid solution from ab initio calculations[J]. Journal of Alloys and Compounds, 2013, 548: 228-234.

[6] Adams I, AuCoin T R, Wolff G A. Luminescence in the system Al_2O_3-AlN[J]. Journal of the Electrochemical Society, 1962, 109(11): 1050-1054.

[7] Guo J K, Li J, Kou H M. Modern Inorganic Synthetic Chemistry (Second Edition)[M]. Amsterdam: Elsevier, 2017.

[8] McCauley J W. A simple model for aluminum oxynitride spinels[J]. Journal of the American Ceramic Society, 1978, 61(7-8): 372-373.

[9] Lejus A. Formation at high temperature of nonstoichiometric spinels and derived phases in several oxide systems based on alumina and in the system alumina-aluminum nitride[J]. Revue Internationale des Hautes Temperatures et des Refractaires, 1964, 1(1): 53-95.

[10] Corbin N D, McCauley J W. Nitrogen-stabilized aluminum oxide spinel(AlON)[C]. Proceedings of SPIE, 1982.

[11] McCauley J W, Corbin N D. Phase relations and reaction sintering of transparent cubic aluminum oxynitride spinel(AlON)[J]. Journal of the American Ceramic Society, 1979, 62(9-10): 476-479.

[12] McCauley J W, Corbin N D. Sintered polycrystalline nitrogen stabilized cubic aluminum oxide material: CA1149133A[P]. 1983-07-05.

[13] McCauley J W, Corbin N D. Process for producing polycrystalline cubic aluminum oxynitride: US4241000A[P]. 1980-12-23.

[14] Chen W W, Dunn B. Characterization of pore size distribution by infrared scattering in highly dense ZnS[J]. Journal of the American Ceramic Society, 1993, 76(8): 2086-2092.

[15] 谢启明, 李奕威, 潘顺臣. 红外窗口和整流罩材料的发展和应用[J]. 红外技术, 2012, 34(10): 559-567.

[16] Goldman L M, Balasubramanian S, Kashalikar U, et al. Scale up of large AlON windows[C]. Proceedings of SPIE, 2013.

[17] Ikesue A, Aung Y L. Ceramic laser materials[J]. Nature Photonics, 2008, 2(12): 721-727.

[18] 李卿. 透明陶瓷的光传输机理及散射模型研究[D]. 武汉: 华中师范大学, 2011.

[19] Wang Y Z, Lu T C, Gong L, et al. Light extinction by pores in AlON ceramics: the transmission properties[J]. Journal of Physics D Applied Physics, 2010, 43(27): 275403.

[20] Zhang W, Lu T C, Wei N, et al. Assessment of light scattering by pores in Nd:YAG transparent ceramics[J]. Journal of Alloys & Compounds, 2012, 520: 36-41.

[21] Boulesteix R, Maitre A, Baumard J F, et al. Light scattering by pores in transparent Nd:YAG ceramics for lasers: correlations between microstructure and optical properties[J]. Optics Express, 2010, 18(14): 14992-15002.

[22] Guo H L, Mao X J, Zhang J, et al. Densification of AlON ceramics doped with Y_2O_3-La_2O_3-MnO additives at lower sintering temperature[J]. Ceramics International, 2019, 45(4): 5080-5086.

[23] Shan Y C, Li P, Sun X N, et al. Study on AlON phase evolution and densification behavior as a function of particle size and doping amount[J]. Journal of the European Ceramic Society, 2020, 40(12): 3906-3917.

[24] Yamaguchi G. On the refractive power of the lower valent Al ion (Al^+ or Al^{++}) in the crystal[J]. Bulletin of the Chemical Society of Japan, 1950, 23(3): 89-90.

[25] Yamaguchi G, Yanagida H. Study on the reductive spinel-a new spinel formula AlN-Al_2O_3 instead of the previous one Al_3O_4[J]. Bulletin of the Chemical Society of Japan, 1959, 32(11): 1264-1265.

[26] Long G, Foster L M. Crystal phases in the system Al_2O_3-AlN[J]. Journal of the American Ceramic Society, 1961, 44(6): 255-258.

[27] Lefebvre A, Gilles J C, Collongues R. Periodic antiphases in a non-stoechiometric spinel(9Al_2O_3-AlN) prepared at high temperature[J]. Materials Research Bulletin, 1972, 7(6): 557-565.

[28] Irene E A, Silvestri V J, Woolhouse G R. Some properties of chemically vapor deposited films of $Al_xO_yN_z$ on silicon[J]. Journal of Electronic Materials, 1975, 4(3): 409-427.

[29] Gentilman R L, Maguire E A, Dolhert L E. Transparent aluminum oxynitride and method of manufacture: US4720362[P]. 1988-01-19.

[30] Maguire E A, Hartnett T M, Gentilman R L. Method of producing aluminum oxynitride having improved optical characteristics: US4686070A[P]. 1987-08-11.

[31] Sarkar R, Chatterjee S, Mukherjee B, et al. Effect of alumina reactivity on the densification of reaction sintered nonstoichiometric spinels[J]. Ceramics International, 2003, 29(2): 195-198.

[32] Sakai T. Hot-pressing of the AlN-Al_2O_3 system[J]. Journal of the Ceramic Association, Japan, 1978, 86(991): 125-130.

[33] Sakai T. High-temperature strength of AlN hot-pressed with Al_2O_3 additions[J]. Journal of the American Ceramic Society, 1981, 64(3): 135-137.

[34] McCauley J W, Corbin N D. High temperature reactions and microstructures in the Al_2O_3-AlN system[M]. Dordrecht: Springer Netherlands, 1983: 111-118.

[35] McCauley J W, Krishnan K M, Rai R S, et al. Anion controlled microstructures in the Al_2O_3-AlN system[C]. Ceramic Microstructures '86. Materials Science Research, Springer: Boston, MA, 1987: 577-590.

[36] Gauckler L J, Petzow G. Representation of multi-component silicon nitride based systems[M]. Dordrecht: Springer Netherlands, 1977: 41-62.

[37] McCauley J W, Corbin N D. High temperature reactions and microstructures in the Al_2O_3-AlN system[M]. Dordrecht: Springer Netherlands, 1983: 111-118.

[38] Corbin N D. Aluminum oxynitride spinel: a review[J]. Journal of the European Ceramic Society, 1989, 5(3): 143-154.

[39] Kaufman L. Calculation of quasi binary and quasiternary oxynitride systems-III[J]. Calphad, 1979, 3(4): 275-291.

[40] Willems H X, Hendrix M M R M, Metselaar R, et al. Thermodynamics of AlON I: stability at lower temperatures[J]. Journal of the European Ceramic Society, 1992, 10(4): 327-337.

[41] Dumitrescu L, Sundman B. A thermodynamic reassessment of the SiAlON system[J]. Journal of the European Ceramic Society, 1995, 15(3): 239-247.

[42] Tabary P, Servant C. Thermodynamic reassessment of the AlN-Al$_2$O$_3$ system[J]. Calphad, 1998, 22(2): 179-201.

[43] Jack K H. Sialons and related nitrogen ceramics[J]. Journal of Materials Science, 1976, 11(6): 1135-1158.

[44] Sakai T. Hot-pressing of the AlN-Al$_2$O$_3$ system[J]. Journal of the Ceramic Association, Japan, 1978, 86(991): 125-130.

[45] Tabary P, Servant C. Crystalline and microstructure study of the AlN-Al$_2$O$_3$ section in the Al-N-O system. I. Polytypes and γ-AlON spinel phase[J]. Journal of Applied Crystallography, 1999, 32(2): 241-252.

[46] Bartram S F, Slack G A. Al$_{10}$N$_8$O$_3$ and Al$_9$N$_7$O$_3$, two new repeated-layer structures in the AlN-Al$_2$O$_3$ system[J]. Acta Crystallographica Section B, 1979, 35(9): 2281-2283.

[47] Asaka T, Kudo T, Banno H, et al. Electron density distribution and crystal structure of 21R-AlON, Al$_7$O$_3$N$_5$[J]. Powder Diffraction, 2013, 28(3): 171-177.

[48] Asaka T, Banno H, Funahashi S, et al. Electron density distribution and crystal structure of 27R-AlON, Al$_9$O$_3$N$_7$[J]. Journal of Solid State Chemistry, 2013, 204: 21-26.

[49] Banno H, Funahashi S, Asaka T, et al. Disordered crystal structure of 20H-AlON, Al$_{10}$O$_3$N$_8$[J]. Journal of Solid State Chemistry, 2015, 230: 149-154.

[50] Li H L, Min P, Song N, et al. Rapid synthesis of AlON powders by low temperature solid-state reaction[J]. Ceramics International, 2019, 45(7): 8188-8194.

[51] Min J H, Lee J, Yoon D H. Fabrication of transparent γ-AlON by direct 2-step pressureless sintering of Al$_2$O$_3$ and AlN using an AlN-deficient composition[J]. Journal of the European Ceramic Society, 2019, 39(15): 4673-4679.

[52] 雷景轩, 施鹰, 谢建军, 等. 碳源对 AlON 粉体合成及其透明陶瓷制备的影响[J]. 材料工程, 2015, 43(8): 37-42.

[53] 许建鑫, 单英春, 王光, 等. 形核密度对 AlON 粉体合成及其透明陶瓷制备的影响[J]. 无机材料学报, 2018, 33(4): 373-379.

[54] Shan Y C, Xu J X, Wang G, et al. A fast pressureless sintering method for transparent AlON ceramics by using a bimodal particle size distribution powder[J]. Ceramics International, 2015, 41(3): 3992-3998.

[55] Jin X H, Gao L, Sun J, et al. Highly transparent AlON pressurelessly sintered from powder synthesized by a novel carbothermal nitridation method[J]. Journal of the American Ceramic Society, 2012, 95(9): 2801-2807.

[56] Sabaghi V, Davar F, Taherian M H. Ultrasonic-assisted preparation of AlON from alumina/carbon core-shell nanoparticle[J]. Ceramics International, 2019, 45(3): 3350-3358.

[57] Su M Y, Zhou Y F, Wang K, et al. Highly transparent AlON sintered from powder synthesized by direct nitridation[J]. Journal of the European Ceramic Society, 2015, 35(4): 1173-1178.

[58] Sakai T, Iwata M. Aluminum nitride synthesized by reduction and nitridation of alumina[J]. Journal of the Ceramic Association, Japan, 1974, 82(943): 181-183.

[59] Lee J R, Lee I, Chung H S, et al. Self-propagating high-temperature synthesis for aluminum oxynitride (AlON)[J]. Materials Science Forum, 2006, 510-511(1): 662-665.

[60] Kumar R S, Johnson R. Aqueous slip casting of transparent aluminum oxynitride[J]. Journal of the American Ceramic Society, 2016, 99(10): 3220-3225.

[61] Sun X N, Wu H K, Zhu G Z, et al. Direct coarse powder aqueous slip casting and pressureless sintering of highly transparent AlON ceramics[J]. Ceramics International, 2020, 46(4): 4850-4856.

[62] Miller L, Kaplan W D. Water-based method for processing aluminum oxynitride (AlON)[J]. International Journal of Applied Ceramic Technology, 2008, 5(6): 641-648.

[63] Kumar R S, Rajeswari K, Praveen B, et al. Processing of aluminum oxynitride through aqueous colloidal forming techniques[J]. Journal of the American Ceramic Society, 2010, 93(2): 429-435.

[64] Kumar R S, Hareesh U S, Ramavath P, et al. Hydrolysis control of alumina and AlN mixture for aqueous colloidal processing of aluminum oxynitride[J]. Ceramics International, 2011, 37(7): 2583-2590.

[65] Feng Z, Qi J Q, Chen Q Y, et al. The stability of aluminum oxynitride (AlON) powder in aqueous system and feasible gel-casting for highly-transparent ceramic[J]. Ceramics International, 2019, 45: 23022-23028.

[66] Feng Z, Qi J Q, Lu T C. Highly-transparent AlON ceramic fabricated by tape-casting and pressureless sintering method[J]. Journal of the European Ceramic Society, 2020, 40(4): 1168-1173.

[67] Chen X Q, Wu Y Q. Aqueous-based tape casting of multilayer transparent Nd:YAG ceramics[J]. Optical Materials, 2019, 89: 316-321.

[68] 张朝晖. 基于PSD的AlON透明陶瓷快速无压烧结及其机理研究[D]. 大连: 大连海事大学, 2017.

[69] Chen F, Zhang F, Wang J, et al. Hot isostatic pressing of transparent AlON ceramics with Y_2O_3/La_2O_3 additives[J]. Journal of Alloys & Compounds, 2015, 650: 753-757.

[70] Jiang N, Liu Q, Xie T F, et al. Fabrication of highly transparent AlON ceramics by hot isostatic pressing post-treatment[J]. Journal of the European Ceramic Society, 2017, 37(13): 4213-4216.

[71] Sakai T, Iwata M. Aluminum nitride synthesized by reduction and nitridation of alumina[J]. Journal of the Ceramic Association, Japan, 1974, 82(943): 181-183.

[72] 魏春城, 田贵山. Synthesis technology of spinel AlON[J]. 中国有色金属学会会刊(英文版), 2007, 17(A02): 1152-1155.

[73] 孙文周, 陈宇红. 热压烧结AlON透明陶瓷的烧结行为及性能[J]. 材料科学与工程学报, 2015, 33(6): 918-922.

[74] Han Y X, Feng J Y, Zhou J, et al. Heating parameter optimization and optical properties of Nd:YAG transparent ceramics prepared by microwave sintering[J]. Ceramics International, 2020, 46(13): 20847-20855.

[75] Freeman S A, Booske J H, Cooper R F, et al. Studies of microwave field effects on ionic transport in ionic crystalline Solids[C]. Ceramic Transactions: Microwaves: Theory and Application in Materials Processing II, 1993, 36: 213-220.

[76] Li X B, Luo J M, Zhou Y. Spark plasma sintering behavior of AlON ceramics doped with different concentrations of Y_2O_3[J]. Journal of the European Ceramic Society, 2015, 35(7): 2027-2032.

[77] Tsabit A M, Kim M D, Yoon D H. Effects of various rare-earth additives on the sintering and transmittance of γ-AlON[J]. Journal of the European Ceramic Society, 2020, 40(8): 3235-3243.

[78] Wang J, Zhang F, Chen F, et al. Effect of Y_2O_3 and La_2O_3 on the sinterability of γ-AlON transparent ceramics[J]. Journal of the European Ceramic Society, 2015, 35(1): 23-28.

[79] Shan Y C, Sun X N, Ren B L, et al. Pressureless sintering of highly transparent AlON ceramics with $CaCO_3$ doping[J]. Scripta Materialia, 2018, 157: 148-151.

第 5 章 镁铝尖晶石透明陶瓷

镁铝尖晶石(MgAl$_2$O$_4$)透明陶瓷是一种光学性能优异的镁铝复合氧化物烧结体，具有透光波段宽(从紫外光到中红外波长，0.2～5.5μm)、透过率高、物理化学性能稳定、耐高温以及良好的机械性能，已经成为国防工业中重要的红外窗口、透明装甲以及红外导弹整流罩的理想材料。

5.1 镁铝尖晶石透明陶瓷的基本性质

5.1.1 镁铝尖晶石的晶体结构

尖晶石是一组分子组成为 AB$_2$O$_4$ 的等轴晶系的系列化合物，其结构也称为尖晶石结构。镁铝尖晶石(MgAl$_2$O$_4$)作为尖晶石(AB$_2$O$_4$)结构的代表，属立方晶系，面心立方(fcc)点阵。镁铝尖晶石结构可看作氧离子形成面心立方最紧密堆积，再由 Al^{3+}占据 64 个四面体空隙的 1/8，即 8 个 A 位，Mg^{2+}占据 32 个八面体空隙的 1/2，即 16 个 B 位。由于氧离子比金属阳离子大得多，铝和镁的金属离子分别按一定的规律插入氧离子按最密堆积形成的八面体和四面体空隙中，并保持电中性。这样一个晶胞中有 32 个氧离子、16 个八面体中心离子(Mg^{2+})和 8 个四面体中心离子(Al^{3+})，如图 5-1 所示。

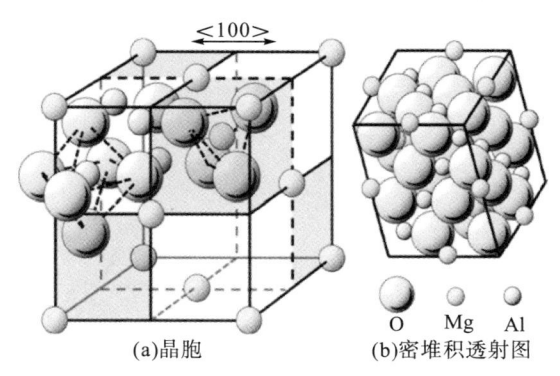

(a)晶胞　　(b)密堆积透射图

图 5-1 镁铝尖晶石的晶体结构

大多数尖晶石结构化合物，A、B 位离子化合价比为 2∶3。在现有百余种尖晶石结构化合物中，除 2∶3 外，化合价比最常见的是 4∶2，其结构多为反尖晶石结构，如 TiMg$_2$O$_4$、TiZn$_2$O$_4$、TiMn$_2$O$_4$。反尖晶石型结构可看作 8 个 A 位离子与 16 个 B 位离子中的 8 个进行相互换位，即 8 个 B^{2+} 离子进入四面体间隙（A 位），剩下 8 个 B^{2+} 离子与 8 个 A^{4+} 离子复合占据正常情况下 B 位的八面体间隙。除正反两种极端情况外，还可能有混合型中间状态分布。这样可用反分布率 α 定量表示 A 离子占八面体上的分数，从而将各种尖晶石结构通式扩充如下：

正型：(A)四面体(B_2)八面体O_4，$\alpha=0$。

反型：(B)四面体(A,B)八面体O_4，$\alpha=1$。

混合型：$(B_\alpha,A_{1-\alpha})$四面体$(A_\alpha,B_{2-\alpha})$八面体O_4，$0<\alpha<1$。

正型与反型的属性及反位的程度对于化合物材料的性能有较大影响。对于常见的 2∶3 和 4∶2 化合价比的尖晶石结构，前者趋于正型，后者趋于反型。但纵观全部物种，不仅有相当数量趋于混合型，且范围程度不能确定，而且还有若干品种完全不遵从这一规律。影响这种分布的因素极其复杂，有离子键的静电能、离子半径、共价键的空间分布、晶体场等诸多方面。根据经验数据可将大部分二、三价离子的优先顺序排出：Zn^{2+}，Cd^{2+}，Ga^{2+}，In^{3+}，Mn^{2+}，Fe^{3+}，Mn^{3+}，Fe^{2+}，Mg^{2+}，Cu^{2+}，CO^{2+}，Ti^{3+}，Ni^{2+}，Cr^{3+}。离子排序越往前越倾向于四面体填隙，反之倾向于八面体填隙。多晶镁铝尖晶石相图如图 5-2 所示。MgO 与 α-Al_2O_3 形成一系列固溶体，在高于 1773K 时，存在 MgO 在镁铝尖晶石的固溶体区。当镁铝尖晶石中的 Al_2O_3 和 MgO 按照两相摩尔比值为 1.0 进行固溶时，即称之为严格的化学配比镁铝尖晶石，简称化学配比镁铝尖晶石。当镁铝尖晶石中 Al_2O_3 和 MgO 的摩尔比值为 1.0，即为化学配比镁铝尖晶石时，此时为镁铝尖晶石的饱和结构，结构稳定具有较高的热稳定性，它的晶体结构在高温下不变，不存在相变，光学各向同性。从图 5-2 中可以看出，镁铝尖晶石是相图中的一个中间化合物。Al_2O_3/MgO 比值根据形成镁铝尖晶石结构和固溶体的作用不同，对其性能存在一定的影响。当比值为 2.53 时，膨胀率为 5%～8%，同时镁铝尖晶石的生成率最高。但是当比值大于或小于 2.53 时，往往会有 Al_2O_3 剩余或 MgO 剩余，得到刚玉相或方镁石相与镁铝尖晶石固溶体的混合物。由于这种固溶体内镁铝原子比例异常，易发生 $3Mg^{2+} \longrightarrow 2Al^{3+}$ 的不完全异价置换，所以更容易烧结，通常被称为缺陷尖晶石。

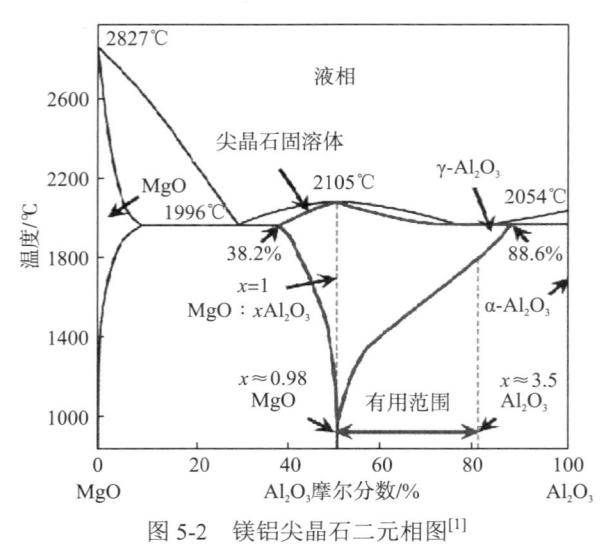

图 5-2 镁铝尖晶石二元相图[1]

5.1.2 镁铝尖晶石的物化性质

镁铝尖晶石具有很高的硬度、熔点、机械强度，透明尖晶石陶瓷能经受极端恶劣环境的考验，耐酸碱腐蚀性好，其性能与白宝石接近，可作为其替代品。表 5-1 为镁铝尖晶石透明陶瓷的物理性质。

表 5-1 镁铝尖晶石透明陶瓷的物理性质[2]

物理性质	值
密度/(g/cm^3)	3.58
熔点/℃	2135
莫氏硬度	8.5
维氏硬度/(GPa，10kg)	12.0～16.8
弯曲强度/MPa	70～250
热导率/(W/mK)	16.4@100℃ 15.7@200℃ 14.9@300℃
杨氏模量/GPa	190
平均热膨胀系数/(10^{-6}/℃)	7.33(20～500℃)
理论透过率/%	87

从表 5-1 中可以看出，镁铝尖晶石主要有以下特点。
(1) 熔点高，密度较低，相同体积下重量较轻。
(2) 稳定的立方晶型，无双折射和多晶型转变现象，入射光的损耗低。
(3) 透过波段范围广(可见光到红外波长)，光学透过率高。
(4) 硬度高，三点抗弯强度高，力学性能优异。
(5) 热导率高，在高温下陶瓷内部热应力小，抗热冲击性能优良。
(6) 优异的耐磨性、耐蚀性和抗热震稳定性。

综合来讲，镁铝尖晶石透明陶瓷具有优异的综合性能，对透明装甲应用所需的高强度和高光学质量等要求均能满足。室温下镁铝尖晶石不受浓无机酸的腐蚀作用，和刚玉相比，具有更好的耐碱、熔融金属、矿渣、盐类以及碳等侵蚀的能力，可作为耐火材料，具有高的耐火度、高温强度、耐各种腐蚀介质作用的能力。由于高的介电特性和电绝缘特性，镁铝尖晶石是非常有前景的电绝缘材料。

5.1.3 镁铝尖晶石透明陶瓷的光学性能

透明陶瓷的光学性质主要指的是其对光线的透过能力。透明陶瓷透过能力的衡量指标就是透过率，透过率是透射光功率与入射光功率之比。透射率与材料表面反射、材料内部吸收有关。一束光入射到物质表面时，一部分光线被反射，一部分被材料吸收，剩下的则是透过光。只要减少反射光线及被材料吸收的光线，则透过光线功率所占入射光线功率就会增加，即透过率会提高。吸收有两类：一类是本质吸收，即光的能量被物质内电子吸收，这类吸收主要由原子种类和结构决定，由于镁铝尖晶石的禁带宽度是 7.8eV，它对能量在其禁带宽度以下的光子不产生吸收，故其在可见光波段范围内是透明的；另一类是光在材料内部发生散射的现象。尖晶石对电磁波透过范围为紫外光到中红外波长范围（0.2～5.5μm）。镁铝尖晶石相较于 AlON 透明陶瓷及蓝宝石来说能透过的波长范围更广，并且其能透过的 4.5～5.5μm 波长对于红外探测引导及成像系统来说是至关重要的波段（图 5-3）。

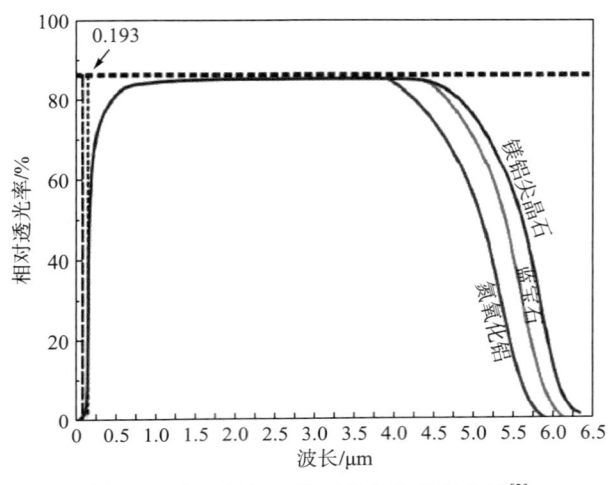

图 5-3　多晶镁铝尖晶石的典型透射光谱[3]

图 5-4 是镁铝尖晶石透明陶瓷与常用的红外窗口材料蓝宝石单晶和 AlON 透明陶瓷的透过率对比图。从图中可以看出，镁铝尖晶石具有较高的红外截止波长，在 4.8μm 处的透过率高于其他两种材料，且该优势在高温条件下尤为明显。

(℃)	蓝宝石	AlON
25	4%	8%
250	5%	9%
500	5%	13%

4.8μm处镁铝尖晶石的透过率相较于蓝宝石和AlON的增幅(%)

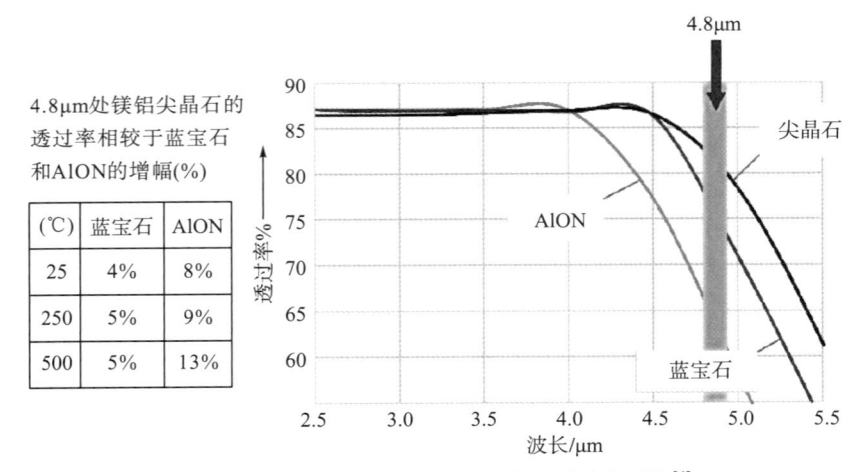

图 5-4　常用红外窗口材料红外波段透过率对比[4]

5.1.4 镁铝尖晶石透明陶瓷透光性能的影响因素

从光学角度分析,影响 $MgAl_2O_4$ 透明陶瓷直线透过率的主要因素有:光的反射(R)、光的散射(S)以及光吸收(A)、入射光的强度(I_0)、透射光的强度(I_T)等,可表示为

$$I_0 = I_T + R + S + A = 1 \tag{5-1}$$

当入射光强度 I_0 一定时,要想提高透射光的强度 I_T,必须控制光的反射 R、散射 S 以及吸收 A。关于光反射,一般认为由镜面反射(R_S)和漫反射(R_D)两部分组成。图 5-5 是光在多晶陶瓷体内的传播示意图。据报道,当用 532nm 波长的光照射镁铝尖晶石时,晶体单一表面的镜面反射率接近 7%,这意味着光通过材料其最小镜面反射率约为 14%,也进一步说明镁铝尖晶石的理论直线透过率最大约为 86%。漫反射一般取决于晶体表面的平整度和光滑度,因此表面精密加工技术影响镁铝尖晶石透明陶瓷的光学性能。

光散射主要由透明陶瓷在烧结过程中出现的气孔、杂质、析出相、添加剂以及晶界造成,同时也与材料的化学剂量比和压力有关,其中气孔是尖晶石晶体散射中最主要的散射源。孔隙率减小一半对应材料的散射率将降低一个数量级,因此控制气孔率和气孔直径是制备透明镁铝尖晶石的重要控制目标之一。气孔直径对材料的光散射也存在很大影响。由图 5-6 中可以看出,同一入射光波长(h)下,随气孔直径(D)的增加,相对透光率逐渐下降,同一气孔直径下,随入射光波长的增加,材料相对透光率的下降是逐渐降低的,计算中固定镁铝尖晶石陶瓷中气孔率为 0.01%。当入射光波长到达红外区域,要保持材料的相对直线透光率,气孔直径也需要控制在小于 100nm。由以上分析可知气孔率和气孔直径对材料光学性能的影响,而控制或消除这一影响主要依赖于陶瓷坯体烧结中的致密化技术,这也是镁铝透明尖晶石陶瓷烧结研究的一个主要方向。

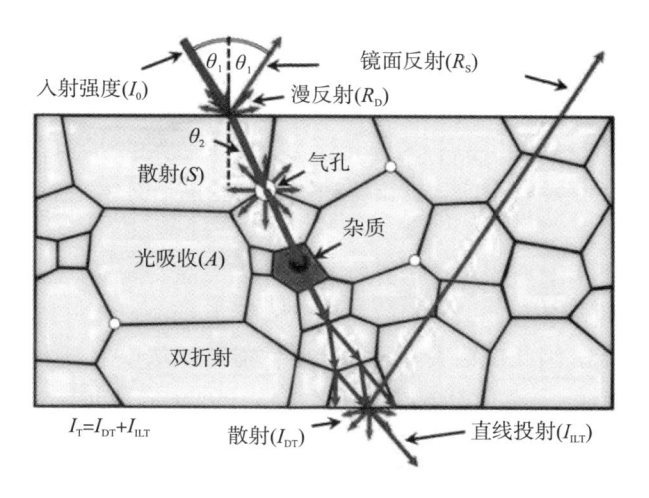

图 5-5 光在多晶陶瓷体内的传播[3]

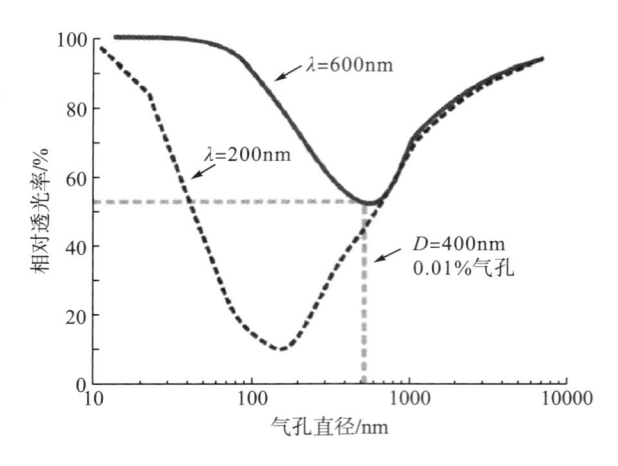

图 5-6 气孔直径对尖晶石相对光学透过率的计算[4]

杂质是造成光学散射的另一个重要因素。它在烧结过程中容易在晶界处聚集形成光散射中心,同时部分杂质原子会进入主相晶格内部造成晶格畸变,进而影响材料的光学质量。原料粉体在制备过程中无法避免杂质的引入,故降低杂质含量是制备高光学质量透明陶瓷的关键。杂质对光散射的贡献也非常大,其影响主要是由于杂质的出现一定程度上改变了多晶材料的微观结构,进而影响其性能。通常认为要获得高透光率的镁铝尖晶石,粉体纯度需要达到 99.99%,而且杂质中的阳离子含量也有一定要求,需小于 5×10^{-4}。杂质除了造成光散射外,也引起光吸收。$10^{-7}\sim10^{-6}$ 质量分数的杂质会引起较宽范围的光吸收。在小于 2mm 的薄块体中,仅质量分数 0.1% 的残余杂质就有可能导致陶瓷不透明。杂质的引入主要源于粉体制备和坯体烧结两个环节,其中坯体烧结中助剂的影响相对较小,而粉体制备过程更容易引入杂质。因此制备高纯度的粉体材料,是减少杂质、保证质量的一个基本条件。晶界也是引起光散射的重要因素之一,当单位体积内晶界数量较多,入射光遇到晶界时,如果晶界两边以及晶粒与晶界材料的折射率不同,必然引起光的连续反射和折射。组分不同的晶粒之间存在不同的折射率,入射光在经过相界面时会产生散射,因此材料的相成分越复杂,其透过率越低。为避免组分差异造成的光学损失,通常采用单一物相来制备透明陶瓷。因此为保证镁铝尖晶石的透光性,除要求晶界的洁净度外,还需要晶界尽可能薄,光的匹配性好,且没有空穴、位错等缺陷。这些也是对镁铝尖晶石陶瓷制备和加工工艺的具体考核指标。

从以上分析可以得知,要想获得透光性好的镁铝尖晶石陶瓷,需要控制可能引起材料对光反射、散射和吸收的各种因素,而这些因素实际上是由粉体材料、烧结工艺、晶体表面加工工艺等方面引起,因此镁铝尖晶石的光学性能需要从以上三个角度综合控制。采用双金属醇盐法制备的镁铝尖晶石粉体材料纯度可达 99.99%,同时实现了粉体材料粒度的可控性以及良好的分散性,但粉体材料的形貌,特别是球形粉体的研究还有待于进一步深入。综合上述因素,制备高质量透明陶瓷所必需的条件有:高的相对密度(>99.99%,即残余气孔率小于万分之一);无光学各向异性,晶体结构以立方晶系为最佳;晶界无杂质和第二相的存在;晶体对入射光的选择吸收小;表面平整,表面粗糙度低等。因此,采用高纯度的原料粉体，通过一定的工艺手段降低杂质同时排除气孔，并通过抛光等手段减少由于表面粗糙引起的散射，能够制备得到光学性能优良的多晶透明陶瓷。

5.1.5 镁铝尖晶石透明陶瓷的发展历程

20世纪50年代，美国Linde Air Products公司首次制备出镁铝尖晶石晶体，并且探索得到其部分物化性能。20世纪60年代初，随着对镁铝尖晶石研究的深入，发现其在可见光到红外波段高的光学透过率以及优异的力学性能，从而具备了在透明装甲及红外传感等领域的应用潜力。1969年，美国GE公司采用氧化铝和氧化镁作为原料粉体，添加2wt%的LiF和SiO_2作为烧结助剂，在H_2气氛中于1900℃下烧结，成功制备出镁铝尖晶石透明陶瓷，在红外波段的透过率达到60%，其透过率曲线如图5-7所示。

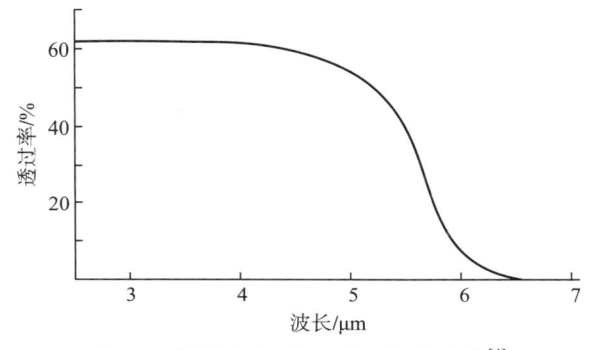

图 5-7　镁铝尖晶石的直线透过率曲线[4]

20世纪70年代，美国军方与Raytheon公司开始针对先进短程空对空导弹这一军事领域来制备镁铝尖晶石陶瓷红外整流罩，但是由于镁铝尖晶石晶格中的氧离子扩散速率低，导致其烧结致密化速率较低，以真空烧结和无压烧结为主的烧结方式难以完全消除镁铝尖晶石陶瓷内部的残余气孔。Raytheon公司使用熔铸法，在金属钼模具中将混合均匀的MgO和Al_2O_3粉体按照化学计量比1∶2的比例进行熔化，最终制备得到的产品具有良好的光学质量，陶瓷的硬度达到1750kg/mm^2。但是由于降温过程中陶瓷内部热膨胀梯度不同导致陶瓷内部产生热应力，大多数陶瓷在冷却过程中开裂。20世纪80年代初，美国的Coors Porcelain公司和Raytheon公司在美国国防部的大力支持下，使用高纯度的纳米镁铝尖晶石粉体，通过预烧结合热等静压烧结的两步烧结法制备出性能较为完善的镁铝尖晶石透明陶瓷材料，并很快应用于红外战术导弹系统。图5-8所示是Raytheon公司制备的镁铝尖晶石透明陶瓷，其光学性能优异，同时抗弯强度达到(184±11)MPa。随后，俄罗斯、英国、法国、日本等国也加强了对这种材料的研制，并陆续用于多种武器系统，对提高武器装备性能起到了重要作用。美军通用的STINGER-POST导弹及其他一些导弹已成功地采用Alpha Optical Systems公司制备的镁铝尖晶石陶瓷整流罩，各种研究证实了其优越性。2000年以后，镁铝尖晶石透明陶瓷的制备工艺迅速发展，美国的TA&T、Armorline和Surmet等公司以镁铝尖晶石粉体为原料，以LiF为烧结助剂，通过热压烧结结合热等静压烧结的方法成功制备出高透过率、大尺寸的样品，图 5-9 所示是美国 Surmet 公司制备的大尺寸镁铝尖晶石整流罩的实物图。

图 5-8　Raytheon 公司制备的镁铝尖晶石透明陶瓷的实物[5]

图 5-9　Surmet 公司制备的大尺寸镁铝尖晶石整流罩的实物图[5]

目前，大部分镁铝尖晶石透明陶瓷是先通过热压烧结法得到开口气孔率接近 0 的预烧体，然后利用热等静压烧结消除残余气孔制备。Dericioglu 和 Kagawa[6]使用结合热压烧结和热等静压烧结的两步工艺，首先通过热压烧结在 1400～1500℃、50MPa 压力下烧结 1h，然后使用热等静压在 1900℃、189MPa 下烧结 1h。结果表明，经 1400℃热压预烧结的试样具有最高的透光率，其可见光到中红外波段透光率最高能到 70%，并且研究表明晶界微裂纹密度对透光性影响很大。Sutorik 等[7]使用 HP 及 HIP 相结合的方法制备了成分为 $MgO_{1.2} \cdot Al_2O_3$ 的尖晶石透明陶瓷，20MPa 压力下在 1600℃预烧结 5h，然后通过热等静压在 200MPa 气压及 1850℃下烧结 5h，陶瓷可见光波长范围透光率不低于 82%，接近理论透光率。陶瓷晶粒尺寸为 300～1000μm，由于其晶粒显著长大，其力学性能偏低，弯曲强度为(176.8±46.2)MPa，杨氏模量可达(292.9±7.5)GPa。Dericioglu 等[8]详细研究了通过热压及热等静压制备不同成分镁铝尖晶石陶瓷，并研究了不同成分对尖晶石力学性能的影响。采用商业 MgO 和 Al_2O_3 粉体作为原料。通过调整 n 值分别为 1、1.5 和 2 来控制

MgO·nAl$_2$O$_3$组分。结果表明,当 n 值为 1 时,由于晶粒间的微裂纹,所制备的镁铝尖晶石对光的散射系数最大。当 n 值升高时,其透光率也随之上升。当 n 值为 2 时,其断裂韧性最高,达到了 2.02MPa·m$^{1/2}$。综合其光学性能和力学性能,富铝的镁铝尖晶石陶瓷有很好的工程应用潜力。

随着制备工艺的成熟,研究工作者利用镁铝尖晶石陶瓷高离子掺杂浓度的特点,开展了稀土和过渡族金属离子掺杂特性的研究。Wu[9]制备了 Ni^{2+}掺杂 MAS 透明玻璃陶瓷,主晶相为镁铝尖晶石。研究了 Ga$_2$O$_3$ 对该玻璃体系析晶行为的影响,结果表明:Ga$_2$O$_3$ 有利于尖晶石相的析出,Ni^{2+}掺杂玻璃陶瓷的发光强度显著增加,最长的发光寿命大于 250μs,该材料在宽带光放大器和激光材料中有潜在的应用价值。Molla 等[10]从 MAS 基础玻璃体系中制备了 Cr^{3+}掺杂 MgAl$_2$O$_4$ 玻璃陶瓷,晶粒尺寸为 10~15nm。研究表明:Cr^{3+}掺杂引起晶粒的长大,Cr^{3+}占据晶体结构中的八面体位置。Loiko 等[11]制备了 Co^{2+}:Mg(Al,Ga)$_2$O$_4$ 透明玻璃陶瓷。研究表明:热处理后 Co^{2+}进入纳米晶的四面体位置,且浓度随温度的升高而增加,该材料表现出一种长波转换的吸收带特性(>1.67μm),有望作为 1.6~1.7μmD 的 Er^{3+}激光的饱和吸收器。

国内北京中材人工晶体研究院率先开展了透明镁铝尖晶石陶瓷的研究工作,目前已能制造出尺寸较小的平板形透明镁铝尖晶石陶瓷制品,探索了热压烧结/热等静压烧结和真空烧结/热等静压烧结两种制备新工艺,较小尺寸制品的性能达到国际先进水平。中国科学院上海硅酸盐研究所、武汉理工大学、四川大学等多所大学和科研单位也对镁铝尖晶石透明陶瓷做了相关的研究。

5.2 镁铝尖晶石透明陶瓷的制备

5.2.1 镁铝尖晶石陶瓷的粉体制备

随材料体系、制备工艺及材料用途的不同,对粉料的要求不完全相同,制备透明尖晶石陶瓷用的高性能粉体的基本要求如下[12]。

(1)细度:由于表面活性大及烧结时扩散路径短,细粉可在较低的温度下烧结,并获得高密度的陶瓷烧结体。

(2)纯度:粉料的化学组成及杂质对所制备材料性能的影响很大,某些微量杂质将大大改善或恶化其性能。

(3)颗粒形态:颗粒尽可能为等轴状或球形,且粒径分布范围窄,采用这种粉料成型时可获得均匀紧密的颗粒排列,避免烧结时由于粒径相差大而造成的晶粒异常长大及烧成缺陷。

(4)团聚:粉体的团聚是超细粉料的严重问题,为此,粉料制备时必须采取一定的措施来减少一次粒子的团聚或降低其团聚程度,获得密度均匀的粉料成型体。

透明镁铝尖晶石陶瓷的透光性能对于烧结粉体的纯度与粒度十分敏感,所以制备出高纯、高烧结活性、成分均匀、粒径分布窄、良好分散性和合理成本的镁铝尖晶石粉体十分重要。当原料粉体粒径均匀细小且分散均匀时，烧结时微细颗粒可缩短气孔扩散传质的距离，非常有利于气孔的排除和原料烧结性能的改善。颗粒细小且均匀分布的粉体具有较高的烧结活性，更加有利于烧结体致密化。

镁铝尖晶石陶瓷粉体的制备方法可分为以下几种。

1. 固相反应法

固相反应合成法是工艺成熟且适合大规模生产的方法。利用高纯的 MgO 粉体和 Al_2O_3 粉体在高温下直接通过固相反应合成，当合成温度为 1450℃时得到亚微米的尖晶石粉体，合成温度大于 1600℃时得到微米级粉体。这种方法合成的粉体粒径分布很广，烧结活性不高，可以在使用之前经过再次的球磨，降低粉体粒径分布。在通常情况下反应生成尖晶石相时由于 5%～7%的体积膨胀导致固相反应不完全，所以一般生产过程中在球磨处理后，还会将粉体进行再一次的焙烧处理。该方法工艺简单，但是能耗大，在球磨过程中容易受到二次污染。Kim 和 Saito[13]以高纯度氢氧化镁与氢氧化铝作为原料，在 900℃焙烧得到了单相 $MgAl_2O_4$ 粉体。王修慧等[14]以高纯 MgO 和氢氧化铝为原料，通过固相反应法在 1400℃制备出纯度达 99.995%、粒径分布较窄的亚微米镁铝尖晶石粉体。占文等[15]以分析纯的 $Mg(NO_3)_2 \cdot 6H_2O$、$Al_2O(CH_3CO_2)_4 \cdot 4H_2O$ 为原料，柠檬酸为配合剂，采用低热固相反应法制备 $MgAl_2O_4$ 粉体。将原料及配合剂置于研钵中分别研磨 30min，称取 Al：Mg 摩尔比为 2：1 的 $Mg(NO_3)_2 \cdot 6H_2O$ 和 $Al_2O(CH_3CO_2)_4 \cdot 4H_2O$，用柠檬酸作为配位络合剂，按柠檬酸：(Mg+Al)=1：1 混合加入玛瑙研钵中，在室温混合研磨 30min。研磨所得白色糊状物置于干燥箱中，80℃条件下干燥至恒质量后得到白色疏松泡沫状前驱体，热处理得到白色 $MgAl_2O_4$ 粉末，产物比表面积达到 $166m^2/g$。此法便于操作和控制，且具有不使用溶剂、高选择性、高产率、污染少、节省能源、合成工艺简单等特点。

2. 蒸发分解法

蒸发分解法是将溶液中的溶剂蒸发并使盐类分解生成粉状物，再通过焙烧生产粉体的方法。将 $Mg(NO_3)_2 \cdot 6H_2O$ 和 $Al(NO_3)_3$ 按摩尔比 1：2 溶于蒸馏水中，再加聚乙烯醇，并使金属离子与 PVA 单体的摩尔比达到 1：3。在 130～160℃下加热混合液并不断搅拌使溶剂蒸发。当溶剂蒸发完后，硝酸盐开始分解，形成粉状物。将其于 1000℃焙烧 2h 即可得晶粒尺寸约为 30nm 的尖晶石相粉体。与常规的固相反应法和共沉淀法相比，上述方法可在较低的温度下合成镁铝尖晶石，且工艺较简单、成本低。

3. 溶胶-凝胶法

溶胶-凝胶法制备镁铝尖晶石通常使用金属醇盐，通过加入螯合剂，在一定温度下经陈化处理，使醇盐通过水解、缩聚得到凝胶。再将凝胶经过干燥得到纳米 $MgAl_2O_4$ 尖晶石前驱体粉末，经过焙烧处理后即可得到纳米尺度均匀性良好的镁铝尖晶石粉末。溶胶-凝胶法具有以下优点。

(1) 通过几种溶液的混合，可以获得相分布均匀的多组分体系。

(2) 材料制备温度降低，在较低温度（500～600℃）条件下制备出纳米粉体材料，特别在多相功能材料制备中应用广泛。

(3) 可制备出纯度极高的物质，避免了高温熔融法时坩埚等污染的问题。

(4) 通过调节其组分来控制溶胶的流变性，使其能用于喷涂、旋涂、浸渍等方法。

不是所有金属盐都能用来制备溶胶，而通用性较好的金属醇盐成本较高，并且还需对醇进行回收使用，从而导致前期成本增加，且采用有机物大都有毒性，工业化生产有一定难度。生产周期长，凝胶中有大量孔洞，干燥过程中伴随着溶剂有机物及反应生成的气体挥发，干燥时收缩大。

Pacurariu 等[16]采用异丙醇铝和 $Mg(NO_3)_2·6H_2O$ 作为原料，HNO_3 作为交联剂，经陈化干燥后，最后经过 700℃ 焙烧得到了纳米尺度的镁铝尖晶石粉体，该方法有效避免了前期制备双金属醇盐浓度及纯度的问题。刘炜和毋登辉[17]按 $n(Mg):n(Al)=1:2$ 将金属镁片和铝片同时放入足量正丁醇中，以单质碘为催化剂加热，反应制得镁铝双金属正丁醇盐，进一步加热、减压蒸馏提纯醇盐。将得到的高纯度醇盐用无水乙醇稀释至 0.9mol/L，按 $n(乙酰丙酮):n(醇盐)=1:6$ 加入乙酰丙酮，并在 40℃ 下滴加 95% 乙醇进行水解，反应 2h 得到溶胶，干燥形成凝胶，进一步煅烧制得平均超细 $MgAl_2O_4$ 粉体。此法制得的粉体颗粒细小、均匀性好，且粉体表面活性高。赵君红等[18]以无水 $AlCl_3$ 和无水 $MgCl_2$ 为原料、无水乙醇为供氧体、二氯甲烷为溶剂，将无水 $MgCl_2$ 加入乙醇和二氯甲烷的混合溶液中，搅拌 15min，然后边搅拌边缓慢加入无水 $AlCl_3$，加完后继续搅拌 30min。将得到的溶胶移到压力容器中，在烘箱中于 110℃ 加热使其凝胶化，然后在 70℃ 真空干燥 12h 制成干凝胶，最后经 900℃ 煅烧，可合成平均粒径为 50nm 左右的高纯镁铝尖晶石纳米粉体，此法简化了过程，不同金属离子达到了原子级均匀混合。张显等[19]采用硝酸镁[$Mg(NO_3)_2·6H_2O$]和硝酸铝[$Al(NO_3)_3·9H_2O$]为反应原料，溶解于水制备成硝酸盐溶液，再加入柠檬酸溶液，得到柠檬酸铝镁盐前驱体溶液，再将该溶液分为两份，其中一份加入尿素溶液。将两种溶液在 60～85℃ 烘箱中干燥 48h 得到透明的溶胶，再放入 180℃ 烘箱中得到泡沫状样品，随后将两种样品放入马弗炉中煅烧，在 800℃ 煅烧就有镁铝尖晶石相产生，颗粒尺寸随焙烧温度的升高而增大。相同温度下含脲前驱体制得的纳米粉体更细小，尿素的加入促进了燃烧反应并放热，产生大量气体，有利于柠檬酸盐分解和抑制尖晶石晶粒生长与团聚，在 800℃ 得到尺寸为 20～30nm 的尖晶石粉体。仝建峰等[20]以 $Mg(OH)_2·4MgCO_3·6H_2O$ 和 Al_2O_3 为原料，按摩尔比 Mg:Al=1:2（化学计量比）称取分析纯 $Mg(OH)_2·4MgCO_3·6H_2O$ 和 Al_2O_3，采用凝胶固相法进行实验。丙烯酰胺（C_3H_5NO）作为有机单体，N,N'-亚甲基双丙烯酰胺作为交联剂，过硫酸铵[$(NH_4)_2SO_4$]水溶液作为引发剂，四甲基乙二胺（$C_6H_{16}N_2$）作为催化剂，用 JA-281 陶瓷料浆作为分散剂，并用 $NH_3·H_2O$ 调节料浆的 pH。此法制备出的 $MgAl_2O_4$ 微粉纯度高，分散性好，得到球形粉体的平均粒径为 0.5μm。凝胶中含有大量液相或气孔，使其在热处理过程中粉体颗粒不易产生严重团聚，容易控制粉体的颗粒度。采用溶胶-凝胶法制备超细 $MgAl_2O_4$ 粉体平均粒度可以达到 5～20nm。

4. 共沉淀法

共沉淀法制备镁铝尖晶石通常分别采用水溶性镁、铝盐以准确化学计量比配制溶液，通过充分搅拌，使成分在原子水平达到均匀，然后向溶液加入适当的沉淀剂，调整反应条件，使反应物按照化学配比同步产生，沉淀物再经过焙烧得到纳米级别纯度很高的粉体。共沉淀法的关键在于要制备出均匀的沉淀物，则必须控制反应条件，如 pH 的稳定及合适温度，使产物能够均匀地沉淀且能全部沉淀，不然会产生偏析。Li 等[21]使用 $Al(NO_3)_3·9H_2O$ 和 $Mg(NO_3)_2·6H_2O$ 作为原料，碳酸氢铵（NH_4HCO_3）作为沉淀剂，使用氨水调节 pH 稳定在 11.5，在 50℃下持续搅拌得到 $NH_4Al(OH)_2CO_3·H_2O$ 及 $MgAl_2(CO_3)(OH)_{16}·4H_2O$ 沉淀物，通过 1100℃焙烧成功制备了纳米尺度的镁铝尖晶石粉体，并且在 1750℃真空气氛下成功制备出半透明镁铝尖晶石陶瓷。赵惠忠等[22]以 $Mg(NO_3)_2$ 和 $Al(NO_3)_3$ 为原料，氨水作沉淀剂，按镁铝尖晶石的理论配比，MgO 和 Al_2O_3 的摩尔比为 1:1 进行称料，用去离子水溶解，配置 $Mg(NO_3)_2$ 和 $Al(NO_3)_3$ 的混合盐溶液，置于磁力搅拌器上搅拌，用碱式滴定管向硝酸镁和硝酸铝的混合液中滴加氨水，控制温度进行沉淀反应，反应结束后静置一段时间，然后用蒸馏水进行多次抽滤，洗去 NO_3^- 和 NH_3^{+}，清洗后的产物在 80℃水浴中加热 2h。真空干燥处理后得到疏松的干凝胶，再进行热处理（200℃、400℃、600℃、800℃、1000℃、1150℃），经 XRD 分析，在 400~600℃已经开始生成镁铝尖晶石，在 800~1000℃时，完全生成镁铝尖晶石，这种方法大大降低了镁铝尖晶石粉体的合成温度。

5. 均匀沉淀法

均匀沉淀法是不外加沉淀剂，使溶液内自生成沉淀剂，然后与溶液中的 Mg^{2+} 和 Al^{3+} 生成沉淀，再经干燥、焙烧制得粉体。此法可消除外加沉淀剂的局部不均匀现象。Hokazono 等[23]采用两种溶液体系来制备镁铝尖晶石粉体。一种是以 $Al(NO_3)_3$、$Mg(NO_3)_2$ 和尿素为原料，按镁铝尖晶石的理论配比，MgO 和 Al_2O_3 的摩尔比为 1:1 进行称料，用去离子水溶解配制成水溶液，用 HNO_3 调节水溶液体系的 pH 为 2 左右，置于恒温水浴搅拌，90℃水浴加热 22.5h；另一种是以 $Al_2(SO_4)_3$、$MgSO_4$、尿素为原料，按镁铝尖晶石的理论配比，MgO 和 Al_2O_3 的摩尔比为 1:1 进行称料，用去离子水溶解配制成水溶液，用 H_2SO_4 调节水溶液体系的 pH 为 2 左右，置于恒温水浴磁力搅拌器上搅拌，90℃水浴加热 38h。两种方法得到的沉淀物用蒸馏水离心洗涤多次，得到的沉淀产物在 100℃干燥 24h，然后进行热处理（800~1000℃）。两种水溶液体系都得到了比表面积较大的镁铝尖晶石粉体，但是与硝酸盐体系相比，硫酸盐体系制备的镁铝尖晶石粉体的显微结构更加均匀，烧结活性更好。

6. 水热法

水热法也称为溶剂热法，通常是指反应在密封压力容器中进行，并且常用水为溶剂和媒介，在密闭环境中通过高温和高压制备粉体的方法。在此条件下溶剂处于临界状态，其活性提高促进反应，使反应物在溶剂中的物化性能均发生很大改变。其有别于一般粉末合成中固相反应的传质机制，水热反应是通过均相成核及非均相成核，这也恰好使其能够制备出其他方法不易制备出的新材料。水热法由于在溶液中离子混合均匀，并且在高压高温下结晶过程快，按照化学计量反应，可把杂质排到溶液中，得到高纯度、成分均匀、粒度可控的镁铝尖晶石粉体前驱体，经过焙烧后即可得到尖晶石粉体。但是水热法在高温高压下有一定危险性，产量很小，且必须选择溶解度良好的原料，否则在反应前原料就已经晶化。

7. 醇盐水解法

醇盐水解法是一种通过金属醇盐水解来制备陶瓷粉体的湿化学方法。金属醇盐遇水容易水解生成水合氧化物或者氢氧化物，在适当温度下煅烧后可以得到高纯的陶瓷粉体。金属醇盐水解法是制备纳米粉体的有效方法，具有设备、流程简单等优点。北京中材人工晶体研究院利用醇盐水解法制备出性能优异的镁铝尖晶石粉体，并烧结出大尺寸、高透过率的透明陶瓷。

8. 燃烧法

采用水溶性盐类（例如硝酸盐）和具有良好溶解性的引燃剂及耦合剂（如柠檬酸等），有机燃料在反应中充当还原剂被金属盐类氧化，溶液经过陈化处理及凝胶干燥后，在一定温度下开始氧化还原反应，该燃烧反应释放出大量的热量，反应可由自身反应释放的热量继续进行，反应十分迅速，通常在几分钟内即可完成，由于反应过程中逸出气相，使得其生成物是分散良好、易研磨的纳米尺度粉体。燃烧法可以实现在溶液中离子在原子尺度内均匀混合，所以可以很轻易地获得精确配比成分均匀的粉末。但是在溶液中依然存在很多种类的柠檬酸化合物，所以柠檬酸含量会影响柠檬酸复合物的形成及接下来胶粒的形成。Zhang 等[24]使用六水合硝酸镁及九水合硝酸铝作为反应物，采用柠檬酸作为燃烧剂，通过溶胶凝胶燃烧法制备了高纯纳米镁铝尖晶石粉体，并且研究了其反应机制，研究表明其溶胶凝胶燃烧法是通过两步法得到镁铝尖晶石，第一步在燃烧过程中裂解生成氧化物，第二步通过固相反应生成尖晶石粉体。Nassar 等[25]使用硝酸盐作为原料，研究了草酸、柠檬酸和尿素不同燃烧剂对合成镁铝尖晶石粉末的影响。研究表明三种燃烧剂均能制备出成分、粒度均匀的纳米镁铝尖晶石粉体，其中焙烧后柠檬酸作为燃料制备的粉体具有更小的晶粒、更高的烧结活性。Lanos 和 Lazau[26]将 $Mg(NO)_2·6H_2O$、$Al(NO_3)_3·9H_2O$ 和 $C_6H_{18}N_4$ 溶解于少量蒸馏水中，然后快速加热到 300℃，溶液即发生脱水、分解及燃烧，将得到的粉末在 700℃下煅烧 3h 以除去剩余的有机物。燃烧生成物为单相高性能的尖晶石粉，平均粒径为 4.9nm，粉体比表面积为 $175.8m^2/g$。

9. 冷冻干燥法

冷冻干燥法是将配制好的金属盐水溶液通过喷雾的方式，喷到低温液体上从而使液滴瞬间冰冻，然后通过减压保持低温冰冻状态使冰晶升华，最后将干燥后的金属盐粉末焙烧制备尖晶石粉体的方法。Wang 等[27]用铝溶胶和甲氧基镁作为冷冻干燥法的起始原料，将按化学计量比配制好的铝溶胶滴加到甲氧基镁中，陈化处理后即可得到尖晶石溶胶，然后将该溶胶在 85℃下干燥 48h 除去过量的溶剂，紧接着使用喷嘴将溶胶喷射到含有低温液氮的盘子上瞬间凝固，经减压升华后得到干燥粉体，在 1100℃煅烧 12h 后得到尖晶石粉体，经扫描电镜分析该粉体粒径为 50nm，具有很高烧结活性，得到的粉体通过烧结及热等静压后制备出了双模式晶粒尺寸分布的透明尖晶石陶瓷。但是该法制备的粉体容易产生软团聚，需要在烧结前进行分散。

10. 超临界法

超临界法是利用溶液中的溶质在超临界条件下由于气液界面消失，表面张力消失而分解成固态粒子来制备前驱体。该方法还需要经过热处理结晶化才能得到粉体。该方法可以避免干燥带来的收缩和破碎问题，避免前驱体中发生团聚，维持初级粒子的结构和状态。Barj等[28]从处在超临界态下的乙烯醇中分解$Mg[Al(OR)_4]_2$形成固体粒子，得到的前驱体经1100℃焙烧制得镁铝尖晶石，粉体物相组成为均一的尖晶石相，其化学组成符合$MgAl_2O_4$化学计量比。粉体颗粒尺寸大小根据热处理时间不同略有不同，平均粒径为4.3~9.8μm。粉体是由小粒子团聚而成的。团聚体经超声分散后，分散的单个粒子直径低至20nm。

11. 粉体制备存在的问题

目前关于镁铝尖晶石粉体制备方法的报道中很少公开报道合成尖晶石粉体的纯度及粒径。纯度对镁铝尖晶石粉体性能的影响甚至高于粒度对其的影响，提高粉体纯度是研究镁铝尖晶石粉体制备技术的一个重要方向。此外，影响镁铝尖晶石性能的另一个因素是粒度，由于粉体的粒度越小，它的比表面积就越大，从而具备一些特殊的性能。超细粉体一般都在纳米级别，纳米粉体具有量子尺寸效应、体积效应和表面效应，在实际应用中具备极强的经济潜力，因此如何制备粒度小、形状可控的镁铝尖晶石粉体也是一个重要方向。

5.2.2 镁铝尖晶石陶瓷粉体的造粒

纳米粉体在粒径及烧结性能方面具有不可比拟的优势，但是较高的表面能容易产生团聚，纳米粉体的流动性差，严重影响干压成型素坯的密度均匀性。因此在进行成型工艺之前，需要对纳米粉体进行造粒，人为地制造假团聚颗粒，提高纳米粉体的流动性，使其能够充分均匀地填充模具。造粒即人为地制造假团聚颗粒，降低表面能，提高粉体的流动性。粉体经过造粒后能够均匀填充模具，并且在成型过程中，假团聚必须完全破碎为纳米粉体，所以假团聚的强度不能太高。

喷雾造粒工艺一般分为两个过程：首先利用雾化喷嘴将浆料雾化成液滴，形成假团聚雏形；然后通过加热或者冷冻升华的方式除去液滴中的溶剂水，得到造粒粉。不同造粒工艺得到的造粒粉性能具有差别，造粒粉的性能会直接影响成型及烧结过程。热喷雾干燥法采用旋转雾化喷嘴将浆料雾化，雾化液滴通过高温气流除去溶剂水。溶剂水的蒸发过程是在颗粒表面进行的，颗粒内部的水逐渐转移至颗粒表面蒸发除去，溶剂中的有机黏结剂成分也会随着内部水迁移至表面，造成颗粒表面黏结剂含量较高，形成一层硬壳，导致造粒粉中存在空心状、苹果状等不规则颗粒，影响后续的成型与烧结。冷冻造粒法的浆料雾化方式是采用双流体喷嘴，雾化液滴进入液氮冷冻形成冰冻粉末，经过升华干燥去除溶剂水得到造粒粉。由于除去溶剂水过程中不存在物质迁移现象，冷冻造粒粉的粉体颗粒形状规则，成分更加均匀。冷冻造粒又称为喷雾冷冻干燥技术，是将浆料雾化，然后通过液氮等冷却介质将其冷冻，最后通过升华将冷冻粉末脱水干燥得到造粒粉的过程。相对热喷雾干燥而言，冷冻造粒的最大不同之处在于采用冷冻升华的方式除去溶剂，避免了毛细管力作用导致的物质迁移现象。

5.2.3 镁铝尖晶石陶瓷的成型

成型工艺是将原料粉体塑形成具有特定形状和一定强度的陶瓷素坯。素坯的密度及其显微结构是否均匀对陶瓷烧结过程中的致密化有极大影响。在整个陶瓷制备过程中，成型工艺是影响最终烧结陶瓷形状及尺寸的关键步骤。另外，成型过程中会残留一些缺陷，这些缺陷在后续烧结过程中很难消除，会严重影响透明陶瓷的力学性能和光学性能，因此必须严格控制成型工艺条件。成型素坯的性能(如相对密度、结构的均匀性、应力分布)直接影响着烧结过程及烧结体的性能[29]。成型方法分类如图 5-10 所示。

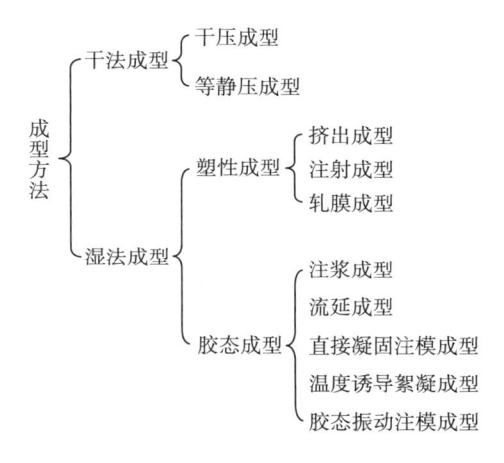

```
              ┌ 干法成型 ┬ 干压成型
              │         └ 等静压成型
              │
              │         ┌ 挤出成型
成型方法 ─────┤ 塑性成型 ┼ 注射成型
              │         └ 轧膜成型
              │
              │         ┌ 注浆成型
              │         ├ 流延成型
              └ 湿法成型┤ 胶态成型 ┬ 直接凝固注模成型
                        ├ 温度诱导絮凝成型
                        └ 胶态振动注模成型
```

图 5-10　陶瓷成型方法分类[30]

1. 干压成型

干压成型是一种最常见的成型方法，在加入少量结合剂，经过造粒后置于钢模中，在压力机上单轴加压形成一定形状的坯体，在外力作用下，借助内摩擦力牢固地把各颗粒联结起来，并保持一定形状的成型方法。坯体的性能与加压方式、加压速度和保压时间有较大的联系。干压成型具有工艺简单、操作方便、周期短、效率高、便于实行自动化生产等优点，而且制出的坯体密度大、尺寸精确、收缩小、机械强度高、电性能好。但干压成型也有不少缺点：模具磨损大、加工复杂、成本高、加压时压力分布不均匀，导致密度不均匀，收缩不均匀，会产生开裂、分层等现象[31]。用干压成型制备的镁铝尖晶石坯体容易产生较大的孔隙，在烧结时不易去除，不利于获得高透过率的烧结体。

2. 等静压成型

等静压成型是指成型时通过向粉料施加各向均匀的压力使粉料密实成型，是目前应用最为广泛的成型技术之一。压力一般不大于 300MPa。在常温下成型时称为冷等静压成型，在高温下成型时称为热等静压成型。等静压成型也具有两种方式：湿袋成型法和干袋成型法。前者是将实验所用的粉体颗粒密封在成型模具的内部，而后放进高压容器之中的液体内，从各个方向施加各向相同的压力而使得粉体被压缩成型的方法。后者是介于湿袋成型法和干压成型法之间的一种成型方式，成型过程中液体被用作压力的传递介质，并且压力只施加在模具的外壁上。等静压成型的压力由于是通过液体介质均匀地传递到陶瓷坯体上，所以这种方法得到的坯体密度较干压的高，均匀性也较其更好，可成型复杂形状的陶瓷部件。等静压成型可以生产形状复杂、大件及细长的制品，成型质量好；成型压力高，而且压力作用效果好；坯体密度高而且均匀；烧成收缩小，不易变形；模具制作方便，寿命长，成本较低；可以少用或不用黏结剂。等静压成型方式的缺点是设备成本偏高、操作复杂程度高、实验要在高压下进行，对实验容器及高压部件而言必须进行特殊防护。

3. 注浆成型

注浆成型是指将所制备的浆料注入具有吸水性能的模具中，将液体排除从而固化的成型方法。注浆成型可以分为空心注浆成型和实心注浆成型两种。空心注浆成型是指采用的石膏模具没有模芯，又称单面注浆。是将浆料注满模腔后，再放置一段时间，等膜内壁吸附沉积，形成一定厚度的坯体后，将剩余浆料倒出，然后连带模具一同干燥，当坯体收缩与模具发生分离后，即可脱模。坯体外形由模具的工作面决定，厚度则由吸浆时间及模的温湿度和浆料性质决定。实心注浆成型技术也被称为双面注浆成型技术，是指将实验浆料注入模具中（内含模芯），此时浆料会在外模与内部模芯之间同时发生脱水作用，此过程中实验所制备的浆料需要被不断补充至模具中，直至坯体硬化。注浆成型技术相比其他成型技术而言，其工艺更加简单方便，并且成本也相较低廉，易于成型大尺寸及形状复杂的、薄壁的陶瓷部件。坯体形状相较粗糙，后续加工繁多，生坯的密度低，强度也低是这种方法的缺陷所在。在传统注浆成型的基础上，开发了压力注浆成型和离心注浆成型技术，它是借助外部施加的压力和离心力的作用提高素坯的密度和强度。石膏模表面用植物油、肥皂、聚乙烯醇等进行处理后，脱模性好，且增加耐磨性。注浆成型的镁铝尖晶石陶瓷坯体烧结后更容易获得高的光学透过率，这是因为坯体中的孔隙较小且分布均匀。

4. 流延成型

流延成型是指将实验粉体与黏结剂、增塑剂和溶剂混合均匀，制成具有流动性的黏稠浆料，然后让浆料均匀地流到转动的基底或模带上，刀片将其刮成均匀薄片，干燥后得到一层薄膜材料，故又称浇注法或刮刀法。得到样品材料的厚度一般为 0.001~1mm，在烧结前可以对薄膜材料进行切割或叠层。该法主要适宜于生产带状和片状材料，经济高效，广泛应用于电子陶瓷行业中，如生产电容器、铁电材料、催化剂载体及集成电路板等。其工艺过程是：在准备好的粉料内加黏结剂、增塑剂、分散剂、溶剂，然后进行混合，使其均匀。再把料浆放入流延机的料斗中，料浆从料斗下部流至流延机的薄膜载体上。用刮刀控制厚度，再经红外线加热等方法烘干，得到膜坯备用，要使用时按所需的形状切割。高固相含量、低黏度浆料的制备是保证素坯高密度和高强度的一个重要前提。低黏度的浆料适宜浇注，高固相含量可以提高素坯密度及强度，有利于成型复杂部件，降低烧结温度，减少收缩，避免变形、开裂等问题。通过对原料粉体表面进行适当的改良，如加入高效的分散剂等来得到高固相含量、低黏度的浆料。成型工艺中不可避免地会加入一些有机单体添加剂，这些添加剂在烧结之前需先排除，而排胶时会引起坯体起皮、开裂等现象，因此要尽量避免。而目前的有效途径就是在保证坯体密度和强度的基础上，在浆料中尽可能少地使用有机添加剂。使用流延成型制备镁铝尖晶石时能够通过引入模板调控坯体中的晶粒取向，减少烧结体中晶界的漫反射和双折射等现象，有利于提高产品的光学透过率。

5.2.4 镁铝尖晶石陶瓷的烧结

烧结是指陶瓷素坯在一定高温下（或同时加压），使素坯体积收缩，材料实现致密化并获得一定组织结构（微结构）和强度的一个热力学过程。在这个过程中陶瓷材料致密化、晶粒长大、晶界形成，是陶瓷制备过程中最重要的阶段。当配方、混合、成型等工序完成后，烧结过程便是决定陶瓷显微结构的最后阶段，同时也是关键阶段[32]。因此对烧结过程的控制对显微结构影响很大。烧结前期过程中，物质通过不同的扩散途径向颗粒间的颈部和气孔部位移动，使颈部逐渐长大，并逐步减小气孔的尺寸，颗粒间开始形成晶界，晶界的面积不断扩大使坯体变得致密化。在这个相当漫长的过程中，两个颗粒之间的晶界与邻近的晶界相遇，形成晶界网络，连通的气孔不断缩小，晶界移动，晶粒开始长大。最终气孔缩小到不再连通，形成孤立的气孔分布在晶粒相交的位置。烧结后期，孤立的气孔扩散到晶界上消除，同时晶粒继续长大，气孔一般随着晶界移动。但也有可能出现气孔迁移率低于晶界迁移速率的现象，这时气孔脱开晶界，被包裹到晶粒内，形成闭合气孔，这种气孔极难排除。烧结是一个热力学上不可逆的过程，它的基本驱动力是表面能，粉末的粒度越粗，比表面积越小，表面能就越小；而细粉的粒度细，比表面积大，其表面能越大，驱动力也就越大。这也是实际中纳米粉烧成温度比普通的粗粉低、易于烧结的原因[33]。纳米粉体的一系列特性加快了烧结速率，若采用传统的烧结方法，很难抑制晶粒的长大。晶粒尺寸的过分长大则将极大程度降低陶瓷的性能，镁铝尖晶石陶瓷的烧结一般采用以下烧结方法。

1. 微波烧结法

微波烧结是一种采用微波能直接加热进行烧结的方法。该法与传统加热方式不同，不靠发热体将热能通过对流、传导或辐射方式传递至被加热物体，而是由被加热材料吸收微波能，转化为材料内部分子的动能和势能，热量从材料内部产生，不会存在温度梯度，因而被加热材料的各处温度非常均匀。

微波烧结可以令被加热材料在很短的时间内达到所要求的温度，使致密化过程大大缩短，而且其烧结温度比普通的真空烧结低 50~100℃，因此对于控制超细粉和纳米粉在烧结过程中晶粒的迅速长大而形成细晶结构也是一种有效的方法。此外，微波烧结法还能使被加热材料快速达到常规烧结难以达到的高温，一般可达到 500℃/min[34]。微波烧结克服了常压烧结密度低、热压烧结只能烧结形状简单物品的缺点，但其对大尺寸、形状复杂的陶瓷材料在烧结过程中容易出现非均匀加热的现象，快速的升温和降温特性甚至会导致材料开裂。

2. 热等静压烧结法

热等静压烧结是实现陶瓷快速致密化最为高效的一种烧结方法（图 5-11），在热等静压烧结过程中，高纯度气体(通常为 Ar)作为传输介质，通过高温和各向均匀的高压气体的共同作用，使陶瓷预烧体达到完全致密化。

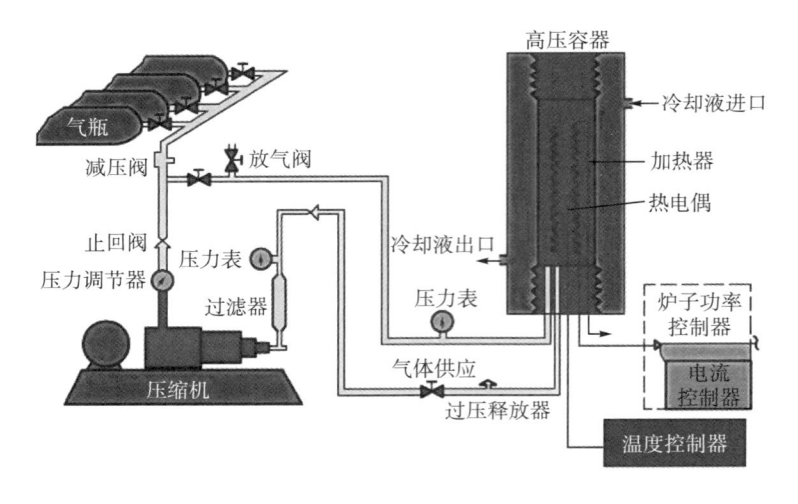

图 5-11 热等静压烧结原理示意图[35]

热等静压烧结有以下优点：陶瓷材料的致密化可以在比无压烧结低得多的温度下完成，可以减少材料在高温下发生的一些不利变化，如晶粒异常长大和高温分解；可制备几乎不含气孔的致密陶瓷，而且可以减少甚至不使用添加剂；可直接从粉粒得形状复杂和大尺寸的材料，减少甚至避免机械加工；通过热等静压后处理工艺，可减少烧结体的剩余气孔，提高陶瓷材料密度。在热等静压烧结工艺中，预烧结是极为重要的一步。热等静压烧结的必要条件是陶瓷预烧体内部基本不存在开气孔，即预烧后陶瓷的相对密度为92%～97%，具体数值依其晶粒尺寸而定。如果预烧工艺选择不当，则经过热等静压烧结后的陶瓷容易出现晶内气孔和微观结构不均匀等现象。因此高质量镁铝尖晶石透明陶瓷的制备通常采取无压烧结结合热等静压烧结的两步烧结法。

Krell 等[36]以商业 $MgAl_2O_4$ 粉体为原料，采用空气预烧结合 HIP 后处理的两步烧结法制备镁铝尖晶石透明陶瓷，经过 1260℃、15h 的热等静压烧结后，3.9mm 厚的 $MgAl_2O_4$ 陶瓷的直线透过率高达 84%，平均晶粒尺寸约 0.3μm，维氏硬度为 14.7GPa。郭胜强等[37]采用单相 $MgO_{1.44}Al_2O_3$ 陶瓷粉体，首先通过放电等离子体烧结进行成型和预致密化，然后无压烧结达到烧结末期，最终在 180MPa 下 1500℃热等静压烧结 5h，制备出细晶 $MgO_{1.44}Al_2O_3$ 透明陶瓷。无压烧结的结果表明：缩窄气孔尺寸分布、降低平均气孔尺寸有助于显著促进陶瓷的致密化，得到平均晶粒尺寸为 1.4μm、致密度为 96.7%的闭气孔烧结体。透明陶瓷的平均晶粒尺寸为 1.9μm，维氏硬度为(13.94±0.20)GPa，杨氏模量为 289GPa。同时，样品具有良好的光学透过率，厚度为 2mm 的样品在可见光和红外波段的最大直线透过率分别为 70%和 80%。透明陶瓷样品 HIP-85 的直线透过率图谱和样品图如图 5-12 所示。

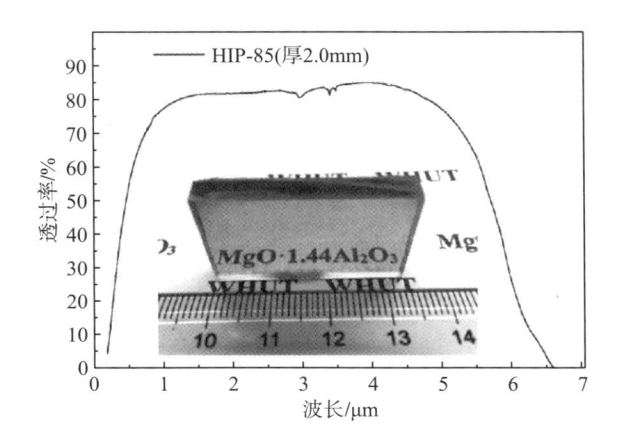

图 5-12　透明陶瓷样品 HIP-85 的直线透过率图谱和样品图[37]

3. 热压烧结法

热压烧结是一种常用的制备透明陶瓷的烧结方法，在烧结过程中对模具施加单轴压力，促进原料粉体的流动、重排、扩散与致密化过程，同时在高温和高压的共同作用下，原料粉体处于热塑性状态，有助于颗粒之间的扩散、传质作用，降低烧结温度和保温时间，促进陶瓷的致密化过程，有利于陶瓷的晶粒细化，同时能够通过调整模具的尺寸实现大尺寸透明陶瓷样品的制备。热压烧结是加热粉体同时施加单向或多向压力的一种烧结方法，使样品致密化主要依靠外力作用下物质的迁移而完成。热压烧结时粉末受到的形变阻力小，粉体易于致密化和塑性流动，所以热压所需压力较小，能够依靠模具成型大尺寸的部件。加温加压有利于粉末颗粒的接触、扩散和流动等传质过程，降低烧结温度，缩短烧结时间，在一定程度上也抑制晶粒长大。相比无压烧结，热压烧结更容易得到接近理论密度的细晶陶瓷，细晶粒透明陶瓷通常都会具有更优异的机械性能和电学性能，能生产复杂形状的产品部件。热压烧结法的缺点是生产成本较高、生产效率低、无法大批量制备。

Esposito 等[38]以化学计量比的 Al_2O_3-MgO 混合粉末为原料，以 LiF 为烧结助剂，热压获得了镁铝尖晶石透明陶瓷，并对致密化过程进行了分析。研究发现：在 1220℃保温结束后加压更有利于气孔的排出，最佳的致密化温度为 1600℃，样品可见光波长范围内的透过率为 70%以上。罗伟[39]通过热压法，使用商业镁铝尖晶石粉体作为原料，添加 0.1wt% LiF 作为烧结助剂，制备得到高质量的镁铝尖晶石透明陶瓷，在经过 1600℃烧结后，$MgAl_2O_4$透明陶瓷的直线透过率超过 80%，在近红外波段 1500nm 处 $MgAl_2O_4$ 陶瓷的直线透过率达到 83.4%，在 2500nm 处透过率更是达到 84.2%。

4. 反应烧结法

反应烧结是通过气相或液相与基体材料相互反应进行烧结的方法。最典型的产品是反应烧结碳化硅和反应烧结氮化硅制品。该烧结法的优点是工艺简单，制品可稍微加工或不加工，也可制备形状复杂的制品。缺点是最终制品中有残余未反应产物，结构不易控制，太厚的制品不易完全反应烧结。相对而言，通过反应烧结法制备具有宽组成范围的镁铝尖晶石透明陶瓷在降低成本、精确控制成分等方面具有明显的优势。当前，高纯度的 Al_2O_3 和 MgO 商业粉体是通过反应烧结法制备镁铝尖晶石透明陶瓷的常用原料粉体。其中，Al_2O_3 具有多种晶型，例如α-Al_2O_3、γ-Al_2O_3 和 θ-Al_2O_3 等，通常α-Al_2O_3 和 γ-Al_2O_3 最常用作制备镁铝尖晶石透明陶瓷。然而，市售的α-Al_2O_3 粉体通常具有较大的颗粒尺寸（≥150nm），且烧结活性较差，需要较高的烧结温度来实现陶瓷的高度致密化，但高温导致的晶粒粗化也使得陶瓷的力学性能较差。γ-Al_2O_3 的晶体结构与镁铝尖晶石相似，有利于形成尖晶石相，与α-Al_2O_3 相比，γ-Al_2O_3 由于具有较小的颗粒尺寸和较大的比表面积而具有更高的烧结活性，可以在相对较低的烧结温度下实现高的致密度，有效地减少反应过程引起的体积膨胀。此外，低的烧结温度有利于限制晶粒的生长。根据 Chiang 和 Kingery[40]的研究，晶界迁移速率是致密化和微观结构演变的关键因素，与陶瓷的成分组成密切相关。因此，可以通过控制 n 值的变化来获得微观结构均匀的样品，当前反应烧结制备透明尖晶石陶瓷的主要研究方向集中在镁铝尖晶石的组分变化（n 值）对镁铝尖晶石透明陶瓷性能的影响。

5. 放电等离子体烧结法

放电等离子体烧结（SPS）又称为脉冲电流烧结，通过瞬时产生的大电流产生放电等离子体，并使烧结体内部的颗粒均匀地自发放热，同时还可以让粉体表面活化，这样烧结体将在很短的时间内快速致密化。高温高压条件下，将高能脉冲的瞬时电流通入装有粉体的模具上，这时粉体的颗粒间可以产生等离子放电，因此会导致粉末的活化、净化、均等化效应。使用放电等离子体烧结制备透明陶瓷可以使其在短时间内达到很高的致密度。放电等离子体烧结技术具有以下优点：升温速度快、烧结温度低、烧结时间短、晶粒均匀、有利于保持原始颗粒的微观结构，可获得组织均匀细小、致密度高、性能良好的材料。其原理如图 5-13 所示。

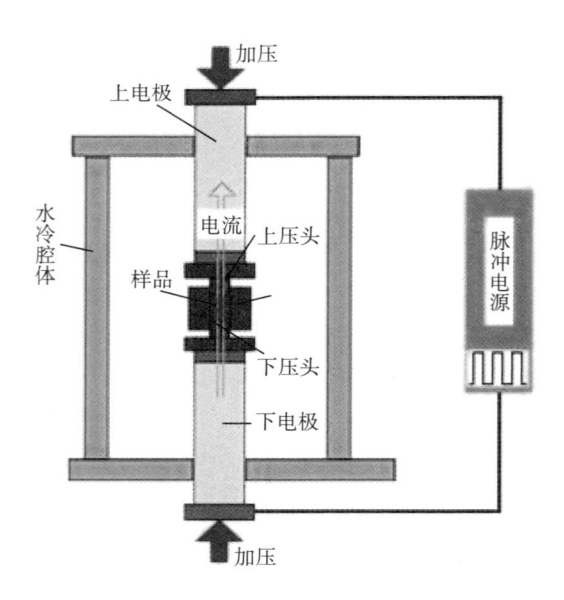

图 5-13 SPS 原理示意图[41]

第 5 章 镁铝尖晶石透明陶瓷

近年来，SPS 法被广泛用来制备细小晶粒透明尖晶石陶瓷。已有报道研究了烧结助剂、烧结升温速率和两步加压方式对透明陶瓷透光性的影响。尽管通过 SPS 法制备的尖晶石的透光性普遍低于 HIP 烧结法制备的，但是通过控制烧结参数例如压力、升温速率、烧结温度、气氛和粉体制备方法可以部分提高尖晶石透光率。

Frage 等[42]使用 SPS 法以低的烧结升温速率（10℃/min）研究了 LiF 作为添加剂对透明陶瓷透光性能的影响。结果表明 1wt% LiF 掺杂明显地促进了晶粒的生长，降低残余晶间相从而实现了尖晶石的高透光率。同样地，Morita 等[43]采用小于 10℃/min 的升温速率并且只在 1300℃保温 20min，不添加烧结助剂，实现了在 550nm 可见光波段 47%的透光率，其断裂强度达到 500MPa，其低升温速率有助于使材料充分致密化，最后实现了高透光性和高强度的镁铝尖晶石透明陶瓷制备。研究表明：低的加热速率可以使残余气孔率小于 0.5%，以获得较高的透过率和高强度，最佳的升温速率为 10℃/min。Wang 和 Zhao[44]以商用高纯尖晶石粉末为原料，通过 SPS 法在无烧结剂下，1300℃保温 2min 获得 $MgAl_2O_4$ 透明陶瓷，其重点讨论了压力的影响。发现在保温之前运用 5MPa 压力时获得的效果最佳，线性透过率为 51%（550nm）和 85%（2000nm），见图 5-14。Bonnefont 等[45]在 Morita 等的方法上做了改进，控制升温速率小于 10℃/min，在小于 1300℃的烧结温度下获得了细晶粒镁铝尖晶石透明陶瓷。其线性透过率增加，分别为 74%（550nm）和 84%（2000nm）。Morita 等[43]使用 SPS 技术不添加烧结助剂制备镁铝尖晶石透明陶瓷，采用高纯度（99.97%）的商业镁铝尖晶石粉体，置于内径 30mm 的石墨模具中施加 80MPa 单轴压力。粉体在 1300℃下真空烧结，保温 20min，并在 1150℃下退火 10min 以降低残余应力，最终陶瓷的平均晶粒尺寸为 450nm，直线透过率在 550nm 处约为 50%，除了相对较低的透过率外，由于渗碳污染，所有样品都显示出灰色到黑色的颜色，如图 5-15 所示。

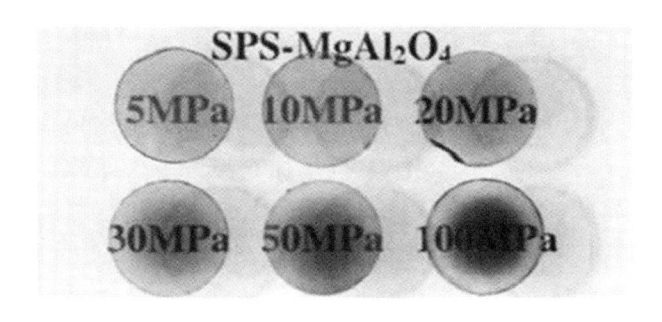

图 5-14　不同压力下 SPS 样品的透过率对比[44]

图 5-15　不同升温速率下制备得到的镁铝尖晶石透明陶瓷的形貌图[43]

5.2.5 镁铝尖晶石陶瓷的烧结助剂

透明陶瓷对材料的致密性要求很高,要求残余气孔极少。一般通过添加烧结助剂形成高温液相来通过溶解、析出过程促进烧结致密化,并且烧结助剂还有降低烧结温度、缩短保温时间、抑制晶粒异常长大等作用。透明陶瓷对原料粉体纯度要求很高,杂质在烧结过程中富集、残留形成第二相,并且第二相折射率不同于基体的话,则会对光束产生吸收或者散射。烧结助剂在烧结完成前未完全排除、分解,残留在晶粒间,则形成一个色散源或吸收源,杂质的数量越多,与基体折射率相差越大,则对透光性能影响就越大,所以在选择烧结助剂时需要仔细考虑。顾强等[46]总结了各种添加剂(稀土氧化物、氟化物、其他氧化物及复合添加剂)在烧结过程中的作用。稀土氧化物可形成液相或与氧化铝形成中间氧化物、活化晶格,进而促进镁铝尖晶石结晶。氟化物中的氟离子(F^-)可以取代晶格中的氧离子(O^{2-}),这增加了阳离子空位的浓度,阳离子扩散加快,促进了尖晶石的形成。陶瓷烧结中引入氧化硼,它可以提供液相加速传质和扩散,从而促进生成镁铝尖晶石相。

1. 氟化锂

氟化锂(LiF)是镁铝尖晶石透明陶瓷的常用烧结助剂。Reimanis 和 Kleebe[47]较系统地描述了 LiF 在烧结过程中的作用机理。指出 LiF 在烧结过程中改变了原料的化学计量比和氧空位浓度;且能在较低温度下形成液相帮助传质;最后 LiF 还能与晶界处的杂质 C 和 S 反应生成挥发性的氟化物。Rozenburg 等[48]指出 LiF 在 840℃溶解形成液相并随着温度的升高与 $MgAl_2O_4$ 反应形成 LiF、MgF_2 和 $LiAlO_2$,随着温度的继续升高 LiF 和 MgF_2 气化形成 LiF 和 MgF_2 蒸气,最后在温度大于 1200℃时 MgF_2(g)与 $LiAlO_2$(s)反应得到目标产物 $MgAl_2O_4$ 和 LiF(g)溢出该体系,温度升高完成晶粒的生长和致密化。

2. 氧化钙

1974 年 Bratton[49]首次制备半透明 $MgAl_2O_4$ 陶瓷采用的烧结助剂是氧化钙(CaO)。添加 CaO 能够显著降低镁铝尖晶石的烧结温度。添加 0.1wt%~0.2wt%的 CaO 能够将烧结温度降低 100℃,并且添加 0.1wt% CaO 可以提高镁铝尖晶石的光学性能。通过 $CaO\text{-}Al_2O_3$ 二元体系相图可知,CaO 可以与镁铝尖晶石中的铝反应生成多种化合物,包括 $3CaO\text{-}Al_2O_3$、$12CaO\text{-}7Al_2O_3$、$CaO\text{-}Al_2O_3$、$CaO\text{-}2Al_2O_3$、$CaO\text{-}6Al_2O_3$,其中前三种化合物会在较低温度下形成液相,促进低温致密化过程。钙离子富集在镁铝尖晶石晶界处形成钉扎阻力,降低晶界迁移速率,抑制晶粒长大,减少晶内气孔。必须严格控制 CaO 的添加量,避免影响最终烧结产品的光学性能。与 LiF 相比,CaO 既能够促进烧结过程,也不会影响镁铝尖晶石陶瓷的力学性能,而且所需 CaO 的掺杂量较少,不会降低光学性能,所以对于制备透明 $MgAl_2O_4$ 陶瓷来说,CaO 是一种非常理想的助剂。

3. 氧化硼

氧化硼(B_2O_3)促进致密化的作用原理与 CaO 类似,都是通过生成低熔点化合物实现液相烧结。Koji[50]将 H_3BO_3 和高纯 $MgAl_2O_4$ 粉体混合,通过热等静压烧结,制备出透过率为80%的透明陶瓷。低温下，少量的B_2O_3可以促进镁铝尖晶石陶瓷的致密化过程，同时抑制晶粒的快速生长。当烧结温度超过某一临界值时，晶粒会出现异常长大现象，该临界温度会随着B_2O_3的添加量发生变化。因此，以B_2O_3为烧结助剂时，烧结助剂的添加量和烧结温度是制备高质量透明陶瓷的关键因素。

4. 氧化钇

氧化钇(Y_2O_3)等稀土氧化物可以明显促进镁铝尖晶石的烧结致密化过程。Sarkar等[51]通过添加4wt%的Y_2O_3系统研究了它对不同成分镁铝尖晶石陶瓷烧结过程的影响。通过能量色散X射线衍射结果可知，Y^{3+}可以取代Al^{3+}进入晶格内部，造成晶格畸变和点缺陷，从而提高烧结致密化速率。Mroz等[52]以Y_2O_3为烧结助剂制备出平均晶粒尺寸为345nm的纳米晶镁铝尖晶石透明陶瓷，在红外波段具有较高的透过率，其抗弯强度可达470MPa，明显高于传统方法制备的样品。以Y_2O_3为烧结助剂可以在保证光学质量的前提下，制备出细晶、结构均匀的镁铝尖晶石透明陶瓷，有利于提高样品的力学性能。

Ganesh等[53]指出$AlCl_3$可产生高活性Al_2O_3提高烧结活性，并提高$MgAl_2O_4$烧结块的体积密度，降低表观气孔率。谢鹏永等[54]研究了TiO_2对镁铝尖晶石致密化行为的影响。需要指出的是，添加剂TiO_2与阳离子的置换作用使晶格空位浓度增加，加快了镁铝尖晶石形成和长大，通过空间位阻效应排除气孔使试样致密化。

5.3 镁铝尖晶石透明陶瓷的应用和发展

镁铝尖晶石透明陶瓷的综合性能优异，透过波段范围广，在可见光到红外波长范围有良好的透过率，同时具有高强度、耐蚀性、耐磨性、良好的抗热震性能和抗热冲击性能，因而在众多领域应用广泛（图5-16）。

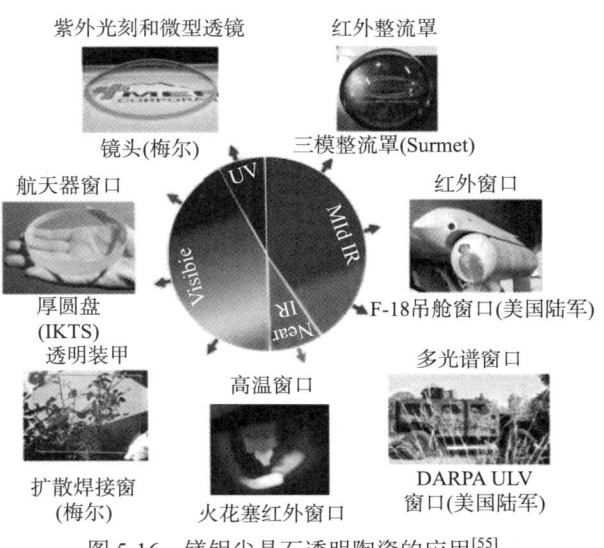

图5-16 镁铝尖晶石透明陶瓷的应用[55]

透明装甲是由不同材料复合构成、设计成能够抵御特殊威胁的先进装甲,其受威胁目标取决于战争和非战争的环境。各种高性能透明装甲体系的设计思路是基本相同的。提高装甲抗弹性能的简单方法是增加窗口的厚度,但这样材料和设计费用随之增加。在许多应用中,非常厚的装甲系统即使能抵御威胁也不实用。镁铝尖晶石可以用作紫外光刻窗口和小型化透镜,在可见光区域,镁铝尖晶石具有很高的透过率,同时具有低密度、高强度、批量生产等优点,可以取代防弹玻璃、蓝宝石单晶成为质量轻、抗弹性能良好的装甲材料。镁铝尖晶石陶瓷透明装甲有以下优势:用该材料制造的透明装甲可在苛刻环境下使用而不会产生划痕,因此长时间使用后透过率的降低少;用该材料制造的透明装甲在同等防护要求下可减少60%以上的厚度,并可有效减轻重量;在同样厚度的情况下可显著提高透明装甲的防护能力。

2000年中非人工晶体研究院与兵器部某所进行了初步研制,并将透明镁铝尖晶石陶瓷用于透明陶瓷装甲。该材料的抗弹实验显示出透明陶瓷装甲的可行性及诸多性能优越性(表5-2)。

表5-2 中非人工晶体研究院研制的镁铝尖晶石透明陶瓷与美国公开报道的性能比较[56]

性能		中非人工晶体研究院的数据	美国数据(2000年)
密度/(g/cm^3)		3.58	3.58
努氏硬度/(kg/mm^2)		1260	1300
抗弯强度/MPa		175	140
压缩强度/MPa		569	—
热膨胀系数/($\times 10^{-6}$/℃)		7.7	7.9
0.3~0.8μm 透过率/%		平均80	平均80
3~5μm 透过率/%		85	85
折射率	0.4070μm	1.73442	1.7360
	0.546μm	1.71795	1.7190
	1.000μm	1.7305	1.7040

镁铝尖晶石相对于其他材料而言,透光波段涵盖紫外和红外波段,可以实现紫外/红外双模制导,同时可以在高温等恶劣条件下保持良好的光学和力学性能,是红外窗口和整流罩的理想候选材料。镁铝尖晶石由于其良好的耐高温、耐腐蚀、耐磨损、抗冲击、高硬度、高强度且在可见光、红外光波段具有良好的透光率等特点脱颖而出,使其在透明护甲、天线窗口和导弹罩中的应用受到关注[57]。

日本的Tomita等[58]研究组研究了掺Mn的MgAl$_2$O$_4$单晶后发现,其可实现可见光波段激光输出。结合激光陶瓷的优势,镁铝尖晶石多晶体陶瓷作为可见光波段激光材料显示了巨大的研发意义和应用价值。对于波长在0.3~0.5μm的光波透过率不低于81%,3~5μm波长光线透过率可达87%。通过掺杂合适的稀土元素,镁铝尖晶石透明陶瓷可以用于白光LED和激光材料领域,尖晶石属于立方晶系,较氧化铝的六方晶系更易得到透过率高的制品,使得灯光的亮度和寿命也得到提高。镁铝尖晶石透明陶瓷还可以用于条形码扫描器、手表、夜视系统和高温护目镜。此外，镁铝尖晶石晶格密度较大，这种特殊的结构性质使水分子难以进入其内部，只能发生表面结合，因而其抗水合性远优于其他载体，可作为某些反应的催化剂载体，在催化领域也具有广泛的应用前景。

5.4 镁铝尖晶石透明陶瓷的共性难点

近年来，国外在镁铝尖晶石透明陶瓷的制备工艺和性能优化等方面进行了大量的研究，部分机构如美国陆军研究实验室、美国的 Surmet 公司以及德国的弗劳恩霍夫陶瓷技术与系统研究所已经具备了制备大尺寸、复杂构型、高光学质量和高强度的镁铝尖晶石透明陶瓷的能力，并成功实现了商业化生产，应用于军事工业领域。我国在实验室级别的粉体合成、透明陶瓷制备和小尺寸复合装甲测试方面取得了较大的进展。当前，学界和产业界需要解决的重点是：高性能镁铝尖晶石粉体的规模化制备技术、大尺寸异形件（如共形头罩）的成型和烧结技术、透明装甲和头罩等产品的规模化生产与批量化测试技术，以及大力拓展镁铝尖晶石陶瓷材料在国防、工业和其他重要领域的应用。

5.5 本 章 小 结

镁铝尖晶石透明陶瓷具有很高的光学透过率、较低的密度、较低的烧结致密化温度，以及优异的力学性能和物理化学稳定性，潜在应用领域极其广阔。本章全面总结了镁铝尖晶石陶瓷材料的基本结构、成分、物理化学性质和基本性能，镁铝尖晶石粉体的合成方法、陶瓷的成型方法和特种烧结工艺、特种助剂的影响规律，重点介绍了镁铝尖晶石透明陶瓷在耐高温、抗冲击的透明装甲领域的应用情况。学界和产业界仍需在以下方面加强研究：高性能镁铝尖晶石粉体的规模化制备技术、大尺寸异形件（如共形头罩）的成型和烧结技术、透明装甲和头罩等产品的批量化测试与规模化生产技术，以及大力拓展镁铝尖晶石陶瓷材料在国防、工业和其他重要领域的应用。

参 考 文 献

[1] Merac du M R, Kleebe H J, Müller M M, et al. Fifty years of research and development coming to fruition: Unraveling the complex interactions during processing of transparent magnesium aluminate （MgAl$_2$O$_4$） spinel[J]. Journal of the American Ceramic Society, 2013, 96(11): 3341-3365.

[2] 冯垚. 镁铝尖晶石透明陶瓷及玻璃陶瓷的制备和光学性能研究[D]. 绵阳: 西南科技大学, 2019.

[3] 段锦霞, 王程民, 王修慧, 等. 镁铝尖晶石透明陶瓷研究进展[J]. 粉末冶金技术, 2017, 35(5): 358-362.

[4] Harris D C. History of development of polycrystalline optical spinel in the U.S.[J]. Window and Dome Technologies and Materials IX, 2005, 5786: 1-22.

[5] 荆延秋. 高质量镁铝尖晶石透明陶瓷的制备与性能研究[D]. 镇江：江苏大学, 2020.

[6] Dericioglu A F, Kagawa Y. Effect of grain boundary microcracking on the light transmittance of sintered transparent MgAl$_2$O$_4$[J]. Journal of the European Ceramic Society, 2003, 23(6): 951-959.

[7] Sutorik A C, Gilde G, Swab J J, et al. Transparent solid solution magnesium aluminate spinel polycrystalline ceramic with the alumina-rich composition MgO·1.2Al$_2$O$_3$[J]. Journal of the American Ceramic Society, 2012, 95(2): 636-643.

[8] Dericioglu A F, Boccaccini A R, Dlouhy I, et al. Effect of chemical composition on the optical properties and fracture toughness of transparent magnesium aluminate spinel ceramics[J]. Materials Transactions, 2005, 46(5): 996-1003.

[9] Wu B T, Zhou S F, Ren J J, et al. Enhanced luminescence from transparent Ni^{2+}-doped MgO-Al$_2$O$_3$-SiO$_2$ glass ceramics by Ga$_2$O$_3$ addition[J]. Journal of Physics and Chemistry of Solids, 2008, 69(4): 891-894.

[10] Molla A R, Kesavulu C R, Chakradhar R P S, et al. Microstructure, mechanical, thermal, EPR, and optical properties of MgAl$_2$O$_4$: Cr^{3+} spinel glass ceramic nanocomposites[J]. Journal of Alloys and Compounds, 2014, 583: 498-509.

[11] Loiko P A, Dymshits O S, Skoptsov N A, et al. Crystallization and nonlinear optical properties of transparent glass-ceramics with Co: Mg(Al,Ga)$_2$O$_4$ nanocrystals for saturable absorbers of lasers at 1.6-1.7μm[J]. Journal of Physics and Chemistry of Solids, 2017, 103: 132-141.

[12] 国家高技术新材料领域专家委员会. 高技术新材料要览[M]. 北京：中国科学技术出版社, 1993.

[13] Kim W, Saito F. Effect of grinding on synthesis of MgAl$_2$O$_4$ spinel from a powder mixture of Mg(OH)$_2$ and Al(OH)$_3$[J]. Powder Technology, 2000, 113(1-2): 109-113.

[14] 王修慧, 曹冬鸽, 赵明彪, 等. 固相反应法制备高纯镁铝尖晶石粉体[J]. 大连交通大学学报, 2008, 29(1): 105-108.

[15] 占文, 王周福, 张保国, 等. 低热固相法合成镁铝尖晶石[J]. 稀有金属材料与工程, 2009(S2), 38: 34-37.

[16] Pacurariu C, Lazau I, Ecsedi Z, et al. New synthesis methods of MgAl$_2$O$_4$ spinel[J]. Journal of the European Ceramic Society, 2007, 27(2-3): 707-710.

[17] 刘炜, 毋登辉. 醇盐水解法制备高纯镁铝尖晶石粉体[J]. 中国陶瓷, 2009, 45(3): 38-39, 46.

[18] 赵君红, 魏恒勇, 魏颖娜, 等. 非水解 sol-gel 法合成 MgAl$_2$O$_4$ 纳米粉体[J]. 耐火材料, 2012,46(6): 421-423.

[19] 张显, 曾庆丰, 郝富锁. 溶胶-凝胶法制备纳米镁铝尖晶石纳米粉[J]. 硅酸盐通报, 2009, 28(S1): 130-133.

[20] 仝建峰, 周洋, 杜林虎, 等. 凝胶固相反应法制备镁铝尖晶石微粉的研究[J]. 航空材料学报, 2000, 20(3): 144-147.

[21] Li J G, Ikegami T, Lee J H, et al. Fabrication of translucent magnesium aluminum spinel ceramics[J]. Journal of the American Ceramic Society, 2000, 83(11): 2866-2868.

[22] 赵惠忠, 葛山, 张鑫, 等. 共沉淀-真空冷冻干燥法制备纳米 MgAl$_2$O$_4$ 粉体[J]. 耐火材料, 2005, 39(3): 168-171.

[23] Hokazono S, Manako K, Kato A. The sintering behaviour of spinel powders produced by a homogeneous precipitation technique[J]. British Ceramic Transactions and Journal, 1992, 91(3): 77-79.

[24] Zhang H J, Jia X L, Liu Z J, et al. The low temperature preparation of nanocrystalline MgAl$_2$O$_4$ spinel by citrate sol-gel process[J]. Materials Letters, 2004, 58(10): 1625-1628.

[25] Nassar M Y, Ahmed I S, Samir I. A novel synthetic route for magnesium aluminate (MgAl$_2$O$_4$) nanoparticles using sol-gel auto combustion method and their photocatalytic properties[J]. Spectrochimica Acta Part A: Molecular and Biomolecular Spectroscopy, 2014, 131: 329-334.

[26] Lanos R, Lazau R. Combustion synthesis, characterization and sintering behaviour of magnesium aluminate (MgAl$_2$O$_4$) powders[J]. Materials Chemistry and Physics, 2009, 115(2/3): 645-648.

[27] Wang C T, Lin L S, Yang S J. Preparation of MgAl$_2$O$_4$ spinel powders via freeze-drying of alkoxide precursors[J]. Journal of the American Ceramic Society, 1992, 75(8): 2240-2243.

[28] Barj M, Bocquet J F, Chhor K, et al. Submicronic MgAl$_2$O$_4$ powder synthesis in supercritical ethanol[J]. Journal of Materials Science, 1992, 27(8): 2187-2192.

[29] Al-Dawery I A H, Binner J G P, Tari G, et al. Rotary moulding of ceramic hollow wares[J]. Journal of the European Ceramic Society, 2009, 29(5): 887-891.

[30] 张浩. 冷冻造粒制备透明 MgAl$_2$O$_4$ 陶瓷及其性能研究[D]. 唐山: 华北理工大学, 2020.

[31] 刘军芳, 傅正义, 张东明, 等. 透明陶瓷的制备技术及其透光因素的研究[J]. 硅酸盐通报, 2003, 22(3): 68-73.

[32] 周锡荣, 唐绍裘. 纳米陶瓷的烧结方法[J]. 山东陶瓷, 2004, 27(4): 18-22.

[33] Tavangarian F, Emadi R. Synthesis and characterization of pure nanocrystalline magnesium aluminate spinel powder[J]. Journal of Alloys and Compounds, 2010, 489(2): 600-604.

[34] 董敏, 蒲永平, 谈国强. 纳米陶瓷的烧结研究[J]. 陶瓷科学与艺术, 2005, 39(1): 35-39.

[35] 张培培. MgAl$_2$O$_4$ 透明陶瓷的凝胶注成型及其性能研究[D]. 徐州: 江苏师范大学, 2016.

[36] Krell A, Hutzler T, Klimke J, et al. Fine-grained transparent spinel windows by the processing of different nanopowders[J]. Journal of the American Ceramic Society, 2010, 93(9): 2656-2666.

[37] 郭胜强, 王皓, 涂兵田, 等. 细晶 MgO·1.44Al$_2$O$_3$ 透明陶瓷的制备及其性能研究[J]. 无机材料学报, 2019, 34(10): 1067-1071.

[38] Esposito L, Piancastelli A, Martelli S. Production and characterization of transparent MgAl$_2$O$_4$ prepared by hot pressing[J]. Journal of the European Ceramic Society, 2013, 33(4): 737-747.

[39] 罗伟. 用于可饱和吸收体的 Co:MgAl$_2$O$_4$ 透明陶瓷制备与性能研究[D]. 上海: 中国科学院上海硅酸盐研究所, 2017.

[40] Chiang Y M, Kingery W D. Grain-boundary migration in nonstoichiometric solid solutions of magnesium aluminate spinel: I, grain growth studies[J]. Journal of the American Ceramic Society, 1989, 72: 271-277.

[41] Tokita M. Trends in advanced SPS spark plasma sintering systems and technology[J]. Journal of the Society of Powder Technology, Japan, 1993, 30(11): 790-804.

[42] Frage N, Cohen S, Meir S, et al. Spark plasma sintering (SPS) of transparent magnesium-aluminate spinel[J]. Journal of Materials Science, 2007, 42(9): 3273-3275.

[43] Morita K, Kim B N, Hiraga K, et al. Fabrication of transparent MgAl$_2$O$_4$ spinel polycrystal by spark plasma sintering processing[J]. Scripta Materialia, 2008, 58(12): 1114-1117.

[44] Wang C, Zhao Z. Transparent MgAl$_2$O$_4$ ceramic produced by spark plasma sintering[J]. Scripta Materialia, 2009, 61(2): 193-196.

[45] Bonnefont G, Fantozzi G, Trombert S, et al. Fine-grained transparent MgAl$_2$O$_4$ spinel obtained by spark plasma sintering of commercially available nanopowders[J]. Ceramics International, 2012, 38(1): 131-140.

[46] 顾强, 文钰斌, 陈晓雨, 等. 添加剂在镁铝尖晶石原料合成中的作用[C]//中国金属学会耐火材料分会、耐火材料杂志社、先进耐火材料国家重点实验室. 2017 年全国耐火原料学术交流会暨展览会论文集, 2017.

[47] Reimanis I, Kleebe H J. A review on the sintering and microstructure development of transparent spinel (MgAl$_2$O$_4$)[J]. Journal of the American Ceramic Society, 2009, 92(7): 1472-1480.

[48] Rozenburg K, Reimanis I E, Kleebe H J, et al. Chemical interaction between LiF and MgAl$_2$O$_4$ spinel during sintering[J]. Journal of the American Ceramic Society, 2007, 90(7): 2038-2042.

[49] Bratton R J. Translucent sintered MgAl$_2$O$_4$[J]. Journal of the American Ceramic Society, 1974, 57(7): 283-286.

[50] Koji T. Transparent MgAl$_2$O$_4$ spinel ceramics produced by HIP post-sintering[J]. Journal of the Ceramic Society of Japan, 2006, 114(1334): 802-806.

[51] Sarkar R, Tripathi H S, Ghosh A. Reaction sintering of different spinel compositions in the presence of Y$_2$O$_3$[J]. Materials Letters, 2004, 58(16): 2186-2191.

[52] Mroz T, Goldman L M, Gledhill A D, et al. Nanostructured, infrared-transparent magnesium aluminate spinel with superior mechanical properties[J]. International Journal of Applied Ceramic Technology, 2012, 9(1): 83-90.

[53] Ganesh I, Bhattacharjee S, Saha B P, et al. A new sintering aid for magnesium aluminate spinel[J]. Ceramics International, 2001, 27(7): 773-779.

[54] 谢鹏永, 郝长安, 罗旭东. TiO$_2$加入量对固相烧结合成镁铝尖晶石致密化行为的影响[J]. 硅酸盐通报, 2017, 36(3): 1101-1105.

[55] Dumerac M, Kleebe H J, Müller M, et al. Fifty years of research and development coming to fruition; unraveling the complex interactions during processing of transparent magnesium aluminate (MgAl$_2$O$_4$) spinel[J]. Journal of the American Ceramic Society, 2013, 96(11): 3341-3365.

[56] 赫延明. 防弹装甲用透明镁铝尖晶石陶瓷研究[D]. 武汉: 武汉理工大学, 2003.

[57] 李卫东, 曹瑛, 房明浩, 等. 透明陶瓷的研究进展[J]. 人工晶体学报, 2007, 36(1): 102-105.

[58] Tomita A, Sato T, Tanaka K, et al. Luminescence channels of manganese-doped spinel[J]. Journal of Luminescence, 2004, 109(1): 19-24.

第6章 石榴石基透明陶瓷

石榴石基透明陶瓷主要用作激光陶瓷材料,目前应用最广泛的激光陶瓷是立方晶系的钇铝石榴石(yttrium aluminium garnet,YAG)体系。本章主要以钇铝石榴石透明陶瓷材料为例,介绍石榴石基透明陶瓷的基本性质、制备方法、应用领域和发展等内容。

6.1 石榴石基透明陶瓷的基本性质

6.1.1 石榴石的晶体结构

石榴石原指一系列自然产出的硅酸盐矿物。石榴石的化学成分可以用 $R_3R_2(SiO_4)_3$ 表示。R_3 为二价阳离子,主要是 Ca^{2+}、Mg^{2+}、Fe^{2+} 或 Mn^{2+}。R_2 为三价阳离子,主要是 Al^{3+}、Fe^{3+} 或 Cr^{3+}。石榴石属立方晶系,空间群为 Oh10-Ia3d。在石榴石晶体结构中,Al^{3+} 可以完全取代 Si^{4+},化学式可以用 $[A_3^{3+}][B_2^{3+}][C_3^{3+}]O_{12}$ 来表示。由于[C]为三价离子,而[Si]是四价离子,为了保持电价平衡,[A]必须是三价离子而不能是二价离子。对于钇铝石榴石(YAG),[A]=Y,[B]=Al,[C]=Al,因此,YAG 的化学式为 $Y_3Al_5O_{12}$。图 6-1 所示的是 YAG 晶体结构。

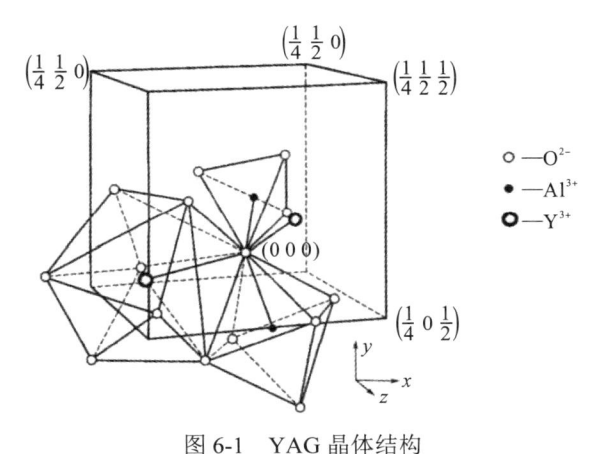

图 6-1 YAG 晶体结构

在石榴石结构中,O^{2-} 占据一般密堆位置,阳离子都处在多面体中心的位置。其中阳离子共分三组,[A]、[B]和[C]。每个[C]离子的周围共有 4 个 O^{2-},这 4 个 O^{2-} 各处在正四面体的角上,[C]离子占据四面体的中心,具有 S_4 的对称性。每个[B]离子的周围共有 6 个

O^{2-}，这6个O^{2-}各处在正八面体的角上，[B]离子占据正八面体的中心，具有C$_{3i}$的对称性。正四面体和正八面体相互连接，其间形成一些十二面体的空隙。这些十二面体实际上是畸变的立方体，每个角上都有O^{2-}占据着，中心位置上是[A]离子，具有D$_2$的对称性，故[A]离子的配位数是8。在图6-2中圆球的位置是十二面体的中心位置，多面体的位置显示了八面体和四面体的位置。

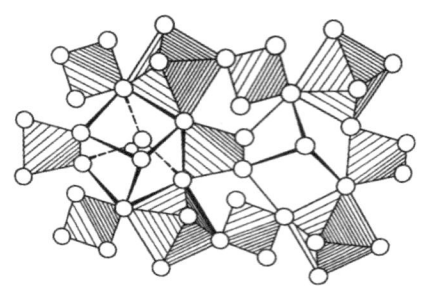

图6-2 YAG结构中多面体的相对位置

在YAG的晶体结构中，具有十二面体配位的Y^{3+}和八面体配位的Al^{3+}位置可以被性质相似的其他离子所取代，即实现掺杂。其中最为重要的是稀土离子对YAG的掺杂。由于稀土离子与Y^{3+}具有相近的有效离子半径，容易进入YAG的晶格，以固溶的方式取代Y^{3+}的位置，从而实现稀土离子掺杂。出于调整晶格常数，或调整掺杂离子所处晶体场的目的，而对处于八面体位置和四面体位置的Al^{3+}进行取代，实现对掺杂离子光谱性能的裁剪。对于取代不同的位置是根据不同的离子半径决定的，取代十二面体的离子半径为0.0830~0.1290nm；取代八面体的离子半径为0.0530~0.0980nm；取代四面体的离子半径为0.0279~0.0590nm。

6.1.2 石榴石基陶瓷的物化性质

YAG基质硬度较高、光学质量好、热导率高，此外YAG的立方结构也有利于产生窄的荧光谱线，从而产生高增益、低阈值的激光输出，是一种优异的激光基质材料。YAG是光学各向同性的晶体，为立方结构。表6-1给出了YAG的各项物理化学参数[1,2]。

YAG作为激光基质材料，其优点主要有：YAG属于立方晶系的高对称体系，不会发生光的双折射现象。YAG晶体的机械性能优异[3]。YAG晶体的热膨胀性能具有各向同性的特点。其熔点高(1970℃)，化学和光化学稳定性好，光学透过性的范围较宽。YAG中Al—O键的键长短、键能高、光学性能稳定。YAG的折射率高(1.82@1064nm)，理论透过率高(84%)。YAG中的钇离子半径与大多数稀土离子半径相近，容易实现多种激活离子的共掺杂。YAG具备足够大的价带与导带的带隙，可以容纳大多数三价稀土离子的发射能级，能够通过选择不同的稀土离子作为激活离子掺杂，实现发光性能的灵活裁剪。三价稀土离子掺杂时不存在电荷补偿问题；声子能量低，能够抑制无辐射跃迁概率，提高发光量子效率；热导率较高，约为14 W/(m·K)，作为固体激光基质材料易于散热。

表 6-1 YAG 的物理化学参数[1,2]

物理化学参数	数值
化学式	$Y_3Al_5O_{12}$
晶体结构	立方晶系空间群 Ia3d，a_0=1.2002nm
维氏硬度	12.8GPa
弹性模量	283.6GPa
密度	4.55g/cm^3
熔点	1950℃
Y^{3+}半径（八配位）	0.1019nm
色泽	无色
化学稳定性	不溶于 H_2SO_4、HNO_3、HCl、HF，溶于 HP_3O_4（>250℃）
光学透过性	0.25~5μm
热膨胀系数	$6.9×10^{-6}K^{-1}$
抗弯强度	341MPa
折射率（1064nm 处）	1.81（无双折射）

钇铝石榴石（$Y_3Al_5O_{12}$）在红外、可见光和紫外波段下均有很高的透光率，也被用作荧光粉的基质料。除此之外，YAG 晶体具有低电导率、低蠕变率和高抗氧化性等优点，被广泛用作抗氧化涂层材料和绝热涂层材料。掺杂其他离子（主要是过渡金属和稀土元素），使 YAG 可用作超短余辉材料，应用于显示器、阴极射线管和高分辨率电视等领域。稀土离子与 Y^{3+} 具有相近的离子半径，容易取代 Y^{3+} 的位置，以固溶的方式进入 YAG 晶格中。因此，稀土离子掺杂 YAG 可作为发光材料[3-5]。其中 YAG:Ce^{3+} 呈现优异的黄色荧光发射，可以与 InGaN 发出的蓝光结合，制备双基色白光 LED，在近年来发展迅速的白光 LED 上应用广泛。YAG:Eu^{3+} 和 YAG:Tb^{3+} 是重要的红色和绿色荧光材料，被广泛应用于显示领域。

6.1.3 石榴石基透明陶瓷材料

YAG 陶瓷是优秀的激光基质材料，通过单掺或复掺 Nd^{3+}、Er^{3+}、Ho^{3+}、Tm^{3+}、Cr^{3+} 和 Yb^{3+} 等三价稀土离子或过渡金属离子来作为性能优异的激光工作物质。

Nd^{3+} 是三价稀土离子中最先被运用于激光产生且目前应用最广的一种稀土元素。Nd^{3+}:YAG 激光跃迁能级属于四能级系统，力学、热学以及光学性能良好，由于钕的跃迁终态距离基态均较远，使得钕激光器可以获得较高的功率，大于其他任何四能级材料。位于基态的 Nd^{3+} 可以吸收不同波长的泵浦光，从而被激发至 $^4F_{3/2}$、$^4F_{5/2}$、$^4F_{7/2}$ 等激发态。位于这些能级上的 Nd^{3+} 能以非辐射跃迁的方式跃迁至亚稳态 $^4F_{3/2}$ 能级（寿命约为 0.2ms），再从 $^4F_{3/2}$ 能级跃迁至 $^4I_{9/2}$、$^4I_{11/2}$、$^4I_{13/2}$ 能级，分别发出波长为 0.914μm、1.06μm、1.34μm 的激光。由于 Nd^{3+} 具有三条辐射通道，激光产生过程中，会产生竞争，而 $^4F_{3/2}$ 到 $^4I_{11/2}$ 通道的荧光分支比最大，所以该通道产生荧光的概率最大，一般 Nd^{3+}:YAG 激光器发出的激光以 1.06μm 为主，1.34μm 次之。Nd:YAG 单晶被广泛应用于工业、军事、医学和科研等方面。但 Nd:YAG 单晶材料不仅造价昂贵、过程复杂，且由于 Nd^{3+} 与 Y^{3+} 离子半径的差异，容易产生荧光淬灭，难以获得高掺杂的 Nd:YAG 材料，限制了其在大功率固体激光器中的应用。Nd:YAG 激光透明陶瓷作为一种新型的激光材料，有望取代 Nd:YAG 单晶，制备大型高功率的固体激光器。

固体微片激光器的迅速发展促进人们寻找更加适合的高增益激光介质。高增益激光介质中，掺镱(Yb)离子的 YAG 是用于微片激光器最合适的激光材料之一。Yb:YAG 不仅具有 YAG 激光基质材料本身优良的物理性质和稳定的化学性能，而且具有很好的激光工作性能。Yb 离子有两个电子态，$^2F_{7/2}$ 基态和 $^2F_{5/2}$ 激发态，间隔约 10 000cm^{-1}，对应于激光波长约为 1μm。与其他稀土离子不同，Yb 离子没有另外的 4f 电子态，因此 Yb 离子不存在激发态吸收、荧光上转换、浓度淬灭等效应，因此 Yb 可以实现高浓度的掺杂。Yb^{3+} 离子泵浦带在 940nm，发射波长在 1.05μm，容易被 InGaAs 半导体激光器所泵浦，其量子效率可达 91%，可减轻材料的热负荷。与 Nd^{3+} 激光相比，由于它的荧光寿命为 Nd^{3+} 离子的 3~4 倍，增加了储能和减少了吸收与发射间的能量差，提高了激光效率。Yb^{3+} 的吸收谱线很宽(18nm)，也给 LD 泵浦带来很大方便，降低了对控温系统的要求。Yb^{3+} 可以掺杂 30at%(at%表示原子数分数)而不至于出现浓度淬灭。这些性质在高功率微片激光器运行中都具有重要作用。Ce:YAG 由于具有优良的闪烁性能而受到人们的广泛关注。随着白光 LED 的出现和发展，Ce:YAG 由于能够被蓝光 LED 芯片有效激发，发出的黄色荧光与 LED 芯片发出的蓝光混合互补后形成白光照明。

6.2　石榴石基透明陶瓷的制备

6.2.1　石榴石基透明陶瓷粉体的制备

1. Y_2O_3-Al_2O_3 二元系统相图

Y_2O_3-Al_2O_3 二元系统相图如图 6-3 所示。在 Y_2O_3-Al_2O_3 二元体系中存在三种化合物：$Y_3Al_5O_{12}$、$YAlO_3$ 和 $Y_4Al_2O_9$。$Y_3Al_5O_{12}$ 具有立方晶格的石榴石结构，也存在高温四方晶格的多形体；$YAlO_3$ 称为钇铝钙钛矿(yttrium aluminum perovskite，YAP)，具有斜方和六方点阵结构；$Y_4Al_2O_9$ 属单斜晶系。

由于在 Y_2O_3-Al_2O_3 系统存在三种物相，这给制备纯的 YAG 物相带来了难度。粉体制备是决定 YAG 透明陶瓷透明度和微观结构的重要因素。化学纯度、晶粒形状、团聚情况和晶粒尺寸是粉体最为关键的性质参数。理想的粉体应具备以下条件：非常高的化学纯度；粉体颗粒细小，且均匀分布；非常高的烧结活性；成分稳定且为单相。传统的粉体制备方法分为固相反应法和湿化学法，其中湿化学法包含沉淀法、溶胶-凝胶法、溶剂(水)热法等。

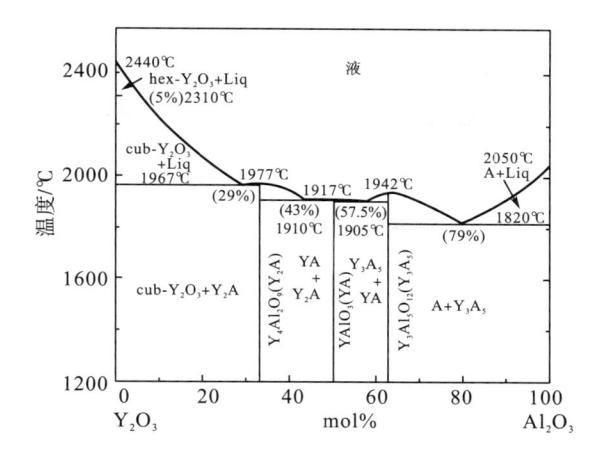

图 6-3 Y$_2$O$_3$-Al$_2$O$_3$ 二元系统相图[6]

2. YAG 粉体的制备

1) 固相反应法

固相反应法是将混合均匀的 Al$_2$O$_3$ 和 Y$_2$O$_3$ 粉末在高温下煅烧，通过氧化物之间的固相反应形成 YAG。高温条件下，Al$_2$O$_3$ 和 Y$_2$O$_3$ 反应，先依次形成中间相 YAM 和 YAP，最终形成 YAG。反应过程如下：

$$2Y_2O_3 + Al_2O_3 \longrightarrow YAM \,(900 \sim 1100 ℃) \tag{6-1}$$

$$YAM + Al_2O_3 \longrightarrow 4YAP \,(1100 \sim 1250 ℃) \tag{6-2}$$

$$3YAP + Al_2O_3 \longrightarrow YAG \,(1400 \sim 1600 ℃) \tag{6-3}$$

固相反应法工艺简单，容易实现粉体的批量生产。但固相反应法合成粉体过程中存在下列不足：①粉体合成过程中须经过多次球磨，球磨过程中易引入杂质并引起晶格缺陷；②高温煅烧使粉体的烧结活性降低；③固相反应法难以得到超细粉体；④煅烧产物中除主晶相 YAG 外，往往残留少量中间相 YAM(Y$_4$Al$_2$O$_9$)和 YAP(YAlO$_3$)。1995 年，日本 Ikesue 等[7]首次利用纳米 Y$_2$O$_3$、Al$_2$O$_3$ 和 Nd$_2$O$_3$ 为原料，1750℃真空烧结制备出高透明 Nd:YAG 透明陶瓷。Li 等[8]以 α-Al$_2$O$_3$ 和 Y$_2$O$_3$ 粉体为原料，采用固相反应法，在 1750℃真空烧结 4h 制备 YAG 透明陶瓷，当烧结温度为 1850℃时，YAG 晶粒异常长大，且在晶界处有 YAP 相和 Al$_2$O$_3$ 相存在。Wu 等[9]通过固相反应法，以高纯 Y$_2$O$_3$、Al$_2$O$_3$、Cr$_2$O$_3$ 和 Yb$_2$O$_3$ 为原料，四乙氧基硅烷(tetraethyl orthosilicate, TEOS)为助剂，在 1770℃真空烧结 10h，成功制备出 5at% Yb、0.025at% Cr 的 YAG 透明陶瓷，该陶瓷平均晶粒尺寸约 40μm，在 1100nm 处的直线透过率约为 75%。Liu 等[10]以高纯 α-Al$_2$O$_3$、Y$_2$O$_3$ 和 Eu$_2$O$_3$ 为原料，以 MgO 和 TEOS 为烧结助剂，在 1780℃真空烧结 20h 制备出 Eu:Y$_3$Al$_5$O$_{12}$ 透明陶瓷，具有均匀的 YAG 颗粒。

2) 沉淀法

沉淀法是将不同成分的化学物质在液相中均匀混合，加入适量的沉淀剂，将沉淀物进行洗涤和高温煅烧,得到预期的粉体颗粒。共沉淀法将含有多种金属离子的盐溶液,加入合适的沉淀剂,如 CO_3^{2-}、OH^-、$C_2O_4^{2-}$ 等,经过化学反应使 Y^{3+} 和 Al^{3+} 沉淀,将溶液中多余离子洗去,沉淀进行均匀加热分解得到 YAG 粉体。现阶段共沉淀法是合成 YAG 纳米粉体应用最为广泛的一种方法。Li 等[11]以 $Y(NO_3)_3 \cdot 6H_2O$、$Al(NO_3)_3 \cdot 9H_2O$ 为原料,以碳酸氢铵为沉淀剂,得到的前驱体在 1000℃煅烧获得纯 YAG 粉体,平均粒径为 50nm,真空烧结出几乎无气孔的高致密 YAG 透明陶瓷。Pan 等[12]以 $Y(NO_3)_3 \cdot 6H_2O$、$Al(NO_3)_3 \cdot 9H_2O$ 为原料,以碳酸氢铵为沉淀剂,得到的前驱体在 1173K 煅烧获得纯 YAG 粉体,平均粒径为 30nm,具有非常好的烧结活性。共沉淀法的优点在于所需设备简单、制备时间周期短、易于控制、粉体分散性好、纯度高、粒度分布均匀。所得沉淀需要用去离子水反复洗涤,可以除去一些杂质离子,减少前驱体的团聚,但易于引入杂质,但共沉淀法合成的 YAG 粉体并不能完全消除硬团聚。

均相沉淀法是使整个液相体系发生化学反应,沉淀剂能够在整个溶液中均匀生成,使 Y^{3+} 和 Al^{3+} 形成沉淀的过程。沉淀形成缓慢,在液相中均匀生成,得到致密且颗粒均匀的沉淀物。Li 等[13]以 $Y(NO_3)_3 \cdot 6H_2O$ 和 $Al(NO_3)_3 \cdot 9H_2O$ 的混合溶液为原料,以尿素为沉淀剂,将混合盐溶液滴入尿素中合成了 YAG 纳米粉体。结果表明在整个反应过程中保持整个体系的 pH,在 900℃煅烧生成了纯 YAG 相,没有其他中间相的存在,且制备得到的 YAG 粉体展示出优异的烧结活性,在 1700℃真空烧结,得到了在 1200nm 处直线透过率达到 77.87%的 YAG 透明陶瓷。另一方面,阳离子掺杂量对材料性能有较大影响。谢慧财等[14]以 Y_2O_3、$Al(NO_3)_3 \cdot 9H_2O$、$Nd(NO_3)_3 \cdot 6H_2O$ 为原料,以尿素为沉淀剂,在 1300℃烧结制得 Nd:YAG 粉体,并在 1700~1800℃烧结 20h,1450℃退火 20h 得到 Nd:YAG 透明陶瓷。结果表明,Nd 掺杂量为 1%(摩尔分数)时,粉体晶粒尺寸最大,Nd:YAG 透明陶瓷在 1064nm 波长处直线透过率可达 80%。研究显示,混合金属阳离子与尿素浓度的摩尔比直接控制尿素的水解速率,以此影响 YAG 粉体粒径。Lv 等[15]以 $Al(NO_3)_3 \cdot 9H_2O$、Y_2O_3 和 Nd_2O_3 为原料,以 $(NH_4)_2SO_4$ 为分散剂,以尿素为沉淀剂,获得的前驱体在 1273K 烧结 2h,得到分散活性比较好的纯 Nd:YAG 纳米粉体。

3) 溶胶-凝胶法

溶胶-凝胶法是以易溶于水的金属氧化物、金属醇盐或金属氢氧化物为原料,使其在某种溶剂内与水反应,使其形成的溶胶转变为凝胶,经过煅烧和干燥生成氧化物粉末的方法。

2003 年,Liu 和 Gao[16]在 Al^{3+}、Y^{3+} 的硝酸混合盐溶液中加入三乙醇胺,将获得的前驱体在 950℃进行煅烧,得到粒径约 40nm,分散性较好的纯 YAG 粉体。Boukerika 等[17]采用溶胶-凝胶法在 1000℃煅烧 4h 成功合成 Ce:YAG 粉体,以乙二醇和柠檬酸为络合剂,在合成 pH 小于 4 时,生成的粉体为 YAG 纯相;在 pH 大于 6 时,生成的粉体有 YAM 和 YAP 相的出现。Zhu 等[18]以 Y_2O_3、$Al(NO_3)_3 \cdot 9H_2O$ 和 Eu_2O_3 为原料,利用溶胶-凝胶法合成了近球状、分散性较好的 Eu:YAG 荧光粉,在发射频带 400~600nm 中 480nm 处有一个高峰。采用溶胶-凝胶法合成 YAG 比固相合成法的合成温度明显低了很多,煅烧温度在 1000℃以下即可得到纯 YAG 粉体,pH 对反应过程影响很大,增大了粉体合成工艺的难度。前驱体干燥过程中容易形成大颗粒,造成硬团聚,YAG 粉体分散性不好,烧结活性也比较差，所以很难制备高透明度的陶瓷材料。溶胶-凝胶法合成 YAG 纳米粉体有以下优点：非常高的纯度和化学成分均匀性。YAG 粉体的合成温度比较低，比固相反应法的合成温度一般低 50~500℃，可以掺杂的离子广泛，可制备一些传统固相反应法不能得到的材料。

4) 溶剂(水)热法

溶剂(水)热法合成是在合适的温度和压力下，在水溶液或蒸汽中发生化学反应进行合成的方法。Hakuta 等[19]以高纯 $Al(NO_3)_3 \cdot 9H_2O$、$Y(NO_3)_3 \cdot 6H_2O$、$Tb(NO_3)_3 \cdot 6H_2O$ 为原料，以 KOH 为沉淀剂，使用溶剂热法在 400℃和 30MPa 条件下合成了 Tb:YAG 粉体，粉体平均尺寸为 20nm，粉体的尺寸与溶液 pH 和盐溶液的浓度有关。张旭东等[20]以化学纯硝酸铝和硝酸钇为原料，以无水乙醇为溶剂，采用溶剂热法合成了近球形，且晶粒分布均匀、分散性好的 YAG 粉体。在 280℃保温 4h，随着温度的升高，前驱体通过溶解、脱水、成核、生长等一系列过程直接形成 YAG 粉体，呈现出粉料成本低和性能优良的优点。邵爽等[21]以 Y_2O_3、$Al(NO_3)_3 \cdot 9H_2O$、$Ce(NO_3)_3 \cdot 6H_2O$ 和浓 HNO_3 为原料，利用溶剂热法以 NH_4HCO_3 为沉淀剂，在乙二胺溶剂中合成了纯 Ce:YAG 相。该方法合成温度在 220℃保温 48h，获得的 YAG 相没有杂质相的生成，粉体呈球形颗粒，分散性好，粒径分布窄，平均晶粒尺寸约为 200nm，通过对 Ce:YAG 荧光粉发射光谱的测试发现，组成为 $Y_{2.94}Ce_{0.06}Al_5O_{12}$ 超细粉体的发光性能最好。溶剂热法合成的粉体纯度高、分散性能好、颗粒粒度小，很少出现硬团聚，但该方法的结晶化时间比较长，工艺更加复杂，反应过程中一般需要添加一些分散剂和活性剂，反应条件需要一定温度和压力，其产量非常低，现阶段在工业上规模化制备仍比较困难。

5) 燃烧合成法

燃烧合成法是用氧化剂如金属硝酸盐与还原剂的放热反应来实现粉体制备。燃烧法较常用的燃料是柠檬酸，调节柠檬酸与硝酸盐的比例可以制备出性能较好的纳米粉体。Li 等[22]以 $Al(NO_3)_3$、$Y(NO_3)_3$、$Nd(NO_3)_3$ 为原料，研究了柠檬酸与硝酸盐的摩尔比对合成粉体性能的影响，发现在 850℃煅烧 2h 后，所有粉体均为 YAG 相，粉体的晶粒尺寸随着柠檬酸与硝酸盐摩尔比值的增大而增大。当比值为 0.277 时，粉体团聚最弱。燃烧合成法能合成粒度小、结晶性好的粉体，且反应时间短，工艺简单。但该反应不容易控制，制备的粉体团聚比较严重。

6.2.2 石榴石基透明陶瓷的成型

对于微米或亚微米级粉体的成型，通常可以采用传统干压成型结合冷等静压成型工艺。对于湿化学法制备的纳米粉体，其极细的颗粒和巨大的比表面积给陶瓷素坯成型带来了极大的困难，不仅素坯密度低(主要是因为纳米粉体在单位体积上的颗粒接触点多，成型的摩擦阻力大)，还经常会出现分层、开裂等问题，注浆成型、凝胶成型、凝胶浇注成型和流延成型等湿法成型方法也经常被采用。湿法成型工艺的主要分类和优缺点见表 6-2。

表 6-2　湿法成型工艺的主要分类和优缺点

工艺类型	优点	缺点	商业化	备注
水基注模	简易，快速	黏度高，尺寸有限，发生热量传递	否	凝胶固化，环境友好
离心注浆	一步过滤成型	需要附加设备	否	离心力固化，适合管状元件
直接凝固	良好的流变性，无尺寸和壁厚限制，素坯密度高	添加剂昂贵，较窄的 pH 范围，有气体生成，素坯强度较低	是	凝聚固化，最终产品机械性能优异
电泳注浆	适用于梯度功能复合材料和涂层	对电流参数敏感	否	电泳固化，已应用在传统陶瓷领域
凝胶注模	应用广泛，无尺寸和壁厚限制	持久性有限，固化速率较慢，素坯密度较低	是	凝胶固化，应用于致密和多孔陶瓷
水解诱导	简易、快速，无尺寸和壁厚限制，素坯密度高	铝污染，有气体生成，素坯强度较低	是	水解固化，不适用于所有类型的陶瓷
压力注浆	快速	需要干燥工序，需要额外设备	否	压力梯度固化，应用于传统陶瓷
温度诱导	简易	发生热量传递，有气体生成	否	凝聚固化，技术较新

1. 干压成型

葛琳等[23]以高纯氧化物粉体为原料，采用直接干压成型与固相反应烧结技术制备 Nd:YAG 透明陶瓷，并对其光学透过率和烧结致密化行为进行了研究。结果表明，经 1760℃ 烧结 10h 后，250MPa 成型压力下的样品透过率最高，在 1064nm 处达到 83.8%。其素坯的气孔率为 40.5%，气孔平均孔径 74.5nm。烧结后陶瓷的显微结构致密，晶界干净清晰，断裂方式为沿晶断裂。将 250MPa 成型压力下获得的陶瓷素坯在不同温度和时间下烧结，得到致密化轨迹、晶粒生长曲线以及显微结构演变等信息。通过理论拟合，得出低温下陶瓷致密化和晶粒生长的控制机制为晶界扩散。

2. 注浆成型

注浆成型适合用于制备形状复杂、大尺寸和复合结构的样品。

2002 年，日本神岛化学公司(Konoshima Chemical Co. Ltd)以共沉淀法制备的 Nd:YAG 纳米粉体为原料，使用注浆成型工艺和真空烧结工艺制备出光学性能优异的 Nd:YAG 陶瓷棒，其尺寸为 Φ4mm×105mm（图 6-4）。

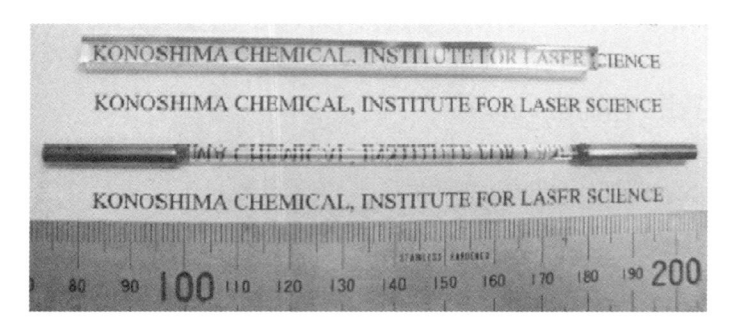

图 6-4　日本神岛化学公司采用注浆成型和真空烧结工艺制备的透明 Nd:YAG 陶瓷棒

中国科学院上海硅酸盐研究所开发了一种利用注浆成型制备钇铝石榴石基透明陶瓷的方法。李江等[24]、周军等[25]以无水乙醇作为分散介质,采用注浆成型工艺和真空烧结技术制备了光学质量良好的 YAG 透明陶瓷。双面抛光、厚度为 3mm 的 YAG 透明陶瓷样品(烧结温度 1800℃,如图 6-5 所示),在可见光范围内的直线透过率为 79%左右,在近红外波段的透过率为 80%左右(图 6-6)。YAG 透明陶瓷样品的平均晶粒尺寸约为 30μm,晶界处和晶粒内部均无杂质和第二相存在,但样品中仍有少量气孔残留。Appiagyei 等[26]以商业 Y_2O_3 和 $\alpha\text{-}Al_2O_3$ 为原料,以 PAA 为分散剂、PEG4000 为黏结剂、TEOS 为烧结助剂,利用柠檬酸调节 pH,采用注浆成型制备了陶瓷素坯。素坯在 600℃预处理以去除有机物,然后在 1800℃真空烧结获得 YAG 透明陶瓷。采用无水乙醇做分散剂进行注浆成型是一种很有发展潜力的透明陶瓷成型方法。与非水基注浆成型相比,水基注浆成型具有成本低、使用安全健康、便于大规模生产等优势。

(a) 3mm 厚　　(b) 1.5mm 厚

图 6-5　注浆成型制备的 YAG 透明陶瓷的实物照片[25]

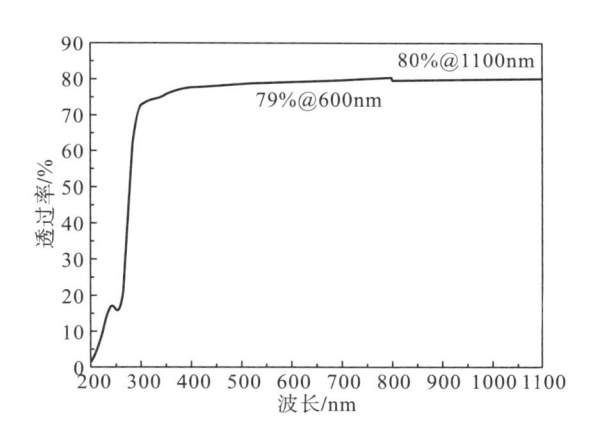

图 6-6　注浆成型制备的 YAG 透明陶瓷的直线透过率曲线(厚度 3mm)[25]

3. 流延成型

流延成型作为一种制备大面积薄膜材料的成型工艺被广泛应用于电子工业、集成电路和能源等领域。通过控制括刀的高度可使基板厚度控制在 0.03～2.50mm。根据溶剂种类的不同，流延成型可以分为水基流延成型和非水基流延成型。

Kupp 等[27]以 Y_2O_3、$\alpha\text{-}Al_2O_3$ 和 Er_2O_3 粉体为原料，采用共流延成型技术制备了复合结构 YAG、0.25at% Er:YAG、0.5at% Er:YAG 透明陶瓷(图 6-7)。图 6-8 是流延成型工艺制备 0.5at% Er:YAG 透明陶瓷的实验流程。图 6-9 是经过真空烧结(1650℃×4h)和热等静压烧结(1675℃×8h)后所得复合结构 YAG、0.25at% Er:YAG、0.5at% Er:YAG 透明陶瓷的 SEM 形貌。从图中可以看出 YAG 陶瓷、0.25at% Er:YAG 陶瓷和 0.5at% Er:YAG 陶瓷的平均晶粒尺寸分别为 2.1μm、2.2μm 和 2.0μm，样品非常致密、结构均匀。样品各部分在激光工作波长 1645nm 处的直线透过率均达到 84%，与单晶的透过率相接近。

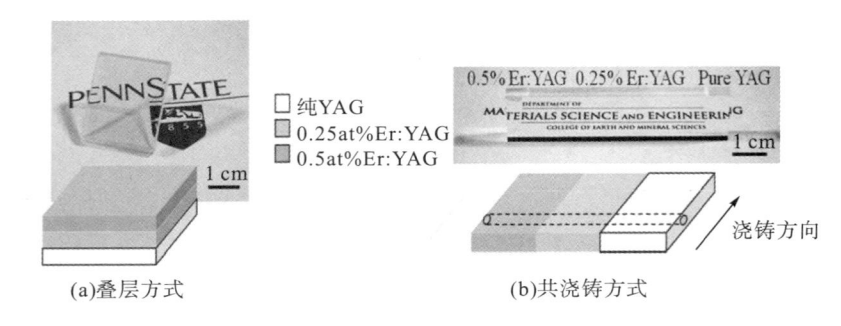

(a)叠层方式 (b)共浇铸方式

图 6-7 流延成型技术制备复合结构 YAG、0.25at%Er:YAG、0.5at%Er:YAG 透明陶瓷[27]

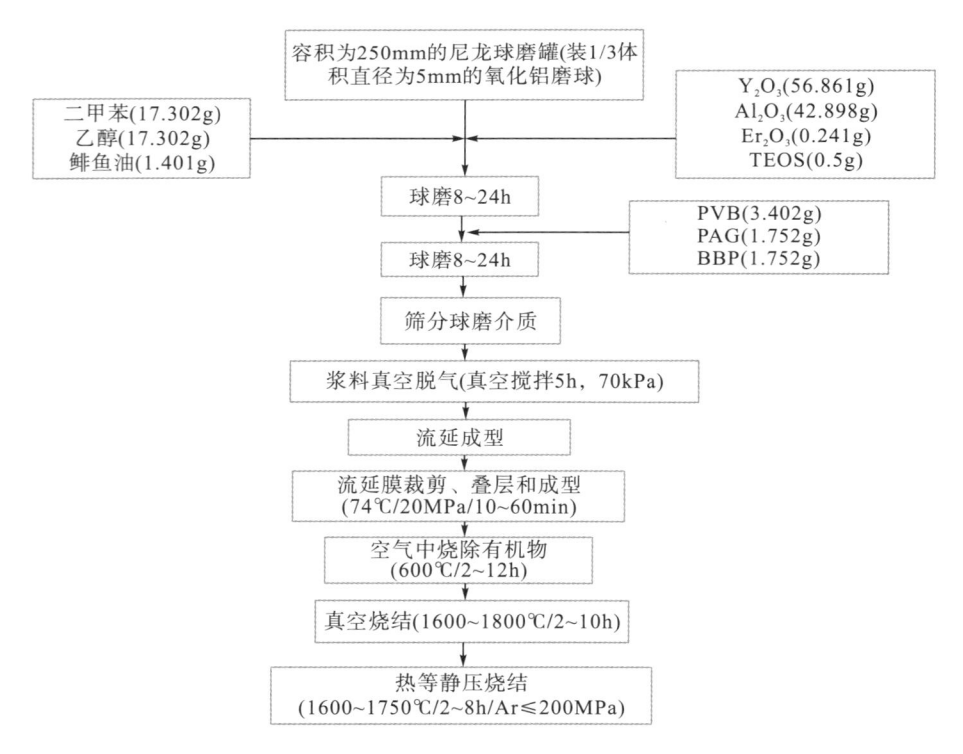

图 6-8 流延成型工艺制备 0.5at%Er:YAG 透明陶瓷的实验流程[27]

(a)YAG 陶瓷表面　　　　　　　(b)0.25at% Er:YAG 陶瓷表面

(c)0.5at% Er:YAG 陶瓷表面　　(d)0.5at% Er:YAG 陶瓷断口

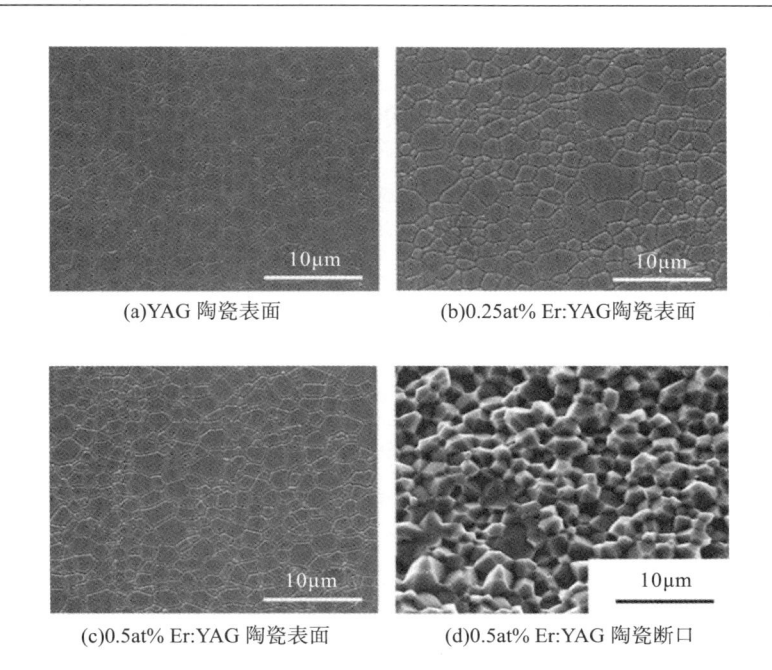

图 6-9　流延成型技术制备 YAG、0.25at% Er:YAG、0.5at% Er:YAG 透明陶瓷的 SEM 形貌[27]

图 6-10 是垂直纸面放置的复合结构 YAG、0.25at% Er:YAG、0.5at% Er:YAG 陶瓷激光棒的实物照片。由于陶瓷激光棒的长度为 6mm，上端面与纸面之间的距离大，所以只有样品下面的部分图像能够清楚地聚焦。通过陶瓷激光棒，下面的图像仍然很清晰，所以样品具有较好的光学质量。

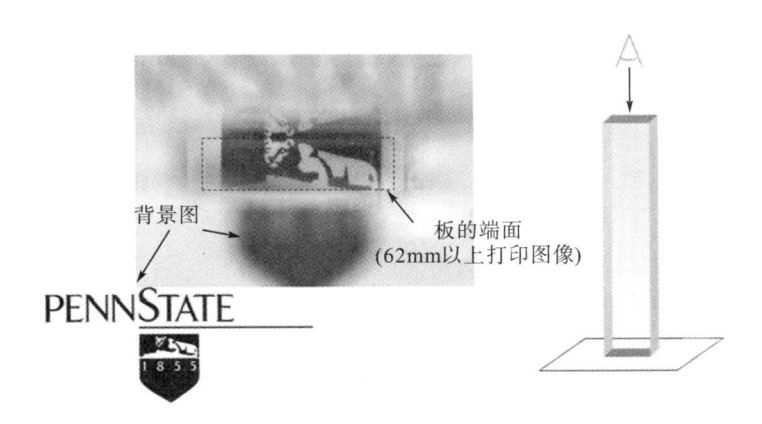

图 6-10　垂直放置的复合结构 YAG、0.25at%Er:YAG、0.5at%Er:YAG 陶瓷激光棒的实物照片[27]

巴学巍等[28]以商品氧化钇和氧化铝粉体为原料，采用水基流延成型技术结合真空烧结工艺制备了复合结构 YAG 透明陶瓷，使用流变曲线表征了料浆的性能，用扫描电镜观察流延膜和流延坯体的微观形貌，用电子探针分析陶瓷的表面特征，用分光光度计测试陶瓷的光透过率曲线。实验结果表明，最佳的分散剂是聚丙烯酸，其最佳用量是 1.0wt%，黏结剂聚乙烯醇-124 的合理用量是 10wt%，增塑剂聚乙二醇-400 的合理用量是 10wt%～12wt%。流延膜和流延坯体的结构致密，YAG 复合结构陶瓷在可见光和近红外光波段的直线光透过率达到 80%。非水基流延制膜中常用的有机溶剂有乙醇、丁酮、三氯乙烯、甲苯等。使用有机溶剂制得的料浆黏度低、溶剂挥发快、干燥时间短。缺点在于有机溶剂多易燃有毒，对人体健康不利。而水作为溶剂则有成本低、使用安全健康、便于大规模生产等优点。其缺点在于：①对粉体颗粒的润湿性较差，挥发慢，干燥时间长；②料浆除气困难，气泡的存在影响基板的质量；③水基料浆所用的黏结剂多为乳状液，市场上产品较少，黏结剂的选择受制；④某些陶瓷材料能与水反应。中国科学院上海硅酸盐研究所在水基流延成型制备 YAG 激光透明陶瓷方面开展了大量的工作并取得了重大进展，所得的 YAG 透明陶瓷在 1064nm 处的直线透过率已高于 80%。

6.2.3 石榴石基透明陶瓷的烧成

烧结一般被划分为三个阶段：烧结初期、烧结中期和烧结后期。烧结初期，颗粒间产生重排，形成烧结颈。烧结中期，通过晶界扩散实现致密化过程，此时晶界开始移动，晶粒正常生长，气孔逐渐排出，陶瓷相对密度可达 90%以上。烧结后期，气孔已经完全封闭，主要位于晶界处，此阶段主要发生的是晶粒的生长，气孔则通过晶界的移动而进一步排出。

真空烧结是指在真空环境下，具有一定致密度的陶瓷素坯在高温下致密化的过程。烧结的驱动力主要是自由能的变化。1995 年，Ikesue 和 Kinoshita[7]用固相反应和真空烧结技术制备了高透的 Nd:YAG 陶瓷，并实现了激光输出。Liu 等[10]采用真空烧结技术制备了 1at%的 Nd:YAG 透明陶瓷，研究了烧结助剂 La_2O_3 的添加量对陶瓷显微结构和光学性能的影响，结果表明掺有 0.8wt%的 La_2O_3 的陶瓷具有最好的光学性能，获得了 41.1%的斜率效率和 2.9W 的泵浦阈值。Bonnet 等[29]采用固相反应法和真空烧结技术研究了(Nd+Y)/Al 摩尔比对 Nd:YAG 陶瓷烧结行为和光学性能的影响，发现 Al 过量能促进物质传质，而 Y 过量却相反，相比于 Y 过量，Al 过量对陶瓷光学性能的影响较大。

热压烧结是将粉体放入模具中，边加压边加热，是一种成型和烧结同时进行的烧结方法。由于热压烧结过程中施加压力，因此可以降低烧结温度，缩短烧结时间，抑制晶粒长大。Hreniak 等[30]采用热压烧结技术制备了纳米晶粒尺寸的 Nd:YAG 陶瓷，研究了不同 Nd^{3+} 掺杂浓度对陶瓷荧光性能的影响。Fedyk 等[31]采用热压烧结制备了 Nd:YAG 陶瓷，研究了压力对陶瓷烧结的影响。

放电等离子体烧结(SPS)又称为电场辅助烧结，是一种脉冲电流和单轴压力相结合的烧结技术。Spina 等[32]以氯化盐为原料，碳酸氢铵为沉淀剂，用共沉淀法合成 YAG 前驱体，并采用超声辅助的方法获得了分散性好、烧结活性高的纳米粉体，采用 SPS 技术在 1350℃下制备了 YAG 透明陶瓷。图 6-11 为在 1350℃温度下制备的退火前后的陶瓷实物图。

热等静压(HIP)烧结是将陶瓷样品放入密闭的容器中，通过惰性气体加压并施以高温，在高温高压的作用下使得陶瓷致密化。Ikesue 和 Kamata[33]通过真空预烧加 HIP 烧结后处理技术制备的 Nd:YAG 陶瓷透过率不高，他们认为在 HIP 烧结过程中氩气进入了陶瓷体内，导致了更多气孔的产生。Lee 等[34]以燃烧法合成的粉体为原料，采用相同的方法

图 6-11　退火前后 YAG 陶瓷实物图：(左)退火前；(右)退火后(800℃×1h)[32]

制备了 Nd:YAG 透明陶瓷，其性能可以与单晶相媲美。Suarez 等[35]以冷冻干燥的纳米粉体为原料，在没有烧结助剂的情况下，通过真空预烧和 HIP 后处理方法制备了 Nd:YAG 透明陶瓷。Li 等[36]采用真空预烧和 HIP 烧结后处理的方法制备 Nd:YAG 透明陶瓷，1800℃真空预烧 10h，再经过 1600℃的 HIP 处理 3h 的样品在 1064nm 处的透过率达到 81.2%。胡泽望等[37]以商业氧化物粉体为原料，采用真空烧结结合热等静压(HIP)烧结制备了 (Pr+Lu):YAG 透明陶瓷。结果表明，1775℃及以上温度预烧 5h 的陶瓷致密度超过 92%，能形成完全闭气孔结构，在 HIP 后可以实现陶瓷透明化。预烧温度进一步提升或者延长保温时间，晶粒尺寸也随之增大，不利于 HIP 过程中致密化速率的提升及气孔的排出，不利于光学质量的提升。图 6-12 为不同温度预烧 5h 制备的 100ppm* SiO_2 添加量的 (Pr+Lu):YAG 陶瓷 HIP 后的直线透过率曲线。图 6-13 为不同温度预烧 5h 制备的 100ppm SiO_2 添加量的(Pr+Lu):AG 陶瓷 HIP 后的热腐蚀表面均发射扫描电子显微镜(field emission scanning electron microscope，FESEM)形貌照片。

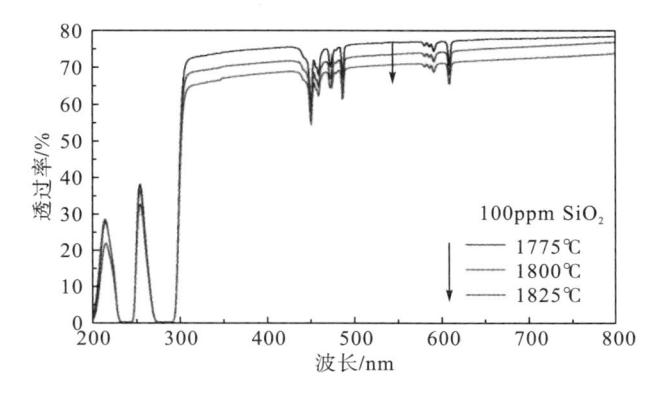

图 6-12　不同温度预烧 5h 制备的(Pr+Lu):YAG 陶瓷 HIP 后的直线透过率曲线[37]

---

* 1ppm 表示添加量为 $1×10^{-6}$g/g。

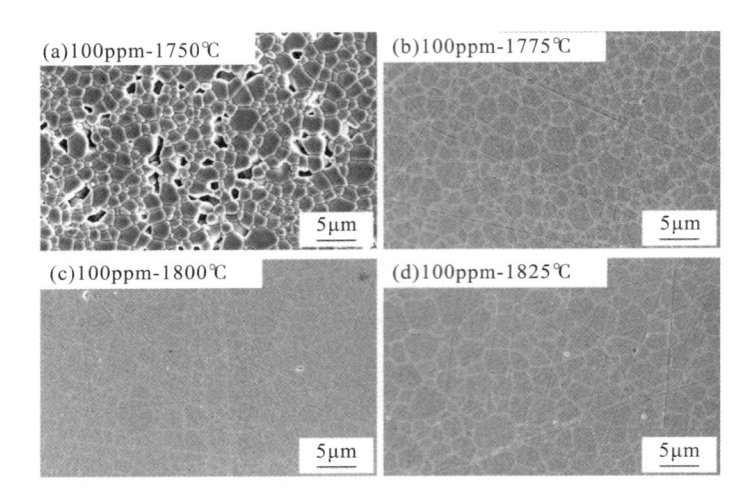

图 6-13　不同温度预烧 5h 制备的(Pr+Lu):YAG 陶瓷 HIP 后的热腐蚀表面 FESEM 形貌照片[37]

6.2.4　石榴石基透明陶瓷的常用助剂

高质量的粉体原料结合优良的烧结助剂，可以使 Nd:YAG 透明陶瓷的光学质量发生质的飞跃，实现高效率激光输出。1995 年，Ikesue 和 Kinoshita[7]以颗粒尺寸小于 2μm 的 Al_2O_3、Y_2O_3 和 Nd_2O_3 粉体为起始原料，以 TEOS 作为烧结助剂，采用固相反应烧结法制备了 YAG 陶瓷。对于掺杂浓度为 1.2%～7.2%的 Nd:YAG 陶瓷，如果没有 TEOS 添加，Nd:YAG 陶瓷中第二相 $Y_{1-\delta}Nd_\delta AlO_3$ 的生成量随着钕掺杂浓度的提高而增加。在 Nd:YAG 透明陶瓷制备工艺中引入 SiO_2 添加剂可以控制晶界的移动速率，有效地阻止二次再结晶，使其吸收系数由 2.5～3.0cm^{-1} 降低至 0.25cm^{-1}[38]。MgO 也是 YAG 透明陶瓷的常用烧结助剂。MgO 作为烧结助剂可以抑制晶粒异常生长，MgO 均匀分布于材料中且浓度低于在主晶相中的极限溶解度，这样它就不会以新的固相(非主晶相)在界面上析出。MgO 和 Al_2O_3 反应得到的镁铝尖晶石分布于 YAG 的晶粒之间，抑制了晶粒的长大。另外 MgO 的加入增大了结构缺陷，从而加速了气孔经晶界排出的传质过程。但是 Mg^{2+}或者 Si^{4+}的引入会引起电荷不平衡(过剩负电荷或正电荷)和晶格畸变(离子半径失配)，应按照电荷补偿和离子半径补偿的要求进行调节。中国科学院上海硅酸盐研究所以商业氧化物粉体为原料，以 TEOS 和 MgO 为烧结助剂，成功制备了 Nd:YAG、Yb:YAG、Tm:YAG、Ho:YAG、Er:YAG 和复合结构 YAG/Nd:YAG 等一系列高质量的激光透明陶瓷[39]。

Liu 等[40]以高纯商业α-Al_2O_3、Y_2O_3 和 Nd_2O_3 粉体为原料，以 TEOS 和 La_2O_3 为烧结助剂，采用真空烧结(1730 ℃×20h)制备 Nd:YAG 透明陶瓷。图 6-14 是不同含量 La_2O_3(0wt%、0.4wt%、0.8wt%、1.2wt%)和相同含量 TEOS(0.5wt%)制备的 Nd:YAG 透明陶瓷。从图 6-14 可以看出，不同含量 La_2O_3 的 Nd:YAG 透明陶瓷均具有很好的透光性，透过样品可以清晰看到纸上的字母。图 6-15 是添加不同含量 La_2O_3 制备的 Nd:YAG 透明陶瓷的热腐蚀抛光表面形貌。当没有添加 La_2O_3 时，样品的晶粒内部和晶界处均有微气孔存在，平均晶粒尺寸约为 13μm；当 La_2O_3 的添加量为 0.4wt%时，除了气孔数量略有减少外，显微结构无明显的变化；当 La_2O_3 的添加量为 0.8wt%时，样品的晶粒内部和晶界处几乎没有微气孔存在，晶粒尺寸减小为约 10μm；当 La_2O_3 的添加量增加至 1.2wt%时，样品中重新出现较多数量的微气孔。适量 La_2O_3 烧结助剂的添加可以有效降低烧结温度，减小晶粒尺寸，并且有利于气孔的排出。

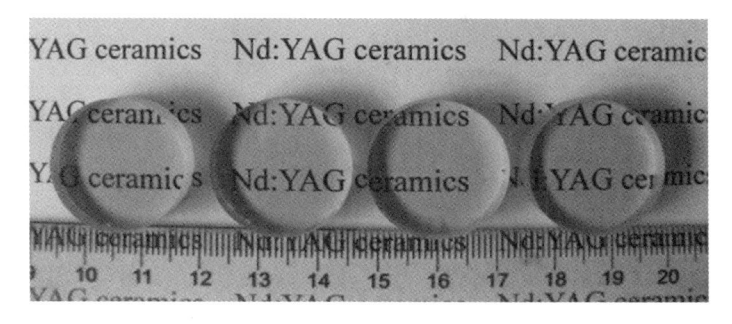

图 6-14 不同含量 La_2O_3 的 Nd:YAG 透明陶瓷[40]

(从左到右依次为：0wt%、0.4wt%、0.8wt%、1.2wt%)

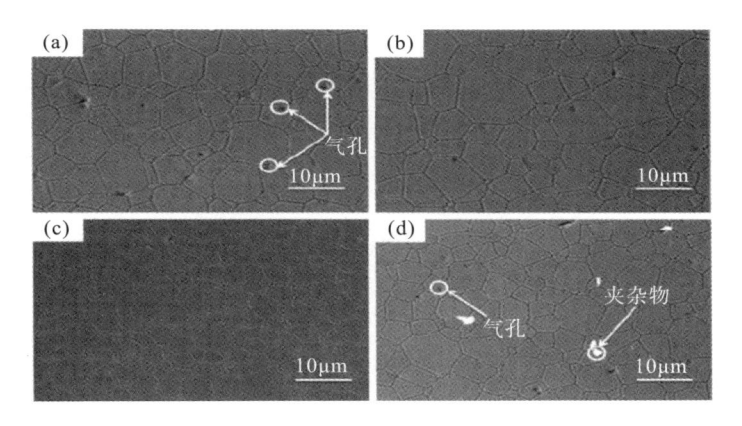

图 6-15 添加不同含量 La_2O_3 制备的 Nd:YAG 透明陶瓷的热腐蚀抛光表面的形貌[40]

(a) 0wt%；(b) 0.4wt%；(c) 0.8wt%；(d) 1.2wt%

6.3 石榴石基透明陶瓷的应用与发展

YAG 透明陶瓷由于具有优异的光学性能、良好的力学和热学性能以及在制备方面的优势被广泛用作光学材料和固体激光基质材料，引起了人们的极大关注，并取得了相当大的发展。目前国外已经实现 Nd:YAG 固体激光器 100kW 以上（单片 7.5kW）的输出。在军事方面，石榴石基透明陶瓷主要应用于高功率激光武器、惯性约束核聚变、光电对抗等；在民用方面可以覆盖现在单晶固体激光器的所有应用领域。

由于相比单晶及玻璃有诸多优异性能，自 20 世纪 60 年代激光透明陶瓷就被作为固体激光器的增益介质材料开始研究。1995 年，Ikesue 和 Kinoshita[7]制备出了高光学质量的

Nd:YAG透明陶瓷，光学散射损耗仅为0.9cm^{-1}，并且在LD端面泵浦下实现连续激光输出。2006年底，采用大尺寸高质量的Nd:YAG透明陶瓷，美国劳伦斯·利弗莫尔国家实验室（Lawrence Livermore National Laboratory，LLNL）成功研制出了全固态热容激光器，其输出功率可达67kW，持续工作时间为10s。2009年，美国诺格公司和美国达信公司相继采用Nd:YAG激光透明陶瓷研制出了激光系统，其激光输出均可达到100kW以上。陶瓷激光输出功率的目标为600kW～1MW，并且YAG基透明陶瓷已成为激光陶瓷最重要的研究方向。

LED荧光透明陶瓷是指用于白光LED照明的透明陶瓷。白光LED由于其高发光效率、长寿命和低能耗等优点而在显示和照明领域得到迅速发展，被认为是21世纪最具发展前景的高新技术。目前商用LED通常使用蓝色InGaN芯片激发黄色荧光粉（Ce:YAG荧光粉）以产生白光。然而随着大功率白光LED的使用，将荧光粉和有机材料相混合后涂覆在蓝光芯片上这种传统的封装方法会使白光LED器件在工作过程中散发的热量难以扩散，导致器件温度升高。在长时间的工作后，器件的发光效率会降低，且影响出光色温，容易产生色漂移现象。另外，环氧树脂在持续高温条件下容易出现老化现象，会使得包覆树脂颜色变黄甚至破坏包覆结构，导致白光LED器件的整体性能降低。用荧光透明陶瓷代替传统LED中的树脂和荧光粉混合物可以解决上述问题。相比荧光粉而言，荧光透明陶瓷的导热性好，且具有优异的机械和热力学性能，可解决在长时间工作下由于器件温度升高导致的发光效率下降、易老化、色漂移等各种发光问题，并且白光LED器件的发光稳定性和使用寿命也会提高；其次，荧光透明陶瓷解决了荧光粉对光存在散射以及吸收率低的问题，从而提高了LED整体的发光效率；最后，荧光透明陶瓷可以实现多种发光离子的均匀共掺杂，同时可以通过改变陶瓷的透过率和发光波段等参数来调控荧光透明陶瓷透过光和转化光的比例，从而得到均匀高质量的白光。通过用Gd^{3+}取代Y^{3+}制备荧光透明陶瓷，可以实现YAG:Ce发射峰值从530～560nm的光谱红移，通过调节组分可以实现对显色指数和色温的调控。在Ce:YAG荧光透明陶瓷[41]中共掺杂Pr^{3+}和Cr^{3+}，Pr^{3+}和Cr^{3+}的特征发射峰分别位于609nm和689nm处，对原有的Ce:YAG荧光陶瓷光谱进行了拓展，补充了光谱的红光区域，色坐标可以实现从冷白光到正白光再到暖白光的调节。同时，可以利用RGB三基色LED合成高质量的白光。由于石榴石体系结构的独特性，可以在十二面体格位掺杂不同的阳离子来调节能带结构和发光特性，从而得到高质量的绿色或红色发光材料，因此荧光透明陶瓷的光谱调控主要是在石榴石体系中进行。

闪烁透明陶瓷是一种能将高能射线转换成可见光或紫外光的透明陶瓷材料，可应用于高能物理、地质勘探、无损探伤及医学诊断等领域，其中医学诊断主要应用于商业医疗CT（X-ray computed tomography，X-CT）和正电子发射型计算机断层显像（positron emission computed tomography，PET）等高端辐射医疗设备中。目前闪烁材料主要为单晶和陶瓷。对于闪烁单晶而言，由于受结晶化学的制约，用传统的方法很难实现高浓度的掺杂；另外由于晶体的生长周期长，制备的晶体尺寸小，且工艺复杂，较难批量生产，从而导致制备成本高。美国GE公司制备的Eu:(Y,Gd)$_2$O$_3$（简称YGO，商品名为Hilight^{TM}）是最早应用于商业医疗CT的闪烁透明陶瓷，成功开辟了陶瓷闪烁体在医疗探测领域的应用。2008年美国GE公司通过试验近15万种备选材料组分，成功开发了Ce:(Lu,Tb)$_3$Al$_5$O$_{12}$闪烁透明陶瓷(商品名为 Gemstane™)，由于其具有极高的光产额而被应用于最尖端的 CT 设备中。除此之外，由于 Ce^{3+}、Pr^{3+}、Nd^{3+} 等稀土离子允许 5d→4f 的跃迁，具有高发光强度、纳秒级快衰减等特性，一些掺杂这些稀土离子的新型闪烁透明陶瓷如 Ce:Lu YAG、Pr: Lu YAG 等也被陆续开发出来。在 X 射线激发下，Ce:Lu YAG 透明陶瓷的发射光谱为典型的 Ce^{3+} 的 5d→4f 跃迁，500～600nm 的发射波长在硅光电二极管的高敏感区域范围内，满足闪烁体的性能要求，Ce:Lu YAG 闪烁陶瓷与 PMT 或硅半导体光检测器耦合具有中等的光产额和能量分辨率。

6.4 石榴石基透明陶瓷的共性难点

目前，透明激光陶瓷的研究虽然已经取得了可喜的发展，但要想实现工业化、经济、环保的生产目标，还有许多技术难题。YAG 透明激光陶瓷需要突破的关键技术是：①高质量 YAG 微细粉体合成的规模化制备技术；②合适的助烧添加剂；③YAG 透明陶瓷的致密化烧结技术；④多种稀土离子的高浓度掺杂技术；⑤如何增大透明陶瓷尺寸，如何进一步提高其掺杂含量，如何提高最大输出功率、转换功率和陶瓷激光器的激光光束质量；⑥如何大幅度降低成本，实现工业规模化生产。

重视材料制备的重复性和稳定性研究，对透明陶瓷的功能进行开发利用，是陶瓷实用化的关键。因此国内科研工作者仍然是任重道远。

6.5 本 章 小 结

钇铝石榴石具有优异的光学、力学和热学性能，属于等轴晶系，不存在双折射效应，在红外、可见光和紫外波段下均有很高的透光率，被用作荧光粉的基质材料和激光材料。除此之外，掺杂其他离子(主要是过渡金属和稀土元素)，使 YAG 可用作超短余辉材料，应用于显示器、阴极射线管和高分辨率电视等领域。稀土离子与 Y^{3+} 具有相近的离子半径，容易取代 Y^{3+} 的位置，以固溶的方式进入 YAG 晶格中。因此，稀土离子掺杂 YAG 可作为发光材料。YAG 透明陶瓷和普通陶瓷的制备过程基本相同，但由于透明陶瓷特有的性质以及多种影响因素，其制备过程有着严格的要求，不仅需要粉体纯度高、晶粒细且分散性好，还需要通过特殊的烧结手段排除陶瓷中的气孔，实现陶瓷的致密化。

参 考 文 献

[1] 潘裕柏, 李江, 姜本学. 先进光功能透明陶瓷[M]. 北京: 科学出版社, 2013.
[2] 李金生. 钇铝石榴石粉体及透明陶瓷的制备与性能研究[D]. 沈阳: 东北大学, 2015.

[3] Zhu Q Q, Li S X, Yuan Q, et al. Transparent YAG: Ce ceramic with designed low light scattering for high-power blue LED and LD applications[J]. Journal of the European Ceramic Society, 2021, 41(1): 735-740.

[4] Chaika M A, Tomala R, Strek W. Infrared laser stimulated broadband white emission of transparent Cr: YAG ceramics obtained by solid state reaction sintering[J]. Optical Materials, 2021, 111(11): 110673.

[5] Chaika M, Strek W. Laser induced broad band white emission from transparent Cr^{4+}: YAG ceramics: origin of broadband emission[J]. Journal of Luminescence, 2021, 233: 117935.

[6] Get'man O I, Panichkina V V, Paritskaya L N, et al. Effect of microwave heating on the mass transfer, phase formation, and microstructural transformations in the Y_2O_3-Al_2O_3 diffusion couple[J]. Powder Metall. Met. Ceram., 2014, 53(1): 8-18.

[7] Ikesue A, Kinoshita T, Kamata K, et al. Fabrication and optical properties of high-performance polycrystalline Nd: YAG ceramics for solid-state lasers[J]. Journal of the American Ceramic Society, 1995, 78(4): 1033-1040.

[8] Li C Q, Zuo H B, Zhang M F, et al. Fabrication of transparent YAG ceramics by traditional solid-state-reaction method[J]. Transactions of Nonferrous Metals Society of China, 2007, 17(1): 148-153.

[9] Wu Y S, Li J, Qiu F G, et al. Fabrication of transparent Yb,Cr: YAG ceramics by a solid-state reaction method[J]. Ceramics International, 2006, 32(7): 785-788.

[10] Liu Q, Yuan Y, Li J, et al. Preparation and properties of transparent Eu: YAG fluorescent ceramics with different doping concentrations[J]. Ceramics International, 2014, 40(6): 8539-8545.

[11] Li X X, Zheng B Y, Odoom-Wubah T, et al. Co-precipitation synthesis and two-step sintering of YAG powders for transparent ceramics[J]. Ceramics International, 2013, 39(7): 7983-7988.

[12] Pan L, Qin X Y, Li D, et al. Synthesis of monodispersed nanometer-sized YAG powders by a modified coprecipitation method[J]. Journal of Rare Earths, 2008, 26(5): 674-677.

[13] Li J S, Sun X D, Liu S H, et al. A homogeneous co-precipitation method to synthesize highly sinterability YAG powders for transparent ceramics[J]. Ceramics International, 2015, 41(2): 3283-3287.

[14] 谢慧财, 杨儒, 秦杰, 等. 超临界流体干燥技术制备 Nd: YAG 纳米粉体及透明陶瓷[J]. 北京化工大学学报(自然科学版), 2013, 40(6): 56-61.

[15] Lv Y H, Zhang W, Liu H, et al. Synthesis of nano-sized and highly sinterable Nd: YAG powders by the urea homogeneous precipitation method[J]. Powder Technology, 2012, 217: 140-147.

[16] Liu Y Q, Gao L. Low-temperature synthesis of nanocrystalline yttrium aluminum garnet powder using triethanolamine[J]. Journal of the American Ceramic Society, 2003, 86(10): 1651-1653.

[17] Boukerika A, Guerbous L, Brihi N. Ce-doped YAG phosphors prepared via sol-gel method: Effect of some modular parameters[J]. Journal of Alloys and Compounds, 2014, 614: 383-388.

[18] Zhu Q Q, Hu W W, Ju L C, et al. Synthesis of $Y_3Al_5O_{12}$: Eu^{2+} phosphor by a facile hydrogen iodide-assisted sol-gel method[J]. Journal of the American Ceramic Society, 2013, 96(3): 701-703.

[19] Hakuta Y, Haganuma T, Sue K, et al. Continuous production of phosphor YAG: Tb nanoparticles by hydrothermal synthesis in supercritical water[J]. Materials Research Bulletin, 2003, 38(7): 1257-1265.

[20] 张旭东, 刘宏, 何文, 等. 溶剂热法合成 YAG 晶粒的形成过程[J]. 硅酸盐学报, 2004, 32(3): 226-229.

[21] 邵爽, 米晓云, 黄凯, 等. 乙二胺溶剂热法合成 YAG:Ce 超细粉体及发光性能研究[J]. 人工晶体学报, 2014, 43(5): 1149-1154.

[22] Li J, Pan Y B, Qiu F G, et al. Synthesis of nanosized Nd:YAG powders via gel combustion[J]. Ceramics International, 2007, 33(6): 1047-1052.

[23] 葛琳, 李江, 周智为, 等. 直接干压成型与真空烧结技术制备 Nd: YAG 透明陶瓷[J]. 硅酸盐学报, 2015, 43(9): 1226-1233.

[24] 李江, 周军, 潘裕柏, 等. 利用注浆成型制备钇铝石榴石基透明陶瓷的方法: CN102060539A[P]. 2011-05-18.

[25] 周军, 潘裕柏, 李江, 等. 无水乙醇注浆成型制备 YAG 透明陶瓷[J]. 无机材料学报, 2011, 26(3): 254-256.

[26] Appiagyei K A, Messing G L, Dumm J Q. Aqueous slip casting of transparent yttrium aluminum garnet(YAG)ceramics[J]. Ceramics International, 2008, 34(5): 1309-1313.

[27] Kupp E R, Messing G L, Anderson J M, et al. Co-casting and optical characteristics of transparent segmented composite Er: YAG laser ceramics[J]. Journal of Materials Research, 2010, 25(3): 476-483.

[28] 巴学巍, 李江, 潘裕柏, 等. 水基流延成型制备复合结构 YAG 透明陶瓷[J]. 稀有金属材料与工程, 2013, 42(S1): 234-237.

[29] Bonnet L, Boulesteix R, Maitre A, et al. Influence of (Nd+Y)/Al ratio on sintering behavior and optical features of $Y_{3-x}Nd_xAl_5O_{12}$ ceramics for laser applications[J]. Optical Materials, 2018, 77: 264-272.

[30] Hreniak D, Strek W, Gluchowski P, et al. The concentration dependence of luminescence of Nd: $Y_3Al_5O_{12}$ nanoceramics[J]. Journal of Alloys and Compounds, 2008, 451(1/2): 549-552.

[31] Fedyk R, Hreniak D, Łojkowski W, et al. Method of preparation and structural properties of transparent YAG nanoceramics[J]. Optical Materials, 2007, 29(10): 1252-1257.

[32] Spina G, Bonnefont G, Palmero P, et al. Transparent YAG obtained by spark plasma sintering of co-precipitated powder. Influence of dispersion route and sintering parameters on optical and microstructural characteristics[J]. Journal of the European Ceramic Society, 2012, 32(11): 2957-2964.

[33] Ikesue A, Kamata K. Microstructure and optical properties of hot isostatically pressed Nd: YAG ceramics[J]. Journal of the American Ceramic Society, 1996, 79(7): 1927-1933.

[34] Lee H, Mah T, Parthasarathy T A. Low-cost processing of fine grained transparent yttrium aluminum garnet[C]//28th International Conference on Advanced Ceramics and Composites A: Ceramic Engineering and Science Proceedings, 1999.

[35] Suarez M, Fernandez A, Menendez J L, et al. Hot isostatic pressing of optically active Nd: YAG powders doped by a colloidal processing route[J]. Journal of the European Ceramic Society, 2010, 30(6): 1489-1494.

[36] Li S S, Ma P, Zhu X W, et al. Post-treatment of nanopowders-derived Nd-YAG transparent ceramics by hot isostatic pressing[J]. Ceramics International, 2017, 43(13): 10013-10019.

[37] 胡泽望, 陈肖朴, 刘欣, 等. 微量 SiO_2 添加对 Pr: $Lu_3Al_5O_{12}$ 陶瓷光学及闪烁性能的影响[J]. 无机材料学报, 2020, 35(7): 796-802.

[38] Ikesue A, Kamata K. Role of Si on Nd solid-solution of YAG ceramics[J]. Journal of the Ceramic Society of Japan, 1995, 103(1197): 489-493.

[39] 吴玉松. 稀土离子掺杂 YAG 激光透明陶瓷的研究[D]. 上海: 中国科学院上海硅酸盐研究所, 2008.

[40] Liu W B, Li J, Jiang B X, et al. Effect of La_2O_3 on microstructures and laser properties of Nd: YAG ceramics[J]. Journal of Alloys and Compounds, 2012, 512(1): 1-4.

第 7 章 二硼化锆超高温陶瓷

高超音速飞行器能够部分突破现有的导弹防御系统,对提升国家安全和军事威慑力具有重要意义。但其气动摩擦加热现象严重,鼻锥和机翼前端温度高达 2000℃以上。飞行器的喷锥、机翼和尾翼的前缘、尾部喷嘴、密封面及热防护系统等都需要长时间承受高温、氧化气氛的侵蚀和高速流体的冲刷,同时还要承受启动时震动、噪声和太空物体的撞击。在极端服役条件下,为保证安全性,飞行器的表面热防护材料需要具备优良的抗热冲击性、抗高温氧化性、抗烧蚀性,承受撞击时还需具有足够高的强度和韧性,在遭到一般意外损害时仍能保持良好的高温结构稳定性。高温材料在服役过程中出现细微的损伤将诱生灾难性的损毁,传统金属材料逐渐无法满足要求,因此发展新一代超高温结构材料迫在眉睫。

超高温陶瓷是指具有超高的熔点(大于 3000℃)、高硬度、高稳定性及良好高温强度的一类陶瓷材料。目前,熔点超过 3000℃的纯金属仅有三个,分别是钨(W)、铼(Re)和钽(Ta)。熔点超过 3000℃的氧化物仅有一个,为二氧化钍(ThO_2)。熔点高于 3000℃的陶瓷主要是过渡金属的硼化物、碳化物和氮化物,如 ZrB_2、HfB_2、TaB_2、TaC、ZrC 和 HfC 等化合物。美国国家航空航天局(National Aeronautics and Space Administration,NASA)确定以硼化物和碳化物陶瓷为火箭喷嘴的候选材料。硼化物陶瓷材料不仅熔融温度超过 3000℃,而且展现了优异的抗氧化性和高温强度,成为最有潜力的超高温陶瓷。

二硼化锆(ZrB_2)作为一种典型的超高温陶瓷,具有熔点高(3250℃)、硬度高(22GPa)、热导率高[60W/(m·K)]以及热膨胀系数低($5.9\times10^{-6}K^{-1}$)等特点,自 20 世纪 60 年代以来,其已被应用于航空航天领域,受到学界的广泛关注。

本章以二硼化锆材料为典型案例介绍超高温陶瓷的基本性质、制备方法、研究现状及应用现状。

7.1 二硼化锆陶瓷的基本性质

二硼化锆作为硼化物的一种,以其极强的化学键特性而具有高熔点、高模量、高硬度、高热导率、高电导率,以及良好的抗热震性、抗氧化性和抗腐蚀性等综合特性,成为超高温陶瓷最具潜力的候选材料。ZrB_2 陶瓷制品已广泛用作各种高温结构及功能材料,如航空工业中的涡轮叶片、发动机燃烧室关键热端部件、磁流体发电电极等。另外,与许多陶瓷材料相比,二硼化锆陶瓷材料还具有较好的导电性能,可通过电火花线切割等技术生产形状复杂的部件。

第 7 章 二硼化锆超高温陶瓷

二硼化锆是由 Zr 和 B 之间反应形成的化合物，根据二元相图，Zr 和 B 能形成的常见硼化锆化合物有：一硼化锆(ZrB)、二硼化锆(ZrB_2)和十二硼化锆(ZrB_{12})等。与其他化合物相比，ZrB_2 材料性质最稳定，在一个很宽的温度范围内具有稳定的性能，而得到重点关注。

ZrB_2 属于 C32 型的六方晶系准金属结构化合物，晶格常数为 a=3.17Å，c=3.53Å，空间群为 P6/mmm。ZrB_2 晶体中的 B 为主族元素，Zr 为副族元素，它们的外层电子排布情况分别是 $2s^22p^1$ 和 $4d^25s^2$，其晶体结构如图 7-1 所示。B 原子面和 Zr 原子面之间的结合包括 Zr—B 离子键、Zr—Zr 金属键和 B—B 共价键。B 离子外层有 4 个电子，每个 B 与另外三个 B 以共价键 σ 键相连，形成正六方形的平面网络结构，多余的一个电子则形成离域的大 π 键结构。B^- 与 Zr^+ 由于静电作用，形成离子键。这种奇特的晶体结构及多种键合方式的存在决定了 ZrB_2 具有高熔点、高硬度、高温稳定性以及良好的导电导热特性和金属光泽性。

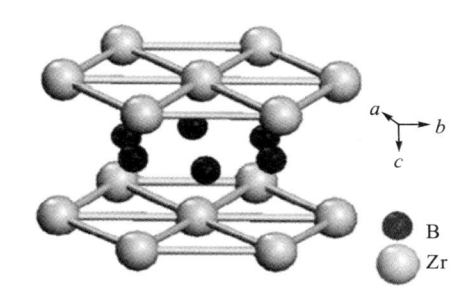

图 7-1 ZrB_2 晶体结构示意图[1]

该晶体中三种主要键型的主要作用如下。

(1) Zr—B 离子键，使得 ZrB_2 具有良好的导电及导热性能。

(2) Zr—Zr 金属键，使得 ZrB_2 具有一定的金属光泽。

(3) B—B 共价键，决定了 ZrB_2 具有高熔点、高硬度及良好的化学稳定性。因此，ZrB_2 独特的键合特征决定了该类材料具有金属和陶瓷的双重特性[2]。

ZrB_2 兼具陶瓷和金属的双重特性，ZrB_2 晶体中游离态电子的可迁移性赋予了 ZrB_2 高电导率和优良的导热性，而 B—B 共价键和 Zr—B 离子键的强键性则赋予了 ZrB_2 高硬度、高强度及优良的高温化学稳定性。

二硼化锆粉体是一种黑色结晶粉末(图 7-2)，其化学分子式为 ZrB_2，分子量 112.846，密度 4.52g/cm³，是六方晶系的准金属结构化合物。二硼化锆具有高熔点(>3250℃)、高硬度(22GPa)、高稳定性以及良好的导电性、导热性、抗氧化性和抗化学腐蚀性，使得以二硼化锆为原料制成的复合陶瓷的综合性能优异；另外，二硼化锆具有良好的中子控制能力，可用于核工业的反应堆；其各种优良特性使其成为很有发展前景的高性能陶瓷新材料。

图 7-2 二硼化锆陶瓷粉体图

7.2 二硼化锆陶瓷的性能

7.2.1 二硼化锆陶瓷的基本性能参数

ZrB_2 陶瓷的基本参数见表 7-1。

表 7-1 ZrB_2 陶瓷的基本参数

项目	数值	项目	数值
点阵常数/Å	a=3.170，c=3.530	抗压强度/MPa	1555.3
熔点/℃	3245	显微硬度/GPa	22.1
密度/(g/cm^3)	5.8～6.119	弹性模量/GPa	343.0
比热容/[J/(mol·K)]	12.0	洛氏硬度(HRA)	88～91
形成热/(kJ/mol)	−326.6	热膨胀系数 α/($\times 10^{-6}$℃$^{-1}$)	6.88
抗弯强度/MPa	460	电阻温度系数/℃$^{-1}$	1.76

ZrB_2 的熔点超过 3000℃，可以应用于熔融金属的高温坩埚、电炉电极、核裂变反应堆控制棒以及高超音速航空航天飞行器机翼前缘。SiC 颗粒增强的 ZrB_2-SiC 复相材料，室温强度超过 1000MPa、断裂韧性高达 5.5MPa·m$^{1/2}$、硬度大于 22GPa。由表 7-2 可以看出，二硼化锆基陶瓷的弹性模量为 350～530GPa，弹性模量通常取决于孔隙率和颗粒增强相。

ZrB_2 基陶瓷的室温弯曲强度为 250～630MPa，其强度大小取决于晶粒尺寸和第二相。一般情况，ZrB_2 的室温强度与晶粒尺寸的平方根成反比，晶粒越小，强度越高。ZrB_2 的断裂韧性一般为 3.0～4.5MPa·m$^{1/2}$，大多数的报道值约为 3.5MPa·m$^{1/2}$。Zhang 等[3]用第一性原理计算出 ZrB_2 的弹性模量为 520GPa，致密度达到 99.8%的 ZrB_2 的弹性模量测量结果为 489GPa。添加第二相 AlN、Si_3N_4、B_4C 和 C 以及杂质相(ZrO_2 等)都会影响 ZrB_2 陶瓷的弹性模量。少量 B_4C 或 C 能够增加 ZrB_2 的弹性模量，添加 AlN 和 Si_3N_4 则会降低其弹性模量。添加 C 和 B_4C 能够去除低模量的表面氧化物，相应增加了其弹性模量；而添加 AlN(308GPa) 和 Si_3N_4(310GPa) 则会促进低弹性模量的晶界相形成，从而降低了弹性模量。

表 7-2　二硼化锆基陶瓷的力学性能

成分	相对密度/%	晶粒尺寸/μm	弹性模量/GPa	硬度/GPa	断裂韧性/(MPa·m$^{1/2}$)	抗弯强度/MPa	参考文献
ZrB$_2$	87	10	346±4	8.7±0.4	2.4±0.2②	351±31	[4]
ZrB$_2$	97.2	5.4±2.8	498	—	—	491±22	[5]
ZrB$_2$-SiC-hBN	99.3	10	374	19	—	—	[6]
ZrB$_2$+C	99.4	19±2	524±17	14.3±0.7	2.9±0.2②	565±55	[7]
ZrB$_2$+SiCw/SiCp+Mo	—	5	—	—	9.3±0.21③	250±87①	[8]
ZrB$_2$+SiCp	97.4	3±1	—	14.6±0.8	6.8±0.4③	625±21①	[9]
ZrB$_2$+SiCp	100	6	—	—	8.52±0.56	646±18①	[10]
ZrB$_2$+Si$_3$N$_4$	98	3	419±5	9.4±0.5	3.1±0.1	580±80	[11]

注：①为三点弯曲法；②为山形切口梁法；③为压痕法。h 表示六方相，w 表示晶须，p 表示颗粒。

7.2.2　二硼化锆陶瓷的高温力学性能

1. 高温弹性模量

Okamoto 等[12]根据单晶测量数据，报道 ZrB$_2$ 陶瓷的室温弹性模量为 525GPa，而到 1000℃时将线性下降至 490GPa，至约 1200℃时为 450GPa，继续高于此温度弹性模量随温度下降得更为迅速。Rhodes 等[13]测定了高于 1600℃时 ZrB$_2$ 的弹性模量，在 2000℃时弹性模量下降到了 100GPa，见图 7-3。同时，由于晶界的影响，多晶体 ZrB$_2$ 的弹性模量比基于单晶预测的结果下降得更快。

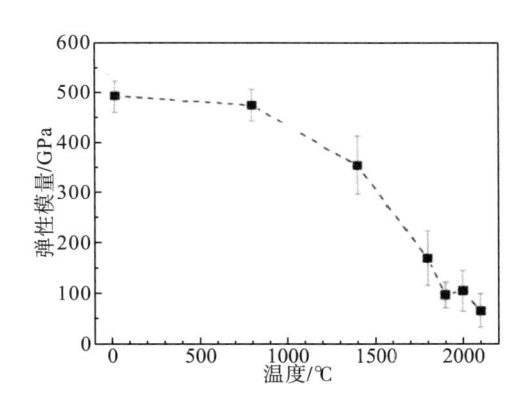

图 7-3　二硼化锆陶瓷的弹性模量随温度的变化趋势[13]

2. 高温弯曲强度

Rhodes 等[13]研究表明，晶粒大小约 20μm 的完全致密的 ZrB$_2$ 的室温强度约为 325MPa。由于残余热应力的释放，从室温到 800℃(420MPa)之间，强度增加，在 1400℃强度下降到 145MPa，而在 1900℃则提高到 200MPa，然后在 2200℃又下降到 50MPa(图 7-4)。主要原因是细晶粒和较低的孔隙率能提高高温强度，较细晶粒的材料中蠕变的增强抵消变形所致。

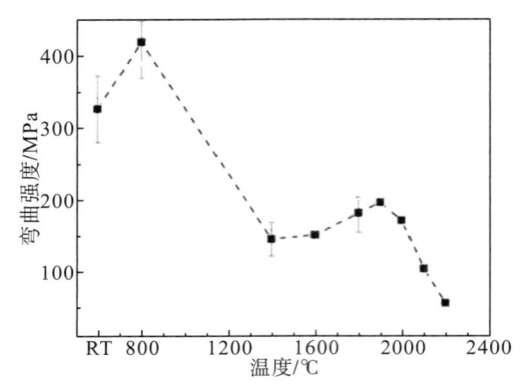

图 7-4　二硼化锆陶瓷的弯曲强度随温度的变化趋势[13]

3. 高温断裂韧性

Neuman[7]的研究表明添加 0.5% C 的 ZrB$_2$ 的断裂韧性从室温下的 2.9MPa·m$^{1/2}$ 增加到 1200℃时的 5.2MPa·m$^{1/2}$，高于 1200℃后韧性呈稳步降低的趋势，在 2300℃时为 3.7MPa·m$^{1/2}$。Murchie 等[14]研究了以高纯 ZrO$_2$ 和 B 粉为原料采用硼热还原法合成的 ZrB$_2$ 在不同温度下的力学性能，发现其断裂韧性从室温时的 2.3MPa·m$^{1/2}$ 增加到 1600℃时的 3.1MPa·m$^{1/2}$，在 1800℃时略有降低，其值为 2.9MPa·m$^{1/2}$，随后又随温度升高而增加，在 2200 ℃时达到 3.4MPa·m$^{1/2}$，相关结果如图 7-5 所示。

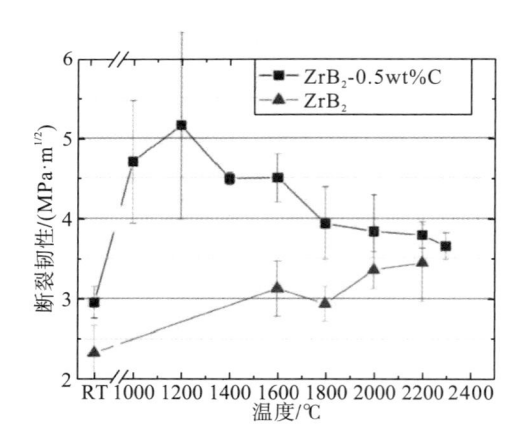

图 7-5　二硼化锆陶瓷的断裂韧性随温度的变化趋势[7,14]

ZrB$_2$ 基陶瓷具有较高的热导率、适中的热膨胀系数以及良好的抗氧化烧蚀性能等，还具有高熔点、高硬度和良好的抗热震性等。ZrB$_2$ 基陶瓷能在 2000℃以上的氧化环境中长时间抗烧蚀，具有高温烧蚀稳定性。ZrB$_2$ 基陶瓷比高温合金的抗氧化与耐高温性更好，比 C/C 复合材料的使用周期更长，比氧化物和碳化物陶瓷的断裂韧性更好，比氮化物陶瓷的成本更低。

7.3 二硼化锆粉体的制备

ZrB$_2$陶瓷很难烧结，其烧结致密化困难制约了ZrB$_2$陶瓷的应用与发展。ZrB$_2$分子中强共价键及非常低的晶界扩散速率，使得其即使在高温下也难以烧结致密化。研究发现，ZrB$_2$粉体粒径越小，烧结驱动力越大，且氧杂质含量越低，烧结阻力越小。合成超细、低氧含量的ZrB$_2$粉体对提高粉体烧结活性，进而提升ZrB$_2$陶瓷的性能至关重要。目前，ZrB$_2$粉体的制备方法归结起来主要有固相法(主要包括碳热还原法、直接合成法、自蔓延高温合成法、电化学合成法及机械化学法)、溶胶-凝胶法、气相法等[15]。

7.3.1 固相反应法制备二硼化锆粉体

1. 碳热还原法

二硼化锆粉体的工业合成多采用碳热还原法，主要采用氧化锆还原硼化的方法，还原剂可用碳或碳化硼。用碳化硼(B$_4$C)比用碳好，因为用碳还原合成二硼化锆，是以硼酐(B$_2$O$_3$)作为硼的来源，由于硼酐沸点很低，在1000℃以上就大量挥发，致使合成的硼化锆化学组成波动很大。熔融法的温度高，电熔速度极快，会造成石墨电极和石墨坩埚对产品的严重污染，还可能产生大量的副产物碳化锆。用碳化硼做还原剂，由于碳化硼不易挥发、工艺稳定、出料率高，可制备出ZrB$_2$的单相产物。常见的制备反应式为

$$ZrO_2 + B_2O_3 + 5C \longrightarrow ZrB_2 + 5CO\uparrow \tag{7-1}$$

$$2ZrO_2 + B_4C + 3C \longrightarrow 2ZrB_2 + 4CO\uparrow \tag{7-2}$$

马成良等[16]以ZrO$_2$、B$_4$C、C为原料采用碳热还原法分别在真空感应炉和电弧炉中完成了二硼化锆粉体的合成，所制备的粉体具有质量好、纯度高(>98%)、粒度细(1~4μm)的优点。该合成方法实质上属于碳化硼和碳的复合还原反应。在这个反应体系中，由于中间产物B$_2$O$_3$的汽化，反应前需掺加过量的B$_4$C以弥补B的损失而得到高纯的ZrB$_2$粉体。随着合成温度升高，保温时间增长，氧和碳的含量都会降低，但是合成粉末的粒度会变大。因此，选择合适的合成温度和保温时间对制备高纯超细的ZrB$_2$粉体很重要。

采用真空感应炉或碳管炉间歇或半连续方式高温固相反应生产二硼化锆的优点是产品质地纯净、温度可严格控制，但生产能力相对较低、生产周期长。利用电弧炉碳热还原法制取二硼化锆是利用电弧炉能量集中，直接电加热反应物料使其快速达到高温的优点，反应瞬间完成、生产效率高；但缺点是物料损耗大，需电熔工艺控制加强。其重点在于选择合适的合成温度和保温时间，确定B$_4$C和C适当的比例，优化改善工业化生产二硼化锆粉体的工艺条件，获得质优价廉的粉体材料。

王恩元[17]等以八水合氯氧化锆、硼酸、蔗糖、柠檬酸、甘油为原料，按$n(C):n(Zr)$为(5.5~7.5):1进行配料，采用溶胶-凝胶法制成ZrB$_2$先驱体干凝胶，然后在1500℃氩气气氛中碳热还原制备了ZrB$_2$粉体。结果表明当配料中$n(C):n(Zr) \leqslant 6.5$时，ZrB$_2$粉体

中不存在 ZrC 相。但该方法制备的粉体团聚严重，一次颗粒粒径为 100~200nm，晶粒尺寸约为 37nm。通过 TG-DTA 分析得到 ZrB_2 粉体中存在游离碳，碳和 ZrB_2 的起始氧化温度分别为 500℃和 700℃，在 650℃氧化 120min 后发现，游离碳已趋于氧化完全，ZrB_2 未被氧化，从而获得了高纯二硼化锆粉体。

2. 其他固相合成法

直接合成法制备二硼化锆粉体是将金属锆和硼粉在惰性气体或者真空条件下熔融，发生化学反应 $Zr+2B \longrightarrow ZrB_2$。直接合成法的优点是制得的粉末纯度比较高且超细。Chamberlain 等[18]以单质 Zr 和 B 作为初始原料，在 600℃的环境下反应 6h，并通过球磨机研磨，得到了平均晶粒尺寸为 10nm 的纳米 ZrB_2 粉末。但是这种方法原料昂贵，粉末活性低，不利于烧结及后加工处理，同时还需要高温环境，能耗较大，难以实现大批量生产。

高温自蔓延烧结是利用原料在初始点燃条件下化学反应时产生的高温高热在无外加热下引发自身反应的延续进行，合成最终的产物。自蔓延烧结反应生成粒径细、表面能高的 ZrB_2 粉体，提高了烧结驱动力，可在低温短时间内制备出晶界纯净的高致密度 ZrB_2 陶瓷。方舟等[19]以 Zr、B 粉末为原料，研究发现 Zr-B 体系中 Zr 粉粒度对自蔓延的影响具有一定规律，粒径为 38μm 的 Zr 粉燃烧速率最大，粒径为 50μm 的 Zr 粉燃烧速率最小、燃烧温度最低，粒径为 150μm 的 Zr 粉燃烧温度最高。粒径为 50μm 的 Zr 粉反应后，产物中 ZrB_2 含量为 98.95%，颗粒粒径比较均匀，分布在 1~5μm。

自蔓延高温合成法过程简单、反应速度快、时间很短、能耗极小、成本低，合成的粉末活性高，有利于烧结和后加工处理。不足之处在于其反应速度太快，使得反应过程、产物结构以及性能都不容易精确控制，并且有时反应进行得不完全，相应的杂质数量与种类也会较多，性能起伏较大等，所以用此方法制备复合材料有待于进一步改进。

固相分解法是以 $Zr(BH_4)_4$ 为原料，在温度为 300℃、压强为 0.133Pa 的条件下，加热分解制得粒径为纳米尺度的 $ZrB_x(x=2.76~3.74)$，其晶格常数 $a=0.3165~0.3167$nm，$c=0.1534~0.3528$nm。反应方程式为 $Zr(BH_4)_4 \longrightarrow ZrB_x+H_2\uparrow$。

机械化学法主要为高能机械球磨，通过球磨使颗粒变细，提高粉末表面能，增加晶格的不完整性，从而使反应温度大大降低，并且能改善生成粉末的成型和烧结性能，广泛用于粉体的制备。机械化学法具有工艺简洁、生产效率高等特点，但制备的粉体成分不精确、颗粒粒径分布不均匀，结构缺陷较多，需要经过退火处理才能得到性能较好的产品，并且很难获得纳米级的粉末。

7.3.2 溶胶-凝胶法制备二硼化锆粉体

溶胶-凝胶法是通过将有机物或者醇盐经过溶液、溶胶、凝胶而固化，再经过干燥或者煅烧处理得到氧化物和其他化合物的湿化学法。以硼酸、蔗糖、正丙醇锆等作为原料，通过溶胶、凝胶、高温煅烧的过程可得到相对分布均匀的二硼化锆颗粒，其基本制备过程如图 7-6 所示。

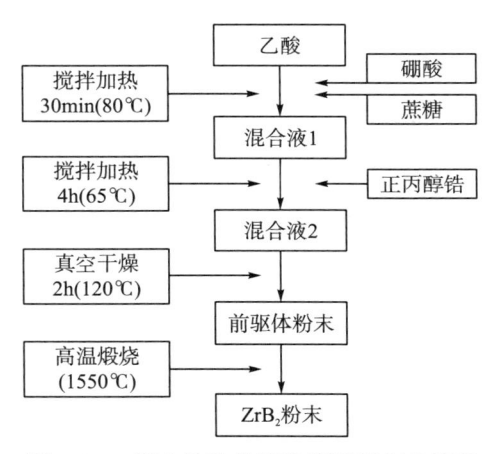

图 7-6 二硼化锆粉体溶胶-凝胶法制备流程

贾全利等[20]利用溶胶-凝胶和微波加热工艺，以氢氧化锆、硼酸与蔗糖为原料，研究了硼酸、蔗糖用量和温度对溶胶-凝胶法制备 ZrB_2 粉体的影响，实现了在 1100℃采用溶胶-凝胶法合成 ZrB_2 粉体。该温度比传统加热合成 ZrB_2 粉体的温度降低了 200~400℃。发现在 1100~1200℃时硼酸、蔗糖用量对粉体的合成有较大影响，随着用量的增加，ZrB_2 的衍射峰强度逐渐增加，ZrO_2 和 ZrC 的衍射峰强度逐渐减弱。温度对 ZrB_2 粉体的合成过程有显著影响，粉体中 ZrB_2 的含量随温度升高而明显增加，1300℃制备的粉体中 ZrB_2 的含量可达 95%以上。ZrB_2 的较佳合成条件为 B_2O_3 与 C 分别过量 10%，1300℃×2h 微波碳热还原得到粒径为 100~300nm 的颗粒状粉体。

艾江等[21]以 H_3BO_3 为硼源、葡萄糖为碳源、草酸为成胶剂，采用溶胶-凝胶法，通过 $ZrOCl_2$ 溶液还原反应制备硼化锆前驱体，分别在气氛炉中合成二硼化锆。实验表明，在气氛炉烧结过程中，当反应原料中含量比 Zr∶B∶C=1∶4∶25 时可得到高纯度和纳米级的二硼化锆。在气氛炉中，在 1500℃、保温 60min 的条件下，得到了纯度达 90%以上、颗粒粒径为 30~40nm、均匀的 ZrB_2 粉体。

7.3.3 气相反应法制备二硼化锆粉体

气相法主要用于制备 ZrB_2 薄膜(涂层)。最常用的 ZrB_2 涂层方法有等离子喷涂、物理气相沉积(physical vapor deposition，PVD)、化学气相沉积(chemical vapor deposition，CVD)、等离子体增强化学气相沉积(plasma enhanced chemical vapor deposition，PECVD)、激光化学气相沉积(laser chemical vapor deposition，LCVD)等，反应通式为

$$ZrX_n+2BCl_3+(6+n)/2H_2 \longrightarrow ZrB_2+6HCl\uparrow+nHX\uparrow \quad (7-3)$$

气相法通常是以 $Zr(BH_4)_4$、$ZrCl_4$ 作为前驱体，用 CVD 或激光微波诱导 CVD 等多种方法制备 ZrB_2 粉末和涂层。Randich 等[22]在惰性气氛中，用 H_2 还原 $ZrCl_4$、BCl_3 得到纳米级 ZrB_2 粉体，通过化学气相沉积法，在 952℃的反应条件下，在石墨基底上获得了厚度为 15~30μm 的 ZrB_2 涂层，粉体颗粒尺寸均匀，分散性较好，具有良好的应用前景。气相反应法制备 ZrB_2 薄膜(涂层)，使复合材料的致密度、高温强度、硬度、耐磨性等力

学性能都有了进一步的提高,在航空领域中得到了广泛应用,但其生长过程很慢,生产周期长,而且薄膜的质量和厚度的均匀性不容易控制[23]。

7.4 二硼化锆陶瓷的制备

ZrB_2基陶瓷具有强的共价键、较高的熔点、较低的体积扩散速率以及原料表面氧化物等特性,使得二硼化锆材料的致密化烧结十分困难。ZrB_2基陶瓷常用的制备方法包括无压烧结、热压烧结、放电等离子体烧结、反应烧结和微波烧结等。常用的第二相材料包括 Al_2O_3、SiC、TiB_2 等。

7.4.1 无压烧结

无压烧结的优点是烧结工艺和设备简单、成本低,能够制备出大型、净尺寸和形状复杂的部件,缺点是烧结制品的致密度相对较低。单相 ZrB_2 陶瓷很难通过无压烧结实现致密化,通常无压烧结需要达到 2200℃以上的高温。为促进其致密化,通常通过减小原材料的颗粒尺寸及添加烧结助剂两种方法来提高最终烧结材料的致密度。烧结助剂可分为液相烧结助剂、固相烧结助剂及反应类型的助剂。

第一类是低熔点相的烧结助剂,如金属 Ni、Fe、Mo 等,过渡族金属的二硅化物 $MoSi_2$、$ZrSi_2$ 等[24],它们主要是通过在烧结过程中形成液相促进 ZrB_2 基超高温陶瓷的致密化。ZrB_2-20vol% $MoSi_2$ 超高温陶瓷可以在 1850℃ 下无压烧结 30min 后完全致密,而采用 ≥20vol%(vol%表示体积分数)的 $ZrSi_2$ 烧结助剂后可以进一步将 ZrB_2 陶瓷的致密化温度降低至 1650℃。

第二类是能与超高温陶瓷粉体表面的氧化物杂质反应的烧结助剂。非氧化物陶瓷粉体表面的氧化物杂质导致烧结初期晶粒的快速长大,阻碍致密化。这类烧结助剂可以消耗掉粉体表面的"氧化皮",提高超高温陶瓷粉体的烧结活性。添加氮化物(如 AlN 和 Si_3N_4 等)可以消耗 ZrB_2 粉体表面的 B_2O_3 杂质;碳及碳化物(如 B_4C、C、WC、酚醛树脂等)可以消耗 ZrB_2 粉体表面的 ZrO_2 杂质。B_4C 在 1200℃ 以上即可与 ZrO_2 发生反应,它不仅可以促进 ZrB_2 的致密化,而且不会明显降低 ZrB_2 的高温强度,因此被广泛用于无压烧结 ZrB_2 超高温陶瓷的烧结助剂。另外,单质 C 的引入也可以明显改善 ZrB_2 粉体的烧结性能,在微米级 ZrB_2 粉体中添加 2wt%B_4C+1wt%C 的混合烧结助剂即可在 1900℃ 实现 ZrB_2 陶瓷的无压烧结致密化。

7.4.2 热压烧结

热压烧结是目前制备 ZrB_2 陶瓷最常用的烧结方法。一般来说,在不添加烧结助剂的情况下,热压烧结制备 ZrB_2 陶瓷,通常需要 2000℃以上的温度和 30~40MPa 的烧结压力,或者在 1790~1850℃的温度和 800~1500MPa 的超高压力下才可以获得相对密度较高的陶瓷。

对于单相 ZrB_2 陶瓷,通常需要借助高温($\geq$2100℃)和低压力(20~30MPa)或者较低温(1800℃)和高压力(>800MPa)才能实现致密化。除了本身晶体结构的固有属性,ZrB_2 粉体的表面氧杂质也在一定程度上限制了其致密化。研究表明,ZrB_2 陶瓷粉体暴露在空气中,表面会生成一层氧化物杂质,包括 B_2O_3 和 ZrO_2。烧结过程中,低熔点相的 B_2O_3 会成为液相或气相,促进 ZrB_2 粉体的表面扩散,导致晶粒的粗化。同时,B_2O_3 和 ZrO_2 杂质的存在均会在一定程度上降低 B 原子的活性,阻碍 ZrB_2 陶瓷的致密化。通常在 ZrB_2 粉体中引入适当的烧结助剂,如 Nb、Mo、Si_3N_4、AlN、$MoSi_2$、$ZrSi_2$、SiC、Y_2O_3 等。这些烧结助剂的引入可以明显降低 ZrB_2 陶瓷的热压烧结致密化温度并在一定程度上改善陶瓷性能,主要机理是形成低熔点的中间相或者除去 ZrB_2 粉体的表面氧杂质[25]。

刘朋闯等[26]在烧结温度和压力分别为 1950℃ 和 50MPa 条件下,对 ZrB_2 的原始粉末、球磨粉末、添加助烧剂镍的粉末以及既加助烧剂又进行球磨的粉末进行热压烧结实验。实验表明球磨且加助烧剂镍的粉体烧结所得样品致密性最好,相对密度为 99.375%,接近全致密。球磨细粉烧结所得样品相对密度为 99.09%。添加助烧剂粉末烧结所得样品相对密度为 91.45%。用原始粉末烧结所得样品致密性最差,相对密度只有 84.7%。通过添加 5wt% 的 AlN 烧结助剂到 ZrB_2 陶瓷,在 1850℃ 条件下采用热压烧结制备出了相对密度为 97.7% 的 ZrB_2 基陶瓷复合材料。在烧结过程中,AlN 和附着在 ZrB_2 表面的 B_2O_3 发生如下反应:$2AlN + B_2O_3 \longrightarrow 2BN + Al_2O_3$,反应除去了 ZrB_2 颗粒表面的氧化层,提高了 ZrB_2 的致密化,并且该反应生成物 BN 和 Al_2O_3 有利于 ZrB_2 陶瓷力学性能的提高。

在热压烧结中,选用 SiC 颗粒作为烧结助剂也可以提高 ZrB_2 陶瓷的烧结性能。一方面是在热压烧结过程中,比主相 ZrB_2 颗粒粒径小的 SiC 颗粒发生重排,进入 ZrB_2 晶粒的空隙处,减少了颗粒之间的压缩空间;另一方面,由于 SiC 和 ZrB_2 颗粒表面都附有氧化物层,它们之间的反应能去除颗粒表面的 B_2O_3,发生反应:

$$SiC + SiO_2 + B_2O_3 \longrightarrow SiO_{2(g)} + CO_{(g)} + B_xO_{y(g)} \tag{7-4}$$

此反应可以去除 ZrB_2 陶瓷表面的氧化层,从而加速 B 的扩散,造成 Zr 空穴的聚集,这些金属空穴的聚集对晶格扩散比较有利,也起到了加速致密化过程的作用。

7.4.3 放电等离子体烧结

放电等离子体烧结(SPS)的基本原理是在电能作用下,通过原料粉体颗粒之间的瞬间放电产生高温,使烧结体颗粒均匀加热来进行材料烧结。虽然 SPS 与 HP 都是通过加热加压实现陶瓷材料的烧结,但 HP 是通过热辐射的方式使粉末颗粒受热,而 SPS 是直接在粉末颗粒间通入直流或交流电使颗粒之间通过放电的方式自加热。SPS 具有加热速率快、烧结时间短、材料组织结构可控、可以实现陶瓷粉体快速致密化(通常在几分钟之内)的优点,烧结后的材料具有细小均匀的晶粒结构,这对于纳米陶瓷粉体的烧结具有重要意义。SPS 烧结 ZrB_2 陶瓷在 1500~1900℃ 区间的快速升温大大缩短了 B_2O_3 的蒸发和凝结,并且在电场下加强了晶界的迁移,减少了气孔的形成,因此更容易获得微观结构优异的 ZrB_2 陶瓷材料。郭启龙[27]在烧结温度和压力分别为 1800℃ 和 20MPa 条件下,利用放电等离子体方法以 100℃/min 的速度升温到 1800℃ 后保温 3min,烧结制备了不同含量 $Zr_2Al_4C_5$ 化合物的 ZrB₂/SiC/Zr₂Al₄C₅ 复相陶瓷，研究了复相陶瓷的烧结特性、显微结构和力学性能。结果表明掺入 Zr₂Al₄C₅ 化合物促进了复相陶瓷的烧结，同时抑制了 ZrB₂ 晶粒的长大，添加量为 30vol%时，复相陶瓷韧性值提高了约 20%。烧结时间、烧结温度和升温速率的合理调控是获得致密且组织细小均匀的陶瓷的关键。采用 SPS 技术制备的超高温陶瓷一般具有优异的高温力学性能，是因为放电过程能有效清除陶瓷晶界处的低熔点杂质相，起到净化晶界的作用。采用 SPS 技术可以降低 ZrB₂ 基陶瓷的烧结温度，缩短其致密化时间[28]。

7.4.4 反应烧结

反应烧结是指在施加压力或者无压的情况下利用不同粉体之间的化学反应原位合成陶瓷并实现致密化的技术，包括原位反应烧结、碳热还原烧结及原位热压反应烧结等方法。

采用 Zr、B₄C 和 Si 为原材料反应烧结制备超高温陶瓷复合材料是目前比较通用的方法[29]，反应式如下：

$$xZr+yB_4C+(3y-x)Si \longrightarrow 2yZrB_2+(x-2y)ZrC+(3y-x)SiC \tag{7-5}$$

可以看出，通过对原始粉体材料组分配比的设计可以实现生成物中超高温陶瓷材料的组分及含量的调控，但其对于组分和微结构的设计不及其他烧结方法。Brochu 等[30]采用 Zr 粉和 B 粉在 1800～2200℃ 原位反应烧结制备了 ZrB₂ 陶瓷，最终获得的材料致密度较低（58%～79%），指出这主要是因为 Zr 粉和 B 粉自身无法提供足够的烧结驱动力实现 ZrB₂ 陶瓷的致密化。

碳热还原法也是反应烧结制备 ZrB₂ 陶瓷的常用方法，即利用 ZrO₂、B₄C 和 C 为原材料原位反应生成 ZrB₂，在 1900～2100℃ 获得的 ZrB₂ 陶瓷的致密度能达到 93%。反应烧结制备的超高温陶瓷材料具有微结构均匀细小的特点。由于反应中常伴有气相的生成，因此制备的陶瓷致密度一般较低，力学性能较差。

原位反应热压法是通过选取的原料间发生化学反应和烧结得到最终所需的材料，烧结过程主要包括原位合成和致密化两个步骤。烧结过程中产生反应放热和能够原位合成复合材料，因此可以降低材料的烧结温度和避免杂质的引入。此烧结方法的优点是可以获得高致密度并且性能优异的材料，缺点是对原材料有一定的选择性。用比较均匀的 Zr 粉和 B 粉为起始原料，可在 2100℃ 制备出相对密度为 99%的单相 ZrB₂ 陶瓷，颗粒粒径约为 12μm、弯曲强度为 434MPa。或以 Zr、Si 和 B₄C 为起始原料，在 1900℃ 的温度下可制备出相对密度为 97.7%的 ZrB₂ 基陶瓷复合材料。

7.4.5 微波烧结

与热压烧结、传统烧结等工艺相比，微波烧结工艺具有高能、简便的特点，可获得 2000℃以上的超高温、可快速加热和烧结、可以降低材料的合成温度、可显著改善材料结构以及提高材料性能等。由于 ZrB₂ 陶瓷是优良的电导体，其本身与微波能的匹配性并不好，因此，利用微波烧结制备 ZrB₂ 陶瓷的相关研究较少。但是，如果能在 ZrB₂ 陶瓷中添加对微波吸收比较好的吸收体材料，就能够改善 ZrB₂ 基复合材料在微波场中的吸波性能，从而促进微波烧结。例如在 ZrB_2 陶瓷中添加 B_4C 材料，B_4C 在微波烧结过程中可以起到微波吸收体的作用，并与 ZrB_2 表面的氧化物发生反应去除颗粒表面的氧化层，促进烧结致密化。曹晓伟等[31]以二氧化锆、硼酸和镁粉为原料，利用微波镁热还原法合成了纳米级的 ZrB_2 粉体，研究了镁粉含量与合成工艺对 ZrB_2 粉体的影响，通过 TG-DTA 分析了物相在不同温度下的反应过程，实验表明，采用微波镁热法，加热时间为 20min 就可得到 ZrB_2 粉体，杂相 Zr_2O 和 $Mg_3B_2O_6$ 等为镁热反应中副反应生成的产物，当原料配比为 $n(ZrO_2):n(H_3BO_3):n(Mg)=1:3:4$ 时，合成产物中 ZrB_2 的相对含量最高，平均粒径为 80nm 且为球状，在反应中加入 NaCl 有助于降低 ZrB_2 颗粒尺寸。微波烧结加热速度快，时间短，避免了晶粒异常长大现象，在较低的烧结温度下促进了烧结体的致密化，在制备复合 ZrB_2 基陶瓷材料方面具有潜力。

7.5 二硼化锆超高温陶瓷的研究现状

如何提高 ZrB_2 陶瓷的烧结致密度一直是该类型陶瓷研究的重点。无压烧结虽然工艺设备简单、成本低，但烧结制品致密度低。热压烧结可以降低烧结温度，还能抑制颗粒的异常长大、减小孔隙度、提高材料的强度，可以在短时间内达到致密化，烧结出接近理论密度的烧结体；缺点是热压设备成本高、生产效率很低。原位反应热压法、高温自蔓延烧结、放电等离子体烧结等技术是制备 ZrB_2 基复合材料的新技术，在致密化烧结方面有一定促进作用。

对于不同的烧结工艺和方法，添加烧结助剂都是最有效的促进致密化烧结的方法之一，可以使 ZrB_2 陶瓷烧结致密化温度从 1900～2300℃降到 1500℃左右，为 ZrB_2 基陶瓷复合材料的应用及发展奠定了基础。一般较为常见的烧结助剂为 SiC 材料，SiC 同样可以作为耐高温材料使用，SiC 材料中的 Si—C 键同样以共价键的方式存在，是金刚石结构，具有高硬度、良好的化学稳定性等特点，但是它的抗氧化能力相对较差，在 900℃以下材料的氧化反应就会显得较为明显。ZrB_2-SiC 复合材料在烧结过程中，SiC 的亲氧能力会与材料中含有的氧杂相先发生反应，反应以后就会得到 SiO_n，同时在烧结的高温环境中，温度早已超过了 SiO_n 的熔点，使其在烧结过程中熔化，从而提高 ZrB_2 材料的烧结性能。

除了烧结性能以外，对 ZrB_2-SiC 体系抗氧化性能的研究取得了一些成果。在 660℃左右 ZrB_2 的抗氧化性能就会显著下降，在 900℃左右开始发生明显的表面氧化，超过 1300℃以后从钝化氧化变成明显氧化。单相 ZrB_2 在空气气氛下，随温度升高发生表面氧化，主要发生以下反应：

$$ZrB_{2(s)}+2.5O_{2(g)} \longrightarrow ZrO_{2(s)}+B_2O_{3(l)} \tag{7-6}$$

反应生成物 B_2O_3 在 450℃时首先形成液态，而 ZrO_2 则形成多孔状固相。热重分析表明，ZrB_2 陶瓷在 700℃以下时几乎不发生质量变化，在 1000℃以下表现为抛物线形的氧化模型。这是由于液相形成了保护层，阻止了氧化反应的进一步进行。在 1100～1400℃时由于 B_2O_3 转变为气相挥发掉，氧化物的生成速率大于 B_2O_3 的挥发速率，因此总体表现为质量增加，氧化行为呈直线变化。在 1400℃以上时，B_2O_3 的挥发速率超过其形成速率，液相保护层受到破坏，多孔状的 ZrO_2 起不到阻止氧扩散的作用，因此氧化速度是快速直线氧化。

目前，添加第二相是提高陶瓷抗氧化性最有效的方法。例如添加 SiC，在高温下生成的液相 SiO_2 可以与 ZrO_2 及 B_2O_3 形成硼酸硅盐玻璃相，覆盖于陶瓷的表面层，阻止氧的扩散和侵入，起到提高抗氧化性能的作用。这种机制可以把陶瓷的抗氧化温度提高到 1500℃以上。除了 SiC 外，钽的化合物 $TaSi_2$，TaB，$MoSi_2$，ZrSi 及其他二硼化物等也被作为第二相添加使用，其机理都是通过与 B_2O_3 等形成黏度更大的硼酸硅盐玻璃相，抑制液相蒸发和阻止氧的扩散。

ZrB_2 基陶瓷因为其晶格中存在游离大 π 键而具有很好的导电性能，常温下 ZrB_2 的电导率一般都大于 10^5S/cm。相比于其他氧化物陶瓷的电导率，ZrB_2 要高出十几个数量级。且随着不同材料的加入，ZrB_2 基陶瓷复合材料的电导率都为 $10^4 \sim 10^5$S/cm[32]。Kinoshita 等[33]研究了 $SiC-ZrB_2$ 材料的电学特性，$SiC-ZrB_2$ 材料的电阻率与 ZrB_2 的含量有关，ZrB_2 组成比例越大，电阻率就越小。在 ZrB_2 含量较少时，提高材料的均匀性会使得硼化锆之间的连接被打破，从而使得电阻率随着混料时间的推移而提高。Lwason 等[34]研究了 $SiC-ZrB_2$ 陶瓷材料电阻率随着温度的变化，实验表明随着 SiC 的加入，电阻率的增加与温度的升高几乎呈一固定常数的关系。总的来说，ZrB_2 基陶瓷材料本身具有很好的导电特性，在室温下的电阻率约为 $8.062\mu\Omega \cdot cm$。

7.6　其他超高温陶瓷材料概述

超高温陶瓷最常见的定义是熔点在 3000℃以上的材料。如图 7-7 所示，熔点超过 3000℃的金属元素仅有三个，包括 W、Re 和 Ta。ThO_2 是熔点在 3000℃以上的唯一氧化物陶瓷。大多数熔点高于 3000℃的材料是过渡金属的硼化物、碳化物和氮化物，如 ZrB_2、HfB_2、ZrC、HfC、TaC、HfN 等。

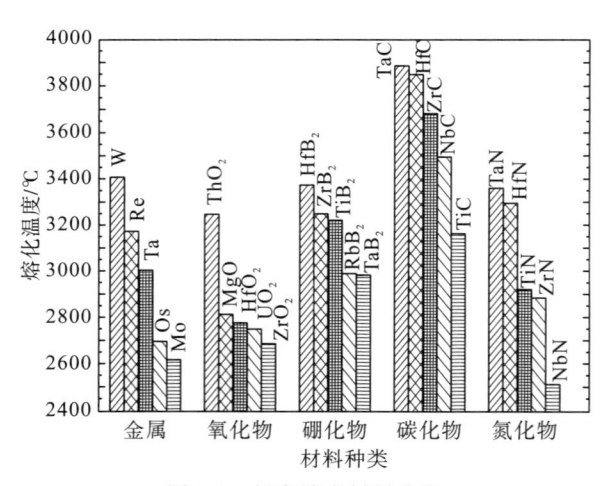

图 7-7　超高熔点材料分类

在超高温陶瓷复合材料家族中，ZrB$_2$-SiC 和 HfB$_2$-SiC 基超高温陶瓷复合材料因具有优异的综合性能，包括优异的抗氧化/烧蚀性能、良好的高温强度保持率和适中的抗热冲击性能，可以在 2000℃ 以上的氧化环境中长时间使用[35]。目前，常见的超高温材料包括：C/C 复合材料、碳化物超高温陶瓷、硼化物超高温陶瓷及氮化物超高温陶瓷等。

C/C 复合材料具有高比强、高比模、低膨胀系数、耐烧蚀和耐冲刷的优异特性，尤其是 C/C 复合材料具有强度随着温度升高不降反升的独特性能，使得其用作飞行器热防护系统具有其他材料难以比拟的优势。C/C 复合材料具有可设计性；质量轻，其密度为 1.65~2.0g/cm^3，仅为钢的 1/4；力学特性随温度升高而增大(2200℃)，是唯一能在 2200℃ 以上保持高温强度的工程材料；热膨胀系数小，高温尺寸稳定性好；优异的耐烧蚀性能和良好的抗热震性能；摩擦特性好，承载水平高，过载能力强，高温下不会熔化黏结；使用寿命长，在同等条件下的磨损量约为粉末冶金刹车材料的 1/7~1/3；导热系数高、比热容大，是热库的优良材料；优异的抗疲劳能力；具有一定的韧性，维修方便。我国对 C/C 复合材料的研究和开发现阶段仍然主要集中在航天、航空等高技术领域。

碳化物超高温陶瓷具有高熔点、高强度、高硬度，以及良好的力学性能和化学稳定性，是应用广泛的超高温陶瓷材料。目前常用的碳化物超高温陶瓷主要有 SiC、ZrC、TaC 和 HfC。碳化物的软化点通常都在 3000℃ 以上，大多数碳化物具有较强的抗氧化能力、很高的硬度和良好的化学稳定性。一般碳化物制品可用常规成型法，对于形状复杂的制品可用液浆浇注法和注射成型法。碳化物具有共价键结构，很难烧结致密，多采用反应烧结法、热压烧结法、浸渍法和重结晶法等。碳化物陶瓷作为耐热材料和超硬工具用途十分广泛。

硼化物超高温陶瓷主要包括二元硼化物陶瓷 ZrB$_2$、TiB$_2$、TaB$_2$ 和 HfB$_2$，以及研究较多的三元硼化物基金属陶瓷材料 Mo$_2$FeB$_2$、Mo$_2$NiB$_2$ 等。近年来关于硼化物超高温陶瓷的研究主要集中在致密化工艺、力学性能的提高以及抗氧化行为等方面。主要制备方法包括：金属和硼在高温下直接化合；用碳还原金属氧化物和氧化硼的混合物；铝(硅、镁)热法还原氧化物并与硼进一步反应；用硼还原难熔金属氧化物等。

目前 ZrB$_2$ 和 HfB$_2$ 是研究最为广泛的超高温陶瓷，抗氧化性较差是限制其广泛应用的主要障碍。复合材料 ZrB$_2$-SiC 具有较高的二元共晶温度、良好的热导率、良好的抗氧化性能以及较高的强度。TiB$_2$ 具有良好的机械性能、耐磨、耐高温、较低的密度和热膨胀系数、化学稳定性好。YB$_4$ 的熔点高达 2800℃，氧化产物为 Y$_2$O$_3$，其熔点也高达 2145℃。此外 YB$_4$ 还具有较低的密度(4.36g/cm^3)和较低的弹性模量(350GPa)。

硼化物陶瓷广泛用于制造火箭结构元件、航空装置元件、涡轮机部件、高温材料试验机构件、核装置中的耐热构件等。

氮化物超高温陶瓷主要有 Si$_3$N$_4$、ZrN、BN 和 HfN 等。氮化物陶瓷的化学性质稳定，多以共价键为主，结构单元为四面体的 M4N，类似于金刚石，也称为类金刚石化合物。过渡金属氮化物都有较高的熔点，并且此类难熔氮化物的熔点还与环境气压有关。例如，HfN 在 0.1MPa 下的熔点是 3390℃，而在 8.0MPa 时熔点为 3810℃。在 ZrN 和 TiN 中也存在类似现象。因此这些难熔金属氮化物可以做成零部件在高温高压的氧化环境下服役。然而，并不是所有难熔氮化物都适合在高温高压的氧化环境下工作。例如 Ti、Nb、Ta 及其化合物在氧化时形成的氧化物的熔点都相对较低(Ta$_2$O$_5$ 熔点最高为 1887℃)，在高温高压和冲击载荷等多种因素的作用下,材料表面的氧化物极易熔化并从材料表面除去,烧蚀率大大提高。

多孔超高温陶瓷是一类按结构区分的高温陶瓷材料,是一种通过工艺方法使材料具有超高温特性的陶瓷。多孔超高温陶瓷概念的提出可以追溯到20世纪末,美国 Aspen Systems 公司计划以超临界干燥溶胶-凝胶(酰胺聚合-金属杂化)技术路线制备 ZrC、HfC 气凝胶。Aspen Systems 公司认为该类气凝胶材料具有超高温陶瓷极佳的高温稳定性以及气凝胶材料质轻、良好的抗热震性等优点,被认为是可重复使用的飞行器和超高音速飞行器热防护系统中的有力候选材料,近年来也得到了进一步的研究和应用。通过不同的工艺将气孔引入超高温陶瓷基体中,陆续出现了冷冻干燥、凝胶注模、直接发泡等制备多孔超高温陶瓷的技术路线。目前,针对多孔超高温陶瓷的研究仍局限于制备、微结构表征、抗压强度、热导率等性能测试方面,多孔超高温陶瓷应用方面的研究仍十分有限。主要有2个原因:①缺乏需求牵引;②多孔超高温陶瓷的制备工艺、性能考核还不完善,尚不足以达到替换现有材料的标准。从长远来看,多孔超高温陶瓷将在空天飞行器、太空探测器等热防护系统中获得重要的应用。干法成型、胶态成型、液态前驱体成型已被用于制备多孔超高温陶瓷。干法成型以超高温陶瓷粉体作为原料,通过部分烧结工艺获得孔径为 1~10μm、气孔率<60%的多孔超高温陶瓷;胶态成型使用超高温陶瓷粉体作为原料配制成陶瓷浆料,结合冷冻干燥、凝胶注模等成型工艺,可制得高气孔率的多孔超高温陶瓷,但其孔径一般在数十至数百微米;液态前驱体成型结合直接发泡法、模板法、溶胶-凝胶法等,可以实现多孔超高温陶瓷孔结构的精细调控,制备高气孔率(>80%)的多孔超高温陶瓷。3D 打印技术在开发具有更高力学性能、更佳高温稳定性、孔结构可精确调控的多孔超高温陶瓷领域极具前景。

7.7 超高温陶瓷的应用和发展

超高温陶瓷材料(ultrahigh-temperature ceramics,UHTCs)最早由美国空军开发,主要指在高温环境(3000℃以上)和反应气氛中能够保持化学稳定的一种特殊材料,通常包括硼化物、碳化物、氧化物在内的一些高熔点过渡金属化合物,以及由上述化合物组成的多元复合陶瓷材料[36]。

ZrB_2 超高温陶瓷是当前应用最广泛的超高温陶瓷材料。ZrB_2 超高温陶瓷具有极高的熔点、强度、硬度和导电率(且导电率温度系数为正),以及低的热膨胀系数,此外,还具有良好的化学稳定性、捕集中子、阻燃、耐热、耐腐蚀和轻质等特殊性质,其主要应用领域包括耐高温材料、耐火材料、电极材料及涂层材料。二硼化锆超高温陶瓷最早的应用始于军工和航天领域。20世纪60年代,在美国空军的支持下美国开始研制耐高温陶瓷材料,当时美国空军对于二硼化锆陶瓷的研制是因为弹道导弹防热降温的需求,传统弹头通过烧蚀材料的熔解蒸发带走大量热量实现降温。但是这样会破坏弹头的气动外形,增加空气阻力。如果采用耐高温陶瓷,将极大地改善热防护系统随飞行器在大气层中高速飞行的稳定性。2003年,美国航天飞机"哥伦比亚"号升空后爆炸。随后,为了保障航天飞机的安全，美国国家航空航天局决定开发新一代可以耐受3000℃高温的陶瓷材料，如以二硼化锆、二硼化铪为主的复合陶瓷阻燃材料。

作为一种耐高温材料，ZrB_2材料的研究应用大多集中在航空航天领域。美国空军、NASA和Sandia实验室联合实施SHARP（Slender Hypervelocity Aerothermodynamic Research Probes，纤细超高速空气热力学研究探测器）计划，对SHARP-B2载人飞行器上的4块超高温陶瓷翼前缘结构件的服役性能进行了测试，其中包括ZrB_2-SiC超高温陶瓷材料。此外，在意大利航天局开展的具有尖锐外形结构热防护结构材料的研发计划中，ZrB_2-SiC超高温陶瓷材料是其重点研究对象之一[37]。除应用于航空航天领域外，ZrB_2材料还广泛应用于冶金、化工等工业领域，可制造高温热电偶保护套管、铸模、熔炼金属坩埚等产品。

作为性能优异的耐火材料，二硼化锆在工业上常见的应用包括：制作钢水连续测温套管和连续铸钢浸入式的水口。在连续铸造生产过程中，相对以往浸入式水口渣线材料，二硼化锆耐火材料替代之后，提高了水口的抗钢水侵蚀和抗剥落等性能。添加二硼化锆材质的水口保护环具有抗钢水侵蚀强和耐高温的优点，提高了水口的使用寿命。因为在高温下，二硼化锆氧化生成低熔点的液相三氧化二硼，并且与二氧化锆进行反应，从而提高了液相的黏度，保证了材料的抗侵蚀性和耐剥落性。通过控制适当的粒度和原料配比，性能明显高于二氧化锆材质的耐火材料。大量的实践证明：往水口砖、耐火砖和浇注料中添加二硼化锆材料，产品的抗氧化性、耐腐蚀性和抗热震性等性能都将大大提高。

ZrB_2具有独特的晶体结构，电阻率低且耐高温性能优异，可用于制造热电偶的电极和高温发热元件，替代传统不耐磨损的碳质电极。传统碳电极在面临高磨损的情况时，需要频繁更换，使连续作业频繁中断。因此，不适合用于材料制备、加工、成型中常见的热等离子体加工技术。二硼化锆具有高硬度和高熔点的特点，而铜具有低熔点和高导热的特点，采用一定方法制作的两者复合电极，能够很好地满足耐磨损连续作业的需求[38]。二硼化锆和石墨通常被组合起来制造套管式热电偶材料，因为二硼化锆通过电子导电，电阻较低，适用于制造触点和电极材料。在工程试验中，发现二硼化锆基热电偶置于1200~1600℃的氧化气氛中，热电势数值较大，热电势随温度变化呈单值函数，线性较好。其最大变化为所测温度的0.5%~1%。可见，在一些金属热电偶不适用的特殊场合连续测温中，二硼化锆基的热电偶材料能发挥很好的作用。

ZrB_2具有优异的高温抗氧化烧蚀性能，通过各种涂层制备技术，在一些基体材料表面形成ZrB_2涂层，可以有效地提升基体材料的高温抗氧化性及综合力学性能，用于未来更加复杂苛刻的环境，尤其在航空航天等工业领域具有广泛的应用前景。近年来，在C/C复合材料的抗氧化保护方面，ZrB_2涂层材料的应用报道较多[39]。

ZrB_2用作耐磨涂层也被应用于切削工具中。二硼化锆硬度极高，因此是很好的耐磨涂层材料。将B_4C加入ZrB_2中制备ZrB_2-B_4C质复合材料，可以提高硬度，用作耐磨材料与磨具。将ZrB_2加入传统镍基涂层可以减轻传统镍基涂层的黏结磨损，获得更好的耐磨性。

此外，ZrB_2 还可以薄膜形式应用于一些电子元器件。如在 SiC 晶片上沉积 ZrB_2 薄膜，可以解决像传统 Ni/SiC 肖特基二极管中肖特基触点与 n 型碳化硅的相互扩散和热稳定性差的问题。国外已有国家开展了在核燃料表面制备 ZrB_2 薄膜的相关工作，但是由于技术保密而鲜有报道。

关于超高温陶瓷的发展大致可以分为以下 6 个方向。

(1) 以传统的制备工艺(即粉体混合、压片、高温烧结)实现超高温陶瓷的烧结致密化、微结构调控、性能(力学、热学、抗氧化烧蚀)提升等技术优化。

(2) 发展近净尺寸成型技术。发展注浆成型、流延成型、凝胶注模、3D 打印技术等工艺，实现复杂形状器件的制备，满足实际应用环境对超高温陶瓷部件具有复杂的气动外形的要求。

(3) 发展高性能超细粉体合成制备技术。优化工艺，发展新型合成技术，制备性能优异的粉体，发展超高温陶瓷纤维制备技术。

(4) 加强超高温陶瓷基复合材料的研究。以超高温陶瓷为基体或添加相，研制多元复相陶瓷，获得具有优异抗烧蚀性能、轻量化的超高温陶瓷基复合材料。

(5) 加强超高温陶瓷涂层的研究和应用。通过在基体材料的表面制备一层超高温陶瓷涂层，阻止氧化性物质与基体材料接触，可显著提升基体材料的高温性能(如抗氧化性能、力学性能等)，具有更广泛的应用范围和经济性。

(6) 研制轻量化的超高温陶瓷。拓展现有多孔陶瓷(如碳化硅、氮化硅、氧化铝、氧化锆、莫来石等)材料体系，作为新型轻质高温隔热材料，为超高温(>2000℃)应用环境下热防护体系提供新的候选材料。

7.8 超高温陶瓷共性难点

二硼化锆陶瓷中原子之间的强共价键使其具有较好的高温力学性能，也同样使得二硼化锆材料比一般高温陶瓷需要更高的烧结温度。二硼化锆晶体内部中的强共价键使得原子迁移传质需要的激活能更高(700kJ/mol)，导致材料的致密化速度降低。通过传统烧结方式难以使其致密，且由于陶瓷材料的本征脆性，材料在较低温度下无法发生宏观的塑性变形，导致二硼化锆材料对于既有裂纹过于敏感。

超高温陶瓷行业的共性问题及难点主要包括以下几方面。

(1) 突破超高温陶瓷的致密化烧结工艺。系统梳理烧结助剂的种类、配方、用量与烧结致密化的关系，积极应用先进烧结技术，提升烧结致密化的水平。

(2) 开发宽温区的抗氧化超高温陶瓷材料。抗氧化涂层的有效防护温度范围普遍较窄，难以满足低温至高温宽温区范围的抗氧化，涂层功能梯度构建及涂层开裂数量、尺寸控制将是实现宽温区抗氧化的有效途径，相关技术有待开发。

(3) 提升超高温陶瓷材料的断裂韧性。可将纳米线、纳米棒、颗粒及纤维等增韧材料引入陶瓷中。

(4) 加强超高温陶瓷材料的缺陷检测与控制。缺陷对超高温陶瓷材料的性能有极大影响，缺陷的形成原因、检测、表征与控制方面的研究仍需加强。

(5) 超高温材料的性能测试规范尚不完善，缺乏针对超高温材料性能测试的统一标准。各个研究机构的性能测试结果难以实现横向对比，有必要建立和完善超高温材料性能指标和评价体系的数据库。

7.9 本章小结

随着高温技术的快速发展，高温材料的需求日益增大，同时对高温材料的性能提出了更高要求。本章重点介绍了 ZrB_2 陶瓷的基本性能参数、高温力学性能、粉体制备方法、烧结致密化工艺、研究现状以及行业共性问题。同时，还介绍了其他超高温陶瓷材料及其在超高温环境中的应用前景，对于超高温陶瓷的认识和应用具有一定的参考意义。ZrB_2 陶瓷面临的主要问题是致密化困难、高温下氧化、高温强度低、成本较高。在研究 ZrB_2 陶瓷的过程中，如能充分发挥其优点、改善其缺点和挖掘出更多的特性，必将使 ZrB_2 超高温陶瓷得到更大的发展。

超高温陶瓷材料很难烧结致密化，目前其烧结机制尚不完全清楚，未来需要深入研究超高温陶瓷材料低温烧结致密化机制和微观组织结构的精确控制。超高温陶瓷复合材料具有优异的高温综合性能，然而其较低的损伤容限和抗热冲击性能限制了该材料的工程应用，通过微结构的设计和控制可以实现损伤容限和可靠性的大幅度提高。超高温陶瓷材料在制备与加工成型过程中很容易引入缺陷，而该材料是一种典型的脆性材料，对缺陷非常敏感。缺陷的无损检测、缺陷的定量化表征、缺陷的控制技术，以及缺陷对材料力学性能与抗热冲击性能的影响评估将是未来研究的重点方向之一。

超高温陶瓷基复合材料因其优异的综合性能，在航空航天和武器装备领域具有极好的发展前景和应用需求，将得到学界前所未有的关注和重视。

参 考 文 献

[1] 张贺, 邢春英, 曹毓鹏. 高熵硼化物陶瓷研究现状及其在极端环境中的应用前景[J]. 南京航空航天大学学报, 2021, 53(S1): 112-121.

[2] 张浩谦. ZrB_2 基陶瓷 SPS 原位合成及其组织与性能[D]. 哈尔滨: 哈尔滨工业大学, 2016.

[3] Zhang X H, Luo X G, Han J C, et al. Electronic structure, elasticity and hardness of diborides of zirconium and hafnium: First principles calculations[J]. Computational Materials Science, 2008, 44(2): 411-421.

[4] Monteverde F. The addition of SiC particles into a $MoSi_2$-doped ZrB_2 matrix: Effects on densification, microstructure and thermo-physical properties[J]. Materials Chemistry & Physics, 2009, 113(2/3): 626-633.

[5] Guo S Q, Nishimura T, Kagawa Y. Preparation of zirconium diboride ceramics by reactive spark plasma sintering of zirconium hydride-boron powders[J]. Scripta Materialia, 2011, 65(11): 1018-1021.

[6] Nguyen V H, Asl M S, Delbari S A, et al. Effects of SiC on densification, microstructure and nano-indentation properties of ZrB_2-BN composites[J]. Ceramics International, 2021, 47(7): 9873-9880.

[7] Neuman E W. Elevated temperature mechanical properties of zirconium diboride based ceramics[D]. Springfield: Missouri University of Science and Technology, 2014.

[8] 王海龙, 汪长安, 张锐, 等. ZrB$_2$ 基层状复合材料的制备与性能研究[J]. 稀有金属材料与工程, 2007, 36(S1): 841-843.

[9] 汪长安, 王海龙, 王明福. 二硼化锆超高温陶瓷的强韧化[J]. 硅酸盐学报, 2018, 46(12): 1653-1660.

[10] 王海龙, 汪长安, 张锐, 等. 二硼化锆基超高温陶瓷的制备及性能[J]. 硅酸盐学报, 2007, 35(12): 1590-1594.

[11] Sciti D, Silvestroni L. Processing, sintering and oxidation behavior of SiC fibers reinforced ZrB$_2$ composites[J]. Journal of the European Ceramic Society, 2012, 32(9): 1933-1940.

[12] Okamoto N L, Kusakari M, Tanaka K, et al. Temperature dependence of thermal expansion and elastic constants of single crystals of ZrB$_2$ and the suitability of ZrB$_2$ as a substrate for GaN film[J]. Journal of Applied Physics, 2003, 93(1): 88-93.

[13] Rhodes W H, Clougherty E V, Kalish D. Research and development of refractory oxidation-resistant diborides. Part II. Volume IV. Mechanical properties[R]. Massachusetts, United States: Cambridge Inc., 1970.

[14] Neuman E W, Hilmas G E, Fahrenholtz W G. Mechanical behavior of zirconium diboride-silicon carbide ceramics at elevated temperature in air[J]. Journal of the European Ceramic Society, 2013, 33(15/16): 2889-2899.

[15] 威廉·法伦霍尔茨. 超高温陶瓷: 应用于极端环境的材料[M]. 周延春, 冯志海, 译. 北京: 国防工业出版社, 2016.

[16] 马成良, 封鉴秋, 王成春, 等. 二硼化锆粉体的工业合成[J]. 硅酸盐通报, 2008, 27(3): 622-625.

[17] 王恩元, 谢建林, 李学钊. 碳热还原法合成 ZrB$_2$ 粉体及其游离碳的去除[J]. 耐火材料, 2015, 49(6): 435-437.

[18] Chamberlain A L, Fahrenholtz W G, Hilmas G E. Reactive hot pressing of zirconium diboride[J]. Journal of the European Ceramic Society, 2009, 29(16): 3401-3408.

[19] 方舟, 王皓, 傅正义. Zr-B$_2$O$_3$-Mg 体系自蔓延高温合成 ZrB$_2$ 陶瓷粉末[J]. 硅酸盐学报, 2004, 32(6): 755-758.

[20] 贾全利, 张海军, 贾晓林, 等. 溶胶-凝胶微波碳热还原制备二硼化锆粉体[J]. 材料导报, 2007, 21(S2): 65-67.

[21] 艾江, 张力, 郑柯. 溶胶-凝胶法制备纳米硼化锆粉体的研究[J]. 陶瓷, 2020, 2(21): 53-59.

[22] Randich E, Pettit R B. Solar selective properties and high temperature stability of CVD ZrB$_2$[J]. Solar Energy Materials, 1981, 5(4): 425-435.

[23] 骆吉源, 肖国庆, 丁冬海, 等. 二硼化锆粉体合成研究现状与展望[J]. 材料导报, 2021, 35(21): 21159-21168.

[24] Guo S Q, Kagawa Y, Nishimura T, et al. Pressureless sintering and physical properties of ZrB$_2$-based composites with ZrSi$_2$ additive[J]. Scripta Materialia, 2008, 58(7): 579-582.

[25] 桂凯旋. ZrB$_2$ 基超高温陶瓷复合材料的低温致密化行为与性能研究[D]. 哈尔滨: 哈尔滨工业大学, 2017.

[26] 刘朋闯, 庞晓轩, 刘婷婷, 等. 热压烧结制备高密度 ZrB$_2$ 陶瓷[J]. 中国陶瓷, 2012, 48(5): 52-55.

[27] 郭启龙. Zr$_x$Al$_y$C$_z$ 化合物增韧 ZrB$_2$ 基复相陶瓷的 SPS 制备及其性能研究[D]. 武汉: 武汉理工大学, 2013.

[28] Karthiselva N S, Murty B S, Bakshi S R. Low temperature synthesis of dense and ultrafine grained zirconium diboride compacts by reactive spark plasma sintering[J]. Scripta Materialia, 2016, 110: 78-81.

[29] 吴雯雯, 张国军, 阚艳梅, 等. ZrB$_2$-SiC 基超高温陶瓷(UHTCs)的反应烧结及 SHS 粉体制备[J]. 稀有金属材料与工程, 2007, 36(S2): 20-23.

[30] Brochu M, Gauntt B D, Boyer L, et al. Pressureless reactive sintering of ZrB$_2$ ceramic[J]. Journal of the European Ceramic Society, 2009, 29(8): 1493-1499.

[31] 曹晓伟, 李友芬, 王琦. 微波镁热还原法制备 ZrB$_2$ 粉体及表征[J]. 稀有金属材料与工程, 2012(39): 58-62.

[32] 唐浩月. 耐高温材料的制备及性能研究[D]. 成都: 电子科技大学, 2016.

[33] Kinoshita H, Otani S, Kamiyama S, et al. Zirconium diboride(0001)as an electrically conductive lattice-matched substrate for gallium nitride[J]. Japanese Journal of Applied Physics, 2001, 40(12A): 1280-1282.

[34] Lawson J W, Daw M S, Bauschlicher Jr C W. Lattice thermal conductivity of ultra high temperature ceramics ZrB_2 and HfB_2 from atomistic simulations[J]. Journal of Applied Physics, 2011, 110(8): 1-4.

[35] 张幸红, 胡平, 韩杰才, 等. 超高温陶瓷复合材料的研究进展[J]. 科学通报, 2015, 60(3): 257-266.

[36] 齐方方, 王子钦, 李庆刚, 等. 超高温陶瓷基复合材料制备与性能的研究进展[J]. 济南大学学报(自然科学版), 2019, 33(1): 8-14.

[37] 琚印超, 刘小勇, 王琴, 等. 超高温复相陶瓷基复合材料烧蚀行为研究[J]. 无机材料学报, 2022, 37(1): 86-92.

[38] 刘晓燕, 魏春城, 吴炳辉. ZrB_2基超高温陶瓷抗氧化性研究进展[J]. 陶瓷学报, 2016, 37(2): 115-119.

[39] 陈丽敏, 索相波, 王安哲, 等. ZrB_2基超高温陶瓷材料抗热震性能及热震失效机制研究进展[J]. 硅酸盐学报, 2018, 46(9): 1235-1243.

第 8 章 碳化硅陶瓷

1973 年，美国科学家 Prochazke[1]首次通过热压烧结工艺制备出致密的碳化硅陶瓷。碳化硅(SiC)陶瓷具有硬度高、高温力学性能突出、热膨胀系数低和热传导性能优良等优点，已经成为发展最为迅速的先进陶瓷材料之一。

8.1 碳化硅陶瓷的基本性质

8.1.1 碳化硅的结构

碳化硅是 Si-C 二元系的中间化合物。由于 C 与 Si 同属于元素周期表中的第Ⅳ族，Si 原子和 C 原子都具有 4 个外层电子(Si：$3s^23p^2$，C：$2s^22p^2$)。当 Si 原子和 C 原子相互结合时，Si 原子中的一个 s 轨道电子被激发跃迁到能量高的 p 轨道上，使价层内具有 4 个未成对的电子，形成能量稳定的 4 个 sp^3 杂化轨道。此时 Si 原子外层结构中的 4 个未配对电子分别与周围 4 个 C 原子外层的一个未配对电子形成共价键，并且 C 原子处于 4 个 Si 原子构成的四面体中心。相应地，每一个 Si 原子也同样处于 4 个 C 原子所构成的四面体中心，构成 Si-C 四面体[SiC₄]。Si-C 四面体平行结合或反平行结合形成具有层状结构的 SiC 晶体，类似于金刚石的四面体结构，这种结构决定了 SiC 晶体具有非常高的硬度。

SiC 晶格的基本结构单位是相互穿插、共价结合的 SiC₄ 和 CSi₄ 的配位四面体。这种结构可以用具有恒半径的球近似密堆积，而较小的球占据四面体位置的 1/4，每单位晶胞有 2 个分子式单位。如果四面体密堆积次序是 ABCABC…就形成立方闪锌矿结构；如果密堆积次序是 ABAB…形式，则形成六方纤锌矿结构。因此，SiC 主要以两种晶体结构形式存在：一种是属闪锌矿结构的面心立方结构的 β-SiC，如图 8-1(a)所示；另一种是属纤

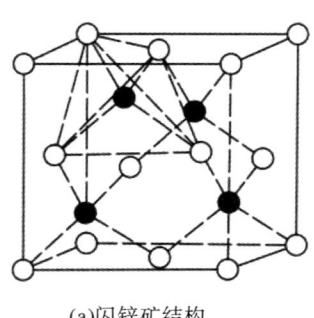

(a)闪锌矿结构 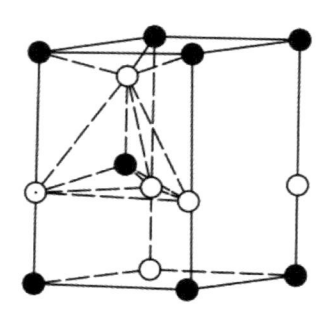　　　　　　　　　(b)纤锌矿结构

图 8-1　碳化硅的晶体结构

锌矿结构的六方晶系结构的α-SiC，如图 8-1(b) 所示。这些 SiC$_4$ 和 CSi$_4$ 四面体相邻层的底部可以是互相平行或反平行结合，四面体共边形成平面层，并以顶点与下一叠层四面体相连，形成三维结构，如图 8-2 所示。

图 8-2 碳化硅四面体及其四面体的取向

同时，α-SiC 又有 120 多种变体，常见的为 3C、2H、4H、6H、15R、21R 等结构类型[2]。在 SiC 的多种变体之间存在一定的热稳定性关系，1600℃以下，SiC 以 β-SiC 形式存在，温度高于 1600℃时，β-SiC 会缓慢转变成α-SiC。此外，SiC 中离子键约为 12%。因而，SiC 中既存在离子键又存在共价键，并且其共价键性很强，这也决定了 SiC 具有十分稳定的晶体结构以及优异的力学、热学和化学性能。表 8-1 为 SiC 常见的几种晶体类型的晶格常数值，虽然这些晶体的晶格常数各不相同，但各类晶体的密度基本相同，如α-SiC 密度为 3.217g/cm^3、β-SiC 密度为 3.215g/cm^3。α-SiC 是高温稳定相，β-SiC 是低温稳定相，在 2100℃，立方 β-SiC 向六方 α-SiC 发生不可逆转变。

表 8-1 碳化硅常见的多型体及其晶格常数

晶体类型	晶体结构	单位晶胞层数	原子排列次序	a/nm	c/nm
C(β-SiC)	立方	1	ABCABCABC	0.4394	—
2H(α-SiC)	六方	2	ABABAB	0.30817	0.50394
4H(α-SiC)	六方	4	ABACABAC	0.3073	1.0053
6H(α-SiC)	六方	6	ABCACBABCACB	0.3073	1.51183
15R(α-SiC)	菱方	15	ABCACBABACBCBA	1.269	3.770

碳化硅是 Si—C 之间化学力很强的一种典型的共价键型化合物，但其中仍然含有少量的离子键。由理论计算可知，Si—C 之间的平均键能为 300kJ/mol，其中总能量的 78%属于共价键，总能量的 22%属于离子键，而且由于 Si 原子半径和 C 原子半径均较小，Si—C 之间的化学键很强，所以 SiC 的共价键极强。SiC 的这种共价键极强的结构特点决定其具有一系列的优良性能，如高强度、高硬度、耐高温、高热传导率、低热膨胀系数、优良的抗热震性、良好的化学稳定性和抗蠕变性等。此外，SiC 在高温状态下（不超过 1600℃）仍能保持良好的键合强度，强度几乎不降低，这使其广泛应用于高温、高压、腐蚀、辐射和磨损等条件严苛的工业领域。

8.1.2 碳化硅陶瓷的基本物化性质

碳化硅又称金刚砂，分子量为 40.096，比重为 3.20~3.25g/cm³，纯碳化硅是无色透明的结晶，工业碳化硅则有无色、淡黄色、浅绿色、深绿色、浅蓝色、深蓝色乃至黑色，透明程度依次降低。磨料行业把碳化硅按色泽分为黑色碳化硅和绿色碳化硅两类，即无色的至深绿色的都归入绿色碳化硅类，浅蓝色的至黑色的则归入黑色碳化硅类。

碳化硅在大自然中存在的矿物为莫桑石，但比较罕见。

人工合成碳化硅通常是由石英砂、石油焦（或煤焦）、木屑（食盐）等原料通过电阻炉高温冶炼而成。在当代 C、N、B 等非氧化物高技术耐火原料中，碳化硅已成为应用最广泛、最经济的一种，可以称为金刚砂、碳硅石或耐火砂，目前中国工业生产的黑色碳化硅和绿色碳化硅两种均为六方晶体。

碳化硅是强共价键化合物，这种结构决定了碳化硅具有热膨胀系数小、热导率高、强度大、硬度高、耐磨损性好以及化学稳定性好等优良特性。

碳化硅的化学稳定性强，纯 SiC 不会被 HNO_3、HCl、H_2SO_4 和 HF 等酸性溶液以及 NaOH、KOH 等碱性溶液侵蚀。碳化硅的化学稳定性与其氧化特性有密切关系。碳化硅在空气中加热时，当温度达到 800℃后，SiC 易发生氧化，但很缓慢，并在 SiC 表面形成 SiO_2 薄层，而致密的 SiO_2 薄层会抑制氧进一步向 SiC 晶体内部扩散，阻止了 SiC 的进一步氧化，称为钝化氧化过程。随着温度进一步的升高，氧化速度急速加快，碳化硅的氧化速率在氧气中比在空气中快 1.6 倍，氧化速率随着时间推移而减慢。但在高温、低氧分压条件下，Si 的氧化产物更多以 $SiO_2(g)$ 存在，形成活化氧化，氧化速率将急剧增大。

碳化硅中的共价键成分高达 88%，使其高温扩散系数非常低，即使在 2100℃高温下，Si 和 C 的自扩散系数也较低，分别为 $2.5×10^{13}cm^2/s$、$1.5×10^{10}cm^2/s$。

碳化硅的硬度大。莫氏硬度为 9.5 级，仅次于金刚石（10 级）。碳化硅陶瓷的耐磨性能优异。碳化硅陶瓷的耐磨性相当于 260 余倍的锰钢、1700 余倍的高铬铸铁，在使用过程中能够大大减少设备磨损，减少维修的频次和费用，碳化硅陶瓷能够连续使用十年以上的时间。

相比于其他结构陶瓷，SiC 陶瓷具有高硬度、高强度、弹性模量大等优越性能。碳化硅陶瓷与其他陶瓷的性能比较见表 8-2。

表 8-2 碳化硅陶瓷与其他结构陶瓷的性能比较

物理性能	碳化硅	氮化硅	氧化铝	氧化镁
密度/(g/cm³)	3.2	3.16	3.9	3.58
熔点/℃	2800	1900	2050	2800
莫氏硬度	9.5	9	8.5	8.5
导热系数/(W/mK)	33.5~502	12.56(RT)	31.4(RT)	159.1(RT)
热膨胀系数/(10⁻⁶/℃)	4~5	2.5~3.5	6.8~8	10~13
弹性模量/GPa	350~700	250~320	310~390	350
抗弯强度/MPa	590	1000	3700	140
介电常数/MHz	—	9.4	9~10.5	9.1
介电损耗/(×10⁻⁴MHz)	—	—	1~3	1~2

碳化硅由于化学性能稳定、导热系数高、热膨胀系数小、耐磨性能好，除用作磨料外，还有其他用途，例如：以特殊工艺把碳化硅粉末涂布于水轮机叶轮或汽缸体的内壁，可提高其耐磨性而延长使用寿命 1～2 倍；制成高级耐火材料，耐热震、体积小、重量轻而强度高，节能效果好。低品级碳化硅(含 SiC 约 85%)是极好的脱氧剂，可加快炼钢脱氧的速度，便于控制化学成分，提高钢的质量。此外，碳化硅还大量用于制作电热元件硅碳棒、精密轴承、密封件、汽轮机转子、光学元件、高温喷嘴、热交换器部件及原子热反应堆等材料。

8.1.3 碳化硅陶瓷的热力学性能

碳化硅突出的特点是其具有优异的热力学性能，碳化硅陶瓷具备碳化物陶瓷中最好的抗氧化性。同时由于其强共价键，化学性质稳定，机械强度高，导热性能佳，热膨胀系数小，在工业各个领域都有广泛应用。

图 8-3 为碳化硅的二元平衡相图，由此可知，纯 SiC 在低于 2545℃时不熔化，非常稳定，而当温度高于 2545℃时，SiC 开始分解为液相和碳。若 SiC 中含有少量杂质(如 Si)，在 1404℃±5℃就会发生 Si 和 SiC 的低熔点共晶反应，变成 SiC+L(少量液相)，使 SiC 的使用温度降低。SiC 陶瓷材料中应严格限制单质硅的存在。

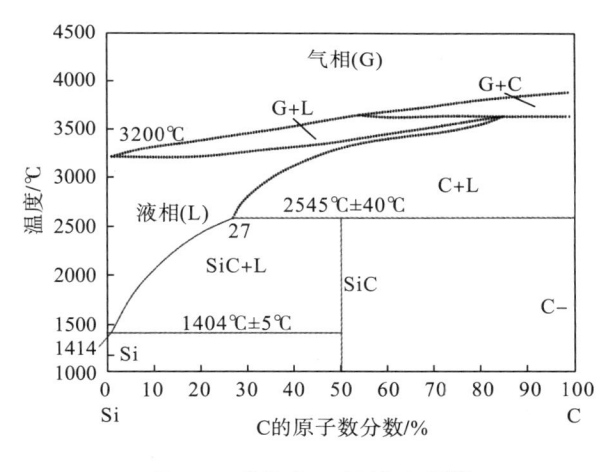

图 8-3 碳化硅二元平衡相图[3]

SiC 除具有在 2545℃以下不熔化的特点外，还具有抗高温氧化的特点。在还原性气氛或中性介质中，SiC 几乎不发生氧化，直到 2200℃高温仍很稳定。在氧化性气氛中，SiC 在高温下能被氧化，但 SiC 的抗氧化性能在高达 1550℃时仍表现优良。实际上，SiC 颗粒在 1140℃以上，尤其在 1300～1500℃已发生显著氧化，但此时生成的 SiO_2 产物随氧化温度的升高逐渐转化成较致密的方石英覆盖在 SiC 表面，形成一层保护膜，阻碍氧进一步向里扩散，而使 SiC 的抗氧化能力提高。所以，SiC 是所有非氧化物陶瓷材料中抗氧化性能最好的一种。但是，1700℃是 SiO_2 固态存在的极限温度，超过 1700℃时，SiC 就失去 SiO_2

保护膜的作用，此时 SiC 强烈氧化分解，其分解反应方程式如下：
$$SiC + 2O_2 \longrightarrow SiO_2 + CO_2 \tag{8-1}$$

碳化硅是在高温下制成的，同时其制品也多是在高温下制成或者在高温下使用，因此，有必要了解碳化硅的热膨胀系数。碳化硅的平均热膨胀系数在 25～1400℃都可以取 $4.4×10^{-6}$/℃。碳化硅的热膨胀系数测定结果表明，其量值与其他磨料及高温材料相比要小得多，如刚玉的热膨胀系数可高达 $(7～8)×10^{-6}$/℃。碳化硅的导热系数很高，这是碳化硅物理性能方面的另一个重要特点。碳化硅的导热系数比其他耐火材料及磨料要大很多，达到 270 W/mK，约为刚玉导热系数的 4 倍。碳化硅所具有的低热膨胀系数和高导热系数，使其制件在加热及冷却过程中受到的热应力较小，使得 SiC 陶瓷材料具有较好的抗热震性能[4]。因此从陶瓷导热理论分析，高导热的 SiC 陶瓷理论上应当具备以下特点：致密度高，无气孔；杂质含量尽可能低；晶格完整，缺陷少；晶体结构单一且简单，全部为面心立方结构的 3C-SiC 为佳；晶粒尺寸较大。

8.2 碳化硅陶瓷的性能优势和应用

碳化硅陶瓷的硬度高、韧性好，其硬度仅次于几种超硬材料，高于刚玉。它的莫氏硬度为 9.2～9.5，显微硬度为 3000～33400MPa，硬度取值有一定的范围主要归因于碳化硅陶瓷的硬度与晶轴的方向有关。碳化硅的高温硬度虽然随着温度的升高而下降，但仍比刚玉的硬度大很多。SiC 陶瓷的强度大，抗弯能力强。它在高温状态（1600℃）仍可以保持很强的键合强度，强度降低不明显，在 1400℃时，抗弯强度仍保持在 500～600MPa。SiC 陶瓷的高温抗氧化能力强。在空气中，碳化硅从 800℃开始才会氧化，在 1350～1500℃可以氧化形成 SiO_2，当温度到达 1700℃时 SiO_2 熔化会覆盖在 SiC 表面，可阻止氧分子进入内部，从而阻碍 SiC 的继续氧化。SiC 陶瓷的热稳定性好，热传导率很高，热导系数在 500℃时为 56km/(K·h)，在 875℃时为 36km/(K·h)。热膨胀系数较小，从室温至 1400℃其热膨胀系数 $\alpha=4.4×10^{-6}$/℃。因此，SiC 陶瓷在加热及冷却过程中受到的热应力较小，即 SiC 陶瓷的抗热震性很强。碳化硅具有较强的化学稳定性，耐化学腐蚀性能力强。它可以抵抗大部分酸碱的腐蚀，纯碳化硅不会被硫酸、硝酸、氢氟酸及盐酸溶液腐蚀，也不会被氢氧化钠等强碱溶液侵蚀。碳化硅陶瓷是电绝缘体（电阻率为 $10^{14}\Omega·cm$），但含有杂质时，电阻率大幅度下降到零点几个欧姆米。碳化硅陶瓷的抗辐射性能良好，抗辐射能力为硅的 10～100 倍。

碳化硅是具有广阔发展潜力的第三代新型半导体材料，SiC 晶片和外延衬底在通信、汽车、电网、航空、航天、石油开采以及国防等领域有着广阔的应用前景[5]。碳化硅单晶具有宽禁带、耐击穿的特点，其禁带宽度是 Si 的 3 倍、击穿电场为 Si 的 10 倍。其耐腐蚀性极强，在常温下可以免疫目前已知的所有腐蚀剂。同时，碳化硅的热导率是 Si 的 3 倍、GaAs 的 8～10 倍，且其热稳定性高，常压下不可能被熔化。采用碳化硅材料制造的宽禁带功率器件，具有耐高温、高频、高效的特性。从碳化硅晶体材料来看，4H-SiC 和 6H-SiC 在半导体领域的应用最广，其中 4H-SiC 主要用于制备高频、高温、大功率器件，而 6H-SiC 主要用于生产光电子领域的功率器件。未来碳化硅半导体功率器件将应用到更多的新能源领域，如光伏逆变器、充电桩、新能源汽车及智能电网等。

碳化硅陶瓷具有密度小、硬度大、抗冲击性能好和弹道性能好等优点，是制备高强度、高韧性机械零件和制作高性能防弹装具的理想材料，广泛用于制作防弹衣、车辆防弹装甲、舰船防弹装甲和直升机防弹装甲等[6]。陶瓷材料体系中，碳化硅陶瓷的性价比优势非常明显，被认为是最有发展潜力的高性能防弹装甲材料之一，近年来在单兵装备、陆军装甲武器平台、武装直升机及警(民)用特种车辆等装甲防护领域得到了越来越广泛的应用。高性能碳化硅陶瓷与超高分子量聚乙烯纤维、芳纶纤维的复合装甲产品具有质轻、防护级别高且性能稳定的优点。

碳化硅具有耐高温、耐磨损和抗热冲击等优良的热学、力学性能，是制作火箭尾喷管、燃气轮机叶片及航空发动机的理想材料。碳化硅陶瓷可用来制作密封件、轴承和轴套等零件，广泛用于各种耐磨、耐蚀和耐高温的机械零部件中，在航天领域也已成功应用。碳化硅陶瓷制成的耐磨产品是铸铁、橡胶材料制品使用寿命的 5~20 倍，是制作耐磨管道、叶轮片、旋流器和矿斗内衬的理想材料，也是制作航空飞行跑道的理想材料之一。碳化硅陶瓷可作为高温间接加热材料和换热器。碳化硅陶瓷作为高级耐火材料，具有使用寿命长、高温强度大、抗热震性好、冶炼质量高、综合成本低和节能效果好等优点，而且较小的用量就能满足使用要求，能够增大蓄炉的有效装载量，广泛用于各种冶炼炉衬、高温密炉构件、衬板、支撑件、匣钵等。

碳化硅陶瓷材料作为新一代反射镜材料，具有高比刚度、较好的热和化学稳定性、较低的热变形系数且耐空间粒子辐照。通过特殊的制作工艺，可以获得轻量化结构的反射镜镜体，同时可取消卫星系统中对反射镜的恒温系统，大大减轻系统的重量[7]。碳化硅陶瓷材料被认为是现代空间光学系统所需高性能反射镜的首选材料，是国际上高性能轻型反射镜研究的主流。

8.3　碳化硅陶瓷粉体的制备

8.3.1　固相法合成

在自然界中，天然的 SiC 很少，α-SiC 被偶然发现于陨石、美国的火山角砾岩以及西伯利亚的金伯利岩，β-SiC 也只在美国的格林河区域被偶然发现过。SiC 粉体合成及其烧结必须在保护性气体中进行，以免生成氧化物，影响材料的高温性能。19 世纪初，Acheson 等在用碳作原料、硅作催化剂合成金刚石材料时，偶然发现了 SiC 的存在，随后他们又发现了利用二氧化硅和碳的化学反应合成 SiC 材料的实验方法[8]。这种实验方法被人们命名为 Acheson 方法。该实验方法是典型的固相反应合成碳化硅的方法，是人工合成 SiC 粉体最古老的方法。

1. 碳热还原法

碳热还原是适合工业化大规模生产、成本相对较低的方法，其合成反应式如下：

$$SiO_{2(s)}+3C_{(s)} \longrightarrow SiC(\beta)+2CO_{(g)}$$

$$\text{①}SiO_{2(s)}+C_{(s)} = SiO_{(g)}+CO_{(g)}$$

$$\text{②}SiO_{(g)}+2C_{(s)} = SiC_{(s)}+CO_{(g)} \qquad (8\text{-}2)$$

$$\text{③}SiO_{(g)}+3CO_{(g)} = SiC_{(s)}+2CO_{2(g)}$$

目前，碳热还原法工业化规模生产 SiC 微粉主要以高纯石英砂、焦炭或煤油为原料，经过机械混合后，在高于 2400℃ 的电阻炉中冶炼，冶炼的 SiC 块料再通过机械破碎、分级等过程制备出不同粒度的 SiC 粉末。石英砂中的二氧化硅被碳还原制得 SiC，实质是高温强电场作用下的电化学反应。该工艺得到的 SiC 颗粒较粗，耗电量大。20 世纪 70 年代发展起来的 ESK 法对古典 Acheson 法进行了改进。20 世纪 80 年代出现了竖式炉、高温转炉等合成 β-SiC 粉的新设备。至 20 世纪 90 年代 ESK 法得到了进一步的发展。Ohsaki 等[9]利用 SiO_2 与 Si 粉的混合粉末受热释放出的 SiO 气体，与活性炭反应制得 β-SiC，随着温度的提高及保温时间的延长，粉末的比表面积随之降低。Rambo 等[10]还报道了以稻壳这一非传统原料为硅源与碳源使用该法制备 SiC 粉。何晓燕等[11]基于碳热还原法，采用微波辅助碳热还原法制取碳化硅粉体，以锌粉作催化剂，碳硅原子比为 4:1，微波功率 800W，微波时间 30min 制备得到了晶粒尺寸约 400nm、晶型为 3C-SiC 的碳化硅粉末，具有成本低、反应快的优势。戴长虹等[12]以自制的树脂热解碳和高纯的 SiO_2 纳米粉作原料，用微波炉作热源，在较低温度、极短时间内得到粒度为 50～80nm、纯度高达 98% 的 SiC 粉。

2. 自蔓延高温合成法

自蔓延高温合成法是采用外加热源点燃反应物坯体，利用材料在合成过程中放出的化学反应热来自行维持合成过程。除引燃外无需外部热源，具有耗能少、设备工艺简单、生产效率高的优点；其缺点是自发反应难以控制。

硅和碳之间的反应是一个弱放热反应，在室温下的反应难以点燃和维持，为此常采用化学炉，将电流直接通过反应体，对反应体进行预热，再用辅加电场等方法来补充能量，如自蔓延高温合成法利用 SiO_2 与 Mg 之间的放热反应来弥补热量的不足，反应式为

$$SiO_{2(s)}+C_{(s)}+2Mg_{(s,l)} \longrightarrow SiC_{(g)}+2MgO_{(s)} \qquad (8\text{-}3)$$

利用自蔓延高温合成法制备得到的 SiC 粉末纯度高、粒度小，但是需要酸洗等后续工序以除去产物中的 Mg 成分。为了减少后处理工序，避免活化剂的引入，一些学者采用预热 Si+C 混合粉末的方法来提高其合成温度和供热时间，保证合成反应的持续进行；并对自蔓延高温合成法合成 SiC 粉末所需的最低预热温度以及产物粒度与反应物原始粒度的关系等进行了研究，发现合成的 SiC 粉末的粒度与 Si 粉粒度无关。Wang 等[13]使用硅粉(纯度 99.999%，颗粒粒径 5～10μm)和碳粉(纯度 99.999%，颗粒粒径 5～20μm)，通过中频加热燃烧合成法合成了高纯 SiC 粉体。改进后的自蔓延法合成 SiC，原料较为低廉，工序相对简单，是目前实验室用于生长单晶合成 SiC 粉体常用的方法。

Si 与 C 直接反应法是对自蔓延高温合成法的应用，是以外加热源点燃反应物坯体，利用材料在合成过程中放出的化学反应热来自行维持合成过程。除引燃外无需外部热源，具有耗能少、设备工艺简单、生产率高的优点；其缺点仍是自发性反应难以控制，此法尚需解决的问题是如何严密控制燃烧过程以获得高性能的产品。

3. 机械合金化法

机械合金化法是将不同材料的粉末放入高能球磨机中，经磨球碰撞，粉末不停地被挤压变形、断裂细化，从而露出高能、高表面活性的新鲜表面；当具有高能、新鲜表面的细小粉末碰到一起时，它们就容易冷焊在一起，形成化学结合。粉末间的扩散距离大为缩短，且原子活性增大，从而提高了固态反应的速率。高丽敏等[14]通过热力学计算分析了石英与石墨反应的可行性，通过机械合金化石英与石墨混合粉末的过程中，控制采用球料比50∶1，球磨机转速为300r/min，球磨时间为72h时，体系提供了足够的能量生成碳化硅，通过 XRD 衍射分析表明实验得到了 SiC 粉体。研究者将 Si 粉(纯度 99.9%)与 C 粉(纯度 99.5%)按照原子比为 1∶1 的成分配比进行球磨混合，封装在充满氩气的磨罐中在行星式球磨机上进行机械球磨 25h 后，也获得了平均晶粒尺寸约为 6nm 的 SiC 粉体。考虑到稀土元素对许多化学反应过程有促进作用，通常还会加入微量的稀土成分，通过对制得的样品进行物相分析和形貌分析发现，添加一定量的稀土可明显促进 SiC 的机械合金化过程，其加速作用比延长球磨时间更明显，原因可能是稀土元素的加入降低了固相反应的激活能。机械合金化方法以低品位碳化硅粗粉为原料，通过球磨工艺合成制备高性能超细碳化硅粉体，虽然工艺简单易行，生产成本较低，但是目前存在的主要问题是随着球磨时间的延长，碳化硅粉体形貌由多角形变为近似球形颗粒状，粉体平均粒径逐渐减小，流动性逐渐变差，振实密度减小，且 SiC 粉体的纯度不易保障，因为不锈钢磨球罐内壁和磨球表面容易脱落，造成粉体二次污染。

8.3.2 液相法合成

溶胶-凝胶法的化学过程首先是将原料分散在溶剂中，然后经过水解反应生成活性单体，活性单体进行聚合，开始成为溶胶，进而生成具有一定空间结构的凝胶，经过干燥和热处理制备出纳米粒子和所需要的材料。核心是通过溶胶-凝胶过程，形成硅和碳的混合物，最后在高温条件下发生碳热还原反应，合成碳化硅纳米粉体。Narisawa 等[15]由冷凝乙基硅酸脂、硼酸脂、酚醛树脂的混合物得到有机-无机混合前驱体，于 1237K 减压裂解得到含 Si 和 C 的前驱体，再由碳还原法得到 SiC 粉体，过量 C 和 B 的加入有助于获得细小规则的产品。何晓燕等[16]利用微波辅助溶胶-凝胶法合成碳化硅，以正硅酸乙酯、蔗糖、草酸、六次甲基四胺、无水乙醇为主要原料得到含蔗糖硅酸凝胶，经烘干研磨，500℃马弗炉活化，在微波条件下加热 40min，除碳除杂后得到了直径约 100nm、长 1～2μm 的纳米棒样品；该方法既延续了溶胶-凝胶技术高纯度、高均匀性以及合成温度低等优点，又兼具微波合成技术设备需求简便、反应时间短、操作便捷的特点。一般控制溶胶-凝胶化的主要参数包括溶液 pH、溶液浓度、反应温度和时间等。该法在工艺操作过程中易于实现各种微量成分的添加，混合均匀性好。存在的主要问题是生产周期长，且合成的产物中常残留羟基及对人体有害的有机溶剂，同时原料成本高，合成过程中收缩量大，产量低。

有机聚合物的高温分解是制备 SiC 的有效技术之一。一类是加热凝胶聚硅氧烷，发生分解反应放出小单体，最终形成 SiO_2 和 C，再由碳热还原反应制得 SiC 粉。另一类是加热聚硅烷或聚碳硅烷放出小单体后生成骨架，最终形成 SiC 粉末。Mitchell 等[17]利用含氯的聚碳硅烷前驱体合成了 SiC。谢凯等[18]以低分子聚碳硅烷为原料，用气相热裂解工艺制备了 SiC 超细微粉，从热力学和动力学的角度探讨了聚碳硅烷的分解机理，对合成工艺条件、产物的性质以及形貌、组成等影响因素进行了系统性的讨论，并在实验中确定了较佳的工艺条件。所合成的无定形 SiC 超微粉的粒径小于 0.1μm，含碳质量分数 34%～35%，含氧质量分数 3%～4%，反应在常压和 1150℃下进行，便于控制，重现性好。有文献还报道了聚合物热解形成玻璃碳浸渍液态硅制备 SiC 陶瓷的方法，采用三乙烯乙二醇、二羟基乙基醚和糠醇树脂混合物，在有机酸的催化作用下，发生聚合热解，最后获得 SiC。

8.3.3 气相法合成

气相反应沉积法(CVD)也是热化学气相反应法，在远高于理论热力学计算临界反应温度条件下，使反应产物蒸气形成很高的过饱和蒸气压，导致反应产物自动凝聚成晶核，而后这些核在加热区不断长大聚集成颗粒，在合适的温度条件下会晶化成为微晶，随着载气气流的输运和真空泵的抽送，反应产物迅速离开加热区进入低温区，颗粒生长、聚集、晶化过程停止，最后进入收集室收集起来，就可获得所需的纳米碳化硅粉体。常以硅烷和烃类为原料，采用电炉或火焰加热，可合成纯度高、粒径为 10～100nm 的均匀微粒。叶鑫南等[19]以液态硅为原料，以碳和二氧化硅粉末组成的混合物作为催化剂，通过液态硅与一氧化碳之间的气-液相碳热反应，一步合成了高纯度的碳化硅微细粉体，制得的碳化硅粉体的平均颗粒尺寸为 $D_{50}=0.41$μm。该方法具有操作简单、工艺过程可控、易于连续化生产、投资小等特点，是一种比较有前途的制备方法。缺点是要求原料纯度高、加热温度高、反应器内温度梯度小、产品粒度大、易团聚、产率不高。获得最佳工艺条件，使制备的纳米粉体形貌、晶相、尺寸等可控，现已成为制备纳米粉体和薄膜的主要技术。

激光诱导法是近几年兴起的制备纳米微粉的一种技术，具有粒子大小可控、粒径分布均匀等特点，并容易制备出几纳米到几十纳米的非晶态或晶态纳米微粒。其基本原理是利用大功率激光器的激光束照射于反应气体，反应气体通过对激光光子的强吸收，气体分子或原子在瞬间得到加热、活化，在极短时间内反应气体分子或原子获得化学反应所需要的温度，迅速完成反应、成核与凝聚、生长等过程，从而制得相应物质的纳米微粒。美国麻省理工学院最先倡导用激光方法合成高纯超细粉末，常采用大功率 CO_2 激光器，由于反应核芯区与反应器之间被原料气所隔离，污染极小，是当前能稳定获得高纯超细粉体的一种重要方法。利用激光诱导法制备的碳化硅纳米粉体具有表面清洁、粒子大小可控、粒度分布均匀、无严重团聚等特点。但激光器效率低、电能消耗大、投资大，且要求仪器精密度高，对技术的要求较高而难以规模化生产，并且其详细的化学和晶体学过程也有待深入研究。目前，激光诱导方法制备 SiC 所用原料一直限于成本较高的硅烷类气体，寻求廉价的新反应物是实现工业生产亟待解决的问题，如廉价、无毒、无腐蚀性的二甲基二乙氧基硅烷。

8.3.4 纳米碳化硅粉体的分散

团聚现象是纳米颗粒应用和研究过程中的一个关键性难题。碳化硅纳米颗粒由于粒度小、表面原子比例大、比表面积大，表面缺少邻近配位原子、表面能大，处于能量不稳定状态，因此在准备及输运的过程中极易发生凝并、团聚，形成二次粒子，进而影响到纳米粉体的优异性能[20]。为了获得性能更好的碳化硅纳米粉体，需要对其进行分散。根据分散方法的不同可分为物理分散和化学分散。物理分散方法有机械搅拌分散、超声波分散、干燥分散和高能处理分散等。化学方法有偶联剂法、表面接枝聚合改性法、分散剂分散等。

机械搅拌分散通常是借助外在的剪切力或撞击力等机械能使纳米粉体在介质中充分分散，其具体形式有研磨分散、胶体磨分散、球磨分散、高速搅拌等，是目前应用最为广泛的分散方法。同时，机械搅拌分散也是一种强制性分散方法，分散后仍有可能重新黏结团聚，为了改善机械搅拌分散的缺点，一般采用与化学分散相结合的手段进行分散。

超声波分散是降低纳米颗粒团聚的有效办法，是将需处理的颗粒悬浮液直接置于超声场中，用大功率的超声波加以处理，利用超声空化产生的局部高温、高压或强冲击波和微射流等，可较大幅度地弱化纳米颗粒间的纳米作用能，有效地防止纳米颗粒团聚并使其充分分散，是一种强度很高、效果最好的分散手段，但是超声震荡的时间不宜过长。

在潮湿的空气中，微纳米粉体间形成的液桥是超微粉体团聚的主要原因，通过加温干燥以破坏液桥，可减少颗粒间的作用力，使颗粒分散均匀。随着新技术、新设备的不断出现和运用以及技术的不断更新和补充，干燥分散的方法较多，包括闪蒸、喷雾干燥、真空干燥、溶剂干燥、冷冻干燥、超临界干燥及微波干燥等。

高能处理分散是通过高能粒子作用，在纳米颗粒表面产生活性点，增加表面活性，使其易与其他物质发生化学反应或附着，对纳米颗粒表面改性而达到易分散的目的。高能粒子包括电晕、紫外光、微波、等离子体射线等。

尽管物理方法能较好地实现粉体的分散，但是一旦作用力停止，颗粒又会相互团聚，而采用化学方法改性纳米碳化硅粉体则能大大提高碳化硅的分散稳定性。

偶联剂法通常采用各种硅烷偶联剂，使碳化硅粉体与粉体表面的羟基产生化学键合，改变粉体原有的表面性质，防止粉体在液相中团聚。偶联剂具有两性结构，其分子中的一部分基团可与颗粒表面的各种官能团反应，形成强有力的化学键合；另一部分基团可与有机高聚物发生某些化学反应或物理缠绕，既抑制了颗粒本身的团聚，又增强了纳米颗粒在有机介质中的可溶性，使其能较好地分散在有机基体中，增大了颗粒填充量，从而改善制品的综合性能。

表面引发接枝聚合改性一般选用不同的偶联剂做基础层，在引发剂的作用下接枝聚丙烯酰胺、聚甲基丙烯酸甲酯等有机物，使纳米碳化硅粉体的表面特性发生改变，不易团聚，降低了颗粒表面和水分子的亲和力，并在一定程度上使固体颗粒之间的斥力增强，起到稳定的作用。

超细粉体在液相中的良好分散所需要的物理化学条件主要是通过添加适当的分散剂来实现的,它的添加强化了颗粒间的相互排斥作用。其机理主要有静电稳定机制、空间位阻稳定机制和电空间稳定机制。分散剂主要有四甲基氢氧化铵、聚丙烯酰胺、聚丙烯酸、聚甲基丙烯酸铵、聚乙二醇、磷酸钠等。

8.4 碳化硅陶瓷的烧成

烧结是陶瓷生坯在高温下的致密化过程和现象的总称。在烧结前期,随着烧结温度的提高或烧结保温时间的延长,颗粒之间开始只有点接触,物质通过不同的扩散途径向颗粒间的颈部和气孔部位填充,使颈部逐渐长大,并逐步减小气孔所占的体积。随后,细小的颗粒之间开始逐渐形成晶界,并不断扩大晶界的面积,使陶瓷坯体逐渐致密。在这个相当长的致密化烧结过程中,物质通过不同的扩散途径,使连通的气孔不断缩小,两个颗粒之间的晶界与相邻的晶界相遇,形成晶界网络。再经过晶界移动和晶粒长大,使气孔缩小,直至气孔不再相互连通,形成的孤立气孔位于几个晶粒相交的部位,此时烧结前期已经结束,如图 8-4 所示。烧结后期,孤立的气孔扩散到晶界上消失,或者晶界上的物质继续向气孔扩散填充,同时晶粒继续长大,直至完全致密化。

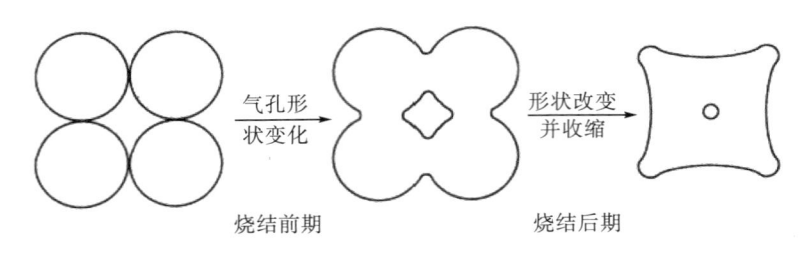

图 8-4 烧结现象示意图

碳化硅陶瓷材料是一种典型的共价键结合的稳定型化合物,在烧结过程中,原子的扩散速率很低。研究表明,即使在 2100℃的高温下,C 原子和 Si 原子的自扩散系数也很低,分别为 $1.5×10^{-1} cm^2·s$ 和 $2.5×10^{-1} cm^2·s$,说明 SiC 陶瓷材料是难以烧结致密的材料[21]。用 SiC 粉体颗粒的表面能与其烧结体晶粒的晶界能之差,来表征 SiC 陶瓷材料的烧结驱动力,此差值越大,SiC 陶瓷材料的烧结驱动力越大;用 SiC 粉末颗粒的表面能与其烧结体晶粒的晶界能之比,来表征 SiC 陶瓷粉末的烧结活性,比值越大,SiC 陶瓷粉末的烧结活性越高。但是 SiC 陶瓷材料表面能与界面能的比值较低,即 SiC 陶瓷材料的晶界能较高,不易获得足够的能量来形成晶界,故通常很难采用常规的烧结途径来制取高致密、高纯的 SiC 陶瓷材料,而必须通过添加一些烧结助剂增加表面能,降低晶界能或采用外部加压等特殊的工艺才能够获得高致密度的 SiC 陶瓷材料。SiC 陶瓷材料的难烧结性,使高性能 SiC 陶瓷材料的生产成本居高不下,严重地阻碍其应用和发展。目前,SiC 陶瓷材料的烧结方法主要有无压烧结、热压烧结、热等静压烧结和反应烧结等。

8.4.1 无压烧结

无压烧结是指在高纯、超细的碳化硅粉末中加入少量助烧剂，通过成型、在大气压力下的各种气氛中进行烧结等工序制备陶瓷的烧结方法。依据在烧结过程中，助烧剂的形态以及促进烧结的方式可将无压烧结分为固相烧结和液相烧结。无压烧结可以制备形状复杂的零件和大尺寸的 SiC 陶瓷部件，而且相对容易实现工业化，生产成本较低，被认为是 SiC 陶瓷工业化生产最有前途的烧结方法。与反应烧结方法相比，无压烧结 SiC 的纯度较高，SiC 的质量分数大于 97%，耐腐蚀性大大优于反应烧结的 SiC，产品更具有市场竞争力。

纯 SiC 陶瓷材料属于强共价键型稳定化合物，利用无压烧结方法很难烧结致密化。提高无压烧结致密化的常用手段是添加合适的烧结助剂。B_4C 和 TiB_2 等是 SiC 固相烧结的有效添加剂，Al_2O_3、Y_2O_3 和 Al、B、C 等是 SiC 液相烧结的有效添加剂。无论是固相烧结还是液相烧结，均在惰性气体(氩气)保护下烧结。研究结果表明，B 和 C 生成的 BC 存在于 SiC 晶界或固溶于 SiC 晶粒内部，类似于硼，同样会促进 SiC 陶瓷材料的固相烧结。游离态 Si 与 SiO_2 的存在对烧结起阻碍作用，因此 SiC 陶瓷烧结时，陶瓷原料的纯度、粒度、相组成是非常重要的。当加入 B 时，B 通常富集于 SiC 陶瓷材料的晶界，使相互接触的 SiC 陶瓷材料的晶粒之间形成能量相对较低的晶界，即 B 降低 SiC 陶瓷材料的晶界能。另外，B 固溶于 SiC 陶瓷材料晶粒内部所造成的缺陷也有助于物质的扩散迁移，但 B 过量时会使 SiC 陶瓷材料的晶粒组织发生异常长大。

固相烧结的 SiC 陶瓷材料的烧结温度相对较高，再加上晶界较为"干净"，基本上无液相存在，因而晶粒在高温下很容易长大，裂纹扩展断裂时表现为穿晶断裂，材料的抗弯强度与断裂韧性不高。固相烧结 SiC 陶瓷的优点是使用温度明显高于反应烧结 SiC 陶瓷材料的使用温度。因为在无压烧结条件下，固相烧结的 SiC 陶瓷材料的晶界较为"干净"，高温强度并不随使用温度的升高而变化，即使用温度升高到 1600℃，材料的高温强度也不发生变化。

液相烧结是指不施加外压并以一定的单元或多元低共熔氧化物为烧结助剂，在较低烧结温度下仍能实现 SiC 的致密化烧结。液相烧结分为三个阶段：第一阶段，颗粒重排阶段。在足够高的烧结温度下，添加剂粉末熔化，形成液相，随着液相的流动，其周围颗粒便会发生滑动、旋转，颗粒重新置于分离状态，分离的颗粒进一步滑动，在液相毛细管力的驱使下，滑动的颗粒重新密排，使致密化程度明显提高。液相只处于孔洞间流动，促使颗粒滑动、旋转、重新密排的过程，称为颗粒一次重排；液相沿颗粒交界继续向内渗入、熔蚀，并把单个颗粒损坏成更细小颗粒的过程，称为颗粒二次重排。第二阶段，熔解-析出阶段。在此阶段，颗粒形状发生改变(发生适位性形状变化)，这对致密化仍有贡献。第二阶段后期会有一些固相颗粒形成烧结颈。第三阶段，固相烧结阶段。颈部进一步长大，晶粒生长的同时出现孔洞的粗化。颗粒重排是液相强化烧结作用最显著、最关键的体现，也是低温下粉末坯体不施加外压通过液相烧结仍能达到完全致密化的主要原因。当液相量不是很大时，三阶段分界并不明显，而且在几分钟内就可完成颗粒的重排。与固相烧结相比，液相烧结致密化程度较高，同时由于烧结温度较低，晶粒粗化速度降低，导致陶瓷材料在结构上发生明显的改善，烧结体的晶粒细小、均匀且呈等轴状。同时，由于晶界液相的引入和独特的界面结合强度的弱化，陶瓷材料的断裂方式转变为沿晶断裂模式，结果使陶瓷材料的断裂韧性显著提高。液相无压烧结工艺降低了烧结温度，降低了对烧结设备的要求，烧结成本大为降低，有利于拓宽SiC陶瓷的应用领域。

碳化硅的无压烧结技术已较为成熟，其优势在于可以采用多种成型工艺，突破产品形状和尺寸的限制，在适当添加剂的作用下可以获得较高的强度及韧性。此外，SiC的无压烧结操作简单、成本适中，适用于不同形状的陶瓷零部件批量化生产（图8-5）。

图8-5 无压烧结碳化硅产品应用[21]
(a)陶瓷密封件；(b)陶瓷轴承；(c)防弹板

8.4.2 热压烧结

热压烧结是指一种粉体材料压制成型和烧结同时进行的烧结方法，是将粉末装在压模内，在专门的热压机中加压同时把粉末加热到熔点以下，在高温下单向或双向施压成型的过程。热压烧结过程中，高温高压的交互作用，加速了粉体颗粒和颗粒之间的接触，加强了粉体颗粒的流动性和原子扩散，因此能有效地降低烧结温度和缩短生产周期。同时，在热压烧结过程中，会采用添加剂，能够促进致密化速率，可以获得接近理论密度、晶粒细小的材料，大大提高产品性能。

热压烧结是SiC及其复合材料最重要的快速烧结方法之一，即在烧结过程中向坯体施加压力，使SiC陶瓷粉体颗粒彼此滑动，颗粒间的接触总面积增大，加速SiC陶瓷材料的致密化过程。纯SiC陶瓷材料的热压烧结需要很高的温度和压力才能达到致密，通常需要添加烧结助剂，而采用添加剂的热压烧结，在一般热压条件下就可以达到致密。王晓刚等[22]采用α-SiC、β-SiC粉体为原料，B_4C为烧结助剂，采用热压烧结制备方法，在温度1900℃、时间60min及压力50MPa的烧结条件下获得了致密度为99.2%的SiC陶瓷，当β-SiC的添加量为10%时，陶瓷生成大量长柱状颗粒，同时断裂韧性和抗弯强度提高。

8.4.3 热等静压烧结

与热压烧结工艺相比，热等静压（HIP）烧结可以降低陶瓷材料的烧结温度，缩短烧结时间，甚至可以在无添加剂的情况下制备出几乎完全致密的陶瓷材料。在热等静压烧结中，加压介质为惰性气体，加压方式一般也有两种：一是先加压到所要求的最终压力的 60% 左右，然后升温，使缸体内压力增加到最终压力；二是先升温，后加压。

李红涛等[23]分别采用气氛压力烧结和热等静压烧结制备氮化硅陶瓷球，实验表明：HIP 烧结与气氛压力烧结相比，密度、硬度、断裂韧性等性能平均数值差别不明显，但压碎载荷比明显提高，HIP 烧结陶瓷球性能的离散度和截面孔隙度更小，均匀性更好，主要是因为热等静压烧结能够促进烧结致密化，获得更均匀的柱状 β-Si$_3$N$_4$ 晶粒，提高组织的均匀性。吕振等[24]采用纳米级 β-SiC、Si、C 粉末以及微米级 TiH$_2$ 粉末为原料，利用热等静压原位合成工艺制备 SiC-TiC 复相陶瓷，实验表明该合成过程无明显副反应发生，在 1600℃、120MPa、4h 热等静压烧结工艺下原位合成得到的 SiC-32%TiC 复相陶瓷具有最好的致密度、硬度、三点弯曲强度以及良好的断裂韧性，分别达到 98.7%、21.2GPa、428MPa 和 5.5MPa·m$^{1/2}$。

HIP 烧结技术的关键在于压力的控制，提高热等静压压力有助于提高材料的烧结扩散活性，从而提高材料的致密度，有益于力学性能的提升。另一关键是包套材料的选用，对包套材料要求具有良好的高温性能，在烧结温度下不与 SiC 陶瓷材料及其复合组分材料反应，并有良好的可变形性能。热等静压烧结克服了热压烧结的局限性，避免了热压烧结时容易产生各向异性的问题，同时又适用于复杂形状的陶瓷工件，使陶瓷制品具有较好的力学性能。HIP 烧结前必须对素坯进行包封，工艺烦琐、生产效率较低、生产成本非常高。

8.4.4 反应烧结

反应烧结又称自结合烧结或强化烧结，是通过添加物的作用，使反应与烧结同时进行的一种烧结方法。反应烧结的原理为：先将α-SiC 粉和石墨按一定比例混合形成素坯后，加热至 1650℃左右，渗入单质硅到坯体中，使其与碳发生反应生成 β-SiC，把原来坯体中的α-SiC 结合起来，使坯体获得烧结。具体方法为：以 SiC 粉末、碳粉和硅粉作为原料，在烧结过程中含 SiC 粉和碳粉的坯体与液态硅相接触，液态硅渗入坯体内并与碳粉反应，形成 SiC，而少量残余硅则填补剩余的孔隙。因此，反应烧结工艺得到的 SiC 气孔少，抗弯强度较高。反应烧结过程中压坯应当具有足够的孔隙度，以保证渗硅过程的完成，避免表面形成不透气的 SiC 阻止反应的继续进行。液相硅的浸渍速度正比于孔径，但是，过粗的α-SiC 颗粒使抗弯强度降低。反应烧结后的制品一般含有 90%~92%的 SiC 和 8%~10%的 Si，尺寸也不改变，因而可制备形状复杂的零件，减少机加工。反应烧结的缺点是存在游离硅，游离硅的存在使陶瓷使用温度低于 1380℃，而且烧结体多孔、强度不高。

8.5 碳化硅陶瓷的应用和发展

碳化硅陶瓷因具有密度低、热膨胀系数小、硬度高、耐高温、弹性模量大、耐腐蚀等特点，普遍用于陶瓷球轴承、阀门、半导体材料、陀螺、测量仪、航空航天等领域（表 8-3）。碳化硅主要有四大应用领域，即功能陶瓷、高级耐火材料、磨料及冶金原料。SiC 陶瓷硬度高、耐磨损，采用 SiC 陶瓷自身配对的硬质密封副在含颗粒介质的工况中具有很大的应用潜力。碳化硅具有硬度高、抗氧化性强及化学稳定性好等优异特性，碳化硅陶瓷是制作砂纸、砂轮、油石、磨头、研磨膏以及单晶硅、多晶硅和电子行业的压电晶体等方面研磨、抛光等各种磨削磨具常用的材料之一。碳化硅具有抗腐蚀、耐高温、强度大、导热性能良好及抗冲击等特性，常用于耐磨、耐火、耐腐蚀材料。碳化硅陶瓷因具有绝缘性、高热导性与低热膨胀系数，而被用来制作大规模集成电路的基板和封装材料。碳化硅陶瓷的禁带宽和耐高温能力强，因此它在高温半导体器件方面有独特的优势，已生产了多种大功率、耐高温的半导体器件，主要用于石油、地质勘探、军用武器系统、航空航天等领域极端环境下工作的电子系统中[25-28]。有些 SiC 变形体的禁带宽度处于蓝、绿光等短波长发光波段，这促使碳化硅在制作短波长发光器件方面有重要应用，已经实现了 SiC 蓝、绿光 LED 的批量生产。碳化硅较高的饱和漂移速度与高临界击穿场强，使它成为良好的微波和高频器件材料。碳化硅陶瓷含有杂质时，电阻率会大幅下降，并且它具有负的温度系数，所以它也是常用的非线性压敏电阻和发热元件材料。

表 8-3　碳化硅陶瓷的用途[25]

应用领域	使用环境	用途	优势
石油工业	高温、高液压、研磨	轴承、喷嘴、密封、阀片等	耐磨
化学工业	强酸、强碱、高温氧化	轴承、密封、泵零件、热交换器等，气化管道、热偶套管等	耐磨、耐蚀、气密
轻工业	纸浆废液、纸浆、高温、大功率散热	密封、轴承、成型板等，棚板、窑具、传热、轴承等，封装材料、基片等	耐磨、耐蚀、耐热、传热快、高热导
核工业、激光机械工业	含硼高温水、大功率	密封、轴承、反射屏等	耐辐射、高强度、稳定性好
冶金工业	高温气体	耐火材料、热交换器、燃烧元件、轴承等	耐热、耐蚀、耐氧化、气密
机械工业	发动机、研磨	燃烧器部件、轮机叶片、转子、轴承等，喷砂嘴、内衬、泵零件等	耐磨、高强度、耐热震
其他	加工成型	拉丝模具、成型模具、轴承、纺织导向等	耐磨、耐蚀

目前，在军事领域中新材料技术正向高性能化、复合轻量和智能化的方向发展，发展包括高性能树脂材料和高性能陶瓷材料的新型抗弹装甲材料是提高装甲防护技术的重要途径。其中，陶瓷材料具有低密度、高强度、高声速的特点，以其作为装甲防护材料已在军事工程中得到了应用，如飞机、舰船及装甲车辆关键部位的防弹遮蔽层和单兵作战的防护上。

碳化硅陶瓷材料最大的力学优势在于密度小、硬度大、抗冲击性能好和弹道性能好等，使其成为制作高性能防弹装甲的理想材料，广泛用于制作防弹衣、车辆防弹装甲、舰船防弹装甲和直升机防弹装甲等[29]。

碳化硅陶瓷复合装甲质量轻，与传统的钢制防护板相比，陶瓷防护装甲可减轻质量 70%以上，防护等级高、占用空间小，不影响机组人员操作活动。目前，碳化硅陶瓷装甲已经在欧美 Bell212、EC155、NH-90 和 SA-330 型武装直升机上获得应用。碳化硅陶瓷以优异的力学性能和性价比成为最有应用前途的防弹陶瓷材料之一，在单兵装备、陆军装甲武器平台、武装直升机平台、警(民)用特种车辆等诸多装甲防护领域中的应用趋于多元化，碳化硅陶瓷在装甲防护领域的应用具有广阔的发展空间。高性能碳化硅陶瓷与超高分子量聚乙烯纤维、芳纶纤维复合材料复合制备的防弹材料质量轻、防护级别高且性能稳定，与同级别氧化铝陶瓷复合制品相比，质量减轻了20%以上，能大大减轻装备质量。近年来，整体式碳化硅异形件如整体式碳化硅多曲面防弹插板、整体烧结碳化硅陶瓷防弹头盔等装甲材料中间体不断出现，为单兵防护复合装甲的应用研究提供了新方向。目前，提高复合装甲材料的韧性，从而增强防弹产品抗多发弹连续打击的能力，仍是碳化硅陶瓷复合装甲研究的重要课题。采用颗粒弥散增韧、晶须或纤维补强增韧、基体纳米化增韧、复合增韧等强韧化方法，可使碳化硅陶瓷的强度、韧性有一定改善，但还有很大的提升空间，这也是碳化硅陶瓷领域的研究重点。

8.6 碳化硅陶瓷的共性难点

中国碳化硅产能约占全球总产能的84%。中国碳化硅冶炼企业主要分布在甘肃、宁夏、青海、新疆、四川等地，约占全国总产能的85%。中国碳化硅冶炼生产工艺、技术装备和单吨能耗达到世界领先水平。黑、绿碳化硅原块的质量水平也属世界级。我国集中在碳化硅原料等低级产品的制备，高端碳化硅陶瓷、碳化硅单晶、碳化硅器件的研发和生产方面需大力加强。

反应烧结 SiC 陶瓷制品中常含有体积分数为 5%～30%的游离硅。这部分游离硅对 SiC 陶瓷产品的应用产生了一定影响，一方面使得烧结体的强度，特别是高于 Si 熔点温度上的高温强度大大下降；另一方面，游离 Si 对制品的耐磨性、抗腐蚀性都有明显不利的影响。

8.7 本 章 小 结

碳化硅的共价键特性及其极低的扩散系数导致其烧结致密化难度大，为此发展出了多种碳化硅的烧结制备技术。目前，较为成熟的工业化生产碳化硅陶瓷材料的主要方式有反应烧结、无压烧结、重结晶烧结、热压烧结、热等静压烧结。此外，放电等离子体烧结、闪烧、振荡压力烧结等新型烧结技术也正得到研究及关注。工业生产中用得较多的反应烧结、常压烧结和重结晶烧结三种碳化硅陶瓷材料制备方法均有其独特的优势，且所制备的碳化硅的显微结构和性能及应用领域也有不同。反应烧结的烧结温度低、生产成本低、制备的产品收缩率极小、致密化程度高，适合大尺寸复杂形状结构件的制备，反应烧结碳化硅多用于高温窑具、喷火嘴、热交换器、光学反射镜等方面。常压烧结的优势在于生产成本低，对产品的形状尺寸没有限制，制备的产品致密度高，显微结构均匀，材料综合性能优异，所以更适合制备精密结构件，如各类机械泵中的密封件、滑动轴承及防弹装甲、光学反射镜、半导体晶圆夹具等。重结晶碳化硅拥有纯净的晶相，不含杂质，且有较高的孔隙率、优异的导热性和抗热震性，是高温窑具、热交换器或燃烧喷嘴的理想候选材料。

碳化硅陶瓷材料拥有优异的力学、热学、化学和物理性能，不仅在传统工业领域获得广泛的应用，在半导体、核能、国防及空间技术等高科技领域的应用也在不断拓展，应用前景十分广阔。为了满足随应用领域拓展而不断提高的性能需求，今后仍然需要进一步改进工艺、完善烧结助剂、发展新的烧结技术，从而有效降低烧结温度，细化晶粒，制备出性能更佳的碳化硅陶瓷材料。

参 考 文 献

[1] Prochazka S, Charles R J. Strength and microstructure of dense, hot-pressed silicon carbide[J]. Fracture Mechanics of Ceramics, 1974, 452(10): 579-598.

[2] 李辰冉, 谢志鹏, 康国兴, 等. 国内外碳化硅陶瓷材料研究与应用进展[J]. 硅酸盐通报, 2020, 39(5): 1353-1370.

[3] Moo J G S, Khezri B, Webster R D, et al. Graphene oxides prepared by hummers', hofmann's, and staudenmaier's methods: dramatic influences on heavy-metal-ion adsorption[J]. Chemphyschem: A European Journal of Chemical Physics & Physical Chemistry, 2014, 15(14): 2922-2929.

[4] 谢志鹏. 结构陶瓷[M]. 北京: 清华大学出版社, 2001.

[5] 宋维东. 碳化硅半导体材料的研究现状及发展前景[J]. 中国粉体工业, 2020(2): 8-11.

[6] 童鹤. 碳化硅陶瓷复合装甲的制备与研究[D]. 南京: 南京理工大学, 2012.

[7] 张巍, 张舸, 郭聪慧, 等. 纤维增强碳化硅及其在光学反射镜中的应用[J]. 中国光学, 2020, 13(4): 695-704.

[8] 宋祖伟, 戴长虹, 翁长根. 碳化硅陶瓷粉体的制备技术[J]. 青岛化工学院学报(自然科学版), 2001, 22(2): 135-138, 163.

[9] Ohsaki S, Cho D H, Sano H, et al. Synthesis of β-SiC by the reaction of gaseous SiO with activated carbon[J]. Key Engineering Materials, 1998, 159: 89-94.

[10] Rambo C R, Martinelli J R, Bressiani A H A. Synthesis of SiC and cristobalite from rice husk by microwave heating[J]. Materials Science Forum, 1998, 299: 63-69.

[11] 何晓燕, 王兴磊, 张艺, 等. 微波辅助碳热还原法制备碳化硅粉体[J]. 伊犁师范学院学报(自然科学版), 2014, 8(4): 45-51.

[12] 戴长虹, 杨静漪, 蔺玉胜. 微波合成 SiC 纳米微粉[J]. 青岛化工学院学报, 1999(1): 27-30, 45.

[13] Wang L H, Peng Y, Hu X B, et al. Combustion synthesis of high purity SiC powder by radio-frequency heating[J]. Ceramics International, 2013, 39(6): 6867-6875.

[14] 高丽敏, 王振玲, 董胜敏. 球磨参数对机械合金化制备碳化硅粉体的影响[J]. 表面技术, 2010, 39(2): 50-51, 76.

[15] Narisawa M, Okabe Y, Okamura K, et al. Synthesis of nano size dispersed SiC particles by firing inorganic-organic hybrid precursors[J]. Key Engineering Materials, 1998, 159/160: 101-106.

[16] 何晓燕, 王兴磊, 张月梅, 等. 微波辅助溶胶-凝胶法合成碳化硅粉体[J]. 新疆教育学院学报, 2014, 30(4): 84-86.

[17] Mitchell B S, Zhang H Y, Maljkovic N, et al. Formation of nanocrystalline silicon carbide powder from chlorine-containing polycarbosilane precursors[J]. Journal of the American Ceramic Society, 1999, 82(8): 2249-2251.

[18] 谢凯, 张长瑞, 盘毅, 等. 低分子聚碳硅烷改性制备 Si-C-N 复合超市微粉[J]. 硅酸盐学报, 1998(5): 121-126.

第 8 章 碳化硅陶瓷

[19] 叶鑫南, 赵中玲, 兰琳, 等. 一步法合成高纯度碳化硅粉体的研究[J]. 无机材料学报, 2008, 23(2): 243-246.

[20] 程优优. 纳米碳化硅粉体的制备及其分散性的研究[J]. 中国粉体工业, 2018(1): 18-20.

[21] 李辰冉, 谢志鹏, 赵林. 碳化硅陶瓷材料烧结技术的研究与应用进展[J]. 陶瓷学报, 2020, 41(2): 137-149.

[22] 三晓刚, 崔佳, 刘银波, 等. 碳化硅陶瓷热压烧结性能的研究[J]. 中国陶瓷, 2014, 50(4): 11-14.

[23] 李红涛, 王昆平, 于琦, 等. 不同烧结方式对氮化硅陶瓷球综合性能的影响[J]. 轴承, 2020, 12(12): 22-24.

[24] 吕振, 朱德贵, 钱慧, 等. 热等静压原位合成 SiC-TiC 复相陶瓷的微观组织与性能研究[J]. 粉末冶金技术, 2017, 35(3): 163-170.

[25] 柴威, 邓乾发, 王羽寅, 等. 碳化硅陶瓷的应用现状[J]. 轻工机械, 2012, 30(4): 117-120.

[26] Kelley K A. Hybrid ceramic bearings boost spindle speed[J]. Modern Machine Shop, 2001, 74: 111-114.

[27] 刘巧沐, 许建锋, 刘佳. 碳化硅陶瓷基复合材料基体和涂层改性研究进展[J]. 硅酸盐学报, 2018, 46(12): 1700-1706.

[28] 刘巧沐, 黄顺洲, 何爱杰. 碳化硅陶瓷基复合材料在航空发动机上的应用需求及挑战[J]. 材料工程, 2019, 47(2): 1-10.

[29] 童鹤. 碳化硅陶瓷复合装甲的制备与研究[D]. 南京: 南京理工大学, 2012.

第 9 章 氮化硅陶瓷

氮化硅(Si_3N_4)材料具有高硬度、高强度、高耐磨性等一系列优良性能，广泛用于国民经济、社会生活和国防建设领域。

9.1 氮化硅陶瓷的基本性质

Si_3N_4陶瓷是一种共价键化合物，基本结构单元为[Si-N_4]四面体，硅原子位于四面体的中心，在其周围有 4 个氮原子，分别位于四面体的 4 个顶点，然后以每 3 个四面体共用 3 个原子的形式，在三维空间形成连续而又坚固的网络结构。

表 9-1 列出了 Si_3N_4 陶瓷的基本性质[1]。

表 9-1 Si_3N_4陶瓷的基本性质[1]

密度/(g/cm^3)	相对密度/%	弹性模量/GPa	硬度(HV)/GPa	断裂韧性/(MPa·m$^{1/2}$)	抗弯强度/MPa
3.26±0.02	>99.5	300~320	16~20	6.0~9.0	600~1000
泊松比	热膨胀系数/(×10^{-6}/℃)	韦伯模数	热导率/[W/(m·K)]	耐酸碱腐蚀性	磁性
0.25	3.1~3.3	12~15	15~20	优	无

9.1.1 氮化硅陶瓷的基本结构

氮化硅分子式为 Si_3N_4，分子量为 140.28，是由氮元素和硅元素组成的化合物，氮元素质量分数为 39.94%，硅元素质量分数为 60.06%。自然界中目前尚未发现 Si_3N_4 化合物，都是通过化学方法合成得到的。

Si_3N_4 的分类如图 9-1 所示，氮化硅有晶体和非晶两种，非晶是无定形氮化硅，作为结构陶瓷使用时要求是稳定相。晶体主要有三种晶型：六方、四方和立方。其中最主要用到的是六方 Si_3N_4 中的α-Si_3N_4 和 β-Si_3N_4，虽然它们都是六方结构，但在原子排列及晶胞参数上，表现出来的形貌性能有很大区别。

Si_3N_4是以 Si—N 键为主的共价键化合物，其占比在 70%左右。其高强共价键方向性，致使 Si_3N_4在烧结过程中晶内缺陷的形成和迁移需要大量能量，难以烧结致密化。同时纯 Si_3N_4材料在高温下分解为硅和氮气。常见的 Si_3N_4主要以α-Si_3N_4和β-Si_3N_4两种晶型存在，γ-Si_3N_4 一般只在高温高压下才会出现。α-Si_3N_4 和 β-Si_3N_4 两者均为六方晶系，由[Si-N_4]

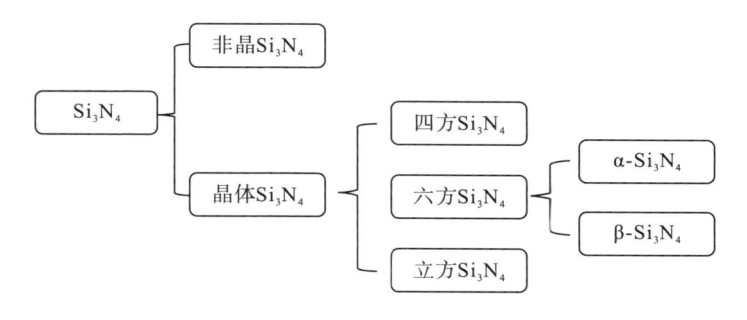

图 9-1 Si$_3$N$_4$ 的分类

四面体结构以不同的堆砌方式堆砌而成，且为三维空间网络，如图 9-2 所示[2]。Si$_3$N$_4$ 的超高硬度也得益于其[Si-N$_4$]四面体结构的存在。氮化硅在 1400～1600℃加热，α-Si$_3$N$_4$ 会转变成 β-Si$_3$N$_4$，但并不是说，α 相是低温晶型，β 相是高温晶型。因为在低于相变温度合成的氮化硅粉体中，两相可同时存在；在气相反应中，1350～1450℃可直接制备出 β-Si$_3$N$_4$，可以推断出这不是从 α 相转变而来的。研究表明 α 相转变成 β 相是重建式转变，除了两种结构有对称性高低的差别外，并没有高低温之分。只不过 α 相对称性低，容易形成，β 相在温度上是热力学稳定的。α-Si$_3$N$_4$ 多为针状结晶体，呈白色和灰白色，β-Si$_3$N$_4$ 则颜色较深，多为颗粒状的多面体和柱状体。两种结构相似，最大的区别便是 c 轴方向上的堆垛顺序：β-Si$_3$N$_4$ 的堆垛顺序为 ABABAB…；α-Si$_3$N$_4$ 的堆垛顺序为 ABCDABCD…，相比 β-Si$_3$N$_4$，α-Si$_3$N$_4$ 的 c 轴晶胞参数扩大约一倍，其中还包含少量氧原子和大量硅空位，因此 α-Si$_3$N$_4$ 体系稳定性较差，高温下易转变成 β-Si$_3$N$_4$ 稳定结构。

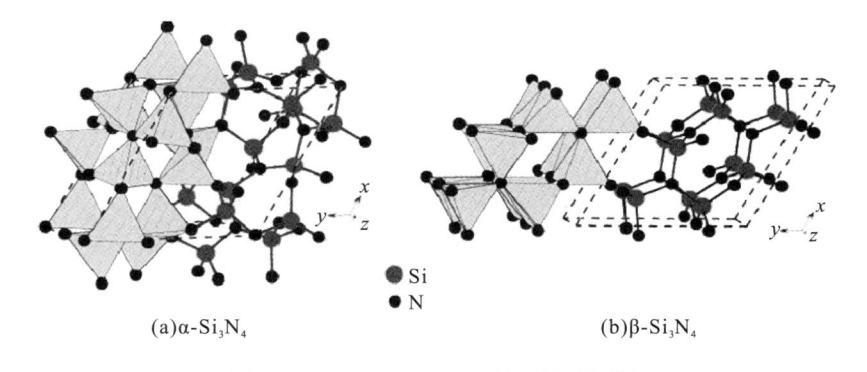

(a) α-Si$_3$N$_4$　　　(b) β-Si$_3$N$_4$

图 9-2　α-Si$_3$N$_4$、β-Si$_3$N$_4$ 的晶体结构[2]

9.1.2　氮化硅陶瓷的基本性能

Si$_3$N$_4$ 是强共价键化合物，这种结构决定了 Si$_3$N$_4$ 陶瓷具有热膨胀系数小、热导率高、强度大、硬度高、耐磨损性好以及化学稳定性好等优良特性。

Si$_3$N$_4$ 陶瓷的主要性能如下（表 9-2）[3]。

(1) 耐高温，在常压下，Si_3N_4 没有熔点，于 1870℃左右直接分解，可耐氧化到 1400℃，实际使用达 1200℃（超过 1200℃力学强度会下降）。

(2) 热膨胀系数小，导热系数高，抗热震性能高，从室温到 1000℃热冲击不会开裂。

(3) 摩擦系数小(0.1)，有自润滑性（加油的金属表面摩擦系数为 0.1～0.2）。

(4) 化学性质稳定，耐腐蚀，除氢氟酸外不与其他无机酸反应。

(5) 氮化硅硬度高，耐磨损，莫氏硬度次于金刚石、立方氮化硼、碳化硼、碳化硅，抗机械冲击强。

(6) 氮化硅是共价键化合物，很难致密，有时需外加烧结助剂，密度约为 $3.0g/cm^3$（不同成型方法致密度不同，热压成型致密度较高，钢的密度约为 $7.85g/cm^3$，钛合金的密度约为 $4.5g/cm^3$）。

(7) 脆性大，可采用氮化硅纤维增韧，或者调整样品中 α、β 相含量使其高温强度稳定。

表 9-2　Si_3N_4 陶瓷的基本性能[3]

性能参数	热压烧结氮化硅	无压烧结氮化硅	反应烧结氮化硅
密度/(g/cm³)	3.07～3.37	2.8～3.4	2.0～2.8
热导率/[W/(m·K)]	29.3	15.5	2.6～20
比热容/[J/(kg·K)]	711.756	711.756	—
抗弯强度/MPa	(20℃)450～1200 (1400℃)≈600	(20℃)275～1000 (1400℃)≈800	(20℃)≈300 (1400℃)≈400
压缩强度/MPa	4500	4000	—
热膨胀系数/(×10⁻⁶/℃)	(20～1000℃)3～3.9	(20～1000℃)≈3.5	(20～1000℃)2.5～3.1
杨氏模量/GPa	(20℃)250～320 (1400℃)175～250	(20℃)250～320	(20℃)100～220 (1400℃)120～200
断裂韧性/(MPa·m^(1/2))	2.8～12	3.0～10	≈3.6

9.1.3　氮化硅陶瓷的导热性能

氮化硅陶瓷的导热机理和流体不同，固体是由分子、原子或正负离子有序排列的晶体或无序排列的玻璃体。当外界温度发生变化时，这些质点会脱离其平衡位置做不同频率和振幅的振动，振动振幅和频率也会随温度的升高而加大，这便是热运动。由于固体材料中的质点相互关联，一个质点发生振动所产生的能力会带动其相连质点，如此依次下来便会形成一个波形位移，根据量子力学理论传热起重要作用的是声频中的低频部分，这种弹性波被量子化时称为声子[4]。氮化硅陶瓷材料通过声子导热。

在氮化硅陶瓷晶体中，声子本该是以声速传播，$β$-Si_3N_4 沿 c 轴方向的理论热导率可达 450W/(m·K)[5]。但实验所得的氮化硅陶瓷热导率却并不如人意，Zhu 等[6]得到 177W/(m·K)热导率，并且是在 1900℃的高温下热处理 60h 获得。影响声子传播的主要因素是晶粒缺陷、晶间相以及晶粒晶界。通过模拟计算，α-Si_3N_4 单晶本征热导率沿 a 轴和 c

轴方向分别可达 105W/(m·K) 和 170W/(m·K)，而 β-Si$_3$N$_4$ 单晶则更高，分别高达 225W/(m·K) 和 450W/(m·K)[5]。当然这是在理想状态下模拟计算所得，实际试验所得热导率也只有其 1/3。以下几个因素降低了热导率[7]：①晶格间氧和其他金属原子杂质对声子传热散射引起的热阻；②晶间相含量对氮化硅陶瓷热导率的影响；③晶粒尺寸的影响。

在制备氮化硅陶瓷中，反应物中的孔隙率为 12%～25%[8]，而气体的热导率一般较低，故致密度越大，孔隙率越低，热导率越高。氮化硅具有α和β两种晶体相，其中α相中的氧含量高于β相中的氧含量，而氧杂质对声子具有散射的作用，因此氮化硅陶瓷中β/α的值越大，热导率越高。当烧结高热导率氮化硅陶瓷时，在 Si$_3$N$_4$ 原料中加入尺寸较大的β-Si$_3$N$_4$ 晶种，为 β-Si$_3$N$_4$ 晶粒的结晶提供晶核，将晶界相逐渐排挤进入多晶交界处，从而提高热导率。Hirosaki 等[9]用 β-Si$_3$N$_4$ 作为原料，研究添加 0.5wt%的大粒径 β-Si$_3$N$_4$ 作为晶种和不添加晶种的氮化硅陶瓷热导率的差别，均在温度为 1900℃、氮气压力为 10MPa 的条件下用气压烧结的方法制备氮化硅陶瓷。结果表明，添加晶种的氮化硅陶瓷热导率为 106W/(m·K)，而不加晶种的氮化硅陶瓷只有 77W/(m·K)。声子运动的一个重要参数是声子的运动自由程，理论上晶粒尺寸与其平均自由程为相同数量级时，晶界对声子造成散射。而在一般情况下，除反应烧结外，Si$_3$N$_4$ 烧结体的晶粒尺寸均为微米级，远大于声子间的平均自由程[10]，所以 Si$_3$N$_4$ 晶粒尺寸对 β-Si$_3$N$_4$ 的热导率没有直接影响，但是随着 Si$_3$N$_4$ 晶粒尺寸的增大，晶间相的分布会有所变化，相邻两个晶粒间的晶间相薄层数量会减少，因而，在一定尺寸范围内，晶粒的增大可以提高 Si$_3$N$_4$ 的热导率[11]。氮化硅陶瓷中颗粒的定向排列可以充分发挥 β-Si$_3$N$_4$ 热导率各向异性的特点，获得在某一方向上热导率较高的氮化硅陶瓷。例如 Watari[12]在烧结时加入 β-Si$_3$N$_4$ 晶种，采用流延成型工艺使晶粒定向排列，得到在平行和垂直流延成型方向上分别为 155W/(m·K) 和 52W/(m·K) 的热导率。

1. 晶格间氧含量对氮化硅陶瓷热导率的影响

晶格氧是高纯氮化硅陶瓷主要的晶内缺陷，也是影响氮化硅热导率的主要因素之一。无论是 α-Si$_3$N$_4$ 还是 β-Si$_3$N$_4$ 的相结构均是由 N—Si 键结合而成，这种键合方式有益于声子传播，尤其是沿 c 轴方向，在氮化硅液相烧结过程中，杂质氧会进入氮化硅晶格内，可表示为

$$2SiO_2 \longrightarrow 2Si_{Si}+4O_N+V_{Si} \tag{9-1}$$

其中，Si 原子仍旧占据 Si 位(Si_{Si})，而氧原子占据 N 的位置(O_N)，为了维持电中性，从而产生一个 Si 空位(V_{Si})。这种晶格氧的存在造成晶格内局部区域的质量失配和结构失配，从而引起声子散射导致氮化硅陶瓷热导率下降。

Kitayama 等[13]发现在液相烧结中加入适量 Y$_2$O$_3$/SiO$_2$ 烧结助剂可减少晶内氧含量从而达到提高热导率的效果，晶格氧含量随着 Y$_2$O$_3$/SiO$_2$ 添加比的增大而减小，当超过一定量的晶界相组成时，晶格氧含量达到一个恒定值，此时影响热导率的主要因素就是 Si$_3$N$_4$ 原粉中氧杂质的量。Li 等[14]利用 MgO 和 Y$_2$Si$_4$N$_6$C 作为烧结助剂，在 1900℃、1MPa 氮气压力下对 Si$_3$N$_4$ 陶瓷进行了 12h 的致密化烧结，Y$_2$Si$_4$N$_6$C 的加入，通过引入氮促进 SiO$_2$ 的消除，导致第二相氮氧比升高，晶粒增大，晶格氧含量降低，热导率提高到 120W/(m·K)。

而气孔率是由于晶界相挥发和烧结不致密产生,这种因素对热导率影响最大但也易于解决,通常经过高温热压烧结便可得到致密氮化硅陶瓷。

2. 晶间相含量对氮化硅陶瓷热导率的影响

Zhu 等[15]研究了相组成及含量对氮化硅陶瓷导热性能的影响。研究表明相的种类及组成越复杂,相含量越大,对氮化硅陶瓷热导率影响越大。Kitayama 等[13]以 Y_2O_3、Si_2O 为烧结助剂对此进行了研究,发现晶界相组成决定了 β-Si_3N_4 的晶格氧含量。当 $Y_{20}N_4Si_{12}O_{48}$ 和 $Y_2Si_3N_4O_3$ 都存在于晶界相时,晶格氧含量最低。过量的 Y_2O_3 使晶界相增加,但不降低晶格氧含量。因此,Y_2O_3 的最佳添加量仍取决于 Si_3N_4 原粉中氧杂质的量,以达到 β-Si_3N_4 中最高的热导系数。而在晶格间,硅酸盐晶间相本身热导率就十分低,只有约 1W/(m·K),这也是阻碍声子传热的重要因素之一。因此通过减小氮化硅陶瓷晶间膜厚度和晶间含量便可有效提高热导率。通过加入烧结助剂,在烧结过程中经反应挥发和熔解-析出可达到此效果。

3. 晶粒尺寸对氮化硅陶瓷热导率的影响

Watari 等[16]采用 1800℃热压烧结后再经 2400℃热处理方法制备了晶粒尺寸分布不同、晶界相体积含量接近恒定的多晶氮化硅样品,并对其晶粒尺寸对热导率的影响进行研究。研究表明室温下氮化硅热导率并不受晶粒尺寸控制,而是受晶粒内部缺陷如位错和点缺陷的影响。根据公式:

$$t = 3K \times V^{-1} \times C^{-1} \tag{9-2}$$

式中,t 是声子平均自由程;K 是导热系数;V 是声子群速度;C 是比热容。通过计算得到室温下氮化硅陶瓷声子平均自由程约为 20nm,与晶粒微米级尺寸相比非常小,因此晶粒尺寸本身对氮化硅热导率没有太大影响。但晶粒晶界对声子具有反射作用,阻碍热传导,晶粒越小,晶界越多,对热传导阻力越大。

通常采用热压烧结后再经长时间热处理来提高热导率。日本学者 Yokota 等[17]利用高纯 β-Si_3N_4 粉和 Yb_2O_3+ZrO_2 作为烧结助剂,在 1950℃气压烧结后再经 1700℃、10h 热处理得到热导率为 143W/(m·K) 的氮化硅陶瓷。Akimune 等[18]以 β-Si_3N_4 晶种、高纯 Yb_2O_3、Nd_2O_3 为烧结助剂,冷等静压 200MPa 后,在 2000℃、30MPa 氮气压力下首先气压烧结 4h,后在 2200℃、300MPa 氮气压力下处理 4h,得到热导率为 149W/(m·K) 的氮化硅陶瓷,在烧结过程中,高纯的原料提供了一个相对纯净的环境,而晶种起着控制晶粒生长的核心作用,拉长晶粒的生长,使它们之间不相互作用,从而抑制晶粒内部新缺陷的产生。

9.2 氮化硅陶瓷的性能优势

Si_3N_4 陶瓷材料作为一种优异的高温工程材料,最能发挥优势的是其在高温领域中的应用。它极耐高温,强度一直可以维持到 1200℃的高温而不下降,受热后不会熔成融体,一直到 1870℃才会分解,并有极佳的耐化学腐蚀性能,能耐几乎所有的无机酸和 30%以下的烧碱溶液,也能耐很多有机酸的腐蚀;同时又是一种高性能电绝缘材料。氮化硅与水几乎不发生作用，在浓强酸溶液中缓慢水解生成铵盐和二氧化硅，易溶于氢氟酸。浓强碱溶液能缓慢腐蚀氮化硅，熔融的强碱能很快使氮化硅转变为硅酸盐和氨。

氮化硅材料的这些性能足以与高温合金相媲美。但作为高温结构材料，它也存在抗机械冲击强度低，容易发生脆性断裂等缺点。氮化硅结合碳化硅以及用晶须和添加其他化合物进行氮化硅陶瓷增韧的产品更具优势。

氮化硅与其他陶瓷相比具有明显优势：良好的抗热震性、耐高温性、高的断裂韧性、较高硬度以及对熔融金属的化学惰性[1]。

(1) 氮化硅材料在 1000℃ 以上时比镍基耐热合金具有更高的强度、更好的蠕变强度和抗氧化性，且比重小，仅为耐热合金的 40%，可满足未来航空发动机减轻重量、减少油耗的要求。

(2) 氮化硅硬度仅次于金刚石、立方氮化硼等少数超硬材料，且摩擦系数小，具有自润滑性。在超细微粉和食品加工行业中，氮化硅陶瓷磨介球的性能相对于传统的氧化锆和氧化铝研磨球而言，其硬度更高、耐磨性更优越。

(3) 氮化硅陶瓷是综合性能最好的结构陶瓷材料。单晶氮化硅的理论热导率可达 $400W/(m \cdot K)$ 以上，具有成为高导热陶瓷基板的潜力。另外，其优良的力学性能和良好的高导热潜质使氮化硅陶瓷有望弥补现有氧化铝、氮化铝等基板材料的不足，在电子封装基板应用方面极具市场前景。

(4) 热膨胀系数小$[(2.8 \sim 3.2) \times 10^{-6}/℃]$，导热系数高，抗热震，从室温到 1000℃ 热冲击不会开裂。

(5) 化学性质稳定，耐腐蚀，除氢氟酸外不与其他无机酸反应，800℃ 干燥气氛下不与氧发生反应，超过 800℃，开始在表面生成氧化硅膜，随着温度升高氧化硅膜逐渐变稳定，1000℃ 左右可与氧生成致密氧化硅膜，可保持至 1400℃ 基本稳定。

9.3 氮化硅陶瓷的制备

氮化硅陶瓷的制备主要包括氮化硅陶瓷粉体的制备、氮化硅陶瓷的成型以及氮化硅陶瓷的烧结。氮化硅粉末的性质直接影响陶瓷材料的烧结性能、微观结构及机械性能，获得具有优异性能的陶瓷粉体是制备高性能工程陶瓷的关键。

氮化硅属于强共价键化合物，没有固定的熔点，在 1850℃ 以上的温度下发生分解，又因为氮化硅自扩散系数很低，只有当烧结温度接近氮化硅分解温度时，离子迁移才具有足够的速度。因此一般情况下很难得到致密的氮化硅烧结体。

9.3.1 高质量氮化硅粉体的制备方法

制备氮化硅粉体的方法主要有硅粉直接氮化法、碳热还原氮化法、化学气相沉积合成法、自蔓延高温合成法、热分解法、溶胶-凝胶法等。

表 9-3 总结了不同制备方法的优缺点。

表 9-3 氮化硅粉体的制备方法

制备方法	硅粉直接氮化法	碳热还原氮化法	自蔓延高温合成法	热分解法	化学气相沉积合成法
优点	工艺简单，成本低，适合大规模生产	工艺简单，原料低廉，α相含量高，粒径分布均匀	工艺简单，产物纯度高，反应时间短	产物纯度高，粒径较细，烧结性能好	可制得高纯、超细粉体
缺点	温度高，时间长，粉体易结块，破碎过程易引入杂质	温度高，产物纯度低，易引入杂质	反应过程不易控制，产物中β相含量较高	生产设备要求高，反应条件较为苛刻，成本较高	成本较高，产率低，难以工业化生产

1. 硅粉直接氮化法

硅粉直接氮化法是目前最通用的制备氮化硅粉体的方法，国内氮化硅粉体厂家基本上采用该方法，国外厂家如德国 Starck 公司、日本 Danka 公司均采用此法，基本反应式如下：

$$3Si+2N_2 \longrightarrow Si_3N_4 \tag{9-3}$$

硅粉直接氮化反应是在 N_2 或 NH_3 气氛下从 600℃开始反应，于 1000℃以上剧烈反应，加热到 900~1000℃，生成非晶态的氮化硅粉体，继续加热到 1400~1500℃，生成 α-Si_3N_4。当反应温度高于 1600℃，α-Si_3N_4 继续反应生成 β-Si_3N_4。反应属于放热反应，氮化初期应避免升温过快，否则会出现流硅现象，粉末堆聚体的温度很容易达到硅的熔点，因此控制 α 相含量是合成中的一个难题。粉体中有铁时能促进反应的进行，该反应周期较长，产率较低，能耗大。

李亚伟等[19]研究了氮化制度对样品中残留硅含量的影响。图 9-3 为残留 Si 含量随氮化温度及保温时间的变化曲线。由图 9-3 可知，1000~1350℃范围内，随着温度的升高，残留 Si 含量逐渐降低，而当氮化温度为 1400℃时，残留 Si 含量有所上升。在流动氮气气氛下加热的硅粉一方面与氮气发生氮化反应，同时本身硅颗粒之间还存在着烧结过程，尤其在接近硅的熔点温度(约 1410℃)时，硅颗粒的自烧结现象明显，阻碍了硅粉的进一步氮化，使样品中的残留 Si 含量增加。此外，从图 9-3 还可以看出，当温度<1200℃时，在相同温度下，保温时间越长，残留 Si 含量越低。

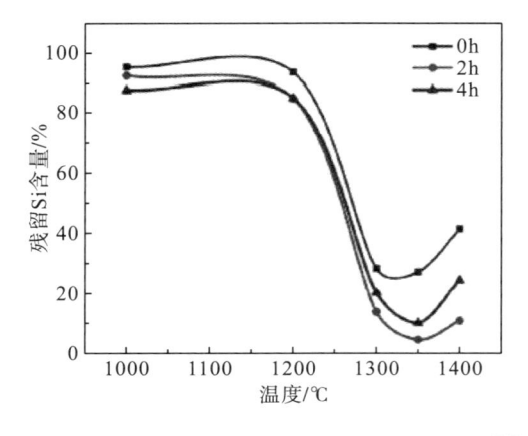

图 9-3 不同温度下氮化样品中的残留 Si 含量[19]

Pavarajarn 等[20,21]研究了 H_2 对氮化反应的影响。他们先将硅粉在 Ar 和 H_2 的混合气氛中高温预处理一段时间,以确保硅粉表面的 SiO_2 完全去除,然后在达到氮化温度的时候通入纯的 N_2 或者氮氢混合气(H_2 体积分数为 10%)。图 9-4 为 1200℃ 及 1300℃ 下不同预处理时间后硅粉转化率随氮化时间的变化,从图中可以看出,当氮化温度为 1200℃ 时,预处理过的硅粉的氮化速率和转化率比未经过预处理的要高很多;当氮化温度为 1300℃ 时,预处理过的硅粉的氮化速率比未经过预处理的要高,但二者最终的转化率相同。

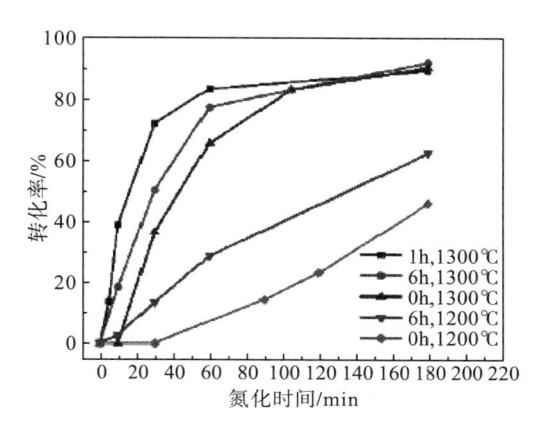

图 9-4 氢气对硅粉氮化过程的影响[21]

2. 碳热还原氮化法

将高纯碳粉与一定纯度的石英粉经细化处理混合后,置于真空炉中,抽真空后,通入 N_2 或 NH_3,加热到 1300～1450℃,此时的石英粉体先被碳还原出硅,然后还原出的硅与氮气或氨气反应,生成氮化硅,总体的反应式如下:

$$SiO_2 + C + N_2 \longrightarrow Si_3N_4 + CO \tag{9-4}$$

$$SiO_2 + C + NH_3 \longrightarrow Si_3N_4 + CO + H_2O \tag{9-5}$$

该方法获得的氮化硅粉体具有颗粒粉体粒度细、α相含量高、纯度高等优点。此阶段反应吸热,反应速度、反应温度容易控制。反应过程中需要加入充足的碳粉才能保证石英粉完全充分地反应,使最终粉体的氧含量降低。没有参与反应的碳粉可以在反应完毕后经煅烧后除去。反应后的氮化硅粉体用盐酸除去少量的含铁氧化物,反应时会产生一氧化硅气体、SiN 基气体,只有在反应时对反应的温度进行严格控制,同时调整反应组分,才能得到较高质量的氮化硅粉体。该方法制备氮化硅粉体的缺点是:石英粉不易完全反应,残存一定量的二氧化硅,对氮化硅陶瓷的高温性能不利。

Alcala 等[22]系统研究了 CO 的含量和分压等因素对粉体性能的影响。结果发现,在强还原条件下α-Si_3N_4 更容易生成。原因可能是 CO 分压的提高有利于 SiO_2 向 SiO 的转化,SiO 与 N_2 通过气相反应机制生成α-Si_3N_4,从而提高了产物中α相的含量。α相含量的不同,造成了粉体的显微形貌出现了明显区别,高α相的 Si_3N_4 粉体具有十分均一的等轴状形貌,而高β相的 Si_3N_4 粉体则为棒状晶和等轴状晶共同存在。在相同 CO 分压的条件下，分析球磨时间对于粉体性能的影响，发现随着球磨时间的增加，粉体中的α相含量出现明显下降，显微形貌也出现了明显的变化。

Mukherjee 等[23]利用溶胶-凝胶技术，对传统的碳热还原氮化法进行了改进。用正硅酸乙酯和葡萄糖分别作为 Si 源和 C 源，并将二者混合，处理制成含过量超细 C 的 SiO_2 凝胶，然后在 1200~1350℃氮气气氛下成功制备出氮化硅纳米线。如图 9-5 所示，纳米线的直径约为 500nm，长约为 0.2mm。

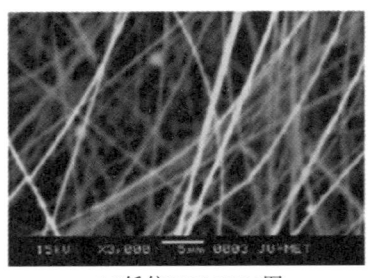

(a)低倍Si_3N_4SEM图　　　(b)高倍Si_3N_4SEM图

图 9-5　氮化硅纳米线的 SEM 图[23]

3. 化学气相沉积合成法

化学气相沉积合成法是以 Si 的卤化物或四氯化硅和 NH_3 为反应组分，在特殊的设备气体状态下发生反应，得到氮化硅粉体的方法。该方法反应式如下：

$$3SiCl_4 + 16NH_3 \longrightarrow Si_3N_4 + 12NH_4Cl \tag{9-6}$$

四氟化硅（四氯化硅）和氨气在 1100℃以上的高温时发生反应生成高纯、纳米级的氮化硅粉体。该方法得到的氮化硅纯度高、粒度细，是理想的氮化硅粉体的烧结粉体，缺点是合成方法比较困难，且产率较低。四氯化硅和四氟化硅以及四氢化硅等原料制备困难、价格昂贵，且储存比较麻烦。该方法国内尚未形成工业化生产，仍以实验室研究为主。

李晔等*研究了该方法合成的氮化硅粉体的性能及 β-Si_3N_4 粉体的生成条件，当温度为 1000~1500℃时，一般得到的是无定形的氮化硅粉体。实验表明，反应温度越高，制备的氮化硅粉体的粒径就越大，晶体生长越充分，相对应的粉体的比表面就越小，粉体的烧结活性越低。在 1500℃以上反应温度下合成的氮化硅粉体 β 相含量升高，粉体的结合氧含量降低，相对应的氮含量高，不易与外界发生氧化反应。该方法可以制备纳米级的氮化硅、氮化铝、碳化硅等单相粉体，还可以制备多种复合粉体。

---

* 李晔，刘艳生，王全玉，等. G-G 法合成氮化硅粉末及晶须的性能研究[J]. 化学通报, 1995, 21(4): 24-27.

4. 自蔓延高温合成法

自蔓延高温合成法又称燃烧合成法,是一种利用化学反应自身放出的热量来提供能量从而使反应在一定条件下可以自发地持续进行,最终能够合成指定材料或制品的新材料制备技术。采用这种方法制备氮化硅粉末,充分利用了 Si 与 N_2 的氮化反应为强放热反应的特点,首先将 Si 粉在高压 N_2 气氛中通过相关技术引燃,利用硅与氮气反应产生的热量维持反应自发进行,直至反应结束。

$$3Si_{(s)}+2N_{2(g)} \longrightarrow Si_3N_{4(s)} \tag{9-7}$$

自蔓延高温合成法充分利用了反应过程中产生的能量,具有反应周期短、能耗低及产物纯度高等优点,是氮化硅合成的一种有效途径。相较于直接氮化法和碳热还原法,自蔓延高温合成法在制备氮化硅粉末的过程中不需要高温条件,只需要维持高 N_2 压力,因此能耗低、成本低、生产效率较高。其缺点是反应过程温度高,对设备要求高,且反应过程难以控制。图 9-6 是氮化硅自蔓延高温合成示意图[24]。

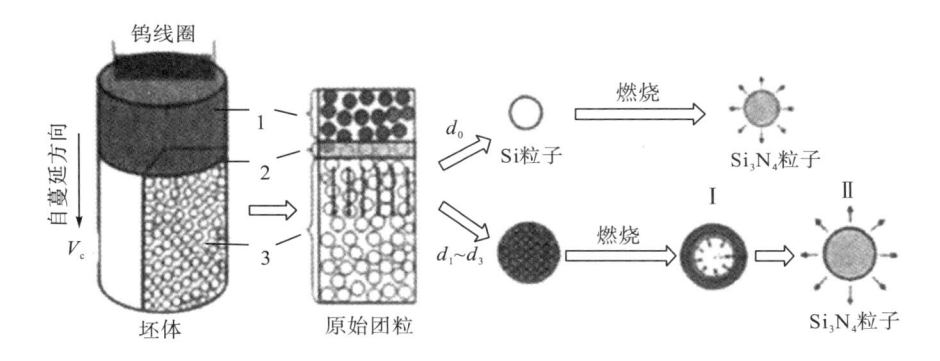

图 9-6 自蔓延高温合成示意图[24]

Zhang 等[25]探究了 N_2 压力和 Si 粉粒径对 Si_3N_4 多孔陶瓷力学性能的影响,采用自蔓延高温合成法制备了具有高弯曲强度和高孔隙率的多孔氮化硅陶瓷,研究了氮气压力和 Si 粒度对合金相组成、显微组织和力学性能的影响。研究发现,随着 N_2 压力的增加,陶瓷的抗弯强度为 67~134MPa。不同 Si 颗粒的抗弯强度为 102~213MPa。这对 β-Si_3N_4 晶粒的最终直径和长度以及多孔 Si_3N_4 陶瓷的形成机理有重要影响。图 9-7 为以不同 Si 粉粒径为起始材料的多孔氮化硅陶瓷的形成机理。粗硅颗粒形成的熔融硅液滴由于比表面积小,蒸发速度较慢。因此,这些物质在燃烧阶段需要更长的时间蒸发。β-Si_3N_4 晶粒可能是通过气-液-固(vapor-liquid-solid,VLS)机制在 Si 的液相区生成和生长的。这种生长行为促进了 β-Si_3N_4 晶粒的异常生长。

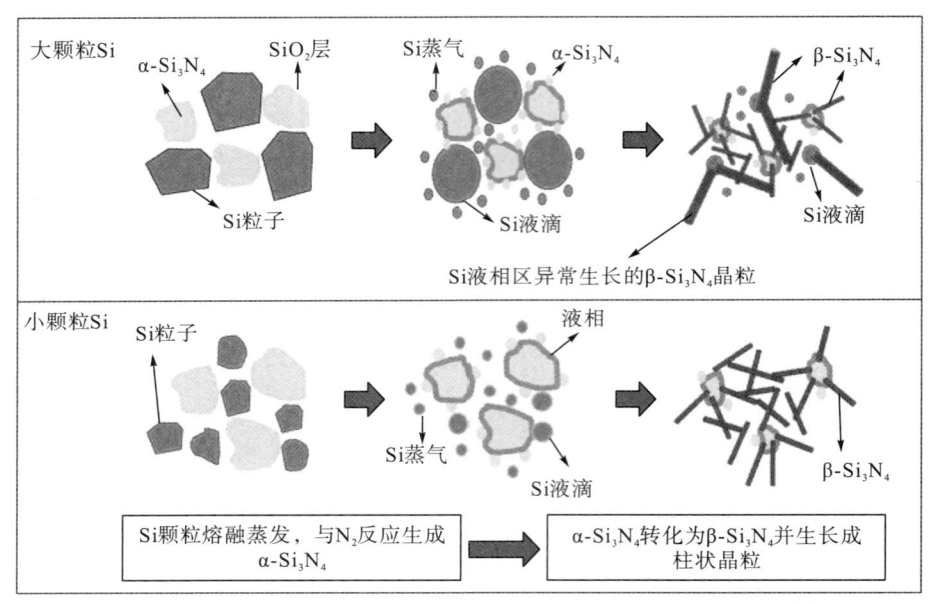

图 9-7　不同 Si 粉粒径为起始材料的多孔氮化硅陶瓷的形成机理[25]

Hu 等[26]以聚甲基丙烯酸甲酯(polymethyl methacrylate，PMMA)为造孔剂，采用自蔓延高温合成法制备了具有定制孔结构的多孔 Si_3N_4 陶瓷，研究了 PMMA 的粒径和加入量对 Si_3N_4 多孔陶瓷孔结构、力学性能和渗透性能的影响。他们还对不同成孔方法下的渗透系数与其他陶瓷的渗透系数进行了比较。图 9-8 为 PMMA 的粒径和含量对试样开孔率和抗弯强度的影响。不同粒径 PMMA 制备的试样的开孔率没有明显差异，这是因为加入的 PMMA 含量相同。而粒径较小的 PMMA 试样的抗弯强度略高。随着 PMMA 含量的增加，试样的开孔率由 53.5%提高到 72.1%，抗弯强度由 102.5MPa 降低到 9.4MPa。最高开孔率试样在透气性试验中表现出良好的抗弯强度，在 500kPa 的压力下不发生破裂。与其他陶瓷载体相比，多孔 Si_3N_4 陶瓷由于其细长的微观结构，在孔隙率相同的情况下表现出更好的力学性能，可以进一步通过提高开孔率来改善渗滤性能。

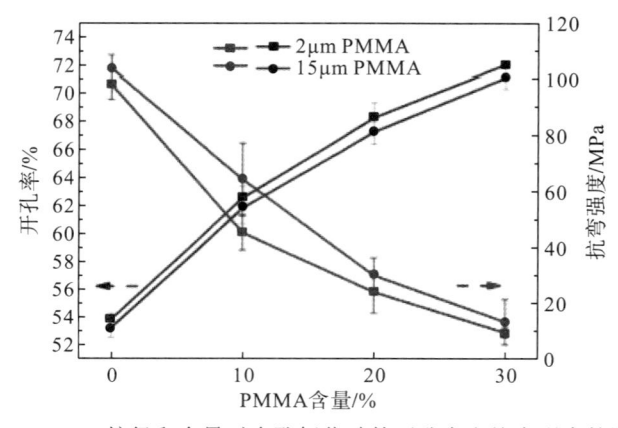

图 9-8　PMMA 粒径和含量对多孔氮化硅的开孔率和抗弯强度的影响[26]

图 9-9[26]显示了不同实验参数制备的样品的弯曲度。弯曲度随 PMMA 含量的增加先减小后增大。这是因为 PMMA 含量越高，开孔率越高，越有利于减小孔壁曲线。然而，当孔隙率增加到一定值时，空间过大，β-Si_3N_4 晶粒向孔洞中生长，导致晶粒频繁变化流动方向可能增加样品的弯曲度。

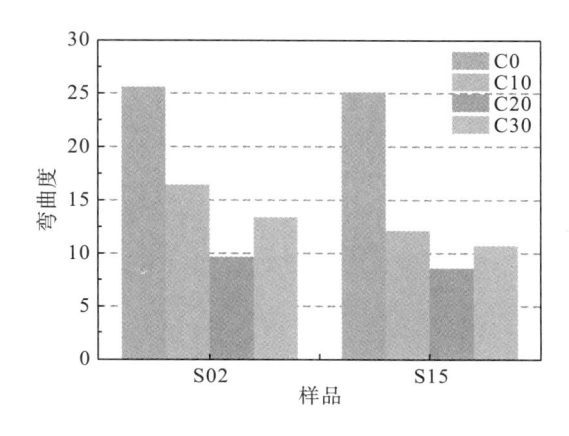

图 9-9 样品的弯曲度[26]

5. 热分解法

将亚氨基硅或氨基硅在 1400～1600℃下热分解，可以直接制得很纯的 α-Si_3N_4 粉末。

$$SiCl_4+6NH_3 \longrightarrow Si(NH)_2+4NH_4Cl \tag{9-8}$$

$$3Si(NH)_2 \longrightarrow Si_3N_4+2NH_3 \tag{9-9}$$

该方法的关键是制得纯的硅亚胺。$SiCl_4$ 与 NH_3 很容易反应放出大量的热，所以工艺上要求控制反应速度和除净产物。

热分解法的反应速度较快，制得的粉体纯度高、粒径均匀细小，但是对生产设备要求较高、反应条件较为苛刻，而且成本非常高。

毕玉惠等[27]利用 $Si(NH)_2$ 热分解法制备了 Si_3N_4 晶须，并对实验中存在的温度、残留碳、微量氧、坩埚材质等可能影响晶须生长的诸多因素进行了分析讨论，说明了各影响因素的影响程度和参与机理。结果表明：结晶处理温度会影响 Si_3N_4 晶须的晶相组成，当温度高于 1450℃时，β-Si_3N_4 晶须开始大量形成；残留碳和微量氧相互依存而对晶须的生长产生影响。氧以 SiO_2 的形式存在，被 C/H_2 还原成 SiO 而以 VLS 机理参与晶须的生长；Al_2O_3 质的坩埚及炉管，在实验温度下微量挥发，生成 $AlO_{(g)}$ 和 $Al_2O_{(g)}$，参与了晶须的生长，并在试样表面形成了 α-SiAlON 晶须。

6. 溶胶-凝胶法

碳热还原反应使用的原料为颗粒较粗的二氧化硅粉，使用前需要破碎细磨，产物中存在不完全反应的 SiO_2。溶胶-凝胶法使原料在胶状下充分混合，能制备出超细高纯粉体。

高纪明和肖汉宁[28]采用的原料为硅溶胶、尿素、六次甲基四胺，通过溶胶-凝胶法制备出前驱体，再经过碳热还原反应工艺煅烧粉体，除碳后得到高纯超细粉体。该技术的优点是能制备出纯度高、粒径小的氮化硅粉体。Si_3N_4 为共价键结合，难烧结，都需要使用烧结助剂，因此该法对于制备含烧结助剂的 Si_3N_4 复合粉体比较实用。缺点是在前驱体制备过程中影响因素太多，如反应温度、反应时间、反应介质 pH、催化剂和活化剂等，需要严格控制反应条件和反应进行的程度。

9.3.2 流延成型规模化制备氮化硅陶瓷基板

流延成型是一种可以大批量生产陶瓷薄片的湿法成型工艺。1952 年美国麻省理工学院的格伦·豪厄特首次申请了流延成型专利，宣告这种新型陶瓷材料成型工艺的诞生。其优点是，可以在工厂化生产条件下快速制备大量大面积、薄且平的陶瓷零部件，流延成型干燥好后的生坯带柔软、具有韧性，可以卷曲保存。根据外形要求进行裁剪，得到符合要求的生坯片，通过叠层成型，最终得到各种厚度和形状的近净成形的陶瓷坯体。这种新型陶瓷成型技术具有可连续生产、生产效率高、成型坯体性能重复性好以及尺寸一致性较高等优点。因此，流延成型被广泛应用于高导热氮化硅陶瓷基板的规模化制备。

氮化硅陶瓷基板的成型方式主要分为流延成型和其他成型方式（轧膜成型、干压成型、挤压成型、热压成型等）。

1. 氮化硅陶瓷基板其他成型方式

1) 轧膜成型

轧膜成型是一种可塑成型技术，适宜生产厚度 1mm 以下的薄片状制品。轧膜成型的基本原理是将黏结剂和增塑剂加入陶瓷氧化物中得到黏稠松软的坯料，然后将其在两个轧辊之间挤压成膜。通过调整辊间距，并经过几组间距逐渐递减的轧辊，最后得到合适厚度的膜片。

卢绪高[29]以 α-Si_3N_4 粉体和 β-Si_3N_4 晶须作为原料，选用 PVA、甘油、液体石蜡作为有机添加剂，通过轧膜成型制备出氮化硅生坯，最终采用气压烧结的方法制备出晶粒定向排列的氮化硅陶瓷材料，分析总结出 β-Si_3N_4 晶须的含量对制备的氮化硅性能的影响。经过研究表明，在氮化硅陶瓷中，β-Si_3N_4 晶须的加入起到了模板晶粒的作用，其在烧结过程中能够诱导新的 β-Si_3N_4 晶粒依附其生长，并产生与其相似的取向。随着 β-Si_3N_4 晶须含量的增多，氮化硅陶瓷的定向程度增加，在特定方向的热导率随着定向程度的增加而提高。当 β-Si_3N_4 晶须含量为 15wt%和 20wt%时，热导率分别为 51W/(m·K)和 50W/(m·K)。β-Si_3N_4 晶须的加入对氮化硅陶瓷的力学性能也会产生影响，随着 β-Si_3N_4 晶须含量的增加，氮化硅陶瓷抗弯强度呈现出先增长后下降的趋势，断裂韧性随着 β-Si_3N_4 晶须含量的增加而升高，在 β-Si_3N_4 晶须含量为 20wt%时，断裂韧性最大，为 $10.6MPa·m^{1/2}$。

2) 干压成型

干压成型是通过专用模具对造粒后流动性好的粉料施加足够大的压力并保压一段时间，使其粉体颗粒重排，形成一定致密程度的块体。压制设备一般为液压机。由于干压成型的操作简便及效率高,所以其通常作为结构陶瓷基础研究中最常使用的成型工艺。然而,受限于成型原理,干压成型只能制备模具固定形状的产品,这无形中使工艺成本上升;而且干压成型的块体不均匀或其强度不高,一般需要进一步加工(一般为冷等静压),便于减轻后续热处理给坯体所带来的外形尺寸和内部组织的不良影响。干压成型的优点是生产效率高,生产周期短,生产的制品密度大、强度高,适合大批量工业化生产;缺点是成型产品的形状有较大限制、模具造价高、坯体强度低、坯体内部致密性不一致、组织结构的均匀性相对较差等。

李素娟[30]采用干压成型、热压烧结工艺制备了 $\alpha\text{-}Si_3N_4$ 和 $\beta\text{-}Si_3N_4$ 陶瓷,组成成分为 $\alpha\text{-}Si_3N_4$、$\beta\text{-}Si_3N_4$ 和烧结助剂 Y_2O_3,其质量比例分别为 95∶0∶5 和 90∶5∶5,标记为 SY-1 和 SY-2。室温下,SY-1 和 SY-2 的弯曲强度分别为 397MPa 和 369MPa,断裂韧性分别为 $4.4\text{MPa}\cdot\text{m}^{1/2}$ 和 $7.3\text{MPa}\cdot\text{m}^{1/2}$。SY-1 和 SY-2 的热导率随温度的升高逐渐降低,且表现出各向异性,平行方向上的热导率高于垂直方向;在平行方向上 SY-1 的热导率是 $45.2\text{W}/(\text{m}\cdot\text{K})$,SY-2 的热导率达到最高值 $50.3\text{W}/(\text{m}\cdot\text{K})$。氮化硅陶瓷不同方向的热导率随温度的变化如图 9-10 所示,垂直方向上,SY-1 与 SY-2 的室温热导率分别为 $39.1\text{W}/(\text{m}\cdot\text{K})$ 和 $43.2\text{W}/(\text{m}\cdot\text{K})$,当温度升高到 1400℃时,SY-1 与 SY-2 的热导率分别降低到 $13.4\text{W}/(\text{m}\cdot\text{K})$ 和 $15.1\text{W}/(\text{m}\cdot\text{K})$;平行方向上,SY-1 和 SY-2 的室温热导率分别是 $45.2\text{W}/(\text{m}\cdot\text{K})$ 和 $50.3\text{W}/(\text{m}\cdot\text{K})$,但在 1400℃高温下也分别降到了 $15.9\text{W}/(\text{m}\cdot\text{K})$ 和 $17.0\text{W}/(\text{m}\cdot\text{K})$。

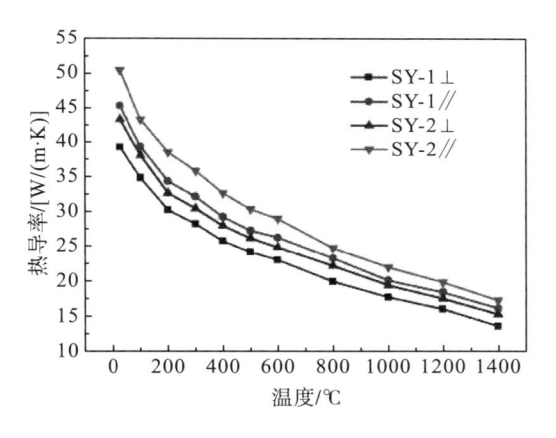

图 9-10　干压成型 Si_3N_4 陶瓷材料不同方向的热导率随温度的变化曲线[30]

3) 挤压成型

挤压成型与轧膜成型类似,但它要求的坯料比后者要黏稠,以挤压嘴代替数个轧辊,在压力下从挤压嘴挤出,经过模具形成所需形状的坯体。挤压成型用料节省、自动化程度高、操作简便,并且可以得到比其他方法更薄的产品;但挤压嘴造价昂贵,而且一般所用浆料中有机物较多,这使得坯体在干燥和热处理过程中的收缩率大,不利于产品性能。

Wang 等[31]通过挤压成型和热压烧结制备了几乎单向排列的 SiC 晶须增强的 Si_3N_4 陶瓷基复合材料，复合材料的机械性能显示出对晶须取向的依赖性。在 SiC(w)/Si_3N_4 复合材料的晶须排列方向上，与垂直于晶须排列方向上的值相比，分别获得 200MPa 的弯曲强度和 $3MPa·m^{1/2}$ 的断裂韧性增量。晶须取向是晶须的基本增韧机制的决定性因素，只有在弱界面的情况下才能发生晶须拔出，并且晶须具有最大的增韧效果。结果表明，通过晶须取向对准可以同时提高晶须强化和增韧的效果。

Torres Sanchez 等[32]研究了氮化硅挤出成型浆料中黏结剂的添加和去除过程对氮化硅颗粒表面特性的影响。发现黏结剂的添加导致有机化合物吸附在 Si_3N_4 表面，生成少量的氮氧化硅。通过有机溶剂处理进行黏结剂萃取，虽然能够显著减少有机物的吸附，但并不能完全消除。热处理能够完全消除氮化硅颗粒表面有机物的吸附，但同时会导致 Si_3N_4 氧化生成 SiO_2。

4) 热压 (烧结) 成型

热压 (烧结) 成型是将含有烧结助剂的陶瓷混合粉体通过热压烧结直接制备氮化硅陶瓷基板。通过适当的成型工艺控制晶粒排列、生长的定向性，制备出某单一方向上热导率较高的 $β-Si_3N_4$ 陶瓷，而热压 $β-Si_3N_4$ 晶粒的生长方向与 β 相晶胞的 c 轴一致，且垂直于热压方向，从而导致在该方向上具有较高的热导率，产生了热导率的各向异性。

Zhao 等[33]采用热压烧结制备 Al_2O_3-SiC_w-TiC_{np} (w 表示晶须，np 表示纳米颗粒) 陶瓷刀具材料，烧结条件是 30MPa、1700℃下保温保压 40min。断裂表面的 SEM 显微照片显示晶须主要沿垂直于热压方向的方向分布。晶须裂纹桥接、裂纹偏转和晶须拉出改善了断裂韧性；单晶热压 SiC 晶须增强 Al_2O_3 陶瓷复合材料导致晶须分布的各向异性，导致侧向裂纹与自由基裂纹之间的裂纹扩展差异。Yu 等[34]通过热压、放电等离子体烧结和 $β-Si_3N_4$ 晶种的结合，制备了具有夹心状微结构的梯度 Si_3N_4 陶瓷。在外层中检测到主要的 $α-Si_3N_4$ 相，并且在内层中仅观察到 $β-Si_3N_4$ 相。具有超细等轴晶粒的外层与内层良好结合，具有明显的双峰晶粒尺寸分布。外层 ($≈3.5MPa·m^{1/2}$) 的断裂韧性远低于内层 ($≈5.9MPa·m^{1/2}$)，表示坚硬的表面和坚韧的核心。由于外层的超细微观结构和高硬度，梯度 Si_3N_4 陶瓷表现出优异的耐磨性和低磨损率。

2. 氮化硅陶瓷基板的流延成型工艺过程

陶瓷流延成型的一般工艺过程为：在陶瓷粉体中加入分散剂球磨，避免颗粒团聚，并使溶剂 (一般分为水基溶剂或有机溶剂) 润湿粉体；然后加入黏结剂和增塑剂，通过一定时间的二次球磨获得稳定性好、均一的浆料；再将浆料进行真空脱泡，获得黏度合适的浆料；经过过滤以及一定时间的静置陈化，使浆料更稳定；通过流延机流延成具有一定面积的平整素坯膜；最后进行干燥，使溶剂蒸发，黏结剂在陶瓷粉末之间形成网状结构，得到厚膜生坯，其原理如图 9-11 所示。流延成型也可以控制晶粒定向排列，促进晶粒定向生长，从而提高在晶粒生长方向的热导率。

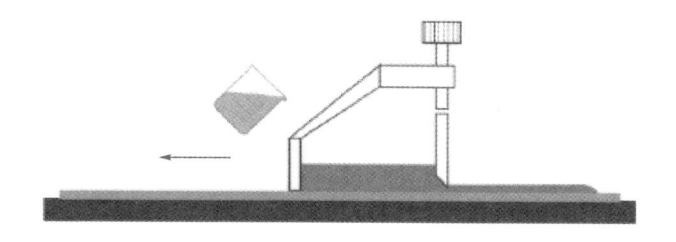

图 9-11　流延成型原理示意图[35]

氮化硅陶瓷基板的流延成型工艺流程包括混料、球磨、脱泡、流延、干燥等步骤，工艺流程如图 9-12 所示。

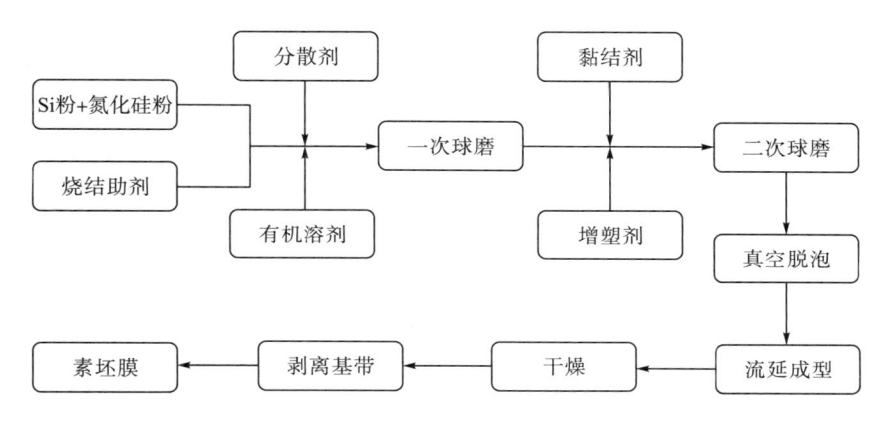

图 9-12　流延成型工艺流程图[36]

3. 氮化硅陶瓷流延成型浆料黏度的影响因素

在流延工艺中，浆料的黏度是影响坯片质量的重要参数之一。浆料的黏度是反映浆料内摩擦或黏(滞)性的特征量，是流体内部阻碍其相对流动的一种特性。由于浆料是固液混合体系，它的黏度本身是一个很复杂的问题。组成浆料的成分和环境条件，如粉料颗粒的大小、形状分布、有机物的配比、温度甚至搅拌情况等都可能影响浆料的黏度值。

1) 粉体的影响

流延成型的浆料主要由陶瓷粉体、溶剂、分散剂、黏结剂、增塑剂组成，必要时还可以加入少量的消泡剂、均化剂、控流剂等。而陶瓷粉体的物理外观参数是决定产品最终质量的关键。陶瓷粉体的颗粒尺寸和形貌对颗粒堆积以及浆料的流变性能会产生重要影响。硅/氮化硅粉料越细，粒度分布越窄，流延时流延带的开裂概率越大。但如果粉料太粗，则形成的流延带表面粗糙度较大，不宜制成光滑的陶瓷基片。

在实际的流延工艺流程中，粉体固相含量应在保证浆料具有合理黏度的条件下尽可能高。因为在生坯的排胶过程中，会发生有机物的挥发、分解、逸出，排胶后的坯体中会存在大量原有机物留下的空孔，而颗粒间距离的增大使生坯烧结过程中烧结颈的出现变得困难,不利于最终烧结体致密度的提高。为了保证基片性能,须选择高纯度的粉料。为了得到平整、光滑且厚度均匀的坯片,要求粉体尽可能细。为了获得较高的堆积密度、低黏度及高固相含量的浆料,要求粉料的颗粒形状接近球形,颗粒尺寸具有不同粗细分布。为了使陶瓷生坯中粉体颗粒堆积致密,粉体的尺寸必须尽可能小,但是颗粒尺寸越小,比表面积越大,所需有机添加剂越多,导致陶瓷烧结收缩率越大,烧结体密度越小。通常流延成型中所用粉体粒径优选微米级或亚微米级(0.5~2.0μm),比表面积 2~11m^2/g,Fe 杂质小于 40ppm,氧杂质含量小于 1%。

2) 溶剂的影响

为了制备出均匀分散且稳定的流延浆料,溶剂作为成型浆料的基体,在其选择上首先要考虑以下因素:①能很好地溶解分散剂、黏结剂和增塑剂;②能分散陶瓷粉料;③在浆料中保持化学稳定性,不与粉料发生化学反应;④提供浆料合适的黏度;⑤能在适当的温度下蒸发与烧除;⑥保证素坯无缺陷固化;⑦使用安全,对环境污染少且价格便宜。

常用的流延溶剂分为有机溶剂和水两类。相比于水,有机溶剂的优点如下。

(1) 与其他有机添加剂的互溶性更好,而水作为极性溶剂,天然地对于其他高分子有机物不具有好的溶解性,所以有机流延体系的其他添加剂相对而言有更多选择,而水系流延体系的其他有机添加剂通常需可溶于水,或需制备成乳液,对实际工艺操作造成更多困难和限制。

(2) 对于陶瓷粉体的润湿性能更好,这种润湿性体现在溶剂与粉体颗粒的润湿角更小,颗粒与溶剂更容易浸润。所以相同含量的有机溶剂能比水溶解分散更多的粉料,且黏度更低,有利于制备高固相含量的流延浆料和实现后期浆料的高效真空除泡。

(3) 沸点低,挥发性好,干燥效率高。有机溶剂的气液表面张力更小,在同等温度压力环境下,挥发性更好,流延生带的干燥速度更快,提高成型效率。

有机溶剂体系也有明显缺点,一是有机溶剂挥发性过好,导致生带表面和内表面的干燥速度不均匀,使生带表面由于厚度方向上干燥速度不均而产生起皮现象,通常解决办法是使用多种有机溶剂混合的共沸物溶剂,如二甲苯/无水乙醇二元共沸溶剂;二是有机溶剂大多易燃,对人体有毒,直接排放对于环境的污染巨大,所以不够安全环保,而且溶剂生产成本较高。常用的有机溶剂有:无水乙醇、无水乙醇/丁酮(质量比为 3:2)、乙酸乙酯等。

3) 分散剂的影响

分散剂是能保持系统中粒子离散的添加剂,它们能够控制颗粒团聚的程度和团聚体的强度。粉料颗粒在流延料浆中分散均一与否直接影响素坯的质量及其烧结特性,从而影响烧结体的致密性、气孔率和机械强度等一系列特性。分散剂通过空间位阻和静电位阻两种效应起到分散浆料、减少絮凝的作用。用于有机溶剂流延的大多数分散剂的分散作用属于空间位阻稳定,是使颗粒在空间上被互相隔离,抑制其与其他颗粒接触,避免了颗粒间范德瓦耳斯力引起的聚集、接触和絮凝。所以常用的有机溶剂流延分散剂包括了许多具有长链的动植物脂肪酸和酯或有机高聚物,如亚麻籽油、鲱鱼油、聚乙二醇和三油酸甘油酯等。

在悬浮液中,分散剂的主链分子吸附在粉体颗粒表面,长支链则伸入悬浮液中。这种颗粒表面大量的有机物大分子长链起到了隔离层的作用,在空间上可以阻止颗粒与颗粒之间的相互接触,提高浆料稳定性。

4) 黏结剂与增塑剂的影响

黏结剂是流延成型工艺中的核心添加剂,能够利用自身的薄膜成型性将流延浆料中的所有粉体和添加剂固化在一个由黏结剂自身组成的三维网络里。这种结构使流延生带具有一定的强度、韧性和延展性,以便于从承载膜带上剥离下来并卷起保存。选择流延成型黏结剂时应考虑:①在所选溶剂中的溶解性;②能有利于溶剂的挥发,以及减少浆料中的气泡;③能够发挥一部分分散剂的作用,即稳定浆料,抑制颗粒絮凝;④排胶过程的灰分残余量低,即易于烧除,不留残余物;⑤玻璃化转变温度不能过高。

塑性剂的加入会呈现两方面作用:①软化黏结剂这种高聚物的长链,降低其玻璃化转变温度 T_g,增强黏结剂在常温时的延展性和柔韧性;②由于塑性剂分子量比黏结剂这种高聚物的小得多,其分子可以填入黏结剂的长链之间以及颗粒与颗粒之间,使颗粒间摩擦力降低,提升长链间的润滑性,阻碍黏结剂长链之间的交联缠结。

有机体系流延成型中常用的黏结剂有聚乙烯醇缩丁醛(polyvinyl butyral,PVB)、聚异丁烯、聚乙烯等高分子化合物。但是针对某种陶瓷浆料中的黏结剂,不是所有的增塑剂都适合。通常采用黏结剂与增塑剂的组合为 PVB/DBP、PVA/PEG,也采用两种增塑剂组合,如 PVB/DBP+DOP(DBP 为邻苯二甲酸二丁酯,DOP 为邻苯二甲酸二辛酯)。

R 值即塑性剂与黏结剂的含量比值,是流延浆料流变性能和流延生坯性能的重要影响因素。一般情况下,随着 R 值的增大,浆料的黏度迅速下降,达到一个临界值后又呈现回升趋势。浆料黏度随剪切速率增大而减小,同样表现出明显的剪切变稀特性,属于假塑性流体。随着 R 值增大,塑性剂含量逐渐提高,超过塑性剂分子填充聚乙烯醇缩丁醛长链的饱和值,继续提高塑性剂含量对于降低浆料黏度的效果并不明显,反而会使浆料的剪切变稀特性逐渐弱化,不利于流延成型。

剪切变稀特性:在流延过程中,刮刀刮压浆料获得流延片,也是一种剪切过程,假塑性流体的剪切变稀特性在流延过程中十分有利。当浆料通过刮刀,黏度变小,这有利于浆料通过刮刀并均匀平铺在承载膜带上;当浆料流过刮刀后,剪切速率的变小使浆料黏度迅速增大,使承载膜带上的浆料不会在膜带上流动散开,破坏流延生坯的结构均匀性。流延浆料的非牛顿流体特性得益于浆料中粉体颗粒周围添加剂和溶剂的状态变化。在浆料悬浮体系中,一定数量颗粒混杂着少量溶剂,外面包裹着黏结剂这种高黏度成型剂,就形成了拉链口袋一样的团簇结构。随着外界剪切速率的增大,浆料受到剪切力,这种团簇结构便受到挤压,拉链口袋被打开,粉料颗粒和溶剂都被释放出来,浆料中自由溶剂的增多,使浆料黏度明显下降。剪切力过去后,颗粒间又因为分子间作用力趋于团聚,回复到初始的拉链口袋结构,浆料黏度发生回升。

5) 球磨时间的影响

球磨分散是获得均匀稳定浆料的主要手段。在转动球磨过程中,球磨介质与粉体材料发生充分碰撞剪切，粉体中的团块被打散，粉体颗粒与溶剂充分混合均匀，同时分散剂会运动吸附到粉体颗粒表面，以及黏结剂与塑性剂会充分溶解并发生相互作用。通过以上过程，得到分散均匀、黏度较低的流延浆料。工厂生产流延浆料通常使用较为安全简单的滚动球磨方式，其极限转速受设备结构限制，因此并不高，为 60~120r/min，球磨时间长达 12~48h。利用行星球磨机可以获得 300r/min 的较高转速，其混合分散效率更高，但装载量较小。浆料黏度随球磨时间加长而先降后升的现象十分明显。这是因为球磨分散第二阶段里，悬浮液中的粉料团块被打散崩解，与溶剂充分混合均匀，同时也使分散剂得以有效分散吸附到颗粒表面；第二阶段球磨过程中，黏结剂聚乙烯醇缩丁醛发生溶解和分散。随着球磨时间的增长，这些溶解、分散、吸附过程得以更加彻底地进行，浆料的稳定性和流动性大大提高，黏度也随之降低。而当球磨时间继续增长，球磨介质的粉碎作用使粉料颗粒继续变细变小，粉体表面能增大，颗粒之间吸引能也增大，宏观表现为浆料黏度随之增大。

4. 氮化硅流延浆料除气工艺

浆料体系中含有多种易挥发的有机物，球磨过程中，球磨罐内机械能一部分转化为热能，溶剂挥发，气压较高，气体膨胀会溶入浆料中，而且粉料颗粒中团聚体的孔洞里也含有少量空气，这些就是浆料中气泡的主要来源。这些气泡难以从具有假塑性流体特性的浆料中自行逸出，若继续保留在浆料中，直接进行流延成型，气泡将分布于坯体内各个角落，使流延坯体内出现大量孔洞、凹坑，这些缺陷将成为干燥过程中组织应力释放的出口，进而引发裂纹、翘曲、开裂。由于溶剂乙醇和丁酮的饱和蒸气压都很大，除气开始后，随着除气室中真空度的升高，浆料中出现大量气泡，类似于沸腾状态，可以快速除去浆料中的气泡。相比有机流延浆料，水基流延浆料的除气较为困难，需要更长时间。但有机体系浆料快速的除气过程，会使溶剂沸腾剧烈，在除气的同时也使浆料的溶剂大量挥发，浆料的黏度会发生显著变化，这也是有机体系浆料除气的一大缺点。所以浆料除气时间需要加以调控，应既足以除去浆料内气泡，同时使浆料的挥发在一定限度内，不至于使浆料黏度过大。同时，除气过程中搅拌桨的转动不能过快，剧烈地搅拌会引入新的气泡，阻碍气泡的除去。

5. 氮化硅流延生坯的干燥工艺

相比水基流延浆料的溶剂水，有机溶剂的饱和蒸气压更大，挥发性更强，坯片的干燥速度更快。过快的干燥速率与坯片厚度方向上溶剂分子的迁移速率不在一个数量级上，将造成坯片内外浓度差，足以产生使坯片表面开裂的组织应力。取决于流延设备结构特点，流延坯片只有面向空气的一侧发生着溶剂的挥发，而另一面由于面对着承载膜带，溶剂无法有效挥发。所以在干燥过程中坯片会在厚度方向存在着浆料浓度梯度，由于毛细管力的作用溶剂分子将沿厚度方向进行由内至外的运动。在干燥初期，直接在空气环境中干燥的坯片表面溶剂迅速挥发干燥，此时坯片厚度方向上浓度梯度最大，而溶剂气氛下干燥使坯片在干燥最初阶段的溶剂蒸发速率变慢，为溶剂分子向外侧迁移提供时间。

6. 氮化硅生坯的排胶工艺

由于流延成型的生坯含有大量的黏合剂，烧成前必须排胶。对于 Si/Si$_3$N$_4$ 流延片，不同黏合剂挥发的起始温度和挥发速率都不同。因此需根据材料实际制定排胶制度，200～500℃范围内主要对应黏结剂的排除。排胶时若快易导致生瓷体的开裂、变形，因此，流延带的排胶速度应严格控制。另外，由于一般流延片的厚度比干压片更薄，强度偏低，所以流延片的排胶温度一般要低于干压片。

9.3.3 氮化硅陶瓷的烧成

由于氮化硅粉末的难烧结性，发展出各种烧结技术来获得高致密度的氮化硅陶瓷，包括反应烧结、无压烧结、热压烧结、气压烧结和热等静压烧结等。其中反应烧结是利用硅粉成型后氮化时产生的体积膨胀来得到氮化硅陶瓷，用这种方法得到的氮化硅陶瓷制品，体积密度只有理论密度的80%左右，只能在性能要求不高的条件下应用，例如高温耐火砖等。要得到致密的氮化硅陶瓷，必须运用后面几种烧结方法，其基本原理都是液相烧结，即利用液相的表面张力来获得致密的氮化硅陶瓷。由于每个氮化硅晶粒的表面都被一层二氧化硅所包裹，高温时氧化物添加剂与氮化硅粉体表层的二氧化硅及某些氮化硅反应生成氮氧化物液相，从而促进烧结。

1. 氮化硅的烧结助剂

氮化硅陶瓷属于强共价键化合物，依靠固相扩散很难烧结致密，必须添加烧结助剂，如 MgO、Al$_2$O$_3$、CaO 和稀土氧化物等。在烧结过程，添加的烧结助剂可以与氮化硅粉体表面的氧化物发生反应，形成低熔点的共晶液相，利用液相烧结机理实现致密化。然而，烧结助剂所形成的晶界相自身的热导率较低，对氮化硅陶瓷热导率具有不利影响，如氮化硅陶瓷常用的 Al$_2$O$_3$ 烧结助剂，在高温下会与氮化硅及其表面氧化物形成 SiAlON 固溶体，造成晶界附近的晶格发生畸变，对声子传热产生阻碍，从而大幅度降低氮化硅陶瓷的热导率。因此选用适合的烧结助剂，制定合理的配方体系是提升氮化硅热导率的关键途径。

氧化物类烧结助剂是氮化硅陶瓷常用的烧结助剂体系，最常见的为金属氧化物和稀土氧化物的组合，Y$_2$O$_3$-MgO 体系的烧结助剂是高导热氮化硅材料应用比较广泛的烧结助剂体系。此外，Yb$_2$O$_3$ 也是一种常见的稀土氧化物烧结助剂。除常用的氧化物烧结助剂外，近年来，制备氮化硅陶瓷，特别是高导热氮化硅陶瓷的一个研究热点是对于非氧化物烧结助剂的研究[37]。非氧化物烧结助剂的优势在于可以减少额外引入的氧，这对于净化氮化硅晶格、减少晶界玻璃相、提高热导率及高温性能具有重要的意义。除稀土氧化物被稀土非氧化物替代作为烧结助剂的研究外，还有一些研究采用 Mg 的非氧化物替代 MgO 作为烧结助剂，以达到降低晶格含氧量，提高热导率的目的。然而非氧化物烧结助剂也存在着原料难得、成本较高、烧结难度大、条件高等问题。因此目前非氧化物烧结助剂在高导热氮化硅材料批量化制备方面还没有广泛的应用。

2. 反应烧结

反应烧结(reaction sintering, RS)是把金属硅粉或金属硅粉与氮化硅粉体的混合物经充分混合后，通过干压或冷等静压成型后，在1200℃以上的温度，通氮气或氨气进行预烧结，使坯体具有一定的强度，之后将坯体机械加工成所需件，最后在1400℃以上进行最终的氮化烧结。该方法减少了后续加工，提高了加工效率。在此过程中不需添加助烧剂，即可得到具有15%～20%气孔率的样品。这种工艺的优点是氮化过程中坯体尺寸几乎不收缩，这是因为Si粉转变为Si_3N_4过程中体积增加了约22%，膨胀主要表现在坯体内部，而整个毛坯外形、尺寸基本不发生变化。另外，由于在氮化过程中没有氧化物添加剂，烧结后的样品不含或含极少玻璃相，因而在高温下材料仍能维持一定的强度，而且抗蠕变性能良好。这种工艺的缺点是难以使材料完全致密，所得材料密度较低、弯曲强度和断裂韧性不高。

对于反应烧结Si_3N_4，其强度和气孔数量及分布有关，密度相同的反应烧结Si_3N_4其强度的分散性很大。Zhou等[38]采用金属杂质含量0.01wt%以下、含氧量0.28wt%以下的高纯Si粉作为起始原料，Y_2O_3和MgO作为烧结助剂，氮气压力0.1MPa、1400℃烧结4h，然后在氮气压1MPa、1900℃烧结3～48h后烧结处理得到高导热氮化硅陶瓷，热导率最高可达142W/(m·K)。Zhu等[39]分别以$MgSiN_2$和MgO作为烧结助剂，制得的氮化硅陶瓷的热导率分别为110W/(m·K)和133W/(m·K)，这归因于$MgSiN_2$为烧结助剂时所得陶瓷结构中β-Si_3N_4含量更高，而且形成长棒状的β-Si_3N_4晶粒在微观结构中起主导作用。另外采用不同粒度的硅粉作为原料时，大颗粒硅粉相比细硅粉制得的氮化硅陶瓷热导率更高，可达到122W/(m·K)，研究发现是因为大颗粒硅粉包含更少的杂质。

3. 无压烧结

将高α-Si_3N_4比例的Si_3N_4粉末与助烧剂进行均匀混合，再通过生坯成形、烧结制备成Si_3N_4陶瓷。无压烧结很难制备出致密度较高的Si_3N_4陶瓷。无压烧结Si_3N_4陶瓷必须添加助烧剂，通过助烧剂与Si_3N_4粉体表面的SiO_2在高温下形成低共熔点液相，为烧结过程提供更高的活化能，通过液相烧结机制使其致密。为了防止氮化硅在高温下分解对致密化和材料组成造成影响，要对烧结坯体进行埋粉，无压烧结工艺中埋粉的选择和使用很重要。其中不仅要考虑抑制氮化硅分解，而且要考虑诸如埋粉空隙分布和厚度等对致密化过程、样品组成和显微结构的影响。通常氮化硼粉体和氮化硅粉体是做埋粉的首要选择。此外，无压烧结中添加剂的种类和氧含量直接影响到氮化硅陶瓷的烧结行为、显微结构和力学性能。无压烧结的优点是成本低，可批量生产；缺点是材料中玻璃相含量高、高温性能差、样品易变形等。

Wasanapiarnpong等[40]采用无压烧结获得了氮化硅陶瓷，热导率仅有34W/(m·K)，但弯曲强度高达980MPa，断裂韧性为6.6MPa·m$^{1/2}$；其工艺条件是以3wt% SiO_2、3wt% MgO、5wt% Y_2O_3为烧结助剂，在1750℃下保温2h制得Si_3N_4陶瓷。Matovic和Boskovic等[41]以$LiYO_2$为烧结助剂，随着烧结助剂添加量的增加，致密度随之增加，但热导率由38.6W/(m·K)降低至26.8W/(m·K)。为提高材料致密度而加入的大量烧结助剂引起的晶界相杂质与玻璃相导致较低的热导率，所以高导热 Si_3N_4 陶瓷不宜采用无压烧结工艺。

4. 热压烧结

热压烧结是把超细的 α-Si_3N_4 粉末与烧结助剂通过球磨混合后置于石墨模具中，在高温下(1750～1850℃)通过单向或者双向的机械压力促使高温下模具中的氮化硅粉末素坯致密化烧结，即"边加压、边烧结"。由于外加压力促使物质的晶界和晶格扩散提高了陶瓷烧结驱动力，加快了反应过程中的 α-β 转变过程，提高了陶瓷的致密化速度，因此可以在较低的温度、较短的保温时间内获得致密试样。常用的烧结助剂是 MgO、Al_2O_3、Y_2O_3 等，既可单独加入，也可混合加入。压力一般为 20～30MPa，保压时间为 30～120min。热压烧结的优点是工艺参数比较简单，制备的材料性能高，热压法可得到致密度大于 95% 的陶瓷；缺点是生产效率较低、生产设备昂贵。热压合成的材料具有各向异性，即轴向和径向的性能差异较大。同时，受制于模具，不能制备形状复杂的零部件。

Jiang 等[42]在 1750℃、20MPa 的条件下热压烧结 1h，制得热导率为 129W/(m·K) 的氮化硅陶瓷，此时的弯曲强度为 1149MPa，均高于在无压工艺 1820℃下获得的陶瓷性能。Liang 等[43]也研究了烧结时间对氮化硅陶瓷热导率的影响规律，1750℃、20MPa 的条件下热压烧结 12h 时，热导率提高到 120W/(m·K)。Lee 等[44]采用热压工艺对氧化物和非氧化物烧结添加剂进行了对比研究，以检验 Si_3N_4 陶瓷的热性能和机械性能。所有样品的测量强度为 822～916MPa；含有非氧化物烧结添加剂的陶瓷在保持弯曲强度的同时热导率也得到提高，其弯曲强度为 862MPa，热导率为 101.5W/(m·K)。Liang 等[45]在 20MPa 的单轴压力下，以 YF_3 和 MgO 作为烧结添加剂，1750℃热压烧结 1h 使 Si_3N_4 陶瓷致密化，其弯曲强度和断裂韧性分别是 874MPa 和 6.3MPa·m$^{1/2}$。在 0.6MPa 的 N_2 气氛下，1850℃退火处理 5h 后，Si_3N_4 陶瓷热导率提高到 75W/(m·K)，分析发现该试样几乎具有高导热性所需的大部分特性，包括高 Si_3N_4-Si_3N_4 邻接、大晶粒尺寸分布、大纵横比、c 轴沿导热方向和低氧量等。Yeom 等[46]采用常规热压在氮气气氛下制备了 SiC-Si_3N_4 复合材料，添加了 2vol% 的 Y_2O_3-Sc_2O_3，研究了 Si_3N_4 含量对 SiC-Si_3N_4 复合材料力学与热学性能的影响。随着 Si_3N_4 含量的增加，导热系数降低，而断裂韧性增加。SiC-10vol% Si_3N_4 复合材料的热导率在室温下为 83W/(m·K)。SiC-35vol% Si_3N_4 复合材料的弯曲强度和断裂韧性分别为 720MPa 和 7MPa·m$^{1/2}$。

5. 热等静压烧结

热等静压烧结是集高温、高压于一体的工艺技术，加热温度范围为 1000～2000℃，在封闭容器内靠惰性气体或者氮气做传压介质，工作压力可达 200MPa，通常用于减少金属材料气孔和增加陶瓷的密度。热等静压烧结工艺能够提供高温环境和空腔内均衡的高气压。当腔体被加热时，空腔内的气体气压增加，压力作用于材料的各个方向。烧结制品的致密度高、均匀性好、性能优异。HIP 烧结对设备和工艺条件要求比较高，这就使制备成本增加了，所以通常作为最后一步处理工序。先后使用 HP 烧结和 HIP 烧结工艺能够更彻底排除气孔。低温热压烧结时，有部分气孔存在于晶界处，再用 HIP 烧结处理后，进一步消除晶界和晶粒中的气孔，实现完全致密。

热等静压烧结方法因烧结装置复杂、成本高，仅用于特殊用途，常在没有以及极少烧结添加剂的情况下进行。以在 Si_3N_4 颗粒上附着的 SiO_2 作为助烧剂，HIP 烧结工艺要求将 Si_3N_4 粉末压块封装在气密玻璃中，气密玻璃在达到一定温度时软化，从而能够均匀地将外部气体压力传递给粉末致密体。高致密化和非常精确的形状保持是 HIP 烧结工艺的一大优势，但是后期需要用机械方法或化学蚀刻方法去除包封材料，费时费力。Watari 等[47]使用流延成型、热等静压烧结工艺，在 2500℃、200MPa 的 N_2 压力下烧结 2h，并添加晶种促进晶粒的定向生长，在流延方向上具有直径 10μm、长度 200μm 的细长晶粒，获得沿流延方向热导率为 155W/(m·K)的氮化硅陶瓷。

6. 微波烧结

微波烧结方法自 20 世纪 70 年代被引入陶瓷烧结领域以来，因独特的烧结机理和特性，如整体性加热、升温速度极快、热效率高等，成为一门新型陶瓷烧结技术。由于其极快的加热速度和独特的加热机理，因而有利于提高致密化速率并可有效抑制晶粒生长，同时获得常规烧结无法实现的独特的性能和结构。但是根据热耗散理论，试样内部的温度很难被准确测定。从理论的角度来讲，在微波加热中样品本身可被视作热源，具有整体性加热的特征，能均匀地加热和烧结样品，但在实际加热中由于表面散热等因素的影响，样品很难均匀地烧结。微波烧结氮化硅样品的表面和内部密度不同，样品中心部位已充分致密而表面却未完全致密。引起表面密度和中心密度不同的根源就在于微波加热与常规加热有相反的热梯度(常规加热中表面温度比中心高，而微波加热中心温度比表面高)。在快速烧结中，这种温度梯度可能很大，造成中心部位已充分致密而表面很可能没完全致密，所以微波烧结的关键在于好的烧结设备。

中国科学院上海硅酸盐研究所、武汉理工大学、中国科学院沈阳金属所部分研究人员进行了氮化硅的微波烧结实验。陆泰屹[48]使用微波烧结制备了氮化硅基陶瓷刀具，对其性能进行了研究。研究结果表明：当加入 SiC 的粒度为 100nm 时材料的微观组织最细密、均匀，柱状晶形成比较完全。5wt%的 SiC 会促进 Si_3N_4 的充分相变，使得晶粒生长完全，进而提高材料的硬度；产生更多的穿晶断裂模式，从而提高材料的断裂韧性。烧结材料致密度为 96.65%，维氏硬度为 14.46GPa，断裂韧性为 7.33MPa·m$^{1/2}$。

7. 放电等离子体烧结

放电等离子体烧结是在烧结过程中对试样施加大的脉冲电流，通过压力、温度、脉冲电流等多方面的驱动力来烧结制备陶瓷的全新技术。放电等离子体烧结是高密度脉冲电流通过上下压头直接对石墨模具加热。脉冲电流通过样品内部时流经样品间隙的电流激活晶粒表面，击穿空隙内残余气体，使局部放电甚至产生等离子体，产生焦耳热加热样品，促使晶粒间的局部结合。通过下压头对样品施加压力，最大的优点是最短时间内完成粉体固结。因此很适合制备纳米颗粒陶瓷，避免晶粒异常长大。相比其他烧结方式，放电等离子体烧结的技术优势如下：①可以极大降低烧结温度并实现快速烧结；②不需要助烧剂或者需要极少量助烧剂就可以烧结难以烧结的材料，提高材料性能，连接不相容材料；③实现非晶体材料的烧结；④烧结纳米材料(快速烧结，晶体没有充分时间进行生长)。

张纪东[49]通过放电等离子体烧结工艺制备了氮化硅/锌铝基复合材料,重点探讨了氮化硅添加量对氮化硅/锌铝基复合材料致密度、硬度和摩擦性能的影响。结果表明:氮化硅在样品中分散均匀,且氮化硅的加入能够明显提高样品的致密度和硬度。当在锌铝合金中加入质量分数为20%的氮化硅时,氮化硅/锌铝基复合材料致密度达到95.53%,同时与高锌铝合金烧结试样相比,其维氏硬度提高了58.5%,达到162.56GPa。氮化硅/锌铝基复合材料的耐磨性随着氮化硅的添加呈现先增加后下降的趋势,添加量为20%时摩擦系数达到最佳为0.2103,磨损量为0.00337mm^3。刘剑等[50]研究了烧结温度对放电等离子体烧结氮化硅陶瓷显微结构和力学性能的影响,以亚微米级氮化硅为原料、Al_2O_3-Y_2O_3为烧结助剂,利用放电等离子体烧结技术制备氮化硅陶瓷。结果表明:采用SPS技术可在较低温度下获得致密度较高、综合力学性能较好的β相氮化硅陶瓷。随着烧结温度的提高,样品致密度、抗弯强度、断裂韧性均不断增大,在1550℃时,其抗弯强度和断裂韧性分别达到973.74MPa和8.23MPa·m$^{1/2}$。在1550℃以下,陶瓷样品中β相氮化硅含量可达到98%,显微结构均匀,晶粒发育良好,呈长柱状,晶间紧密连接,晶间气孔较少。继续升高温度,部分晶粒发生异常长大,产生了更多的显微孔洞,抗弯强度急剧下降。

9.4 氮化硅陶瓷的应用

9.4.1 氮化硅陶瓷在电子陶瓷基板中的应用

高导热陶瓷材料因其具有好的绝缘性能、高的强度硬度,以及好的抗氧化性和热腐蚀性能被广泛应用于发动机燃烧室内壁涂层、切削刀具、轴承工具等,尤其以极高的热导率和不导电性被大量运用于半导体基板材料中。近年来,新能源产业的迅猛发展,对大功率半导体器件的需求不断增大,可以说已成为绿色经济的"核芯"。大电流密度、高工作电压、小尺寸对大功率半导体器件的寿命有了更高的要求,据统计引起器件失效的因素一半以上是由热引起的,而半导体器件用作封装的芯片,金属镀层一般都具有很好的散热性,所以影响整个半导体散热的关键在于封装器件内的绝缘基板。由于半导体基板材料是承载电子元器件和它们之间的相互联线,所以普遍的半导体陶瓷基板材料应具备以下性能:①良好的绝缘性和抗击穿能力;②高热导率;③与其他封装材料热膨胀系数的匹配性;④良好的高频特性;⑤表面光滑,厚度均匀一致。目前国内外主要使用的陶瓷基板材料有:PCB(printed circuit board,印刷电路板)基板、Al_2O_3陶瓷基板、SiC陶瓷基板、BeO陶瓷基板、AlN陶瓷基板、Si_3N_4陶瓷基板等。在所有基板材料市场中陶瓷材料基板已然占据了半壁江山。

表9-4列出了几种常用的陶瓷基板材料的物理性质[51]。Al_2O_3陶瓷是目前应用最为成熟的陶瓷基片材料,其价格低廉,耐热冲击性和电绝缘性能较好,制作和加工技术成熟,因而使用最广泛,占陶瓷基片材料的90%。但是,Al_2O_3陶瓷热导率相对较低,限制了其在大功率电子中的应用。

表 9-4　常用的陶瓷基板材料和 Si 的物理性质[51]

陶瓷封装材料	介电常数 （1MHz）	机械强度/ MPa	热膨胀系数 $(20\sim200℃)/(10^{-6}/℃)$	热导率/ $[W/(m·K)]$
Al_2O_3	9.4	280	6.5	25
SiC	42	420	3.7	270
Si_3N_4	7.0	350	2.3	33
AlN	8.8	350	4.2	260
BeO	6.8	250	6.8	290
莫来石	6.5	200	4.0	7
硼硅酸盐玻璃	4.0	70	3.0	2
玻璃/陶瓷复合材料	5.0	210	3.0	5

BeO 陶瓷是目前最常用的高导热陶瓷基板材料，其综合介电性能良好，但其热导率随温度上升大幅下降，并且 BeO 粉具有毒性，限制了其使用，目前在日本已经不允许 BeO 生产，在欧洲也已开始限制含 BeO 的电子产品。

碳化硅（SiC）陶瓷的热导率高，热膨胀系数与 Si 最为相近，但其烧结困难，难以制得致密的产品，虽然通过添加少量的氧化铍烧结助剂并采用热压烧结的方法可以获得高导热的 SiC 基片[270W/(m·K)]，但其损耗大，热压成本高，限制了其发展和大批量应用。

AlN 陶瓷作为一种被众多研究者一致认可的新型封装基板材料，它的电热性能相当优越，相对于氧化铝而言，氮化铝的热导率是氧化铝的 5~10 倍，这使得 AlN 可以应用在高功率、大尺寸和高引线芯片。但是，其机械强度不能充分满足大功率散热基板材料的要求，AlN 陶瓷基板的可靠性较低、服役寿命不够。

相较于 Al_2O_3 和 AlN，Si_3N_4 陶瓷基板具有更卓越的力学性能，同时还具备较高的热导率以及极好的热辐射性和耐热循环性。采用氮化硅陶瓷作为基板，能够确保电路板具有较大的挠度、抗折断强度、抗热振性和热传导性，从而保证大功率模块在使用过程中的可靠性和服役寿命，优异的性能使氮化硅成为公认最优异的陶瓷基板材料。

1. 氮化硅陶瓷基板在 IGBT 模块中的应用

绝缘栅双极晶体管（insulate-gate bipolar transistor，IGBT）是一种 MOS（metal-oxide-semiconductor，金属-氧化物-半导体）结构双极器件，具有双极晶体管和场效应晶体管的优点，同时开关速度快、工作频率高、驱动功率小、安全工作区大，应用于动力机车（高铁、地铁、电力牵引机车等）和电动汽车电机驱动控制、工业变频控制、交直流电转换控制等电力电子模块中，是绿色经济的"核芯"。图 9-13 即为 IGBT 器件结构示意图。

随着《工业绿色发展专项行动实施方案》《关于加快新能源汽车推广应用的指导意见》以及"特高压规划"等一系列政策的密集出台，我国的高速铁路、城市轨道交通、新能源汽车、智能电网和风能发电等项目成为未来几年"绿色经济"的热点。而这些项目对于高压大功率 IGBT 模块的需求迫切且数量巨大。高压大功率 IGBT 模块技术门槛较高，难度

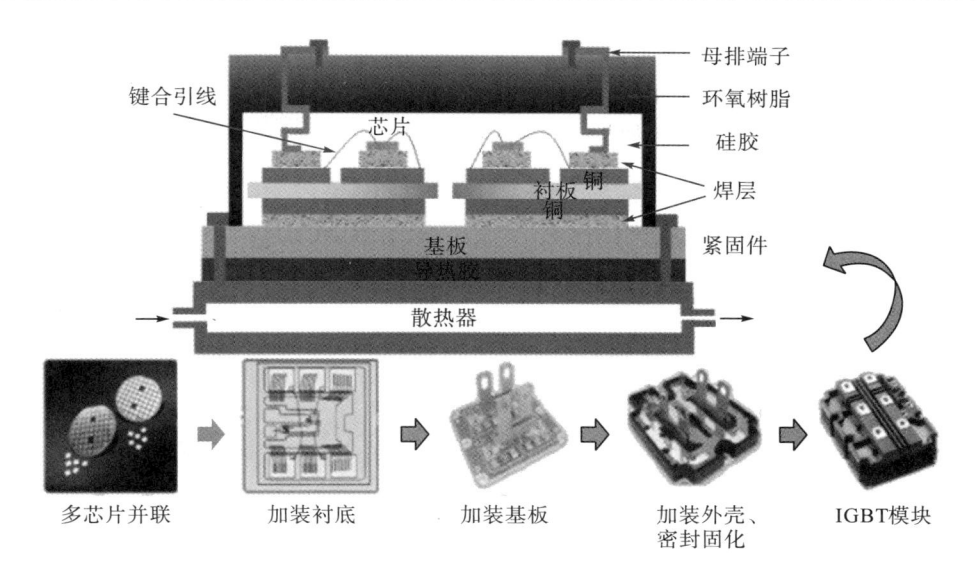

图 9-13 焊接式 IGBT 器件结构图

较大,特别是要求封装材料散热性能更好、可靠性更高、载流量更大。但是国内相关技术水平落后导致国内高压 IGBT 市场被欧、美、日等国家和地区所垄断,高压 IGBT 产品价格高、交货周期长、产能不足,严重限制了我国动力机车、电动汽车和新能源等领域的发展。2020 年,国际 IGBT 市场规模达 80 亿美元,年复合增长率约 10%;中国 IGBT 市场规模超 200 亿元,年复合增长率约为 15%;受益于新能源汽车和工业领域需求大幅增加,中国 IGBT 规模仍将持续增长,到 2025 年,预计中国 IGBT 市场规模将达到 522 亿元,年复合增长率达 19.11%。

高压大功率 IGBT 模块所产生的热量主要是通过氮化硅陶瓷覆铜板传导到外壳而散发出去,因此氮化硅陶瓷覆铜板是电力电子领域功率模块封装不可或缺的关键基础材料。它既具有陶瓷的高导热性、高电绝缘性、高机械强度、低膨胀等特性,又具有无氧铜金属的高导电性和优异的焊接性能,并能像印制线路板一样刻蚀出各种图形。氮化硅陶瓷覆铜板集合了功率电子封装材料所具有的各种优点:①陶瓷部分具有优良的导热耐压特性;②铜导体部分具有极高的载流能力;③金属和陶瓷间具有较高的附着强度和可靠性;④便于刻蚀图形,形成电路基板;⑤焊接性能优良,适用于铝丝键合。

2. 氮化硅陶瓷基板在大功率 LED 中的应用

半导体封装材料是承载电子元件及其相互联线,并具有良好电绝缘性的基体,基片材料应具有以下性能。

(1) 良好的绝缘性和抗电击穿能力。

(2) 高的热导率:导热性直接影响半导体期间的运行状况和使用寿命,散热性差导致的温度场分布不均匀也会使电子器件噪声大大增加。

(3) 热膨胀系数与封装内其他所用材料匹配。

(4) 良好的高频特性:即低的介电常数和低的介质损耗。

(5) 表面光滑，厚度一致：便于在基片表面印刷电路，并确保印刷电路的厚度均匀。

KYOCERA 公司是唯一采用表贴型陶瓷外壳封装蓝光/白光 LED 的公司，使用氧化铝或氮化铝陶瓷比起树脂封装来说具有更高的耐热性，而氮化硅又具有高的热导率和其他优良的性能，提高了 LED 的功率，并增加了其亮度。氮化硅耐热性佳，导热性好，可增长 LED 的使用寿命，可做较薄的 LED 封装。

9.4.2 氮化硅陶瓷的其他应用

1. 氮化硅基陶瓷刀具

陶瓷刀具材料具有其他刀具材料无可比拟的硬度和强度，以及较高的化学稳定性和较低的摩擦系数，在切削领域有很广阔的应用前景。用它可以进行高速切削、减少换刀次数及减少由于刀具磨损而造成的尺寸误差，因而在数控机床、加工中心上应用具有明显优势。Si_3N_4 陶瓷作为刀具材料具有以下优良性能[48]：

(1) 高硬度：Si_3N_4 陶瓷刀片的室温硬度值达到 HRA 91～93。

(2) 高强度：Si_3N_4 陶瓷刀片的抗弯强度可达 900～1000MPa。

(3) 高耐热性和抗氧化性：Si_3N_4 陶瓷刀具的高温性能特别好，在 1000℃强度几乎不下降。

(4) 高抗热震性：Si_3N_4 陶瓷刀具具有较高的抗弯强度、较高的热导率、低热膨胀系数、中等弹性模量，所以其抗热震性好。

(5) Si_3N_4 陶瓷刀具化学稳定性较硬质合金刀具好。Si_3N_4 陶瓷刀具还可以切削可锻铸铁、耐热合金等高难度加工材料。

Si_3N_4 基陶瓷刀具有 Si_3N_4-TiC 陶瓷刀具及 SiAlON 陶瓷刀具等。

2. 氮化硅陶瓷轴承

用氮化硅材料制成的陶瓷轴承球具有密度低、耐磨损、耐高温、耐腐蚀、绝缘、绝磁及自润滑性能好等优点，广泛应用于高速电机主轴、精密机床、化工泵、电子产品、电加工设备及冶金等领域。

氮化硅陶瓷球轴承有两种形式：一种是滚珠(球)为陶瓷材料，内外圈仍为轴承钢制造，称为混合式球轴承；另一种是滚珠和内外圈都为陶瓷材料，称为全陶瓷球轴承。通常用于制造陶瓷球轴承的陶瓷材料为热压氮化硅(Si_3N_4)。其主要优势如下。

(1) 轴承钢超过 120℃时硬度降低，而 Si_3N_4 陶瓷在 800℃时，强度、硬度几乎不变，所以陶瓷轴承可以用于高温设备中传递装置的轴承。

(2) Si_3N_4 陶瓷的密度为 $3.25g/cm^3$，比轴承钢的密度($7.8g/cm^3$)要低得多。因此，陶瓷轴承是用于高速运转领域的最佳选择。

(3) Si_3N_4 陶瓷的热膨胀系数为 $3×10^{-6}/℃$，而轴承钢为 $12×10^{-6}/℃$，所以陶瓷轴承用在温度变化的环境中更为稳定可靠[1]。

(4) Si_3N_4 陶瓷的硬度比轴承钢高一倍，弹性模量约高 1/3，相同载荷条件下，Si_3N_4 陶瓷的弹性变形小，所以使用了 Si_3N_4 陶瓷轴承的精密机床主轴的加工中心具有良好的加工精度。

(5) 化工机械设备、食品、海洋等部门使用的机器，采用陶瓷轴承可以解决腐蚀问题。

(6) 在高真空领域，利用 Si_3N_4 陶瓷的自润滑性可以解决钢质轴承使用润滑介质造成的真空污染。

(7) 强磁场环境使钢质轴承自身磨损下来的金属微粉被牢牢地吸附在滚动体和滚道面之间，会造成轴承的提早剥落损坏和增大噪声，其解决办法是使用陶瓷轴承。

3. 氮化硅陶瓷发动机

未来航空发动机的机械构造要比现有的类型更加简单，部件更少，在更高的涡轮入口温度和组件负荷下运行，其可靠性和组件寿命也要提高。涡轮材料必须在抗拉强度、蠕变阻力、耐高温腐蚀和耐冲击损伤等方面满足要求。采用热性能更好的陶瓷材料可以减少对冷却空气的需要量，并明显地提高气体温度。

以飞机的涡轮喷气发动机为例(图 9-14)，压气机零部件温度在 650℃ 以下，目前主要采用钛合金、铝合金及耐热钢。燃烧室燃烧区温度高达 1800～2000℃，引入气流冷却后，燃烧室壁温仍然在 900℃ 以上，常用高温合金(镍基及钴基合金)板材制造，为防止燃气冲刷、热腐蚀和隔热，常喷涂防护层，现采用弥散强化合金无需涂层可制备耐 1200℃ 的燃烧室。

图 9-14 飞机涡轮发动机

氮化硅陶瓷在 1400℃ 时仍然有高的强度、刚度(但超过 1200℃ 时力学强度会下降)，但比较脆。使用连续纤维增强的陶瓷可应用于涡轮部件，特别是小发动机的陶瓷叶片、涡轮外环和空气轴承。此外，氮化硅陶瓷比密度小，密度仅为钢轴承的 41%，可有效降低飞机发动机重量，降低油耗。

Si_3N_4 陶瓷发动机具有以下优越性能。

(1) 发动机的工作温度可提高到 1200～1650℃，无需水冷系统，可使发动机效率提高 30% 左右。

(2) 工作温度高，使燃料充分燃烧，所排废气中的有害成分大大降低，从而降低能耗，减少环境污染。

(3) Si_3N_4 陶瓷的热导率比金属低，使发动机的热量小、易散发，节省能源。
(4) Si_3N_4 陶瓷良好的高温强度可改善发动机性能、延长发动机的使用寿命。

4. 冶金领域

氮化硅陶瓷材料具有优异的化学稳定性和优良的机械性能，在冶金工业中可用作坩埚、燃烧嘴、铝电解槽衬里、高温密封阀、各类水泵的密封件等热工设备上的部件。氮化硅陶瓷具有良好的抗氧化性，抗氧化温度可高达 1400℃，在 1400℃ 以下的干燥氧化气氛中保持稳定，使用温度可达 1300℃。氮化硅材料能够应用于急冷急热的环境中，可以耐很多熔融的有色金属的侵蚀，特别是铝液（铝液对氮化硅是润湿的），因此其在冶金工业也有着极广泛的应用。

5. 超细研磨

氮化硅陶瓷是共价化合物，其结合主要依靠原子间的共价键，制备后的材料本身具有高硬度和耐磨性。氮化硅硬度高，仅次于金刚石、立方氮化硼等少数超硬材料，且摩擦系数小，具有自润滑性。在超细微粉和食品加工行业中，氮化硅陶瓷磨介球的性能相对于传统的研磨球而言，其硬度更高，耐磨性更优越。

9.5 氮化硅陶瓷的共性难点

新思界产业研究中心发布的《2020年氮化硅陶瓷行业投资前景及投资策略研究报告》显示，由于下游需求端汽车、能源环境等领域快速发展，以及氮化硅陶瓷本身制造工艺的提升，目前氮化硅陶瓷应用需求不断扩大，市场规模持续增长。2019 年，中国高纯氮化硅行业市场规模约为 10.25 亿元，较 2018 年上涨了 2.81%。近年来，国内高纯氮化硅销量情况较良好，2018 年市场规模下降的主要因素是产品单价的大幅下跌。

在需求结构方面，我国各领域对氮化硅陶瓷的需求不同，目前高温工业及工程材料领域对氮化硅陶瓷的需求较高，年需求总量约为 28 万 t；在钢加工方面，作为增氮剂，需求量约为 6.5 万 t；深加工产品，如轴承、发动机外壳、刀具等产品年需求量为 6 万 t。但在生产方面，受技术限制，我国氮化硅陶瓷产能不足，高温工业及工程材料用氮化硅陶瓷年产量仅有 12 万 t 左右，不能够满足市场需求，市场存在较大的供应缺口，未来国内氮化硅陶瓷行业发展前景较好。

从竞争方面来看，目前全球氮化硅陶瓷主要生产企业有中材高新材料股份有限公司、山东国瓷功能材料股份有限公司、上海科盛陶瓷有限公司、北京中兴实强陶瓷轴承有限公司、日本宇部兴产株式会社、日本京瓷株式会社、天津北洋精工技术有限公司、瑞典斯凯孚(SKF)集团、德国舍弗勒集团等。宇部兴产为氮化硅陶瓷行业中的龙头企业，其产品参数被全球认定为行业标准，在全球氮化硅陶瓷市场中占据重要地位。

目前制约氮化硅陶瓷应用的瓶颈是成本问题。成本高的因素是多方面的：一是高纯超细氮化硅价格高；二是烧结过程要在保护气氛环境下，甚至要在压力状态下进行，从原料到工艺控制都比氧化铝、氧化钇陶瓷复杂得多；三是氮化硅陶瓷往往是作为机械零部件应用，因而必然要进行加工，甚至精密加工，在成本中加工费用占很大比重。

9.5.1 高品质氮化硅粉体的低成本规模化制备技术

高纯度、粒度可控、形貌均匀分散的高性能粉体，是氮化硅粉体制备技术的发展方向，需要进一步提高产品的批次稳定性，增加产出效率，降低生产成本。高品质氮化硅粉体要求其纯度＞99.5%、氧含量＜0.5%、金属杂质总含量＜80ppm、粒径属于亚微米到微米级、中位粒径区间占比＞60%。采用自蔓延高温合成氮化硅粉体时要在较高的氮气压力下进行燃烧反应，制备的 Si_3N_4 粉烧结活性较低，且不易获得高密度产品，不能严格控制其反应过程和产品性能。并且所用原料往往是可燃、易爆或有毒物质，需要采取特殊的安全措施。目前，制备的氮化硅粉体氧含量普遍偏高。氧的含量决定烧结时的液相量，影响材料的相组成、结构和性能。氧含量与氮化硅陶瓷基板的热导率有直接关系。Si_3N_4 粉体有较大的表面能，极易发生团聚。超细 Si_3N_4 粉体的分散性，一直是制约制品性能和下游应用的关键因素。如何提高 Si_3N_4 粉体分散性是制备 Si_3N_4 粉体之后必须面对的问题。

9.5.2 流延浆料及流延工艺

流延过程中由于流延浆料配制、工艺参数控制不当，容易造成诸如膜片翘曲、裂纹、凹坑、气孔、起皮等缺陷。

(1) 裂纹。因为浆料不均匀，黏结剂太少，或干燥速度太快，基片不能均匀地干燥收缩，上下表面收缩不一致或者是不同地方收缩不一致，产生应力集中将基片拉裂。

(2) 凹坑。由于溶剂的挥发速率和扩散速率不易达到平衡，流延膜不同部位的收缩速率存在差别，膜内部容易产生应力和缺陷。或者流延浆料存有气泡，而且干燥速度太快，塑性剂与黏结剂难以在干燥前填充溶剂挥发留下的气孔所引起。

(3) 起皮。上表面因溶剂挥发快，塑性剂与黏结剂很快在表面形成一层极薄的"聚合物硬皮"，它抑制下层溶剂的挥发，使上下表面不能同时干燥收缩，在素坯厚度方向会产生较大的密度梯度，严重时会导致素坯开裂。

(4) 膜片翘曲。干燥过程中应力收缩；黏结剂含量过多也会导致膜片产生翘曲，这是因为包裹瓷粉粒子充足过剩的黏结剂在干燥过程中会随着溶剂挥发迁移至坯片表面并干燥成聚合物薄膜，进一步阻塞了坯片内部溶剂扩散到表面的通道，导致边缘与中间干燥收缩不一致，容易发生翘曲行为，并且厚膜越大，影响效果越明显。

(5) 气孔。一般是浆料真空除泡不彻底所致。

9.5.3 氮化硅致密化烧成技术

氮化硅陶瓷基板的烧结需要在高温、高纯氮气压条件下长时间保温，通常需要添加烧结助剂来降低烧结所需温度。但烧结助剂的选择、添加量以及添加方式尚无统一的定论，还有待于进一步进行深入系统的探索。另外，诸如烧结温度、烧结气氛、冷却速度以及后处理措施（如退火热处理）等氮化硅烧结的具体工艺方法对热导率影响方面的研究，仍然有待深入探索。氮化硅烧成温度高，需要至少在1750℃以上才能得到足够致密的烧成品。氮化硅烧结很难致密，常压烧结一般只能达到50%~60%的致密度，并且需要通入高纯氮气，达到理论致密度非常困难。烧结助剂形成的第二相分布在氮化硅晶界处呈块状，并且其热导率普遍低于氮化硅陶瓷，严重影响晶界中声子的传递，降低其热导率。

9.6 本章小结

氮化硅陶瓷具有高热导率、热膨胀系数与Si芯片匹配、机械性能好、抗氧化能力强、电绝缘性好、对环境无污染等优点，因此是未来大功率散热基板的首选材料。未来，氮化硅陶瓷需在以下几个方面取得新的突破。①低成本氮化硅陶瓷的制备。目前，高热导率氮化硅陶瓷的烧结温度一般在1600~1900℃，一般使用热压烧结技术，制备原料为高纯α-Si_3N_4粉或者高纯硅粉，在烧结过程中还要添加烧结助剂，这些都极大地增加了氮化硅陶瓷的制备成本，限制了其在工业中的广泛应用。②氮化硅陶瓷增韧的研究。③氮化硅陶瓷热导率、机械性能和介电性能方面的研究。开发简单有效的制备方法提高氮化硅的热导率是研究的发展方向之一。现阶段虽然对氮化硅陶瓷机械性能和介电性能的研究已取得了一些成果，但研究还主要集中在烧结温度、烧结助剂种类和含量、致密度等各单量对机械性能和介电性能的简单影响关系，而各种综合条件对机械性能和介电性能的深层次影响机理的研究还处于初级阶段。对烧结助剂的研究趋向于低成本、无氧化合物或者能够降低晶格中氧含量等方向。为了降低氮化硅陶瓷的成本，要求烧结助剂的成本越低越好，同时因为氧元素存在会降低热导率，因此未来对不含氧元素，或者能够除去氮化硅中本身氧元素的烧结助剂研究将会增加。

参 考 文 献

[1] Petzow G, Herrmann M. Silicon nitride ceramics[M]. Berlin: Springer-Verlag, 2002.

[2] Ling G, Yang H T. Pressureless sintering of silicon nitride with Magnesia and Yttria[J]. Materials Chemistry and Physics, 2005, 90(1): 31-34.

[3] Krstic Z, Krstic V D. Silicon nitride: the engineering material of the future[J]. Journal of Materials Science, 2012, 47(2): 535-552.

[4] Lee J S, Mun J H, Han B D, et al. Effect of β-Si_3N_4 seed particles on the property of sintered reaction-bonded silicon nitride[J]. Ceramics International, 2003, 29(8): 897-905.

[5] Oliveira F, Tambuyser P, Baxter D. The microstructure of an yttria-doped hot-pressed silicon nitride[J]. Ceramics International, 2000, 26(6): 571-578.

[6] Zhu X W, Sakka Y, Zhou Y, et al. A strategy for fabricating textured silicon nitride with enhanced thermal conductivity[J]. Journal of the European Ceramic Society, 2014, 34(10): 2585-2589.

[7] 雷张, 李洪滔, 张春艳, 等. 高热导氮化硅陶瓷基板材料研究进展[J]. 中国陶瓷, 2023, 59(7): 1-9, 20.

[8] 谢志鹏. 结构陶瓷[M]. 北京: 清华大学出版社, 2011.

[9] Hirosaki N, Okamoto Y, Ando M, et al. Effect of grain growth on the thermal conductivity of silicon nitride[J]. Journal of the Ceramic Society of Japan, 1996, 104(1205): 49-53.

[10] 王甜, 龙思远, 王朋. Si_3N_4 陶瓷高导热性的研究现状及发展趋势[J]. 功能材料, 2015, 46(8): 8009-8012, 8017.

[11] Kitayama M, Hirao K, Watari K, et al. Thermal conductivity of β-Si_3N_4: III, effect of rare-earth (RE=La, Nd, Gd, Y, Yb, and Sc) oxide additives[J]. Journal of the American Ceramic Society, 2001, 84(2): 353-358.

[12] Watari K. High thermal conductivity of non-oxide ceramics[J]. Journal of the Ceramic Society of Japan, 2001, 109(1265): 7-16.

[13] Kitayama M, Hirao K, Tsuge A, et al. Thermal conductivity of β-Si_3N_4: II, effect of lattice oxygen[J]. Journal of the American Ceramic Society, 2000, 83(8): 1985-1992.

[14] Li Y S, Kim H N, Wu H B, et al. Enhanced thermal conductivity in Si_3N_4 ceramic with the addition of $Y_2Si_4N_6C$[J]. Journal of the American Ceramic Society, 2018, 101(9): 4128-4136.

[15] Zhu X W, Hayashi H, Zhou Y, et al. Influence of additive composition on thermal and mechanical properties of β-Si_3N_4 ceramics[J]. Journal of Materials Research, 2004, 19(11): 3270-3278.

[16] Watari K, Hirao K, Toriyama M, et al. Effect of grain size on the thermal conductivity of Si_3N_4[J]. Journal of the American Ceramic Society, 1999, 82(3): 777-779.

[17] Yokota H, Ibukiyama M. Effect of the addition of β-Si_3N_4 nuclei on the thermal conductivity of β-Si_3N_4 ceramics[J]. Journal of the European Ceramic Society, 2003, 23(8):1183-1191.

[18] Akimune Y, Munakata F, Matsuo K, et al. Effect of grain size and grain structure on the thermal conductivity of β-Si_3N_4[J]. Journal of the Ceramic Society of Japan, 1999, 107(1252): 1180-1182.

[19] 李亚伟, 张忻, 田海兵, 等. 硅粉直接氮化反应合成氮化硅研究[J]. 硅酸盐通报, 2003, 22(1): 30-34.

[20] Pavarajarn V, Kimura S. Roles of hydrogen and oxygen in the direct nitridation of silicon[J]. Industrial and Engineering Chemistry Research, 2003, 42(12): 2434-2440.

[21] Pavarajarn V. Roles of gas and solid components in the direct nitridation of silicon[D]. Corvallis: Oregon State University, 2002.

[22] Alcala M D, Criado J M, Real C. Preparation of Si_3N_4 from carbothermal reduction of SiO employing the CRTA method[J]. Materials Science Forum, 2001, 383: 25-30.

[23] Mukherjee M G C, Dey R, Mitra M K, et al. A novel method for synthesis of α-Si_3N_4 nanowires by sol-gel route[J]. Science and Technology of Advanced Materials, 2008, 9(1): 015002.

[24] 王福, 杨建辉, 李江涛. 采用造粒原料燃烧合成 Si_3N_4 粉体[J]. 人工晶体学报, 2016, 45(5): 1426-1430.

[25] Zhang Y, Yao D X, Zuo K H, et al. Effects of N_2 pressure and Si particle size on mechanical properties of porous Si_3N_4 ceramics prepared via SHS[J]. Journal of the European Ceramic Society, 2020, 40(13): 4454-4461.

[26] Hu Y D, Zuo K H, Xia Y F, et al. Microstructure and permeability of porous Si_3N_4 supports prepared via SHS[J]. Ceramics International, 2021, 47(2): 1571-1577.

[27] 毕玉惠, 陈斐, 李君, 等. $Si(NH)_2$ 热分解法制备 Si_3N_4 晶须的影响因素[J]. 武汉理工大学学报, 2007, 29(2): 8-11.

[28] 高纪明, 肖汉宁. 纳米 Si_3N_4-SiC 复合粉末的氨解溶胶-凝胶法合成[J]. 硅酸盐学报, 2015, 26(5): 586-591.

[29] 卢绪高. 轧膜成型氮化硅陶瓷的组织结构与导热性能研究[D]. 哈尔滨: 哈尔滨工业大学, 2019.

[30] 李素娟. 氮化硅陶瓷材料的制备与性能研究[D]. 淄博: 山东理工大学, 2019.

[31] Wang C G, Huang Y, Zhai H X. The effect of whisker orientation in SiC whisker-reinforced Si_3N_4 ceramic matrix composites[J]. Journal of the European Ceramic Society, 1999, 19(10): 1903-1909.

[32] Torres Sanchez R M, Garcia A B, Cesio A M. Changes in surface characteristics of silicon nitride prepared for extrusion[J]. Journal of the European Ceramic Society, 1996, 16:1127-1132.

[33] Zhao B, Liu H L, Huang C Z, et al. Fabrication and mechanical properties of Al_2O_3-SiC_w-TiC_{np} ceramic tool material[J]. Ceramics International, 2017, 43(13): 10224-10230.

[34] Yu J J, Guo W M, Wei W X, et al. Fabrication and wear behaviors of graded Si_3N_4 ceramics by the combination of two-step sintering and β-Si_3N_4 seeds[J]. Journal of the European Ceramic Society, 2018, 38(10): 3457-3462.

[35] Nishihora R K, Rachadel P L, Quadri M G N, et al. Manufacturing porous ceramic materials by tape casting: A review[J]. Journal of the European Ceramic Society, 2018, 38(4): 988-1001.

[36] 李文杰. 硅粉原位氮化结合氮化硅粉制备氮化硅陶瓷及基板[D]. 广州: 广东工业大学, 2018.

[37] 王伟明, 王为得, 栗毅, 等. 以非氧化物为烧结助剂制备高导热氮化硅陶瓷的研究进展[J]. 无机材料学报, 2024, 39(6): 634-646.

[38] Zhou Y, Hyuga H, Kusano D, et al. A tough silicon nitride ceramic with high thermal conductivity[J]. Advanced Materials, 2011, 23(39): 4563-4567.

[39] Zhu X W, Zhou Y, Hirao K, et al. Processing and thermal conductivity of sintered reaction-bonded silicon nitride: (II) effects of magnesium compound and yttria additives[J]. Journal of the American Ceramic Society, 2007, 90(6): 1684-1692.

[40] Wasanapiarnpong T, Wada S, Imai M, et al. Lower temperature pressureless sintering of Si_3N_4 ceramics using SiO_2-MgO-Y_2O_3 additives without packing powder[J]. Journal of the Ceramic Society of Japan, 2006, 114(1333): 733-738.

[41] Matovic B, Boskovic S. Thermal conductivity of pressureless sintered Si_3N_4 ceramics with Li-exchanged zeolite[J]. Journal of the Serbian Chemical Society, 2004, 69(8/9): 705-710.

[42] Jiang J, Xu J Y, Peng G H, et al. Sintering of silicon nitride ceramics with magnesium silicon nitride and yttrium oxide as sintering aids[J]. IOP Conference, 2011, 18(20): 202017.

[43] Liang Z, Peng G, Li Q, et al. Fabrication of high thermal conductivity β-Si_3N_4 ceramics with $MgSiN_2$ as additive[J]. Journal of the Chinese Ceramic Society, 2010, 38(10): 1948-1952.

[44] Lee H M, Lee E B, Kim D L, et al. Comparative study of oxide and non-oxide additives in high thermal conductive and high strength Si_3N_4 ceramics[J]. Ceramics International, 2016, 42(15): 17466-17471.

[45] Liang H Q, Zeng Y P, Zuo K H, et al. Mechanical properties and thermal conductivity of Si_3N_4 ceramics with YF_3 and MgO as sintering additives[J]. Ceramics International, 2016, 42(14): 15679-15686.

[46] Yeom H J, Kim Y W, Kim K J. Electrical, thermal and mechanical properties of silicon carbide-silicon nitride composites sintered with yttria and scandia[J]. Journal of the European Ceramic Society, 2015, 35(1): 77-86.

[47] Watari K, Hirao K, Brito M E, et al. Hot isostatic pressing to increase thermal conductivity of Si_3N_4 ceramics[J]. Journal of Materials Research, 1999, 14(4): 1538-1541.

[48] 陆泰屹. 微波烧结氮化硅基陶瓷刀具及其切削性能研究[D]. 南京: 南京理工大学, 2017.

[49] 张纪东. SPS制备氮化硅/锌铝基复合材料的组织和性能研究[D]. 郑州: 郑州大学, 2021.

[50] 刘剑, 谢志鹏, 李志坚. 烧结温度对放电等离子烧结氮化硅陶瓷显微结构和力学性能的影响[J]. 硅酸盐学报, 2016, 44(3): 403-407.

[51] 廖圣俊, 周立娟, 尹凯俐, 等. 高导热氮化硅陶瓷基板研究现状[J]. 材料导报, 2020, 34(21): 21105-21114.

第 10 章 氮化铝陶瓷

氮化铝(AlN)陶瓷是一种综合性能优良的新型陶瓷材料,具有突出的热传导性、可靠的电绝缘性、低的介电常数和介电损耗、无毒以及与硅相匹配的热膨胀系数等一系列优良特性,被认为是新一代高集成度半导体基片和理想的电子封装材料。

10.1 氮化铝陶瓷的基本性质

10.1.1 氮化铝陶瓷的结构

氮化铝是 Al-N 二元系中唯一可以稳定存在的化合物,是一种具有六方纤锌矿型结构的共价键化合物,其晶体结构如图 10-1 所示。

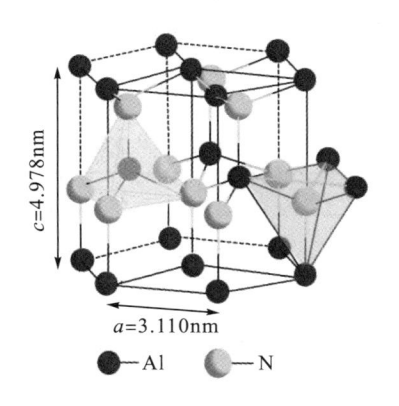

图 10-1 AlN 的晶体结构

铝原子与相邻的氮原子以四面体配位形成强的共价键,沿 c 轴方向的 Al—N 键长为 1.917Å,另外三个方向的 Al—N 键长为 1.855Å,其空间群为 P63mc,晶格常数 a=3.110nm、c=4.978nm,其结构如图 10-1 所示[1]。强度极大的共价键使得氮化铝具备高熔点,且凭借共价键之共振声子传递热能,使得氮化铝同时具备高热传导特性,为少数具有高热导率的非金属固体,常压下氮化铝无熔点,在 2450℃直接升华。

高纯度氮化铝是无色透明的,但其性质易受化学纯度及密度的影响,晶格中的缺陷如杂质等很容易造成声子散射而使热导率明显降低。组成 AlN 分子的两种元素的原子量小,晶体结构较为简单,形成的 Al—N 键键长短、键能大,而且共价键的共振有利于声子传热机制,使得 AlN 材料具备优异于一般非金属材料的热传导性。此外,AlN 具备高熔点、高硬度、较高的热导率和较好的介电性能。AlN 具有高熔点和较小的自扩散系数,使得纯 AlN 在烧结过程中难以烧结致密化。同时,AlN 对氧有较强的亲和性,容易氧化,在表面形成覆盖的氧化铝薄膜,在粉体状态时,这种现象尤为明显,所以 AlN 粉体通常需要在干燥密封下保存。在烧结过程中氧杂质会固溶进入 AlN 晶格形成 Al 空位,限制了 AlN 晶格中声子的平均自由程,阻碍了声子的传热,导致氮化铝陶瓷热导率降低,其反应公式如下:

$$Al_2O_3(AlN) \longrightarrow 2Al_{Al} + 3O_N + V_{Al} \tag{10-1}$$

式中,Al_{Al} 是 Al_2O_3 中的 Al 占据原来 AlN 晶格中 Al 的位置;O_N 是原来 AlN 晶格中的 N 原子被 O 取代;V_{Al} 为铝空位。

10.1.2 氮化铝陶瓷的基本物化性质

AlN 陶瓷具有高强度、高硬度和高弯曲强度等优异的物理性能,同时具有高温耐腐蚀性,在高温下可与一系列金属(Al、Cu、Ni)以及许多合金(铁质合金和超合金)共存,也能稳定存在于某些特定的熔盐化合物中。AlN 陶瓷的基本性能见表 10-1。AlN 陶瓷的理论密度为 3.26g/cm³,其烧结体的密度与添加助剂的种类、添加量和烧结工艺相关。纯净的氮化铝陶瓷为无色透明,但由于粉体原料中掺入杂质而通常表现为灰白色,莫氏硬度为 7~8,升华分解温度为 2200℃左右。AlN 陶瓷的高温(>800℃)抗氧化性差,易在空气中吸潮、水解。

表 10-1 氮化铝陶瓷的基本性能

性能		指标	备注
热学性能	热导率	理论热导率 320W/(m·K),实际产品热导率 100~260W/(m·K)	为 Al_2O_3 陶瓷热导率的 8~10 倍
	热膨胀系数	$3.5×10^{-6}$/℃(室温~200℃)	与硅($4.4×10^{-6}$/℃)接近
电学性能	绝缘性能	能隙宽度 6.2eV,室温电阻率大于 10^{14}Ω·cm	良好的绝缘体
	介电常数	8.0(1MHz)	与 Al_2O_3 相当
力学性能	室温力学性能	HV=12GPa,E=314GPa,σ=300~500MPa	
	高温力学性能	1300℃下降约 20%	热压 Si_3N_4、Al_2O_3 下降约 50%
其他		无毒(BeO 剧毒)	

AlN 的理论热导率为 320W/(m·K)。实际制备的多晶 AlN 陶瓷体的热导率可达 100~260W/(m·K),单晶 AlN 的热导率可以接近 320W/(m·K)。AlN 的室温热导率为 Al_2O_3 的 8~10 倍,接近于氧化铍[理论热导率 350W/(m·K)],在温度高于 200℃时,导热性能又高于氧化铍。在室温~200℃,AlN 的热膨胀系数为 $3.5×10^{-6}$/℃,与硅的热膨胀系数($4.4×10^{-6}$/℃)相近。纯 AlN 的室温电阻率大于 10^{14}Ω·cm,是一种良好的绝缘材料。其介电常数约为 8.0(1MHz),与 Al_2O_3 相当,介电损耗为 $(3~10)×10^{-4}$(1MHz),绝缘耐压为 14kV/mm。

室温下，致密 AlN 陶瓷的维氏硬度(HV)为 12GPa、杨氏模量 E 为 314GPa、抗弯强度 σ 为 300～500MPa，强度随温度的上升而缓慢下降，1300℃高温强度比室温强度降低约 20%。AlN 具有优良的高温抗腐蚀能力，不被铝、铜、银、铅、镍等多种金属浸润，也能在某些化合物(如砷化镓)的熔盐中稳定存在。AlN 具有强烈的吸湿性，极易与空气中的水蒸气反应。在空气中，AlN 的初始氧化温度为 700～800℃。1 个大气压下，AlN 不会熔化，而是在温度高于 2400℃时发生热分解。

10.1.3 氮化铝陶瓷的导热性能

AlN 陶瓷材料的高热导率在其诸多优良的性能中占有相当重要的位置，因此，AlN 的热导率与结构和工艺方面的关系是 AlN 材料的研究重点。

1. 氮化铝陶瓷的导热机理

当温度分布不均匀时，将会有热能从高温处流向低温处，这种现象称为热传导。热流密度表示单位时间内通过单位截面传输的热能，实验证明热流密度与温度梯度成正比，两者的比例系数称为热传导系数或热导率。AlN 为共价化合物，在 AlN 中没有自由电子的存在，热能的传导是声子作为载体以辐射形式进行的，电子载体的贡献几乎没有，光子载体的贡献则随温度等许多因素变化。研究表明，对理想的 AlN 晶体，其热导率主要由声子平均自由程决定。声子平均自由程的大小基本上是由声子的碰撞或者散射过程决定的。影响热传导性质的声子散射主要有以下四种机制。①声子间的碰撞。声子相互碰撞散射而产生热阻是晶体中热阻的主要来源，高于德拜温度时更为显著。②点缺陷引起的声子散射。点缺陷引起的热阻变化与温度无关。③晶界散射。④位错引起的声子散射。

在实际晶体中，热能在 AlN 晶体中的传播是非谐性的弹性波在连续介质中的传播，存在着声子间的相互作用。声子间相互作用这一散射机制对平均自由程的影响与温度有关，在较高温度下($T>$德拜温度)，声子平均自由程与 T 的倒数成正比，声子的平均自由程随温度升高而减小，而在较低温度范围内，声子的平均自由程将随着温度的降低而迅速增大。

声子受 AlN 晶体的不完整性、各种缺陷、晶界、杂质、位错以及晶体表面等影响也会引起散射，从而影响声子平均自由程的大小，大大降低 AlN 热导率。而且这一类声子散射机制对声子平均自由程的影响也随温度的不同而变化：在较高温度时，晶体不完整性等引起的这一类散射与温度无关；在很低温度下，声子间相互作用的散射机制对声子平均自由程的影响迅速减弱，此时晶体不完整性、缺陷等引起的这类散射机制则直接影响和决定声子平均自由程的大小。

从室温到几百摄氏度的温区内上述四种声子散射机制相互作用，前两者对声子平均自由程的影响均较大。通常声子平均自由程远小于晶粒尺寸，AlN 陶瓷中晶界的厚度也远小于声子平均自由程，不足以使声子发生散射。AlN 为共价化合物，不存在电子散射。对于致密的 AlN 陶瓷，气孔和第二相含量都比较低，声子对它们的散射也不是主要的。可以认为，AlN 热导率主要由晶体缺陷和声子散射控制。

由晶格固体振动理论可知，声子散射对热导率的影响关系为

$$\lambda = (C_V \times V_P \times L_P)/3 \tag{10-2}$$

式中，λ 为材料的热导率，W/(m·K)；C_V 为单位体积的声子热容，J/(K·m³)；V_P 为声子运动速度，m/s；L_P 为声子平均自由程，m。

2. 影响氮化铝陶瓷热导率的主要因素

AlN 热导率主要由晶体缺陷和声子散射控制。影响 AlN 陶瓷热导率的主要因素有晶格的氧含量以及杂质含量、致密度、显微结构和温度等。

1）氧含量以及杂质含量

对 AlN 陶瓷来说，由于它对氧的亲和作用强烈，氧杂质易于在粉体制备、成型和烧结过程中扩散进入 AlN 晶格。氧与多种缺陷直接相关，是影响 AlN 热导率的主要根源。在声子-缺陷的散射中，起主要作用的是杂质氧和氧化铝，由于 AlN 易于水解和氧化，表面形成一层氧化铝膜，氧化铝溶入 AlN 晶格中产生铝空位，其表达式如式(10-1)所示。由于杂质氧原子固溶到 AlN 晶格中形成铝空位，这些铝空位会散射声子，从而大大限制了平均自由程，进而降低热导率。晶格中的溶解氧是降低 AlN 陶瓷热导率的主要原因。有研究表明，晶格中固溶氧含量也决定了所形成缺陷的形式。固溶氧含量较少时（小于 0.75at%，at%为原子数分数），氧原子将取代氮原子的位置，形成铝空位。固溶氧含量较高时（大于 0.75at%），孤立的缺陷产生团聚，形成铝氧原子八面体。固溶氧含量非常高时（远远超过 0.75at%），将形成延展缺陷，如堆垛层错和多型体等。由于铝空位的产生，声子的传播必然受铝空位及其附近形变区的散射，从而对热导率影响很大。外来杂质对 AlN 晶体热导率的影响可由下式表示[2]：

$$W = \frac{W_P + [23.8 \times h \times \delta \times C(a) \times \Gamma(x)]}{(K^2 \times \theta)} \tag{10-3}$$

式中，W 为热阻；W_P 为 AlN 晶体的本征热阻；δ 为相关原子体积的立方根；$\Gamma(x)$ 为杂质浓度是 x 时的声子散射截面；h 为布朗克常量；K 为热导率；θ 为德拜温度；$C(a)$ 为常数。对 AlN 而言，$C(a)=2.35$。声子的平均自由程受到声子和杂质原子之间相互作用的影响，是材料成分的函数，在近等原子成分处，热导率存在极小值。杂质原子造成的声子散射为

$$\Gamma(x) = x \times (1-x) \times \left[\left(\frac{\Delta M}{M}\right)^2 + \varepsilon \times \left(\frac{\Delta \delta}{\delta}\right)^2\right] \tag{10-4}$$

式中，x 为杂质的浓度；$\Delta M/M$ 为质量错配度；$\Delta \delta/\delta$ 为应变错配度；ε 为经验常数(约为40)。

AlN 粉末在潮湿空气中容易水解和氧化，粉末表面总是有一层 Al_2O_3 膜。Al_2O_3 溶入 AlN 晶格中，产生 Al 空位，由于 Al 的原子质量是 26，而 Al 的空位为零，$\Delta M/M=1$。O 的原子质量是 16，N 的原子质量是 14，O 占据 AlN 中 N 的位置时，$\Delta M/M=0.14$。

以上分析表明 O 溶入 AlN 晶格产生 Al 空位，造成强烈的声子-缺陷散射，杂质氧的存在会严重降低 AlN 的热导率。除氧以外，其他杂质元素如 Si、Mn 和 Fe 等，也能进入 AlN 晶格，造成缺陷，降低 AlN 的热导率。杂质进入晶格后，使晶格发生局部畸变，由此产生应力作用，引起位错、层错等缺陷，增大声子散射，故应提高 AlN 粉末的纯度。

2) 致密度

致密度对 AlN 陶瓷的热导率也有重要影响，在 AlN 陶瓷烧结时应采取措施，尽可能实现 AlN 陶瓷的致密化。引入烧结助剂可有效地改善材料的致密度及热导率。碱土或稀土氧化物是比较常见的烧结助剂，烧结助剂可以在较低的温度下与 AlN 表面的 Al_2O_3 反应，实现液相烧结，降低材料的烧结温度，并可加速材料内部的传质过程，促进材料致密化。同时，液相还能够以晶间相的形式析出，降低 AlN 晶格的氧含量，从而提高热导率。

3) 显微结构

AlN 陶瓷的显微组织结构与其热学及力学性能有着直接关系。实际的 AlN 陶瓷为多相组成的多晶体，它主要由 AlN 晶相、铝酸盐第二相（晶界相）以及气孔等缺陷组成。除了对 AlN 的晶格缺陷进行研究外，许多学者还对氮化铝的晶粒、晶界形貌、晶界相的组成、性质、含量、分布以及它们与热导率的关系进行了广泛研究，一般认为铝酸盐第二相的分布对热导率的影响最为重要。Watari 等[3]认为由于声子的平均自由程为 10～30nm，远小于晶粒尺寸，因而热导率 λ 受晶粒尺寸和晶界影响较小。对于烧结致密的陶瓷材料来说，热导率 λ 主要受晶粒内部声子缺陷散射的控制。但也有研究表明晶粒尺寸对热导率有影响[4]。

在实际应用中，为了保证氮化铝陶瓷的烧结致密，常加入各种烧结助剂来降低 AlN 陶瓷的烧结温度，与此同时在氮化铝晶格中也引入了第二相，致使热传导过程中声子发生散射导致热导率下降。而第二相的热导率一般远低于氮化铝的热导率，因此第二相的种类、形态以及分布对 AlN 的热导率影响很大。晶界上第二相的含量和分布状态与烧结助剂的种类、含量密切相关，因此优化晶界上第二相的分布可以大大提高 AlN 陶瓷的热导率。一般来说，第二相在 AlN 晶界有两种分布方式：孤岛状分布在三叉晶界处、网络状连续分布。研究认为，从提高 AlN 陶瓷热导率出发，第二相孤岛状分布于三叉晶界处比位于 AlN 晶界上更有利[5-7]。相对含量较低的第二相将 AlN 晶粒隔开（AlN 晶粒不接触），AlN 陶瓷热导率就会大大下降，如果第二相存在于 AlN 晶粒的三叉晶界处（AlN 晶粒接触），AlN 陶瓷就会有很高的热导率。如果第二相内部连通，将 AlN 晶粒包裹，热导率随第二相数量的增加急剧降低，而当第二相为不连续晶界相时，第二相的量对热导率影响较小。直接接触的 AlN 晶粒比孤立分布的 AlN 晶粒具有更高的热导率，因为连续分布的晶粒为声子提供了更直接的通道。许多研究者采用长时间热处理的方法来完善晶体结构，减少晶界相，提高热导率。

4) 温度

氮化铝陶瓷的热导率随温度的升高而降低。Watari 等[8]系统研究了温度与热导率的关系，结果发现声子-声子之间的散射随温度的升高而增加，声子-缺陷之间的散射随温度的增加而减少。所以在高温区，热导率主要受声子-声子之间的散射控制。在低温区，声子-声子之间的散射减小，而声子-缺陷之间的散射对热导率的影响增大。Watari 等由此得出热导率与温度的关系，低温时，热导率随温度的升高而增大，在 300K 左右达到最大值，随后热导率随温度升高而逐渐降低。有研究指出温度与热导率具有以下关系：

$$\lambda = [A \times (\varGamma T)^{0.5} + B \times T]_{-1} \tag{10-5}$$

式中，λ 为材料的热导率，W/(m·K)；$\varGamma$ 为杂质原子造成的声子散射；T 为温度，K；B 为常数。

式(10-5)表明在温度很高时，$\lambda \propto T^{-1}$，说明声子和缺陷的相互作用对热导率影响较小；在中等温度范围内，$A \times (\varGamma T)^{0.5} \gg B \times T$，热导率主要受声子和缺陷的相互作用控制，且随缺陷浓度的增加而降低。

10.2 氮化铝陶瓷的应用

氮化铝陶瓷因其具有多种优异的性能，目前已经在多个军用和民用领域得到了广泛应用。在民用领域，氮化铝已经在集成电路、汽车、高铁、电力、半导体等方面得到了广泛应用，典型的如集成电路基板、IGBT 控制模块、晶圆加工用静电吸盘、高功率 LED 散热器等。在军用领域，氮化铝已经在航空航天、国防武器、微波雷达等方面得到应用，典型的如船舶导航系统、导弹定位系统、地面雷达系统等。随着 5G 时代、新能源汽车时代以及人工智能时代的来临，氮化铝陶瓷需求极大，除了能用于制作陶瓷基板与电子封装材料外，还适用于制作耐热材料、薄膜材料、复合材料等。

(1) 基板材料和封装材料。高电阻率、高热导率和低介电常数是集成电路对封装用基片的最核心要求。封装用基片还应具备良好的硅片热匹配性、易成型、高表面平整度、易金属化、易加工、低成本等特性和一定的力学性能。大多数陶瓷是离子键或共价键极强的材料，具有较高的绝缘性能和优异的高频特性，同时热膨胀系数与电子元器件非常相近，化学性能非常稳定且热导率高，是电子封装中常用的基片材料。长期以来，绝大多数大功率混合集成电路中的基板材料一直沿用氧化铝和氧化铍陶瓷，但氧化铝基板的热导率低，热膨胀系数和硅不太匹配，氧化铍虽然具有优良的综合性能，但其生产成本较高和含有剧毒的缺点限制了它的应用和推广。因此，从性能、成本和环保等因素考虑，氮化铝陶瓷完全满足现代电子功率器件发展的需要(图 10-2)。

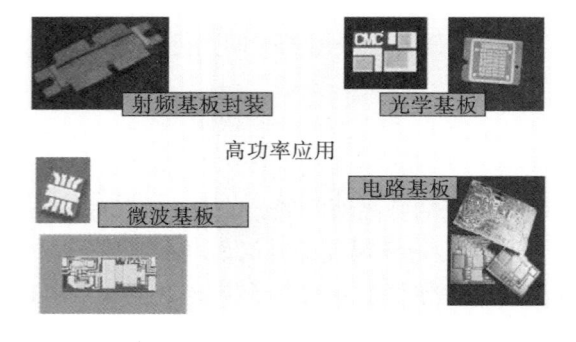

图 10-2 高功率应用的氮化铝陶瓷基板和封装[9]

(2) 耐热材料。氮化铝材料因其优异的绝缘性能和热稳定性能，可用作高温绝缘件。其具有优异的耐腐蚀性能，虽然可被熔融铝浸润，但不会与后者发生化学反应。此外，氮化铝与铝、铜、银、铂等金属和砷化镓等半导体材料熔融液难以浸润，适用于作坩埚、热电偶保护管以及烧结器具；可以在金属熔池内长时间工作而不被腐蚀，也可用作腐蚀性物质的容器和处理器。氮化铝对熔融盐是非常稳定的，可以作为高温气体以及磁流体发电等耐蚀部件使用。氮化铝在真空中蒸气压较低，高温下不易挥发，可用作金等蒸发器。非氧化气氛下直到 2000℃下氮化铝都非常稳定，可作为在非氧化气氛下使用的耐火材料的骨料。

(3) 薄膜材料。电子薄膜材料是微电子技术和光电子技术的基础。近年来，以氮化物为代表的宽禁带半导体材料和电子器件发展迅猛，被称为继以硅为代表的第一代半导体和以砷化镓为代表的第二代半导体之后的第三代半导体。AlN 带隙宽，禁带宽度为 6.2eV，其作为压电薄膜，在机械、微电子、光学，以及电子元器件、声表面波器件制造、高频宽带通信和功率半导体器件等领域有着广阔的应用前景，作为蓝光、紫外发光材料也是目前的研究热点。

(4) 复合材料。氮化铝具有优良的热-力-电综合性能，可以作为添加剂或应用于复合材料的研制，例如以氮化硼作为第二相加入氮化铝基体中可以制备出性能优异的可加工复合陶瓷；具有低介电常数和高导热能力，适合作为微波材料使用。以高导热的氮化铝填充到有机高分子材料中可以制备高导热的有机高分子复合材料，作为封装材料使用。氮化铝增强铜基复合材料具有高导热、高强度和高温强度，提高基体软化温度，相比铜基合金与氧化铝增强铜基复合材料性能更优异，可应用于信息与微电子行业。氮化铝和氮化钛复合陶瓷结合了硬度高、氧化温度高、耐磨性好以及弹性模量高的优点，适用于研磨材料或高温作业材料。氮化铝和铝的复合材料具有强度高、导热性能好等优点，可作为需要优异散热性能的结构材料。

(5) 结构陶瓷材料。添加 TiC、SiC 颗粒或者 SiC 晶须，可以提高 AlN 陶瓷的强度和韧性。目前 Al/AlN、AlN/TiN、AlN/BN 等复合材料的研究已经取得了很大进展。Al/AlN 具有轻质高强度和导热性能好的优点，可用作结构材料。AlN/TiN 具有高的强度和硬度，可用作刀具。与 BN 薄膜复合制备 AlN/BN 陶瓷复合材料，其具有良好的可加工性，可制备具良好导热性能的可加工陶瓷。

10.3 氮化铝陶瓷的制备

10.3.1 氮化铝粉体制备

1. 铝粉直接氮化法

直接氮化法是最早用于制备氮化铝粉末的方法。直接将铝粉放置于高温氮气气氛中，铝粉直接与氮气化合生成 AlN 粉末。反应温度一般为 800~1200℃，反应方程式如下：

$$2Al_{(s)} + N_{2(g)} \longrightarrow 2AlN_{(s)} \tag{10-6}$$

铝与氮气的反应在 500℃左右开始进行，反应为放热反应。铝表面被氧化的一层氧化膜(γ-Al$_2$O$_3$)在 500~600℃下开始发生反应，反应方程式如下：

$$4Al+Al_2O_3 \longrightarrow 3Al_2O \tag{10-7}$$

该反应生成低价铝的氧化物，因为该物质具有挥发性，最后可以去除。当温度接近 700℃时，氮化速率显著加快，颗粒外表面渐渐生成氮化物膜，此时 N$_2$ 难以进一步渗透到内层，使得不能与铝粉充分反应。因此，进行第二次或多次氮化，得到的产物效果更好，即在 800℃下一次氮化反应 1h，得到的产物先经球磨，再在 1200℃下完成二次氮化，能够制备出高纯氮化铝粉体。

铝粉直接氮化法的优点是原料丰富、工艺简单、适宜大规模生产。图 10-3 是德国 Starck 公司和日本东洋(TOYO)公司利用直接氮化法生产的氮化铝粉体的 SEM 图。但是该方法存在明显不足，首先，金属铝在 660℃时开始熔化，但是在大约 700℃才开始与氮气发生反应，因此铝粉在达到合成温度时已经熔化，这造成氮气扩散困难，难以和铝粉充分反应。随着反应的进一步进行，铝粉颗粒表面氮化后形成的 AlN 层也会阻碍氮气向颗粒中心扩散。以上两点原因造成铝粉转化率低，产品质量差。另外，由于铝粉的氮化反应为强放热反应，反应过程不易控制，放出的大量热量容易使铝自烧结，形成团聚。为了提高转化率和防止粉末团聚，反应产物往往需要多次粉碎处理和氮化，延长了工艺周期，提高了生产成本，而且球磨粉碎过程中易带入杂质，影响 AlN 粉末的纯度。因此，传统的铝粉直接氮化法难以制备出高纯度、细粒度的氮化铝粉末。

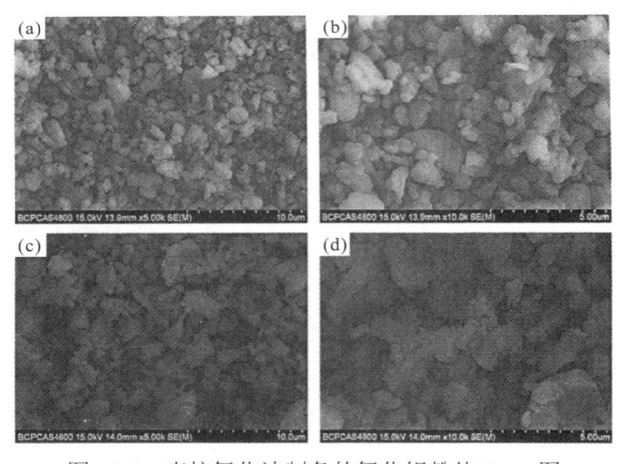

图 10-3 直接氮化法制备的氮化铝粉体 SEM 图

(a)、(b)德国 Starck；(c)、(d)日本东洋

直接氮化法制备的 AlN 粉末颗粒大小不均匀、粒径较粗、纯度不高，无法满足高性能 AlN 陶瓷对原料粉末的要求。提高铝粉的氮化速率和转化率以及消除 AlN 粉末的团聚等方面非常关键[10]。Jiang 等[11]将 NH$_4$Cl 与 KCl 的混合添加剂加入原料中，在流动 N$_2$ 下对铝粉进行氮化，添加剂在升温过程中的分解气化使铝粉呈多孔疏松状，同时可破碎铝颗粒表面的氮化膜，实现铝粉的完全氮化。Pei 等[12]向铝粉中加入碳粉，混合料经球磨、干燥后在 1400℃的 N$_2$ 中氮化，氮化产物经过后期燃烧脱碳，制备纳米级超细 AlN 颗粒，碳

粉的加入起到了吸收剂和阻隔剂的作用。Hotta 等[13]开发的悬浮氮化技术，克服了团聚、反应不完全、粉粒偏大等现象。悬浮氮化法使用流动的氮气运载极细的铝粉颗粒快速通过加热区，在加热区内铝粉颗粒被迅速氮化，一定程度上减少了反应产物的团聚，同时合成的 AlN 粉末颗粒细小、纯度高。若反应的氮源采用氮、氨混合气，不但可以降低反应温度，减小产物的晶粒尺寸，而且可以消除气体中出现 H_2O 的负面影响。日本 TOYO 公司则采用反应后再破碎、热处理的方法，较好地解决了上述问题，并实现了批量化生产。

2. 碳热还原法

Al_2O_3 粉碳热还原法就是将超细 Al_2O_3 粉和高纯度碳粉球磨混合，在氮气氛围中，一定的温度（1400～1800℃）下，利用碳还原氧化铝，与氮气生成 AlN 粉末，其反应式为

$$Al_2O_{3(s)}+3C_{(s)}+N_{2(g)} \longrightarrow 2AlN+3CO_{(g)} \tag{10-8}$$

使用该法需要加入适当过量的碳，既能加快反应速率又能提高 Al_2O_3 粉的转化率，有助于获得粒度均匀、粒径分布适宜的 AlN 粉末。碳热还原法的优点是：原料来源广，适合规模化生产；制备出的粉末纯度高，性能稳定，粒度细小均匀，具有良好的成型、烧结性能，是一种理想的工业化生产 AlN 粉末的方法。该法同时也存在不足，对氧化铝和碳的原料要求比较高，原料难以混合均匀，氮化温度较高，合成时间较长，而且还需对过量的碳进行除碳处理，工艺复杂，制备成本较高。为了降低成本，提高产率和粉末质量，国内外研究者做了大量研究工作，主要集中在原料准备和氮化工艺等方面。具体有：提高 Al_2O_3 粉体与碳源的质量，减小原料粒径，提高原料纯度，采用高活性的原料；反应前在混合粉中加入添加剂；改进碳热还原工艺条件，包括原料的分散与混合、加热方式、原料与气体的接触方式、氮气的流速和压力、二次脱碳处理等。

图 10-4 为碳热还原法制备 AlN 的 SEM 图像。由图像可以明显地看到通过碳热还原法制备的粉末，粒径小、颗粒尺寸均匀、分散性好、有较少的团聚现象，与直接氮化法相比在产物的形貌上具有明显的优势。碳热还原氮化法是工业制备 AlN 的主流方法。

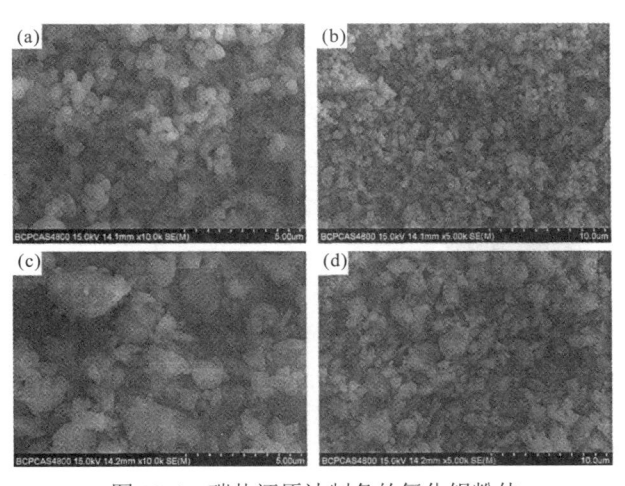

图 10-4 碳热还原法制备的氮化铝粉体

(a)、(b)日本德山；(c)、(d)辽宁德胜

1）助剂的影响

在反应前的混合粉末中加入适当的添加剂可以有效降低反应温度以及反应时间。添加剂一般采用碱土金属及稀土金属的氧化物或氟化物，以 Y_2O_3、CaO 和 CaF_2 最常用。Xiao 等[14]阐明了各种添加剂在氮化反应中所起的作用，将各种添加剂划分为促进作用、无作用、阻碍作用三种类型，并通过实验证明了 CaF_2 是效果最好的添加剂。Wang 等[15,16]具体探究了 CaF_2 对氮化速率的提高、球形形貌的形成和粒度的增长所起到的重要作用，提出了添加剂在氮化反应中的反应机理。Li 等[17]详细研究了 Y_2O_3 对 AlN 制备的影响并提出了相关反应的机理。Molisani 和 Yoshimura[18]则运用多组分添加剂降低 AlN 的反应温度。

2）铝源的影响

碳热还原法中最常采用的铝源为α-Al_2O_3。α-Al_2O_3的晶型稳定，反应活性差，在氮化的过程中需要较高的温度以及较长的反应时间。改变铝源可能会降低反应温度，加快反应速率。Tsuge 等[19]通过对α、β、θ、γ-Al_2O_3等不同晶型的研究表明，γ-Al_2O_3作为铝源时，其反应活性最好，并发现不同铝源的活性依次为：γ-Al_2O_3＞Al(OH)$_3$＞Al_2O_3(α、β、θ)。这是由于 γ-Al_2O_3 的反应活性最高，更容易与碳粉在低温下进行反应。许静等[20]通过对 γ-AlOOH 的活性研究证明 γ-AlOOH 的反应活性高于 γ-Al_2O_3。这会使反应在升温阶段，γ-AlOOH 发生同质多相的转变过程，由此引发的晶格应变和裂纹会导致体积变化，且应变和裂纹提高了颗粒的表面自由能，增加了传质机会，增大了扩散系数，增强了反应活性。表明提高铝源的反应活性是加快反应速率、降低反应温度的可行途径。

3）碳源的影响

实验中常使用的碳源为高纯的炭黑。Lefort 等[21]发现炭黑粉末的粒度对反应速率有直接影响。而吴华忠等[22]则利用活性炭进行代替得到了更好的结果，其原因是活性炭中的微量金属元素会消耗反应产生的 CO 从而加速反应。Wang 等[23]提出使用蔗糖作为碳源来制备 AlN 粉末。蔗糖作为碳源会包裹在 Al_2O_3 表面，形成包裹层，在氮化的过程中蔗糖脱碳形成多孔物质，增加了接触面积，降低了反应温度。葡萄糖、淀粉或者含有氮原子的树脂粉末(如酚醛树脂、尿素、琥珀酸酯等)都可以作为原料进行反应。Qin 等[24]通过对尿素、葡萄糖、水溶性淀粉、炭黑、蔗糖、柠檬酸等不同的碳源进行对比，得到制备有机碳源前驱体的方式比传统的炭黑制备的 AlN 粉末颗粒更小、更均匀。

3. 自蔓延高温合成法

自蔓延高温合成法又称燃烧合成法，是将铝粉在高压氮气中通过相关手段引燃后，利用铝粉和氮气反应产生的热量维持反应自发进行，直到反应结束，即 $2Al+N_2 \longrightarrow 2AlN$。该法的本质与 Al 粉直接氮化法相同，但该法不需要在高于 1000℃的高温下长时间对铝粉进行氮化，除引燃外无需外部热源。其优点是：可快速生产；制备过程能耗低，节能环保；伴随燃烧所产生的高温可将反应物中易挥发的杂质气化并从反应物中移除；可合成各种不同形状结构的产品，如多孔块状物等；可进行适当设计(依不同需求)并与其他制备过程相结合，制备过程的设计空间相当大。另外，自蔓延高温合成法制备氮化铝粉末的过程中，反应升温速度极快(几分钟之内反应温度可高达 2000℃以上)，极易在合成产物中形成高浓度缺陷的非平衡结构。图 10-5 为实验室用自蔓延高温合成法制备的氮化铝粉体。

图 10-5　实验室用自蔓延高温合成法制备的氮化铝粉体[25]

自蔓延高温合成法一方面由于反应迅速，故反应过程不易控制；另一方面该法制备的 AlN 粉体粒径大，需要进行球磨处理从而得到粒径分布均匀的粉体，而且氮化铝粉体纯度普遍低，制作的 AlN 陶瓷热导率偏低，常作为钢铁、橡胶和塑料等行业的添加剂使用。为解决自蔓延高温合成法粉体氮化不完全问题，一般需要加入一定量的合成产物作为稀释剂来降低反应温度，控制反应速度，减少产物团聚现象。在铝粉中混入一定量的氮化铝粉末后，可以有效减少合成产物的团聚，提高合成产物的氮含量。有研究表明，在铝粉中加入一定量的氮化铝粉末作为稀释剂，当稀释剂含量达到或超过 40%时，产物中自由铝基本消失，合成产物的氮含量已基本接近理论值。Hiranaka 等[26]选用具有高比表面积的小粒度铝粉为原料，利用物料反应接触面大而燃烧剧烈的特点，提高铝粉氮化过程中的反应温度，进而有效提高 AlN 产品的氮化率。Sakurai 等[27]通过向体系中添加 H_2-N_2 混合气体和可高温气化的烧结助剂(NH_4F 等)对反应过程进行控制，得到高纯度的小粒度 AlN 粉体。同时，通过控制反应温度及燃烧传播速度的方法来解决粉体团聚的问题。Zakorzhevskii 等[28]将高纯 AlN 粉加入铝粉中作为缓冲剂，在加热到 1250℃后铝粉形成液相薄膜包覆在 AlN 颗粒周围，再经过燃烧合成将铝薄膜氮化，最后得到比表面积为 13m^2/g、氮质量分数为 32.3%、氧质量分数为 2.1%的 AlN 粉体。

4. 化学气相沉积法

化学气相沉积法是一种根据铝源(常使用含铝的挥发性无机化合物)与氮源(常使用氨气)在气态条件下发生化学反应，从气体中沉积出氮化铝的制备方法。

根据热源的不同，化学气相沉积法又可分为等离子体-化学气相沉积法、激光-化学气相沉积法和热化学-气相沉积法等。根据铝源的不同，化学气相沉积法又可分为无机物(卤化铝)-化学气相沉积法和有机物(烷基铝)-化学气相沉积法。无机物-化学气相沉积法是通过蒸发氯化铝($AlCl_3$)使其与氨气(NH_3)充分混合，在 700～1200℃条件下转化成 AlN，反应式为

$$AlCl_3 + NH_3 \longrightarrow AlN + 3HCl \tag{10-9}$$

产物可在蒸馏和升华中得到净化，制得高纯度的氮化铝。

研究表明[29,30]，$AlCl_3$ 与 NH_3 混合时的反应温度会对反应过程中的中间产物有一定影响。

当 $AlCl_3$ 与 NH_3 混合时的反应温度较低时,反应过程中的中间化合物为 $AlCl_3 \cdot NH_3$、$AlCl_2 \cdot NH_2$、$AlCl \cdot NH$ 等;当 $AlCl_3$ 与 NH_3 混合时的反应温度较高时则不会出现这些中间化合物。另外,反应会生成大量 HCl 气体对环境产生一定污染,不能满足大规模工业化生产。

有机物-化学气相沉积法常采用有机铝源(三甲基铝或烷基铝)作为原料,使有机铝源和氮源(氨气)在一定温度条件下发生反应生成氮化铝(用烷基铝则可在更低温度下进行反应)。该方法克服了无机物-化学气相沉积法产物中有 HCl 气体副产物的缺点,从而可以制备出高纯氮化铝粉末。其反应方程式为

$$Al(CH_3)_3 + NH_3 \longrightarrow AlN + 3CH_4 \tag{10-10}$$

$$Al(C_2H_5)_3 + NH_3 \longrightarrow AlN + 3C_2H_6 \tag{10-11}$$

有机铝源的成本较高,粉末价格昂贵,无法适用于工业化生产。

5. 其他制备方法

1) 溶胶-凝胶法

溶胶-凝胶法最早由美国人 Interrente[31] 提出,该方法使用溶胶-凝胶工艺,将三烷基铝盐和氨溶于有机溶剂中进行反应,从而生成烷基铝酰胺中间体,再将其从有机溶剂中分离出来,最后在一定温度下进行加热烘干处理,使其转变为纯度较高的氮化铝。其相关反应过程如下式所示:

$$R_3Al + NH_3 \longrightarrow AlNH_3 \longrightarrow (R_2AlNH_2)_2 \longrightarrow (RAlNH)_x \longrightarrow AlN \tag{10-12}$$

式中,R 可表示不同基团:—CH_3、—C_2H_5、—C_4H_6。

2) 等离子体法

等离子体法是使用直流电弧等离子发生器或高频等离子发生器,通过喷枪使用氮气运输铝粉,将其高速吹入等离子火焰区内(火焰区内温度可高达 8000~10 000℃)。在火焰高温区内 Al 离子与 N 离子迅速反应生成 AlN[32]。其制备过程如下:首先由氩气引弧,然后通过调节等离子发生器的电压和电流使等离子火焰保持稳定,同时通入一定量高纯 N_2。通过高纯 N_2 将熔化态的金属 Al 输送至等离子火焰中心区。金属 Al 被高温蒸发并与 N 离子反应,经成核长大形成 AlN 团聚体。团聚体经过急速冷却后,采用气体旋风分离技术,得到颗粒细小的 AlN 粉末。

使用等离子体法制备氮化铝粉末反应时间极快,一般反应时间小于 2s。等离子体法可制备出粒度细、比表面大、氮含量高、具有良好烧结活性的氮化铝粉末。等离子体法设备昂贵复杂、能耗高,目前日本已率先采用此方法进行工业化生产。

10.3.2 流延成型规模化制备氮化铝陶瓷基板

流延成型可以在工厂化生产条件下快速制备大量大面积、薄且平的陶瓷生坯,流延成型干燥好后的生坯带柔软、具有韧性,可以卷曲保存;具有可连续生产、生产效率高、成型坯体性能可重复性好以及尺寸一致性较高等优点。图 10-6 是氮化铝流延成型工艺流程。

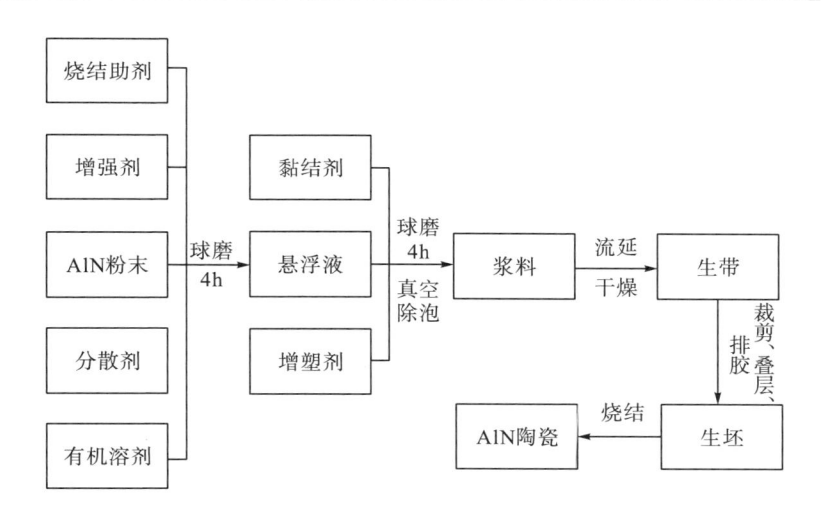

图 10-6　流延成型制备氮化铝陶瓷工艺流程

制备 AlN 陶瓷基片的主要方法是流延成型,且大多数为有机溶剂流延成型。流延成型技术设备简单,有利于连续性操作,基本上实现自动化,生产效率较高,而其制备膜片的成本较低,较适合工业化生产。目前,在工业化生产中,有机溶剂流延成型采用的是具有一定毒性的有机溶剂,如苯、甲苯、二甲苯、丙酮、丁酮等毒性较大的溶剂,对环境的污染较为严重,且危害人体健康。后来,使用醇类的混合溶剂,由于混合溶剂的表面张力与相对介电常数等综合性能优于单一组分,浆料的黏度明显偏低,并且有效地增加黏结剂的溶解度,避免了干燥过程中流延薄片的开裂。稳定浓悬浮体的制备是流延成型出密度高且均匀、结构性能优良的坯体的前提,而溶剂和外加剂(如分散剂、黏结剂等)能够显著影响浆料流变性能,对稳定浓悬浮体的制备有着非常重要的作用。

1. 流延成型制备氮化铝陶瓷发展现状

浆料是先将原粉与溶剂球磨混合,加入合适的分散剂提高浆料悬浮液的稳定性,使粉料在溶剂中均匀分散,避免粉体颗粒发生团聚沉降;然后加入成型添加剂,包括黏结剂、塑性剂等,使干燥后的坯体具有一定强度和柔韧性,减少由于干燥引起的组织应力产生裂纹的影响,并足以应对后续的裁剪、叠层加工,但实际制备过程需要将黏结剂和塑性剂分别在两段球磨过程中添加,这样可以避免发生两种添加剂对粉料的竞争吸附以及两者的互相吸附。制备好的流延浆料经过筛网过滤和真空除泡等处理,流入料槽,从刮刀口流出,被刮刀以一定厚度刮压涂敷在承载基带上,在严格控制温度、气氛的干燥室中完成干燥固化,最后从基带上剥下即得到表面平整光洁且具有良好韧性的流延生坯。通过裁剪、叠层得到符合尺寸形状要求的坯体,最后排胶、烧结得到 AlN 陶瓷基片。

流延成型工艺中可以调节的变量有很多,包括各种添加剂的选择与含量配比、球磨混合的参数制定、浆料黏度的控制与选择、干燥室的温度、气氛乃至气体流速。每一个变量都会直接影响最终烧结基片的性能,流延膜质量的好坏取决于浆料的质量。均一、稳定且具有合适黏度的浆料是至关重要的。

赵芃等[33]以去离子水为溶剂,加入适量的分散剂三乙醇胺、黏结剂 PVA、增塑剂聚乙二醇-400 和邻苯二甲酸丁苄酯、消泡剂 DF001,采用水基流延工艺成功制备了表面光滑、具有较好强度和韧性的氧化锆(TZ-5Y)薄膜。发现聚乙二醇-400 和少量邻苯二甲酸丁苄酯配合使用在水基 PVA 体系中具有较好的增塑效果;PVA 加入的量增多,生坯的强度会增大,但是大于粉体质量的 18%以后,PVA 的聚集反而会使强度降低。

江涛等[34]采用流延成型的方法制备了具一定强度和塑性的碳化硼流延素坯,讨论了分散剂、黏结剂、增塑剂和球磨时间对浆料黏度和流延膜质量的影响。通过改变增塑剂和黏结剂的质量比 R,获得浆料黏度随 R 的变化曲线,发现 R 值越小,浆料的黏度越高,其原因是增塑剂小分子插入黏结剂 PVB 的分子链之间,增加了长链的距离,起到了润滑的作用,从而降低了浆料的黏度,但增塑剂的增加会降低坯片的强度。R 值太小,坯片强度很低;R 值太大,坯片延展性较差,坯片干燥后易产生裂纹。

郭坚等[35]以无水乙醇和异丙醇为混合溶剂,分散剂为磷酸三乙酯(TEP),黏结剂为聚乙烯醇缩丁醛(PVB),增塑剂为邻苯二甲酸二丁酯(DBP),研究了分散剂添加量、Y 值(表示黏结剂和增塑剂质量之比)、固含量及溶剂种类对 AlN 浆料性能的影响。在不添加二甲苯的前提下,当分散剂添加量为 1.0%(质量分数)、Y 值为 0.75 时,制备了固含量为 39.5%(体积分数)的低黏度 AlN 浆料,并利用流延成型制备了 AlN 生坯,在氮气气氛中 1825℃、保温 4h 烧结后得到相对密度为 99.8%、热导率为 178W/(m·K)的 AlN 陶瓷。

涂从红等[36]以 PVB 为研究对象,对 PVB 在流延成型中的溶解性、黏结性以及对氧化铝粉体的分散作用做了详细的实验和理论分析。实验结果表明,PVB 溶于二元混合溶剂乙醇/二甲苯,当乙醇含量为 60%时,PVB 溶液的黏度最小,溶解性最好。这是因为 PVB 与乙醇含量为 60%的混合溶剂的溶解半径 R_a(3.16)最小。PVB 用作黏结剂,当用量为 0.55%,剪切速率为 $50s^{-1}$ 时,系统黏度从 868MPa·s 降到 17MPa·s。PVB 分子中含大量的羟基(—OH)以及自身较大的分子量,决定了它有较强的空间位阻作用。PVB 用作黏结剂,当用量为 8%时,流延生片无明显缺陷,流延浆料黏度较低,成膜性能好。

陈柏等[37]采用非水基流延成型工艺制备 ZrO_2/Al_2O_3(ZTA)陶瓷基片,分析了有机添加剂对浆料流变性能的影响,确定了流延膜片排胶与烧结的温度。结果表明:分散剂三油酸甘油酯(GTO)的分散效果明显优于磷酸三丁酯(TBP),其最佳的分散剂添加量为 4wt%。浆料的黏度随着增塑剂与黏结剂质量比(R)的增大先减小后升高,R 的最佳值为 0.5,最佳固含量为 65%。数据分析说明,当温度为 450℃时,流延膜片内的有机添加剂已经完全分解,当烧结温度为 1620℃时,烧结样品的体积密度达到 $4.23g/cm^3$。

姚义俊和丘泰[38]通过实验发现,氮化铝浆料的剪切应力随分散剂掺量的增加呈现先减小后增大的变化趋势。当分散剂添加量(体积分数)从 1%增加到 2.5%时,各浆料在相同剪切速率下的剪切应力值都减小,浆料流动性变好。但当分散剂添加量(体积分数)由 2.5%增加到 4%时,浆料的剪切应力增大,流动性变差。他们还研究了当固含量一定时,浆料黏度随 R 值(增塑剂与黏结剂质量比)的变化情况。由图 10-7 可见,随 R 值的增大,浆料黏度显著降低。其原因是增塑剂小分子插入黏结剂聚乙烯醇缩丁醛(PVB)高分子链之间,增大了长链的距离,起到了润滑作用,从而降低了黏度。当增塑剂用量超过最佳掺量时,多余的增塑剂小分子将相互缠绕,而使浆料黏度增大,浆料流动性变差,因此 R 的最佳值为 1。

第10章 氮化铝陶瓷

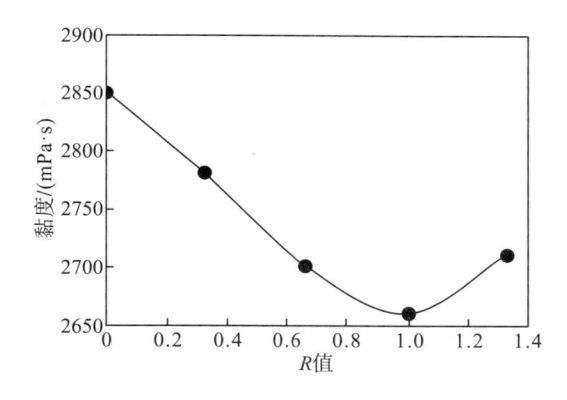

图10-7 氮化铝流延浆料黏度随 R 值的变化规律[38]

桂如峰[39]研究了排胶升温速率对氮化铝陶瓷生坯的影响，将叠层好的 AlN 陶瓷生坯置于箱式炉中在 20~600℃ 进行排胶，将 200~450℃ 的排胶升温速率分别设置为 0.2℃/min、0.5℃/min、1.0℃/min，在 450℃ 保温 3h 后得到的 AlN 陶瓷生坯如图10-8所示。

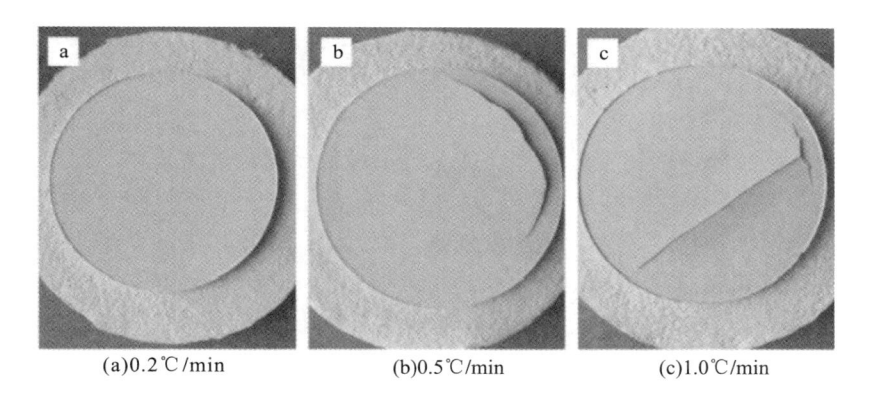

(a) 0.2℃/min
(b) 0.5℃/min
(c) 1.0℃/min

图10-8 不同排胶升温速率对氮化铝陶瓷生坯的影响[39]

吴音等[40]研究了粉料粒度对浆料黏度的影响，从图10-9中可看到，曲线1在任何剪切速率下，它的黏度值总是高于曲线2，这是由于粒度越细，颗粒间的距离越短，因而粉粒间的相互作用力也越大，当两表面之间的距离短到一定程度时，受到范德瓦耳斯力的作用，表面之间将有明显的相互吸引，所以通常随着粉料粒度的减小，浆料的黏度增加。

Kim 等[41]采用流延法制备了 AlN 基片，在空气、氮气、真空和湿氮气环境中，在 300~1000℃ 对 AlN 基片进行脱脂后，测量残碳含量。在 800℃ 的湿氮气气氛中脱脂后，残碳含量为 0.21wt%，1000℃ 氮气气氛中脱脂后的残碳含量为 0.59wt%，700℃ 氮气气氛中脱脂后的残碳含量为 1.1wt%。结果表明，当残余碳含量为 0.2wt% 时，体积密度最高，为 3.22g/cm³，导热系数为 93W/(m·K)，当残余碳含量为 0.59wt% 时，体积密度为 3.21g/cm³，热导率显著提高到 161W/(m·K)。残余碳含量会减少氮化铝晶格中的氧含量，但是会影响氮化铝陶瓷基片的烧结性能，以及降低与金属电极共烧的性能。

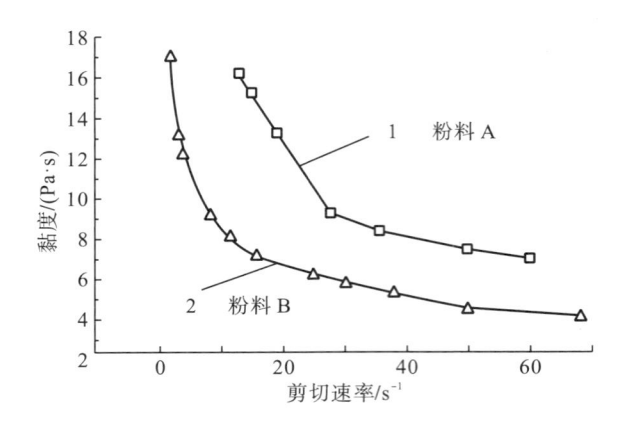

图 10-9　氮化铝粉体粒度与浆料黏度的变化规律[40]

Olhero 和 Ferreira[42]研究了 AlN 水基流延成型浆料的流变性能，使用水分散体聚合物乳液（MDM2）作为黏结剂，p200 和 p400 用作增塑剂。发现随着分散剂添加量的增加，黏度水平降低，流变行为变得更为复杂，特别是在 0.1wt%～0.2wt%的范围内。对于添加量为≥0.2wt%的分散剂，其剪切速率达到 200/s，黏度达到最大值，且随着剪切速率的进一步增大，剪切增稠行为基本不变。

制备高固含量、低黏度的浆料是湿法成型的关键。高固含量的浆料不仅有利于得到致密的 AlN 流延生坯，而且能减少生坯干燥过程中的缺陷。随着浆料固含量的增加，浆料的黏度增加，且增加趋势更显著。固含量越高，单位体积内粉体的含量越高，粉体之间的相互运动越困难，浆料黏度越大。固含量越低，浆料黏度越小，在流延成型过程中，AlN 颗粒越容易沉降，生坯的均匀性越差。固含量较高，浆料的黏度较大，浆料脱泡效果较差，生坯气孔率较高。目前对于氮化铝，固含量在 40%～60%时能够得到浆料黏度较低、流变性较好的浆料。

高性能粉体是流延法制备氮化铝陶瓷基板的关键。氮化铝陶瓷颗粒在液体中的分散一般不稳定也不均匀，微小颗粒具有较大的表面能，有重新聚合成大团聚体的趋势。颗粒团簇的快速沉淀造成了浆料分散不稳定，特别是在水基流延浆料中，粉体颗粒越小，液体悬浮介质的极性越强，则分散效果越差。一定量的团聚体会对流延生坯的性质和进一步加工性能产生不良影响。为了能使成型素坯膜中陶瓷粉体颗粒堆积致密，粉体的尺寸必须尽可能小。但是，颗粒尺寸越小，比表面积越大，浆料制备时所需的有机添加剂越多，使得素坯膜的排胶困难，干燥和烧结后收缩率增大，最终烧结材料的密度降低。对于氮化铝陶瓷颗粒最佳尺寸为 1～4μm，粉体为近球形。

浆料制备工艺也是关键技术，尤其是球磨分散、混合工艺。初次球磨时间为 4～10h 时，浆料的黏度变化较大，这是由于分散剂吸附到粉体颗粒表面需要一个过程，随着粉体颗粒被分散剂吸附，黏度随之下降。球磨时间的进一步延长，使得分散剂在粉体表面的吸附达到平衡，因此，当球磨时间为 10～12h 时，浆料黏度基本不变。球磨超过平衡时间以后浆料黏度有所上升，这是因为颗粒吸收机械能后，比表面积和比表面能均增大，晶体的晶格能迅速减小，在损失晶格能的位置产生晶格缺陷，使得表面不饱和度增大。随着研磨时间的延长及粒度的细化，新表面键力增大，颗粒会重新发生聚结，导致浆料黏度有所上升，不适合流延。

2. 氮化铝流延成型的影响因素

1) 粉体

陶瓷粉体的化学组成和特性影响烧结材料的收缩和显微结构，要严格控制粉体的杂质含量。陶瓷粉体的颗粒尺寸对颗粒堆积以及浆料的流变性能会产生重要影响。陶瓷粉体中不能有硬团聚，否则会影响颗粒堆积以及材料烧结后的性能。粉体的选择必须考虑到以下技术参数：①化学纯度；②颗粒大小、尺寸分布和颗粒形貌、组分的均一性；③规模生产的能力、成本。

氮化铝陶瓷粉体的化学组成和特性会影响甚至能控制最终烧结材料的收缩率和显微结构，必须严格控制陶瓷粉体中的杂质含量。为了得到高热导率的氮化铝陶瓷基片，要求氮化铝粉体的纯度越高越好，粉体纯度大于99%，氧含量要低于1%(日本生产的氮化铝氧含量低于0.8%)，非金属杂质要低于0.1%，金属杂质要尽可能低于500ppm。

氮化铝陶瓷粉料中不能有硬团聚，硬团聚会对颗粒堆积和材料烧结后的性能产生不良影响，而软团聚一般在混合球磨过程中被破坏。氮化铝陶瓷颗粒尺寸的最佳范围一般为1~4μm，比表面积为2~5m^2/g，颗粒形貌以球形为佳。氮化铝粉体批次要稳定，一致性要好，流延浆料要均匀。

2) 溶剂

溶剂作为整个浆料的基础，要求：①溶解黏结剂、增塑剂等添加剂；②使陶瓷粉体颗粒分散均匀；③为浆料提供合适的黏度。按浆料选用的溶剂及有机添加物不同，流延成型分为有机流延体系和水基流延体系。

有机溶剂能够与其他有机添加剂更好地溶合，并且有机溶剂的表面张力小(乙醇23、丁酮23、异丙醇22、二甲苯28，而水的表面张力达到73，远大于有机溶剂)，有机溶剂能够分散更多氮化铝粉体，从而能够实现高固含量、低黏度流延浆料的配制；其次有机溶剂更容易挥发，尤其是采用二元共沸溶剂，可提高流延素坯的干燥速度，提高生产效率。有机流延溶剂多采用乙醇、异丙醇、丁酮、三氯乙烯、甲苯和二甲苯等，最常用的有乙醇/丁酮、乙醇/三氯乙烯、乙醇/甲苯、甲苯/正丁醇等二元共沸溶剂。要综合考虑溶剂成本、最终产品的性能以及优化溶剂的配方，提高固含量，减少溶剂的用量。

第一种环保型溶剂，无添加苯类、酮类有机溶剂的醇类溶剂，如乙醇加异丙醇、无水乙醇和异丙醇等醇类溶剂的表面张力比苯类或酮类溶剂的表面张力小，对AlN颗粒的润湿效果较好，有利于得到高固含量、低黏度的AlN流延浆料。第二种方案是无水乙醇加丁酮组成的弱毒性的二元共沸溶剂，研究表明，"动力学溶剂"(小分子如乙醇)和"热力学溶剂"(酯、酮)的混合物是最有效的，能较好地溶解有机添加剂，最主要是能够迅速蒸发干燥，减少干燥时间。第三种方法是异丙醇加弱毒性的二甲苯组成的二元溶剂，二甲苯和异丙醇混合溶剂的表面张力和相对介电常数等综合性能良好，且沸点低，对分散剂、黏结剂和增塑剂的溶解性能也较佳，适于流延成型。根据预设固含量，添加溶剂的质量分数一般为30%~60%，其中二元溶剂常用的比例为1∶1、1∶1.5、3∶2。

3）分散剂

氮化铝粉料颗粒在流延浆料中的分散均一性直接影响坯片的质量及其烧结特性，进而影响烧结坯片的致密性、热导率、气孔率和机械强度等一系列特性。分散剂在陶瓷浆料制备过程中，发挥着助磨、稀释、稳定分散作用，分散剂的分散效果是决定流延法制备氮化铝陶瓷基片成败的关键。分散剂通过空间位阻和静电位阻两种效应起到分散浆料、减少絮凝的作用。当分散剂用量较小时，粒子表面未被分散剂有效覆盖或吸附层厚度太薄，空间位阻作用较弱，粒子间排斥力较小，表现为氮化铝浆料屈服应力较高，流动性较差。随着分散剂用量的增加，其对粒子的覆盖率或吸附层厚度增加，使氮化铝浆料流动性明显改善，屈服应力不断下降，直至达到最低值，体系稳定性达到最佳。分散剂用量大于氮化铝粉体颗粒饱和吸附量时，过量分散剂会在粒子间架桥而导致絮凝，使浆料的流动性变差。常用的有机溶剂流延分散剂包括许多具有长链的动植物脂肪酸和酯或有机高聚物，如亚麻籽油、鲱鱼油、聚乙二醇、磷酸三乙酯和三油酸甘油酯等，由于鱼油类价格昂贵，成本极高，目前流延制备氮化铝陶瓷基片主要使用的是三油酸甘油酯，加入量为 1%~6%（质量分数），研究表明分散剂加入量在5%左右时，氮化铝浆料有着较好的流变性。

4）黏结剂与增塑剂

黏结剂分散于陶瓷粉粒之间，连接颗粒，使流延片具有一定的强度和可操作性。增塑剂的加入是为了保证素坯膜的柔韧性，降低黏结剂的玻璃化转变温度，使黏结剂在较低温度下，链分子在外力的作用下卷曲和伸展，增加形变量。非水基浆料中常用的黏结剂有PVB、聚丙烯酸甲酯和乙基纤维素等，最常用的增塑剂有聚乙二醇、邻苯二甲酸二丁酯等，它们对浆料流变性的影响作用不甚相同。邻苯二甲酸二丁酯能润滑粉体颗粒，降低浆料黏度，而聚乙二醇则在粉体颗粒间形成有机桥，能增加浆料的黏度。黏结剂和增塑剂需配合使用，常用的黏结剂及增塑剂见表10-2。

表10-2 黏结剂与增塑剂的常用搭配

黏结剂	增塑剂
乙基纤维素	二乙基草酸酯
PVA	甘油、聚乙二醇
PVA+PVC	邻苯二甲酸二丁酯、聚乙二醇
PVB	邻苯二甲酸二丁酯、聚乙二醇、邻苯二甲酸二辛酯
PMMA、PEMA	邻苯二甲酸二丁酯、聚乙二醇
丙烯酸共聚物	丁(基)苄(基)苯二甲酯
乳胶	邻苯二甲酸二丁酯、聚乙二醇、甘油

氮化铝陶瓷基片流延成型中最常用的也是效果比较好的黏结剂与增塑剂的搭配是聚乙烯醇缩丁醛(PVB)与邻苯二甲酸二丁酯、聚乙二醇。流延成型浆料黏度在 1000～3000MPa·s 较合适，黏度太小不适合成型要求，黏度太大不利于干燥时有机溶剂的挥发，考虑 PVB 与邻苯二甲酸二丁酯的添加量主要从两者的比例来计算。在确定固含量的情况下，增塑剂与黏结剂的质量比为 R，随 R 值的增大，浆料黏度显著降低。其原因是增塑剂小分子插入黏结剂聚乙烯醇缩丁醛(PVB)的高分子链之间，增加了长链的距离，起到了润滑作用，从而降低了黏度。当增塑剂用量超过最佳掺量时，多余的增塑剂小分子将相互缠绕，而使浆料黏度增加，浆料流动性变差。根据固含量的变化(40%～65%)，R 值在 0.75～1.2 变化。

5) 浆料流变性能的要求

在氮化铝流延工艺中，浆料的黏度是影响坯片质量、厚度的重要参数之一。黏度是流体剪切应力与剪切速率的比值，是反映浆料内摩擦或黏滞性的特征量，是流体内部阻碍其相对运动的一种特性。浆料黏度的影响因素有很多，如粉料颗粒大小、形状、有机物的种类、配比、球磨情况等。

对浆料而言，常见的流变行为有四种，分别是塑性体型、假塑性体型、牛顿体型和胀流体型。一般希望得到的浆料都是伪塑性(假塑性)的，颗粒由于受到范德瓦耳斯力的作用，团聚呈簇状，团簇之间相互作用形成网络结构，受剪切应力时，这种网络结构被打破，黏度变小。与流延过程结合，当浆料呈现假塑性行为时，在浆料经由刀口到完全流出刀口，剪切速率由大变小，黏度由小变大，这样使得浆料既可以在流过刀口时易于流动，又可以使浆料在流出刀口后流动性迅速下降，便于保持流延坯片的形貌，厚度更容易控制，不易发生流淌现象。因此，流延浆料应为呈现假塑性流体行为的均匀分散浆料。

球磨是获得稳定均匀浆料的关键。球磨的作用是破坏粉体的团聚，减小粉体颗粒大小，改善颗粒匹配，最后提高浆料的均匀性，混合的程序也是关键的一步。通常把粉体浸湿于溶剂和分散剂溶液中，球磨均匀后，添加黏合剂和增塑剂，再混合球磨均匀。有机添加剂的添加顺序非常重要，分散剂必须先加入以防止黏合剂和增塑剂的竞争吸附。固含量必须尽可能高(大于60%)以提高坯片密度，流延后挥发的液相尽量少，以减少收缩；浆料黏度应低到能流过刀口，但如果黏度太低会出现沉积现象。浆料有机添加剂的竞争吸附对浆料的黏度有重要影响。先添加分散剂的浆料黏度较低。分散剂分子强烈吸附在颗粒表面，添加黏合剂和增塑剂后不易解吸(邻苯二甲酸二丁酯有润滑颗粒的作用，减小浆料黏度)。

6) 烧结助剂

纯 AlN 粉末的烧结温度非常高，非常难以烧结致密。在烧结中，由于 AlN 对氧有强烈的亲和力，部分氧会固溶入 AlN 的晶格中，从而形成铝空位。烧结助剂的选择方向，主要是亲氧型烧结助剂，比如碱土金属氧化物(氧化镁、氧化钙、氧化铝、氧化锶、氧化锂等)、稀土氧化物(La_2O_3、Y_2O_3、Dy_2O_3 等)。其中稀土氧化物拥有非常好的驱氧能力，比如 Y_2O_3 的驱氧能力强，稳定性好，在烧结过程中，与 AlN 颗粒表面的 Al_2O_3 结合生成一种或多种钇铝酸盐($Y_3Al_5O_{12}$、$YAlO_3$ 和 $Y_4Al_2O_9$)，由于这些钇铝酸盐不稳定，最终在氮气氛围下会生成 AlN。虽然稀土氧化物的驱氧能力非常好，但是稀土氧化物促进氮化铝陶瓷致密化烧结能力较弱，通常需要搭配低熔点的碱土金属氧化物，比如常用的 CaO、MgO 能够在较低温度与 Al_2O_3 反应形成液相，促进致密化烧结，降低烧结温度。除此之外，还可以搭配无氧烧结助剂如氟化钙、氟化钇等，也能够得到致密度非常高的氮化铝陶瓷。

7) 其他添加剂

(1) 润滑剂。主要用在水基流延体系中，可以改善水对陶瓷粉体的润湿性以及浆料的分散均匀性，缩短混料时间，提高素坯表面性能。润滑剂一般是一些溶于溶剂的表面活性剂，如甘油三酸酯、磺酸盐和磷酸盐等。

(2) 均质剂。可以提高浆料组分之间的相互溶解度并防止浆料表面形成硬皮，如环己酮。

(3) 消泡剂。在球磨搅拌的过程中，浆料中会产生气泡，一般消除气泡是通过消泡剂和机械搅拌的共同作用来完成的。目前常用的消泡剂包括矿物类消泡剂、聚醚类消泡剂和有机硅类消泡剂、醇类消泡剂(正丁醇)。

8) 生坯的干燥

有机溶剂相比水基流延浆料的溶剂水，其饱和蒸气压更大、挥发性更强、坯片的干燥速度更快。但这种过快的干燥速率与坯片厚度方向上溶剂分子的迁移速率不在一个数量级，这将造成坯片内外浓度差，足以产生使坯片表面开裂的组织应力。流延坯片只有面向空气的一侧发生溶剂的挥发，而另一面由于面对着承载膜带，溶剂无法有效挥发。所以在干燥过程中坯片会在厚度方向上存在干燥不均匀，导致生坯的应力分布不均匀，容易开裂产生缺陷。解决办法：向流延机干燥室中通入流动的溶剂蒸气，减缓整体干燥时间。溶剂气氛下干燥可以使坯片干燥最初阶段的溶剂蒸发速率变慢，为溶剂分子向外侧迁移提供时间。

9) 生坯的排胶

排胶过程中发生着剩余溶剂的挥发和其他有机添加剂的软化、裂解、碳化或挥发等一系列反应，而坯体中的基体材料 AlN 粉体成型并不致密。快速脱除的有机物还可能在坯体中留下较多气孔，影响排胶坯体的机械强度，排胶升温过程中的热应力变化还会对脆弱的坯体造成损害。

氮化铝陶瓷生胚的排胶主要分为三个阶段，如图 10-10 所示。从室温到 100℃ 之间，主要是溶剂的蒸发，生坯质量降低；180~460℃，样品的质量发生急剧降低，主要是氮化铝生坯中分散剂、黏结剂、增塑剂的排出；温度升高到 500℃ 以后，样品的质量趋于稳定，排胶过程基本结束。180~450℃ 温度区间发生了坯体绝大部分的质量损失，高温下有机添加剂的软化分解挥发会在氮化铝坯体内部遗留大量空洞，而粉料颗粒填补空洞的速度远小于有机添加剂分解挥发的速度。因此在质量损失最严重的 200~450℃，排胶升温速率应尽可能慢，同时需要在 450℃ 处设置一个升温平台，即保温一段时间，让质量损失的坯体完成有机物的脱去和坯体自身的致密化，不会发生整体结构的翘曲和损伤。图 10-11 是根据热重分析后设计的排胶工艺曲线。

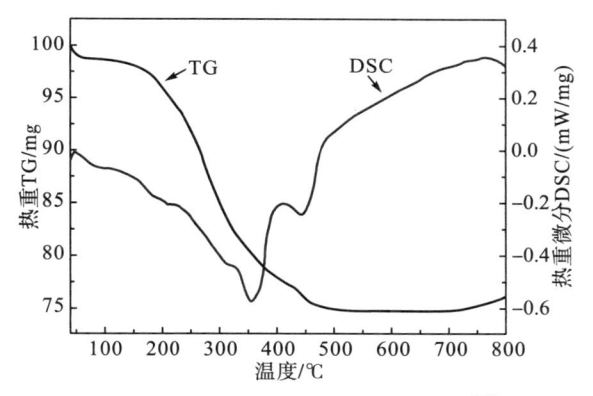

图 10-10 流延生坯的 TG-DSC 曲线[39]

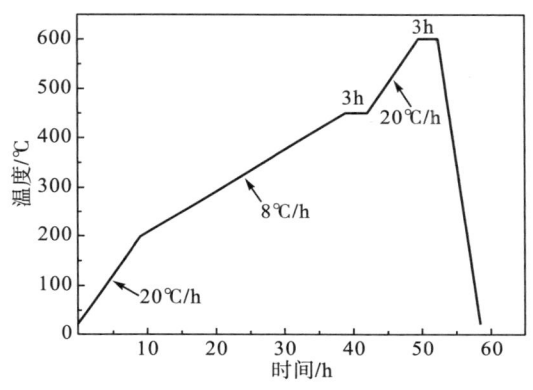

图 10-11 氮化铝生坯排胶升降温曲线[39]

10.3.3 氮化铝陶瓷的烧成

AlN 陶瓷烧结助剂有 CaO、Li$_2$O、B$_2$O$_3$、Y$_2$O$_3$、CaF$_2$ 以及 CeO$_2$ 等。助剂材料在烧结过程中首先与表面的 Al$_2$O$_3$ 结合生成液相铝酸盐，在黏性流动作用下，加速传质，晶粒周围被液相填充，原有的粉料相互接触角度得以调整，填实或者排出部分气孔，促进烧结。烧结助剂可与氧反应，降低晶格氧含量。纯氮化铝在 1900℃保温 8h 后，气孔的存在使热导率仅为 114W/(m·K)。加入 4wt%的 Y$_2$O$_3$ 后，该参数提高至 218W/(m·K)。通过多组元协同作用，可进一步实现 AlN 陶瓷低温烧结。以 Dy$_2$O$_3$-CaF$_2$ 为烧结助剂，陶瓷烧结温度能降至 1800℃，热导率保持在 169W/(m·K)。以 Dy$_2$O$_3$-Li$_2$O-CaO、Y$_2$O$_3$-CaO-Li$_2$O 三元物为烧结助剂，1600℃均可致密，热导率分别为 163W/(m·K)、135W/(m·K)。以 MgO-CaO-Al$_2$O$_3$-SiO$_2$ 玻璃为烧结助剂，热导率不及原来的 1/2[43]。周和平等[44]以 B$_2$O$_3$-Y$_2$O$_3$ 为烧结助剂进行无压烧结，在 1850℃下获得了密度为 3.26g/cm^3、热导率达 189W/(m·K) 的 AlN 陶瓷。中国科学院上海硅酸盐研究所在 AlN 粉体中添加 5%的 LiO$_2$ 和 0.5%的 CaF$_2$，在 1675℃下保温 6h 得到了密度为 3.29g/cm^3、热导率为 97W/(m·K) 的 AlN 陶瓷。无压烧结所需要的设备比较简单，所需要的温度较高，时间长，烧结致密度相对较低，但是氮化铝陶瓷烧结批次较稳定，适用于工业化生产中低端的氮化铝陶瓷产品。

热压烧结由于加热加压同时进行，粉料处于热塑性状态，有助于颗粒的接触扩散、流动传质过程的进行。热压烧结能降低烧结温度，缩短烧结时间，从而抑制晶粒长大，得到晶粒细小、致密度高和力学、电学性能良好的产品。热压烧结无需添加烧结助剂或成型助剂，可生产超高纯度的陶瓷产品。热压烧结的缺点是过程及设备复杂、生产控制要求严格、模具材料要求高、能源消耗大、生产效率较低、生产成本高，且只能制备形状不太复杂的样品。热压烧结得到的氮化铝陶瓷致密度要高于常压烧结。刘海华[45]研究了添加剂氧化钇的含量和粒径、热压烧结的温度和保温时间对氮化铝陶瓷密度和热导率的影响，发现在添加剂粒径为 0.5~1.0μm、添加量为 1.5wt%、烧结温度 1820℃、保温 5h 时得到的氮化铝热导率最高，约达到 160W/(m·K)。黄小丽等[46]分别采用常压法和热压法来制备氮化铝陶瓷并对其微观结构进行分析，结果表明热压烧结获得的氮化铝陶瓷结构致密。在相同情况下，热压烧结的 AlN 陶瓷中第二相的体积分数低于常压烧结的氮化铝陶瓷。热压烧结获得的氮化铝陶瓷中晶格氧含量也同样低于常压烧结获得的氮化铝陶瓷，其热压烧结获得的氮化铝陶瓷热导率为 200W/(m·K)。黄小丽等[47]采用复合烧结助剂 Y_2O_3-CaC_2 在1850℃、25MPa 压力下保温 4h 获得热导率为 223W/(m·K)的氮化铝陶瓷。匡加才等[48]以 Y_2O_3-B_2O_3-CaF_2 和 YF_3-B-CaF_2 为烧结助剂，在温度为 1750℃、压力为 35MPa 的条件下保温保压 2h 获得了致密度 98.8%、热导率 95W/(m·K)的氮化铝陶瓷。佛山市陶瓷研究所股份有限公司分析了振动烧结原理及振动烧结控制原理后，自主研发了一款专门针对难烧结陶瓷(如氮化铝、氮化硅等)的新型烧结设备，即振动热压烧结炉。在高温烧结的同时，施加一定的主压力和一个可调频、调幅的振动压力，通过两种压力的叠加，促使材料在烧结过程中加速流动、重排、致密化。振动辅助热压烧结后，高温退火热处理清除杂质相，AlN 陶瓷可以用于高功率 LED 器件的散热基板。

SPS 过程可以看作是颗粒放电、导电加热和加压综合的结果。He 等[49,50]等运用 SPS 技术，在 1730~1800℃下保温数分钟即得到接近理论密度的 AlN 烧结体。刘军芳[51]使用 SPS 对在不同烧结温度、不同升温速率、不同保温时间和不同气氛下烧结 AlN 陶瓷进行了研究，在 1730℃时即获得高致密度的氮化铝陶瓷。Qiao 等[52]利用 SPS 技术，在 1600℃下烧结 5min，得到致密度达 99.5%的烧结体。烧结体的热导率为 56W/(m·K)，低于使用传统方法制备的 AlN 陶瓷。他们认为这是由于 SPS 造成晶粒十分细小而限制了烧结体的热导率。Khor 等[53]利用 SPS 技术烧结纯 AlN 粉末及添加了 CaF_2 的 AlN 粉末。结果表明，对于纯的 AlN 陶瓷，其热导率受密度影响很大，热导率值随着相对密度值的上升而上升，在 1700~1800℃烧结 5min 得到的 AlN 烧结体的热导率达到极值，约为 60W/(m·K)。对于添加 CaF_2 的 AlN 粉末，其烧结体的热导率与密度也有类似的关系，但在 1700℃以上的烧结温度，热导率有显著提高。添加 3wt% CaF_2 的 AlN 粉末在 1800℃下烧结 5min 得到的烧结体热导率为 129W/(m·K)。

微波烧结是利用在微波电磁场中材料的介电损耗使材料整体加热至烧结温度而实现烧结的技术。徐耕夫等[54]利用微波烧结工艺对添加 3wt% Y_2O_3 的氮化铝粉末进行了烧结，在 1600℃保温 4min 得到致密度达 98.7%的烧结体，且内部晶粒细小、结构均匀。卢斌等[55]采用高纯微米级氮化铝(AlN)粉，在 1700℃、2h 的微波低温烧结工艺条件下制备出透明度较高的 AlN 透明陶瓷。结果表明，采用微波低温烧结工艺制备的 AlN 透明陶瓷晶粒尺寸细小（<10μm），晶粒发育完善且分布均匀，晶界平直光滑且无第二相分布。

10.4　氮化铝陶瓷基板

微波功率放大器（power amplifier，PA）是未来武器装备的发展重点，它的特点是频率高、功率大、可靠性要求高。微波功率放大器的多层封装，若采用高导热的氮化铝材料，其热导率高、热膨胀系数匹配，并能满足 200W 以上的输出功率。未来的微波功率放大器封装将全面采用氮化铝陶瓷材料。图 10-12 即为功率放大器所用的氮化铝陶瓷封装。

图 10-12　功率放大器所用氮化铝陶瓷封装[11]

多芯片模块（multichip module，MCM）是一种能够满足军事和航空电子装备高可靠、高性能和小型化要求的先进微电子元件。而随着元件密度的升高、功率的增大，散热已经成为关键的技术。MCM-C 型的基板材料是多层陶瓷，它是制造 MCM-C 的基础。将氮化铝用于 MCM 中，其高导热将能大大降低元件内部热问题的产生。图 10-13 即为用于 MCM 的氮化铝陶瓷基板。光通信对于高性能的电子封装，要求有完美的热稳定性和高频、高功率的特点。由 Dupont 公司研发的一种新的氮化铝厚膜体系，比其传统的薄膜金属化系统，具有低成本和高散热的特点。一般的厚膜基板可用于氧化铍陶瓷的替代。但将氮化铝用于激光二极管载体时，其高的散热和热稳定性以及热膨胀匹配特性，可保护有源元件，提高其可靠性，比起氧化铍陶瓷又便宜又不具有毒性。图 10-14 为二极管组装后的结构。

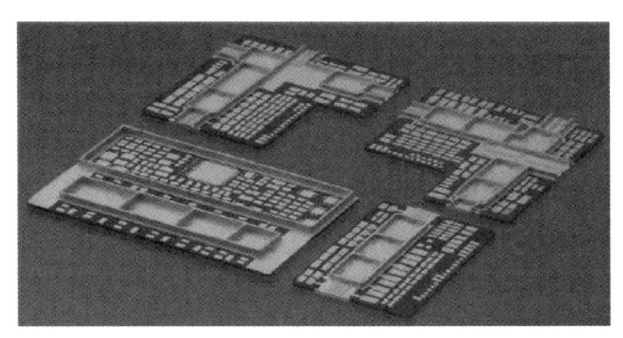

图 10-13　用于 MCM 的氮化铝陶瓷基板

图 10-14 激光二极管组装结构

光通信中的蝶形封装外壳材料以往均采用 Kovar 合金材料，但因 Kovar 合金材料的热导率较差，所以后来人们改用 W-Cu 合金材料。W-Cu 合金材料尽管热导率高，但其热膨胀系数高于半导体材料，且 W-Cu 为导体，对电绝缘不好，重量非常重。利用氮化铝作为蝶形封装的外壳材料，不仅质轻、热膨胀系数接近 Si 及其他半导体材料，而且不需要复杂的加工，大大降低了成本。而其热导率高和电绝缘的特性，又可使 Si 芯片直接封装于氮化铝上，并将热量快速带走。图 10-15 为氮化铝蝶形封装外壳。

图 10-15 氮化铝蝶形封装

LED 是一种将电转化成光的半导体芯片，科学研究表明只有 20%的电能有效转化为光能，其余全部以热量的方式散失，假如没有合适的方式使热量迅速散失，将会导致灯具的工作温度急剧升高，从而造成 LED 的寿命显著缩短。陶瓷电路板的应运而生，使得 LED 灯这一散热问题得到了有效的解决，尤其是 AlN 陶瓷基板的应用。在 LED 的封装中，其生成的热量迅速传递到高热导率的 AlN 陶瓷基板，达到快速散热的目的，能有效减少器件损坏，更好地维持寿命。除此之外，陶瓷基板表面的金属膜层还能够提高 LED 的亮度。图 10-16 为 LED 在氮化铝基板上封装的效果图。使用氮化铝作 LED 封装具有以下优点：①耐热性佳，导热性好，可以增加 LED 的使用寿命；②可以做较薄的 LED 封装；③表面镀层可增加 LED 的亮度。

板上芯片封装(chips on board，COB)是指利用黏结剂黏接或钎焊方式将芯片直接连接到 PCB 板上，再通过引线键合的方式，实现芯片之间或芯片与 PCB 板之间的电气互连，最后在芯片上通过点胶方式直接涂覆荧光粉胶进行包封的封装方式。如图 10-17 所示为陶瓷基板 COB 封装 LED。COB 封装与传统的 LED 封装方式相比，可以实现性能参数相同的多颗芯片的集成封装，减少了芯片与基板间的热沉材料、焊料和外壳材料等花费。同时，这种封装方式大大简化了 LED 的封装工艺、提高了系统的封装密度，有效降低了整个系统的热阻。此外，该封装模式的形状、大小具备很强的灵活性，可以根据不同需求进行个性化设计，被认为是未来大功率 LED 封装的主流形式。

图 10-16　氮化铝 LED 封装　　　　图 10-17　陶瓷基板 COB 封装 LED

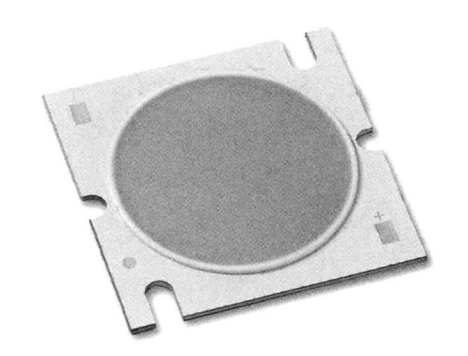

10.5　氮化铝陶瓷的共性难点

高质量氮化铝粉体及氮化铝陶瓷基板的国产化仍需要投入更大关注。氮化铝陶瓷基板行业具有批量化生产能力的企业主要集中在日本，日本企业在国际氮化铝陶瓷基板市场中处于垄断地位。此外，中国台湾地区也有部分产能。随着中国电子信息产业快速发展，技术水平不断提高，国内市场对氮化铝陶瓷基板的需求快速上升，在市场的拉动下，进入行业布局的企业开始增多。2013~2017 年，随着我国电子、通信、汽车、医疗、能源等多个领域的发展，中国氮化铝进口数量和进口金额均呈现不断增长的态势。其中，2013 年中国氮化铝进口数量约 30t，进口金额约 3000 万元；2017 年，氮化铝进口数量超过 50t，进口金额近 4500 万元；2020 年后氮化铝进口量超过 100t。中国进口的氮化铝产品主要来自日本，主要企业为日本德山化工，德山化工生产的氮化铝占据了中国市场 60% 以上的份额。我国从日本等国家进口的氮化铝相对于国产氮化铝商品化程度较高，产品稳定性、精细化程度较好，因此其价格相对较高。2017 年，我国进口高纯氮化铝粉末价格仍是国产普通氮化铝粉末价格的 3 倍左右。

预计未来几年，中国氮化铝市场需求量保持 30% 以上的速度增长。IGBT 是传统工业控制及电源行业的核心元器件，氮化铝陶瓷基片具有耐磨损、绝缘、寿命长、导热性好的优点，未来将广泛应用于 IGBT 行业。受益于新能源汽车和工业领域的需求大幅增加，中国 IGBT 市场规模将持续增长，到 2025 年，中国 IGBT 市场规模将达到 522 亿元，年复合增长率达 19.11%。随着 LED 照明产品，特别是户外大功率照明、汽车照明产品对散热要求的不断提升,氮化铝陶瓷拥有极好的散热性能,使得需求量逐年快速增长。国内LED照明陶瓷基板市场超200亿元/年。

高质量氮化铝陶瓷粉体是制约整个氮化铝陶瓷发展的关键因素。目前市售氮化铝粉体含氧量普遍偏高,导致氮化铝基片热导率降低。氮化铝粉体制备要突破低成本制备粒径分布小(1~2μm)、含氧量低(小于0.8%)、杂质含量低(低于0.1%)、比表面积大于$2.6m^2/g$的氮化铝粉体,需要投入的成本较高,对于普通陶瓷厂家门槛较高。低成本制备高质量的氮化铝粉体仍然是氮化铝陶瓷行业的重难点。氮化铝粉体的自扩散系数低,导致其致密化烧结困难,烧结温度需要在1850~2000℃才能致密化烧结,导致氮化铝陶瓷的烧结成本高。此外,氮化铝陶瓷烧结后,良品率较低,目前行业内良品率平均约为70%。尤其是氮化铝陶瓷基板在烧成后容易发生翘曲、开裂、孔隙等多种缺陷,对于翘曲件需要进行二次打磨、抛光,严重影响了氮化铝陶瓷基板的良品率,以及增加了制造工艺步骤。氮化铝陶瓷粉体易水解生成拜耳石,故不适宜用水基流延法制备,但是有机流延成型制备氮化铝陶瓷需要用到大量的有机添加剂(醇类、苯类溶剂),造成对生产环境的污染。其次,直接流延成型制备氮化铝陶瓷基板的厚度很难超过1.3mm,需要通过多层生坯叠压工艺来增加基板的厚度,难点就是氮化铝流延浆料的固含量低(质量分数一般在50%~60%),需要研究开发新的添加剂搭配,来保证浆料有较好流动性的同时具备较高的固含量。氮化铝结构件的断裂韧性仍需要大幅度提高。

10.6 本章小结

本章主要讲述了氮化铝陶瓷,包括氮化铝陶瓷的性质、应用、制备方法和市场前景;阐述了氮化铝陶瓷的导热机理以及影响氮化铝陶瓷热导率的主要因素;氮化铝陶瓷粉体常见的制备方法,包括直接氮化法、碳热还原法、自蔓延高温合成法、化学气相沉积法等,以及国内在粉体制备方面的研究成果。重点阐述了流延成型法制备氮化铝陶瓷基板,从添加剂的选择到成型的方法。最后阐述了氮化铝陶瓷常见的烧结方法,包括无压烧结、真空热压烧结、放电等离子体烧结、微波烧结。氮化铝陶瓷具有导热系数非常高的技术优势,是非常重要的一类先进陶瓷,在高新技术领域应用广泛。

参 考 文 献

[1] 陈淑文. AlN粉体的合成与烧结机制研究[D]. 杭州: 浙江工业大学, 2015.

[2] Harris J H, Youngman R A, Teller R G. On the nature of the oxygen-related defect in aluminum nitride[J]. Journal of Materials Research, 1990, 5(8): 1763-1773.

[3] Watari K, Kawamoto M, Ishizaki K. Sintering chemical reactions to increase thermal conductivity of aluminium nitride[J]. Journal of Materials Science, 1991, 26(17): 4727-4732.

[4] Enloe J H, Rice R W, Lau J W, et al. Microstructural effects on the thermal conductivity of polycrystalline aluminum nitride[J]. Journal of the American Ceramic Society, 1991, 74(9): 2214-2219.

[5] Buhr H, Muller G. Microstructure and thermal conductivity of AlN (Y_2O_3) ceramics sintered in different atmospheres[J]. Journal of the European Ceramic Society, 1993, 12(4): 271-277.

[6] Yu Y D, Hundere A M, Hier R, et al. Microstructural characterization and microstructural effects on the thermal conductivity of AlN (Y_2O_3) ceramics[J]. Journal of the European Ceramic Society, 2002, 22(2): 247-252.

[7] Tajika M, Matsubara H, Rafaniello W. Effect of grain contiguity on the thermal diffusivity of aluminum nitride[J]. Journal of the American Ceramic Society, 1999, 82(6): 1573-1575.

[8] Watari K, Ishizaki K, Tsuchiya F. Phonon scattering and thermal conduction mechanisms of sintered aluminium nitride ceramics[J]. Journal of Materials Science, 1993, 28(14): 3709-3714.

[9] 何庆. 纳米氮化铝粉末的制备、烧结及性能研究[D]. 北京: 北京科技大学, 2020.

[10] Weimer A W, Cochran G A, Eisman G A, et al. Rapid process for manufacturing aluminum nitride powder[J]. Journal of the American Ceramic Society, 1994, 77(1): 3-18.

[11] Jiang H, Kang Z, Xie Y, et al. Synthesis of aluminum nitride powder by aluminum powder direct nitridation[J]. Chinese Journal of Rare Metals, 2013, 37(3): 396-400.

[12] Pei X M, Ying D, Nan C W. Preparation of ultrafine AlN powders via nitridation of aluminum powders[J]. Bulletin of the Chinese Ceramic Society, 2001, 20(4): 49-51.

[13] Hotta N, Kimura I, Ichiya K, et al. Continuous synthesis and properties of fine AlN powder by floating nitridation technique[J]. Journal of the Ceramic Society of Japan, 1988, 96(1115): 731-735.

[14] Xiao J, Zhou F, Chen Y B. Preparation of AlN powder by microwave carbon thermal reduction[J]. Journal of Inorganic Materials, 2009, 24(4): 755-758.

[15] Wang Q, Ge Y Y, Cui W, et al. Carbothermal synthesis of micro-scale spherical AlN granules with CaF_2 additive[J]. Journal of Alloys and Compounds, 2016, 663: 823-828.

[16] Wang Q, Cao W B, Kuang J L, et al. Spherical AlN particles synthesized by the carbothermal method: Effects of reaction parameters and growth mechanism[J]. Ceramics International, 2018, 44(5): 4829-4834.

[17] Li F, Liang Q, Zheng J, et al. Phase, microstructure and sintering of aluminum nitride powder by the carbothermal reduction nitridation process with Y_2O_3 addition[J]. Journal of the European Ceramic Society, 2017, 38(4): 1170-1178.

[18] Molisani A L, Yoshimura H N. Low-temperature synthesis of AlN powder with multicomponent additive systems by carbothermal reduction-nitridation method[J]. Materials Research Bulletin, 2010, 45(6): 733-738.

[19] Tsuge A, Inoue H, Kasori M, et al. Raw material effect on AlN powder synthesis from Al_2O_3: carbothermal reduction[J]. Journal of Materials Science, 1990, 25(5): 2359-2361.

[20] 许静, 强金凤, 王瑞娟, 等. 复合软模板法可控制备红毛丹状 $AlOOH/Al_2O_3$ 纳米材料[J]. 物理化学学报, 2013, 29(10): 2286-2294.

[21] Lefort P, Tetard D, Tristant P. Formation of aluminium carbide by carbothermal reduction of alumina: role of the gaseous aluminium phase[J]. Journal of the European Ceramic Society, 1993, 12(2): 123-129.

[22] 吴华忠, 黄雅丽, 郑惠榕. 碳热还原法合成氮化铝陶瓷粉末的研究[J]. 佛山陶瓷, 2005, 15(8): 3-6.

[23] Wang Q, Kuang J L, Jiang P, et al. Carbothermal synthesis of spherical AlN particles using sucrose as carbon source[J]. Ceramics International, 2018, 44(3): 3480-3483.

[24] Qin M L, Du X L, Wang J, et al. Influence of carbon on the synthesis of AlN powder from combustion synthesis precursors[J]. Journal of the European Ceramic Society, 2009, 29(4): 795-799.

[25] 曹冲. 氮化铝燃烧合成的过程优化及其生长机理研究[D]. 南昌: 江西科技师范大学, 2018.

[26] Hiranaka A, Yi X M, Saito G, et al. Effects of Al particle size and nitrogen pressure on AlN combustion synthesis[J]. Ceramics International, 2017, 43(13): 9872-9876.

[27] Sakurai T, Yamada O, Miyamoto Y. Combustion synthesis of fine AlN powder and its reaction control[J]. Materials Science and Engineering: A, 2006, 415(1/2): 40-44.

[28] Zakorzhevskii V V, Borovinskaya I P, Sachkova N V. Combustion synthesis of aluminum nitride[J]. Inorganic Materials, 2002, 38(11): 1131-1140.

[29] Liu Z J, Dai L Y, Yang D Z, et al. Synthesis of aluminum nitride powders from a plasma-assisted ball milled precursor through carbothermal reaction[J]. Materials Research Bulletin, 2015, 61: 152-158.

[30] 田桔, 竹下幸俊, 山根昭. AlN 粉末的制备研究[J]. 日本窑业协会学术论文志, 1987, 95(2): 274-276.

[31] Interrente L V. Carpenter proceedings of the materials research society symposium[C]. Pittsburgh, PA: Materials Research Society, 1986.

[32] 禹争光, 扬邦朝. 等离子法制备氮化铝粉末原料的研究[J]. 硅酸盐学报, 2002, 30(S1): 96-97.

[33] 赵芃, 谢光远, 宗红军, 等. 氧化锆 PVA-水基流延成型工艺研究[J]. 硅酸盐通报, 2016, 35(10): 3336-3339.

[34] 江涛, 魏红康, 汪长安. 碳化硼非水基流延成型工艺的研究[J]. 稀有金属材料与工程, 2015, 44(S1): 787-790.

[35] 郭坚, 孙永健, 张洪武, 等. 流延成型用 AlN 无苯浆料的制备及其性能研究[J]. 电子元件与材料, 2015, 34(8): 69-72.

[36] 涂从红, 吴黎, 朱丽慧, 等. 聚乙烯醇缩丁醛溶液组分对 Al_2O_3 流延成型的影响[J]. 硅酸盐通报, 2011, 30(3): 625-628, 651.

[37] 陈柏, 杨建, 郭林, 等. 非水基流延法制备 ZrO_2/Al_2O_3 陶瓷基片[J]. 中国陶瓷, 2016, 52(9): 80-83.

[38] 姚义俊, 丘泰. 氮化铝陶瓷浆料流变性能的研究[J]. 材料工程, 2006, 34(9): 10-13.

[39] 桂如峰. 氮化铝陶瓷的流延成型及烧结体性能研究[D]. 武汉: 华中科技大学, 2019.

[40] 吴音, 缪卫国, 周和平. AlN 基片流延浆料粘度的研究[J]. 电子元件与材料, 1996, 15(6): 21-24.

[41] Kim S Y, Yeo D H, Shin H S, et al. Effects of debinding process on properties of sintered AlN substrate[J]. Ceramics International, 2019, 45(14): 17930-17935.

[42] Olhero S M, Ferreira J M F. Rheological characterisation of water-based AlN slurries for the tape casting process[J]. Journal of Materials Processing Technology, 2005, 169(2): 206-213.

[43] Lee H J, Kim S W, Ryu S S. Sintering behavior of aluminum nitride ceramics with $MgO-CaO-Al_2O_3-SiO_2$ glass additive[J]. International Journal of Refractory Metals and Hard Materials, 2015, 53: 46-50.

[44] 周和平, 缪卫国, 吴音. $B_2O_3-Y_2O_3$ 添加剂对 AlN 陶瓷显微结构及性能的影响[J]. 硅酸盐学报, 1996, 24(2): 146-151.

[45] 刘海华. 热压烧结氮化铝陶瓷制备工艺的研究[D]. 福州: 福州大学, 2018.

[46] 黄小丽, 马庆智, 李发, 等. $CaO-Y_2O_3$ 添加剂对 AlN 陶瓷显微结构及性能的影响[J]. 无机材料学报, 2002, 17(2): 277-282.

[47] 黄小丽, 郑永红, 胡晓青. 复合助剂 $Y_2O_3-CaC_2$ 对氮化铝陶瓷热导率的影响[J]. 兵器材料科学与工程, 2005, 28(5): 4-6.

[48] 匡加才, 李益民, 黄伯云, 等. 热压烧结 AlN 陶瓷[J]. 稀有金属材料与工程, 2008, 37(S1): 236-239.

[49] He X L, Ye F, Zhang H J, et al. Study on microstructure and thermal conductivity of spark plasma sintering AlN ceramics[J]. Materials Science and Engineering B, 2003, 31(9): 4110-4115.

[50] Risbud S H, Groza J R, Kim M J. Clean grain boundaries in aluminium nitride ceramics densified without additives by a plasma-activated sintering process[J]. Philosophical Magazine B: Physics of Condensed Matter, 2016, 69(3): 525-533.

[51] 刘军芳. 放电等离子烧结法制备氮化铝透明陶瓷[D]. 武汉: 武汉理工大学, 2002.

[52] Qiao L, Zhou H P, Li C W. Microstructure and thermal conductivity of spark plasma sintering AlN ceramics[J]. Materials Science and Engineering B, 2003, 99(1/2/3): 102-105.

[53] Khor K A, Cheng K H, Yu L G, et al. Thermal conductivity and dielectric constant of spark plasma sintered aluminum nitride[J]. Materials Science and Engineering A, 2003, 347(1/2): 300-305.

[54] 徐耕夫, 李文兰, 庄汉锐, 等. 氮化铝陶瓷的微波烧结研究[J]. 硅酸盐学报, 1997, 25(1): 89-95.

[55] 卢斌, 赵桂洁, 彭虎, 等. 微波低温烧结制备氮化铝透明陶瓷[J]. 无机材料学报, 2006, 21(6): 1501-1505.

第 11 章　微波介质陶瓷

微波介质陶瓷(microwave dielectric ceramics，MWDC)是指应用于微波电路中起到对电磁波的传输、反射、吸收从而达到对微波调制作用的一种电介质材料，具有介电常数大、介电损耗低、谐振频率温度系数小等特点，可以制成介质稳频振荡器、介质谐振器、介质波导传输线、介质滤波器、双工器、微波介质天线等，广泛应用于微波技术中的各个领域。随着 5G 移动通信、雷达、卫星直播电视、全球卫星定位系统等微波应用技术的迅速发展，微波器件集成化、小型化和低成本化已成为微波技术发展的必然趋势，微波介质陶瓷的需求迎来爆发式增长。

11.1　陶瓷介质谐振器

谐振器是在微波频率下工作的谐振元件，是一个由导电壁(或导磁壁)包围的，并能在其中形成电磁振荡的介质区域，具有储存电磁能及选择频率信号的特性，如图 11-1 所示。

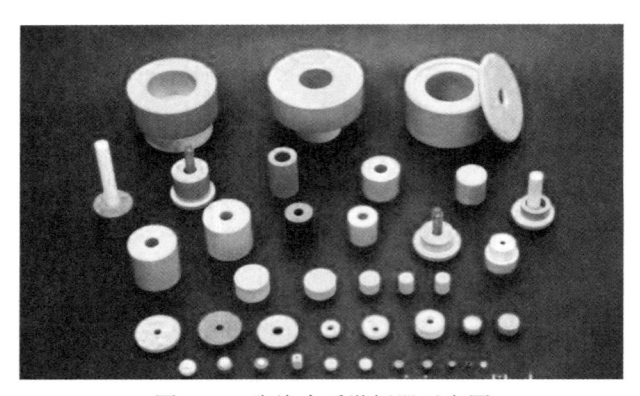

图 11-1　陶瓷介质谐振器示意图

谐振器和低频 LC 谐振回路具有相似的振荡物理过程，两者的主要区别在于：LC 振荡回路只有一个振荡模式和一个谐振频率，而谐振腔有无限多个振荡模式和谐振频率，即谐振腔具有多频谐振的特性。由于不存在辐射损耗，谐振腔的品质因数 Q 值比 LC 回路高得多。因此在微波频段，LC 谐振回路势必被谐振器所取代。微波谐振器分为两大类：一类是传输线型谐振器，另一类是非传输线型谐振器。非传输线型谐振器是由特殊的空腔构成的，主要用于各式各样的微波电子管中，如速调管、磁控管等，作为这些微波电子管的腔体。而传输线型谐振器是由一段规则波导传输线构成，如圆柱形腔、矩形腔、同轴腔、介质腔及微带腔等。

传输线型的介质谐振器主要用于制造滤波器和振荡器等，是微波集成电路的重要器件。过去稳定的振荡器是通过采用体积庞大的同轴空腔谐振器制得的，其中空腔谐振器由热稳定性好的金属镍铁合金制成。介质谐振器的出现为设备向着小型化方向发展提供了可靠的方法。与金属空腔谐振器相比，陶瓷介质谐振器有以下特征。

(1) 体积小，其体积约为金属空腔谐振器的 $1/\varepsilon_r^{1/2}$。

(2) Q 值高。

(3) 温度稳定性好。

(4) 谐振频率容易调节。

(5) 容易激励，同其他线路耦合简单。

最简单的电介质谐振器是一个相对介电常数为 ε_r 的陶瓷圆柱体，其 ε_r 很高，足以使得电介质-空气界面上发射的电磁波仍维持在体腔内。稳定电磁波的波长 λ_d 接近于圆柱体的直径 D，即 $\lambda_d \approx D$。假设谐振频率为 f_0，在自由空间中，$f_0 = c/\lambda_0$，其中 c 和 λ_0 分别为真空中的传播速度和波长。在非磁性电介质中，$\lambda_d = \lambda_0/\varepsilon_r^{1/2}$，则：

$$f_0 = \frac{c}{\varepsilon_r^{1/2}\lambda_d} = \frac{c}{D\varepsilon_r^{1/2}} \tag{11-1}$$

如果温度发生改变，ε_r 和 D 的改变将导致谐振频率 f_0 也随之变化。将式(11-1)对温度求偏导，得

$$\frac{1}{f_0}\frac{df_0}{dT} = -\frac{1}{D}\frac{dD}{dT} - \frac{1}{2}\frac{1}{\varepsilon_r}\frac{d\varepsilon_r}{dT} \tag{11-2}$$

式中，$\frac{1}{f_0}\frac{df_0}{dT}$ 是谐振频率的温度系数 τ_f；$\frac{1}{D}\frac{dD}{dT}$ 是热膨胀系数 α；$\frac{1}{\varepsilon_r}\frac{d\varepsilon_r}{dT}$ 是介电常数的温度系数 τ_ε。代入式(11-2)得

$$\tau_f = -\left(\alpha + \frac{1}{2}\tau_\varepsilon\right) \tag{11-3}$$

式中，α 一般为 6～9ppm/℃。

11.2 微波介质陶瓷的种类和介电性能

微波是指频率介于 300MHz～3000GHz，波长介于 1m～0.1mm 的电磁波。在整个电磁波频谱中，微波处于超短波和红外波之间。微波频段的划分见表 11-1。

表 11-1 微波频段的划分

频段名称	频率范围	波段名称	波长范围
特高频(UHF)	300～3000MHz	分米波	$(10～1)\times10^{-1}$ m
超高频(SHF)	3～30GHz	厘米波	$(10～1)\times10^{-2}$ m
极高频(EHF)	30～300GHz	毫米波	$(10～1)\times10^{-3}$ m
极超高频	300～3000GHz	亚毫米波	$(10～1)\times10^{-4}$ m

与普通的无线电波相比,微波的频率高,可用频带宽,信息容量大,可以实现多路通信;微波的波长短,可以用较小的尺寸做出增益高、方向性强的天线,有利于微弱信号的接收;微波的外来干扰小,通信质量高;微波能穿透高空的电离层,适用于宇宙通信和卫星通信等。鉴于微波的这些特点,微波技术在通信领域的应用有着广阔的前景。

11.2.1 微波介质陶瓷的研究现状及发展趋势

1939年斯坦福大学的Richtmyer[1]从理论方面对非金属电介质材料进行了分析,从而证明非金属材料能被用作介质谐振器。20世纪60年代,Hakki和Coleman[2]探索了评价材料的方法,研究了测定微波陶瓷材料介电性能参数的有效方法(Hakki-Coleman谐振腔法)。Okaya和Barash[3]对有着高介电常数的TiO_2单晶材料进行了研究,并在研究过程中再次发现介质材料中的谐振现象,并将TiO_2材料制作成了介质谐振器。但是TiO_2的τ_f值非常大,这使得TiO_2所制成的介质谐振器的温度稳定性非常差,发生了严重的偏移现象,限制了其商业实用化。1968年,Cohn[4]借助TiO_2材料制成了介质滤波器,但是同样受限于TiO_2陶瓷极差的温度稳定性,该滤波器装置难以稳定运行。20世纪70年代,O'Bryan等[5]制备出具有高介电、低损耗和较高温度稳定性的$BaO-TiO_2$陶瓷材料。Bell实验室[6]研制出了性能极好的$Ba_2Ti_9O_{20}$陶瓷。后来用这两种性能良好的陶瓷制作的介质谐振器被人们使用于电路中,这意味着介质谐振器开始走向实用化,也为微波介质材料的发展奠定了基础。日本村田公司[7]生产了具有良好微波介电性能的$(Zr,Sn)TiO_4$系列陶瓷,由于其温度的稳定性,可大规模进行商业化生产,微波介质陶瓷进入了商业化应用阶段。

日本和美国对陶瓷材料的研究远早于国内,它们对微波介质陶瓷材料的研发处于领先地位。如日本村田公司、美国Narda Microwave West公司、德国Epcos公司等代表了当代微波介质陶瓷材料和器件的发展水平。相对而言,我国所研发的微波介质陶瓷材料尚不能满足国内生产的需要,许多关键性的高品质陶瓷材料仍需进口。因此,我国仍需加强微波介质陶瓷材料的研发和生产,以满足国家科技发展的需要。

随着通信系统的飞速发展以及人们对手机、电脑等移动通信和办公设备小型化、轻便化的要求,应用于其中的电子元器件必须向小型化、低功耗以及高的温度稳定性方向发展。因此,为了满足器件小型化、低功耗、使用温区宽等技术要求,微波介质陶瓷材料需要具备高介电常数、高品质因数、近零的τ_f值。为了得到满足未来通信技术需要的微波介质陶瓷,目前关于微波介质陶瓷的研究通常从下面几个方向入手。

(1) 高性能陶瓷材料机理研究。深入研究微波介质陶瓷的极化机理与材料损耗之间的关系,分析材料气孔、物相结构和微观组织等对微波介电性能的影响。从理论基础上了解改善陶瓷微波介电性能的依据,并根据该理论设计相应的实验,验证理论。最后利用该理论指导并研发出多种具有优异性能的介质陶瓷新材料。

(2) 探索具有极好介电性能的陶瓷材料新体系。根据元素周期表中各元素的本征特性关系,探索新型微波介质陶瓷材料体系,并期望其具有较好的微波介电性能,以满足5G及未来6G通信技术的发展要求。

(3) 开发新型材料合成技术,改进现有制备工艺,在获得性能更为优异的微波介质陶瓷材料的同时大幅降低成本。一般而言，大幅度改进微波陶瓷材料的合成工艺能够使陶瓷材料的性能明显提高。高能球磨法制备出的陶瓷样品 $Li_3Mg_2NbO_6$，其性能远远优于通过传统固相法制备出的 $Li_3Mg_2NbO_6$ 微波介质陶瓷样品[8]。由于陶瓷的介质损耗主要来源于非本征损耗，通过改善陶瓷材料的制备工艺，提高样品的致密性，使基体气孔减少、晶粒尺寸分布更加均匀，减小杂相产生的概率，进而提高微波介质陶瓷材料品质因数。

(4) 降低陶瓷材料的烧结温度，满足低温陶瓷共烧技术(low temperature co-fired ceramics，LTCC)的要求。当代的微波通信系统越发要求微波器件集成化和小型化，并要求其成本较为低廉。因此，可以使器件高度集成的 LTCC 技术越来越受到人们的重视。LTCC 技术是将陶瓷材料作为生坯基板，将电容、电阻、滤波器等元器件集成于陶瓷基板上，以银、铜等金属作为内外电极，通过低温共烧能实现器件集成化。由于 LTCC 技术需要与银(熔点 T_m=961℃)等低熔点电极共烧，因此要求器件具有低的烧结温度。此外，较低的烧结温度还具有抑制某些基板成分高温下挥发或发生化学反应，减少能源消耗等优点。作为通信系统的关键器件，微波介质滤波器以及微波介质谐振器都是由微波介质陶瓷材料制成的。为了使器件集成化且低功耗，需要材料满足高的介电常数以及低的介质损耗等性能要求。但是一般同时满足有着较高的介电常数以及较高 Q 值的微波介质陶瓷材料，其烧结温度一般较高，不能满足 LTCC 技术的应用，使其无法应用在小型化和集成化的现代无线移动通信设备中。

(5) 利用离子置换、复合等多种方式对现有微波介质陶瓷材料体系的性能进行改善。器件的小型化、轻量化对微波介质陶瓷材料的性能有着极其严苛的要求。采用离子置换等手段提高陶瓷材料的品质因数有着极其重要的意义。与高介电常数的材料进行复合，能够得到具有较高介电常数的复合陶瓷材料。此外，两相复合还可以得到具有近零 τ_f 值的复合陶瓷，使陶瓷材料的温度稳定性有着极大的改善。Wu 等[9]采用传统固相法合成了 $Ca_3Al_2O_6$ 陶瓷，并对其微波介电性能进行了系统研究。研究发现，当烧结温度为 1425℃时，其性能：ε_r=14.5，$Q×f$= 24 500GHz，τ_f=-354～-322ppm/℃，这是极少 τ_f 能达到-300ppm/℃以上的微波介质陶瓷，对调整其他正 τ_f 材料具有重要意义。

11.2.2 微波介质陶瓷的种类和体系

按物相组成不同，微波介质陶瓷材料包括纯相陶瓷和复相陶瓷两类。按照材料组分差异，微波介质陶瓷材料可由钛酸盐、钒酸盐、铌酸盐等构成。根据微波介质陶瓷烧结温度的高低，材料被划分成超低温、低温、高温、超高温四类。按照介电常数范围，微波介质陶瓷可由低介、中介和高介电陶瓷组成。

图 11-2 为微波介质陶瓷材料的介电常数 ε_r 与品质因数 Q 的关系[10]。

1. 低介电常数微波介质陶瓷

通常将介电常数低于 20 的一类陶瓷称为低介电常数微波介质陶瓷，这类陶瓷一般具有很高的 Q 值。低介电常数的微波介质陶瓷体系主要有：Al_2O_3 系、钛酸镁系、复合钙钛矿系[A($B_{1/3}B'_{2/3}$)O_3]、AWO_4 系(A 为 Ba、Mg、Ca、Zn、Sr 等二价金属离子)、R_2BaCuO_5(R

为 Y、Sm、Yb 等）、Zn_2SiO_4 等。

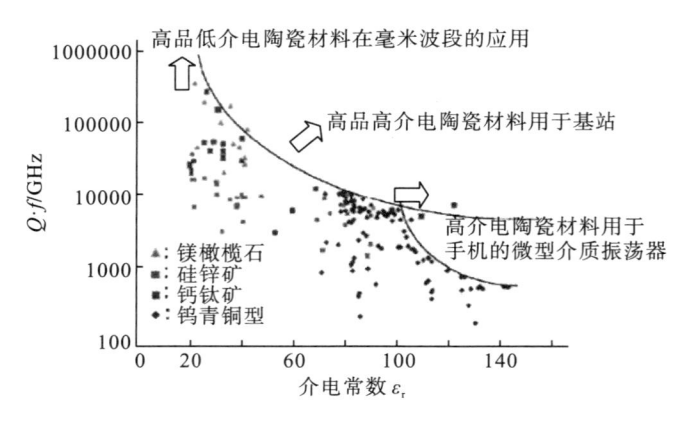

图 11-2　介电常数与 $Q·f$ 的关系[10]

（1）Al_2O_3 系[11]。氧化铝是刚玉型结构，具有高熔点、高热导率、低介电常数（$\varepsilon_r=10$）、高 $Q×f$ 值的陶瓷材料，常用于元器件封装和介质基板。其介电损耗跟许多因素有关，其中材料的纯度是最重要的因素，金属及碱金属离子能显著恶化微波介电性能，少量 TiO_2 的加入可以提高其品质因数，气孔率和晶粒尺寸也是损耗大小的显著影响因素，与此同时，烧结温度也是影响陶瓷性能的重要因素。在氧化铝体系中，为了得到较高的微波介电性能，需要抑制 Al_2TiO_5 相的出现，$0.9Al_2O_3$-$0.1TiO_2$ 经过退火，Al_2TiO_5 分解为 Al_2O_3 和 TiO_2，其 $\varepsilon_r=12.4$，$Q×f=117\,000GHz$，$\tau_f=1.5ppm/℃$。当加入 La-B 玻璃，在 950℃烧结成瓷时，$\varepsilon_r=8.4$，$Q×f=12\,400GHz$。T2000 是摩托罗拉公司开发的一种基于氧化铝的低温共烧陶瓷，其性能 $\varepsilon_r=9.1$，$Q×f=2500GHz$，τ_f 接近于 0。

（2）钛酸镁系[12]。钛酸镁系陶瓷常用于电容器和谐振器，$MgTiO_3$ 具有较低的介电常数和很低的损耗值（$<10^{-4}$），且其价格低廉。钛酸镁系陶瓷具有三种相：$MgTiO_3$、Mg_2TiO_4、$MgTi_2O_3$，前两者微波介电性能较好而 $MgTi_2O_3$ 性能较差，制备过程中希望尽量避免。由于钛酸镁的谐振频率温度系数为负，需要引入一种正温系数的陶瓷对其进行调节，一般使用 $CaTiO_3$ 有较好效果，并且为了降低其烧结温度，使用降烧剂也是必要的。以 95%$MgTiO_3$-5%$CaTiO_3$ 为基料，2wt% B_2O_3 为降烧剂时，1200℃烧结 $Q×f$ 值可以达到 62\,000GHz。$SrTiO_3$ 也可以用来提高其谐振频率温度系数，当 $SrTiO_3$ 掺入量为 0.036mol 时，在 1270℃保温 2h，$(1-x)MgTiO_3$-$xSrTiO_3$ 体系可获得近零的温度系数，介电性能如下：$\tau_f=1.3ppm/℃$，$\varepsilon_r=20.76$，$Q×f=71\,000GHz$*。Yu 等[13]采用固相反应制备了具有超高品质因数和温度稳定性的 $Mg_6Ti_5O_{16}$ 基陶瓷，系统研究了 Ca^{2+} 对 $Mg_6Ti_5O_{16}$ 陶瓷相组成、显微组织和微波介电性能的影响。研究发现该陶瓷由 $MgTiO_3$、$MgTi_2O_4$ 和 $CaTiO_3$ 组成，通过添加 Ca^{2+} 可以有效提高 $Mg_6Ti_5O_{16}$ 陶瓷的微波性能。当 Ca^{2+} 的含量为 0.35wt%时，介电性能如下：$\tau_f=3.0ppm/℃$，$\varepsilon_r=19.87$，$Q×f=100\,432GHz$。

---

* Cho W W, Kakimoto K I, Ohsato H. Microwave dielectric properties and low-temperature sintering of $MgTiO_3$-$SrTiO_3$ ceramics with B_2O_3 or CuO[J]. Materials Science and Engineering B, 2005, 121(1/2): 48-53.

(3) 复合钙钛矿系[A($B_{1/3}B'_{2/3}$)O_3][14]。在钙钛矿结构ABO_3中使用一部分其他离子取代B位离子可以构成本体系的复合钙钛矿结构，本体系的微波介质陶瓷主要用于较高频的微波频段（>10GHz），在该频段下，复合钙钛矿系列的微波介质陶瓷具有极低的介质损耗，常用于制作该频段下的谐振器与滤波器。A位离子一般是Ca、Sr、Ba等离子，B位离子的比例也能影响其τ_f值。例如以Ba($Zn_{1/3}Ta_{2/3}$)O_3、Ba($Mg_{1/3}Ta_{2/3}$)O_3和Ba($Zn_{1/3}Nb_{2/3}$)O_3为代表的材料，其中Ba($Zn_{1/3}Ta_{2/3}$)O_3在12GHz的条件下，其$Q×f$值为14 000GHz，Ba($Mg_{1/3}Ta_{2/3}$)O_3的微波介电性能最好，$Q×f$值达到300 000GHz。由于B位离子的比例也能影响其τ_f值，因此本体系陶瓷的谐振频率温度系数的调节常常使用复合调节法，即使用两种或多种B位离子比例不一样的材料，进行混合，使其谐振频率温度系数相互补偿。例如松下公司推出的Ba($Zn_{1/3}Ta_{2/3}$)O_3-Ba($Zn_{1/3}Nb_{2/3}$)O_3材料，前者τ_f=0ppm/℃，后者τ_f=28ppm/℃，通过复合就能够得到τ_f值为0~28ppm/℃的材料。

(4) AWO_4系[15]。钨酸盐中研究得较多的是$CaWO_4$，1300℃烧结时，其ε_r=9~10，$Q×f$>70 000GHz，τ_f=-50~-40ppm/℃。Mg_2SiO_4的加入可以将$CaWO_4$的烧结温度从1300℃降低至1200℃，其性能为ε_r=10，$Q×f$=129 858GHz，τ_f=-49.6ppm/℃。在低温烧结时，Bi-B降烧剂具有很好的效果，加入适量的Bi-B之后，$CaWO_4$能够在850℃烧结成瓷，其ε_r=8.7，$Q×f$=70 220GHz，τ_f=-15ppm/℃。由于$CaWO_4$具有负的τ_f值，因此需要加入TiO_2、$CaTiO_3$、$SrTiO_3$等正温度系数的材料，以将其τ_f值调节至零附近，典型情况下74%$CaWO_4$：26%TiO_2在1300℃烧结时，其性能为ε_r=17.84，$Q×f$=27 000GHz，τ_f=0。

(5) R_2BaCuO_5系[16]。本体系中Y_2BaCuO_5是常见的材料，其性能为ε_r=9.4，$Q×f$=3831GHz，τ_f=-35ppm/℃，使用Sm、Nd、Yb等元素取代Y，有利于提高材料的$Q×f$值和改善τ_f值，用Zn、Mg取代一部分Cu，也能得到较好的效果。$Y_2Ba(Cu_{0.5}Mg_{0.2})O_5$的性能：$\varepsilon_r$=9.53，$Q×f$=42 287GHz，$\tau_f$=-38.8ppm/℃。$Sm_2Ba(Cu_{0.5}Zn_{0.5})O_5$性能：$\varepsilon_r$=13.42，$Q×f$=65 741GHz，$\tau_f$=-6.38ppm/℃。

(6) Zn_2SiO_4系[17]。Zn_2SiO_4属于硅锌矿结构，常被用于制作介质基板，高温烧结并经过冷等静压处理时，Zn_2SiO_4具有非常好的微波介电性能。在1280~1340℃烧结时，其ε_r=6.6，$Q×f$=21 900GHz，但是其τ_f负得较多，达到-61ppm/℃。TiO_2常常用于往正向调节其τ_f，添加11wt%的TiO_2后，$Q×f$值为113 000GHz，τ_f=1ppm/℃。$Zn_{1.8}SiO_{3.8}$陶瓷在1300℃烧结时，ε_r=6.6，$Q×f$=147 000GHz，τ_f=-22ppm/℃。B_2O_3可用于降低其烧结温度，使其适用于LTCC工艺，当加入20mol% B_2O_3，900℃烧结时，其微波介电性能优异：ε_r=5.7，$Q×f$=53 000GHz，τ_f=-16ppm/℃。

2. 中介电常数微波介质陶瓷

中介电常数微波介质陶瓷通常是指介电常数为20~70的一类陶瓷，这类陶瓷主要有BaO-TiO_2体系、(Zr,Sn)TiO_4系等，通常具有优异的微波介电性能，被广泛应用于各类微波器件之中。

BaO-TiO_2体系的陶瓷材料有着很长的发展历程，在微波领域应用范围也很广泛。其中，$BaTi_4O_9$、$Ba_2Ti_9O_{20}$以及$BaTi_5O_{11}$的综合微波介电性能优异。根据报道，$BaTi_2O_{20}$在1300℃烧结时的介电性能为[18]：ε_r=37，$Q×f$=22 700GHz，τ_f=15ppm/℃，因其优异的微

波介电性能而被广泛用作微波陶瓷材料。Zhou等[19]研究报道，通过加入CuO，可以用固相法合成BaTiO$_3$陶瓷，并具有优良的微波介电性能：ε_r = 41.2，$Q \times f$ = 47 430GHz，τ_f = 36ppm/℃。BaO-TiO$_2$系陶瓷具有性能优异稳定、应用广泛、价格便宜等优点，因此国内外学者相继对其进行了各种研究。通过掺杂ZnO、Ta$_2$O$_5$、SnO$_2$、MnO、ZrO$_2$、Nb$_2$O$_5$等可以有效改善BaO-TiO$_2$系陶瓷的微波介电性能。如掺杂WO$_3$的BaTi$_4$O$_9$陶瓷[20]在1400℃的氧气中烧结2h获得BaO-4TiO$_2$-0.1WO$_3$，其$Q \times f$值显著提高，并且τ_f值趋近于0，微波介电性能为：ε_r = 36，$Q \times f$ = 50 400GHz，τ_f = −0.5ppm/℃。2006年，Belous等[21]对BaZn$_2$Ti$_4$O$_{11}$陶瓷的介电性能进行了研究报道，在1200℃烧结后可获得优异的介电性能：介电常数ε_r = 30，$Q \times f$ = 68 000GHz，τ_f = −30ppm/℃。BaZn$_2$Ti$_4$O$_{11}$陶瓷具有负的τ_f，通过ZnO掺杂可以有效调节BaTi$_4$O$_9$陶瓷的谐振频率温度系数τ_f，从而获得更加近零的τ_f。从Belous等的研究中发现，ZnO掺杂还可以降低BaO-TiO$_2$系微波介质陶瓷烧结温度。余盛全[22]使用CuO对BaTi$_4$O$_9$-BaZn$_2$Ti$_4$O$_{11}$陶瓷进行了掺杂改性研究，获得了比掺杂前更为优异的微波介电性能：ε_r = 36.4，$Q \times f$ = 62 600GHz，τ_f = 0.2ppm/℃。

3. 高介电常数微波介质陶瓷

高介电常数微波介质陶瓷一般是指介电常数高于70的微波介质陶瓷，这类陶瓷主要用来制造移动通信设备（例如手机）中的微型介质谐振器，主要有钨青铜BaO-Ln$_2$O$_3$-TiO$_2$系列、铅基钙钛矿系列、复合钙钛矿CaO-Li$_2$O-Ln$_2$O$_3$-TiO$_2$系列。

Ba-Ln-Ti系[23]：使用稀土元素取代BaTiO$_3$中的Ba离子，可以形成本体系，比较常见的是使用Ln、Nd、Sm等离子，形成高介电常数材料。其通用化学式为Ba$_{6-3x}$Ln$_{8+2x}$Ti$_{18}$O$_{54}$，使用Pb取代一部分Ba形成(Ba$_{1-a}$Pb$_a$)$_{6-x}$Nd$_{8+2x/3}$Ti$_{18}$O$_{54}$固溶体，能够提高本体系的微波介电性能，介电常数为80~100，使用Bi和Sm取代Nd，同样可以提高微波介电性能。用Sn取代一部分Ti可以提高τ_f值，但会降低ε_r和$Q \times f$值。Ba$_{6-3x}$Sm$_{8+2x}$(Ti$_{1-x}$Sn$_x$)$_{18}$O$_{54}$在1360℃烧结，其微波介电性能优良，ε_r = 82，$Q \times f$ = 10 000GHz，τ_f = 17ppm/℃。

Bi$_2$O$_3$-TiO$_2$-V$_2$O$_5$系[24]：该体系材料近几年发展很快，典型的有(1−x)BiVO$_4$-xTiO$_2$（x=0.4，0.50，0.55，0.60）。该材料可以通过传统的固相法获得。其具有较低的烧结温度（900℃），当x从0.4增大到0.6时，ε_r可从81.8增大到87.7，$Q \times f$从12 290GHz下降到8240GHz，频率温度系数从−121ppm/℃增大到46ppm/℃。当x为0.55时可获得频率温度系数近零的材料，在900℃烧结的微波介电性能为：ε_r = 86，$Q \times f$ = 9500GHz，τ_f = −8ppm/℃。

随着电子行业的飞速发展，器件微型化发展迅速，各种可穿戴设备的普及，对高介电常数材料的需求更加迫切，某些应用场合对相对介电常数的要求已经高达2000。同时由于设备性能不断提升，对损耗也提出了苛刻的要求，越来越多的场合要求$Q \times f$值大于100 000GHz。并且随着毫米波工程的发展，能够用于更高微波频段的微波介质陶瓷也有巨大需求量。

Wang等[25]用A、B共取代Ba$_4$Pr$_{28/3}$Ti$_{18}$O$_{54}$，制得了低温漂、高品质因数的高介电常数微波介质陶瓷。通过采用传统固相法，利用Sm^{3+}部分取代Pr^{3+}，Sm^{3+}/Al^{3+}共取代Pr^{3+}/Ti^{4+}，制备了高介电常数Ba$_4$(Pr$_{1-x}$Sm$_x$)$_{28/3}$Ti$_{18-y}$Al$_{4y/3}$O$_{54}$（0.4≤x≤0.7，0≤y≤1.5）陶瓷。研究发现：如图11-3所示，用Sm^{3+}部分取代Pr^{3+}制得的Ba$_4$(Pr$_{1-x}$Sm$_x$)$_{28/3}$Ti$_{18}$O$_{54}$（0.4≤x≤0.7）陶

瓷样品,提高了 $Q×f$ 值,降低了 τ_f 值。但 $Q×f(≈10\,000\text{GHz})$ 仍需进一步改进,τ_f 值(12.3~35.4ppm/℃)仍然过大。因此,引入 Al^{3+} 对 $Ba_4(Pr_{1-x}Sm_x)_{28/3}Ti_{18}O_{54}$ 陶瓷的 τ_f 值和 $Q×f$ 值进行了进一步优化。Sm^{3+}/Al^{3+} 共取代得到了高 $\varepsilon_r(\varepsilon_r≥70)$、高 $Q×f(Q×f≥12\,000\text{GHz})$ 和接近零的 τ_f 值($-10\text{ppm/℃}<\tau_f<10\text{ppm/℃}$)。

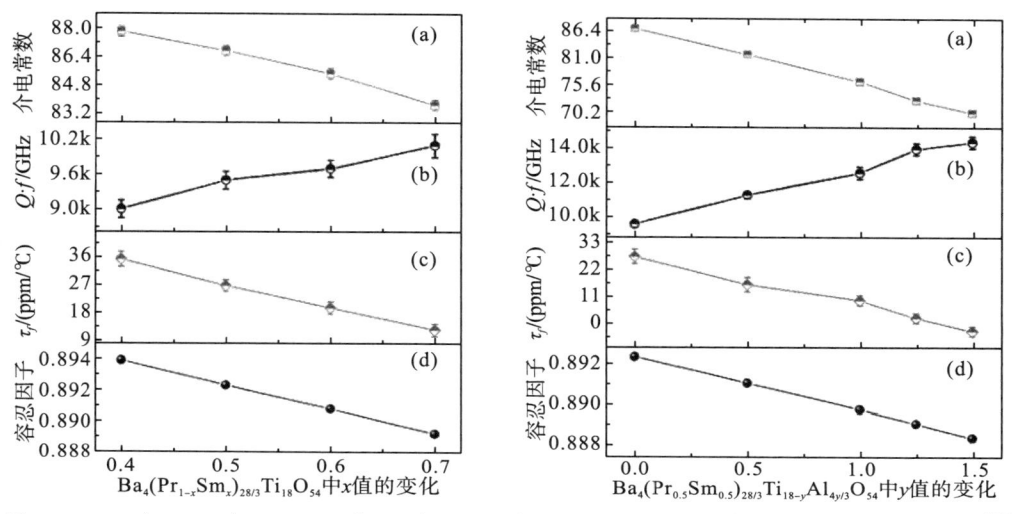

图 11-3　$Ba_4(Pr_{1-x}Sm_x)_{28/3}Ti_{18}O_{54}$ 和 $Ba_4(Pr_{0.5}Sm_{0.5})_{28/3}Ti_{18-y}Al_{4y/3}O_{54}$ 的介电性能参数和容忍因子[25]

11.2.3　微波介质陶瓷的介电性能与参数

纵观微波介质陶瓷的发展史,小型化、集成化、高稳定性和低成本是推动其快速发展的主要动力。介电常数、品质因数以及谐振频率温度系数是评估微波介质陶瓷性能、影响产品外形和成本的三项关键指标。不同介电常数的微波介质陶瓷材料适用于不同的领域;高品质因数意味着材料具有较低的介电损耗,介电损耗直接影响产品的能耗和工作效率;谐振频率温度系数则代表了材料在不同温度下的工作稳定性和可靠性。要想在微波介质陶瓷的研究开发中更进一步突破产品现有的厚度、尺寸、重量和价格,就要设法从这三项指标入手从而提高材料的微波介电性能。

1. 介电常数

无论哪种电介质,在外电场作用下均会产生极化,主要表现在其内部沿电场方向出现宏观偶极矩,同时表面出现束缚电荷,而介电常数则是这种极化的宏观表现。沿电场方向出现的宏观偶极矩增多,极化强度也随之增大。从微观上看,电介质的极化强度可用单位体积沿电场方向的电偶极矩的总和来表示[26],即

$$P = \sum \mu_i / \Delta V \tag{11-4}$$

式中,$\sum \mu_i$ 表示小体积元;ΔV 表示沿电场方向感应偶极矩之和。P 是一个宏观物理量,其大小与外加电场有关。因此在各向同性的线性介质中,各点极化强度 P 与宏观电场强度 E 成正比,即

$$P = \varepsilon_0(\varepsilon_r - 1)E \tag{11-5}$$

式中，ε_0 表示真空中的介电常数，$\varepsilon_0 = 8.85 \times 10^{-12}$ F/m；ε_r 表示相对介电常数。在静电场中，电介质的极化符合克劳修斯-莫索提方程[27]：

$$\frac{\varepsilon_r - 1}{\varepsilon_r + 2} = \frac{N\alpha}{3\varepsilon_0} \tag{11-6}$$

极化现象与频率有关，根据频率的不同，介质在外电场的作用下有多种极化机制，包括电子位移极化、离子位移极化、转向极化和空间电荷极化。这几种极化机制共同作用影响介电常数。前两种极化是瞬时的，且不消耗能量；后两种极化则需要消耗时间和能量。当外加电场频率不同时，会有不同的极化机制起作用。当频率很低时，电介质内各种极化机制均存在。当频率持续升高时，电介质内最终只存在电子位移极化，这是由于后三种的极化响应时间大于外加电场的变化周期，使得其依次退出响应。在微波频率范围内极化响应机制往往不止一种，如图 11-4 所示[28]，能够起明显作用的极化方式为离子位移极化和电子位移极化。

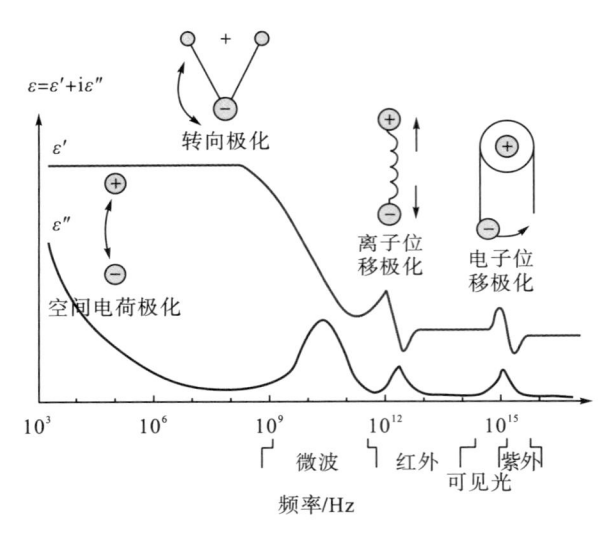

图 11-4 介质的极化形式与频率的关系[28]

在微波频段内，可以忽略电子极化的影响，这是由于电子极化弛豫的时间过长，跟不上频率的变化。且对于微波介质陶瓷的介电性能，与时间常数有关的极化形式和损耗机制对其影响很小，可忽略不计，因此离子位移极化起到了主要作用。对于离子型晶体结构的陶瓷，介电常数可按晶体点阵的振动模式计算，公式如下[29]：

$$\varepsilon(\omega) = \varepsilon(\infty) + \frac{(Ze)^2 / (mV\varepsilon_0)}{\omega t} \tag{11-7}$$

式中，m 表示离子的换算质量；Ze 表示离子电价。在单相陶瓷体系中，介电常数 ε_r、总极化率 α_D 和摩尔体积 V_m(Å) 的关系如下[27]：

$$\frac{\varepsilon_r - 1}{\varepsilon_r + 1} = \frac{4\pi\alpha_D}{3V_m} \tag{11-8}$$

对于复杂的化合物，由分子极化率的加和法则可知，其总的极化率可用简单分子的极化率之和来表示[30]：

$$\alpha_D(M_2M'X_4) = 2\alpha_D(MX_4) + \alpha_D(M'X_2) \tag{11-9}$$

也可用单个离子的极化率之和来表示：

$$\alpha_D(M_2M'X_4) = 2\alpha(M^{2+}) + \alpha(M'^{4+}) + 4\alpha(X^{2-}) \tag{11-10}$$

对于复合介质材料，假如两相是理想性均匀分布，根据 Lichtenecker 法则，材料介电常数的计算公式如下[31]：

$$\ln(\varepsilon) = v_1\ln(\varepsilon_1) + v_2\ln(\varepsilon_2) \tag{11-11}$$

式中，ε_1 和 ε_2 分别为两相的介电常数；v_1 和 v_2 分别为两相所占的体积分数，且此公式适用于许多非均匀电介质。

除此之外，微波器件的尺寸受介电常数的影响较大，由微波理论可知，谐振器的尺寸一般为 $\lambda/2$ 或 $\lambda/4$，而波长与介电常数 ε_r 的关系如下：

$$\lambda = \frac{\lambda_0}{\sqrt{\varepsilon_r}} \tag{11-12}$$

式中，λ_0 为自由空间波长；ε_r 为有效介电常数，所以可通过提高介电常数 ε_r 来减小器件的尺寸。

由上述可知，影响微波介质陶瓷介电常数的主要因素是晶体结构，如离子的电荷大小、分子的极化率、单位体积内的偶极子数及晶格点结构等。此外，复相材料的介电常数还与杂化度、相成分和致密度等有关。

介电常数的影响因素如下。

1）拉曼位移

Liao 等[32]通过研究不同烧结温度下 $ZnTiNb_2O_8$ 陶瓷的介电常数与拉曼位移的关系，如图 11-5 所示，发现陶瓷的介电常数与氧八面体拉曼峰的拉曼位移有关，当拉曼位移增大，其介电常数减小，这是由于拉曼位移增大，氧八面体的刚性增强，极化能力减弱。

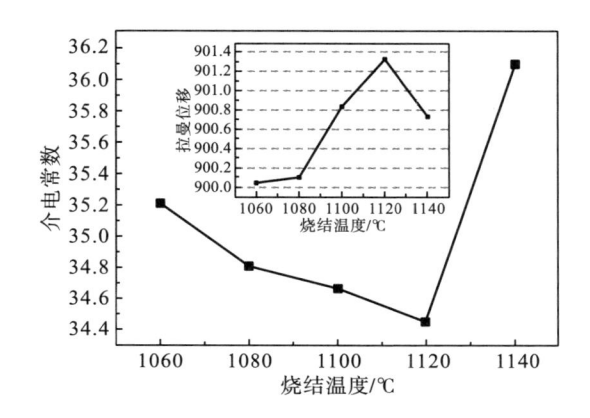

图 11-5 不同烧结温度下 $ZnTiNb_2O_8$ 陶瓷的介电常数与拉曼位移的关系[32]

2) 分子极化率

由式(11-8)可知,单相陶瓷的介电常数不仅与其分子极化率有关,还与分子的摩尔体积有关。任翔[33]研究 MgO 添加量对 $Zn_{1-x}Mg_xTiNb_2O_8$ 陶瓷介电常数的影响时,发现随着 MgO 添加量的增加,$Zn_{1-x}Mg_xTiNb_2O_8$ 陶瓷的极化率在逐渐减小,介电常数也在逐渐减小。熊钢等[34]研究最佳烧结温度下 $Ca[(Li_{1/3}Nb_{2/3})_{1-x}Zr_{3x}]O_{3-\delta}$ 陶瓷的介电常数随成分的变化规律时,指出随着 $Ca[(Li_{1/3}Nb_{2/3})_{1-x}Zr_{3x}]O_{3-\delta}$ 陶瓷极化率的增加,其介电常数随之增加。

3) 远红外反射光谱

通过 K-K 分析远红外光谱的反射率数据计算出介电常数的相关参数,并将数据外推至更低的频率范围,研究微波频率下的介电常数和损耗。得到复介电常数 ε^* 和反射谱 $R(\omega)$ 的关系[35]:

$$R(\omega) = \left|\frac{1-\sqrt{\varepsilon^*(\omega)}}{1+\sqrt{\varepsilon^*(\omega)}}\right|^2 \tag{11-13}$$

将 ε^* 分解成实部 ε' 和虚部 ε'',对复介电常数的虚部和反射谱进行拟合,之后根据最小二乘法对拟合后的反射谱进行再次拟合,得到微波频率下简化后的介电常数:

$$\varepsilon'(\omega) = \varepsilon_\infty + \sum_{k=j}^{n} \varepsilon'_j \tag{11-14}$$

$$\varepsilon''(\omega) = \sum_{k=j}^{n} \frac{\omega \gamma_j \varepsilon'_j}{\omega_j^2} \tag{11-15}$$

在式(11-14)、式(11-15)中,ε'_j 为第 j 个极性声子模的介电常数。可由上述公式计算得到材料的本征介电常数,但是实测的介电常数往往会低于本征介电常数,这是由于陶瓷样品在烧结过程中不能完全致密。

2. 品质因数

品质因数是微波介质陶瓷对能量损耗的度量标准,定义为谐振器在一个电磁场变化周期内储存的能量与所消耗的能量之比的 2π 倍,数值上为材料损耗正切角的倒数。电磁波在介质中传播时,部分能量发生损耗转化为热量,这使得载波的能量降低、信号传输能力减弱,同时产生的热量对微波器件造成损耗。在微波频率范围内,当频率 f 不同时,材料的品质因数 Q 会发生变化,但在同一材料中 Q 与 f 的乘积是恒定值。因此,$Q \times f$ 值通常用来表征微波频段下材料损耗的大小。$Q \times f$ 值越大,代表着微波器件的损耗越小,在给定频率范围下工作时器件传输的信号就越强。

材料的微波介质损耗包括本征损耗和非本征损耗。微波介质陶瓷的本征损耗主要是由阳离子有序度和晶格振动的非谐性引起的。通常认为材料的阳离子有序度增加,其品质因数随之增大。通常,拉曼光谱被用作探测有序度的理想工具。Kim 和 Jeon[36]对 $ATiO_3$(A = Mn、Ni、Co、Mg)系列陶瓷做拉曼分析时发现,所有拉曼模移向高频,因此四种钛铁矿结构陶瓷的 A 位点有序度呈持续增加趋势,这与 $ATiO_3$(A = Mn、Ni、Co、Mg)系列微波

陶瓷 $Q×f$ 值的增加趋势一致。原因是，A 位离子有序度的增加致使晶格内应力降低，故微波陶瓷的品质因数增加。结构振动阻尼系数是与微波介质陶瓷本征损耗直接相关的参数。Cheng 等[37]在研究 $Ba(Mg_{1/3}Ta_{2/3})O_3$ 体系微波陶瓷时发现，样品的拉曼散射峰的半峰宽逐渐变窄，并且微波陶瓷的 Q 值逐渐增加。这是因为拉曼散射峰的半峰宽变窄导致样品的结构振动阻尼系数值变小，因此 Q 值变大。Diao 和 Shi[38]在研究 $Ba[Sn_xZn_{(1-x)/3}Nb_{2(1-x)/3}]O_3$ 陶瓷介电性能时，也出现了相同的结果。

原子堆积密度一定程度上也反映了晶体的晶格振动情况，其单位原胞体积内实际原子体积所占的百分比，可以在一定程度上反映原子堆垛的紧密程度。原子堆积密度 f 可由式(11-16)计算得出[39]：

$$f(\%) = \frac{V_{PI}}{V_{PUC}} \times Z \tag{11-16}$$

式中，V_{PUC} 为原始晶胞体积；V_{PI} 为填充离子体积总和；Z 为单位晶胞中分子的总和。Liu 和 Zuo[40]在对低温烧结 $La_2Zr_3(MoO_4)_9$ 微波陶瓷研究时发现，介质陶瓷 $Q×f$ 随烧结温度的变化趋势与原子堆积密度的变化一致。从图 11-6 可以看出，随着烧结温度的不断增加，样品的 $Q×f$ 和样品的原子堆积密度呈先增加后略降低的变化趋势。样品的 $Q×f$ 与原子堆积密度在烧结温度为 775℃时均达到最大值。当晶胞中原子堆垛紧密时，晶格振动程度降低，此时介质材料的内部损耗将降低，故陶瓷样品的品质因数增大。因此，降低微波介质陶瓷本征损耗的措施有：引入与基体原子半径相匹配的元素进行取代、增大原子堆积密度、降低晶格振动。

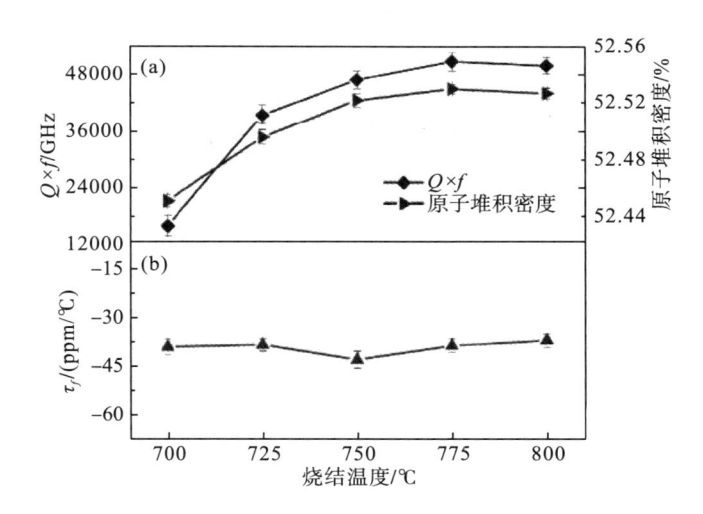

图 11-6 $La_2Zr_3(MoO_4)_9$ 陶瓷(a) $Q×f$ 和原子堆积密度以及(b) τ_f 随烧结温度的变化曲线[40]

非本征损耗受到陶瓷制备过程中微观结构和晶体结构中存在的缺陷影响，如气孔、第二相、晶界、位错、层错、杂质、离子空位等。气孔的存在增大了陶瓷样品的损耗，因此在烧结过程中对制备细小粉体、烧结温度、保温时间等烧结工艺进行优化可在很大程度上提高陶瓷的致密化，达到降低陶瓷介质损耗的目的。向低损耗介质陶瓷体系中引入损耗较大的第二相也会使得微波介质陶瓷体系的损耗增大。晶粒尺寸和晶界对微波陶瓷介电损耗的影响为：晶粒越小，损耗越大。Ahn 等[41]研究了 $Ba(Co_{1/3}Nb_{2/3})O_3$ 体系中掺杂 Zn^{2+}，随着晶粒尺寸的增大，$Ba(Co_{1/3}Nb_{2/3})O_3$ 陶瓷样品损耗逐渐增大。原因是晶粒中的缺陷往往在晶界处聚集，晶粒越小则体系中晶界的数目越多，故而体系损耗就越大。但是，这并不意味着晶粒越大越有益处，过大的晶粒会导致过多的氧空位、闭气孔、位错、堆垛层错以及体缺陷形成，大大增加了陶瓷样品的介电损耗。

Du 等[42]研究 Mg^{2+}、Nb^{5+} 共掺 Li_2TiO_5 微波介质陶瓷时发现，掺杂后产生的自由电子提高了其晶界电阻及传导活化能，降低了 Li_2TiO_5 陶瓷样品的介电损耗。因此降低非本征损耗的措施有：通过掺杂离子形成固溶体促进致密化；通过控制烧结工艺，减少杂质、空位、气孔等缺陷，从而获得晶粒尺寸均匀、晶粒形状规则的致密陶瓷。

3. 谐振频率温度系数

微波器件通常是在不同环境温度（$-40\sim100$℃）下使用的，同时微波器件不可避免地会有损耗发生，这就使得在使用过程中器件的工作温度会发生变化。为了避免载波信号在不同温度下发生较大漂移而影响信号传输质量，要求器件的谐振频率对温度具有稳定性。为了测量器件在温度变化下保持稳定工作的能力，中心谐振频率随温度的相对变化通常定义为谐振频率温度系数：

$$\tau_f = \frac{1}{f_0} \times \frac{f_T - f_0}{T - T_0} \tag{11-17}$$

式中，f_0 表示常温下介质材料的中心谐振频率；f_T 是在温度 T 下介质材料的中心谐振频率。从式（11-17）可以看出，τ_f 值越接近零，代表器件对温度的稳定性越好。但在实际生产与使用中，电路本身也存在小范围的频率漂移，而为了补偿电路的固有漂移量，一般器件的 τ_f 值需控制在零附近，满足$-10\sim10$ppm/℃范围内即可投入工程使用。为了获得 τ_f 值近零的介质材料，通常采用两个具有相反符号的 τ_f 值材料合成固溶体或复合物的方法。根据经验公式，材料的 τ_f 值可由其复合物组成组分估算[43]：

$$\tau_f = V_1 \tau_{f1} + V_2 \tau_{f2} \tag{11-18}$$

式中，τ_f 为两相复合后的谐振频率温度系数值；τ_{f1}、τ_{f2} 和 V_1、V_2 分别是两端点相的谐振频率温度系数值和体积分数。而对于单相体系来说，τ_f 值主要取决于晶体结构。材料谐振频率温度系数与介电常数温度系数（τ_ε）和介质谐振器尺寸的线性热膨胀系数（α_L）具有以下定量关系：

$$\tau_f = -\left(\frac{1}{2}\tau_\varepsilon + \alpha_L\right) \tag{11-19}$$

式中，对于大多数陶瓷，α_L 通常是恒定的（10ppm/℃），与 τ_ε 相比是微不足道的。因此，τ_f 主要由 τ_ε 决定。τ_ε 与晶胞体积的相对大小成反比，因此晶胞体积越大，体系 τ_f 值越小。另外，键能对材料的谐振频率温度系数也有影响。掺杂后晶格离子间的键能增加，导致掺杂后材料的谐振频率温度系数降低。原因是增加的键能降低了热能对晶格振动的影响，并且恢复氧八面体晶格畸变所需的回复力增加，故而谐振频率温度系数随之降低[44]。

第 11 章 微波介质陶瓷

当钙钛矿材料的阳离子半径发生变化时，材料晶体结构随之变化，会造成氧八面体的倾斜与畸变。钙钛矿结构陶瓷离子做非简谐运动时，其回复力受氧八面体的倾斜和畸变程度影响，因此，谐振频率温度系数也会受到氧八面体的倾斜和畸变程度影响。倾斜程度可以用容差因子表征。氧八面体倾斜程度降低，则阳离子做非简谐振动的回复力增强，结构稳定性增加，谐振频率温度系数向正值移动。钙钛矿的氧八面体发生倾斜的同时往往也伴随畸变，对于钙钛矿结构 ABO_3 的陶瓷，其氧八面体畸变的计算公式为

$$\Delta_{氧八面体畸变} = \frac{B \sim O_{最大距离} - B \sim O_{最小距离}}{B \sim O_{平均距离}} \tag{11-20}$$

随着氧八面体畸变程度的增加，钙钛矿陶瓷谐振频率温度系数将向负方向移动。

11.3 微波介质陶瓷的制备

11.3.1 微波介质陶瓷粉体制备

1. 固相反应法

微波介质陶瓷工艺中采用的固相反应法首先将实验所用的各种原料按化学计量比计算并配料，加入无水乙醇帮助混合，使研磨更加充分；均匀混合后通过烘干、过筛去除液体最后以自然堆积的方式完成反应；反应良好的粉体一般还需经过造粒等工序以备之后的成型、烧结工艺使用。

罗捷宇[45]采用固相反应法在 1270℃预烧 3h 合成粉体，然后在 1480℃烧结 5h 的条件下制备出了具有单一正交钙钛矿晶体结构的 $0.65CaTiO_3$-$0.35LaAlO_3$（CTLA）微波介质陶瓷，其微波介电性能为：$\varepsilon_r = 45.92$，$Q \times f = 37\,774GHz$，$\tau_f = -2.3ppm/℃$。为了调节 CTLA 陶瓷的谐振频率温度系数，选择 Y^{3+} 取代 La^{3+}，制备了 $0.65CaTiO_3$-$0.35(La_{1-x}Y_x)AlO_3$（$x=0$、0.02、0.04、0.06、0.08）微波介质陶瓷材料。研究结果显示：少量 Y^{3+} 取代能提高 CTLA 陶瓷的品质因数和谐振温度频率系数，但同时也提高了烧结温度。当 $x=0.02$ 时，陶瓷在 1500℃下保温 5h，具有最佳微波介电性能：$\varepsilon_r = 45.8$，$Q \times f = 38\,957GHz$，$\tau_f = 4ppm/℃$。

从图 11-7 可以看出，随着温度的上升，陶瓷介电常数先增加后减小，这是因为烧结温度的升高有利于离子的扩散，陶瓷样品的气孔逐渐减少，致密度逐渐提高，从而材料的介电常数增大。当烧结温度过高时，部分晶粒会出现异常长大的现象，材料的致密度降低，从而介电常数减小；随着烧结温度的升高，品质因数先增大后减小，随着 x 的增大呈现减小的趋势，在烧结温度为 1500℃、$x=0.02$ 时，$Q \times f$ 达到最大值 38 957GHz。

罗婷[46]研究了 MgO 的添加对 $Ba_2Ti_9O_{20}$ 基微波介质陶瓷介电性能的影响，研究发现，掺杂剂 MgO 的引入可以有效改善 $Ba_2Ti_9O_{20}$ 基陶瓷的微观形貌，从而优化微波介电性。在空气气氛中，样坯经 1300℃烧结 4h 制得 $Ba_2Ti_9O_{20}$-0.1wt%MgO 陶瓷，具有优异的微波介电性能：$\varepsilon_r = 40.67$，$Q(f) = 33552(6.2GHz)$，$\tau_f = 0ppm/℃$。

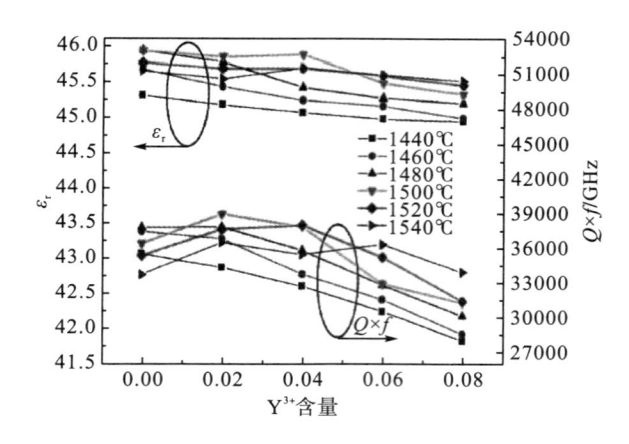

图 11-7 不同烧结温度下 CTLA 陶瓷样品介电常数、$Q \times f$ 随 Y^{3+} 含量变化的曲线[45]

从图 11-8(a)可以看出烧结温度对介电常数有明显的影响。当 MgO 引入量为 0.1wt%~0.3wt%时，介电常数与烧结温度几乎呈线性关系。从图 11-8(b)可以看出，当 x=0.0wt%和 0.1wt%时，烧结温度对品质因数有明显的影响。当 x=0.2wt%~0.4wt%时，品质因数随烧结温度呈先增大后减小的趋势。

(a)介电常数随温度的变化

(b)品质因数随温度的变化

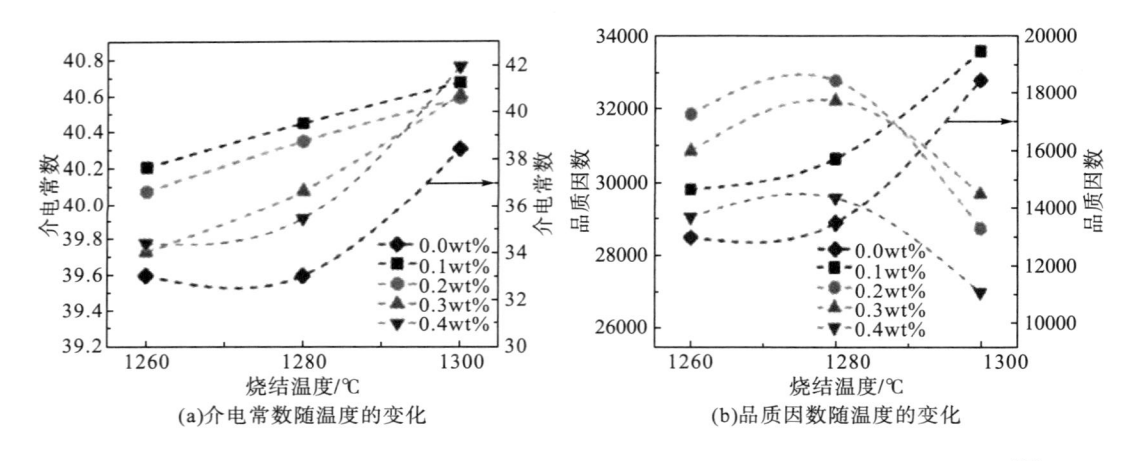

图 11-8 在空气中烧结 4h 不同 MgO 掺入量的陶瓷样品的介电常数、$Q \times f$ 随温度的变化[46]

2. 溶胶-凝胶法

溶胶-凝胶法指的是在基质玻璃中掺杂物质以溶解成溶胶液体，将其凝胶化后制成粉体，再去除其中的掺杂物质，使其呈梯度分布，随后再通过干燥、烧结等步骤固定其梯度组分。该方法的实质就是将含有高化学活性成分的化合物先通过溶液、溶胶、凝胶等步骤固化，再经过热处理转变为氧化物。该方法效率较高、制得的粉体成分均匀、合成温度较低，适用于制备各种新型材料，但是成本较高且工艺复杂、操作难度较大。

Xu 等[47]采用聚合物前驱体法合成了 $Ba_{6-3x}Nd_{8+2x}Ti_{18}O_{54}(x = 2/3)$ 粉体，与传统固相法相比，没有中间相的产生，且合成温度更低。张启龙等[48]采用无机盐溶胶-凝胶法制备了

CaTiO$_3$粉体，干凝胶在800℃下煅烧可获得纳米级CaTiO$_3$陶瓷粉体，与微米级粉体相比，其CaTiO$_3$陶瓷介电性能更高：ε_r=17.2，$Q\times f$=4239GHz，τ_f=768ppm/℃。罗捷宇[45]采用聚合物前驱体法制备出了0.65CaTiO$_3$-0.35(La$_{1-x}$Ce$_x$)AlO$_3$(x=0，0.1，0.2，0.3，0.4)陶瓷材料，研究了Ce^{3+}取代量对CTLA陶瓷介电性能的影响。研究结果表明：Ce^{3+}取代能提高陶瓷的品质因数和介电常数，但频率温度系数向负方向变化。当x=0.2时，陶瓷在1325℃下保温3h，能获得最佳的微波介电性能为：ε_r=42.7，$Q\times f$=39 159GHz，τ_f=−7ppm/℃。

从图11-9可以观察到，在相同组分下，提高烧结温度，介电常数ε_r先增大后减小。这主要是因为烧结温度的提高有利于陶瓷样品致密度的提高。致密度高的陶瓷，单位体积内的离子极化数目多，介电常数因此更大。但烧结温度过高时，陶瓷晶粒会有异常长大的现象，材料的致密度降低，从而介电常数减小。同时，添加Ce^{3+}后，陶瓷单位晶胞体积减小，根据微波介电性能的制约关系，介电常数与单位晶胞体积成反比，单位晶胞体积变小，ε_r变大。另外，添加Ce^{3+}后，样品的$Q\times f$值大幅提高，在x=0.2时，$Q\times f$值最大，$Q\times f$=39 159GHz，此后继续增加Ce^{3+}，$Q\times f$值减小。合适的Ce^{3+}添加量有助于CTLA陶瓷烧结致密，但过多地添加Ce^{3+}会产生CeO$_2$杂质，降低陶瓷$Q\times f$值。

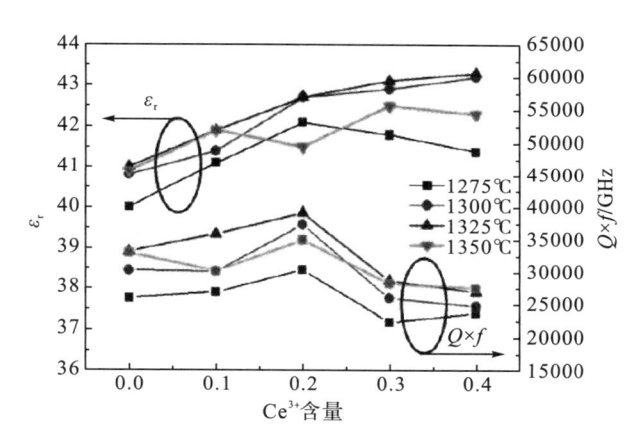

图11-9　不同烧结温度下0.65CaTiO$_3$-0.35(La$_{1-x}$Ce$_x$)AlO$_3$陶瓷样品介电常数、$Q\times f$随Ce^{3+}含量变化[45]

3. 熔盐合成法

熔盐合成法指的是采用一种或多种熔点较低的盐类作为反应介质，并且反应物在熔盐中具有一定溶解度，从而使得反应可以在原子级顺利进行。反应结束之后，用相应的溶剂将盐类溶解后，再经过滤、洗涤便可得到产出的合成物。整个过程与水溶液中生长晶体相似，需选用合适的高温助熔剂。其优点在于合成温度低、保温时间短、物相纯度高等，但是工艺较为复杂、粉体容易团聚且生产成本较高。

陈忠文[49]采用熔盐法合成了纯ZnNb$_2$O$_6$陶瓷粉体，并通过掺杂CuO液相烧结降低了ZnNb$_2$O$_6$陶瓷烧结温度，再加入谐振频率温度系数为正值的TiO$_2$改性制备了ZnNb$_2$O$_6$-1.75TiO$_2$陶瓷。掺入4wt%的CuO在1000℃烧结制备的ZnNb$_2$O$_6$-1.75TiO$_2$陶瓷微波介电性能最佳：ε_r=44.2，$Q\times f$=19 654GHz，τ_f=17.4ppm/℃。吕学鹏[50]采用熔盐法制备了

Li$_2$ZnTi$_3$O$_8$陶瓷，利用NaCl-KCl、LiCl和ZnCl$_2$熔盐均能制备出粒度较小、表面活性高的Li$_2$ZnTi$_3$O$_8$粉末，并能有效降低陶瓷粉末合成温度和陶瓷的烧结温度，但同时会不同程度地降低陶瓷的微波介电性能。当熔盐为ZnCl$_2$、预烧温度为600℃时，Li$_2$ZnTi$_3$O$_8$陶瓷致密化温度为975℃，此时其具有相对较好的微波介电性能：ε_r = 26.68，$Q \times f$ = 67 724GHz，τ_f = −11.5ppm/℃。

4. 水热法

水热法指的是在密封良好的压力容器中，将水作为溶剂，粉体通过溶解、再结晶的过程制备粉体的方法。与以上制备粉体的方法相比，经水热法制备的粉体具有较为完整的晶粒，且粒度小、分布较为均匀，颗粒团聚现象不明显，原料也较为便宜。但水热法的不足之处也很明显，一方面对设备的依赖性较强，需要高温高压环境；另一方面，生产效率低、成本高，较大程度上阻碍了水热法的应用。

管航敏等[51]采用水热法制备了BaO-Nd$_2$O$_3$-TiO$_2$(BNT)系纳米粉体。在KOH碱性溶液中，以TiCl$_4$、BaCl$_2$和Nd(NO$_3$)$_3$为反应物，先制备出BNT凝胶前驱体，再经低温水热处理，得到BNT系纳米粉体。王辉等[52]利用水热法合成了Ba$_{6-3x}$Nd$_{8+2x}$Ti$_{18}$O$_{54}$微波介质陶瓷。结果表明：用水热法合成的Ba$_{6-3x}$Nd$_{8+2x}$Ti$_{18}$O$_{54}$粉体制备陶瓷，其烧结温度为1250℃，比传统固相法要低100℃左右，陶瓷的介电常数(ε_r)稍大于用固相法制备的陶瓷，品质因数(Q)也有较大的提高，谐振频率温度系数(τ_f)也有所改善，当x = 2/3时，水热法制备的Ba$_{6-3x}$Nd$_{8+2x}$Ti$_{18}$O$_{54}$陶瓷具有最佳微波介电性能：ε_r = 88，$Q \times f$ = 8890GHz，τ_f = 24ppm/℃。

11.3.2 微波介质陶瓷的成型

干压成型法的优点在于效率高、不依赖人工、废品率低、适用于量产，缺点在于对成型形状有较大限制，模具造价昂贵，坯体强度差、不均匀等。董雪[53]通过用固相反应结合干压成型的方法，制备了二价镁离子为非化学计量比的Mg$_{2+2x}$Al$_4$Si$_5$O$_{18}$(x=0.00，0.025，0.05，0.075，0.10)微波介质陶瓷。随着MgO量的增加，陶瓷的品质因数先增大后减小，介电常数在3.25~4.8，频率温度系数在−34~−32ppm/℃，而烧结温度在1425~1440℃。当x=0.075时，Mg$_{2+2x}$Al$_4$Si$_5$O$_{18}$微波介质陶瓷在1430℃的温度下烧结3h后得到了最优的微波介电性能：ε_r = 4.75，$Q \times f$ = 76 000GHz，τ_f = −34ppm/℃。

流延成型法又称刮刀法、带式浇注法，是目前比较成熟的一种陶瓷成型方法。先将粉碎后的物料和有机增塑剂按照一定配比均匀混合成浆料，再通过刮刀涂敷、干燥、固化成薄膜，最后根据要求制成待烧结的毛坯。这种方法要求原料具有较强的流动性、较低的黏度、较高的稳定性以及出色的悬浮性。其优点在于特别适用于陶瓷薄膜，生产速度快、自动化程度高、效率高、可以规模化生产。谭芳[54]以添加了烧结助剂B$_2$O$_3$-CuO-Li$_2$CO$_3$(BCL)玻璃粉料的(Ca$_{18/19}$Sr$_{1/19}$)$_{0.2}$(Li$_{0.5}$Sm$_{0.5}$)$_{0.8}$TiO$_3$(CSLST)高介电常数微波介质陶瓷粉体为基体粉料，研究其水基流延成型工艺与有机流延成型工艺，获得了可实用化的CSLST系低温共烧微波介质陶瓷材料。研究结果表明：水基流延膜片叠层后在900℃下烧结具有良好的微波介电性能：ε_r =59.2，$Q \times f$=1044GHz，τ_f=18.39ppm/℃。有机流延膜片叠层后在900℃

下烧结也具有较佳的微波介电性能：ε_r = 54.2，$Q \times f$ = 1249GHz，τ_f = 18.42ppm/℃。

等静压法指的是将待压的样品放置于高压容器中，利用液体介质的不可压缩性和均匀传递压力的特质从不同方向对样品均匀加压。根据流体力学原理，高压容器中的物料在每个方向上受到的压力都是均匀且一致的。这种方法要求粉体具有较强流动性，对粉体的粒度有严格要求。其优点在于生产的坯体结构均匀、密度高，生产效率高，模具成本低，对产品性能有很大提升。注浆成型法指的是将浆料注入模具，借助模具吸水再经脱模制成坯体。这种方法要求浆料具有较强流动性、稳定性以及较低的黏度。其优点在于工艺成熟且稳定，效率高，成本低。张冲[55]研究了MCT微波陶瓷的丙烯酰胺凝胶注模成型工艺，发现与干压成型工艺相比，凝胶注模成型的微波介电性能比干压成型略低，但仍具有优异的微波介电性能。同时，凝胶注模成型坯体均匀性好（图11-10）。

图 11-10 部分 MCT 凝胶注模烧结陶瓷样品[55]

11.3.3 微波介质陶瓷的烧成

1. 常压烧结法

常压烧结是指材料在大气压力下烧结，包括空气条件下的常压烧结和特殊气氛下的常压烧结，是目前使用最为普遍的一种烧结技术。其优点在于工艺简单、生产成本低、适用于量产，缺点在于烧制出来的陶瓷材料致密化程度较低。

虞思敏[56]分别采用一元（MgO）、二元（MgO + La$_2$O$_3$）、三元（MgO + La$_2$O$_3$ + Y$_2$O$_3$）烧结助剂对Al$_2$O$_3$陶瓷进行掺杂改性，研究掺杂含量的变化对陶瓷微波介电性能、微观结构以及抗弯强度的影响。结果表明掺入适量的三种烧结助剂都对陶瓷有助烧作用，提升陶瓷性能。当掺入Al$_2$O$_3$陶瓷中的一元、二元、三元助烧剂含量分别为0.15wt%、0.2wt%、0.2wt%时，陶瓷具有最佳性能。将掺杂研究所获得最佳性能的配方作为两步常压烧结（按先后顺序采用两种不同烧结温度的烧结工艺）使用的基料，研究两步常压烧结对陶瓷性能的影响。结果表明两步常压烧结对Al$_2$O$_3$陶瓷晶粒细化有非常显著的效果，对于微波介电性能以及机械性能的影响较小。最佳性能为ρ = 3.981g/cm^3，抗弯强度456MPa，$Q \times f$ =159 100GHz，ε_r = 10.05。

2. 气氛烧结法

气氛烧结法适用于一些非氧化物和透光体,它们在空气中难以烧结,所以通常会在炉内通入某种气体防止其氧化。保护气体的通入提高了生产成本,对设备的要求也较高。

刘宏勇等[57]研究了烧结气氛对 BiFeO$_3$ 陶瓷性能的影响。采用微波水热法合成纯相的 BiFeO$_3$ 粉体,在不同气氛(N$_2$ 和 O$_2$ 按不同比例混合)下烧结 BiFeO$_3$ 陶瓷。研究结果表明:介电性能随气氛中 N$_2$ 比例的增加而得到提高。当气氛中 N$_2$ 与 O$_2$ 含量比为 9:1 时,介电常数和介电损耗值在 5kHz 下分别为 205 和 0.055,此时得到最优的介电性能。庞越等[58]研究了 N$_2$ 气氛烧结 Bi$_{1-x}$Gd$_x$NbO$_4$ 微波介质陶瓷性能,用传统固相合成法制备了 Bi$_{1-x}$Gd$_x$NbO$_4$ 微波介质陶瓷,研究了 N$_2$ 烧结气氛下,Gd 部分取代 BiNbO$_4$ 陶瓷中的 Bi 对其烧结性能及微波介电性能的影响。结果表明,不同 Gd 掺杂量的样品,相结构差别不大,均以低温斜方相为主晶相。随着 Gd 含量的增加,陶瓷样品烧结温度升高,表观密度和相对介电常数均略有减小,品质因数与频率之积($Q \times f$)也会发生变化。当 x(Gd)=0.008 时,900℃烧结的 Bi$_{0.992}$Gd$_{0.008}$NbO$_4$ 陶瓷样品具有较好的介电性能:ε_r=43.6(4.3GHz),$Q \times f$=14 288GHz(4.3GHz),$\tau_f \approx 0$。

3. 微波烧结法

在微波烧结过程中,特殊波段的微波可直接与材料物质粒子(分子、离子)相互作用,与材料的基本细微结构耦合产生热量从而实现加热。该方法可以降低烧结温度,改善显微组织,并且对环境友好。相比传统固相烧结,微波烧结具有加热速度快、温度场均匀、烧结时间短、高效节能等优点,能显著改善材料的显微组织,有利于微波介电性能的提高。赵莉等[59]采用微波烧结法制备 $(1-x)$(Mg$_{0.7}$Zn$_{0.3}$)TiO$_3$-x(Ca$_{0.61}$La$_{0.26}$)TiO$_3$(MZT-CLT,x=0.13)系介质陶瓷,研究微波烧结工艺对 MZT-CLT 陶瓷烧结性能、微观结构、相组成和介电性能的影响。结果表明,MZT-CLT 陶瓷的主晶相为(Mg$_{0.7}$Zn$_{0.3}$)TiO$_3$(MZT)、Ca$_{0.61}$La$_{0.26}$TiO$_3$(CLT),第二相为(Mg$_{0.7}$Zn$_{0.3}$)Ti$_2$O$_5$;升温速率 15℃/min,烧结温度 1275℃,保温时间 20min 时,陶瓷微波介电性能优良:ε_r=26.21,$Q \times f$=120 000GHz,τ_f=−3ppm/℃。余珺和沈春英[60]采用微波烧结法和常规烧结法制备 0.92MgAl$_2$O$_4$-0.08(Ca$_{0.8}$Sr$_{0.2}$)TiO$_3$ 微波介质陶瓷,研究了两种烧结方式对陶瓷烧结性能、微观结构、相组成和介电性能的影响。结果表明:与传统烧结方式相比,微波烧结 0.92MgAl$_2$O$_4$-0.08(Ca$_{0.8}$Sr$_{0.2}$)TiO$_3$ 陶瓷缩短了烧结周期,其物相组成无变化,微波烧结后的样品致密度高,晶粒细小,分布均匀,介电性能更加优异。在 1440℃下采用微波烧结 20min 制备的 0.92MgAl$_2$O$_4$-0.08(Ca$_{0.8}$Sr$_{0.2}$)TiO$_3$ 陶瓷获得最佳的介电性能:ε_r=11.20,$Q \times f$=56 217GHz,τ_f=−3.4ppm/℃。

11.3.4 微波介质陶瓷的助剂

对于难以烧结致密或要求低温烧结的陶瓷体系,通常需要添加低熔点的氧化物或玻璃相等烧结助剂。普遍认为,在烧结过程中烧结助剂在颗粒之间形成液相,加速了传质,进而促进烧结。常用作烧结助剂的添加剂有低熔点氧化物(如 B$_2$O$_3$、Bi$_2$O$_3$、V$_2$O$_5$、CuO、

ZnO)、低熔点氟化物(如 LiF、MgF$_2$、CaF$_2$)、低熔点玻璃(如 ZnO-B$_2$O$_3$、Li$_2$O-ZnO-B$_2$O$_3$、ZnO-B$_2$O$_3$-SiO$_2$)和稀土氧化物(如 CeO$_2$、Nd$_2$O$_3$)等。

烧结助剂在烧结过程中可以形成液相加速传质,可改善陶瓷的烧结特性。但烧结助剂在烧结后往往在晶界富集,易使晶粒表层产生化学计量比偏离等晶格缺陷,并且还可能与基体反应生成第二相。此外,有些添加剂所含多价态离子在烧结过程中会产生变价,导致氧空位浓度改变,从而影响材料的微波介电性能。因此,选择合适的烧结助剂十分重要。

1. 低熔点氧化物类助剂

邵辉等[61]研究了 B$_2$O$_3$ 添加剂对 Ti$_{1-x}$Cu$_{x/3}$Nb$_{2x/3}$O$_2$(x=0.23) 微波介质陶瓷结构与性能的影响。采用传统固相反应法制备了 Ti$_{1-x}$Cu$_{x/3}$Nb$_{2x/3}$O$_2$(TCN, x=0.23),研究不同添加量 B$_2$O$_3$ 对 TCN 陶瓷致密化、烧结特性及介电性能的影响。结果表明,添加 B$_2$O$_3$ 烧结助剂能有效降低陶瓷的烧成温度,同时提高陶瓷的致密度。当 B$_2$O$_3$ 的添加量从质量分数 0.0%～4.0% 变化时,陶瓷的最佳烧成温度从 975℃ 降低到 925℃。添加质量分数 2.0% B$_2$O$_3$ 的陶瓷最佳烧成温度为 950℃,此时陶瓷具有优异的微波介电性能:ε_r = 95.7,$Q \times f$ = 20 600GHz,τ_f = 355ppm/℃。

金彪等[62]采用不同方式引入 CuO 制备低温烧结 (Bi$_{1.5}$Zn$_{0.5}$)(Zn$_{0.5}$Nb$_{1.5}$)O$_7$(BZN) 陶瓷。通过 CuO 包覆层修饰 BZN 粉体表面,引入 CuO 助烧剂代替直接混合 BZN 和 CuO 粉体。以 CuSO$_4$ 溶液为先驱体制备 CuO 包覆层,采用液相包覆法引入助烧剂可减少 CuO 的添加量,降低 CuO 对 BZN 陶瓷介电性能的不良影响。结果表明,当 CuSO$_4$ 溶液浓度为 0.5mol/L 时,可以促进陶瓷的烧结和致密化过程,经 900℃ 烧结 3h 所得 BZN 陶瓷介电性能最佳:ε_r = 141,$Q \times f$ = 426GHz(f=4GHz),τ_f = -357ppm/℃,优于固相法所得材料的介电性能。

2. 低熔点氟化物类助剂

张志伟[63]针对 Li$_2$Mg$_2$TiO$_5$ 陶瓷在高温下显著的气孔微结构和低的致密度,利用低熔点的 LiF 在降低烧结温度的同时,利用其液相烧结机制提高陶瓷基体的致密性,从而进一步优化微波介电性能。结果表明,加入 4wt% 的 LiF 不仅显著地降低了陶瓷的致密化温度,而且改善了显微结构,提升了微波介电性能。Li$_2$Mg$_2$TiO$_5$+4wt% LiF 陶瓷在 900℃ 下的微波介电性能为:ε_r = 14.6,$Q \times f$ = 128 500GHz,τ_f = -35.6ppm/℃。

Song 等[64]采用固相法制备了 14 种氟化物复合陶瓷,并对其微波介电性能进行了研究。研究发现,0.36LiF-0.39MgF$_2$-0.25SrF$_2$(LMS) 烧结温度最低 (600℃),在 BaCuSi$_2$O$_6$ 中掺入 2wt% 的 LMS 后,其烧结温度由 1050℃ 降至 875℃,微波介电常数 ε_r = 8.16±0.04,$Q \times f$ = (24 351±300)GHz,τ_f = (-9.74±1)ppm/℃。这使其成为潜在的 LTCC 应用的候选材料。

3. 低熔点玻璃类助剂

张文娟[65]研究了 La$_2$O$_3$-B$_2$O$_3$ 玻璃添加对 Zn$_{0.5}$Ti$_{0.5}$NbO$_4$ 微波介质陶瓷结构及性能的影响。实验结果表明,适当的 La$_2$O$_3$-B$_2$O$_3$ 玻璃添加不会影响 Zn$_{0.5}$Ti$_{0.5}$NbO$_4$ 陶瓷的相组成。添加质量分数 2% 的 La$_2$O$_3$-B$_2$O$_3$ 烧结助剂有助于在烧结过程中形成液相,液相能有效加速 Zn$_{0.5}$Ti$_{0.5}$NbO$_4$ 陶瓷的低温烧结过程,实现 Zn$_{0.5}$Ti$_{0.5}$NbO$_4$ 陶瓷的致密化。在 875℃ 烧结时,

添加质量分数 2% La_2O_3-B_2O_3 玻璃的 $Zn_{0.5}Ti_{0.5}NbO_4$ 陶瓷具有优异的微波介电性能：$\varepsilon_r =$ 33.91，$Q \times f = 16\,579 GHz$ ($f = 6.1 GHz$)，$\tau_f = -68.54 ppm/℃$。

邹蒙莹等[66]采用 La_2O_3-B_2O_3-ZnO(LBZ)玻璃掺杂钙钛矿系 CaO-La_2O_3-TiO_2(CLT)微波介电陶瓷，研究了 LBZ 掺杂对样品烧结性能及微波介电性能的影响。结果表明，在 CLT 陶瓷中添加 LBZ，可有效促进 CLT 陶瓷烧结，使得 CLT 的烧结温度由1350℃降低到950℃以下，同时保持较好的介电性能。当 LBZ 的质量分数为 3% 时，样品在 950℃ 保温 4h 后烧结致密，并获得最佳微波性能：$\varepsilon_r = 103.12$，$Q \times f = 8826 GHz$，$\tau_f = 87.52 ppm/℃$。

4. 稀土氧化物类助剂

罗捷宇等[67]以 EDTA（乙二胺四乙酸）为络合剂，采用聚合物前驱体法合成 $0.65CaTiO_3$-$0.35(La_{1-x}Ce_x)AlO_3$ 微波介质陶瓷，研究了 Ce^{3+} 取代 La^{3+} 对陶瓷微波介电性能、显微结构以及晶体结构的影响。结果表明：引入 Ce^{3+} 烧结温度降低了 125℃ 左右，随着 Ce^{3+} 掺杂量 x 的逐渐增加，单位晶胞体积减小，陶瓷的 $Q \times f$ 和介电常数 ε_r 均增加，但频率温度系数 τ_f 下降。当 $x = 0.2$ 时，陶瓷在 1325℃ 保温 3h 烧结后具有最佳的微波介电性能：$\varepsilon_r = 42.7$，$Q \times f = 39\,159 GHz$，$\tau_f = -7 ppm/℃$。

11.3.5 微波介质陶瓷的金属化

微波介质陶瓷表面金属化的方法主要有丝网印刷烧结法、电镀法、LTCC 技术、真空蒸镀法以及磁控溅射法等。通常使用的金属化电极材料有 Ni、Cu、Ag 和 Au 等，而银的导电能力强，与焊锡润湿性好，热稳定性好，所以银作为电极材料应用较为广泛。

(1) 丝网印刷烧结法。丝网印刷烧结法是一种将电极浆料涂覆在陶瓷表面，经过烘干、烧结等工艺流程制备表面金属电极层的方法。电极浆料主要以银浆为主，为了保证导电银浆与陶瓷的结合，其中除了导电银粉外，还会添加各种有机载体和玻璃粉。赵可沦等[68]对导电银浆的配方进行优化，同时对微波介质陶瓷进行精细的预处理以期提高银层的附着力。严盛喜[69]将微波介质多腔滤波器置于可以高速旋转的浸银机内，经过多次重复的浸银、烘干、烧银、固化和烧结等工艺过程，以获得均匀性好的银层。

(2) 电镀法。电镀法是一种氧化还原过程，利用电解反应将电镀液中的待镀层金属阳离子还原，沉积出镀层金属膜。电镀液中加入添加剂可以使金属膜层的外观更好，但是受电镀液纯度的影响较大。

(3) LTCC 技术。1982 年，休斯公司开发出新型的 LTCC 技术，LTCC 技术结合厚膜技术和共烧技术的优势，减少了重复烧结过程，但是对陶瓷性能和共烧电极的要求太高，LTCC 产品的性能完全依赖于所选择的陶瓷材料的性能，不仅陶瓷的介电常数要适中、损耗低、热稳定性好，且与电极无界面反应，这种技术主要应用在多层电路设计中，对于在其他领域的应用则相对受限。

(4) 真空蒸镀法。一般用来制作薄膜，将装有基片的真空室抽成真空，真空度达到 $10^{-2} Pa$ 以下，加热镀料使其原子或者分子从表面气化逸出形成蒸汽流，入射到基片表面，凝结形成固态薄膜。要实现真空蒸镀，必须有热的蒸发源、冷的基片和周围的真空环境。

在高真空条件下，蒸发的原子几乎不与气体分子发生碰撞，不会损失能量，但是这种方法对真空环境的要求非常严格。

(5) 磁控溅射法。最早于1935年Penning利用同轴磁控管装置进行溅射镀膜，近年来在微波器件的金属化方面得到逐步应用。磁控溅射技术是在基本的二级溅射上发展而来的，在阴极靶材的背后放置强力磁铁，真空室中在一定压力下充入惰性气体Ar，作为气体放电的载体。磁控溅射的基本原理如图11-11所示，Ar原子在高压作用下电离成Ar^+和电子，产生辉光放电。在电场的作用下，Ar^+加速飞向阴极靶材，撞击靶材并释放出能量，使靶材表面的原子吸收Ar^+的动能而脱离原晶格束缚，从而逸出靶材表面飞向基片，并在基片上沉积形成薄膜[70]。

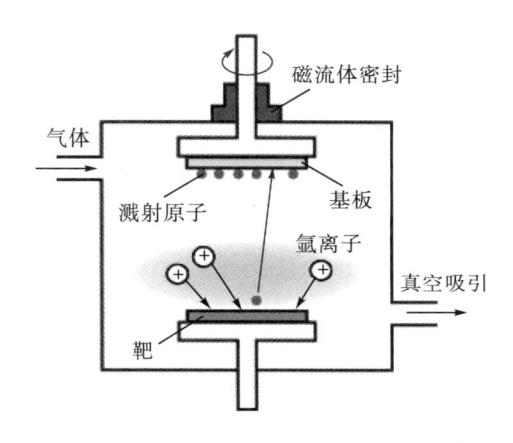

图11-11 磁控溅射的基本原理示意图[70]

11.4 微波介质陶瓷的性能测试

11.4.1 介电性能测试

在微波频段，对介质材料的介电参数进行测量的方法有很多，依据测量原理大体上可分为三类：①基于测量介质内部电磁场的方法；②基于测量由介质反射电磁波的方法；③基于测量穿过介质电磁波的方法。具体的实现方法包括传输线法、谐振法、自由空间法等。

1. 传输线法

在该方法中，待测材料样品被置于矩形波导取样器、同轴电缆或其他传输线中，通过矢量网络分析仪测量样品区的散射参数（传输系数和反射系数），然后通过散射方程反演出材料的复介电常数。

按样品夹具或测量座的不同，传输线法可分为同轴型、矩形波导型、带线型和微带线型等。同轴传输线法的测量频带很宽，一般用于测量0.1～18GHz频率范围的介电参数。矩形波导型传输线法的测量频带相对较窄，一般用于测量厘米波段的电磁参数。同轴样品为环状，样品用料少但制备难度较大。矩形波导样品为块状，样品用料较多。与同轴和矩形波导传输线法相比，带线法具有样品制备方便且易于放置等优点，但测量精度与样品测量盒的加工精度有关。微带线传输线法可用于测量厚度仅有 1～10μm 的薄膜材料的介电参数，与带线法一样，该方法样品测量盒的加工精度要求也很高。

传输线法的优点是操作和计算简单、测量频带宽、无辐射损耗等，同时对波导、同轴线、带线及微带线系统均适用。然而，该方法也存在以下问题(以波导法为例)。

(1) 当样品厚度是测试频率对应的半个波导波长的整数倍时，该方法是不稳定的，此即为传输/反射法的厚度谐振问题。

(2) 该方法存在多值性问题。这是因为，传播常数的确定与样品厚度紧密相关。当样品厚度大于测试频率对应的波导波长时，传播常数有多个解。为了确定传播常数，通常的做法是用不同厚度的样品，或者选择厚度小于波导波长的样品进行测量等。这几种方法尽管有效，然而却有局限性，如费时间且不方便等。

2. 谐振法

该法的测试样品通常制作成圆柱形介质谐振器，测试装置通常为两端由金属板短路的谐振器(开式腔法)，也可能是封闭的圆柱形金属空腔(屏蔽腔法)。耦合同轴线沿半径 r 方向对称地置入圆柱形介质谐振器两端的附近，以形成谐振单元，测试结构示意图如图 11-12 所示[71]。通常采用 TE011 模式对材料的传输参数 S21 进行测试，根据谐振中心频率和传输谐振曲线的带宽计算有载品质因数，再根据有载品质因数与无载品质因数、电流、电感的关系计算得到材料的无载品质因数。谐振法可以对腔体和样品同时加热，通过合理设计金属腔体，可以实现一腔多模、宽带多点的高温介电测试。

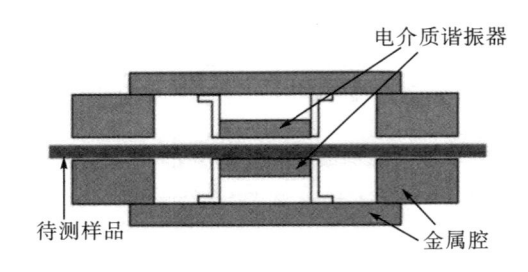

图 11-12 开式腔谐振法的测试夹具[71]

3. 自由空间法

自由空间法适于测量大尺寸的平面状样品。通常使微波天线激励出电磁波通过介质样品，同时测量透过样品或从样品反射的微波信号的幅度和相位，通过一定的计算得到材料的介电性能参数。由于在自由空间法中，待测样品不与测试夹具接触，因此可实现快速无损测量。这种方法特别适合野外遥感测量，用于测量土壤、岩石、草地、水体等的介电参数。

在实际应用中，采用何种方法主要取决于测试频率、ε 和 $\tan\delta$ 的大小、材料类别、精度要求等。表 11-2 给出了各种微波介电性能测试方法及其适用范围。

表 11-2 几种测试微波介电性能的方法

微波介电性能测试方法		频率范围/GHz	适用范围
传输线法	同轴线	0.2~110	适用于高损耗材料，对样品的形状和表面状况要求较高
	波导管		
	传输线		
谐振法	微扰法	2~18	$\varepsilon=2\sim10$，$\tan\delta<5\times10^{-3}$
	开式腔法	2~30	$\varepsilon=5\sim100$，$\tan\delta<6\times10^{-3}$
	屏蔽腔法	1~30	$\varepsilon=2\sim120$，$\tan\delta<5\times10^{-3}$
自由空间法	反射法	2~110	样品表面平整，表面积大于波束横截面面积的3倍
	透射法		
	干涉法		

11.4.2 器件的检测

器件的检测参数主要有：中心频率、带宽、插入损耗、带外抑制以及驻波比等，测试设备一般为矢量网络分析仪。

首先需要根据滤波器频段范围，选择合适的起止频率，对矢量网络分析仪进行双端口校准。射频电缆连接滤波器输入输出端口，射频电缆伸出高低温试验箱并连接于矢量网络分析仪。设置矢量网络分析仪的起止频率超过滤波器通带起止频率，测量项目设置为 S21。测试通带带宽时，标记中心频率 f_0 处的 S21 值，以此值为基准，找到左右两边下降 XdB 处的频率，分别记录为 f_1、f_2，计算 f_1-f_2 的值，此值即为滤波器的 XdB 通带带宽。测试插入损耗时，读取 S21 曲线上的最小值，该值即为滤波器的插入损耗。测试带外抑制时，读取 S21 曲线上的最大值，该值即为滤波器对该频段的带外抑制。测试曲线如图 11-13 所示。

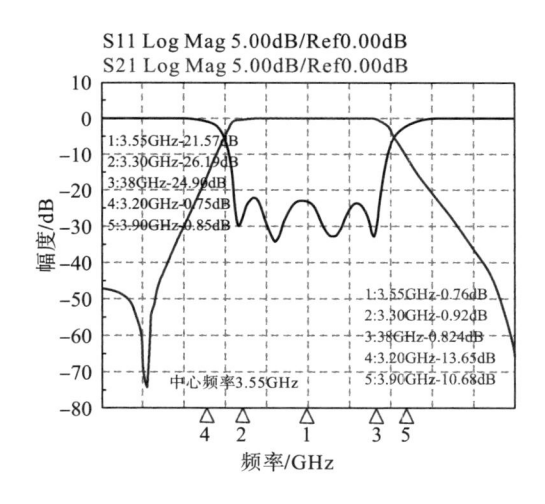

图 11-13 参数曲线图

11.5 微波介质陶瓷的应用与发展

微波介质陶瓷具有高介电常数、低介电损耗、温度系数小等优良性能，适用于制造多种微波元器件，同时能满足微波电路小型化、集成化、高可靠性和低成本的要求，因此被广泛应用于信息通信、航空航天、新能源等多个领域。

微波介质陶瓷可以用来制作高频陶瓷电容器(作用是通交流阻直流)，也可应用在存储电荷、滤波、耦合、调谐回路等的微波电路里。其中陶瓷用来制作多层陶瓷电容器(MLCC)的比较多。MLCC 使用的微波介质陶瓷有：①TiO_2 和 $CaTiO_3$ 体系，可以制成热补偿电容器陶瓷；②ZrO_2-TiO_2 体系，高频时介电性能优异；③MgO-TiO_2 体系，可以用来制作高频热稳定的陶瓷电容，这种原材料价格低，便于市场化应用。

微波介质陶瓷也是制作介质谐振器的材料。介质谐振器可以用来制作选频元器件(介质滤波器、介质无线块器件等)，是用来存储电磁能量的元件。当电场与磁场之间在确定时间周期内能量相互转换就是一次振荡，而它的频率就是谐振频率。陶瓷介质谐振器就是把陶瓷按照特定的尺寸和大小制成密闭的谐振腔，其工作原理就是电磁波在密闭的谐振腔中来回振荡。这种谐振器的优势有：集成度高，在不同温度下工作稳定且价格低廉、品质因数高。陶瓷谐振器有柱体型谐振器、同一轴型介质谐振器和微带线型介质谐振器(图 11-14)。

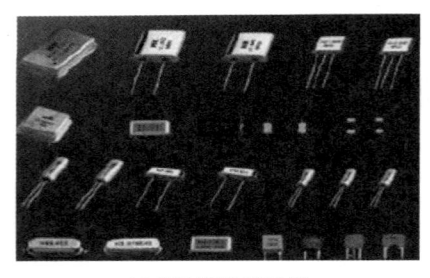

(a)多种陶瓷谐振器　　　　(b)贴片式谐振器

图 11-14　谐振器图片

微波介质陶瓷可以用来做微波陶瓷基片，因为陶瓷制作而成的基板介电常数高，品质因数高而且不同温度下的基板性能稳定，具体可以用来制作压控振荡器微模组件(图 11-15)、带状天线、微带天线和耦合天线。陶瓷在微带天线上的应用比较广泛，它有重量小、集成度高和成本低的优点。由于体积小，它可以被置于器件里面，从而保护它不被损坏，增加了电路的可靠性；并且因为容易进行自动贴装工艺，所以在微波集成电路上集成后特别稳定。

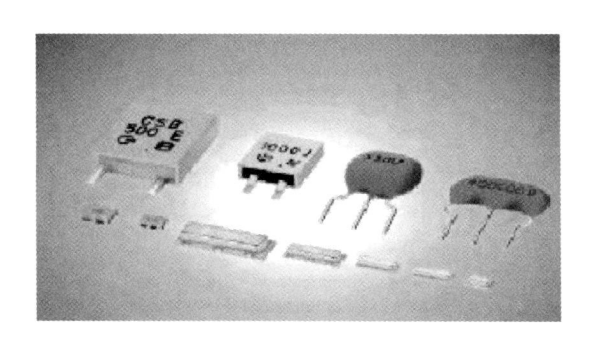

图 11-15　压控振荡器

11.5.1　5G 通信对滤波器的发展需求

进入 5G 时代，基站天线通道数量大幅增长，从 4G 的 4 通道、8 通道逐步升级为 16 通道、32 通道、64 通道及 128 通道。由于每一通道都需要一套完整的射频元件对上、下行信号进行接收与发送，并由相应的滤波器进行信号频率的选择与处理，因此滤波器的需求量将大幅增加。全球射频元件的市场将从 2017 年的 150 亿美元提升至 2023 年的 350 亿美元，其中，滤波器的市场则从 80 亿美元提升至 225 亿美元。表 11-3 对 5G 基站与滤波器需求和市场规模进行了整理预算。滤波器将是未来几年射频前端元件中成长最快的零组件。5G 设备的重量和体积相对于 4G 要求将更为严格，滤波器必须小型化、集成化。因此，体积更小、更轻的陶瓷介质滤波器将取代传统的金属腔体滤波器成为主流。

表 11-3　5G 基站与滤波器需求和市场规模预算

项目	2019	2020	2021	2022	2023	2024	2025
国内 5G 基站数/万个	11.6	64	102.6	124.2	113.4	75.6	48.6
全球 5G 基站数/万个	34.8	128	153.9	248.4	226.8	151.2	136.1
基站天线×通道数/个	3×64	3×64	3×64	3×64	3×64	3×64	3×64
基站用滤波器单价/元	50	45	41	36	33	30	27
单基站滤波器价值/元	9600	8640	7776	6998	6299	5669	5102
国内滤波器市场规模/亿元	11.1	55.3	79.8	86.9	86.9	42.9	24.8
全球滤波器市场规模/亿元	33.4	110.6	119.7	173.8	142.9	85.7	69.4

数据来源：中国产业经济信息网、搜狐网、新材料在线网、知乎、新浪财经等公开信息；按 5G 滤波器年跌幅 10%来测算整理数据。

11.5.2　滤波器的发展趋势

目前，5G 基站滤波器有小型金属腔体滤波器、塑料滤波器和陶瓷介质滤波器 3 种。

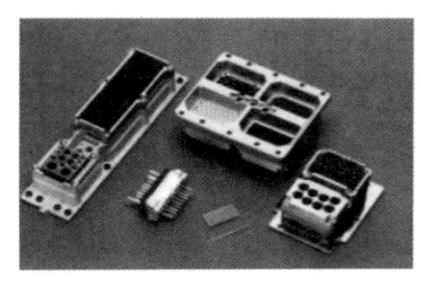

1. 小型金属腔体滤波器

小型金属腔体滤波器是通过提升金属加工工艺使得滤波器在性能保持基本稳定的前提下缩减滤波器的体积和重量,满足 5G 基站系统的要求(图 11-16)。相比其他滤波器,小型金属腔体滤波器性能稳定,工艺成熟,能快速商用。在 5G 低频段,小型金属腔体滤波器仍具竞争力,但随着频率的升高,对滤波器要求也越高,工艺更难实现,因此未来小型金属腔体滤波器市场将逐渐缩小。

图 11-16 小型金属腔体滤波器

2. 塑料滤波器

目前来说,塑料滤波器还没有实际应用案例,但是出于减重降本的目的,滤波器厂商开始考虑采用工程塑料如聚苯硫醚经过电镀制作滤波器腔体,相比金属腔体滤波器,塑料腔体具有较轻的重量、较强的刚性、不易受到外界温度的影响,且成本低。但由于塑料腔体轻微形变就会影响波形,因此塑料滤波器还需要发展突破,目前只是一个备选方案。

3. 陶瓷介质滤波器

陶瓷介质滤波器具备高介电常数、高 Q 值、低损耗、体积小、重量轻、成本低、抗温漂性能好等特点。相比小型金属腔体滤波器,陶瓷介质滤波器的性能较低,这是由材质的性质决定的。目前很多滤波器厂商已纷纷布局 5G 基站用陶瓷介质滤波器,但由于陶瓷工艺技术尚未完全成熟,能够量产的企业并不是很多。

3G/4G 时代,由于天线通道较少,凭借较低成本和较成熟的工艺,金属同轴腔体滤波器为市场主流选择,不同频率的电磁波在金属腔体内振荡,从而消除干扰和杂波信号,保留有用信号。腔体滤波器的一大特点是易于实现,通过提升金属加工工艺使滤波器在性能保持基本稳定的前提下缩减滤波器的体积和重量,将进一步向小型化腔体设计发展,未来市场较小,是中短期内的补充方案。在低频段有一定竞争力,但随着频率升高,电磁波在金属空腔中发生振荡,信号损失大,工艺上很难实现滤波器的高要求。

移动通信网络的发展使得无线频段变得非常密集,金属腔体滤波器不能实现高抑制的系统兼容。相比传统的金属腔体谐振器,陶瓷介质谐振滤波器具有高抑制、插入损耗小、温度漂移特性好等特点,且功率容量和无源互调性能极大改善,可应对更加复杂的无线环境干扰。代表高端射频器件发展方向的陶瓷介质谐振滤波器，在移动通信领域应用广阔。

5G 时代，受限于 Massive MIMO 对大规模天线集成化的要求，滤波器朝着小型化和集成化方向发展。陶瓷介质滤波器中的电磁波谐振发生在介质材料内部，没有金属腔体，体积比前两种滤波器都小，兼具陶瓷介质谐振滤波器的优点，一旦实现量产将极大地降低成本。陶瓷介质滤波器凭借高介电常数、高 Q 值、低损耗、高抑制、体积小、重量轻、成本低、抗温漂性能好等优异性能，成为 5G 时代中低频段的主流方案。

11.5.3 陶瓷介质滤波器的应用

目前我国对 5G 陶瓷介质滤波器的研究有了一定进展，但由于其结构复杂、精度要求高、流程长、成品率低等诸多技术难点，能够量产的企业不多。高品质陶瓷滤波器量产的关键技术有：配方体系设计、粉体宏量制备、致密化烧结、金属化、低成本规模化制备工艺和生产线研制等。

华为公司是陶瓷滤波器产品的先行者和推动者。江苏灿勤科技股份有限公司等企业具备较强的研发和量产能力，其量产的 CMF7R0075A 型 3.5G 滤波器，带内平均插损 2.6dB，带内波动 2dB；CMF6R0076A 型 2.6G 滤波器，带内平均插损 2.6dB，带内波动 2dB。苏州艾福电子通讯股份有限公司生产的 2.6G 介质滤波器，带内平均插损 2.0dB，带内波动 1.0dB。

5G 时代，滤波器需求量将随着 5G 基站规模扩大和 Massive MIMO 技术的应用而大幅增加，具备轻量化、小型化、低损耗及高可靠性的介质陶瓷滤波器将是 5G 基站应用的主流方向。预测到 2025 年，国内对滤波器的需求将达 10 亿只，陶瓷滤波器售价为 30～45 元/只，陶瓷滤波器国内市场将达到 80 亿元。但是受制于技术、成本、产能等，介质滤波器行业的需求周期将拉长至 2025 年以后，更多的企业将有机会融入陶瓷滤波器的产业链和生态圈中；其次，介质滤波器行业技术门槛高，一定程度上也将限制行业产能的快速释放。

11.6　微波介质陶瓷的共性难点

微波介质陶瓷主要用作谐振器、滤波器、介质基片、介质天线、介质波导等，在便携式移动电话、汽车电话、微波基站、无绳电话、电视卫星接收器、无线接入、无线局域网和军事雷达等方面发挥着越来越大的作用，应用前景十分广阔。近年来，我国微波介质陶瓷产量逐年增加，截至 2018 年，产量达到 2958t，同比增长了 15.10%。从销售额角度看，2015～2019 年，我国微波介质陶瓷的销售额一直保持着两位数的增长速度，2019 年销售额突破 20 亿元，增速达到 25.12%，2020 年销售额达到了 66.4 亿元。微波介质陶瓷行业受下游产业影响较大。近年来我国移动通信、卫星通信、全球卫星定位系统等领域发展迅速，这种飞速发展极大地带动了对现代通信相关元器件的需求。以移动通信领域为例，受 5G 时代来临等因素影响，2019 年我国移动电话基站数量净增长了 174 万个，总数量达到 841 万个。从市场现状来看，下游领域需求将极大促进微波介质陶瓷行业发展。

微波介质陶瓷器件的发展趋势为微型化、低损耗、高稳定及片式化、大规模生产、低成本等。相应微波介质材料的发展趋势为介电常数和温度系数的系列化、超低损耗或超高 Q 值，还要求高密度、高纯和洁净光滑表面，以满足金属化低导体损耗要求。新一代微波介质陶瓷材料的研究开发将主要围绕如下两大方向展开：首先是追求超低损耗的极限；其次是探索更高相对介电常数的新材料体系。前者是为了适应高可靠性与更高频率应用的需要，而后者的应用主要是为满足下一代移动电话等的小型化要求。国际上微波介质材料与器件行业一方面为了缩小器件的体积而开发高介电常数的材料体系，另一方面为了提高器件的灵敏度而研究高品质因数的材料配方，重视器件工作的高稳定性而开发小谐振频率温度系数的介质陶瓷。

高品质陶瓷粉体的低成本、规模化制备技术是微波介质陶瓷的共性难题之一。陶瓷粉体配方是决定器件性能好坏的关键因素之一，是相关企业的核心竞争力，只有拥有好的材料配方才能获得在一定使用条件下的高 Q 值介质陶瓷。除配方外，粉体材料加工过程也复杂，粉体制备时酸碱控制不合理、生成杂质等都将损害粉体质量。

微波介质陶瓷成型工艺的难点在于陶瓷坯体在烧结过程中会收缩，尺寸的变化较难把握，材料的收缩率无法满足产品精准尺寸的要求。精确控制陶瓷生坯的密度分布，得到密度一致性好、烧结变形小、尺寸精度高、缺陷少的陶瓷坯体，降低加工成本，提高产品良率。预烧过程中，温度过高或过低都会对微波介质陶瓷的性能产生不利影响。烧结时，需严格控制烧结温度及保温时间，这两个参数决定了陶瓷的晶粒大小和密度高低，最终影响陶瓷产品的机械强度和金属化工艺。

不论何种滤波器，调试向来是滤波器生产工艺中的重点。大规模调试技术是滤波器生产的重点，或将成为制约介质滤波器供应商产能的关键。与腔体滤波器相比，陶瓷介质滤波器的调试更为困难：一方面，陶瓷介质滤波器的调试是对陶瓷谐振体进行调试，与腔体滤波器调试需调谐螺钉不同，陶瓷介质滤波器的调试中某些环节存在不可逆操作。若完全采用手工调试，则很难保证一次调试成功，从而影响生产节奏。另一方面，为了保证陶瓷介质滤波器的大规模产能，需要进行大规模调试，则需要自动化调试设备，当前只有少数厂家拥有陶瓷介质滤波器的自动化调试设备与技术。此外，自动化调试设备的核心算法目前并不完善，仍需进一步研究。

11.7 本章小结

微波器件集成化、小型化和低成本化的发展需求对微波陶瓷介质材料的研制和生产带来了巨大的发展机遇和技术挑战。介电常数、介质损耗和品质因数、温漂系数是微波介质陶瓷材料的主要技术指标。现在已经发展了多个体系的介质陶瓷材料，发展了比较成熟的粉体制备、成型工艺、烧结致密化方法以及表面金属化、多层陶瓷共烧技术等，基本满足电子信息产业的要求。陶瓷微观结构和组织与介电性能的关系仍需要深入探索，如晶体结构、微观缺陷、化学键、晶界、晶粒大小、气孔等参数对介电性能的具体影响。对于多层共烧陶瓷和微波器件，烧结温度过高是微波介质陶瓷走向生产应用的最大障碍之一。如何降低烧结致密化温度，研究低温烧结的配方、助剂、技术和装备将极具现实意义。对于 LTCC 和 MLCC 技术，系统解决界面匹配性、实现界面共容是重要研究课题。

参 考 文 献

[1] Richtmyer R D. Dielectric resonators[J]. Journal of Applied Physics, 1939, 10(6): 391-398.

[2] Hakki B W, Coleman P D. A dielectric resonator method of measuring inductive capacities in the millimeter range[J]. IRE Transactions on Microwave Theory and Techniques, 1960, 8(4): 402-410.

[3] Okaya A, Barash L F. The dielectric microwave resonator[J]. Proceedings of the IRE, 1962, 50(10): 2081-2092.

[4] Cohn S B. Microwave bandpass filters containing high-Q dielectric resonators[J]. IEEE Transactions on Microwave Theory and Techniques, 1968, 16(4): 218-227.

[5] O'Bryan H M, Thomson J, Plourde J K. A new BaO-TiO_2 compound with temperature-stable high permittivity and low microwave loss[J]. Journal of the American Ceramic Society, 1974, 57(10): 450-453.

[6] Castro P J, Nono M D C A, Souza J V C, et al. Variation of resonant frequency with temperature in ceramic resonators based on $Ba_2Ti_9O_{20}$ compositions[J]. Materials Science Forum, 2012, 727/728: 539-544.

[7] Chen J Y, Huang C L. A new low-loss microwave dielectric using $(Ca_{0.8}Sr_{0.2})TiO_3$ doped $MgTiO_3$ ceramics[J]. Materials Letters, 2010, 64(23): 2585-2588.

[8] 冯琴琴, 刘鹏, 付志粉. 高能球磨法对 $Li_3Mg_2NbO_6$ 陶瓷结构及性能的影响[J]. 中国科技论文在线, 2017, 10(13): 1512-1518.

[9] Wu Y, Liu B, Song K X. $Ca_3Al_2O_6$: novel low-permittivity microwave dielectric ceramics with abnormally large negative τ_f[J]. Journal of Materials Science: Materials in Electronics, 2020, 31(10): 7953-7958.

[10] Ismarrubie Z N, Ando M, Tsunooka T, et al. Dielectric properties and microstructure of nearly zero temperature coefficient τ_f of forsterite ceramics[J]. Materials Science Forum, 2007, 561: 617-620.

[11] Ohasto H, Tsunooka T, Ando M, et al. Millimeter-wave dielectric ceramics of alumina and forsterite with high quality factor and low dielectric constant[J]. Journal of the Korean Ceramic Society, 2003, 40(4): 350-353.

[12] George S, Anjana P S, Deepu V N, et al. Low-temperature sintering and microwave dielectric properties of Li_2MgSiO_4 ceramics[J]. Journal of the American Ceramic Society, 2009, 92(6): 1244-1249.

[13] Yu T, Luo T, Yang Q, et al. Ultra-high quality factor of $Mg_6Ti_5O_{16}$-based microwave dielectric ceramics with temperature stability[J]. Journal of Materials Science: Materials in Electronics, 2021, 32(2): 2547-2556.

[14] 权微娟, 刘敏, 周洪庆, 等. 低介电常数微波介质陶瓷的研究进展[J]. 中国陶瓷, 2009, 45(1): 13-15.

[15] Kim E S, Kim S H, Lee B I. Low-temperature sintering and microwave dielectric properties of $CaWO_4$ ceramics for LTCC applications[J]. Journal of the European Ceramic Society, 2006, 26(10/11): 2101-2104.

[16] Watanabe M, Ogawa H, Ohsato H, et al. Microwave dielectric properties of $Y_2Ba(Cu_{1-x}Zn_x)O_5$ solid solutions[J]. Japanese Journal of Applied Physics, 1998, 37(9): 5360-5363.

[17] Ohsato H. Microwave materials with high Q and low dielectric constant for wireless communications[J]. MRS Proceedings, 2011, 833: 1-8.

[18] Masse D J, Pucel R A, Readey D W, et al. A new low-loss high-k temperature-compensated dielectric for microwave applications[J]. Proceedings of the IEEE, 2005, 59(11): 1628-1629.

[19] Zhou H F, Wang H, Chen Y H, et al. Microwave dielectric properties of $BaTi_5O_{11}$ ceramics prepared by reaction-sintering process with the addition of CuO[J]. Journal of the American Ceramic Society, 2008, 91(10): 3444-3447.

[20] 吴顺华, 陈力颖, 陈晓娟, 等. Mn 掺杂 $BaTi_4O_9$ 陶瓷结构和介电性能[J]. 硅酸盐学报, 2001, 29(1): 80-83.

[21] Belous A G, Ovchar O V, Macek-Krzmanc M, et al. The homogeneity range and the microwave dielectric properties of the $BaZn_2Ti_4O_{11}$ ceramics[J]. Journal of the European Ceramic Society, 2006, 26(16): 3733-3739.

[22] 余盛全. 两种 Ti 基微波介质陶瓷的制备与性能研究[D]. 成都: 电子科技大学, 2013.

[23] Pang L X, Wang H, Zhou D, et al. Sintering behavior, structures and microwave dielectric properties of a rutile solid solution system: $(A_xNb_{2x})Ti_{1-3x}O_2$ (A= Cu, Ni)[J]. Journal of Electroceramics, 2009, 23(1): 13-18.

[24] Zhou D, Guo D, Li W B, et al. Novel temperature stable high epsilon(r) microwave dielectrics in the Bi_2O_3-TiO_2-V_2O_5 system[J]. Journal of Materials Chemistry C, 2016, 4(23): 5357-5362.

[25] Wang G, Fu Q Y, Guo P G, et al. A/B-site cosubstituted $Ba_4Pr_{28/3}Ti_{18}O_{54}$ microwave dielectric ceramics with temperature stable and high Q in a wide range[J]. Ceramics International, 2020, 46(8): 11474-11483.

[26] 徐建梅. 水热合成 Ba-Ti 基微波介质陶瓷的研究[D]. 武汉: 华中科技大学, 2004.

[27] Bosman A J, Havinga E E. Temperature dependence of dielectric constants of cubic ionic compounds[J]. Physical Review, 1963, 129(4): 1593-1600.

[28] 廖擎玮. 超低损耗 $AB(Nb, Ta)_2O_8$ 型微波介质陶瓷结构与性能的研究[D]. 天津: 天津大学, 2012.

[29] 李婷, 王筱珍, 张绪礼. 微波介质陶瓷相对介电常数的简易测量[J]. 电子元件与材料, 1996, 15(1): 41-45.

[30] Shannon R D. Dielectric polarizabilities of ions in oxides and fluorides[J]. Journal of Applied Physics, 1993, 73(1): 348-366.

[31] 关振铎, 张中太, 焦今生. 无机材料物理性能[M]. 北京: 清华大学出版社, 1992.

[32] Liao Q W, Li L X. Structural dependence of microwave dielectric properties of ixiolite structured $ZnTiNb_2O_8$ materials: crystal structure refinement and Raman spectra study[J]. Dalton Transactions, 2012, 41(23): 6963-6969.

[33] 任翔. 中介 ZnO-Nb_2O_5 基微波介质陶瓷的研究[D]. 天津: 天津大学, 2012.

[34] 熊钢, 周东祥, 李忠明. $Ca[(Li_{1/3}Nb_{2/3})_{1-x}Zr_{3x}]O_{3-\delta}$ 陶瓷微波介电特性[J]. 中国陶瓷, 2009, 45(2): 10-12.

[35] Zurmuhlen R, Petzelt J, Kamba S, et al. Dielectric spectroscopy of $Ba(B'_{1/2}B''_{1/2})O_3$ complex perovskite ceramics correlations between ionic parameters and microwave dielectric properties: Infrared reflectivity study(10^{12}-10^{14}Hz)[J]. Journal of Applied Physics, 1995, 77(10): 5341-5350.

[36] Kim E S, Jeon C J. Microwave dielectric properties of $ATiO_3$ (A = Ni, Mg, Co, Mn) ceramics[J]. Journal of the European Ceramic Society, 2010, 30(2): 341-346.

[37] Cheng H F, Chia C T, Liu H L, et al. Spectroscopic characterization of $Ba(Mg_{1/3}Nb_{2/3})O_3$ dielectrics for the application to microwave communication[J]. Journal of Electromagnetic Waves and Applications, 2007, 21(5): 629-636.

[38] Diao C L, Shi F. Correlation among dielectric properties, vibrational modes, and crystal structures in $Ba[Sn_xZn_{(1-x)/3}Nb_{2(1-x)/3}]O_3$ solid solutions[J]. Journal of Physical Chemistry C, 2012, 116(12): 6852-6858.

[39] Li J, Li C C, Wei Z H, et al. Microwave dielectric properties of a low-firing $Ba_2BiV_3O_{11}$ ceramic[J]. Journal of the American Ceramic Society, 2015, 98(3): 683-686.

[40] Liu W Q, Zuo R Z. A novel low-temperature firable $La_2Zr_3(MoO_4)_9$ microwave dielectric ceramic[J]. Journal of the European Ceramic Society, 2018, 38(1): 339-342.

[41] Ahn C W, Jang H J, Nahm S, et al. Effects of microstructure on the microwave dielectric properties of $Ba(Co_{1/3}Nb_{2/3})O_3$ and $(1-x)Ba(Co_{1/3}Nb_{2/3})O_3$-$xBa(Zn_{1/3}Nb_{2/3})O_3$ ceramics[J]. Journal of the European Ceramic Society, 2003, 23(14): 2473-2478.

[42] Du M K, Li L X, Yu S H, et al. High-Q microwave ceramics of Li_2TiO_3 co-doped with magnesium and niobium[J]. Journal of the American Ceramic Society, 2018, 101(9): 4066-4075.

[43] Kim D W, Park B, Chung J H, et al. Mixture behavior microwave dielectric properties in the low fired TiO_2-CuO system[J]. Japanese Journal of Applied Physics, 2000, 39(5A): 2696-2700.

[44] 黄琦, 郑勇, 吕学鹏, 等. 微波介质陶瓷介电机理研究进展[J]. 电子元件与材料, 2016, 35(1): 1-6.

[45] 罗捷宇. $0.65CaTiO_3$-$0.35LaAlO_3$ 基微波介质陶瓷的制备及改性研究[D]. 景德镇: 景德镇陶瓷大学, 2020.

[46] 罗婷. 固相法制备 $Ba_2Ti_9O_{20}$ 基微波介质陶瓷的物相形成机理与性能研究[D]. 绵阳: 西南科技大学, 2020.

[47] Xu Y B, Huang G H, He Y Y. Sol-gel preparation of $Ba_{6-3x}Nd_{8+2x}Ti_{18}O_{54}$ microwave dielectric ceramics[J]. Ceramics International, 2005, 31(1): 21-25.

[48] 张启龙, 王焕平, 杨辉. $CaTiO_3$ 纳米粉体溶胶-凝胶法合成、表征及介电特性[J]. 无机化学学报, 2006, 22(9): 1657-1662.

[49] 陈忠文. 熔盐法制备铌酸锌基微波介质陶瓷结构及性能研究[D]. 昆明: 昆明理工大学, 2010.

[50] 吕学鹏. $Li_2ZnTi_3O_8$ 微波介质陶瓷的制备及介电机理研究[D]. 南京: 南京航空航天大学, 2015.

[51] 管航敏, 冯燕, 韩成良, 等. 水热法制备 BaO-Nd_2O_3-TiO_2 系纳米粉体[J]. 中国粉体技术, 2007, 13(5): 24-26.

[52] 王辉, 徐建梅, 苏言杰, 等. 水热法制备 $Ba_{6-3x}Nd_{8+2x}Ti_{18}O_{54}$ 微波介质陶瓷[J]. 硅酸盐学报, 2007(2): 154-159.

[53] 董雪. $Mg_2Al_4Si_5O_{18}$ 系微波介质陶瓷材料制备及性能研究[D]. 成都: 电子科技大学, 2019.

[54] 谭芳. CSLST 微波介质陶瓷流延成型工艺及其性能研究[D]. 景德镇: 景德镇陶瓷学院, 2015.

[55] 张冲. 微波介质陶瓷 $Ba_5Nb_4O_{15}$ 的低温烧结和 MCT 凝胶注模成型的工艺研究[D]. 厦门: 厦门大学, 2007.

[56] 虞思敏. 高性能 $99Al_2O_3$ 陶瓷材料制备及性能研究[D]. 成都: 电子科技大学, 2018.

[57] 刘宏勇, 蒲永平, 石轩, 等. 烧结气氛对 $BiFeO_3$ 陶瓷性能影响的研究[J]. 人工晶体学报, 2013, 42(1): 24-28.

[58] 庞越, 钟朝位, 张树人. N_2 气氛烧结 $Bi_{1-x}Gd_xNbO_4$ 微波介质陶瓷性能研究[J]. 压电与声光, 2008, 30(1): 121-123.

[59] 赵莉, 胡玉叶, 李丹, 等. MZT-CLT 介质陶瓷的微波烧结研究[J]. 压电与声光, 2017, 39(5): 707-710, 716.

[60] 余珺, 沈春英. $0.92MgAl_2O_4$-$0.08(Ca_{0.8}Sr_{0.2})TiO_3$ 介质陶瓷微波烧结的研究[J]. 电子元件与材料, 2015, 34(5): 1-4.

[61] 邵辉, 邱明龙, 全永强, 等. B_2O_3 添加剂对 $Ti_{1-x}Cu_{x/3}Nb_{2x/3}O_2$ (x=0.23) 微波介质陶瓷结构与性能的影响[J]. 电子元件与材料, 2018, 37(12): 25-29, 35.

[62] 金彪, 徐卓越, 汪潇, 等. 不同方式引入 CuO 制备低温烧结 $(Bi_{1.5}Zn_{0.5})(Zn_{0.5}Nb_{1.5})O_7$ 陶瓷[J]. 粉末冶金技术, 2018, 36(5): 386-392.

[63] 张志伟. 锂基岩盐结构微波介质陶瓷的低温烧结与性能优化研究[D]. 桂林: 桂林理工大学, 2020.

[64] Song X Q, Lei W, Zhou Y Y, et al. Ultra-low fired fluoride composite microwave dielectric ceramics and their application for $BaCuSi_2O_6$-based LTCC[J]. Journal of the American Ceramic Society, 2020, 103(2): 1140-1148.

[65] 张文娟. La_2O_3-B_2O_3 玻璃添加对 $Zn_{0.5}Ti_{0.5}NbO_4$ 微波介质陶瓷结构及性能影响[J]. 电子元件与材料, 2020, 39(3): 39-43, 51.

[66] 邹蒙莹, 李恩竹, 王京, 等. 烧结助剂 LBZ 对 CaO-La_2O_3-TiO_2 微波介质陶瓷掺杂改性研究[J]. 压电与声光, 2016, 38(1): 137-140.

[67] 罗捷宇, 李月明, 李志科, 等. Ce^{3+}掺杂对 $0.65CaTiO_3$-$0.35LaAlO_3$ 陶瓷微波介电性能的影响[J]. 硅酸盐学报, 2020, 48(9): 1389-1395.

[68] 赵可沦, 申风平, 郑正德. 导电银浆及其制备方法: 微波介质陶瓷的表面金属化方法: CN102664055B[P]. 2014-06-04.

[69] 严盛喜. 微波介质多腔滤波器金属化工艺: CN1718839A[P]. 2006-01-11.

[70] 叶志镇, 吕建国, 吕斌, 等. 半导体薄膜技术与物理[M]. 杭州: 浙江大学出版社, 2008.

[71] 刘沛江, 何骁, 陈泽坚, 等. 介质材料的介电性能测试方法综述[J]. 广东电力, 2022, 35(8): 1-12.

第12章 多孔陶瓷

多孔陶瓷的内部存在一定比例的相互连接或者独立存在的气孔[1]。多孔陶瓷兼具传统陶瓷耐腐蚀、耐高温、机械强度高的特点，同时具有其他传统陶瓷不具备的优异性能，如孔隙率高、比表面积大、导热系数小、渗透率高、密度低等，使得多孔陶瓷在越来越多的领域得到了广泛应用。

12.1 多孔陶瓷概述

12.1.1 多孔陶瓷的定义和类型

多孔陶瓷是一类孔隙占比较大的陶瓷材料。多孔陶瓷一方面充分发挥陶瓷材料中孔隙引入的优良性质（包括孔隙结构、比表面积、孔隙率等），另一方面发挥陶瓷基体相本身优良性质（耐高温、耐酸碱腐蚀、力学性能优等），在高温、强酸碱腐蚀、辐照、力学载荷等服役条件下可用于过滤、分离、分散、渗透、隔热、换热、吸声、隔音、吸附、催化剂载体、反应载体、传感器及生物材料等。

多孔陶瓷可以按材质、孔径大小、孔洞形状、具体用途等参数进行分类。多孔陶瓷可分为氧化物多孔陶瓷和非氧化物多孔陶瓷两大类，例如氧化锆质多孔陶瓷、氧化铝质多孔陶瓷、碳化硅质多孔陶瓷、羟基磷灰石质多孔陶瓷、钛酸盐质多孔陶瓷等。按照孔径（d）大小，多孔陶瓷可以分为三类：微孔陶瓷（$d<2nm$）、介孔陶瓷（$2nm \leqslant d \leqslant 50nm$）和大孔陶瓷（$d>50nm$）。按照孔隙率（$p$）的高低可分为：超高孔隙率多孔陶瓷（$p>75\%$）、高孔隙率多孔陶瓷（$60\% \leqslant p \leqslant 75\%$）和中等孔隙率多孔陶瓷（$30\% \leqslant p \leqslant 60\%$）。按照气孔在陶瓷材料中的结构，多孔陶瓷可分为三类：开口气孔型多孔陶瓷（开口气孔占优的多孔陶瓷，利用其气孔与外界相通、比表面积大的特点，作为过滤、吸附、催化、吸声、载体等功能材料使用）；闭口气孔型多孔陶瓷（以封闭气孔为主的多孔陶瓷，应用其闭口气孔的特点，用作隔热、保温、隔声等材料）；贯通气孔型多孔陶瓷（具有大量贯穿材料的孔洞的多孔陶瓷）。贯通气孔型多孔陶瓷可认为是开口气孔型的特殊类型。按照成孔工艺和孔隙结构，多孔陶瓷可以分为颗粒状陶瓷烧结体、泡沫陶瓷和蜂窝陶瓷三类。根据用途，多孔陶瓷有吸声材料、保温材料、耐火材料、过滤材料、生物陶瓷、陶瓷膜、催化剂载体等类型。

12.1.2 多孔陶瓷的性能

多孔陶瓷兼具陶瓷力学强度高、耐热性好、化学稳定性好和多孔结构的优良性能。多孔材料应用主要是利用其孔洞所具有的性能。其微孔性能见表12-1。

表 12-1 多孔体的微孔性能

决定性能的因素	性能
微孔的尺寸特性(孔径、孔隙率、孔表面积)	过滤、分离；吸声降噪
微孔的表面化学特性(含表面修饰)	催化剂载体；吸附、吸收

微孔性能是由微孔的尺寸、表面化学特性等决定的。决定微孔表面化学特性的因素有陶瓷的成分、表面状态和微孔表面的处理。吸附性能取决于孔表面的化学组成、晶体结构、羟基含量等因素。微孔直径、分布、形式、比表面积等对其过滤、分离性能有很大的影响。利用多孔陶瓷的连通孔结构，可以制造各种过滤器、分离装置、流体分布元件、混合元件、渗出元件和节流元件等。利用多孔陶瓷吸收能量的性能，可以用作各种吸声降噪材料、减震材料等。利用多孔陶瓷的比表面积，可以制成各种多孔电极、催化剂载体、热交换器、气体传感器等。利用多孔陶瓷密度低、热导性能低的特性，可以制成各种保温材料、轻质结构材料等。

1. 强度

陶瓷属于脆性固体材料，内部气孔将强烈降低陶瓷的力学性能。在某些情况下，气孔是限制材料强度的决定因素。多孔陶瓷必须在充分发挥孔结构性能的同时兼具良好的力学性能。不断提升多孔陶瓷的力学性能将为拓展多孔陶瓷的应用场景创造条件。

抗压强度是指多孔陶瓷在不发生破坏的条件下，单位面积上能够承受的最大压力。多孔陶瓷受压时的破坏主要是脆性断裂，它的破坏过程是由于裂纹的扩展产生的。多孔陶瓷存在许多位错、气孔等微观和宏观缺陷，位错增殖、交错发展成为微观裂纹，气孔成为受载荷时的应力集中点而形成裂纹源。陶瓷内部不同取向的晶粒由于热膨胀性的差别也可形成裂纹。在动态加载时，由于应力作用的时间很短，不能在静态条件下使裂纹成核，扩展没有充分时间完成，所以达不到材料断裂所需的能量，就必须在更高的应力下才能使裂纹成核、扩展，而使陶瓷断裂。结果表现出陶瓷材料动态抗压强度高于静态抗压强度，因此，在测量抗压强度时，必须规定统一的加压速度。

抗弯强度是评价陶瓷强度的通用指标。弯曲强度[2]一般采用三点弯曲法测量，其计算公式为

$$\sigma_b = \frac{3 \times P \times l}{2 \times b \times h^2} \tag{12-1}$$

式中，P 为试样断裂时的最大载荷，N；l 为跨距，mm；h 为试样厚度，mm；b 为试样宽度，mm。

第 12 章 多孔陶瓷

抗压强度的计算公式为

$$\sigma = \frac{4 \times F}{\pi \times D^2} \tag{12-2}$$

式中，F 为抗压试验的最大载荷，N；D 为试样直径，mm。

多孔陶瓷的拉伸性能特别是高温拉伸性能非常重要。拉伸强度的测试结果与测试方法及试样的几何尺寸密切相关。研究表明，拉伸强度与多孔陶瓷材料的强度有关，且与其密度呈线性关系。多孔陶瓷拉伸强度为材料密度的函数：

$$\sigma_t = A\left(\frac{\rho}{\rho_S}\right)^B \tag{12-3}$$

式中，ρ 为多孔陶瓷块体材料的密度；ρ_S 为多孔陶瓷基体材料的密度。常数 A 与气孔几何形状及固体材料性质有关，而指数 B 则与单个气孔的实际形变方式有关。气孔壁先发生断裂后使邻近留下的陶瓷基体棱承重，开口气孔和闭口气孔的形变现象应是一致的。

2. 气孔率

多孔陶瓷的气孔率以及密度的测定通常采用阿基米德排水法。气孔率测试流程如图 12-1 所示，气孔率计算公式为

$$P = \frac{G_1 - G_0}{G_1 - G_2} \times 100\% \tag{12-4}$$

式中，G_0 为试样干燥后的重量(这里指质量)(干重)，g；G_1 为试样吸满水后在空气中所称的重量(湿重)，g；G_2 为试样吸满水后在水中所称的重量(水中重)，g。

在120℃恒温干燥箱内，烧结样品干燥2h → 测量烧结样品干燥后的重量G_0 → 在常温常压环境中，烧结样品煮沸 → 测量烧结样品湿量G_1 → 测量烧结样品在水中的重量G_2

图 12-1 气孔率测试流程

气孔孔径平均尺寸根据扫描电镜图像经统计处理后得到。孔隙率以及孔径尺寸与多孔陶瓷的原材料以及制备工艺密切相关。

3. 抗热震性

在快速降温或快速升温时多孔陶瓷可能发生热震断裂。抗热震性是多孔陶瓷的一个重要性能指标。多孔陶瓷抗热震性的测试有两种实验方法：一种是水淬冷却，另一种是空气中快速冷却，实验流程如图 12-2 所示。

气孔率、热导率、弯曲强度和相对密度都会对抗热震性能产生影响[3]。裂纹延伸遇到气孔时，会发生明显的偏离和分叉，这意味着裂纹经历的路径变长，消耗的断裂功增大。相比之下，适量的气孔率有助于提高陶瓷的抗热震性。但并不是气孔率越高越好，一方面，气孔率增大，室温弯曲强度会降低；另一方面，气孔率增大会降低多孔陶瓷的热导率，抗

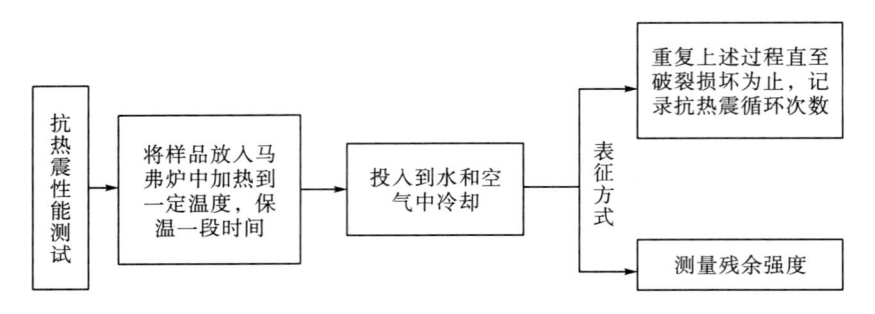

图 12-2 抗热震性实验流程

热震性也会下降。所以，气孔率适中，才能保证材料具有良好的抗热震性[4]。多孔陶瓷的抗热震性也可以通过增大陶瓷的强度，增大韧性的方法来改善，如涂层工艺、添加增强相制备复相陶瓷等方法。

12.2 多孔陶瓷的应用

多孔陶瓷的应用始于 19 世纪 70 年代，主要用于高温熔融合金的过滤。近年来，多孔陶瓷在工业、环保和医疗等领域具有广泛应用，制备高强度、孔径均匀、性能稳定、高度有序的多孔陶瓷体，拓宽和开发多孔陶瓷在国内各行业中的应用，无疑是十分必要的[5]。

12.2.1 过滤与分离行业

废气、城市生活污水和工业废水都需要进行相应的过滤和分离才能排放到自然环境中。汽车尾气和发电厂烟气中存在有毒有害的烟尘、工业废水中存在有毒有害的重金属元素，这些物质不加以处理排放到自然环境中，将会造成酸雨、河流和土壤的污染等严重后果。开孔的多孔陶瓷可以对多种污染物如固体悬浮颗粒、重金属离子等进行有效过滤，并且具有耐高温、耐腐蚀的特性，适宜应用在过滤行业，其在污水处理、超纯水过滤、熔融金属过滤、酸碱性溶液、过滤高温气体等方面有着产业化应用。

1978 年美国 Consolidated Aluminum 公司的 Mollard 和 Davison 成功研制出铝合金熔炼用多孔陶瓷过滤器，其商品名为 Selee/Al。1984 年该公司又研制出了用于黑色金属熔炼用的多孔陶瓷过滤器 Selee/Fe。日本在铸造用多孔陶瓷过滤器方面开发了多款产品，其材质有堇青石($2MgO·Al_2O_3·5SiO_2$)、莫来石($3Al_2O_3·5SiO_2$)、Al_2O_3、SiC 和 Si_3N_4 等。英国 Foseco 公司研制了过滤有色合金(特别是铝基和铜基合金)的多孔陶瓷过滤器(型号为 Sivex)，以及过滤大部分铸铁、部分高熔点铜合金的多孔陶瓷过滤器(型号为 Sedex)[6]。

多孔陶瓷过滤片的应用，可有效消除各种夹杂类缺陷、减轻气孔类缺陷，成为现代铸造生产高端铸件的有效手段之一。我国铸造行业对于陶瓷过滤器的年需求量约 1 亿片。钢铁合金的密度大、熔点高，要求多孔陶瓷的高温强度、软化温度以及抗热冲击性都要比过滤铝和铜的需求高。通常选用氧化铝和碳化硅质的多孔陶瓷过滤片，滤片网眼尺寸一般为

2~3mm。绿色铸造和升级转型是当今铸造的主旋律，推广多孔陶瓷过滤技术有助于高性能铸锭的生产。

12.2.2 催化剂载体

多孔陶瓷具有高比表面积、耐高温、耐腐蚀、易再生等特性，利用其气孔数量多、比表面积大、气孔结构可调控的优点，作为催化剂载体能够增大催化剂与反应物的接触面积，从而提高催化效率与速度。

多孔陶瓷作为催化剂载体，可用于化工厂、印刷厂、食品厂、畜牧部门有毒、恶臭等有害气体的处理。汽车尾气是城市空气污染的最主要来源，汽车尾气的催化氧化非常重要。目前普遍使用蜂窝陶瓷作催化剂载体。将以蜂窝陶瓷为载体的汽车尾气催化器安装在汽车排气管中，可以使尾气中的 CO、NO 有害气体催化转化成 CO_2、H_2O、N_2，催化转化率可达 90%以上，用在柴油车上，碳颗粒物的净化率在 50%以上。因此，多孔陶瓷是催化剂载体的理想材料，广泛应用于汽车尾气净化以及其他领域。除了作催化剂载体外，它还可以作为其他功能性载体，例如药剂载体、微晶载体、气体储存等。随着中国气体排放标准越来越严格，生物、医学等领域的高速发展，多孔陶瓷作为催化剂载体的应用领域也会更加广泛[7]。

12.2.3 生物陶瓷材料

生物陶瓷指与生物体或生物化学有关的新型陶瓷，可分为与生物体相关的植入陶瓷和与生物化学相关的生物工艺学陶瓷。前者植入体内以恢复和增强生物体的机能，是直接与生物体接触使用的生物陶瓷。后者常用作固定酶，分离和提纯细菌、病毒、各种核酸、氨基酸等以及作为生物化学反应催化剂的载体，是使用时不直接与生物体接触的生物陶瓷。植入陶瓷又称生物体陶瓷，主要有人造牙、人造骨、人造心脏瓣膜、人造血管和其他医用人造气管和穿皮接头等。植入陶瓷要求与生物体的亲和性好，即植入的陶瓷被侵蚀、分解的产物无毒，不使生物细胞发生变异、坏死，不会引起炎症、生长肉芽等；还需要可靠性高，即在 10 到 20 年的长期使用中，强度不会降低、不发生表面变质、对生物体无致癌作用以及易于在短期内成形加工和灭菌。陶瓷具有强共价键的性质，即使在生物体内苛刻的化学条件下，也具有良好的化学稳定性，排异反应迟缓，具备长期使用的机械性质。与有机高分子材料相比，生物体陶瓷耐热性好，便于进行高压灭菌、寿命长、可靠性高。

生物陶瓷材料如羟基磷灰石、β-磷酸三钙、医用硫酸钙等多孔材料，具有良好的生物相容性、可降解性以及力学性能，被应用于生物组织工程[8]，如骨植入材料、人造关节、人造牙齿、医用骨水泥等。

12.2.4 吸音降噪材料

飞机、高铁、城市轨道交通、高速公路、建筑施工和工业设备运行产生严重的噪声污染，严重影响周边居民的生活和身体健康，吸音降噪存在重大的现实需求。在声波的传播过程中，多孔陶瓷作为声音屏障，能够改变声波的传播方向，使声波被反射或者被限制在孔洞（空腔）内。空腔内声波引起空气的振动和克服空气摩擦做功转化为热能，将会大幅降低声音的能量。与多孔陶瓷相比，无机纤维吸音材料存在力学性能差、易受潮、不够环保等问题，泡沫玻璃和金属吸声材料造价高于多孔陶瓷。多孔泡沫陶瓷作为声屏障已经用于高铁、地铁、隧道、影院等。美国、日本、德国和澳大利亚等发达国家采用泡沫陶瓷修建的高架桥和高速公路的消声隔音屏障，取得了非常好的降噪效果。泡沫陶瓷适宜在高温、潮湿的环境下使用，能经受风吹、日晒、雨淋和水浸，具有稳定的力学性能和良好的吸声性能。

随着噪声污染的加剧和人们环保意识的增强，吸声材料将会得到快速发展，采用新工艺来拓宽泡沫陶瓷的吸声频带，提升吸声性能仍将是研究热点，同时研究人员需要加强在吸声泡沫陶瓷应用技术方面的研究，提高产业化水平。除此之外，目前吸声泡沫陶瓷在应用中功能较单一，未来可以向功能复合材料方面发展，如利用吸声泡沫陶瓷比表面积大的特性，在制备过程中掺入光触媒，赋予其杀菌、有毒有害气体分解或空气净化功能，提升吸声泡沫陶瓷的环保价值[9]。

12.2.5 保温隔热材料

传统陶瓷的热导率较低，可被用作隔热材料。多孔陶瓷的多孔结构（闭孔）内充斥的气体，致使多孔陶瓷的隔热性能进一步加强。目前，1600℃以上的传统气炉和高温电炉中已广泛使用多孔陶瓷作为隔热材料。在神舟系列飞船、长征系列火箭[10]中，多孔陶瓷与金属隔热材料等组成的多层隔热材料得到了很好的应用。航天飞机的隔热外壳是由抽成真空的多孔陶瓷组成的，真空多孔陶瓷是目前最好的隔热材料。在多孔陶瓷中，闭气孔的存在降低了其放热效率，减少了热传播过程中的对流，使多孔陶瓷具有热传导率低、抗热震性能优良等特性，是一种理想的耐热材料。由多孔陶瓷制作的典型耐热材料为耐热砖，其材质有 ZrO_2、SiC、Si_3N_4 和镁质材料等，使用温度高达 1600℃，称之为"超级绝热材料"，被应用于航天飞机外壳隔热等。

目前我国外墙保温发展很快，是节能工作的重点。作为外墙外保温隔热材料，多孔陶瓷保温板是以陶土尾矿、陶瓷碎片、炉渣等作为主要原材料，用发泡技术高温焙烧形成多孔、热传导率低、耐高温、耐候性强、不燃的闭孔陶瓷保温材料。多孔陶瓷作为一种新型保温材料，具有热传导率低、不燃、防火、耐久性好、与建筑同寿命、与水泥砂浆和混凝土等相容性好、吸水率低等优异的综合性能[11]。随着生产成本降低以及保温性能的提升，多孔陶瓷有望大规模应用于建筑外墙外保温板、防火隔离带、隔墙条板、屋面防水保温板、自承重自保温墙体砌块、隔音消声板材或砌块及其他有较高防火隔热保温要求的领域[12]。

12.3 多孔陶瓷的制备

多孔陶瓷依据成孔机理的不同，发展了多种制备方法[13]，例如颗粒堆积法、添加造孔剂法、发泡法、模板法、凝胶注模法、溶胶-凝胶法、挤压成型工艺等。

12.3.1　颗粒堆积法

颗粒堆积法是将陶瓷颗粒机械堆积、黏结，经过高温烧结后制得多孔陶瓷的方法。陶瓷颗粒之间加入添加剂或者组分相同的细小颗粒，经过高温处理使骨料颗粒之间相互连接。此种方法制备的多孔陶瓷，颗粒与颗粒之间存在一定的孔隙，颗粒粒径对孔形貌有很大影响。通过颗粒堆积法可以制备定向排列的梯度孔陶瓷，气孔率较低，一般为 20%～30%。为了提高气孔率，常常结合其他方法。如可结合添加造孔剂的方法，在配料中加入成孔剂，既能在坯体内占有一定体积，烧成、加工后又能够除去，使其占据的体积成为气孔的物质，如炭粉、纤维、木屑等烧成时可以烧去的物质。此外，可以通过粉体粒度配比和成孔剂等控制孔径及其他性能。这样制得的多孔陶瓷气孔率可达 75%左右，孔径在微米级与毫米级之间。

利用颗粒堆积工艺可以制备具有孔梯度的多孔陶瓷。梯度多孔材料是多孔陶瓷的一种，由于具有良好的耐高温性、耐腐蚀性和化学稳定性等特性，而且其中的孔呈梯度连续变化，特别适用于温度高、具有腐蚀性等流体中含有微细粒子的过滤分离。如应用于饮料工业中啤酒的冷过滤灭菌，果汁的澄清、滤菌，以及食品工业中乳蛋白、乳酪清的浓缩、杀菌等。制备梯度多孔陶瓷可利用成孔剂梯度排列法，原理是混有不同粒径成孔剂的骨料按成孔剂粒径从大到小地排列，一层一层地铺在模具内，经过压制成型、干燥和烧成而制得梯度多孔陶瓷，此方法的优点在于工艺简单、操作方便、设备简单，缺点是孔的形状不规则，孔径的连续变化性差，且该方法适用于形状简单的制品，而难以制备形状复杂的制品。

12.3.2　添加造孔剂法

添加造孔剂法是指在陶瓷生坯内部加入一定量的造孔剂，使之占据一定体积，造孔剂在干坯烧结过程中挥发，同时在坯体内部留下气孔，便制得一定孔隙率的多孔陶瓷。目前应用比较多的造孔剂有淀粉、无机盐以及某些类型的聚合物微球。添加造孔剂法制备多孔陶瓷的工艺流程与普通的陶瓷工艺流程相似，这种工艺方法的关键在于造孔剂种类和用量的选择。加入造孔剂的目的在于促使气孔率增大。它必须满足三个要求：在加热过程中易于排除；排除后在基体中无有害残留物；不与基体反应。造孔剂的种类有无机和有机两类，无机造孔剂有碳酸铵、碳酸氢铵、氯化铵等高温可分解盐类，以及无机碳颗粒如煤粉、炭粉等。有机造孔剂主要是一些天然纤维、高分子聚合物和有机酸等，如锯末、萘、淀粉、聚乙烯醇、尿素、甲基丙烯酸甲酯、聚氯乙烯、聚苯乙烯等。这些造孔剂在高温下完全分解而在陶瓷基体中产生气体，从而制得多孔材料。这种方法可以通过调节造孔剂颗粒的大小、形状及分布来控制孔的大小、形状及分布，因而简单易行。

12.3.3　发泡法

发泡法是通过在浆料中加入发泡剂，如酸、氢氧化钙、硫酸盐等，产生挥发性气体，使泡沫发泡成孔,再通过后续的干燥固化与高温烧结制得多孔陶瓷。发泡法所制备的多孔陶瓷具有较高的强度,但是其孔型比较难以控制。

发泡工艺有干法发泡与湿法发泡两种。干法发泡就是将发泡剂与陶瓷粉末混合,经预处理形成球状颗粒,并将球形颗粒置于模具内,形成合适形状的预制块。在氧化气氛和压力作用条件下加热使颗粒相互黏结,颗粒内部的发泡剂则释放气体而使材料充满模腔,冷却后即得到多孔陶瓷。如将碳酸钙与陶瓷粉末混合,在烧制过程中,碳酸钙因煅烧放出一氧化碳和二氧化碳气体,在陶瓷体中留下孔隙。采用硫化物和硫酸盐混合做发泡剂与黏土材料混合,不需要预处理,直接加热发泡,制成各向同性的多孔陶瓷。这种发泡剂气体放出速度缓慢,有较大的发泡温度区间和较长的发泡时间,通过改变硫酸盐与硫化物的比例和总的发泡剂用量来控制发泡速度,可以控制产品的性能。利用有机物做发泡剂,如将碳酸钙和乙炔基苯磺酸钠作为发泡剂,或者在制备聚氨基甲酸乙酯泡沫塑料的原料中混入较多的预先制备好的陶瓷粉料,通过发泡反应制得泡沫陶瓷。此工艺需注意陶瓷粉料与有机物混合均匀,避免出现粉体团聚现象,使成型后的坯体各部分陶瓷相含量一致。湿法发泡是利用陶瓷悬浮液进行发泡来制备多孔陶瓷。此类工艺的特点是通过气相扩散到陶瓷悬浮体中来获得多孔结构。该工艺的优点是可制备各种孔径大小和形状的多孔陶瓷,既可以获得开孔材料,也可以获得闭孔材料,特别适合制备闭孔材料;缺点在于工艺条件难以控制和对原料的要求较高。

12.3.4 模板法

模板法是制备高孔隙率多孔陶瓷的主要方法之一,常用模板材料为有机泡沫。利用有机泡沫材料作为中间体,将陶瓷浆料注入有机泡沫,待浆料填充满有机泡沫中相互连接的孔之后,便复刻了有机泡沫的三维网状结构,后续经过干燥成为生坯[14],高温烧结生坯后便将有机泡沫高温分解后排出坯体之外,留下立体多孔结构的陶瓷。因此,模板法也被称作有机泡沫浸渍法。有机泡沫浸渍法所制备的多孔陶瓷往往具有很高的孔隙率,不过高温分解有机泡沫所产生的气体会对环境造成危害,另外气体的排出会使空洞表面产生孔隙,导致力学性能较差。

模板法制备的多孔陶瓷作为过滤材料具有以下显著特点:通过流体时,压力损失小;表面积大和流体接触效率高;质量轻。该类多孔陶瓷被用于流体过滤尤其是熔融金属过滤时,与传统的使用陶瓷颗粒烧结体、玻璃纤维相比,不但操作简单、节省能源、降低成本,而且过滤效率较高。除了用于熔融金属等流体过滤外,它还可以用于高温烟气的处理、催化剂载体、固体热交换器和电极材料。可利用化学气相渗透(或沉积)工艺将陶瓷原料涂覆在有机泡沫形成的网眼碳骨架上,涂层厚度为 10~1000μm,通过控制涂层厚度可控制制品的孔结构和性能。通过控制工艺条件可以使涂层高度致密,晶粒尺寸为 1~5μm,从而获得强度较高的多孔陶瓷。涂层材料可以是化合物如碳化硅、碳化钛、氧化铝等,也可以是金属如铝、铬、镍、钛等。该工艺的优点是孔结构容易控制、制品强度高;缺点是生产周期长、成本高、腐蚀设备和污染环境。

12.3.5 凝胶注模法

凝胶注模法把有机物的聚合反应与陶瓷的制备工艺相结合,高分子单体在预先制备的陶瓷浆料中发生聚合反应,制备出低黏度、高固相含量的陶瓷浆料来实现净尺寸成型高强度、高密度、均匀性好的陶瓷坯体。其基本原理是:在低黏度、高固相含量的浆料中加入有机单体,在催化剂和引发剂的作用下,使浆料中的有机单体交联聚合成三维网状结构,从而使浆料原位固化成型;然后进行脱模、干燥、去除有机物、烧结,即可得到所需的陶瓷零件。通过改进陶瓷悬浮液并进行发泡来制备多孔陶瓷,发泡后包含在悬浮液内的有机单体进行快速原位聚合,可形成能阻止发泡体塌陷的凝胶结构;干燥并烧成后即可得到具有高致密孔壁和球形孔隙的多孔材料。该工艺过程为:首先制备陶瓷粉末、水、分散剂和有机单体溶液混合物的均质悬浮液,在密闭的容器内(避免与氧气接触)加入表面活性剂并产生泡沫;然后加入引发剂和催化剂等化学物质以促进聚合作用;将具有凝胶结构的胶体进行干燥,烧制除去聚合物,陶瓷基体基本达到致密。注凝成型的工艺特点有:工艺设备简单,无需贵重设备且对模具无特殊要求,成本低;可用于成型多种陶瓷体系,单相的、复相的、水敏感性的和不敏感性的等。同时,该工艺对粉体无特殊要求,因此适用于各类陶瓷制品。凝胶定型过程与注模操作是完全分离的。注凝成型的定型过程是靠浆料中有机单体原位聚合形成交联网状结构的凝胶体来实现,所以成型坯体组分均匀、密度均匀、缺陷少。

12.3.6 溶胶-凝胶法

溶胶-凝胶法是制备纳米级孔径多孔陶瓷的常用方法,具有工艺简单、孔隙分布均匀的特点。首先有机化合物之间发生缩聚反应,然后金属醇盐进一步发生水解反应产生溶胶,溶胶进一步向凝胶发生转变,产生的凝胶的胶体粒子之间相互连接,其形成的三维网络结构内部存在大量的纳米级微孔,经过热处理后便获得了具有纳米孔的多孔陶瓷。由于溶胶-凝胶法所产生的孔太过细小,现有的技术难以控制其孔径与孔结构。

溶胶是指微小的固体颗粒悬浮分散在液相中,并且不停地进行布朗运动的体系。根据粒子与溶剂间相互作用的强弱,通常将溶胶分为亲液型和憎液型两类。由于界面原子的吉布斯自由能比内部原子高,溶胶是热力学不稳定体系。若无其他条件限制,胶粒倾向于自发凝聚,达到低比表面状态。若上述过程为可逆,则称为絮凝;若不可逆,则称为凝胶化。凝胶是指胶体颗粒或高聚物分子互相交联,形成空间网状结构,在网状结构的孔隙中充满了液体(在干凝胶中的分散介质也可以是气体)的分散体系。并非所有的溶胶都能转变为凝胶,凝胶能否形成的关键在于胶粒间的相互作用力是否足够强,以致克服胶粒-溶剂间的相互作用力。对于热力学不稳定的溶胶,增加体系中粒子间结合所须克服的能垒可使之在动力学上稳定。

12.3.7 挤压成型工艺

挤压成型工艺的制作方法是用球磨机将溶剂、陶瓷粉、增塑剂和黏结剂等均匀混合,形成均匀、分散的陶瓷浆料。将浆料放入一个密闭的模具内,给其施加压力作用,浆料会从规则喷嘴中被挤出,再在外部固化成型。样品的形状取决于模具挤出喷嘴的内部结构,长度可据所需尺寸进行切割,方便批量生产。挤压成型工艺可以制备多边形、多通道管材,是高分离面积陶瓷的重要制备方法。形成的孔通常有几毫米大,而且是直线连通的,常见的孔外形有正方形、六边形等。陶瓷结构因类似蜂窝结构,也称为蜂窝陶瓷。采用这种方法成型的陶瓷一般比表面积较小,可在其表面涂覆其他材料以增加表面积。特点是靠设计好的多孔金属模具来成孔、能够大规模生产。该工艺的优点在于可根据需要对孔形状和孔大小进行精确设计,所制备蜂窝陶瓷尺寸、形状、间壁厚度、孔隙率等均匀性优良,适于大批量生产。其缺点是不能成型复杂孔道结构和孔尺寸较小的多孔陶瓷,同时对挤出物料的塑性要求很高。

12.4 多孔陶瓷孔结构的表征

12.4.1 显微镜观察法

显微镜观察法就是采用光学显微镜、扫描电子显微镜以及透射电子显微镜等对多孔陶瓷进行直接观察的方法。该法通过显微镜观测出陶瓷样品断面的总面积 S 和其中包含的孔洞面积 S_p,然后利用式(12-5)即可求出多孔体的孔隙率。

$$\theta = \frac{S_p}{S} \tag{12-5}$$

该法是研究 100nm 以上大孔较为有效的手段,能直接提供全面的孔结构信息;缺点是显微法观察的视野小,只能得到局部信息;而透射电子显微镜制样较困难,孔的成像清晰度不高以及显微法属于破坏性试验等。这些特点使它的测试效果不理想,从而成为其他方法的辅助手段,用于提供有关孔形状的信息。由于高孔隙率的多孔陶瓷往往强度较低,影响力学性能主要的微观结构分析显得比单纯的孔结构分析更为重要。这些微观结构分析包括:黏结剂在材料中分布均匀性的显微结构分析;黏结剂与纤维黏接处的显微结构分析;黏结剂与纤维的相结合性能即黏接强度的显微结构分析;黏结剂对纤维分散、对孔洞影响的显微结构分析。

12.4.2 气体吸附法

该法测量在完全单层吸附条件下,覆盖气体外部和内部通孔表面所需的吸附或脱附气体容量。这个单层容量可以用 Brunauer-Emmet-Teller(BET)方程由吸附等温线求出。氮气是最常用的吸附气体。对于低表面积的样品，可采用蒸气压比氮气低的吸附气体，如氪气。让吸附气体进入保持恒定温度的样品室中，当吸附达到平衡时测量吸附的量，并对相对压力 P/P_0 作图，给出吸附等温线。具体步骤是恒温下将吸附质的气体分压从 0.01～1atm（1atm=1.01325×10⁵Pa）逐渐升高，测定多孔试样对其相应的吸附量，由吸附量对分压作图，可得到多孔体的吸附等温线。反过来，从 1～0.01atm 逐渐降低分压，测定相应的脱附量，由脱附量对分压作图，则可得到对应的脱附等温线。试样的孔隙体积由气体吸附质在沸点温度下的吸附量计算。在沸点温度下，当相对压力为 1 或非常接近于 1 时，吸附剂的微孔和中孔可由毛细管凝聚作用而被液化的吸附质充满。该法依据气体在固体表面的吸附以及不同气体压力下气体在毛细管中凝聚的原理来测试材料的比表面积和孔尺寸分布。具体的公式是 BET 方程和开尔文（Kelvin）方程。BET 方程如下：

$$\frac{P/P_0}{n(1-P/P_0)} = \frac{1}{n_m c} + \frac{c-1}{n_m c}(P/P_0) \tag{12-6}$$

式中，n、n_m 分别为单位吸附剂上的吸附量和单层吸附容量；P、P_0 分别为吸附气相的压力和饱和蒸气压；c 为与第一层吸附热及凝聚热有关的常数。

测量不同压力下的吸附量 n，即可通过求得的 n_m 计算材料的比表面积。

Kelvin 方程如下：

$$\ln(P/P_0) = \frac{-2\gamma V_L}{RT} \times \frac{1}{r_m} \tag{12-7}$$

式中，P_0 为液体吸附质在半径无穷大时的饱和蒸气压；γ 为液体表面张力；V_L 为液体的摩尔体积；r_m 为液珠的曲率半径；R 为摩尔气体常数；T 为热力学温度。

根据毛细管凝聚原理，孔的尺寸越小，在沸点温度下气体凝聚所需的分压就越小。在不同分压下吸附的吸附质的液态体积对应于相应尺寸孔隙的体积，故可由孔隙体积的分布来测定孔径分布。一般来说，脱附等温线更接近于热力学稳定状态，故常用脱附等温线计算孔径分布。假定孔隙为圆柱形，则根据 Kelvin 方程，孔隙半径可表示为

$$r_k = -\frac{2\sigma V_m}{RT \ln(P/P_0)} \tag{12-8}$$

式中，σ 为吸附质在沸点时的表面张力；R 为摩尔气体常数；V_m 为液体吸附质的摩尔体积（液氮为 3.47×10⁻⁵m³/mol）；T 为液体吸附质的沸点（液氮沸点为 77K）；P 为达到吸附或脱附平衡后的气体压力；P_0 为气体吸附质在沸点时的饱和蒸气压，也即液态吸附质的蒸气压力。

将氮气的各有关参数代入 Kelvin 方程(12-8)，则可得出以氮气为吸附介质所表征的多孔体孔隙的 Kelvin 半径：

$$r_k = -\frac{0.0415}{\lg(P/P_0)} \tag{12-9}$$

式中，r_k 为 Kelvin 半径，表示相对压力为 P/P_0 时气体吸附质发生凝聚时的孔隙半径，m。

实际上，孔壁在凝聚之前就已存在吸附层或脱附后还留下一个吸附层。因此，实际的孔隙半径应该为

$$r_p = r_k + t \tag{12-10}$$

式中，t 为吸附层的厚度，m。

根据计算可得

$$t = \left(\frac{0.001399}{0.034 + \lg(P/P_0)} \right)^{\frac{1}{2}} \tag{12-11}$$

在此基础上，采用脱附等温线，由 BJH（Barrett-Joyner-Halenda）吸附理论即可计算出多孔体的孔径分布。

12.4.3　X 射线小角度散射法

X 射线小角度散射法是指当将 X 射线照射到样品上时，若样品内部的电子密度存在不均匀的地方，就会在入射光周围的小角度（通常不超过 3°）出现 X 射线，这种现象是 X 射线小角度散射。通过解析散射函数可以得到样品的孔径。此方法的优点是对开孔、闭孔材料都可测量，小角度散射法是基于孔洞对 X 射线、中子束等射线的散射原理进行表征的方法。

当一个在 z 方向传播的单色平面波（由 $\psi = e^{ikz}$ 描述），照射在样品上时，各种强度的散射波向空间的各个方向发射出去。样品的每一点将产生一个形式上球面对称的散射波。入射波及在 2θ 角方向的散射波分别用模数为 $2\pi/\lambda$ 的波矢 $\boldsymbol{k}_0$ 及 $\boldsymbol{k}$ 描述，其取向与波前垂直（图 12-3）。定义矢量 $\boldsymbol{q}$，使得 $\boldsymbol{k} = \boldsymbol{k}_0 + \boldsymbol{q}$，$\boldsymbol{q}$ 称为散射矢量，它在实验上具有重要的几何意义。对于小的角度 2θ，散射矢量的模为 $2\pi\theta/\lambda$。散射波的振幅 $A(q)$（或散射长度）是样品中电子密度分布 $\rho(r)$ 的傅里叶变换。在矢量 $\boldsymbol{q}$ 方向的振幅与 $\rho(r)$ 的傅里叶展开式的某一项相关，即密度调制波同 $\boldsymbol{q}$ 方向垂直，波长 $\Lambda = 2\pi/|\boldsymbol{q}|$。用 X 射线所能探测的调制结构尺寸的上限在 150nm 量级。另外，通常用于中子小角散射的冷中子束具有更大的波长，直至 2nm，因而中子散射可以测量 1000nm 的尺寸。

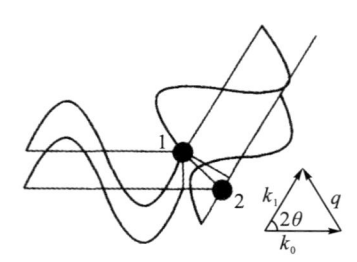

图 12-3　散射几何图

小角和广角散射技术之间有明显的连续性。图 12-4 为非晶玻璃和 SiO_2 凝胶在小角和广角范围内的散射曲线示意。这两种样品在广角范围内的 X 射线散射曲线几乎看不出有任何差别，因为它们在原子尺度范围内的结构是相同的。

X 射线小角度散射和 X 射线大角度衍射现象不同，小角散射强度通常都比广角时大。例如，在晶态细粉末中，就单个颗粒而言只有当其中的晶面取向满足布拉格条件时才有衍射，可是不管颗粒取向如何，所有颗粒都对小角散射有贡献。因此，小角散射晕环通常比

第 12 章 多孔陶瓷

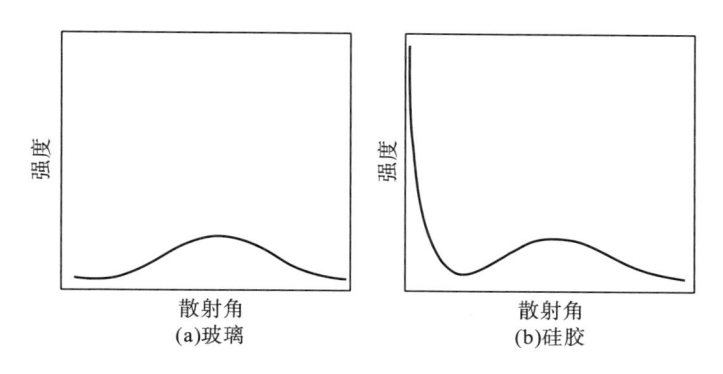

图 12-4 两种不同形式的非晶 SiO_2 的 X 射线散射曲线

粉末衍射图更清晰。小角散射从实验技术上来说主要有照相法和测角仪法，必须兼顾强度和分辨率两个方面。为改善分辨率，必须采用优良的光路准直系统，并尽可能地增大样品至接收器的距离。此外，也可采用长波长光源以增大衍射角。为提高强度或散射衬度，常采用高强度大功率 X 射线源，并改进狭缝设计，光路置于真空系统中，严格采用单色辐射。

12.5 多孔陶瓷的应用

12.5.1 保温绝热陶瓷

保温材料是指对热流具有显著阻抗性的材料和材料复合体。材料保温性能的优劣是由材料导热系数的大小决定的，即导热系数越小，保温性能就越好。保温材料按材质可分为无机保温材料、有机保温材料和金属保温材料。按形态可分为纤维状、多孔状（微孔、气泡）、层状等。

应用于窑炉保温的材料称为窑炉保温材料。这种材料发展初期主要是采用可燃物加入法和泡沫法制备黏土质和硅质的轻质多孔耐火窑炉用保温材料。20 世纪 80 年代以后，轻质多孔耐火窑炉用保温材料得到了发展，铝含量达到 60%以上的高铝砖、中低温领域用的耐火保温纤维材料、高温领域用的氧化铝材质空心球材料等耐高温产品被开发出来。

绝大部分多孔保温材料的绝热层气体都是空气，多孔材料的空隙中充满了热扩散系数和热导率很小的气体。除了保温绝热，闭孔泡沫陶瓷还具有隔音、耐腐蚀、防水等性能，因此可作为复合功能材料进行应用，特别是在建筑节能领域中使用，如可作为墙体保温隔热、防火、防水、防腐、隔音一体化材料；地下工程防水、防渗、防潮、防火、保温隔热一体化材料等。

12.5.2 多孔陶瓷过滤膜

多孔陶瓷材料在液体过滤时通过孔隙结构和表面化学性质能够将液体中的夹杂物、微生物以及胶体物等物质过滤出来。多孔陶瓷过滤膜的孔隙率一般为 30%~50%，孔径为几纳米到几十微米，其根据孔径大小主要分为微滤（>50nm）、超滤（2～50nm）、纳滤（<2nm）等种类。根据外形来分，主要有平板、管式和中空纤维膜（多通道）三种。陶瓷膜一般是由顶层膜、过渡层和支撑层组成的多层的非对称结构。支撑层的孔径为 1～20μm，孔隙率一般为 30%～65%，作用是使膜的机械强度增加，是整个膜能够发挥力学性能的基础；过渡层的厚度通常为 20～60μm，孔隙率为 30%～40%，其孔径要小于支撑层，它是为了防止膜的制备过程中颗粒向多孔的支撑层渗透；顶层膜的厚度为 3～10μm，孔径范围为 0.8nm～1μm，孔隙率为 40%～55%，它具有分离功能。从整体看，从支撑层向顶层膜的孔径渐渐变小，形成了非对称的结构。通常用来制备陶瓷膜的材料包括氧化钛（TiO_2）、氧化硅（SiO_2）、氧化锆（ZrO_2）、氧化铝（Al_2O_3）、氮化硅（Si_3N_4）、碳化硅（SiC）、氮化硼（BN）等。

12.5.3 多孔隔音吸音陶瓷

随着我国交通运输事业的快速发展，公路、铁路和隧道建设越来越多，但同时也给沿线居民带来了噪声污染问题，长期生活在噪声状态下，对人的身心都会带来不良影响。利用吸声材料、吸声结构或隔音材料等方法来吸收声能或改变声波方向，降低噪声影响区的噪声水平，具有安装便捷、成本低等优点，是治理噪声最有效和最常用的措施。

工程上一般从传播途径控制噪声，方法主要有隔声和吸声两类。传统的吸声材料主要有无机纤维（岩棉、玻璃棉）、高分子纤维（聚合物纤维、植物纤维）、聚合物泡沫（聚氨酯泡沫、脲醛泡沫）和多孔金属（铝纤维板、泡沫铝）。无机纤维材料的吸声性能优秀，且容重小，可以压缩，还具有不燃烧、保温等优点，使其成为多孔吸声材料的主流产品，但无机纤维材料存在易脱落、损害人体健康等问题；有机纤维材料和高分子泡沫材料具有易燃、易老化等缺点；多孔金属吸声材料的成本较高。多孔陶瓷材料具有较高的孔隙率，并且耐腐蚀、耐高温和低吸潮，可广泛应用于各种噪声治理工程，尤其是防火要求高、环境条件变化大的室外工程，如地铁、高速公路、地下车库等工程，是一类很有发展前景的吸声材料。

对于人耳来说，只有频率为 20Hz～20kHz 的声波才会引起声音的感觉。在房屋建筑中，频率为 100～10 000Hz 的声音很重要，因为它们的波长范围相当于 3.4～0.034m，与建筑物内部部件的尺度很相近。从生理和心理等角度来说，凡是人们所不需要的一切声音，都称为噪声。但从物理学观点讲，噪声是指声强和频率的变化无规则或杂乱无章的声音。所以噪声的频率结构较复杂，但其主要频率是可以辨认的。噪声大多是连续谱，在噪声控制中，知道噪声的哪些频率成分比较突出，首先设法降低或消除这些突出的成分，才能有效地降低噪声；在音质的设计中，则可以尽量减少声源频谱的畸变，从而保证获得良好的音质。声音在传播过程中遇到介质密度变化时，就会有声音的反射，反射的程度取决于介质密度改变的情况。当声音遇到不同介质的分界面时，除了反射外还会发生折射；当声音在传播过程中遇到障壁或建筑部件（如墙角、柱子等）时，如果这些障壁或部件的尺度比声音波长大，则其背后将会出现"声影"，也会出现声音绕过障壁边缘进入"声影"的现象，称为声衍射。声波进入"声影区"的程度与其波长和障壁的相对尺度有关。衍射波的曲率是以障壁边缘为中心，进入"声影区"越深，声音就越弱，可以利用这种障壁（声屏障）来减少道路交通噪声的干扰。

第 12 章 多孔陶瓷

多孔陶瓷内部具有大量相互贯通的微孔，声波通过表面的开孔深入到材料内部传播，引起孔隙内的空气振动，孔隙中心的空气质点可以自由地响应声波的压缩和稀疏，但是靠近孔壁表面的空气质点振动速度较慢，导致声波受到来自孔壁表面气体的黏滞阻力，与此同时整个孔隙内空气质点与孔壁的相对运动也会产生摩擦，从而达到吸声的效果。高频声波可使孔隙内空气质点的振动速度加快，空气与孔壁的热交换也随之提升，多孔陶瓷的高频吸声性能优于低频。材料的孔隙在表面开口，孔孔相连，且孔洞深入材料内部，才能有效地吸收声能。材料内部有许多微小气孔，但气孔密闭，彼此不互相连通，当声波入射到材料表面时，很难进入材料内部，所以不透气的固体材料对于空气中传播的声波都有隔音效果，隔音效果的好坏取决于材料单位面积的质量。因此对于单一材料（不是专门设计的复合材料）来说，吸声能力与隔音效果往往是不能兼顾的。

多孔陶瓷吸收声强与入射到其表面的声强之比称为吸声系数（sound absorption coefficient，SAC），该系数介于 0 和 1 之间，0 表示声能全部反射，1 则表示声能全部吸收。一般把平均吸声系数大于 0.2 的材料称为吸声材料，平均吸声系数大于 0.56 的材料称为高效吸声材料。吸声系数可采用驻波管法或混响室法进行测试，其中驻波管法测试的是垂直入射波的吸收性能，试样尺寸小，适合于实验室研究，而混响室法测试的是各个方向的入射波，试样尺寸大，更接近于实际应用。吸声系数随着入射声波频率的变化而改变，一般用 250Hz、500Hz、1000Hz、2000Hz 下吸声系数的平均值即降噪系数（noise reduction coefficient，NRC）来衡量材料的吸声性能。

影响吸声性能的因素主要有孔隙率、孔隙结构、流阻率、多孔陶瓷厚度及多孔陶瓷结构等。孔隙率较小时，泡沫陶瓷过于密实，声波不易进入陶瓷内部，所以吸声性能一般都随着孔隙率的增大而提升，但也有研究表明过高的孔隙率反而不利于提高吸声系数，并且随着孔隙率的增大，陶瓷的抗压强度会急剧下降。当孔隙率减小时，共振频率随之降低，泡沫陶瓷在低频吸声性能较好。但孔隙率过低时，虽在一定程度上改善了低频吸声性能，但大量的声波难以进入材料内部，总体降噪性能较差。增大泡沫陶瓷的厚度可以提升其低频吸声性能。

多孔陶瓷作为新型无机吸音材料具有以下优势。

(1) 原材料丰富，成本低廉。废料废渣可作为陶瓷吸声材料的原材料，不仅解决了废渣废料对环境造成的巨大压力，也实现了废物的循环再利用。

(2) 多孔陶瓷材料质轻、孔隙率高、吸声性能好。多孔陶瓷材料的气孔率最高可达 70%～90%。孔隙率是决定多孔吸声材料吸声性能的重要因素，相同条件下孔隙率越高，则材料的吸声性能越好。

(3) 较高的强度，使用寿命长。陶瓷材料一般由金属氧化物、二氧化硅等经过高温煅烧而成，这些构成材料本就具有较高的强度，经高温煅烧后，其强度得到进一步提高。这一特点使得其使用寿命相比其他吸声材料更长。

(4) 物理和化学性质稳定。陶瓷材料可以耐酸、碱腐蚀，耐高温、高压，压电陶瓷材料还具有不吸潮的特性，这使得陶瓷吸声材料可以应用于较为复杂、恶劣的环境。

12.5.4 多孔生物陶瓷

骨是人体中的一种矿化结缔组织,在人体运动、内脏保护、血液 pH 调节、钙和磷酸盐存储等方面发挥着重要作用。骨组织工程领域中,羟基磷灰石(hydroxyapatite,HA)和磷酸三钙(tricalcium phosphate,TCP)是两种广泛应用的材料。它们均具有良好的生物相容性,将它们植入机体组织,不产生局部和全身性毒性反应,也无局部炎症和排斥反应。TCP 植入骨组织或皮下,可降解吸收,而 HA 则不会降解。骨组织主要由无机物、有机物和细胞组成。无机物主要是弱结晶的 HA,约占骨质量的 70%。有机物主要包括胶原蛋白和一些骨分泌的蛋白因子,约占骨质量的 30%。骨组织中的细胞有成骨细胞、破骨细胞和骨原细胞等[15]。骨组织是复杂多孔结构,主要由 10%~30% 的多孔硬质外层(皮质骨)和 30%~90% 的多孔内部(松质骨)组成,其功能的实现主要依靠多级的结构特征和各成分之间的相互作用[16]。骨组织的微观结构上,胶原蛋白与 HA 矿物团聚体相互渗透,形成纳米级的矿化原纤维结构[17],HA 和胶原蛋白分别影响着骨骼的强度和韧性。骨组织的结构如图 12-5[18]所示。

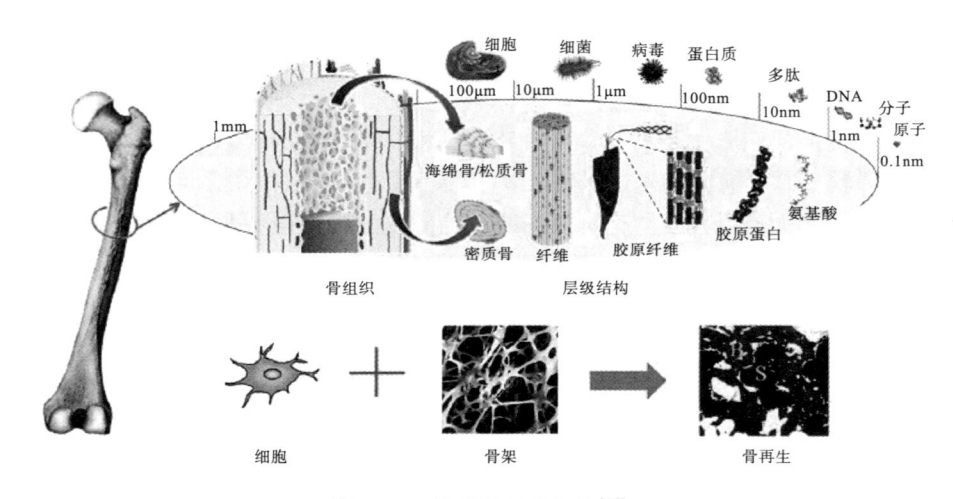

图 12-5 骨组织的结构图[18]

根据材料与生物体内组织间是否产生化学键合,可将陶瓷分为生物活性陶瓷和生物惰性陶瓷。常见的生物惰性陶瓷有氧化铝和氧化锆,一般用作牙齿修复材料。生物活性陶瓷有磷酸钙陶瓷和生物活性玻璃。磷酸钙陶瓷支架与人体骨的无机成分相似,具有优异的生物相容性。在磷酸钙材料中,研究最为广泛的是羟基磷灰石(HA)、β-磷酸三钙(β-TCP)以及 HA 和 β-TCP 的混合物[双相磷酸钙(biphasic calcium phosphate,BCP)]。HA 是磷酸钙中最稳定的物相,Ca/P 摩尔比率为 1.67。TCP 是一种可降解的生物材料,Ca/P 摩尔比率为 1.5。TCP 有四种形态,最常见的是 α-TCP 和 β-TCP。常见的 BCP 是 HA 和 TCP 混合物,其中 TCP 的含量越高,BCP 溶出速率越高。研究发现,磷酸钙陶瓷支架的孔隙率[19]、孔径大小[20]、孔径形状[21]和表面形貌[22]等都会影响支架的成骨性能。生物活性玻璃植入人体后，表面会发生一系列反应，释放出 Ca、P 和 Si 等可溶离子，进而诱导细胞积极反应以达到促进骨形成的效果。自第一代 45S5 生物活性玻璃[23]（45wt% SiO_2，24.5wt% Na_2O，24.5wt% CaO，6wt% P_2O_5）开发以来，生物活性玻璃在骨修复领域已被广泛研究。生物活性玻璃支架不仅具有良好的成骨性能，也能促进血管的新生[24]。

羟基磷灰石，又称羟磷灰石，是一种天然的磷灰石矿物，其分子式为 $Ca_5(PO_4)_3(OH)$，常写成 $Ca_{10}(PO_4)_6(OH)_2$。羟基（OH^-）离子可被氟离子、氯离子或碳酸根离子取代，形成氟磷灰石（fluorapatite）或氯磷灰石（chlorapatite）。羟磷灰石被植入人体后，钙和磷会游离出材料表面被身体组织吸收，并生长出新的组织。羟磷灰石的晶粒越细，生物活性越高。HA 是人体内骨和齿的重要组成部分，如人骨成分中 HA 的质量分数约 65%，人的牙齿釉质中 HA 的质量分数则在 95% 以上。按照分子式计算 HA 的 Ca：P 理论值（摩尔比）为 1.67，但受制造过程的影响，其组成相当复杂，Ca：P 值发生变化，由于 Ca：P 值是一个较重要的参数，将直接影响羟基磷灰石烧结后的成分和力学性能。Ca：P 值的变化与经煅烧合成 HA 晶体结构的变化见表 12-2。

表 12-2　Ca：P 值与 HA 晶体结构关系

序号	Ca：P 值	pH	未煅烧的合成粉料 Ca：P 值	未煅烧的合成粉料 晶体结构	煅烧后的合成粉料 Ca：P 值	煅烧后的合成粉料 晶体结构
1	1.67	10	1.60	HAP 晶体结构	1.62	HA 晶体结构
2	1.67	10.5	1.61	HAP 晶体结构	1.63	HA 晶体结构
3	1.67	11.5	1.64	HAP 晶体结构	1.66	HA 晶体结构
4	1.67	12	1.65	HAP 晶体结构	1.67	HA 晶体结构
5	1.55	12	1.54	HAP 晶体结构	1.52	α-TCP、HA
6	1.55	11.5	1.53	HAP 晶体结构	1.51	α-TCP、HA

多孔磷酸钙陶瓷与哺乳动物骨骼和牙齿的矿物成分具有化学相似性，这是它能够作为骨修复材料的重要原因之一。多孔磷酸钙陶瓷通过骨传导性在植入物与骨骼之间建立紧密的物理化学键合，这种骨整合方式是它能够作为骨修复材料的另一个重要原因。除此之外，它还具有生物相容性和无免疫排斥反应等优点[25]。表 12-3 列举了几种重要的磷酸钙相。

表 12-3　几种重要的磷酸钙相

化学式	中文全称	Ca：P 值	缩写
$Ca_{10}(PO_4)_6(OH)_2$	羟基磷灰石	1.67	HA
$β-Ca_3(PO_4)_2$	β-磷酸三钙	1.50	β-TCP
$α-Ca_3(PO_4)_2$	α-磷酸三钙	1.50	α-TCP
$Ca_8H_2(PO_4)_6·5H_2O$	磷酸八钙	1.33	OCP
$CaHPO_4·2H_2O$	二水磷酸氢钙	1.00	DCPD
$CaHPO_4$	磷酸氢钙	1.00	DCPA

以磷酸三钙(TCP)为主要成分的生物陶瓷在骨移植领域发挥了重要作用,其具有良好的生物相容性,Ca：P 值(1.5～1.6)与骨组织的 Ca：P 值(1.66)相近。TCP 陶瓷材料具有多孔性,其外貌呈珊瑚状,内部微孔丰富、分布均匀,大气孔相互连通,这类结构类似于生物活体的松质骨构架,它自身的降解使其钙化从而引起组织的矿化物沉积,在陶瓷周围及其孔隙中形成骨组织,实验表明其在生命机体中的降解行为非常显著,在新生骨组织大量生成的同时达到骨缺损修复的目的。其多孔结构和大量分布较均匀的内连孔道可以吸收和容纳大量的骨髓,使植入局部有较高的骨髓细胞浓度,并充当骨髓的传递和释放载体,引导新骨逐渐长入材料的内部。

目前,多孔磷酸钙陶瓷主要的制备方法包括添加造孔剂法、发泡法、溶胶-凝胶法、冷冻干燥法、3D 打印法和泡沫浸渍法(表 12-4)。

表 12-4 多孔磷酸钙陶瓷的制备方法

制备方法	优点	缺点
3D 打印法	孔径、孔隙率、孔形状等可控	不易制备大尺寸支架
发泡法	成本低,制备工艺简单	孔结构不易控,力学性能差
溶胶-凝胶法	组分、结构可控,孔连通性较好	pH、含水量等条件要求高
冷冻干燥法	可制得层状孔隙,孔连通性好	支架强度低
泡沫浸渍法	工艺简单,可制得三维网状骨架结构	孔形状不可控,抗压强度低
添加造孔剂法	制备工艺简单,孔径结构可控	分布均匀性差,孔隙率不高

多孔磷酸钙陶瓷的孔隙率、孔形状、孔径大小和孔连通性等孔隙特征对陶瓷的力学性能和生物学性能有重要影响,理想的多孔支架应包含 150～500μm 的大孔和 60%～80%的三维连通孔隙率[26],但大孔和高孔隙率会导致多孔支架抗压强度变低。研究发现,小于 100μm 的孔隙更适合细胞迁移和营养运输,大于 200μm 的孔隙可以促进新骨和血管形成。

目前市场上已有多种多孔磷酸钙陶瓷产品在售,例如美国 Depuy Spine 公司的 Conduit(TCP)和法国 Depuy Bioland 公司的 Biosel(BCP)。尽管多孔磷酸钙陶瓷在骨植入方面展现出许多潜能,但是从临床效果来看,仍存在着许多不足,需要研究者们进一步解决。具体问题如下。

(1)用于骨修复领域的陶瓷支架要求孔隙率应在 60%～80%,这就使得多孔磷酸钙陶瓷的力学性能较差,特别是高度多孔的陶瓷支架表现更为明显。差的断裂韧性和抗疲劳性,限制了它的应用。

(2)与人体骨相比,多孔磷酸钙陶瓷虽然具有良好的骨传导性,但是材料单一,且生物活性和骨诱导性仍然不足。

(3)多孔磷酸钙陶瓷的成血管能力不足,阻碍了成骨能力。

为了提高多孔磷酸钙陶瓷的机械性能、成骨和成血管能力,研究者们已经做了大量的改性研究,主要的改性方式有离子掺杂、材料复合、表面改性。离子掺杂是一种常见的提高多孔磷酸钙陶瓷生物学性能的改性方法。磷酸钙结构中存在可交换的位点,可以进行阳离子和阴离子取代,不同的离子取代对多孔磷酸钙陶瓷性能的作用机理不同。Mg^{2+}可以诱导内皮细胞产生 NO，进而促进血管形成；Cu^{2+} 是通过上调血管内皮生长因子来促进血管生成的，但高浓度的 Cu^{2+} 会导致细胞损伤；Sr^{2+} 能够激活钙敏感受体及其下游信号通路，促进成骨细胞的增殖和分化，同时诱导破骨细胞凋亡，从而减少骨吸收；$Mn^{2+/3+}$ 一边影响钙的重要调节通路甲状旁腺激素(parathyroid hormone，PTH)信号，一边降低破骨细胞生成和增加成骨细胞形成；Zn^{2+} 则是通过阻止破骨细胞的吸收和刺激成骨细胞的活性来促进骨骼的构建；Si^{4+} 不仅可以增加血管内皮生长因子的产生，而且在矿化过程中起到重要作用，Si^{4+} 能够同时促进血管化和成骨。

人体骨是一种天然的复合材料，利用仿生原理，磷酸钙材料与高分子材料混合制备的复合支架是提高多孔磷酸钙陶瓷力学和生物学性能的有效方法。胶原蛋白(collagen)是结缔组织和皮肤中重要的蛋白质，聚乳酸(polylactic acid，PLA)是一种可生物降解的材料，在纳米 HA 的制备过程中加入 collagen 溶液，将得到的 HA/collagen 粉体与 PLA 溶液混合，经冷冻干燥得到 HA/collagen/PLA 复合支架，该支架植入兔子骨缺损处 12 周时，骨缺损周围形成了新骨。除了天然高分子外，磷酸钙还能与人工合成聚合物混合制备为复合支架，Prabhakaran 等[27]利用静电纺丝法制备了左旋聚乳酸(PLLA)和 HA 的纳米 HA/PLLA 复合支架，结果表明，HA/PLLA 支架具有良好的细胞黏附、迁移和体外矿化能力。另外，载生长因子或药物的高分子材料与磷酸钙复合可以更好地影响支架的性能。

12.6　多孔陶瓷的共性关键问题

多孔陶瓷作为一种新兴陶瓷种类，其以较低的制造成本、操作简单的制备工艺、良好的机械性能而受到了广泛的关注和应用。随着各应用领域对多孔陶瓷需求量的不断扩大，特别是生物技术和环境保护的需求不断高涨，多孔陶瓷材料的发展迎来了重大机遇。

更低的成本、更优的效能是人类工业的追求。随着多孔陶瓷工艺的不断完善和发展，3D 打印技术制作的多孔陶瓷在医学领域的市场前景十分广阔。计算机模拟技术的推广，促进了多孔陶瓷微观结构对其力学特性的影响研究。目前，多孔陶瓷在工业和民用领域已经有了广泛的应用。相信不远的将来，性能更加优异的多孔陶瓷会在其他专业领域发挥更大的作用。

多孔陶瓷材料技术的应用还有几大问题需要解决，例如孔形貌结构控制的准确性；多孔陶瓷材料本身的低韧性与高脆性；高生产率、低成本以及工艺成熟的规模性生产制备方法；多孔陶瓷材料的二次修饰与处理等。精准控制孔隙结构、提高多孔陶瓷的强度、克服脆性提高韧性、拓展应用领域是尚待解决的主要问题。

12.7　本 章 小 结

多孔陶瓷作为一种新兴陶瓷种类，其以较低的制造成本、操作简单的制备工艺、良好的机械性能而受到了广泛的关注和应用。多孔陶瓷在高温过滤、高温气体催化、保温隔热、隔音、吸音、环境保护和生物医用材料等多个领域具有广阔的应用前景。多孔陶瓷产品的研制和推广应用，仍有不少问题需要进一步解决。不断降低多孔材料的生产成本，精确控制多孔陶瓷的力学性能、断裂韧性和气孔结构，不断拓展多孔陶瓷的应用场景，结合不同技术领域的需求研制新型结构和性能的多孔陶瓷，仍然需要科学界和产业界共同付出巨大的努力。

参 考 文 献

[1] Ohji T, Fukushima M. Macro-porous ceramics: processing and properties[J]. International Materials Reviews, 2012, 57(2): 115-131.

[2] 孙园园. 堇青石多孔陶瓷的制备及结构与性能研究[D]. 济南: 山东大学, 2018.

[3] Li Z, Wang B L, Wang K F, et al. A multi-scale model for predicting the thermal shock resistance of porous ceramics with temperature-dependent material properties[J]. Journal of the European Ceramic Society, 2019, 39(8): 2720-2730.

[4] 李亚君. 氧化铝及氧化铝-钛酸铝复合多孔陶瓷的制备与研究[D]. 唐山: 河北理工大学, 2006.

[5] 靳洪允. 泡沫陶瓷材料的研究进展[J]. 现代技术陶瓷, 2005, 26(3): 33-36.

[6] 冯胜山, 陈巨乔. 泡沫陶瓷过滤器的研究现状和发展趋势[J]. 耐火材料, 2002, 36(4): 235-239.

[7] 刘洋. 多孔陶瓷在汽车尾气处理领域的应用及市场展望[J]. 新材料产业, 2018(9): 56-59.

[8] Mastrogiacomo M, Papadimitropoulos A, Cedola A, et al. Engineering of bone using bone marrow stromal cells and a silicon-stabilized tricalcium phosphate bioceramic: evidence for a coupling between bone formation and scaffold resorption[J]. Biomaterials, 2007, 28(7): 1376-1384.

[9] 孟晓明, 王利民, 陈思敏, 等. 吸声泡沫陶瓷研究进展[J]. 中国陶瓷, 2016, 52(10): 6-11.

[10] 杨春艳, 卢淼, 刘培生. 多孔隔热陶瓷的研究进展[J]. 陶瓷学报, 2014, 35(2): 132-138.

[11] 王慧, 曾令可, 张海文, 等. 多孔陶瓷: 绿色功能材料[J]. 中国陶瓷, 2002, 38(3): 6-9.

[12] 旷峰华, 同继锋, 张洪波, 等. 泡沫陶瓷[J]. 建设科技, 2012, 24: 84-86.

[13] 李月琴, 吴基球. 多孔陶瓷的制备、应用及发展前景[J]. 陶瓷工程, 2000, 34(6): 44-47, 37.

[14] Jun I K, Koh Y H, Song J H, et al. Improved compressive strength of reticulated porous zirconia using carbon coated polymeric sponge as novel template[J]. Materials Letters, 2006, 60(20): 2507-2510.

[15] Rinaldo F S, Silva S G R D, Estela S C, et al. Biology of bone tissue: structure, function and factors that influence bone cells[J]. Biomed Research International, 2015: 1-17.

[16] Venkatesan J, Bhatnagar I, Manivasagan P, et al. Alginate composites for bone tissue engineering: a review[J]. International Journal of Biological Macromolecules, 2015, 72: 269-281.

[17] Rho J, Liisa K, Zioupos P. Mechanical properties and the hierarchical structure of bone[J]. Medical Engineering and Physics, 1998, 20(2): 92-102.

[18] Chen X N, Fan H Y, Deng X W, et al. Scaffold structural microenvironmental cues to guide tissue regeneration in bone tissue applications[J]. Nanomaterials, 2018, 8(11): 960-974.

[19] Aarvold A, Smith J O, Tayton E R, et al. The effect of porosity of a biphasic ceramic scaffold on human skeletal stem cell growth and differentiation in vivo[J]. Journal of Biomedical Materials Research Part A, 2013, 101(12): 3431-3437.

[20] Galois L, Mainard D. Bone ingrowth into two porous ceramics with different pore sizes: an experimental study[J]. Acta Orthopaedica Belgica, 2004, 70(6): 598-603.

[21] Abdulqader S T, Rahman I A, Ismail H, et al. A simple pathway in preparation of controlled porosity of biphasic calcium phosphate scaffold for dentin regeneration[J]. Ceramics International, 2013, 39(3): 2375-2381.

[22] Wang P, Zhao L, Liu J, et al. Bone tissue engineering via nanostructured calcium phosphate biomaterials and stem cells[J]. Bone Research, 2014, 2: 14017.

[23] Hench L L. Sol-gel materials for bioceramic applications[J]. Current Opinion in Solid State and Materials Science, 1997, 2(5): 604-610.

[24] Gorustovich A A, Roether J A, Boccaccini A R. Effect of bioactive glasses on angiogenesis: a review of in vitro and in vivo evidences[J]. Tissue Engineering Part B, 2010, 16(2): 199-207.

[25] Dorozhkin S V. Bioceramics of calcium orthophosphates[J]. Biomaterials, 2010, 31(7): 1465-1485.

[26] Scheffler M, Colombo P. Cellular ceramics: structure, manufacturing, properties and applications[J]. Journal of Shanghai University of Engineering Science, 2006(9): 8.

[27] Prabhakaran M P, Venugopal J, Ramakrishna S. Electrospun nanostructured scaffolds for bone tissue engineering[J]. Acta Biomaterialia, 2009, 5(8): 2884-2893.